结构静力学 第三版

STRUCTURAL MECHANICS

蔡 新　张旭明　郭兴文◎编著

河海大学出版社
HOHAI UNIVERSITY PRESS
·南京·

图书在版编目(CIP)数据

结构静力学 / 蔡新，张旭明，郭兴文编著. -- 3版
. -- 南京 ：河海大学出版社，2021.12(2024.7重印)
ISBN 978-7-5630-7387-0

Ⅰ. ①结… Ⅱ. ①蔡… ②张… ③郭… Ⅲ. ①结构静力学－高等学校－教材 Ⅳ. ①O342

中国版本图书馆CIP数据核字(2021)第276555号

书　　名　结构静力学(第三版)
JIEGOU JINGLI XUE(DI-SAN BAN)
书　　号　ISBN 978-7-5630-7387-0
责任编辑　金　怡　张心怡
特约编辑　诸一骅
责任校对　周　贤
封面设计　徐娟娟
出版发行　河海大学出版社
地　　址　南京市西康路1号(邮编:210098)
电　　话　(025)83737852(总编室)　(025)83722833(营销部)
经　　销　江苏省新华发行集团有限公司
排　　版　南京布克文化发展有限公司
印　　刷　广东虎彩云印刷有限公司
开　　本　718毫米×1000毫米　1/16
印　　张　27.5
字　　数　566千字
版　　次　2021年12月第3版
印　　次　2024年7月第2次印刷
定　　价　68.00元

第三版前言

本书第三版按教育部审定的“结构力学课程教学基本要求”改版编写，在原面向21世纪课程教材的基础上，探索注重人文素质与科学素质提高，注重理论、实践与工程结合，注重创新人才培养的新教材建设。原教材从1998年的讲义、2001年第一版、2004年第二版至今在河海大学、扬州大学、南京工业大学、金陵科技学院等高校，作为土木、水利、交通、机械、力学等专业的本科生教材广泛使用20多年。

本书特点：内容进一步精选，加强系统性，突出基本概念、基础性内容，注重工程背景，突出研究性，强化现代计算机方法应用，着力培养科学思维方法和自主创新能力。例题、思考题、习题的设计和安排，注重力学素养的训练，巩固力学基本概念、启发学生思维，提高分析解决工程问题的能力。

全书共10章，主要包括：绪论，体系的几何组成分析，静定结构受力分析，结构的位移计算，超静定结构受力分析（力法、位移法、力矩分配法），活荷载作用下的结构分析（影响线及其应用），结构的计算机分析（矩阵位移法）等基本内容，还对超静定结构计算进行了拓展讨论。

本书第三版主要修订的思路和内容：

1. 绪论中增加了结构力学发展简史、结构分析的基本条件和基本原理等内容，以便让读者全面了解本课程的架构和该学科的发展历程；

2. 充实完善了几何组成分析、静定结构内力计算内容，并单独成章，强化结构分析的基础，为读者学习后续内容打下坚实基础；

3. 突出了力矩分配法，并单独成章，力图为工程中大量存在的特殊问题的力学求解提供方便快捷有效的手算实用方法；

4. 新增了矩阵位移法一章，加强了现代计算机方法在结构分析中应用，为解决复杂工程力学计算问题提供强有力工具，也为读者深入学习和开展研究工作打下良好基础；

5. 增加了位移影响线的内容，拓宽了工程中影响线的基本概念和内涵。

改版后教材内容更为系统、完整，更加符合认知规律。期望能取得更好的授课和学习效果。

本书第三版由蔡新、张旭明、郭兴文编著。孙文俊、唐建民、杨建贵、方忠强、杨付权参与本书第一、二版的编写和相关工作，对本书作出了重要贡献，顾荣蓉、武颖利、李洪煊参与了第三版部分内容编写、校稿等，一并表示感谢。

本书第三版承河海大学工程力学系博士生导师王德信教授审阅，提出了宝贵的修改意见和建议，谨致谢意。本书被审定为 2021 年河海大学重点教材立项项目，从立项到出版得到河海大学教务处、出版社的指导和帮助，并得到河海大学力学与材料学院的资助，也一并致谢。限于作者的水平，书中难免存在不足，诚请读者和专家批评指正。

蔡 新

2021 年 8 月于南京

改版前言

《工程力学教程》系列教材第一版自 2001 年 8 月起陆续出版以来，已在河海大学水利、土木类各专业作为教材使用过两轮并已被部分兄弟院校的相关专业作为教材使用。为进一步提高教材质量，特邀请范钦珊教授、王琪教授和王焕定教授组成的专家组进行了评审。根据专家们的评审意见，按照教育部“面向 21 世纪课程教材”的要求对本系列教材进行了修改出版。作为面向 21 世纪工程力学系列课程教材，仍按“重组基础、反映现代、融入前沿、综合交叉”的原则，在系列教材的原有体系和风格特点的基础上，对每本书都作了程度不同的修改和完善。

本书与第一版相比，主要修改如下。

1. 在§1－4 中增加了几何组成与静定结构受力分析关系的论述，增加了几何组成较复杂的静定结构的内力计算例题，使本教材与《静力学基础》的内容更好地衔接并借此对静定结构的内力计算做必要的回顾和加深，以利于对本课程的学习。

2. 改写了第 5 章中静力法绘制连续梁影响线的内容，以便介绍附录 B“连续梁影响线计算分析程序”中绘制影响线的理论依据。

3. 删除了关于计算多跨多层刚架的“近似法”一节（§4－7）。该内容虽为工程实用方法，但不属于本课程的基本要求。

4. 对其他内容也作了部分修改，使其更加准确与完善，同时补充了少量思考题和习题。

本书承评审组专家们进行了详细的审阅并提出了很多宝贵意见，为提高本书的质量作出了贡献，特此表示诚挚的感谢。

限于编者水平，本书仍难免有不妥或疏漏之处，希望使用本书的教师和广大读者批评指正并提出宝贵意见和建议。

编　者

2003 年 8 月

前言

本书为河海大学推出的面向21世纪力学系列课程教材——《工程力学教程》之四，是在根据河海大学“国家工科基础课程（力学）教学基地”，及河海大学“面向21世纪力学系列课程改革小组”审定的“《结构静力学》编写大纲”编写的校内试用教材的基础上修订而成的。原试用教材已经专家评审并在校内正式使用过，这次修订充分考虑和采纳了专家和校内师生的意见，在此谨致谢意。

根据我校面向21世纪力学系列课程改革的总体思路，本书对传统结构力学内容作了较大调整。首先，将“静定结构内力计算”归入新编的《静力学基础》一书中，本书仅作简要回顾；其二，将“矩阵位移法”纳入新编的《计算力学基础》一书中，本书未予阐述；其三，将“力矩分配法”作为一节放入“位移法”一章中，不单独设章。本书在选材上既注重加强基础理论又强调结合实际应用，例如全面阐述了虚功原理及其应用，简介了能量原理及能量法；又如对超静定结构的解法和结构的计算简图作了补充讨论，增设了厂房结构计算大作业等。本书还在内容的叙述上注意与其他系列力学课程的衔接和贯通。此外，为了继续培养学生应用计算机进行力学计算的能力，还给出了绘制连续梁影响线的电算程序（光盘）。

参加本书编写的有蔡新[第2、3、4、5章(部分)，附录A、B]、孙文俊(第1、6章，附录B)、唐建民[第2、5章(部分)，附录A]。硕士研究生杨建贵编制了附录B的计算程序并拟制了算例，硕士研究生方忠强参加了本书稿的校稿工作，硕士研究生杨付权参加了习题解答工作。全书由蔡新统稿编成。

本书稿主要参考了本校结构力学教研室老师历年编写的教材，同时吸取了其他同类教材的精华，还融入了作者多年教学、科研实践的经验与体会，力争贴近时代，贴近工程实际。即使如此，限于时间及作者水平，不妥之处仍不可避免，诚请专家与读者不吝赐教。

编　者

2001年8月

主 要 符 号 表

符号	含义	符号	含义
A	面积	U	虚变形功
a	间距	u	水平位移,轴向位移
C	支座位移,力矩传递系数	V	结构势能
D,d	直径,距离	v	横向位移,垂直位移
E	弹性模量	$\bar{V}$	结构余能
F	力,集中荷载	V_ε	应变能
f	拱高	V_C	应变余能(余应变能)
F_{cr}	临界荷载(影响线问题)	W	功,外力虚功
F_N	轴力	Z	影响量
F_Q	剪力	α	线胀系数,角度
G	切变模量	β	角度
h	高度	γ	切应变
I	惯性矩	Δ	位移
i	杆件线(性)刚度	δ	位移,柔度系数
K,k	劲度系数(刚度系数)	Δl	伸长(缩短)变形
l	长度,跨度	ε	线应变
M,m	弯矩,力矩,力偶矩	θ	角度,转角
M^F	固端弯矩	λ	剪应力不均匀修正系数(剪切形状系数)
M^μ	分配弯矩	μ	力矩分配系数
M^C	传递弯矩	ρ	曲率半径
q	均布荷载集度	φ	角度,转角
q_N	轴向均布荷载集度	Ω	内力图面积,影响线图面积
R,r	半径		
t	摄氏温度,温度改变		

目　录

第8章 矩阵位移法

第9章 影响线及其应用

第10章 超静定结构补充讨论

第1章 绪 论

结构力学是在工程实践的基础上逐步形成的力学学科的一个分支，是现代工程的基础。结构力学的发展始终与人类生产活动和社会文明进步紧密联系，现代工程建设给结构力学提出了更多的技术问题，同时也推动了结构力学学科的进一步发展。本章介绍了结构力学的发展简史、研究对象和任务、结构计算中的基本原理和基本条件，着重讨论了结构的计算简图。

§1-1 结构力学的研究对象和任务

用工程材料按照合理的方式组成并能满足工程中要求的建(构)筑物称为工程结构，如房屋、桥梁、船舶、风机、闸坝等，在使用时都要承受各种荷载(如自重、水压力、风压力、货物等)的作用。土木、水利工程中通常只把建筑物中支承荷载、传递力、起骨架作用的部分称为**结构**(structure)。一根梁、一根柱子等单个构件是最简单的结构。一般的结构都是由许多构件通过各种方式互相联结在一起而组成的。例如图1-1所示的厂房建筑是由屋架、梁、柱、基础等组成的空间体系，它们在承载和传力过程中起骨架作用，这个体系称为厂房结构。

工程中一般结构按宏观尺寸和几何形态分为三类。

(1) **杆件结构**(framed structure)：由杆件组成。构件三个方向尺寸中某一方向的较其他两个方向的尺寸大得多的称杆件，见图1-2(a)$l>>b$与h的构件。例如厂房中的梁、柱。

(2) **板壳结构**(slab and shell structure)：也称为薄壁结构。构件三个方向尺寸中某一方向的尺寸(如厚度)较其他两个方向的尺寸小得多的称板(无曲率变化)、壳(有曲率变化)，见图1-2(b)、(c)$h<<a$与b的平板和双曲扁壳。例如楼板、薄拱坝等。

(3) **实体结构**(massive structure)：此种结构三个方向尺寸相差不多，大致为同一量级。如图 1 - 2(d)所示的块体。例如电站中的块式基础、锚固桥索的墩台等。

广义地说,这些结构都属于结构力学的研究范畴,但习惯上只把杆件结构作为**结构力学**(structural mechanics)的研究对象。

杆件结构可分为**平面结构**(plane structure)和空间结构(space structure)。组成结构的所有杆件的轴线和荷载的作用面在同一平面内,则为平面结构,否则,便是空间结构。结构静力学,通常也简称为结构力学,其研究对象是杆件结构。本书将主要研究平面杆件结构的静力学计算问题。

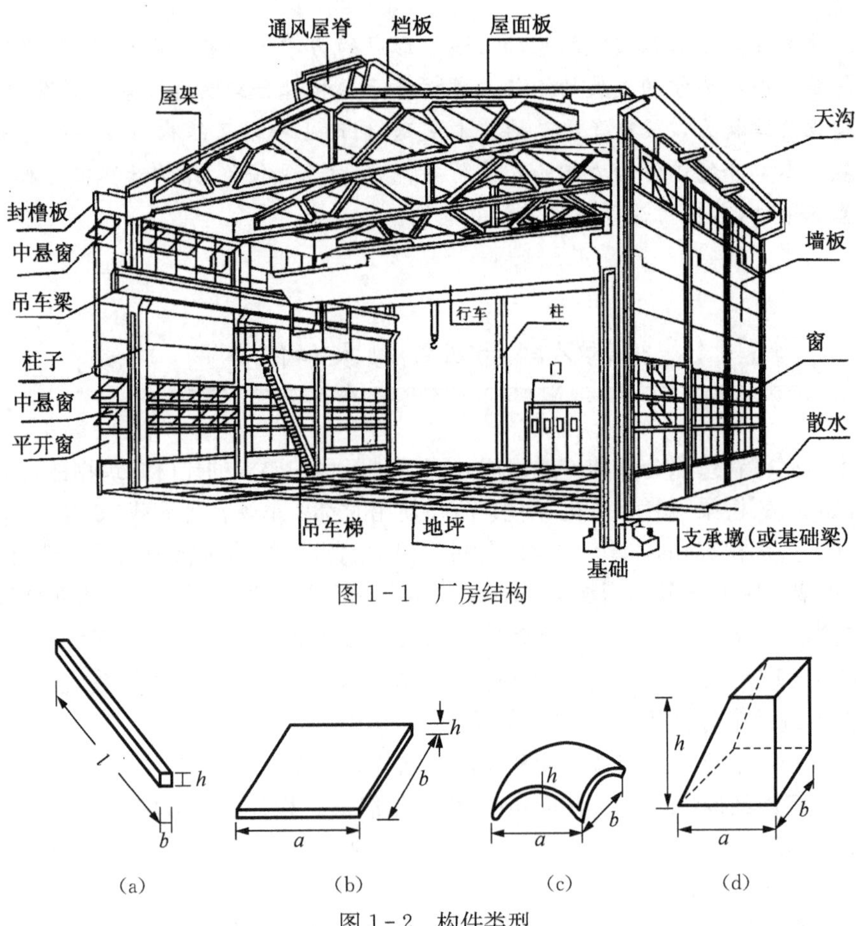

图 1 - 1　厂房结构

图 1 - 2　构件类型

结构力学的任务是研究杆件结构的组成规律、合理形式以及结构受荷载等外来因素作用下的内力、位移的计算方法和分布规律,为研究结构的强度、刚度、稳定性和进行结构设计服务,使结构能满足安全、经济、适用的要求。

寻求结构各部分的内力、位移及其分布规律的研究,称为结构分析(structural

analysis)。结构分析与结构设计是相互影响、紧密联系且交替进行的。在结构设计中，根据结构所需承担的任务，依据经验或参考已有工程，给出有关的初步设计，如型式、几何尺寸、相互间的连接与支承方式、材料性质等，经结构分析求得各部分的内力、位移后，就可评判设计是否合理、经济、安全。一般情况下，不可能一次性就获得满意的设计结果，通常需运用力学及其他方面的知识(包括经验)去调整修改原设计，重新进行结构分析。如此交替进行直到取得满意设计。随着计算机技术的发展和计算分析理论的不断完善，结构分析的功能和效率大大提高。借助于计算机，原来手算不能解决的复杂问题都能得到解决，并且可从众多可能的设计方案中自动寻找出最优的设计方案。

结构分析包含结构计算与结构试验。结构试验通常有现场(原位)试验与室内的模型试验。通过结构试验建立的材料本构关系与计算机技术结合而发展起来的计算机仿真技术，是现代计算力学的一个重要方向。

结构力学和其他力学课程具有密切的关系。理论力学研究物体机械运动的基本规律；材料力学研究单根杆件的强度、刚度和稳定性；结构力学研究的是杆件体系的力学问题；弹性力学、塑性力学是在前述课程的基础上，研究实体结构、板壳结构的应力、应变、位移及其分布规律。

结构力学是一门重要的技术基础课。掌握了结构力学的原理和方法，不仅可计算结构的内力位移等数值，而且可对结构的受力性能、组成形式的优缺点等问题有深入的认识，从而能对工程中有关问题作出正确的判断；同时为学习后续课程如钢筋混凝土结构、钢木结构、水工结构等专业课程以及弹塑性力学等力学课程，提供必要的力学基础。

§1-2　结构力学发展简史

人类的建筑实践在结构力学萌芽以前，已有几千年的悠久历史。在古代，我们的祖先以天然的竹、木、土、石为建筑材料，建造了许多伟大的建筑物。限于这些材料的性质及人们低下的判断、估算水平，建成的结构型式简单，且只能依靠多用材料来确保结构的安全。

在建筑结构方面，西安郊区半坡村发现的新石器时代仰韶文化的居住遗址(图1-3)，证明了我国木架建筑在新石器时代晚期已初具规模，后来这种木架结构在居住建筑中被广泛采用。

(a) 仰韶文化房屋复原

(b) 几种仰韶文化建筑结构

图 1-3 原始社会居住建筑

在桥梁结构方面,隋朝(公元 581 至 618 年)大业年间,匠师李春在河北赵县洨水上建造的安济桥(也称赵州桥)(图 1-4)是一座跨径 37 m 多的石拱桥,至今保存完好。建造较早的另一种桥梁结构是飞桥,飞桥是利用短梁跨越宽河的一种方式,桥两端用木材各作伸臂梁,用以支承中间的简支梁。南北朝时期(公元 420 至 589 年)即在西北流行。四川泸定大渡河上的铁索桥(图 1-5)是世界上最早的索桥建筑,建于清康熙四十五年(公元 1706 年),跨长达 104 m。

图 1-4 河北赵县安济桥

在水工结构方面,李冰父子组织兴建于秦朝(公元前 221 年至公元前 206 年)的四川灌县的都江堰(图 1-6),以竹笼装卵石堆砌成堤,分岷江为两道,内江灌溉,外江排洪,迄今已利用两千余年仍然完好。

图 1-5 四川泸定铁索桥

图 1-6 四川灌县的都江堰

古代的工程结构都是根据建筑实践积累的经验和粗略的估计来建造的。我国古代关于结构的记载,如东周时的《周礼·考工记》和北宋时李仲明的《营造法式》、明代的《鲁班经》等,虽然提供了许多宝贵的资料,但那时还没有关于结构计算的系统理论。

十五和十六世纪，力学在欧洲萌芽了，文艺复兴时期，意大利科学家莱奥纳多·达·芬奇(Leonardo da vinci)提出了“距支点远处，弯曲最大”的梁问题的普遍原理。十七世纪，因为航海要求解决船只建造问题，人们开始研究材料强度。意大利科学家伽利略(Galileo)1638年发表的《两种新的科学》考察了悬臂梁的承载力问题，代表了弹性变形体力学的材料力学的诞生。十八世纪的英国工业革命，使生产技术迅速发展，更促进了单根杆件的强度和稳定方面的研究。

十九世纪前半叶，随着世界经济的发展，结构力学和其他各门工程科学一样逐步形成并发展起来。大型厂房、船舶、堤坝和桥梁的建筑提出了更为复杂的计算问题。十九世纪三十年代，铁路工程兴起，铁路桥梁的跨度和载重增加，逐步提出使用桁架和连续梁等更为经济的结构型式，这些结构计算理论的诞生，形成了结构力学的初步基础。1825年纳维叶(Navier)给出了连续梁三弯矩方程的雏形，1847年美国工程师费伯尔(Whipple)提出了桁架计算理论，1864年英国学者麦克斯韦尔(J. C. Maxwell)用简化的图解法求解静定桁架的内力，并用能量法导出求解超静定桁架的一般方法。十年后，该法被德国学者莫尔(O. Mohr)整理成“力法”。1867年德国教授文克尔(E. Winkler)提出了影响线的概念并应用在拱的计算中。1879年意大利学者卡斯帝亚诺(A. Castigliano)论述了利用变形势能求结构位移和计算超静定结构的理论，提出了广义力和广义位移的概念。约在同时期，莫尔(O. Mohr)发展了利用虚功原理求位移的一般理论。这些构成了经典结构力学的重要内容。十九世纪末，钢结构被广泛应用，结构变形计算和超静定结构计算的一般理论也被建立起来。

二十世纪初，随着钢筋混凝土结构的出现，刚架计算理论发展起来。1914年本笛克森(A. Bendixen)提出了刚架计算的位移法思想。1930年美国教授克劳斯(H. Cross)提出了逐次渐进法(力矩分配法)。随后库尔曼(K. Culmann)发展了求解三次超静定拱的弹性中心法。1929年美国提出了“拱冠梁”近似法，解决水库拱坝(变厚度壳)的复杂应力分析问题。即用一个水平拱系和一个竖直悬臂梁系叠加起来代替拱坝，用试算法分配荷载，使各点挠度的径向分量在拱上和在悬臂梁上数值相等，便得到近似解。该法在水工拱坝设计历史上曾起过重要的作用。二十世纪中期迅速发展的还有考虑塑性的结构计算理论，结构稳定和结构动力学的计算理论。

自从1945年电子计算机问世以来，结构力学学科发生了深刻的变化，出现了以计算机为工具的结构矩阵分析法，即杆件系统的有限单元法，并形成了“计算结构力学”这个新的分支。其中有限单元法、结构优化设计、结构控制和结构可靠性等技术以及众多新材料的研究和日益广泛应用，使设计建造更为复杂的安全可靠且经济合理的工程结构成为可能。目前，现代结构力学正从狭义到广义，从被动分析到主动优化设计,从线性到非线性,从确定性分析到不确定性分析等方向发展,并不断与结构工程融合渗透,其分析成果为各类结构提供设计依据,在工程科学中发挥着核心的作用。

学科建设的发展和工程技术的进步直接推动了工程建设的突飞猛进。中华人民共和国成立后,特别是近几十年来,我国在建筑、交通、水利等领域的建设成就举世瞩目。如上海中心大厦(图 1-7)共 127 层,632 m,列世界第二,亚洲第一。我国自行设计和建造的南京长江大桥(图 1-8)公铁两用桥 1968 年建成,从此使长江天堑变通途。江阴长江大桥悬索桥(图 1-9)跨径 1 385 m,是中国第一座跨度超千米的特大桥,跻身世界桥梁前列。南京大胜关长江大桥(图 1-10)建成时是世界首座六线铁路大桥,是世界上跨度最大的高速铁路桥,也是世界上设计荷载最大的高速铁路桥。水布垭水电站(图 1-11)和构皮滩水电站(图 1-12)建设成功,举世无双,充分体现了我国结构工程建筑技术的实力和水平。乌东德水电站(图 1-13)是党的十八大以来我国开建并投产的首个千万千瓦级世界级巨型水电站,是中国第四、世界第七大水电站。这些工程的建设给结构力学提出了新的复杂的技术问题,同时也推动了结构力学学科的发展。

图 1-7　上海中心大厦

图1-8　南京长江大桥

图1-9　江阴长江大桥

图1-10　南京大胜关长江大桥

图1-11　水布垭水电站

图1-12　构皮滩水电站

图1-13　乌东德水电站

§1-3　结构的荷载

作用在结构上的外力和其他外来作用称为**结构的荷载**(loads of structure)。合理地确定荷载是结构计算简图的一部分,也是正确进行结构分析的前提。

广义荷载按其作用的性质可分为**静力荷载**(static loads)、**动力荷载**(dynamic loads)和其他外来作用等三大类。

静力荷载是指其大小、方向不随时间而改变或改变缓慢的荷载，或缓慢施加到结构上的荷载，以致在结构分析中可以略去其惯性力。静力荷载又可分为**固定荷载**(dead loads)和**活荷载**(live loads)两种。固定荷载是永久地作用在结构上的不变荷载，如结构的自重及固定设备重等。活荷载是一种临时荷载，它的特点是位置可以移动，或者位置固定，但时有时无，如桥梁上行驶的车辆、仓库中堆放的货物、教室中听课的学员、风荷载等。

动力荷载是指大小、方向都可随时间而变的荷载，或快速施加到结构上的荷载，这种荷载使结构振动而产生加速度，在结构设计中必须考虑其惯性力。如机器运转力、波浪压力、地震荷载等。

其他外来作用如温度改变、材料收缩、支座沉陷和制造不精确等都可能引起结构变形，同时也可能产生相应的应力。

通常把荷载分为主要荷载、附加荷载和特殊荷载三种。主要荷载是结构在正常使用条件下经常受到的荷载，如自重、土压力、水压力等；附加荷载是不经常出现的临时荷载，如施工中吊车的移动荷载等。特殊荷载是在特殊情况下出现的荷载，如地震、爆炸冲击波等。

在结构设计中，需要按各种荷载出现的实际可能加以组合。根据不同的工程领域，按结构在不同时期所承担的任务，选取不同的荷载组合和合适的安全储备。

§1-4　结构计算简图

实际工程结构是复杂多样的，完全按照结构的原始情况进行力学计算将十分困难，也是不必要的。因此，在对实际结构进行力学计算之前，必须加以简化。将实际结构进行简化的过程，称为**力学建模**(Mechanics modeling)。简化后得到的既能反映原结构实际工作状态的主要特征，又便于结构分析的计算模型，称为**结构计算简图**(computational model)。结构计算简图是对结构进行力学分析的依据，其选取直接影响计算的工作量和精确度。

结构计算简图选取的原则是：

(1) 尽可能正确地反映结构的实际工作状态，使计算结果与实际情况足够接近和准确可靠；

(2) 抓住主要矛盾，略去次要因素，使结构分析计算简便。

对实际结构进行简化的目的不仅仅是使结构分析得以进行，更重要的是使结构分析能反映实际工作状态。

结构的实际工作状态主要取决于结构本身的构造和荷载的传递。因此，必须对组成结构的杆件、杆件与杆件之间的联系(称为结点)、杆件与基础之间的联系

(称为支座)、作用在结构上的荷载和结构材料性质等方面进行简化,选取杆系结构计算简图。

一、结构体系的简化

实际结构多为空间结构,各部分相互连成一个整体,以承受各方向的荷载。但在多数情况下常可忽略一些次要的空间约束作用,把实际空间结构分解为平面结构,使计算得以简化。

图 1-14(a)为空间的钢筋混凝土刚架结构,在图示荷载作用下就可以简化为图 1-14(b)、(c)两个平面刚架来计算。又如图 1-15(a)所示的地下输水涵管,它沿水流方向(即管轴线方向)很长,其横截面和荷载沿此方向基本不变,计算时就可以沿水流方向截取单位长度的一段,如图 1-15(b)所示的平面框架。

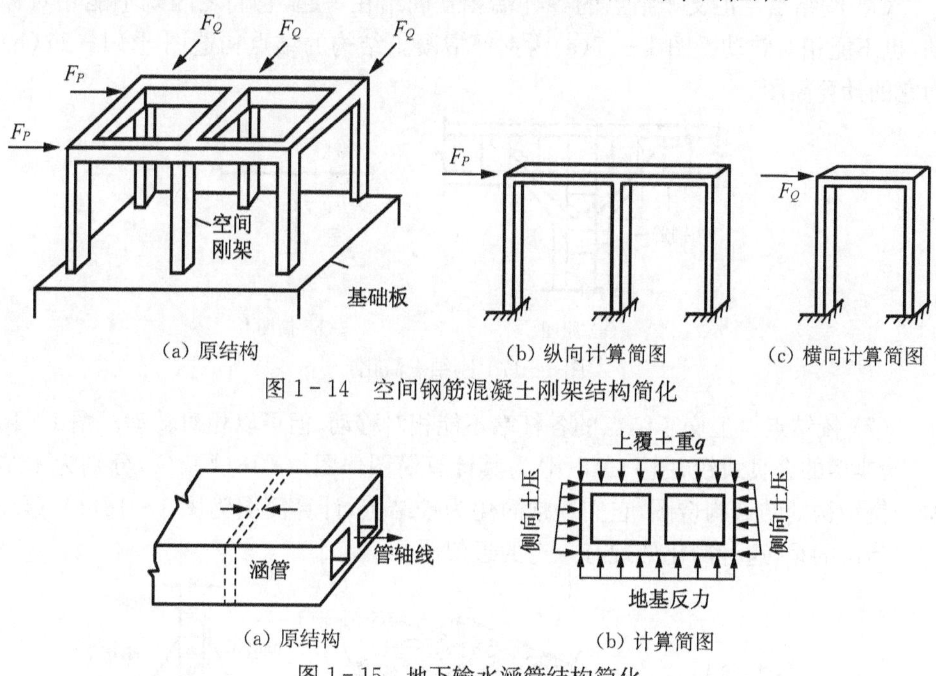

图 1-14　空间钢筋混凝土刚架结构简化

图 1-15　地下输水涵管结构简化

二、杆件的简化

杆系结构由杆件组成。当杆件的长度大于其截面高度或厚度的 5 倍以上时称为细长杆,可以用杆件的轴线来代替杆件,用杆轴线所形成的几何轮廓代表原结构。图 1-16(a)为一箱形结构的剖面示意图,由各杆轴线所形成的结构的几何轮廓,即为计算简图,如图 1-16(b)所示。

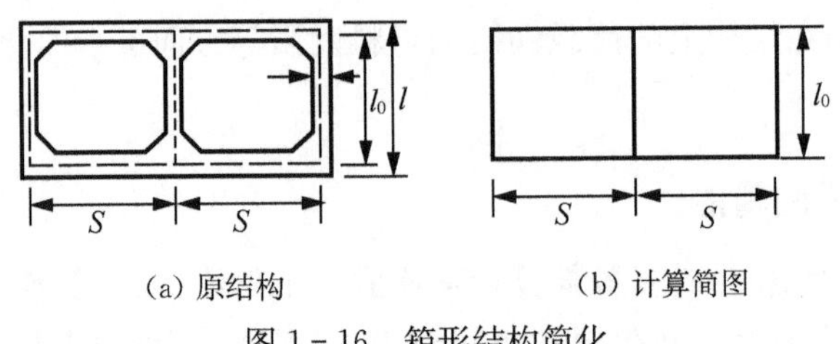

(a) 原结构　　(b) 计算简图

图 1-16　箱形结构简化

三、结点的简化

杆件与杆件的连接点称为结点(joint node)。根据连接处构造的差异,结点可分为刚结点、铰结点和组合结点三种。

(1) 刚结点　汇交于结点的各杆端相互固结在一起,它们之间既不能相对移动,也不能相对转动。图 1-17(a)为钢筋混凝土结构的结点构造图,图 1-17(b)为它的计算简图。

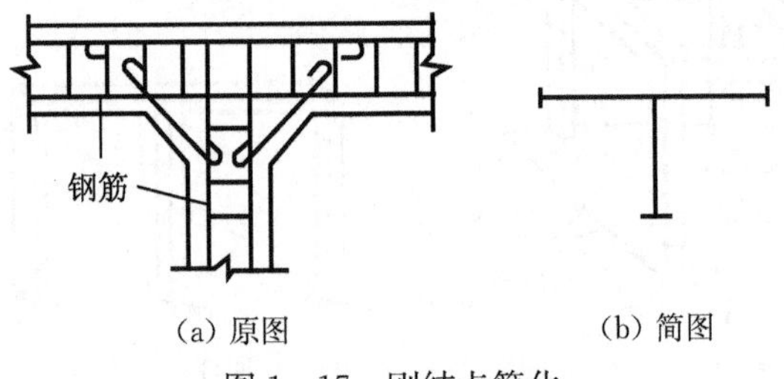

(a) 原图　　(b) 简图

图 1-17　刚结点简化

(2) 铰结点　汇交于结点的各杆端不能相对移动,但可以相对转动。图 1-18(a)为典型的合页式铰,图 1-18(d)为其计算简图。图 1-18(b)、(c)分别为木结构与钢结构的结点构造图,它们通常简化为铰结点,计算简图为图 1-18(e)、(f)。需要指出的是,这种简化处理有一定的近似性。

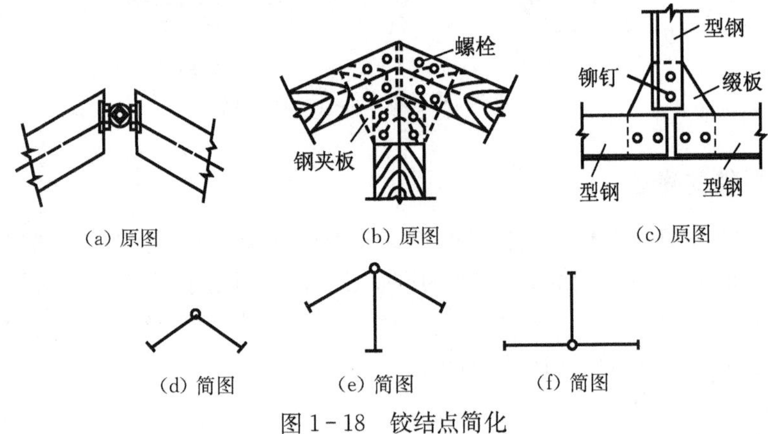

(a) 原图　　(b) 原图　　(c) 原图

(d) 简图　　(e) 简图　　(f) 简图

图 1-18　铰结点简化

(3) 组合结点　汇交于结点的各杆端均不允许有相对移动，但有的杆端之间允许有相对转动，而其他杆端之间则不允许有相对转动。图 1－19(a)为一组合结点示意图，横梁下面连接一竖杆，其计算简图如图 1－19(b)所示。

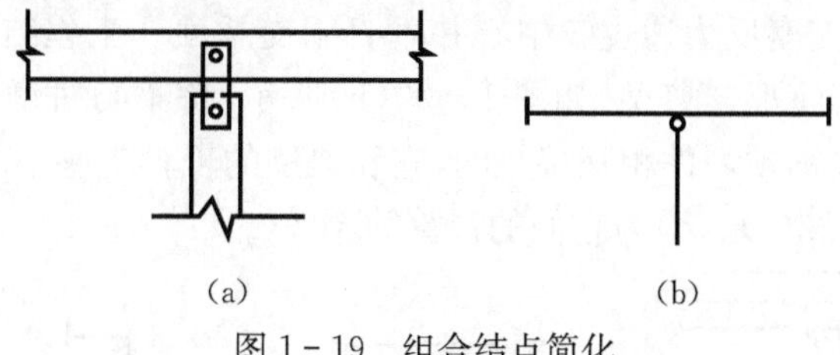

图 1－19　组合结点简化

四、支座的简化

联系结构与基础的装置称为支座(support)，它起着支承并限制结构运动的作用。根据支座的构造和所起作用的不同，一般可简化为铰支座、辊轴支座、固定支座、滑移支座和弹性支座五种。

(1) 铰支座

用铰将基础和结构连接起来的装置称为铰支座。图 1－20(a)为水工弧形闸门结构整体示意图，图 1－20(b)为弧形闸门铰支座的示意图。铰支座限制结构的水平和竖向相对移动，支座反力由通过铰中心的水平反力 F_x 和竖向反力 F_y 两个分量组成。其计算简图如图 1－20(c)所示。

铰支座通常用图 1－21 所示方式表示。

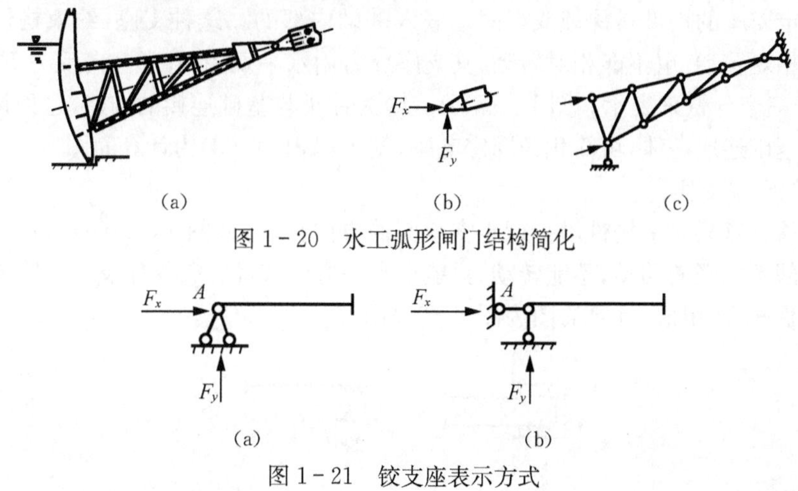

图 1－20　水工弧形闸门结构简化

图 1－21　铰支座表示方式

(2) 辊轴支座

典型的辊轴支座是用几个辊轴承托一个铰装置,并用预埋件与基础联系。图1-22(a)表示大型桥梁上常见的一种辊轴支座。这种支座只能约束垂直于支承面方向的相对移动,支座反力通过铰中心并垂直于支承面。工程结构上有一些支座并不像上述辊轴支座那样典型,如图1-22(b)所示,桥梁与桥墩是通过分别固定在梁和墩上的两块钢预埋件相互接触的,它和典型的辊轴支座不同,但约束所起的作用相同。图1-22(c)、(d)为它们的计算简图。

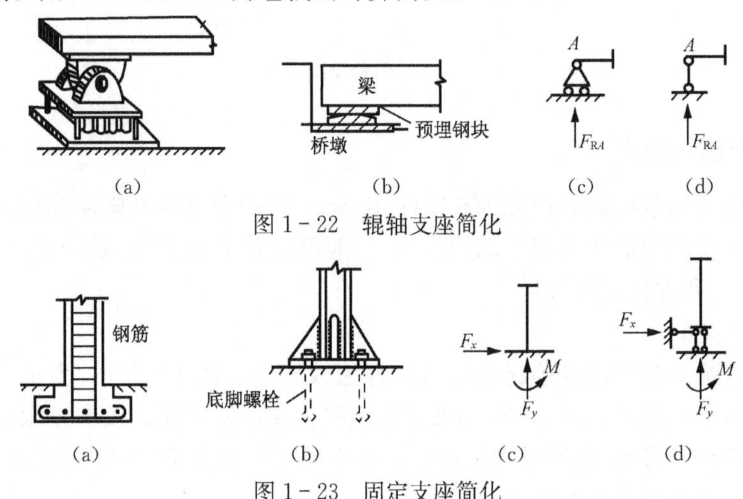

图1-22　辊轴支座简化

图1-23　固定支座简化

(3) 固定支座

固定支座的构件是深埋或牢固地嵌入基础内部的。这种支座,约束构件与基础不能相对移动,也不能相对转动,其支座反力用水平反力 F_x 和竖向反力 F_y 和力偶矩 M 三个分量来表示。图1-23(a)、(b)为柱子与基础连接的构造,这种构造使柱子和基础连成一体,可简化为固定支座,图1-23(c)、(d)为计算简图。

(4) 滑移支座

滑移支座只允许构件沿平行于支承面的方向移动,如图1-24(a)所示。支座杆件端部不能竖向移动,不能转动,只能沿水平方向移动。其支座反力由竖向反力 F_y 和力偶矩 M 组成,计算简图为图1-24(b)。

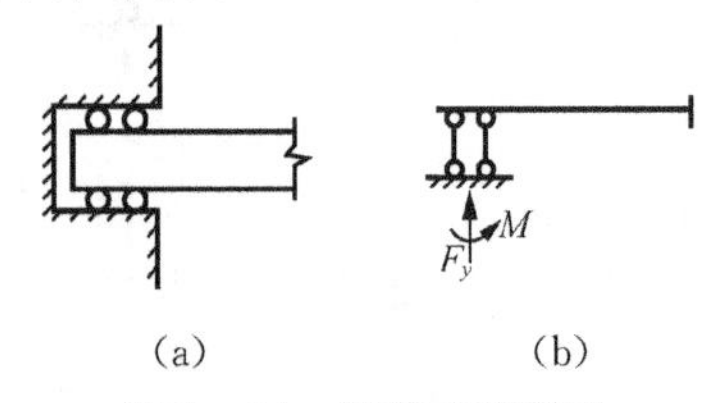

图1-24　滑移支座简化

前述四种型式支座在外荷载作用下支座本身不产生变形,所以统称为刚性支座(rigid support)。

(5) 弹性支座

在荷载作用下，如果支座本身产生弹性变形，则这种支座称为弹性支座(elastic support)。如图1－25(a)所示梁ABC受荷载时，由于杆BD受力后产生轴向变形，则梁ABC可看成在B点受有竖向弹性位移的支座约束，计算简图如图1－25(b)所示。同理，图1－25(c)的B点，在荷载作用下计算简图可取图1－25(d)的形式。

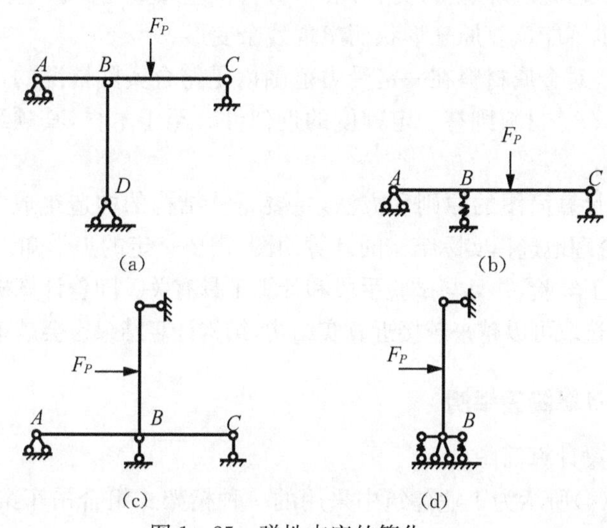

图1－25　弹性支座的简化

五、荷载的简化

结构所承受的荷载可分为体力和面力两类。如结构的自重或惯性力都是体力。面力是通过物体表面接触而传递的作用力。如土压力、水压力或车辆的轮压力均属于面力。在杆系结构中，杆件是用其轴线来代表的，所以，不论体力或面力，都应按静力等效原则简化作用在杆件轴线上。

按荷载作用的分布范围大小可分为集中荷载和分布荷载。其实严格意义上的集中荷载是不存在的，任何荷载都会分布在一定的面积上或一定的体积内，但如果荷载分布的面积或体积很小，可把它简化作为集中荷载处理。分布在杆件一定长度上的力可简化为线分布荷载，当分布力作用长度远小于杆长时，则可简化为集中荷载。如等截面杆件的自重可简化为均布线荷载，而汽车轮对桥梁的作用和吊车轮压对梁的作用可简化为集中荷载。

六、材料性质的简化

土木、水利类工程结构通常所用的建筑材料有钢材、混凝土、砖、石、木材等。

在结构分析中,为了简化计算,一般都假设组成各构件的材料是均匀、连续、各向同性、完全弹性或弹塑性的。

均匀是指组成构件的同一种材料的分布是均匀的,各部分具有相同的物理性质。连续是指整个构件的体积都被组成该构件的材料所充满而没有空隙。各向同性是指同一种材料的物理性质沿各个方向都相同。完全弹性是指材料在外力作用下产生变形,当外力全部除去后能完全恢复原来形状,而没有残余变形。弹塑性是指材料受到超过弹性极限的外力作用后,材料将进入塑性状态,这时即使将外力全部除去,材料也不能恢复原来形状而出现残余变形。

上述假设,对金属材料在一定受力范围内是符合实际情况的,对于混凝土、钢筋混凝土、砖、石等材料则有一定程度的近似性。至于木材,其顺纹与横纹方向的物理性质不同。

上述选取计算简图的原则和方法,主要是从结构的构造组成几个方面来讨论的。要正确、合理地选择实际结构的计算简图,需要一定的力学知识,还要有丰富的结构设计和施工经验,并且与试验手段和计算工具有关。随着计算机技术的发展,结构计算简图的选取可以越来越接近真实结构,结构计算结果也会越来越精确。

七、结构计算简图举例

(1) 吊车梁计算简图

图 1-26(a)所示为工业建筑中采用的一种桁架式组合吊车梁,横梁 AB 和竖杆 CD 由钢筋混凝土做成,CD 杆的截面面积比 AB 梁的截面面积小很多。斜杆 AD、BD 则为 16 锰圆钢材。吊车梁两端由柱子上的牛腿支承。

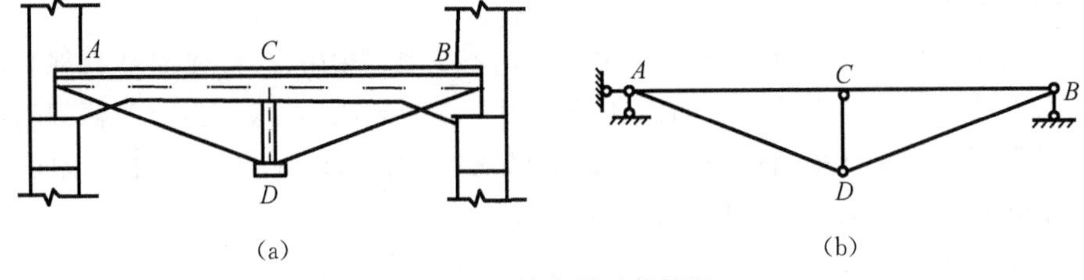

图 1-26 吊车梁及其简图

支座简化:由于吊车梁的两端仅通过较短的焊缝与柱子牛腿上的预埋钢板相连,这种构造对吊车梁支承端的转动不能起多大作用,又考虑到梁的受力情况和计算的简便,所以梁的一端可简化为铰支座而另一端则简化为辊轴支座。

结点简化:因 AB 是一根整体钢筋混凝土梁,截面较大,故在计算简图中,AB 取为连续杆;而竖杆 CD 和钢拉杆 AD、BD 与杆件 AB 相比,截面都较小,它们基本上都只承受轴力,故 CD、AD、BD 的两端都可看作是铰结,其中 C 铰连在 AB 的下方。

用各杆件的轴线代替各杆件，则得如图 1-26(b)所示的计算简图。图中 A、B、D 为铰结点，C 为组合结点。这个简图保证了主要杆件横梁 AB 的受力性能(有弯矩、剪力和轴力)；对其余三杆，保留了主要内力为轴力这一特点，而忽略了较小的弯矩和剪力的影响。对于支座，保留了主要的竖向支承作用，忽略了转动约束的作用。实践证明，分析时取这样的计算简图是合理的，它既反映了结构的变形和受力特点，又能使计算比较简单。

(2) 工业厂房计算简图

单层单跨工业厂房(图 1-27)一般沿长度方向是由好几榀排架组成的。每一榀排架皆由相同的屋架和柱连接起来。各排架的受力情况相类似，所以，可取一榀排架代替整个空间的厂房进行计算。每一榀排架主要的传力构件为屋架和柱子。对于屋架，考虑垂直荷载时把屋面板等重量等效地作用在屋桁架的结点上，每一结点为铰结点。对于柱子，因吊车梁处的立柱截面有变化，因此立柱为变刚度杆件。吊车梁上行车的荷载，作用于支撑吊车梁的立柱牛腿上。柱子的基脚深埋在地基中，简化成固定支座。屋顶与屋架相连，一般连接方式为预埋件焊接，简化成铰结点。考虑到厂房受风荷载作用，则排架的计算简图如图 1-27(a)所示。进一步简化排架时，由于屋架在水平面内的刚度很大，在整体计算排架时可把屋架当成轴向刚度无穷大的杆来代替。屋架计算简图如图 1-27(b)、(c)所示。

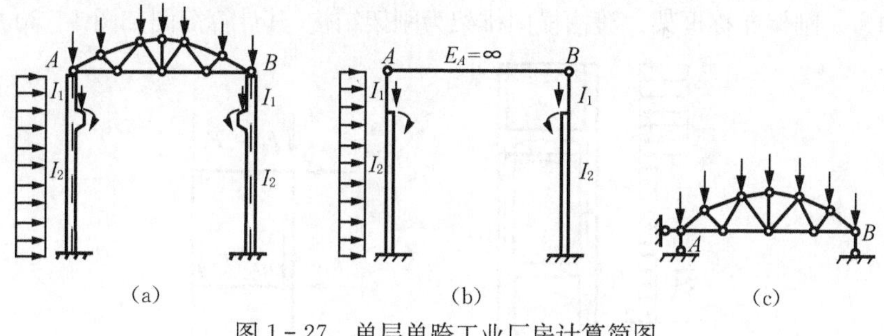

图 1-27 单层单跨工业厂房计算简图

§1-5 平面杆件结构的分类

按照杆件受力性能的不同，平面杆件结构可分为梁、拱、刚架、桁架、悬索和组合结构等。

(1) **梁**(beam) 梁是以弯曲变形为主的受弯杆件，其轴线通常为直线。荷载一般垂直于梁轴。梁截面内一般只有剪力和弯矩，在斜向荷载作用下还有轴力。其可以是单跨或多跨的。杆轴线为曲线的梁称曲梁。水电站输水管道为梁结构，其计算简图如图 1-28 所示。

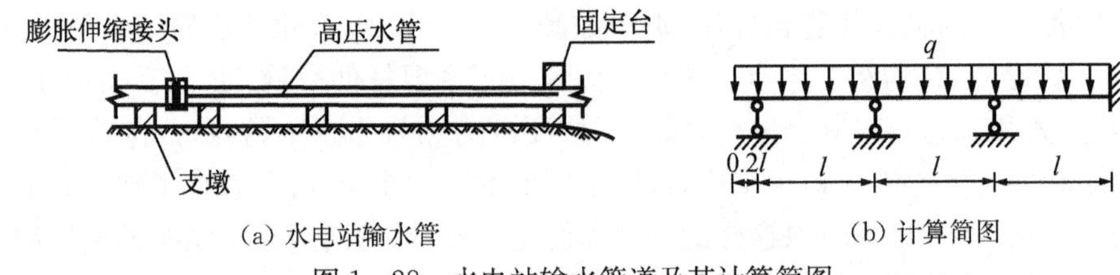

(a) 水电站输水管　　(b) 计算简图

图 1-28　水电站输水管道及其计算简图

(2) **拱**(arch)　拱轴线一般为曲线。其受力特点是在竖向荷载作用下，在支座处会产生水平推力，拱以受压变形为主。拱截面内力有轴力、剪力和弯矩。拱桥为拱结构，其计算简图如图 1-29 所示。

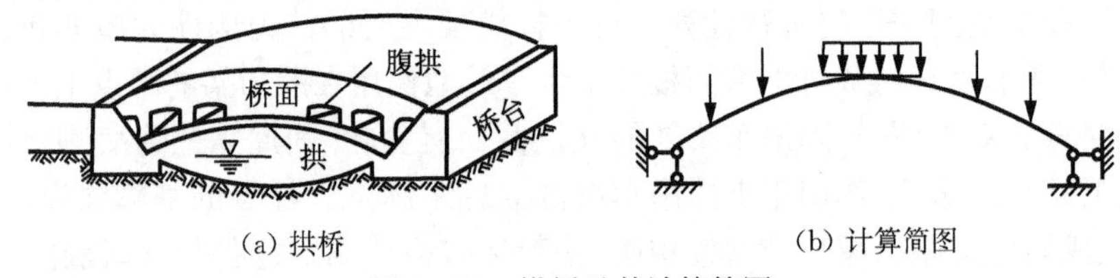

(a) 拱桥　　(b) 计算简图

图 1-29　拱桥及其计算简图

(3) **刚架**(frame)　刚架由梁和柱组成，联结各杆端的结点全部或部分是刚结点，但也可有铰结点和组合结点。杆件以弯曲变形为主，杆件截面的内力有弯矩、剪力和轴力。刚架亦称框架。渡槽横向排架为刚架结构，其计算简图如图 1-30 所示。

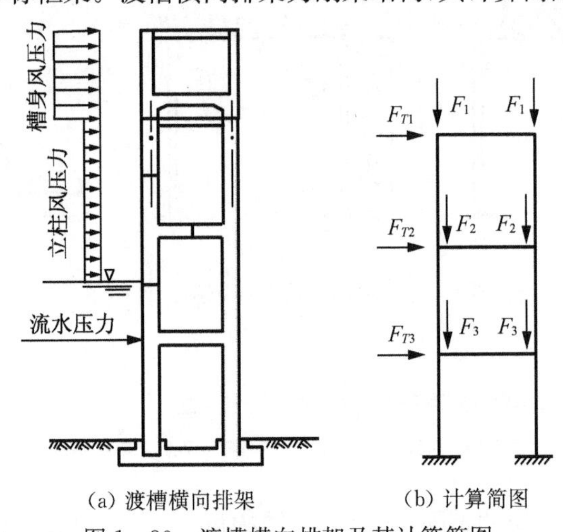

(a) 渡槽横向排架　　(b) 计算简图

图 1-30　渡槽横向排架及其计算简图

(4) **桁架**(truss)　桁架由直杆组成，联结各杆端的结点均为铰结点。在结点荷载作用下，各杆内仅有轴力，因而桁架中各杆件只有拉压变形。屋顶为桁架结构，其计算简图如图 1-31 所示。

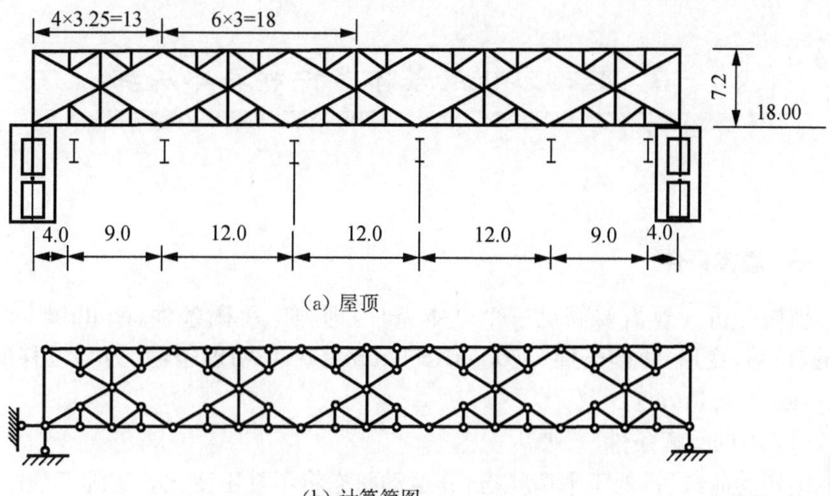

(a) 屋顶

(b) 计算简图

图 1-31　屋顶及其计算简图(单位:m)

(5) 悬索(cable)　悬索由抗拉刚度很高的索与支承体系构成。承载后,索只受轴向拉力。其特点是自重轻,可跨越较大跨度。应用如悬索屋盖、悬索桥、斜拉桥等(图 1-32)。

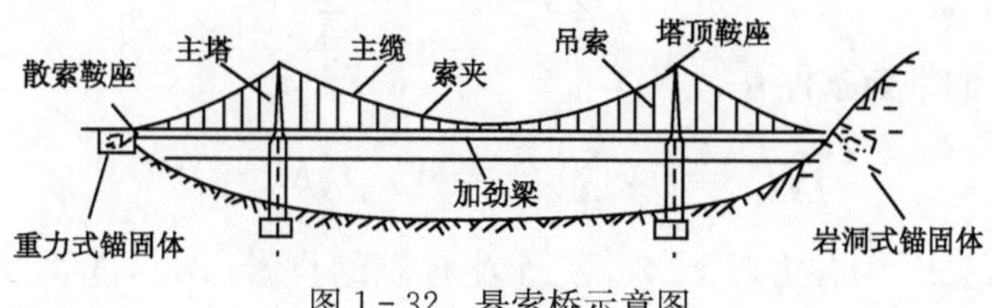

图 1-32　悬索桥示意图

(6) **组合结构**(composite structure) 组合结构由受拉、受压杆件(仅有轴力的杆件)和受弯杆件(杆件任一截面有弯矩、剪力,有时也有轴力)组合而成(图 1-33)。

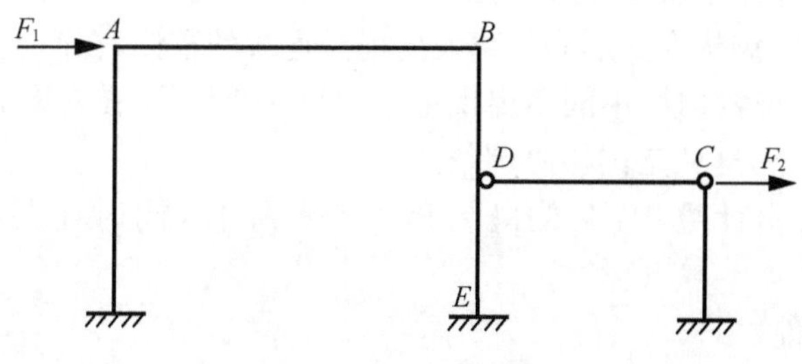

图 1-33　组合结构

§1-6 结构分析的基本条件和基本原理

一、基本条件

结构分析一般需要满足三个基本条件,即力的**平衡条件**(equilibrium condition)、**位移(变形)协调条件**(geometrical condition)、**物理条件**(力与位移的关系)(physical condition)。

(1) 力的平衡条件

结构受荷载后,处于平衡状态,其运动状态将不发生变化。实际工程结构通常处于静止平衡状态,结构的整体、结构中某一杆件或某一局部都应当满足平衡条件。空间力系的平衡条件有

$$\begin{cases}\sum F_x = 0\,,\ \sum F_y = 0\,,\ \sum F_z = 0 \\ \sum M_x = 0\,,\ \sum M_y = 0\,,\ \sum M_z = 0\end{cases} \tag{1-1}$$

平面力系的平衡条件有

$$\sum F_x = 0\,,\ \sum F_y = 0\,,\ \sum M_o = 0 \tag{1-2}$$

式中:F_x , F_y , F_z 为各力对 x,y,z 三个坐标轴的投影;M_x , M_y , M_z 为各力对 x,y,z 三个坐标轴的矩;M_0 为各力对平面内任一点 O 的矩。

如果结构不处于静平衡状态,则结构运动状态会改变。根据达朗贝尔原理,在结构上加上相应的惯性力,则力的平衡条件依然适用。

(2) 位移协调条件

结构在荷载作用下发生变形和位移,变形是指结构形状的改变,位移是结构上各点位置的变化。结构在变形和位移发生前是连续的整体,在产生变形、位移之后仍然保持整体性和连续性,中间不出现重叠和脱开的现象,在支座的边界处仍然保持原有的约束状态,这就是位移协调条件。

在超静定结构计算中,结构既要满足平衡条件,同时还要满足位移协调条件。

(3) 物理条件

物理条件即力与位移之间的关系。物理条件是通过结构的力学试验建立起来的。如果力与位移之间保持线性关系,即满足胡克定律,则该结构称为线性结构。力与位移的线性关系是最简单的物理关系,工程实际中大量存在着非线性物理

关系。

二、基本原理

结构分析中常用的基本原理有**叠加原理**(principle of superposition)、**虚功原理**(principle of virtual work)和**能量原理**(principle of energy)。

(1) 叠加原理

结构在受若干个荷载作用后产生的内力或位移等于各个荷载单独作用在结构上产生的内力或位移的线性叠加。应用叠加原理可以为结构计算带来简化,但对实际结构而言,叠加原理是近似的,只有对满足几何线性条件和物理线性条件等情况下的线性结构,所得结果才足够精确。

a. 几何线性条件　当结构的变形与结构本身的尺寸相比极为微小时,这种结构称为小变形结构。在小变形结构计算中,变形所带来的荷载位置变化及杆件尺寸变化的影响可以不考虑,因而允许用变形前的原来尺寸进行计算,这就满足了叠加的几何条件。

由于静定结构的反力和内力只需要平衡方程即可确定,所以计算静定结构反力和内力,只要结构满足几何线性条件就可以应用叠加原理。

b. 物理线性条件　结构材料的受力与变形的物理关系,若为线弹性关系,则服从胡克定律,这就在物理上提供了线性叠加的条件;若为非线性弹性结构或弹塑性材料组成的结构就不能应用叠加原理。

静定结构的位移计算和超静定结构内力及位移计算都要涉及与变形有关的物理条件,所以计算这些量值时,要求结构满足几何线性条件,材料服从胡克定律才可以应用叠加原理。

(2) 虚功原理

虚功原理是对线性和非线性结构的内力和位移计算都适用的基本原理。它将结构的力系平衡与结构的位移协调两者联系起来,即将力的平衡系与位移协调系两者联系起来。位移协调系的位移应该是微小的,是约束所容许的,且结构原来连续的部分仍应保持其连续性。虚功原理可简述为:力的平衡系中外力经位移协调系的位移所做的虚功,等于力的平衡系中微段外力在位移协调系相应微段的变形位移上所做虚功的总和。

如果平衡力系是真实的,位移协调系是虚设的,这种情况下的虚功原理称为**虚位移原理**(principle of virtual displacement)。

如果平衡力系是虚设的,位移协调系是真实的,这种情况下的虚功原理称为**虚力原理**(principle of virtual force)。

虚位移原理可用于求解力系的平衡问题。在理论力学中,也研究过刚体的虚位移原理,它是变形体的一个特殊情况。虚力原理可用于计算结构的位移。

(3) 能量原理

能量原理也是对线性和非线性结构的内力和位移计算都适用的基本原理。在材料力学中已经学过应变能和卡斯提阿诺第一定理。结构受荷载作用而变形,由于变形而储备了能量,此能量称为应变能(U),图 1-34(a)中应变能表示为 $U=\int F_P \mathrm{d}\Delta$。设荷载为 F_{P_1}、$F_{P_2}\cdots$、F_{P_n},相应的位移为 Δ_1、$\Delta_2\cdots$、Δ_n。如果通过物理方程用位移来表示应变能,则应变能对任一位移 Δ_i 的偏导数便等于其相应的力 F_{P_i},即 $\dfrac{\partial U(\Delta)}{\partial \Delta_i}=F_{P_i}$。这就是卡斯提阿诺(A. Castigliano)第一定理。

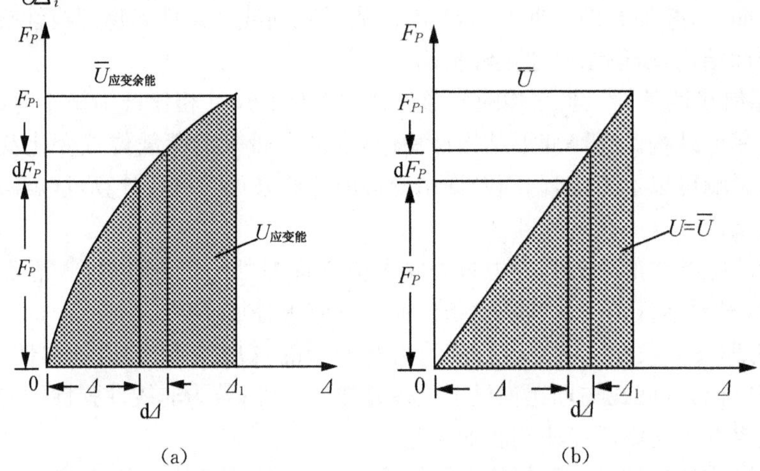

图 1-34 应变能与应变余能

在图 1-34(a)中,可建立和应变能相对应的应变余能的定义,应变余能可表示为 $\bar{U}=\int \Delta \mathrm{d}F_P$。如果通过物理方程用外力 F_P 表示余能,则余能对任一力的偏导数便等于其相应的位移 Δ_i,即 $\dfrac{\partial \bar{U}(F_P)}{\partial F_{P_i}}=\Delta_i$。其亦称克罗第-恩格塞(F. Crotti-F. Engesser)定理。

在本书第十章中,将专门介绍能量原理。关于势能,将讨论最小势能原理、卡氏第一定理,及它们与结构分析位移法的关系;关于余能,将讨论最小余能原理和克罗第-恩格塞定理,图 1-34(b)为线性结构情况下的卡氏第二定理和最小应变能原理,及它们与结构分析力法的关系。

思考题

1-1　计算简图与实际结构及设计图有什么区别?

1-2　从哪些方面考虑计算简图的选取?

习　题

1-1　作出图(a)所示屋架 *ABC* 的计算简图和图(b)所示厂房框架 *ABC* 的计算简图。

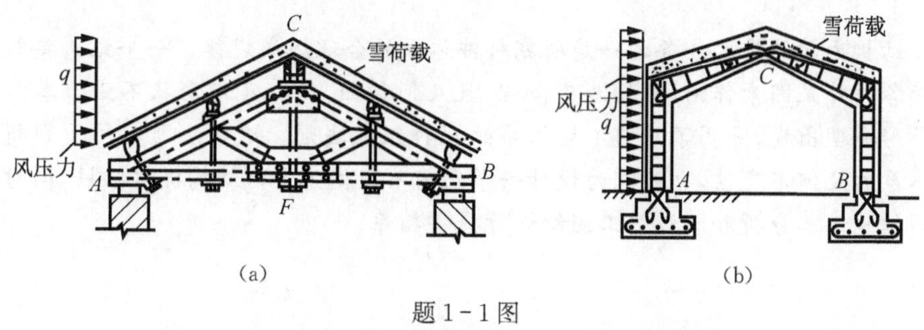

题1-1图

1-2　讨论图(a)所示桥梁与图(b)所示输水涵洞的计算简图的选取。

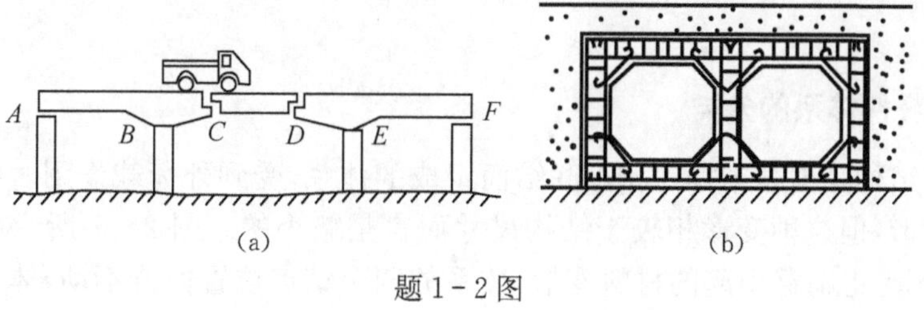

题1-2图

第2章

体系的几何组成分析

结构力学的基本任务之一是研究杆件体系的合理组成规律。一个结构要能够承受各种外来因素作用，其构造应合理，且几何稳固，保持几何形状不变。本章从三角形公理出发，阐明了几何不变体系的几种组成法则。这些法则可用于判断一个体系的几何不变性，也可以为设计一个几何不变体系作为结构提供依据，同时也可为结构计算分析和工程施工组织设计提供指导。

§2－1　概述

一、杆件体系的分类

杆件结构是由若干杆件相互联结而组成的体系，受到外荷载作用时杆件一般会产生变形，但这种变形相较于结构尺寸而言是微小的。图2－1所示的四杆体系，如果不考虑荷载引起的材料变形，体系的四个结点位置保持不动，体系几何外形保持不变，可以承受荷载并将其传递给基础，这样的杆件体系称为几何不变体系，可以作为结构。

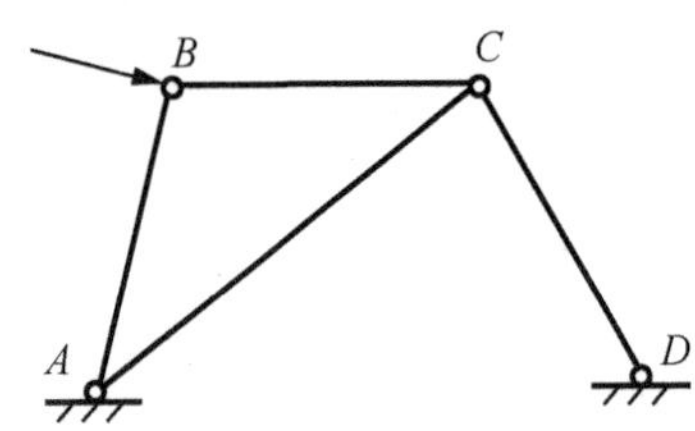

图2－1　几何不变体系

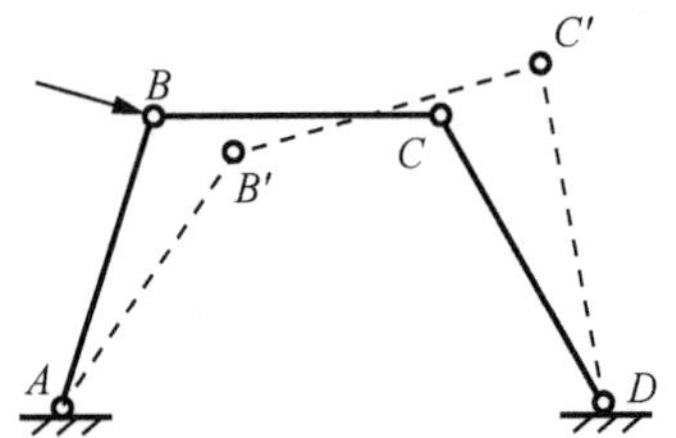

图2－2　几何可变体系

图2－2所示三杆体系，即使不考虑荷载引起的变形，在很小的荷载作用下，该体系也会发生机械运动而不能保持原有的位置不动，这样的体系称为几何可变体

系，也称为机构。此类杆件体系并不能起到承受荷载和传递力的作用，也就是不能起到骨架作用，不能作为结构。

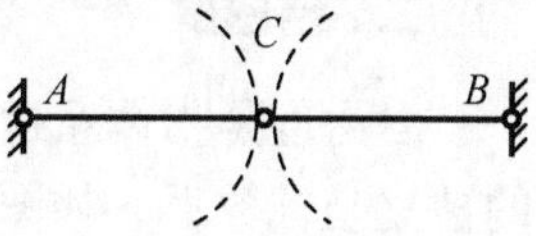

图 2－3 所示两杆体系，由于初始状态时 C 点位于分别以点 A、点 B 为圆心，以杆 AC、BC 为半径的圆弧的公切线上，在外荷载作用的瞬间，C 点会沿共切线方向运动，引起原体系宏观外形发生改变。但它经过瞬间改变后，体系又像结构一样能维持住它的形状和位置不变，这种短暂的瞬时可变的体系称为几何瞬变体系，它是几何可变体系的一种特例，也不能作为结构。

图 2－3　几何瞬变体系

综合上述分析，杆件体系总体可以分为两类：几何不变体系和几何可变体系。显然，只有几何不变体系才能作为实际工程应用的结构，几何可变体系（包括几何瞬变体系）不能作为结构。

二、几何组成分析的目的

对杆件体系几何组成的性质和规律进行的分析称为体系的几何组成分析。对体系进行几何组成分析的目的在于：(1) 判别某一体系是否几何不变，从而决定它能否作为结构；(2) 研究几何不变体系的组成规律，以保证所设计的结构能承受荷载而维持平衡；(3) 正确区分静定结构和超静定结构，识别结构各部分之间的联系，为进行结构的高效计算打下必要的基础。

本章只讲述平面杆件体系的几何组成分析。

§2－2　体系几何组成分析基本概念

一、刚片

在进行体系的几何组成分析时，不考虑材料的变形，因此可以将体系中的杆件或某几何不变部分作为刚体对待，在几何组成分析中统称为刚片。刚片是几何组成分析中的一个重要概念，需要理解其几何不变的本质。刚片概念是广义的，只要能保持几何形状不变即可，与形状无关，图 2－4(a)—(e)所示均可以看作刚片。

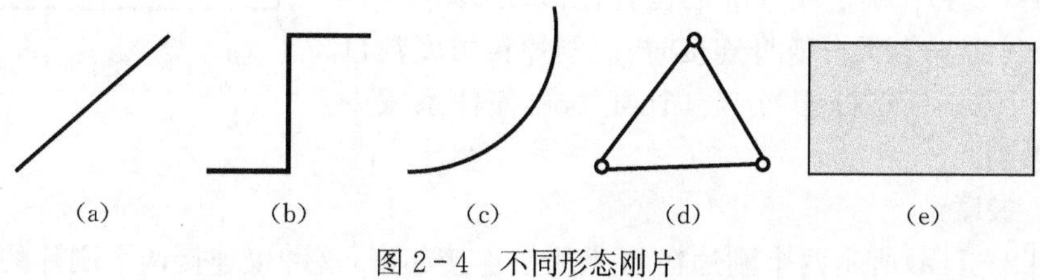

图 2－4　不同形态刚片

二、自由度

自由度是指体系运动时可以独立变化的几何参数数目,或确定体系位置所需的独立坐标数目。如图 2-5(a)所示平面内一动点(可自由运动的点)A,其可以沿水平方向运动,也可以沿竖直方向运动,确定其在平面内的位置需用两个独立的几何坐标 x_a、y_a 加以描述,因此,该动点在平面内有 2 个自由度。

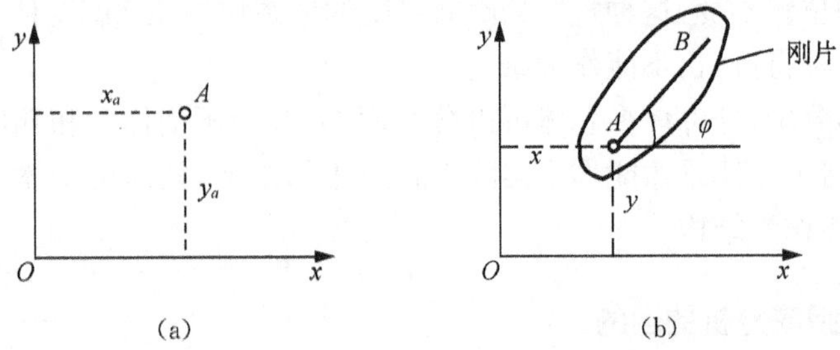

图 2-5　平面内的点与刚片的自由度

如图 2-5(b)所示平面内一刚片,其在平面内可以有水平移动、竖向移动以及转动三种独立运动方式,要确定它的位置需要用到三个独立的几何参数,即 x、y、φ,因此一个刚片在平面内有 3 个自由度。

三、约束

平面体系的各部分之间通过一定的方式联结在一起。这些联结对体系各部分之间的相对运动起到限制作用,这种对运动起限制作用的联结(装置)称为约束。能减少一个自由度的联结(装置)称为一个约束。

平面体系的杆件之间的联结方式通常有:链杆联结、铰联结、刚性联结,体系与基础一般通过各类支座进行联结。这些联结(装置)对体系而言都是约束。

1. 链杆联结

仅有两处用铰与其他部分相联系的刚片(直杆、曲杆或折杆)均可当作链杆。如图 2-6 所示的体系,刚片Ⅰ和刚片Ⅱ之间用链杆 BC 相连接,这时可用 x、y 和 φ 三个独立的参数确定刚片Ⅰ的位置,再用两个独立的参数 α 和 β 确定刚片Ⅱ的位置,所以该体系的自由度数目为 5;若无此链杆连接时,两刚片自由度数目为 6。可见一根链杆相当于一个约束,可使体系减少一个自由度。

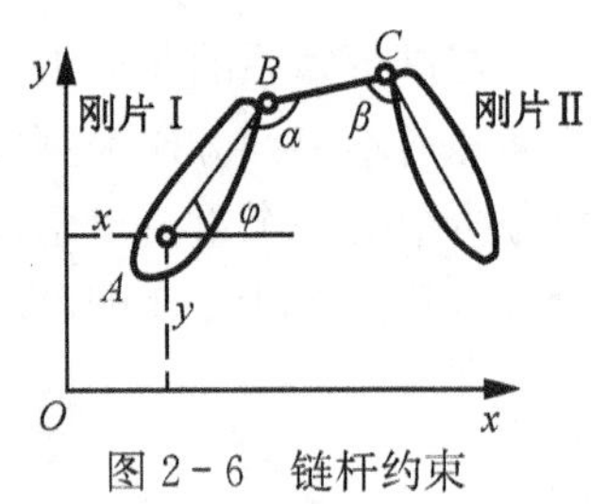

图 2-6　链杆约束

2. 铰联结

图 2-7(a)所示两个刚片在 B 点用铰连接起来,这种仅连接两个刚片的铰称

为单铰。该两刚片体系需用 x、y 和 φ 三个独立的参数确定刚片Ⅰ的位置，再用独立的参数 α 来确定刚片Ⅱ的位置，所以该体系的自由度数目为 4 个。若无此单铰连接时，两个刚片体系自由度数目为 6，由此可见，单铰使体系减少两个自由度(等价于两根链杆)。图 2-7(b)所示为三个刚片之间用一个铰联结的情况，这种联结两个以上刚片的铰称为复铰，联结后三个刚片体系的位置可用图示 5 个独立坐标 x、y、φ、α、β 确定，即体系的自由度数为 5，共减少了 4 个自由度。可见，联结三个刚片的复铰相当于两个单铰的约束作用。由此类推，联结 n 个刚片的复铰相当于 $n-1$ 个单铰，可以减少 $2(n-1)$ 个自由度。

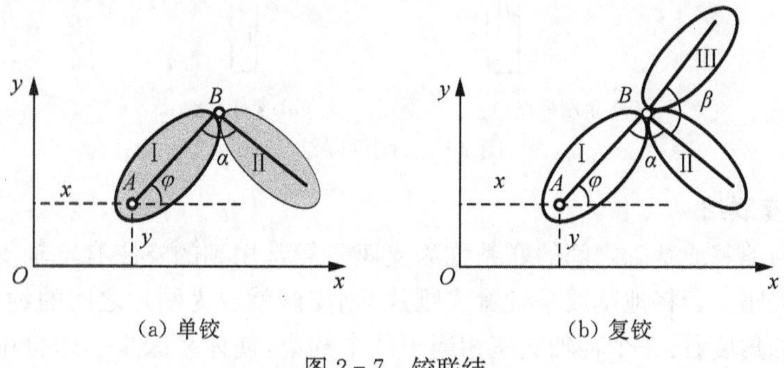

图 2-7　铰联结

基于前面的讨论，从减少体系自由度的观点看，两根链杆与一个单铰约束作用相同。如图 2-8(a)所示，当两个刚片用相交于刚片Ⅱ上 A 点的两根链杆联结时，假定刚片Ⅰ不动，则刚片Ⅱ只能绕 A 点转动，因此这两根链杆的功能相当于在 A 处的一个单铰，此类铰称为实铰。图 2-8(b)所示体系，两根链杆不直接相交在刚片Ⅱ上的一点，设其延长线之交点为 O，这时刚片Ⅱ相对于刚片Ⅰ只能绕 O 点发生微小转动，两根链杆所起的约束作用相当于在 O 点处的一个铰的约束作用。图 2-8(c)所示刚片Ⅱ与刚片Ⅰ由两根交叉链杆相联结，两刚片亦只能绕交叉点发生微小转动，两根链杆所起的约束作用相当于在交叉点处的一个铰的约束作用。这类延长线交于一点或形成交叉点的铰称为虚铰(或瞬铰)，显然，在体系运动的过程中，与两根链杆相对应的虚铰位置也跟着在改变。

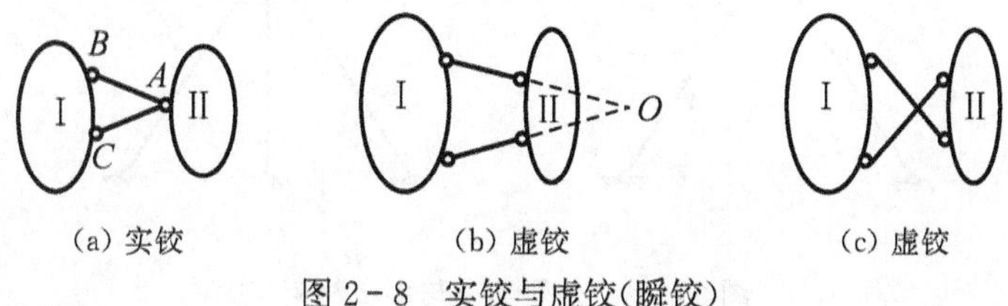

图 2-8　实铰与虚铰(瞬铰)

3. 刚性联结

图 2-9(a)所示为平面内两个刚片Ⅰ、Ⅱ在 A 点用刚结点联结成一个整体。

由于刚结点使两个刚片合成为一个刚片,因此一个刚结点相当于 3 个约束,可以减少 3 个自由度。仅联结两个刚片的刚结点称为单刚结点;联结两个以上刚片的刚结点称为复刚结点。显然,联结 n 个刚片的复刚结点相当于 $n-1$ 个单刚结点,可以减少 $3(n-1)$ 个自由度,如图 2-9(b)所示复刚结点就相当于 3 个单刚结点。

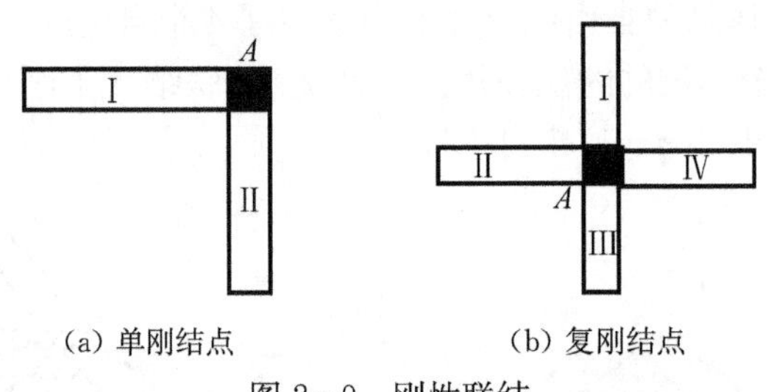

(a) 单刚结点　　(b) 复刚结点

图 2-9　刚性联结

4. 支座联结

体系与地基或基础之间的联系称为支座。经常用到的支座有辊轴支座、铰支座和固定支座。若将地基或基础看成刚片,则支座就成为刚片之间的约束。从减少自由度的角度看:一个辊轴支座相当于一个约束,使体系减少一个自由度;一个铰支座相当于两个约束,使体系减少两个自由度;一个固定支座相当于三个约束,使体系减少三个自由度。

5. 多余约束与必须约束

由于一个体系中约束的作用有可能重复,并不一定所有的约束都能减少体系的自由度。如果在一个体系中增加一个约束,而体系的自由度并不因之而减少,则此约束称为多余约束;反之则称为必须约束。

图 2-10(a)所示平面内一个自由点 A 原来有两个自由度,如果用两根不共线的链杆 1 和 2 把 A 点与基础相连,则 A 点被固定,体系的自由度为 0,即减少了两个自由度,可见链杆 1 或 2 都是必须约束。

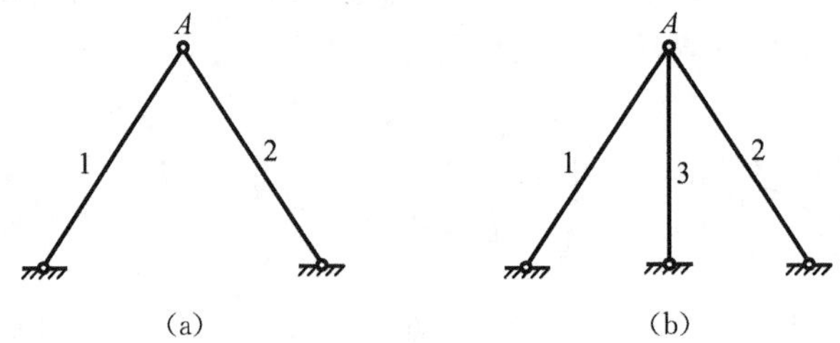

(a)　　(b)

图 2-10　必须约束与多余约束

如果在图 2-10(a)的基础上再增加第 3 根不共线的链杆把 A 点与基础相连[图 2-10(b)],体系的自由度仍然为 0,即第 3 根链杆并没有减少体系的自由度,从这个角度看是多余约束。实际上，可以将这三根链杆中的任何一根视作多余约束，另外两根为必须约束。

由上述可知，一个组成体系的各刚片之间恰当地加入足够多的约束，就能使刚片与刚片之间不发生相对运动，从而使该体系成为几何不变的体系。一个体系尽管有了足够数量的约束，但由于约束安排不当，存在多余约束，体系仍可能是几何可变的。因此，一个体系中如果有多个约束存在，那么应当分清楚哪些约束是多余的，哪些约束是必须的。只有必须约束才对体系的自由度有影响，而多余约束对体系的自由度则没有影响。

§2-3　平面体系的自由度与计算自由度

设体系是由若干个内部没有多余约束的刚片通过一定方式联结而成的，则体系的自由度 N 就等于体系中各个刚片完全自由时的总自由度减去体系中的必须约束数。即

$$N=3m-c \tag{2-1}$$

式中：N 为体系的自由度；m 是刚片数（不含地基）；c 是必须约束数。

与地基联结在一起的体系，其自由度为零是体系几何不变的充要条件。而与地基没有联结的几何不变体系，由于本身作为一个刚片在平面内尚有 3 个自由度，因此这类体系的自由度为 3。

对于许多复杂体系来说，要预先判定体系必须约束难度较大，这就造成按式(2-1)计算体系自由度较困难。这里引入体系计算自由度的概念。体系的计算自由度指体系中所有刚片的总自由度数减去体系中的总约束数，即

$$W=3m-(c+s) \tag{2-2}$$

式中：W 为体系的计算自由度；s 为多余约束数。

具体地说，如果体系内部及与地基之间的联结包括 b 根链杆、h 个单铰和 r 个单刚结点（复铰和复刚结点应折算为相应的单铰和单刚结点数），则体系的计算自由度为

$$W=3m-(b+2h+3r) \tag{2-3}$$

对于平面内全部由链杆所组成的铰结链杆体系，其体系的计算自由度除可用式(2-3)计算外，还可以采用式(2-4)计算。

$$W=2j-b \tag{2-4}$$

式中：j 为体系铰结点总数；b 为包括支座链杆在内的链杆总数。

例 2-1 试求图 2-11 所示平面体系的计算自由度。

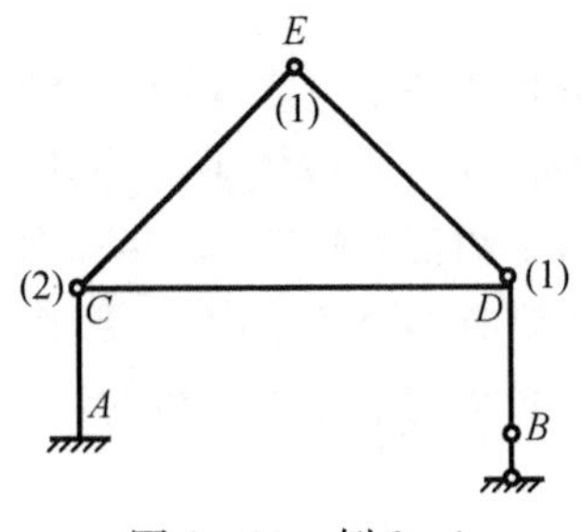

图 2-11 例 2-1

解 (1) 将除支座链杆外的每根杆件都看成刚片,则有 AC、CDB、CE、ED 共计 4 个刚片,$m=4$,B 处链杆数目 $b=1$,各结点处折算单铰数如图 2-11 中括号内数字所示,可见单铰总数 $h=4$,单刚结点总数 $r=1$(A 处固定支座),需要注意的是,结点 D 为组合结点,BD 和 CD 在 D 点刚结,但 CDB 作为一个刚片,不应再计入 CD、DB 之间的刚结点,D 点处的铰连接了刚片 ED 和 CDB,所以 D 处包含 1 个单铰。将相关数据代入式(2-3),得该体系的计算自由度为

$$W=3\times4-(1+2\times4+3\times1)=0$$

(2) 如将 CD、DB 都看成刚片,则有 AC、CD、DB、CE、ED 共计 5 个刚片,$m=5$,B 处链杆数目 $b=1$,各结点处折算单铰数如图 2-11 中括号内数字所示,可见单铰总数 $h=4$,单刚结点总数 $r=2$(A 处固定支座,此时 BD 和 CD 在 D 点包含一个刚结点),D 点处的铰连接了刚片 ED 和 CD(或 DB),所以 D 处包含 1 个单铰。将相关数据代入式(2-3),得该体系的计算自由度为

$$W=3\times5-(1+2\times4+3\times2)=0$$

例 2-2 试计算图 2-12 中各平面体系的计算自由度,并对其几何特征做简要分析。

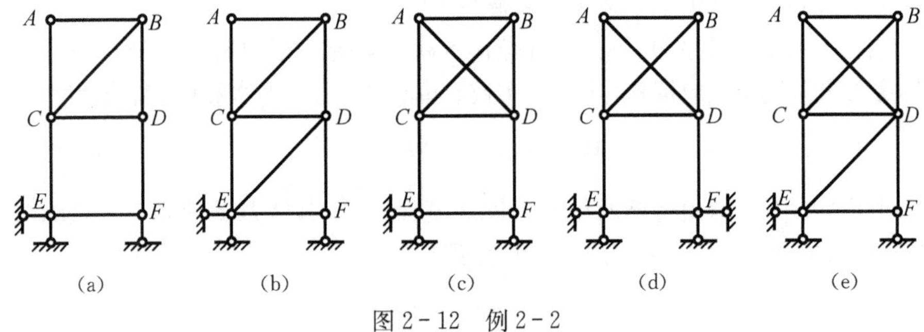

图 2-12 例 2-2

解 图 2-12 中的各体系均为铰结链杆体系,利用式(2-4)计算比较方便。

图 2-12(a)中，铰结点有 A、B、C、D、E、F 共 6 个，内部链杆 8 个，支座链杆 3 个，该体系的计算自由度为 $W=2\times6-11=1$，体系 $W>0$，表明体系缺少足够的约束，因此一定是几何可变的，简单分析就可以发现上部 $ABCD$ 部分可以发生刚体平动。

图 2-12(b)、(c)中，体系的计算自由度为 $W=2\times6-12=0$，表明两个体系均具有成为几何不变体系所需要的最少约束数目，但图 2-12(b)所示体系是几何不变的，而图 2-12(c)所示体系则是几何可变的，简单分析就可以发现上部 $ABCD$ 部分可以发生刚体平动。

图 2-12(d)、(e)中体系的计算自由度为 $W=2\times6-13=-1$，$W<0$，表明两个体系均具有多余约束。但是图 2-12(d)所示体系是几何可变的，上部 $ABCD$ 部分可以发生刚体平动；而图 2-12(e)所示体系则是几何不变的。

从以上分析可以看出，$W\leqslant0$ 并不能判断体系是否是几何不变，还需要看约束的布置是否得当。

实际上，由式(2-1)、(2-2)可得到体系自由度、计算自由度与多余约束的关系为

$$W=N-s \tag{2-5}$$

由于多余约束数 $s\geqslant0$，故有 $N\geqslant W$。说明计算自由度 $W\leqslant0$(或只就体系本身 $W\leqslant3$)，只是体系几何不变的必要条件，还不是充分条件。一个体系尽管约束数目足够甚至还有多余，也不一定就是几何不变的。为了判别体系是否是几何不变，还必须进一步研究体系几何不变的充分条件，即几何不变体系的组成规则。

顺便指出，一般结构都是与地基相联结的几何不变体系，其自由度数 $N=0$，故结构的多余约束数 $s=-W$，这一结论在后面超静定结构分析中有重要作用。

§2-4　几何不变体系的组成规则

本节讨论几何不变体系的组成规则，如无特别说明，本节中所说的刚片都是本身无多余约束的刚片。根据平面几何学中的三角形公理，可以推出平面杆件体系几何不变性的三个基本组成法则。

一、三刚片法则

三个刚片用不在同一条直线上的三个单铰两两相连，所组成的体系是几何不变而无多余约束的体系。

图 2-13(a)所示体系，刚片Ⅰ、刚片Ⅱ、刚片Ⅲ用不在同一直线上的三个单铰

A、B、C 两两相连。若假定刚片Ⅰ不动,则可以判定 C 点不动,也就是三个刚片之间不能发生相对运动,所以这样组成的体系是几何不变且内部无多余约束($W=3\times3-2\times3=3$)的体系。

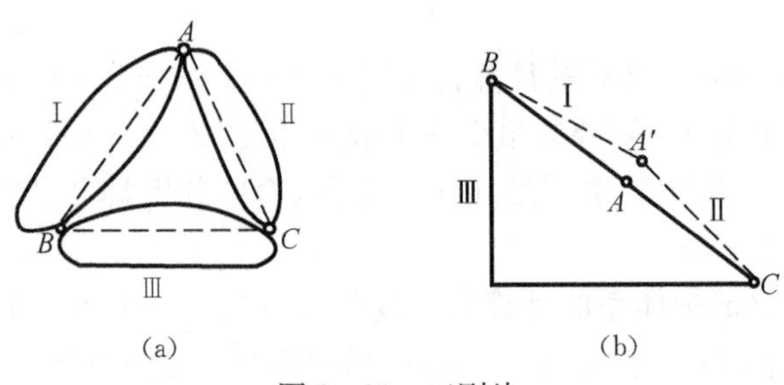

图 2-13　三刚片

若连接三刚片的三个铰 A、B、C 在同一条直线上[如图 2-13(b)所示],则在刚片Ⅰ和刚片Ⅱ在公切线方向的 A 铰可以有微小的位置改变,体系是瞬变的。虽然瞬变体系只能在某一瞬时发生微小的相对运动,随后变为几何不变,但是,进一步考察其受力情况则发现,即使在很小的荷载作用下,其内力也会接近无穷大,在应用中必须加以甄别。如图 2-14(a)所示瞬变体系,设外荷载 F 作用于 C 点,由图 2-14(b)所示脱离体的竖向平衡条件 $\sum F_y=0$,可得 $F_N=\dfrac{F}{2\sin\varphi}$,因为 φ 为一无穷小量,所以,$F_N=\lim\limits_{\varphi\to0}\dfrac{F}{2\sin\varphi}=\infty$。可见杆 AC、BC 将产生无穷大的内力和变形。由此可见,瞬变体系在工程中是不能采用的。

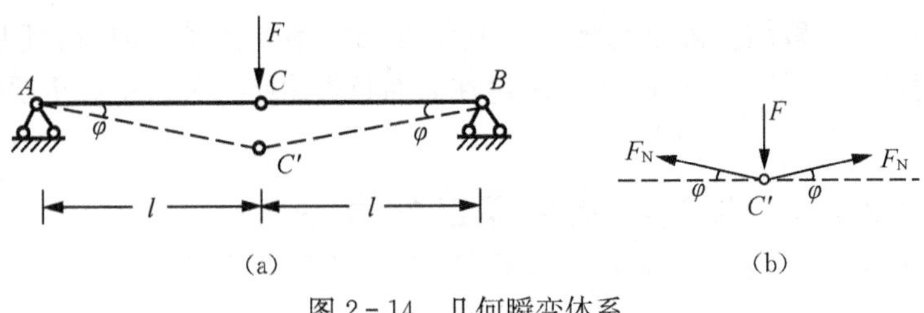

图 2-14　几何瞬变体系

基于链杆与单铰的等效替换,三刚片法则推广演变出分析中经常用到的三刚片六链杆法则,该法则表述如下。

三刚片之间用六根链杆彼此两两连接,六链杆所组成的三个铰不在同一条直线上,这样所组成的体系是几何不变而无多余约束的。

如图 2-15(a)、(b)所示的体系,每两个刚片之间由两根链杆相连接,两根链杆可以等效为一个单铰,实际上都符合三角形法则,是几何不变体系。

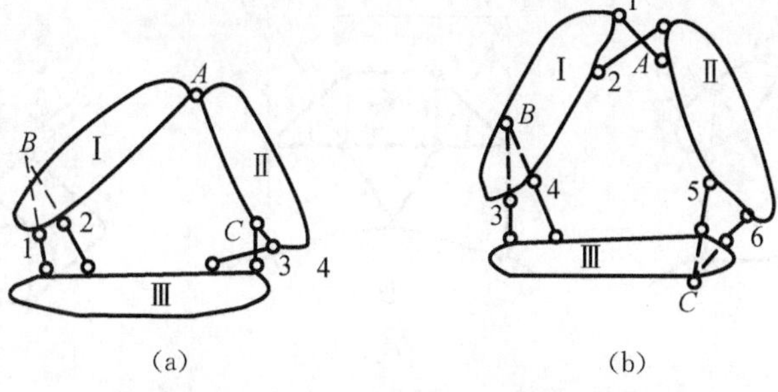

(a)　　(b)

图 2-15　三刚片(一铰四链杆或六链杆)

图 2-16(a)为三个刚片用三个虚铰组成的体系,其中铰(1,3)是刚片Ⅰ与刚片Ⅲ之间用两根平行链杆相连接所形成的虚铰,虚铰位置在两平行链杆方向的无穷远处,该无穷远虚铰与虚铰(1,2)和虚铰(2,3)不在同一直线上,符合三刚片法则。

图 2-16(b)亦为三个刚片用三个虚铰组成的体系,刚片Ⅰ和刚片Ⅱ之间的虚铰(1,2)为定点,其他两个虚铰(2,3)和(1,3)均在无穷远处,三虚铰不在同一直线上,也符合三刚片法则。

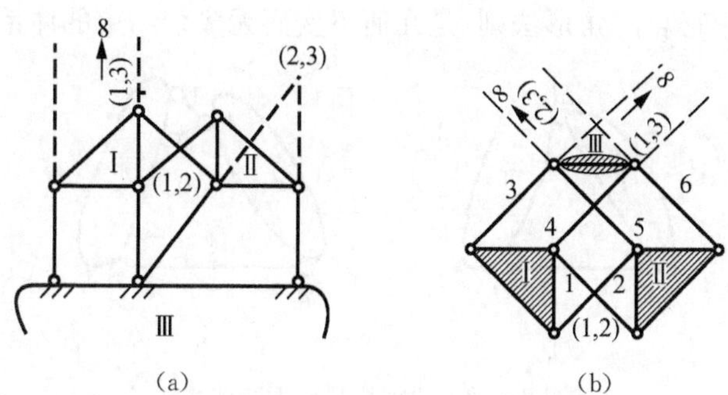

(a)　　(b)

图 2-16　三个虚铰构成的几何不变体系

图 2-17 给出了三刚片中的六根链杆所形成的三个铰在同一直线上的情况。图 2-17(a)所示为三个铰位于同一直线情况;图 2-17(b)所示为虚铰(1,2)在无穷远处,虚铰(1,3)和(2,3)为有限定点,但有限定点虚铰的连线与构成无穷远铰的链杆方向平行,相当于三根平行杆交于无穷远处,是瞬变体系。图 2-17(c)所示体系的三个虚铰都在无穷远处,可以认为它们落在了一条无穷远线上,是几何瞬变的。

实际上涉及无穷远铰时可以借助于无穷远点、无穷远线的概念加以分析。主要包含以下四点结论:(1) 每个方向有一个无穷远点(该方向各平行线交点);(2) 不同方向有不同的无穷远点;(3) 不同方向的无穷远点落在所谓的无穷线上;(4) 各有限点都不在无穷远线上。

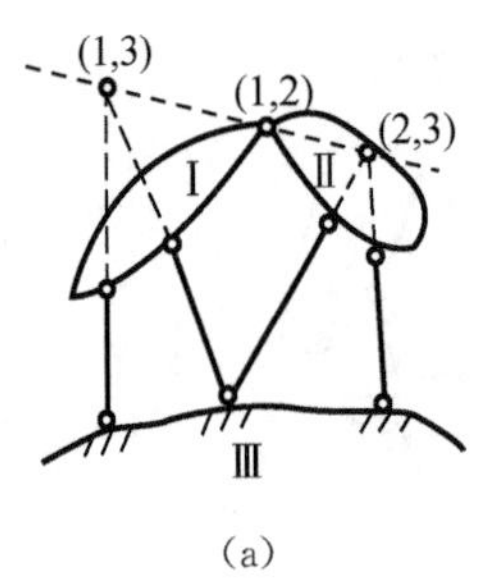

(a)

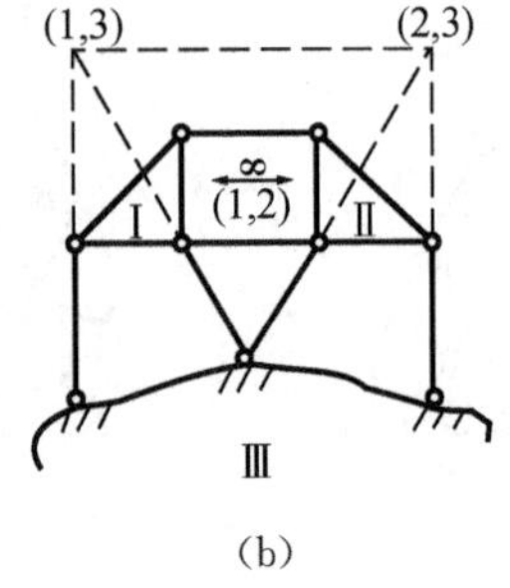

(b)

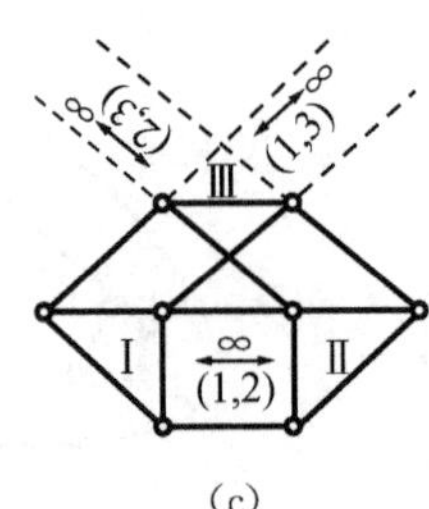

(c)

图 2-17　几何瞬变体系

二、二刚片法则

两刚片用不完全相交于一点又不完全平行的三根链杆连接而成的体系，是几何不变而无多余约束的体系。

如果把图 2-13(a)中的刚片Ⅲ作为一根链杆，就成为图 2-18(a)所示体系，再把图 2-18(a)所示体系中的铰 A 改为两根链杆，则转换为图 2-18(b)所示体系。该体系中刚片Ⅰ和刚片Ⅱ由三链杆 1、2、3 连接。三链杆不完全相交于一点，也不完全平行，它符合三角形法则，是几何不变而无多余约束的体系。

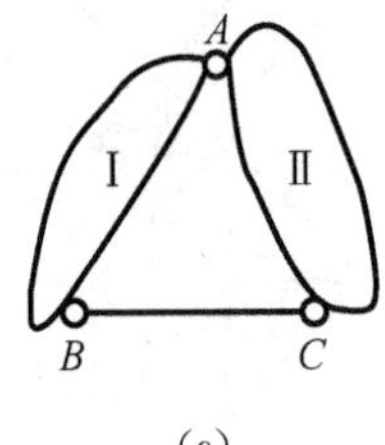

(a)

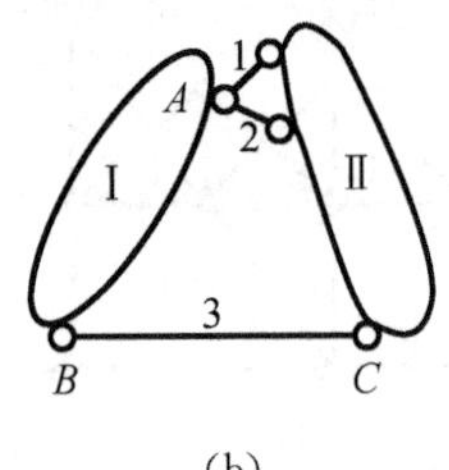

(b)

图 2-18　两刚片几何不变体系

如果出现三根链杆延长后完全相交于一点[如图 2-19(a)所示]，或三链杆完全平行[如图 2-19(b)所示]，或者链杆通过铰心[如图 2-19(c)所示]的情况，则体系都是几何瞬变的体系。

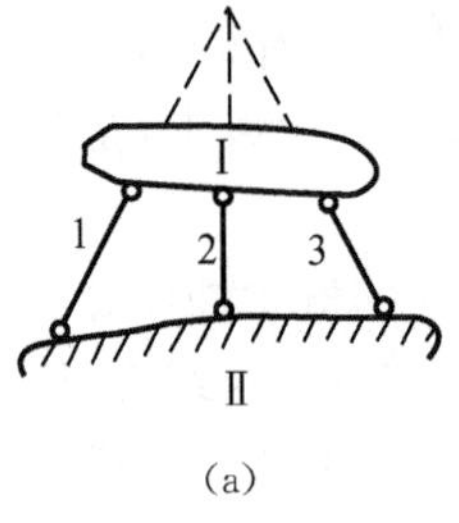

(a)

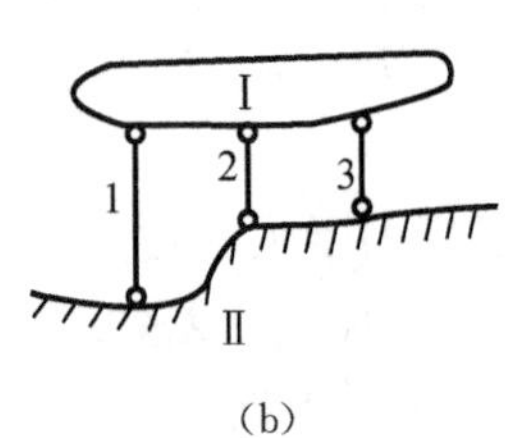

(b)

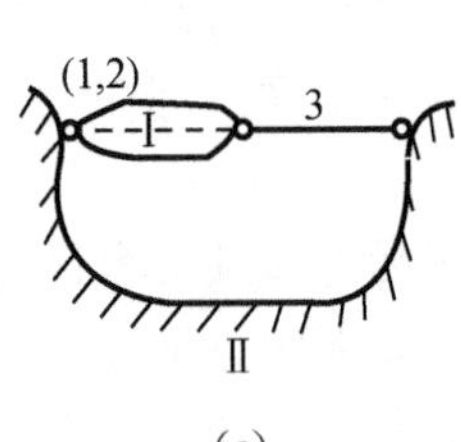

(c)

图 2-19　两刚片瞬变体系

基于两刚片三链杆法则，可以演变出实际体系分析中经常用到的一种表达形式，即两刚片一铰一链杆相连法则。

两刚片之间用一个铰和一根轴线不通过铰心的链杆相连接所组成的体系，是几何不变而无多余约束的体系。

此法中用一个单铰代替了两根链杆的作用。图 2－20(a)、(b)、(c)所示体系都符合此法则，是几何不变体系。

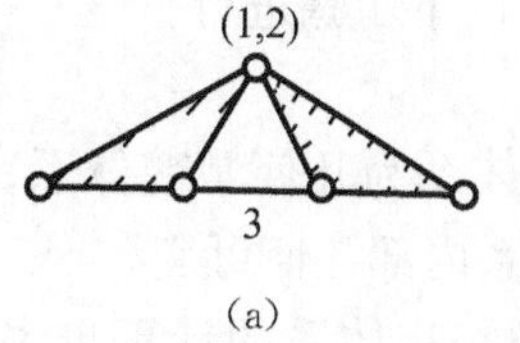

(a)

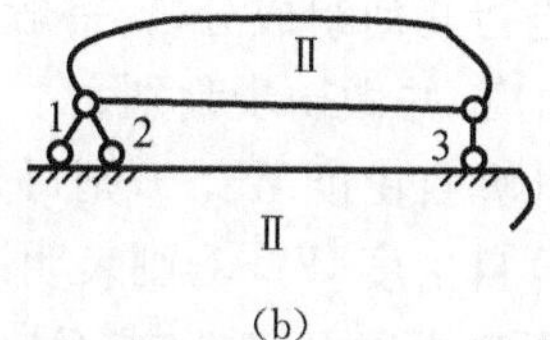

(b)

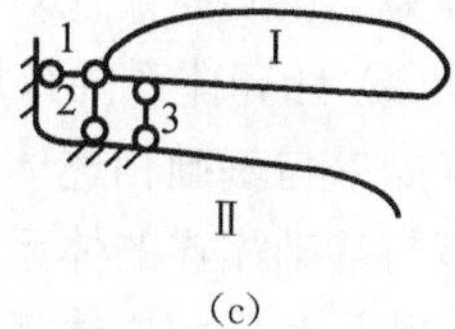

(c)

图 2－20　两刚片几何不变体系

三、二元体法则

在一个体系上增减若干个二元体不影响原体系的几何组成性质。

二元体法则表明：若原体系是几何不变的，则增减若干二元体后的新体系仍是几何不变的；若原来体系是几何可变的，则增减若干二元体后的新体系仍是几何可变的。

所谓二元体指用不共线的两根链杆联结一个新结点的装置。图 2－21(a)、(b)中的 *ABC* 就是典型的二元体。

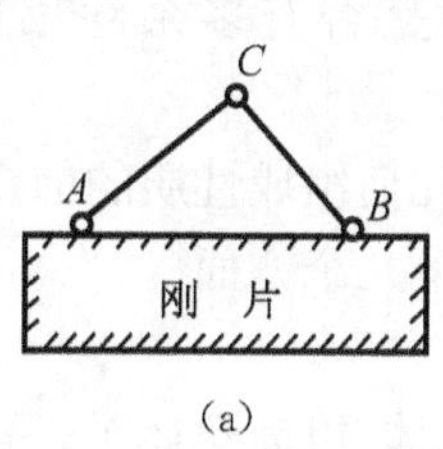

(a)

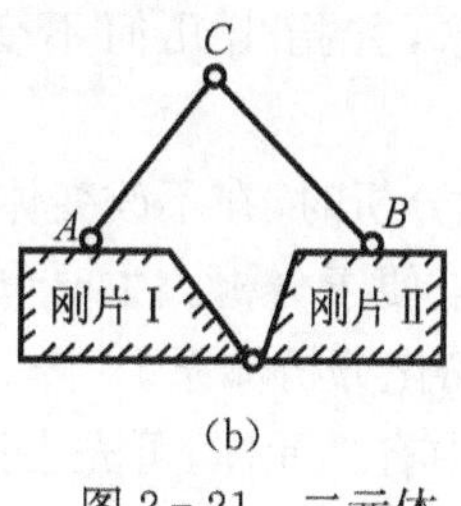

(b)

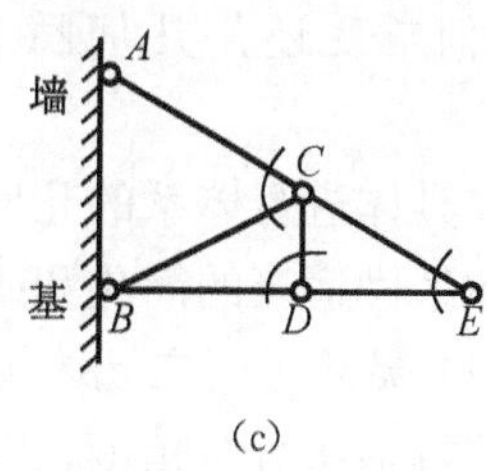

(c)

图 2－21　二元体

图 2－21(a)的下部是几何不变的刚片，增加二元体 *ABC* 后，整个体系仍然是几何不变的；图 2－21(b)的下部是几何可变的，增加二元体 *ABC* 后，整个体系仍然是几何可变的；图 2－21(c)是在几何不变的基础上连续增加二元体 *ACB*、*CDB*、*CED* 形成，整个体系也是几何不变的。反之，可以逐个去除二元体 *CED*、*CDB*、*ACB*，最后所剩基础是几何不变的。

合理应用二元体法则，可简化体系的几何组成分析。

§2-5 平面体系的几何组成分析举例

一、几何组成分析的基本步骤

为了正确高效地对体系进行几何组成分析,一般可按以下步骤进行。

(1) 计算体系的计算自由度,并做初步判别。

如果与基础相连体系的计算自由度 $W>0$,则可判定体系为几何常变体系;如果不与基础相连的体系的计算自由度 $W>3$,则表明该体系内部几何可变。

若与基础相连体系的计算自由度 $W\leqslant 0$,或不与基础相连体系的计算自由度 $W\leqslant 3$,表明体系满足几何不变的必要条件,不能直接下结论,还需进行进一步的几何组成分析。

对于简单的体系可以直接进行几何组成分析。

(2) 确定刚片与约束。

进行体系几何组成分析时不考虑材料变形,因此,单根杆件以及能直接判明的几何不变无多余约束部分(如铰结三角形、含刚性联结的杆件组合以及地基等)都可以当作刚片。体系中的铰和链杆都是约束。

(3) 判定体系的组成性质。

灵活应用所给出的几何组成法则判定体系的几何性质,明确体系是几何不变、几何常变还是几何瞬变体系,并指出几何不变体系是否有多余约束以及数目。

在具体进行体系的几何组成分析时,在不改变体系的几何组成性质的前提下,宜对体系做适当的简化和改造,以便于分析。主要包括以下几个方面。

(1) 灵活运用二元体规则,简化分析体系。

从拆除法分析角度,若体系中有二元体,可先去掉二元体,以简化体系;另一方面,从搭建法分析角度,可在已判明的刚片上,通过增加二元体尽可能扩大刚片的范围,以减少体系的刚片数量。

(2) 基础与体系的分离分析。

如果基础(或一个刚片)与体系的其他部分只通过三根既不交于一点又不完全平行的链杆联结,则可以去掉基础(或刚片)及这三根链杆,只分析剩余部分的几何组成。这种简化实际上是两刚片规则的运用。

(3) 利用法则合理识别刚片与联系。

体系经过适当的简化后,就需要确定刚片与约束,再运用两刚片规则和三刚片规则进行几何组成分析,这时关键是合理选定第一个刚片。通常会遇到以下几种情况：

① 如果基础与上部体系之间的约束超过三个，一般情况下基础可作为第一刚片。

② 对于不包含基础的体系，采用试选的方法。一般可考虑将与其他部分的联系不超过 4 根链杆（单铰视为两根链杆）的几何不变部分作为第一刚片。第一刚片确定后，就可以根据从第一刚片上伸出去的链杆寻找其他刚片。如果从第一刚片上伸出去的 3 根链杆联结到同一个几何不变部分，则该部分为第二刚片，采用两刚片法则判别；如从第一刚片上伸出去的 4 根链杆中，每两根联结到同一个几何不变部分，则可得到第二、第三刚片，采用三刚片法则判别。

(4) 链杆与刚片的合理替换。

链杆是刚片的特殊形式，任何一根链杆都可以被看成刚片。但是，把刚片替换成链杆却是有条件的。当一个刚片与体系的其他部分只通过两个铰联结时，可以把该刚片看成联结这两个铰的链杆；当一个刚片通过 3 个或 3 个以上的铰与其他部分联结时，一般要将其变换为联结这些铰的内部几何不变且无多余约束的链杆体系。

(5) 应用扩大刚片概念分析。

在几何组成分析过程中，还可以把已经判明的几何不变部分看成新的大刚片，反复运用基本规则进行分析。

二、几何组成分析举例

例 2 - 3　试分析图 2 - 22(a)所示体系是否为几何不变体系。

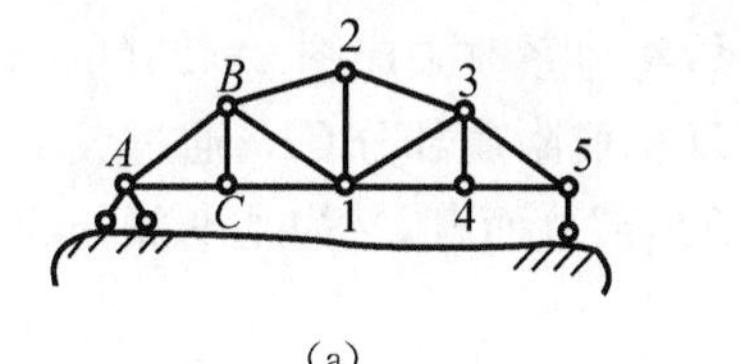

(a)

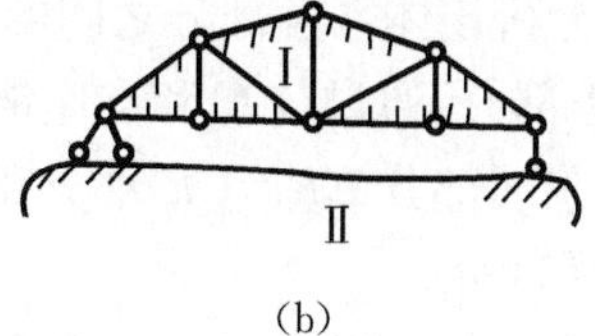

(b)

图 2 - 22　例 2 - 3

解　该体系较为简单，直接应用法则进行分析。

(1) 确定刚片和约束。整个体系可以分为上下两部分，上部是在一个铰结三角形 ABC（本身为几何不变）基础上，连续增加二元体 $B1C$、$12B$、132、143、453 组成的几何不变体系；上部的几何不变体系可作为刚片Ⅰ，基础可作为刚片Ⅱ，两刚片之间的三根支座链杆可作为约束，如图 2 - 22(b)所示。

(2) 运用法则进行分析。刚片Ⅰ和刚片Ⅱ之间，用不完全相交于一点又不完全平行的三根链杆相连接，符合两刚片法则，所以，该体系为几何不变而无多余约束的体系。

例 2-4 试分析图 2-23(a)所示体系的几何组成,并分析其相互关系。

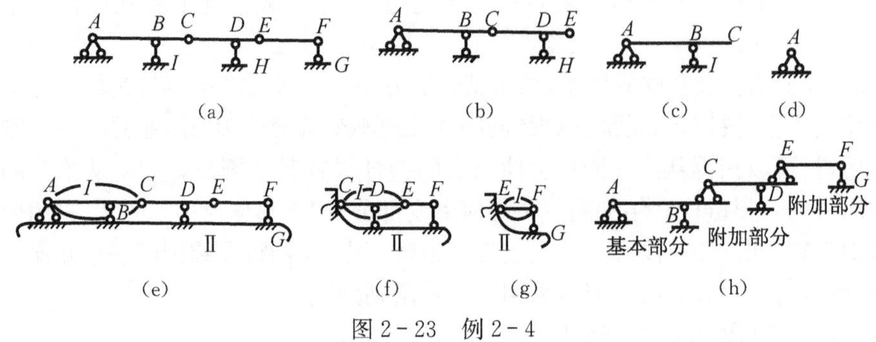

图 2-23 例 2-4

解 应用两种途径对其进行几何分析。

(1) 拆除二元体分析法。从图 2-23(a)的右侧开始分析,EFG 部分为二元体,减去此二元体不影响原体系几何组成,如图 2-23(b)所示;减去二元体 CDH,构成新体系图 2-23(c);再继续去掉二元体 ABI,如图 2-23(d)所示新体系是几何不变的。依据二元体法则,原体系是几何不变且无多余约束的体系。

(2) 扩大基础(或扩大刚片)分析法

在图 2-13(e)中,选择杆 AC 为刚片Ⅰ,基础为刚片Ⅱ,它们之间用不完全相交于一点也不完全平行的三根链杆相连接,由两刚片法则判定为几何不变且无多余约束的体系,将其看作扩大基础(刚片),演变为图 2-23(f)所示新体系;继续应用上述分析过程,得到图 2-23(g)所示体系,得到相同的结论。同样得出原体系是几何不变且无多余约束的。

进一步分析该体系各部分之间的关系,将体系改画成图 2-23(h)所示分层形式。AC 基本部分,通过铰 C 和支座链杆 D 构成附属部分 CE;通过铰 E 和支座链杆 FG,构成附属部分 EF。CE 部分相对 EF 部分而言,又为基本部分,而 EF 部分是 CE 的附属部分。

对体系各部分之间的相互关系进行分析,可为后面章节的结构计算提供最佳求解路径。

例 2-5 对图 2-24 所示体系进行几何组成分析。

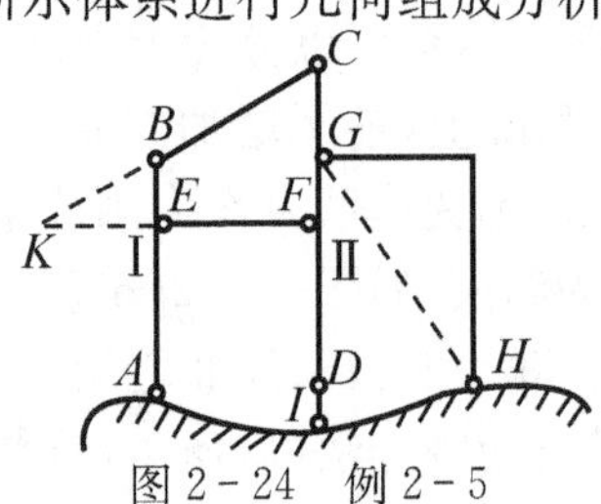

图 2-24 例 2-5

解　该体系没有二元体，不能通过二元法则进行体系简化，通过确定刚片与约束进行分析。体系中 AB 杆与其他部分有 A、E、B 三个单铰联结，选为刚片Ⅰ；杆 DC 与其他部分有 C、G、F 三个铰以及 D 处单链杆联结，选为刚片Ⅱ；基础与外部有 A、H 两个单铰以及 D 处单链杆联结，选为刚片Ⅲ。进一步分析可以看出：刚片 I 与刚片Ⅱ之间有链杆 BC、EF 联结，两杆形成虚铰 K；刚片Ⅰ与刚片Ⅲ之间有铰 A 相连接；刚片Ⅱ与刚片Ⅲ之间有链杆 DI、GH 联结，其形成的虚铰位于 G 点。A、K、G 三点不在同一直线上，也就是三个铰不共线，由三刚片法则可知该体系是几何不变且无多余约束体系。

例 2－6　试对图 2－25(a)所示体系进行几何组成分析。

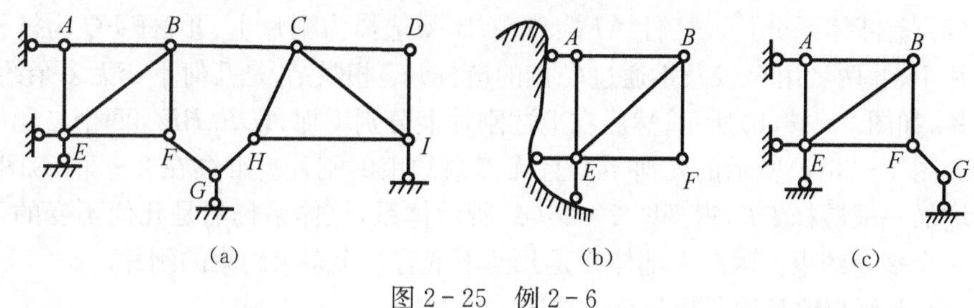

图 2－25　例 2－6

解　(1) 讨论。该体系中 CDI 是二元体。$ABFE$ 是两个三角形构成的与外部联系多于两个的几何不变体，一般可以选为刚片；铰结三角形 CIH 与外部联系有三个，也可以选为刚片；地基可以看作一个刚片。这时找不到三个刚片之间的两两直接联系，因而不能直接用法则进行分析。

(2) 采用逐步搭建方式进行几何分析。将基础看作刚片Ⅰ，将 $ABFE$ 作为刚片Ⅱ，它们之间符合两刚片法则，得到几何不变且无多余约束的扩大刚片，如图 2－25(b)所示；在此扩大刚片上增加一个二元体，形成一个新的结点 G，形成如图 2－25(c)所示几何不变扩大刚片；考虑将 $CDIH$ 作为刚片，它与扩大刚片之间用 BC、GH 和 I 三根链杆相连接。若 BC、GH 和 I 三根链杆延长线不相交于一点，则整个体系为几何不变；若相交于一点，就是几何瞬变。

例 2－7　试分析图 2－26(a)所示体系的几何组成。

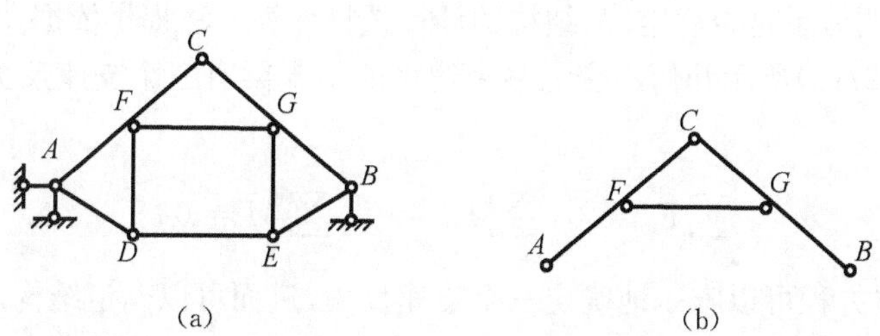

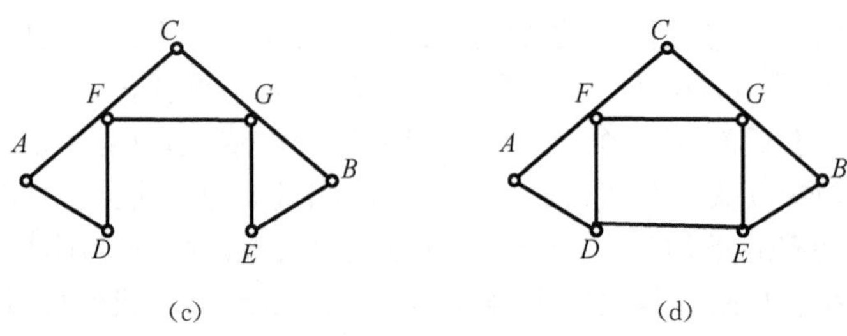

图 2-26　例 2-7

解　(1) 简化。地基与上部体系通过 3 根既不交于一点又不完全平行的链杆联结,可拆除基础及三个支座链杆,只分析上部体系。

(2) 上部体系分析。杆件 AFC 和 CGB 须选择为刚片Ⅰ、Ⅱ,杆 FC 为链杆,则刚片Ⅰ、Ⅱ两者用 C 铰及不通过 C 铰的链杆 FG 相联结,是几何不变无多余约束的刚片,如图 2-26(b)所示;然后在上述刚片上分别增加 ADF、BEG 两个二元体,得到如图 2-26(c)所示的几何不变且无多余约束的刚片。继续在 2-26(c)图基础上增加一根链杆 DE,得到图 2-26(d)所示体系,该体系仍然是几何不变的,但有了一个多余约束。因此上部体系是几何不变有一个多余约束的刚片。

(3) 上部与地基的分析及总体结论

上部体系与基础符合两刚片法则。原体系是几何不变有 1 个多余约束的体系。

该体系也可以不用图 2-26(b),直接利用图 2-26(c)进行分析,请读者自行推演分析。

§2-6　几何组成与静定性的关系

所谓体系的静定性,是指体系在任意荷载作用下的全部反力和内力可以根据静力平衡条件唯一确定,这一结论称为静定结构解答唯一性定理。体系的静定性与几何组成之间有着必然的联系,几何组成分析除了可以判定体系是否几何不变外,还可以说明体系是否静定,为结构的计算选择计算方法提供依据。

如图 2-27(a)所示几何不变无多余约束的简支梁有三个支座反力,静力平衡条件为

$$\sum F_x = 0,\ \sum F_y = 0,\ \sum M = 0$$

三个独立方程可以唯一地确定三个支座反力,进而可以确定结构内力,因此该体系是静定的。上述分析表明:几何不变没有多余约束的结构是静定的,用平衡条件即可求解。

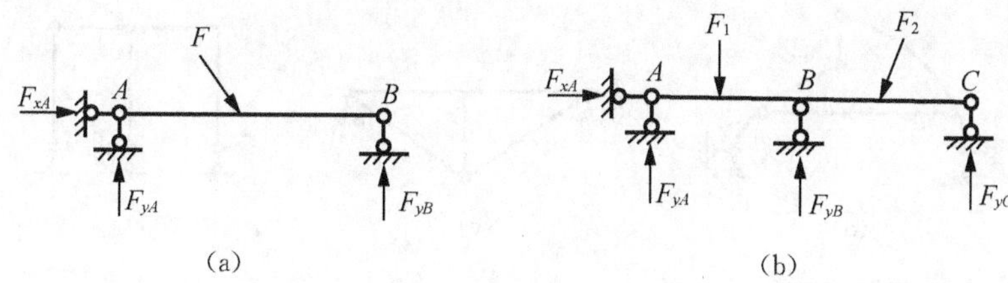

图 2-27　静定结构与超静定结构

图 2-27(b)所示体系为几何不变且有一个多余约束的体系，可以作为结构，它具有四个未知的支座反力。以刚片 ABC 作为分析对象，同样可以列出三个独立的平衡方程，此时未知量数目多于独立方程的数目，满足方程的解有无穷多组，仅用平衡条件无法唯一确定结构的支座反力，需要补充条件才能确定真实的支座反力，进而求出相应内力。所以，该体系是超静定的。上述分析表明：几何不变有多余约束的体系是超静定结构，要用超静定结构计算方法进行求解。

思考题

2-1　杆件体系自由度的物理意义是什么？自由度与静定性之间有什么关系？

2-2　为什么工程中要避免采用瞬变体系？

2-3　什么叫多余约束？多余约束是否真的是多余的？几何可变体系一定没有多余约束吗？

2-4　几何不变体系的组成法则各有什么规定？

2-5　如何确定体系的基本部分与附属部分？

2-6　静定结构和超静定结构的几何组成特征、静力特征是什么？

习　题

2-1　试分析题 2-1 图所示各体系的几何组成。

2-2　用增减联系(约束)的方法将题 2-2 图所示各体系改为几何不变且无多余约束的体系，并讨论各有几种增减联系(约束)的方法。

2-3　在题 2-3 图所示体系中，设变动等长杆 $\overline{AB}$ 和 $\overline{AC}$ 的长度，能使 A 点在竖直线上移动，而其余结点位置不变。若要保持体系几何不变，则 h 不能等于哪些数($h\neq 2$ m, $h\neq\infty$)？

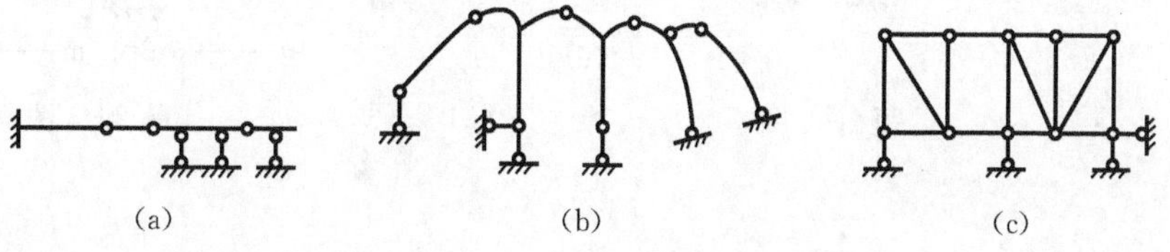

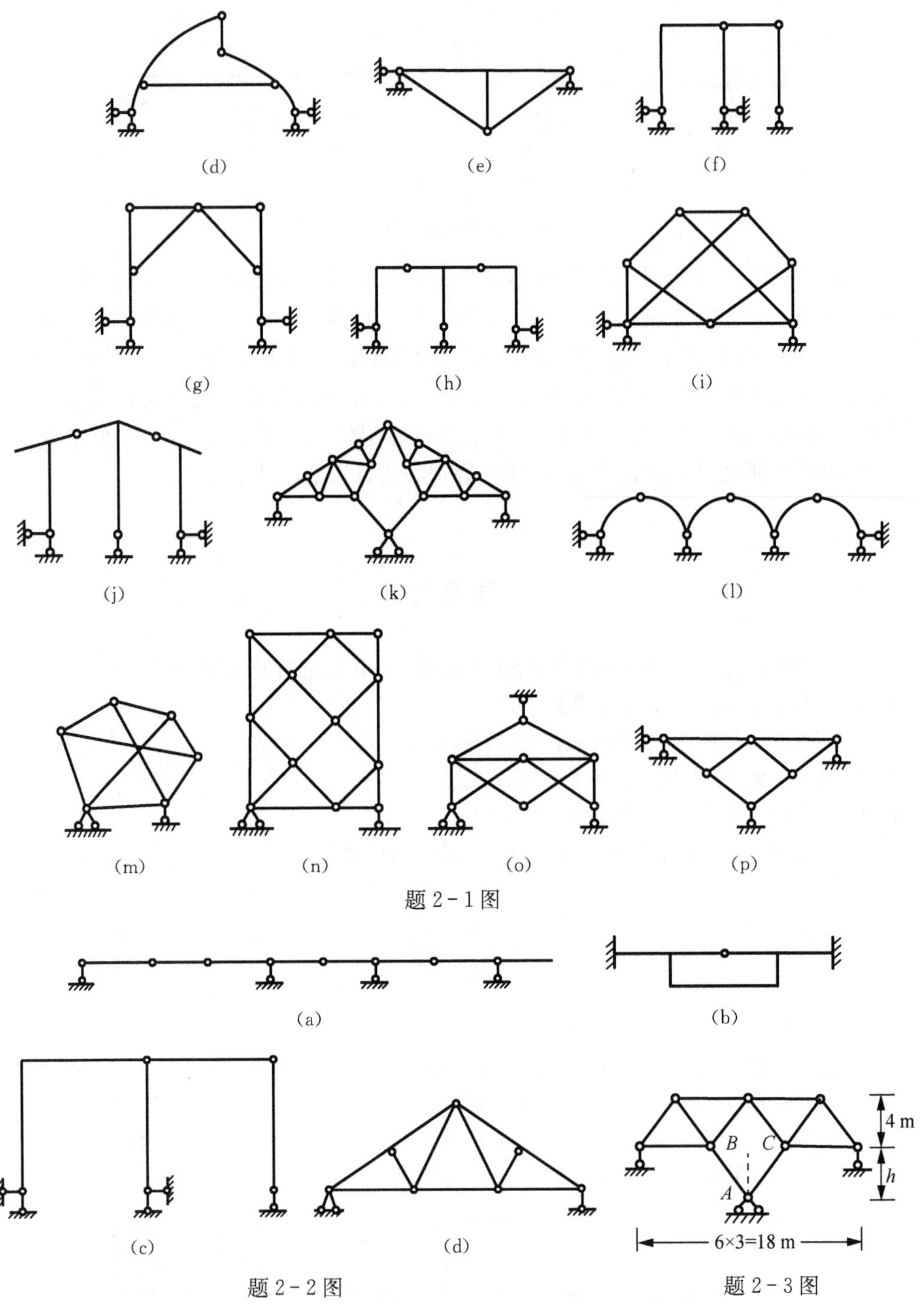

题 2-1 图

题 2-2 图

题 2-3 图

第3章

静定结构受力分析

静定结构是实际工程中常见的一类结构。静定结构内力计算是结构设计的重要环节,也是结构位移计算和超静定结构内力分析的基础。本章概述了静定结构受力分析的一般方法和步骤,重点介绍了绘制内力图的列内力方程法和控制截面法;详细讨论了梁、刚架、桁架、拱和组合结构等静定结构的结构特点、受力特点和分析方法。

§3-1 静定结构的一般概念

工程结构可分为静定结构和超静定结构,静定结构是实际工程中常见的一类结构。静定结构是在任意荷载作用下,所有约束力(支座反力)及任意截面的内力都可以由静力平衡条件唯一确定的结构。对静定结构,独立的平衡方程的个数总是等于所有未知力的个数。

静定结构受力分析是结构力学的重要内容。一方面,静定结构的内力计算是静定结构设计的主要步骤;另一方面,静定结构的内力计算是结构位移计算和超静定结构内力分析的基础。

对结构力学而言,静定结构受力分析是基础内容,分析的手段和方法要熟练掌握。静定结构的求解只需运用平衡条件,因此,灵活地运用隔离体绘受力图,正确地运用平衡条件,成为学习结构力学的基本功。

从几何组成的角度看,静定结构是由许多杆件(或称单元)及一些约束联系起来的几何不变且无多余约束的体系,若求得这些约束对应的约束力,则每一杆单元的内力就会迎刃而解。所以,应当把结构的受力分析与几何组成分析联系起来,并根据结构的组成特点来确定受力分析的合理途径。这是静定结构受力分析的一般方法。

一、静定结构的几何特征及解答唯一性

静定结构是在任意荷载作用下,所有的反力及任意截面的内力都可由静力平衡条件确定的结构。如图 3-1 所示体系,受任意荷载时,图 3-1(a)体系几何可变,没有静力学解答。图 3-1(b)体系的约束反力为四个,平衡方程只有三个,因而解答不是唯一的。图 3-1(c)结构的约束反力有三个,平衡方程也是三个,两者相等,这时,只要体系不是瞬变的就能得到未知约束反力的唯一确定解。

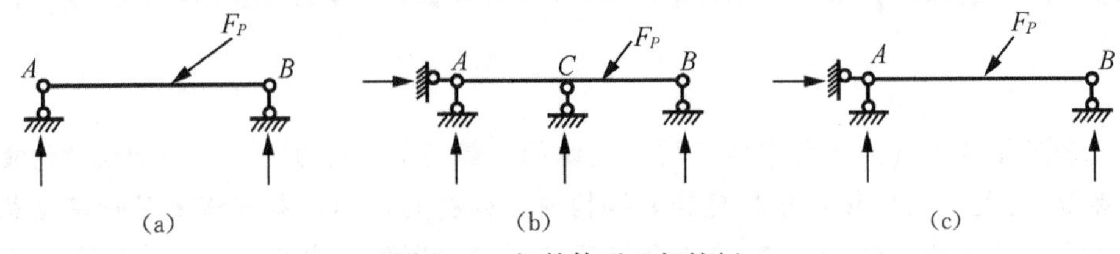

图 3-1　杆件体系几何特征

从几何组成分析来看:图 3-1(a)有一个自由度,是几何可变的体系;图 3-1(c)是几何不变且无多余约束的结构;图 3-1(b)有一个多余约束,是几何不变但有多余约束的超静定结构。

凡是几何不变且无多余约束的体系一定是静定结构,它的反力与任意截面的内力都可由静力平衡方程求得唯一的确定解。这就是静定结构的几何特征与解答唯一性。反之,体系全部的反力和任意截面的内力都可以由静力平衡方程求得唯一确定解的一定是静定结构。

二、静定结构的分类

静定结构的基本形式有悬臂式、简支式、三铰式和组合式。按结构的力学特征又可分为梁、刚架、拱、桁架和组合(混合)结构。

图 3-2 所示的几个结构,图 3-2(a)为静定悬臂桁架,图 3-2(b)为静定悬臂梁,图 3-2(c)为静定简支刚架,图 3-2(d)为静定拱,图 3-2(e)为静定多跨梁,图 3-2(f)、(g)为静定组合结构。

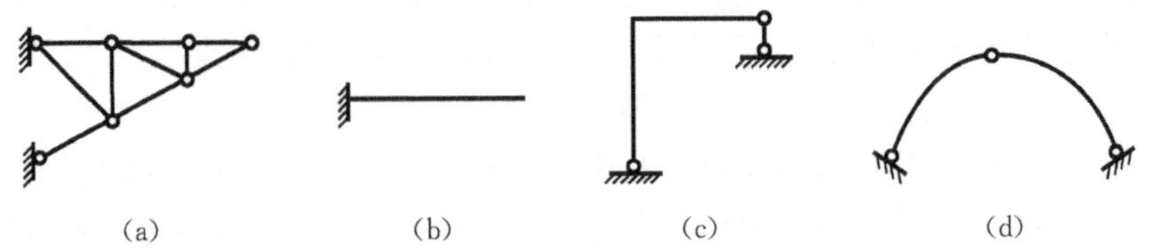

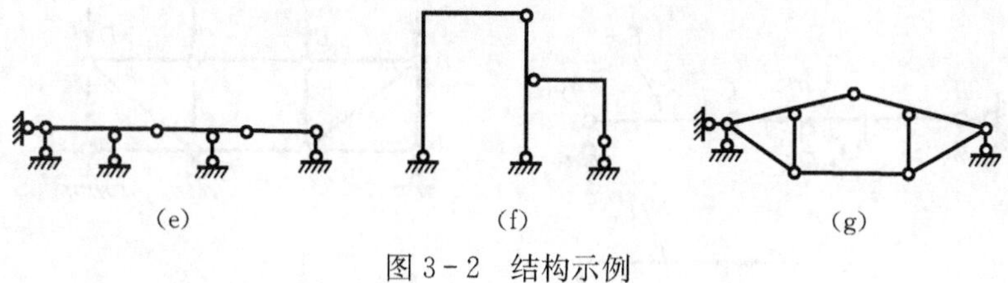

图3-2 结构示例

三、静定结构的一般分析方法

静定结构计算的理论基础是静力平衡条件。在一般的荷载作用下,平衡条件是主矢量和主矩均为零,即

$$\boldsymbol{F}_{\mathrm{R}}=\boldsymbol{0},\boldsymbol{M}=0 \tag{3-1}$$

静定结构求解的基本方法有数解法和图解法,其中数解法应用较普遍。平面一般力系的平衡条件表现为

$$\sum F_x=0,\sum F_y=0,\sum M=0 \tag{3-2}$$

而在图解法中,平衡条件为力矢多边形闭合。

静定结构求解时关键在于先求出支座反力和各部分之间的约束力,然后再用平衡条件求各杆件任意截面的内力。

静定结构内力分析的一般步骤如下。

(1) 几何组成分析

几何组成分析对于静定结构的内力求解来说,是十分必要的。通过分析,判断体系是否为静定结构,找出该结构各部分(如基本部分与附属部分)之间的关系,从而可得出结构几何组成的顺序关系。图3-3(a)所示结构,经几何组成分析可知,ABC与地基组成几何不变部分,为基本部分,而CD依附在ABC上才能成为几何不变部分,为附属部分。同样,可知图3-3(b)的右边$CDGH$为基本部分,$ABEF$为附属部分。

(2) 支座反力、约束力的计算

应先求结构附属部分反力和约束力,然后再考察结构基本部分。如图3-3(a)所示,先由CD部分求出三个反力F_{x_C}、F_{y_C}、F_{y_D},再考察AB部分,这时需把F_{x_C}、F_{y_C}反作用到AB部分,这样就能解出F_{x_A}、F_{y_A}及F_{y_B}。图3-3(b)也是同样的道理。这时要注意,考察结构附属部分时不要遗漏了结构基本部分的约束作用力;同样,考察基本部分时也不要遗漏了附属部分的反作用力。

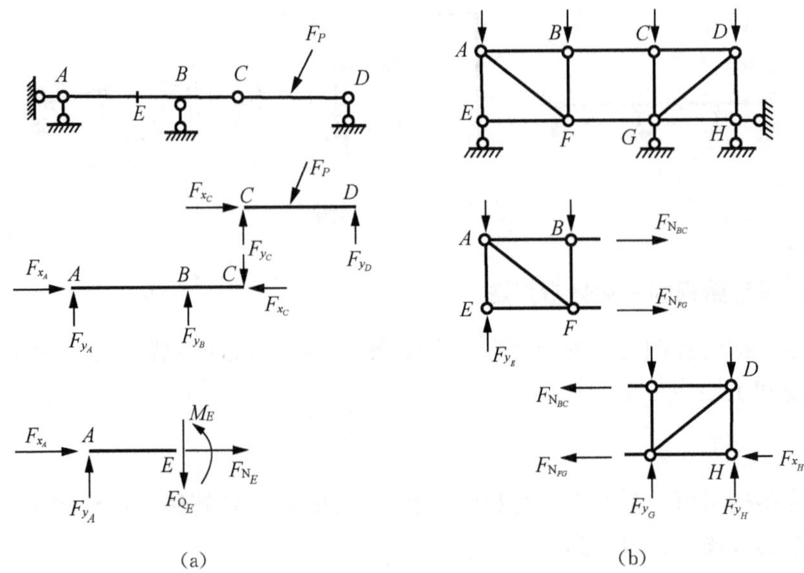

图 3-3　结构示例

(3) 内力计算、绘内力图

计算结构内力和绘内力图时，首先使用截面法，取出隔离体，按正向绘出结构其他部分对隔离体的反作用力(反力和内力)及作用在隔离体上的荷载，对隔离体(受力图)正确地运用平衡条件，求解其内力。用截面法截开某一杆件时，需注意分析该杆件的受力性质。一般杆件截面内力有弯矩 M、剪力 F_Q、轴力 F_N；而桁架杆只有轴力 F_N。如图 3-3(a)，截面 E 的内力有 M_E、F_{Q_E}、F_{N_E}。图 3-3(b)为桁架结构，杆 BC 及杆 FG 称为桁架杆件，简称桁杆。桁杆只受轴向拉、压力，所以切开后只有轴向力 F_N。

绘内力图前必须算出杆件若干截面的内力，然后以竖标表示，一一绘在相应的位置上，再将各竖标顶点连线，即得内力图。这种方法称为点绘法。

绘内力图时，内力的方向及正负号约定如下。

轴向力 F_N 约定拉力为正，压力为负；剪力 F_Q 约定以绕杆另一端作顺时针转动为正，反之为负；弯矩无正负号约定，但在梁及拱结构中，习惯上约定下部或内侧纤维受拉者为正。如图 3-4(a)、(b)、(c)所示。

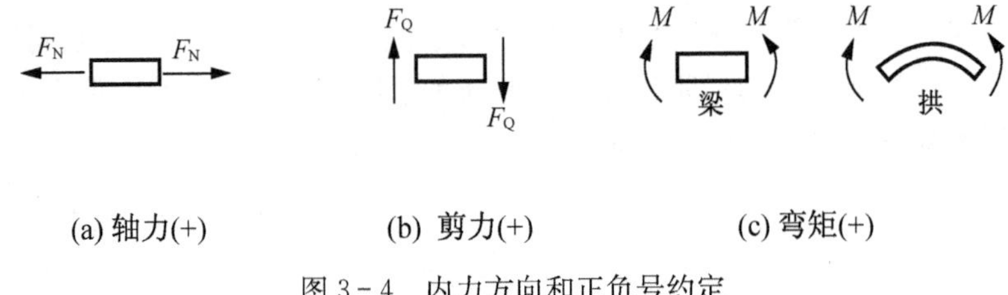

图 3-4　内力方向和正负号约定

弯矩(M)图必须绘在受拉纤维一侧，不注明正负号；轴力(F_N)图与剪力(F_Q)图可绘在杆件的任一侧，但必须注明正、负号。

四、静定结构内力计算、绘内力图

结构内力计算的基本方法是截面法，即将某一截面截开，取其一侧为隔离体，加上对应的约束力，根据隔离体的平衡条件计算内力。绘内力图时，可用列内力方程法，也可用控制截面法。

(1) 列内力方程法

应用平衡条件把某一截面的内力(M、F_Q、F_N)表示为该截面位置坐标 x 的函数，即列出内力方程然后把坐标值代入，就可求出内力值并绘出内力图。

例 3-1　试用列内力方程法作图 3-5(a)所示简支曲梁的内力图，曲梁杆轴线为抛物线，方程为 $y=\frac{4f}{l^2}x(l-x)$，荷载如图所示。

解　① 几何组成分析

曲梁与地基通过一个铰支座和一个辊轴支座连接，为几何不变且无多余约束的结构，这种形式称为简支式。

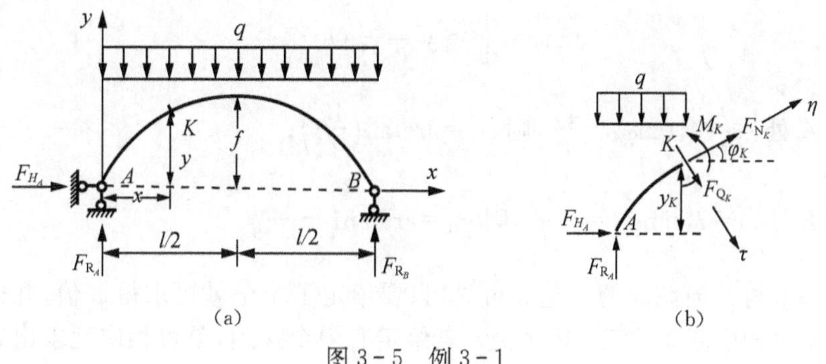

图 3-5　例 3-1

② 求支座反力

三个支座反力可由整体的三个平衡条件

$$\sum F_x = 0, \sum M_A = 0, \sum F_y = 0$$

求得，即

$$F_{H_A}=0, F_{R_A}=F_{R_B}=\frac{ql}{2}$$

③ 列内力方程

截取距坐标原点水平距离为 x 的 AK 段为隔离体，该隔离体上承受着外荷载

q,支座反力 F_{H_A} 与 F_{R_A},K 截面上的三个内力 M_K、F_{Q_K}、F_{N_K},如图 3-5(b)所示。沿 K 截面外法线方向和切线方法建立 $\eta K\tau$ 坐标系,由隔离体的平衡条件,得

$$\sum M_K = 0, M_K + \frac{q}{2}x^2 - F_{R_A}x = 0$$

$$M_K = \frac{q}{2}(lx - x^2)$$

$$\sum F_\tau = 0, F_{Q_K} + qx\cos\varphi_K - F_{R_A}\cos\varphi_K = 0$$

$$F_{Q_K} = q\left(\frac{l}{2} - x\right)\cos\varphi_K$$

$$\sum F_\eta = 0, F_{N_K} - qx\sin\varphi_K + F_{R_A}\sin\varphi_K = 0$$

$$F_{N_K} = -q\left(\frac{l}{2} - x\right)\sin\varphi_K$$

上述三个内力方程中的内力值都是位置坐标 x 的函数。φ_K 值亦随着 x 值而变化,它可通过下式求出:

$$\tan\varphi = \frac{\mathrm{d}y}{\mathrm{d}x} = y' = \frac{4f}{l^2}(l - 2x)$$

在支座 A 处,$x=0$,$\tan\varphi_A = \frac{4f}{l}$,则 $\varphi_A = \arctan\left(\frac{4f}{l}\right)$;

在支座 B 处,$x=l$,$\tan\varphi_B = -\frac{4f}{l}$,则 $\varphi_B = \arctan\left(-\frac{4f}{l}\right)$。

同理可得其他截面的 φ 值。可见,只要给定了 x 值就可求得 φ 值,并根据内力方程求出相应截面的三个内力值。若给定有限个 x 值,就可相应地求出有限个截面的内力值。这就是列方程求内力的方法。

④ 作内力图

内力图如图 3-6(a)、(b)、(c)所示。

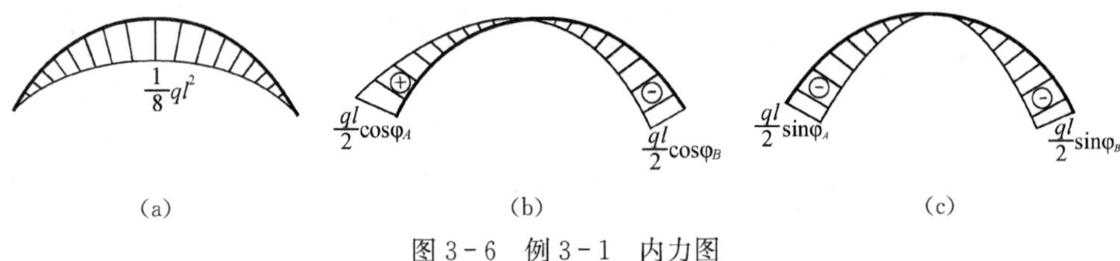

图 3-6　例 3-1　内力图

(2) 控制截面法

用控制截面法求内力、绘内力图比较直观、简便、快捷,其要点如下。

① 首先选取控制截面并计算各控制截面的内力。

选择哪些截面作为控制截面,对绘制内力图是非常关键的,既要考虑绘制内力图的需要,又要兼顾截面内力计算的简便。通常选择杆件两端截面或杆件上外荷载发生变化的截面进行计算。一些关键截面,如杆段的两端点(支座的约束点)、杆件的铰接点、荷载的不连续点及杆件截面的变化点等应考虑选作控制截面,如图 3-7 所示。

确定控制截面后,选取适当的隔离体,考虑适当的平衡条件建立平衡方程计算控制截面的内力。

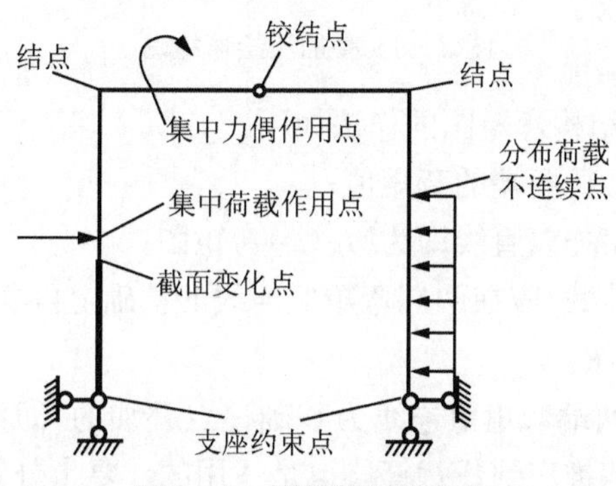

图 3-7 控制截面的选取

② 应用弯矩叠加法作弯矩图,再由弯矩图作剪力图,最后作轴力图。

用弯矩叠加法作弯矩图时,首先把相邻控制截面的弯矩值竖标连以直线,形成直线弯矩图;然后再考察两相邻控制截面之间的杆段上是否有荷载作用,如有荷载作用,则将该杆段作为简支梁,作弯矩图,并与直线弯矩图叠加,得到最终弯矩图。

五、用叠加法绘弯矩图

用叠加法作杆件的弯矩图十分方便,在用控制截面法求得控制截面内力的基础上,应用叠加原理作出弯矩图。

考察图 3-8(a)所示的简支梁,两端有力矩 M_A、M_B,梁上有荷载 q 作用,利用叠加原理,图 3-8(a)可由图 3-8(b)和图 3-8(c)叠加而得。原结构的弯矩图图 3-8(d)也是弯矩图图 3-8(e)和图 3-8(f)的叠加。任一截面 K 的弯矩 $M_K(x)$ 也是两者的叠加,即

$$M_K(x)=M_K^1(x)+M_K^0(x) \tag{3-3}$$

式中:$M_K^1(x)$为简支梁仅在两端力矩作用下 K 截面的弯矩值;$M_K^0(x)$为简支梁仅在梁上荷载 q 作用下 K 截面的弯矩值。

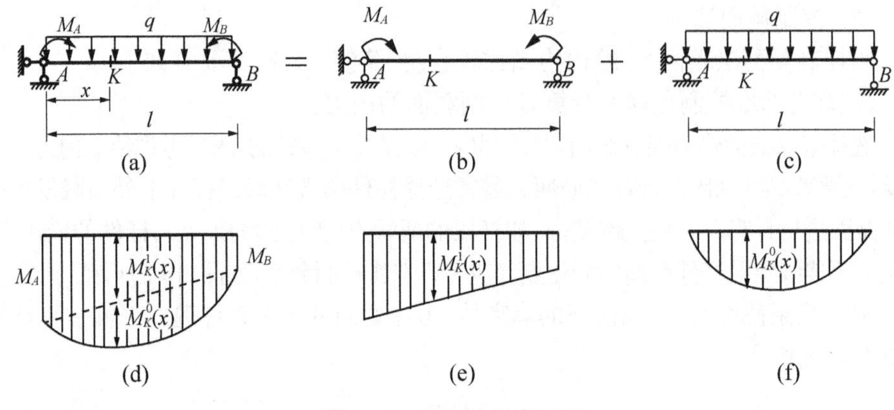

图 3-8 叠加法绘弯矩图

因此,图 3-8(a)结构弯矩图的作法如下:

(1) 先求解并画出梁两端的弯矩值;

(2) 把两端弯矩值连以直线即为$\overline{M}_K(x)$弯矩图;

(3) 若梁上有外荷载,应在两端弯矩值连线的基础上再叠加上同跨度、同荷载的简支梁 $M_K^0(x)$弯矩图。

注意叠加时是以两端弯矩值连线为基础逐点叠加的,即把连线当成梁的轴线来看待。这种叠加方法推广到任意杆段也是适用的。要十分熟悉图 3-9(a)、(b)、(c)三种常见情况的弯矩图,它们对今后绘制复杂荷载作用结构的弯矩图很有帮助。

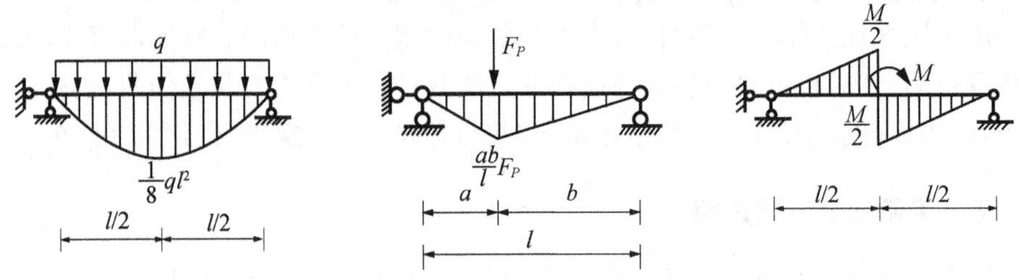

图 3-9 三种常见情况的弯矩图

例 3-2 用叠加法作图 3-10(a)所示双悬臂简支梁的弯矩图。

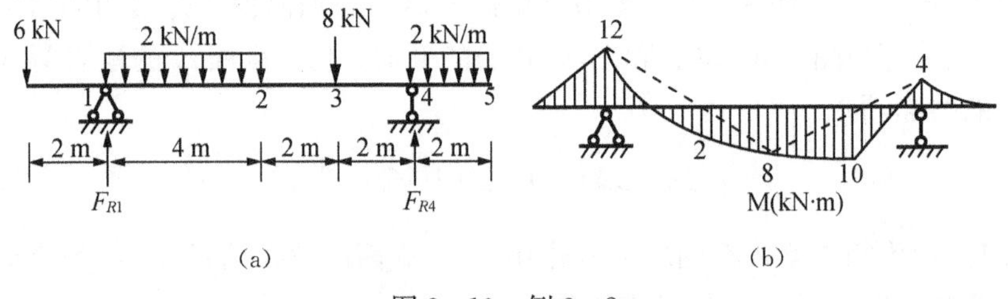

图 3-10 例 3-2

解　(1) 求反力 F_{R_4} 及 F_{R_1}

$$\sum M_1 = 0, F_{R_4} = 11\ \text{kN}$$

$$\sum M_4 = 0, F_{R_1} = 15\ \text{kN}$$

(2) 求支座弯矩

双悬臂简支梁两悬臂端弯矩为

$$M_1 = 12\ \text{kN} \cdot \text{m}, \text{上侧受拉}$$

$$M_4 = 4\ \text{kN} \cdot \text{m}, \text{上侧受拉}$$

(3) 控制截面 2 弯矩

反力求出后，截开控制截面 2，取截面 2 左边或右边部分为脱离体，应用平衡条件 $\sum M_2 = 0$，求出

$$M_2 = 8\ \text{kN} \cdot \text{m}, \text{下侧受拉}$$

(4) 1—2 段弯矩图

把 M_1 和 M_2 的竖标给以连线，然后叠加上同跨度(1 - 2 段，4 m)、同荷载(q=2 kN/m)简支梁的弯矩。

(5) 2—4 段弯矩图

用同样的方法将 M_2、M_4 的竖标连线叠加上同跨度(2 - 4 段，4 m)、同荷载(F_P=8 kN)简支梁的弯矩。最后弯矩图如图 3 - 10(b)所示。

注意：弯矩图必须画在受拉纤维一边；图中阴影线表示该截面内力的竖标值，一定要绘在与杆轴垂直的方向，不能随意画成其他方向。

当荷载不与杆轴垂直时，上述叠加法仍然适用。如图 3 - 11(a)、(b)所示的弯矩图就是利用叠加法作出的。但需注意，弯矩图的竖标值始终与杆轴线垂直。

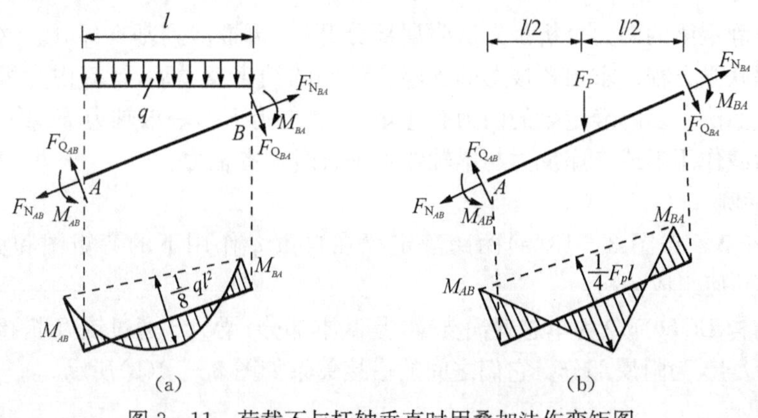

图 3 - 11　荷载不与杆轴垂直时用叠加法作弯矩图

作内力图时,外荷载与内力之间的关系(包括微分关系、增量关系等)可以帮助我们判断内力图的形状,检验特定截面内力大小的关系。

§3-2　多跨静定梁与静定刚架

一、多跨静定梁

1. 多跨静定梁的组成特点与计算分析特点

多跨静定梁是由若干根梁用铰及连杆连接成的静定结构。多跨静定梁的基本类型有两种,如图 3-12 所示。

图 3-12(a)的组成特征是在某一基本部分(Ⅰ)上面连续地搭接上附属部分(Ⅱ)和附属部分(Ⅲ),如图 3-12(b)所示;图 3-12(c)的组成是在两边的基本部分(Ⅰ)和基本部分(Ⅱ)的基础上再搭接上附属部分(Ⅲ),如图 3-12(d)所示。

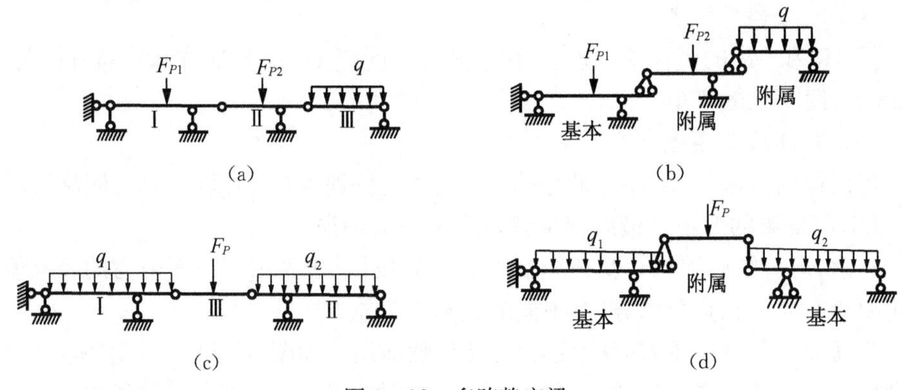

图 3-12　多跨静定梁

多跨静定梁的内力分析是先从附属部分开始,再推演到基本部分。这样可少解或不解联立方程。求出各根梁的支座和梁间的约束反力后,计算内力可直接采用控制截面法。多跨静定梁的内力有弯矩 M 和剪力 F_Q,一般轴力 F_N 为零,只有在斜向荷载作用下或支座反力与梁轴线不垂直时才有轴力。

2. 举例

例 3-3　作图 3-13(a)两跨静定梁在自重 q 作用下的弯矩图和剪力图。

解　(1) 几何组成分析

该结构 BCD 部分为单悬臂简支梁,是基本部分;梁 AB 通过铰 B 搭接在基本部分 BCD 上,为附属部分。它们之间的搭接关系如图 3-13(b)所示。

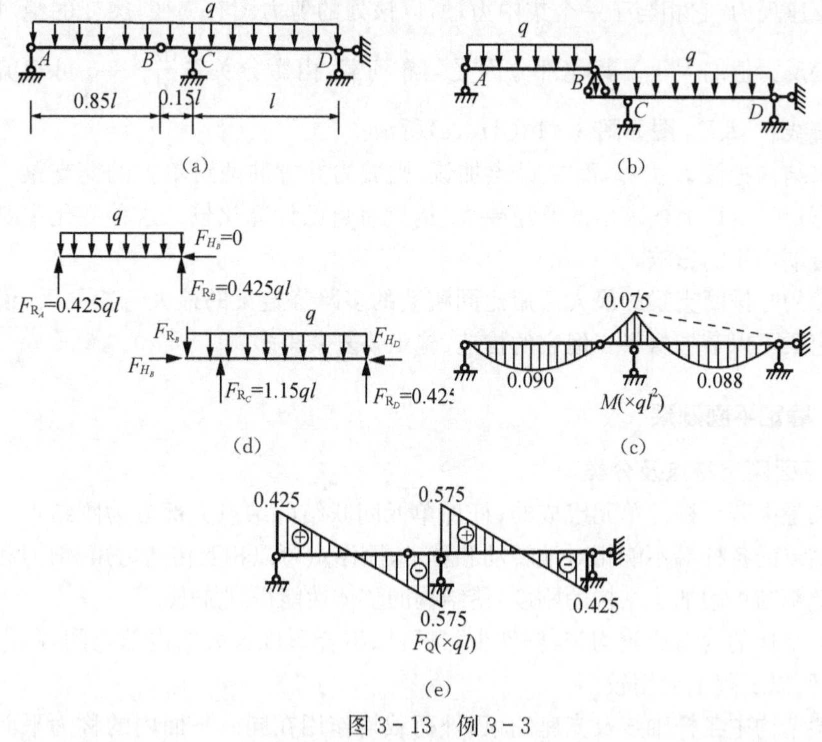

图 3-13　例 3-3

(2) 求附属部分反力、内力及弯矩图

先求简支梁 AB 反力，得 $F_{R_A}=F_{R_B}=0.425ql$，$F_{H_B}=0$，用控制截面法求内力，并作内力图。

$$M_A=M_B=0,\quad M_{跨中}=\frac{1}{8}q(0.85l)^2=0.090ql^2$$

(3) 求基本部分 BCD 反力、内力，作弯矩图

基本部分 BCD 是单悬臂的简支梁，在 B 点受附属部分传来的作用力 F_{H_B} 和 F_{R_B}。根据三个平衡条件求出三个支座反力，$F_{R_C}=1.15ql$，$F_{R_D}=0.425ql$，$F_{H_D}=0$。这部分的弯矩图采用叠加法：D 点为铰约束，弯矩为零($M_D=0$)，而 C 点弯矩可由悬臂端求得 $M_C=F_{R_B}\times 0.15l+\frac{1}{2}q(0.15l)^2=0.075ql^2$（上面受拉），把 C 点和 D 点的竖标连以直线，再叠加同跨度、同荷载简支梁弯矩可得到跨中弯矩为

$$\frac{1}{8}ql^2-\frac{1}{2}\times 0.075ql^2=0.088ql^2$$

(4) 作剪力图

梁两端的剪力等于两端的支座反力，即 $F_{Q_A}=0.425ql$，$F_{Q_B}=-0.425ql$，C 点

由于有支座反力,它相当于一个集中力,所以该处的剪力图有突变,突变的绝对值等于该处反力值的大小。其他部分因受匀布荷载,由微分关系$\frac{dF_Q}{dx}=q$可知剪力图为斜直线。M、F_Q图如图 3-13(d)、(e)所示。

若该结构把铰B去掉,而在C点加铰,则成为并排的两跨单独的简支梁。这时最大弯矩一定比上述求出的弯矩要大,请读者自己计算比较。这种变化主要是由于悬臂端作用的影响。

连续的并排简支梁的最大弯矩比同跨数的多跨静定梁的最大弯矩要大,说明多跨静定梁可以节省材料。但它的构造、施工要复杂得多。

二、静定平面刚架

1. 平面刚架特点及分类

刚架是由若干杆件单元组成的,杆件单元间联结的结点大部分为刚结点。相交于刚结点的各杆端不能相对地转动和移动,刚结点可以相互传递弯矩、剪刀和轴力。因此刚结点增加了结构的刚度,使结构的整体性能得到加强。

刚架结构的内力比较均匀,杆件少,且可以组合形成较大的内部空间,制作也较方便,所以工程上使用较多。

刚架结构中各杆轴线及支座约束、外荷载均作用在同一平面内的称为平面刚架。刚架的计算与梁相似,但要复杂一些。实际工程中使用的刚架既有超静定的,也有静定的。静定刚架分析是超静定刚架分析的基础,因此静定刚架的分析和计算是十分重要的。

静定刚架按杆件之间的联结及不同的支座形式,可分为悬臂刚架、简支刚架、三铰刚架和组合刚架几种。

图 3-14 所示为悬臂刚架。悬臂式结构的内力求解一般不必先求反力。图 3-15 所示为简支式刚架。简支式刚架需先求出支座反力后再求内力。图 3-16(a)、(b)为三铰式刚架,这种形式的刚架亦需先求支座反力然后求内力,计算比简支刚架复杂些。图 3-16(c)为组合刚架。这类刚架的形式不外乎是悬臂式、简支式和三铰式的组合,分析求解时需先进行几何组成分析。

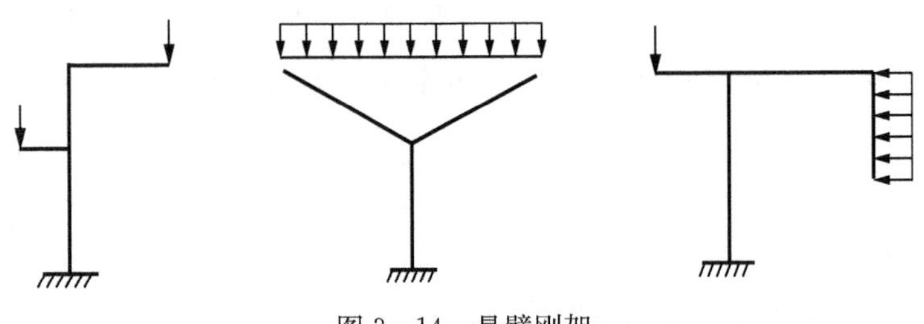

图 3-14 悬臂刚架

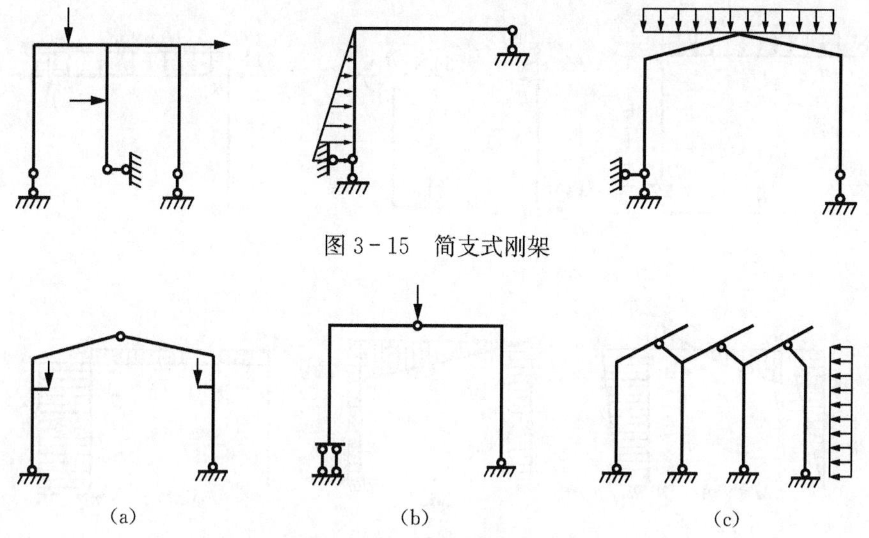

图 3-15　简支式刚架

(a)　(b)　(c)

图 3-16　三铰式刚架和组合刚架

2. 平面刚架计算分析

例 3-4　作图 3-17(a)悬臂刚架的内力图。

解　(1) 计算控制截面弯矩,绘弯矩图

控制截面有 A、B、C、D。

杆 AB:取隔离体 AB,如图 3-17(b)所示。悬臂端弯矩为零

$$M_{AB}=0$$

由 $\sum M_B=0$,得

$$M_{BA}=4\times 4=16\ \text{kN}\cdot\text{m} \qquad \text{(内侧受拉)}$$

杆 BC:取隔离体 AB,如图 3-17(c),由 $\sum M_B=0$,得

$$M_{BC}=16\ \text{kN}\cdot\text{m} \qquad \text{(内侧受拉)}$$

再取隔离体 ABC,如图 3-17(d),由 $\sum M_C=0$,得

$$M_{CB}=4\times 4-\frac{2\times 6^2}{2}=-20\ \text{kN}\cdot\text{m} \qquad \text{(上侧受拉)}$$

杆 CD:

$$\sum M_C=0, M_{CD}=-20\ \text{kN}\cdot\text{m} \qquad \text{(外侧受拉)}$$

$$\sum M_D=0, M_{DC}=5\times 4-\frac{2\times 6^2}{2}=-16\ \text{kN}\cdot\text{m} \qquad \text{(外侧受拉)}$$

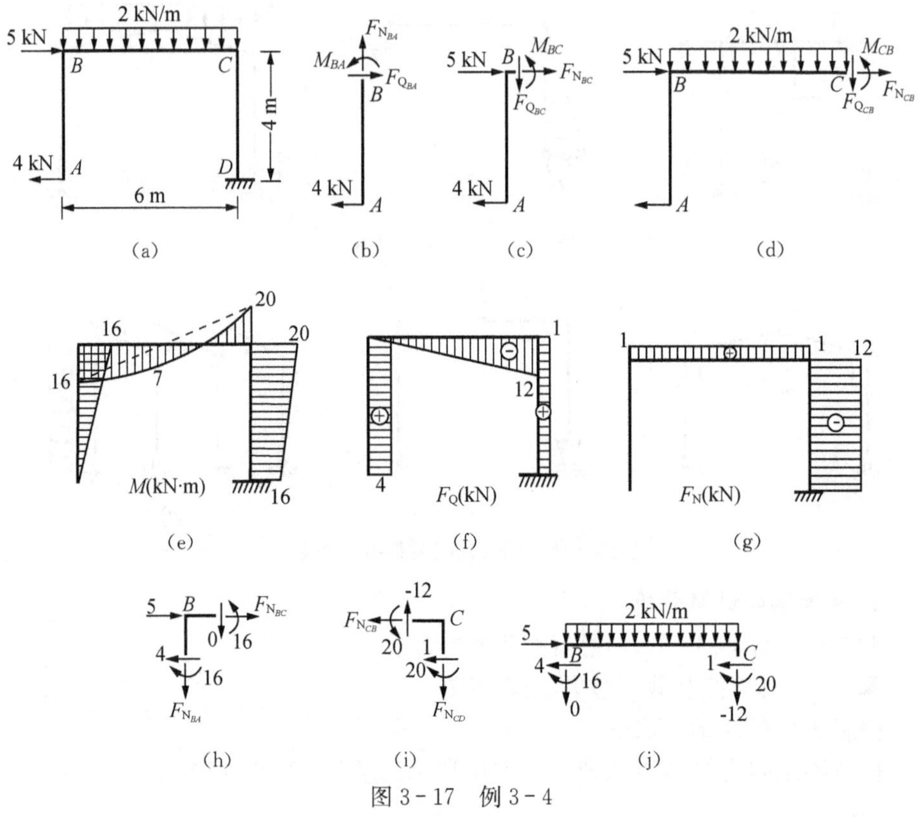

图 3 - 17　例 3 - 4

求得各控制截面弯矩值后,可绘各杆的弯矩图。杆 AB、CD 上没有荷载作用,将各杆杆端弯矩连以直线,即为该两杆的弯矩图;杆 BC 上有荷载作用,则将两端弯矩值连以直线后再叠加同跨度、同荷载简支梁的弯矩图。对于匀布荷载,其中点 M 值为

$$M_E=\frac{2\times6^2}{8}-\frac{20-16}{2}=7\ \text{kN}\cdot\text{m}\qquad\text{(下侧受拉,弯矩图为抛物线)}$$

最后拼合各杆弯矩图,即为全刚架的弯矩图,如图 3 - 17(e)所示。

(2) 计算控制截面的剪力,绘剪力图

由图 3 - 17(b)、(c)、(d)的平衡条件求出各杆杆端剪力。

杆 AB:　$F_{Q_{AB}}=F_{Q_{BA}}=4\ \text{kN}$

杆 BC:　$F_{Q_{BC}}=0,F_{Q_{CB}}=-12\ \text{kN}$

杆 CD:　$F_{Q_{CD}}=5-4=1\ \text{kN},F_{Q_{DC}}=1\ \text{kN}$

杆 AB、CD 上无荷载,将杆端剪力连以直线,即得剪力图;杆 BC 有匀布荷载作用,剪力图为斜直线。全刚架剪力图如图 3 - 17(f)所示。

(3) 计算控制截面的轴力，绘轴力图

算出各杆端的 M、F_Q 后，可以取结点为隔离体，作受力图，由平衡条件求得各杆端轴力 F_N。例如，由结点 A 平衡条件，得 $F_{N_{BA}}=0$；取结点 B、C，如图 3-17(h)、(i)，注意结点 B 中的水平外荷载，由平衡条件得

$$F_{N_{BC}}=4-5=-1\ \text{kN}, F_{N_{CB}}=-1\ \text{kN}, F_{N_{CD}}=-12\ \text{kN}$$

由于各杆中间均无轴向荷载，故各杆轴力为常量。将各杆杆端轴力连以直线，即得刚架的轴力图，如图 3-17(g)所示。

(4) 校核

取前面计算过程中未用过的平衡条件进行校核。例如，取杆 BC 为隔离体，如图 3-17(j)，得

$$\sum F_x=5-4-1=0, \sum F_y=2\times 6-12=0$$

$$\sum M_C=16-\frac{2\times 6^2}{2}+20=0$$

满足平衡条件，计算无误。

例 3-5 绘制图 3-18(a)简支刚架的内力图。

解 (1) 求反力

简支刚架要先求反力。为此，作整个刚架的受力图。如图 3-18(a)所示。

$$\sum F_x=0,\ F_{H_B}=4q=8\ \text{kN}$$

$$\sum M_B=0,\ F_{R_A}=\frac{1}{6}(3F_P-8q)=37.3\ \text{kN}$$

$$\sum F_y=0,\ F_{R_B}=F_P-F_{R_A}=42.7\ \text{kN}$$

用 $\sum M_A=0$ 校核，则

$$\sum M_A=6F_{R_B}-4q\times 2-3F_P=6\times 42.7-8\times 2-3\times 80=0.2$$

反力计算无误。

(2) 绘弯矩图

控制截面取 A、B、C、E，取隔离体，作受力图，得

$$M_{AC}=0$$

$$M_{CA}=M_{CD}=-\frac{1}{2}q\times 4^2=-16\ \text{kN}\cdot\text{m} \qquad \text{(外侧受拉)}$$

$$M_{ED}=M_{EB}=-4F_{H_B}=-32\ \text{kN}\cdot\text{m} \qquad \text{(外侧受拉)}$$

$$M_{BE}=0$$

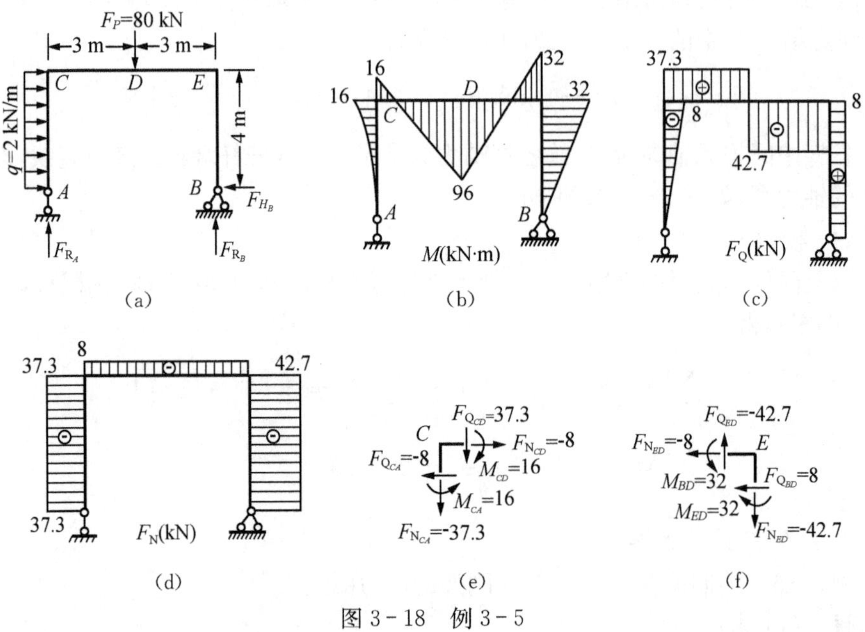

图 3-18 例 3-5

求出控制截面的弯矩后用叠加法绘 M 图。杆 AB 上受匀布荷载,M 图应为抛物线,杆 AC 中点弯矩 $M=-4\ \text{kN}\cdot\text{m}$;杆 CE 中点受集中荷载,求得中点弯矩 $M=96\ \text{kN}\cdot\text{m}$;杆 EB 上无荷载,M 图为一直线。刚架弯矩图如图 3-18(b)所示。

(3) 绘剪力图

分别由相应受力图的平衡条件求出

$$F_{Q_{AC}}=0$$

$$F_{Q_{CA}}=-4q=-8\ \text{kN}$$

$$F_{Q_{CD}}=F_{Q_{DC}}=F_{R_A}=37.3\ \text{kN}$$

$$F_{Q_{DE}}=F_{Q_{ED}}=-F_{R_B}=-42.7\ \text{kN}$$

$$F_{Q_{EB}}=F_{Q_{BE}}=F_{H_B}=8\ \text{kN}$$

杆 AC 段,受匀布荷载,剪力图为斜直线;杆 CD、DE 和 EB 三段中无荷载,剪力不变。即可作出整个刚架的剪力图,如图 3-18(c)所示。

(4) 绘轴力图

取隔离体(结点),由平衡条件求出

$$F_{N_{AC}}=F_{N_{CA}}=-F_{R_A}=-37.3\ \text{kN}$$

$$F_{N_{CD}}=F_{N_{DC}}=F_{N_{DE}}=F_{N_{BD}}=-F_{H_B}=-8\ \text{kN}$$

$$F_{N_{EB}}=F_{N_{BE}}=-F_{R_A}=-42.7\ \text{kN}$$

由于各段中间均无轴向荷载,因此轴力不变。刚架的轴力图如图 3-18(d)所示。

(5) 校核

取未用过的平衡条件,如截取结点 C 和结点 E[见图 3-18(e)和(f)]进行校核。例如由图 3-18(e)得

$$\sum M_C = M_{CA}-M_{CD}=16-16=0$$

$$\sum F_x = F_{Q_{CA}}-F_{N_{CD}}=8-8=0$$

$$\sum F_y = F_{N_{CA}}-F_{Q_{CB}}=37.3-37.3=0$$

满足平衡条件,全部计算正确。

例 3-6　绘制图 3-19(a)门式三铰刚架在竖向匀布荷载 q 作用下的内力图。

解　(1) 求反力

三铰刚架要先求反力。

① 由图 3-19(a)整体平衡条件,得

$$\sum M_A=0,F_{R_B}=\frac{12q\times 3}{6}=6\ \text{kN}$$

$$\sum F_y=0,F_{R_A}=6\ \text{kN}$$

$$\sum F_x=0,F_{H_A}=F_{H_B}$$

② 由左半边隔离体平衡条件[(见图 3-19(b)],得

$$\sum M_C=0,F_{R_A}\times 6-(4.5+2)F_{H_A}-\frac{q\times 6^2}{2}=0$$

$$F_{H_A}=F_{H_B}=\frac{36-18}{6.5}=\frac{36}{13}=2.77\ \text{kN}$$

③ 校核

由整体平衡条件 $\sum M_B=0$,则

$$\sum M_B = q \times 12 \times 6 - F_{R_A} \times 12 = 72 - 72 = 0$$

满足平衡条件。

(2) 绘弯矩图

用控制截面法,由图 3-19(c),得

$$\sum M_{AD}=0, M_{DA}=4.5F_{H_A}=12.47\ \text{kN}\cdot\text{m} \qquad \text{(外侧受拉)}$$

由图 3-22(d),得

$$M_{DC}=M_{DA}=12.47\ \text{kN}\cdot\text{m} \qquad \text{(外侧受拉)}$$

由图 3-19(e),得

$$M_{CD}=0$$

同理,在右半边截取杆 BE、结点 E 和杆 CE 为隔离体,可求得各杆端弯矩。根据结构对称及荷载对称的特点,得

$$M_{BC}=0, M_{EB}=M_{EC}=4.5F_{H_B}=12.47\ \text{kN}\cdot\text{m}$$

$$M_{CE}=0$$

杆 CD 段中点的弯矩用叠加法进行计算。由图 3-19(f),得

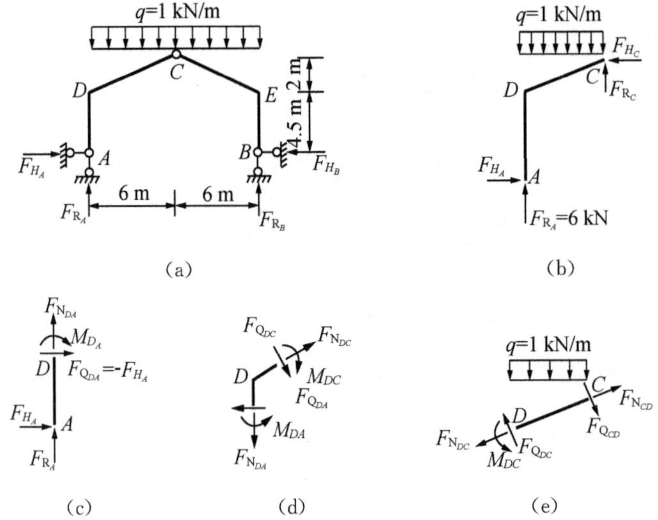

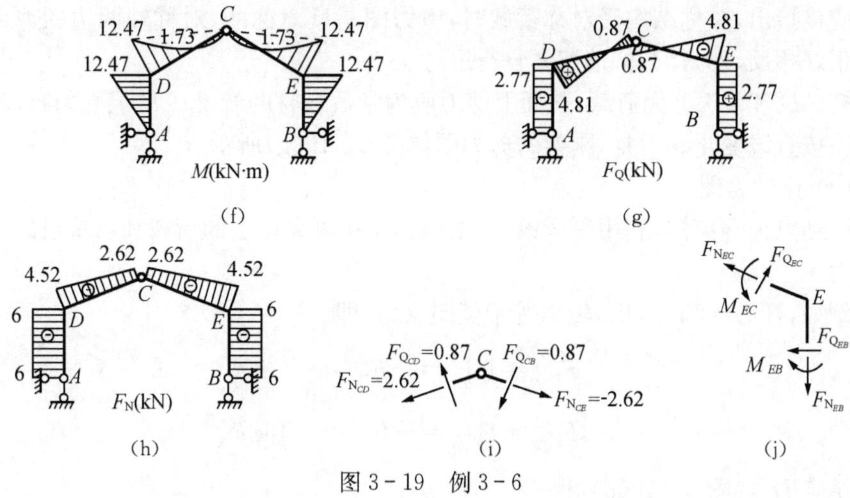

图 3-19　例 3-6

$$M_{CD中}=\frac{1}{2}M_{DC}+M^0_{CD中}=\frac{1}{2}\times12.47-\frac{1}{8}\times1.0\times6^2=1.73\ \text{kN}\cdot\text{m}(外侧受拉)$$

式中：M_{CD}为杆 CD 作为简支梁时中点截面的弯矩值。

同理求得　　　　　　$M_{CE中}=M_{CD中}=1.73\ \text{kN}\cdot\text{m}$

刚架的弯矩图如图 3-19(f)所示。

(3) 作剪力图

可分别取各杆为隔离体，将作用荷载及杆端弯矩作受力图，由力矩平衡方程求得杆端剪力。

杆 AD：由图 3-19(c)，$\sum M_A=0$ 或 $\sum F_x=0$，得

$$F_{Q_{DA}}=-2.77\ \text{kN}$$

杆 DC：由图 3-19(e)，得

$$\sum M_C=0, M_{DC}+6q\times3-6.33F_{Q_{DC}}=0$$

$$F_{Q_{DC}}=\frac{12.47+18}{6.32}=4.82\ \text{kN}$$

$$\sum M_D=0, M_{DC}-6\times3-F_{Q_{CD}}\times6.33=0$$

$$F_{Q_{CD}}=\frac{12.47-18}{6.32}=-0.88\ \text{kN}$$

根据结构对称及荷载对称的关系，得

$$F_{Q_{CE}}=+0.88\ \text{kN}, F_{Q_{EC}}=-4.82\ \text{kN}$$

$$F_{Q_{EB}}=+2.77\ \text{kN}, F_{Q_{BE}}=+2.77\ \text{kN}$$

应该指出,对称结构受对称荷载时,剪力图是反对称的,对称轴两边的剪力正负号正好相反。为什么?请读者自行思考。

杆 AD 和 EB 上无荷载,截面上剪力应为常数;斜杆 DC 和 CE 上受匀布荷载,剪力图按直线变化。于是,刚架的剪力图如图 3-19(g)所示。

(4) 作轴力图

取结点为隔离体,利用平衡条件,根据作用在隔离体上的荷载和已求出的剪力求轴力。

例如,杆 AD 和杆 BE,轴力等于竖向反力,即

$$F_{N_{AD}}=F_{N_{DA}}=-F_{R_A}=-6\ \text{kN}$$

$$F_{N_{BE}}=F_{N_{EB}}=-F_{R_B}=-6\ \text{kN}$$

截取结点 D,如图 3-19(d),得

$$\sum F_x=0,-F_{Q_{DA}}+\frac{6}{6.33}F_{N_{DC}}+\frac{2}{6.33}F_{Q_{DC}}=0$$

$$F_{N_{DC}}=-\frac{2}{6}\times 4.81+\frac{6.33}{6}(-2.77)=-4.52\ \text{kN}$$

截取杆 CD,如图 3-19(e),列出各力在 x' 轴上的投影方程,得

$$\sum F_{x'}=0,-F_{N_{DC}}+F_{N_{CD}}-6q\times\frac{2}{6.33}=0$$

$$F_{N_{CD}}=-4.52+1.90=-2.62\ \text{kN}$$

截取铰结点 C,如图 3-19(i),得

$$\sum F_x=0,\frac{6}{6.33}F_{N_{CE}}-\frac{6}{6.33}F_{N_{CD}}-\frac{2}{6.33}F_{Q_{CD}}-\frac{2}{6.33}F_{Q_{CE}}=0$$

$$F_{N_{CE}}=F_{N_{CD}}+\frac{1}{3}F_{Q_{CD}}+\frac{1}{3}F_{Q_{CE}}=-2.62+\frac{1}{3}(-0.87+0.87)=-2.62\ \text{kN}$$

即 $$F_{N_{CD}}=F_{N_{CE}}=-2.62\ \text{kN}$$

同理,截取杆 CE,得 $$F_{N_{BC}}=-4.52\ \text{kN}$$

截取杆 EB,得 $$F_{N_{EB}}=-6\ \text{kN}$$

应该指出,斜杆 DC 和 CE,因沿轴向有匀布荷载,集度为 $\frac{2q}{6.32}$,如图 3-19(e),故轴力不是常量,而是按直线变化的。其余各杆没有轴向荷载作用,这些杆中的轴力均为常量。刚架的轴力图如图 3-19(h)所示。

(5) 校核

截取结点 C 和结点 E，如图 3-19(i)、(j)所示。

由图 3-19(i)

$$\sum F_y = \frac{2}{6.32}\times 2.62 + \frac{2}{6.32}\times 2.62 - \frac{6}{6.32}\times 0.87 - \frac{6}{6.32}\times 0.87$$

$$= \frac{1}{6.32}(4\times 2.62 - 12\times 0.87) = 0$$

由图 3-19(j)

$$\sum F_y = F_{N_{BC}}\frac{2}{6.32} - F_{N_{ED}} + F_{Q_{BC}}\frac{6}{6.32}$$

$$= -4.52\times\frac{2}{6.32} - (-6) + (-4.81)\times\frac{6}{6.32}$$

$$= \frac{2}{6.32}(-4.52 + 3\times 6.32 - 14.43) = 0$$

可见结点 C 和结点 E 满足平衡条件，计算无误。

本例内力图是在承受单位匀布荷载 $q=1$ kN/m 时作出的，承受实际的匀布荷载 q 时，内力图只要扩大 q 倍即可。

例 3-7 绘图 3-20(a)所示组合刚架的内力图。

解 (1) 求反力

两跨组合刚架的基本部分为 $BCFJI$，附属部分为 GAB。分成图 3-20(b)简支刚架和图 3-20(c)带有悬臂的简支刚架两部分进行计算。求反力时，先从附属部分开始。由图 3-20(b)的平衡条件，得

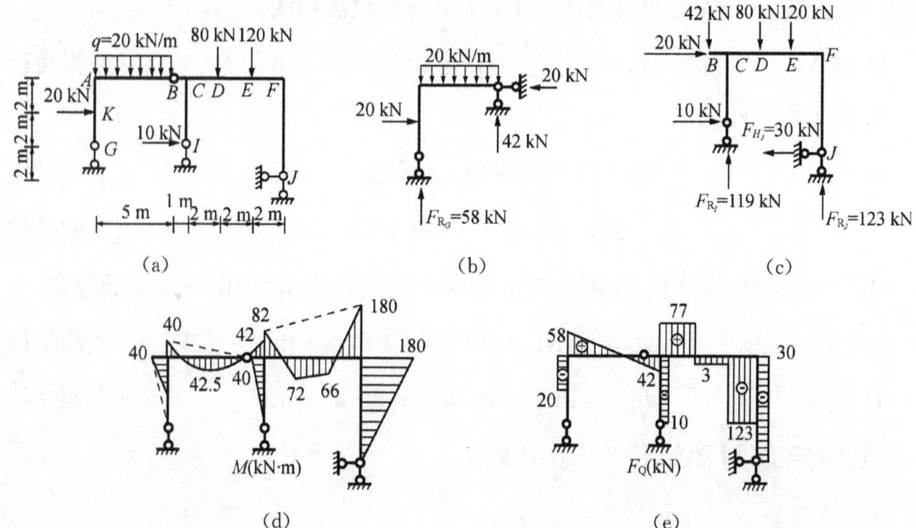

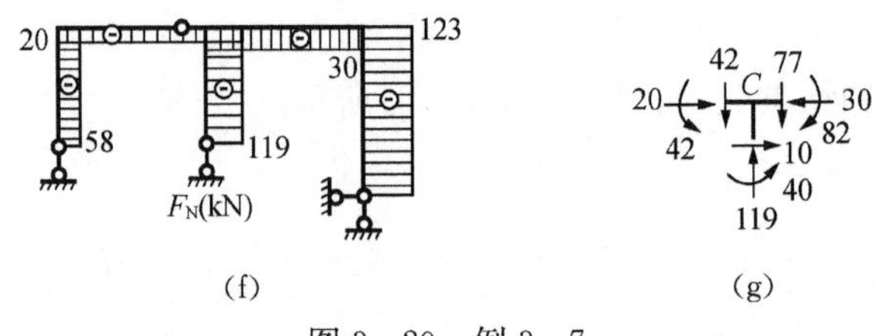

(f) (g)

图 3-20 例 3-7

$$F_{H_B}=20\text{ kN},F_{R_B}=42\text{ kN},F_{R_G}=58\text{ kN}$$

按作用与反作用定律，将 F_{H_B} 及 F_{R_B} 反向加在基本部分 $BCFJI$ 上[图 3-20(c)]，由平衡条件，得

$$F_{H_J}=20+10=30\text{ kN}$$

$$F_{R_I}=119\text{ kN}$$

$$F_{R_J}=123\text{ kN}$$

校核：
$$\sum F_y=119+123-42-80-120=0$$

计算反力无误。

(2) 绘弯矩图

杆 GA： $M_{GA}=0,M_{KA}=0,M_{AK}=20\times2=40\text{ kN}\cdot\text{m}$ (左侧受拉)

杆 AB： $M_{AB}=M_{AK}=40\text{ kN}\cdot\text{m}$(上边受拉)，$M_{BA}=0$

求出杆端弯矩后用叠加法绘出杆 GA、AB 的 M 图。杆 GA 受集中力作用，M 图为一条折线；AB 受匀布荷载 q 作用，M 图为二次抛物线。

杆 BC： $M_{BC}=0,M_{CB}=42\times1=42\text{ kN}\cdot\text{m}$ (上侧受拉)

M 图为一直线。

杆 CF： $M_{CF}=42\times1+10\times4=82\text{ kN}\cdot\text{m}$ (上侧受拉)

$M_{FC}=30\times6=180\text{ kN}\cdot\text{m}$ (上侧受拉)

用叠加法绘出该杆的 M 图。其上有两个集中荷载，M 图由三段直线组成。

杆 CI： $M_{IC}=0,M_{CI}=10\times4=40\text{ kN}\cdot\text{m}$ (左侧受拉)

杆 FJ： $M_{JF}=0,M_{FJ}=30\times6=180\text{ kN}\cdot\text{m}$ (右侧受拉)

组合刚架的 M 图如图 3-20(d)所示。

(3) 绘剪力图、轴力图

F_Q 图、F_N 图作法同前，如图 3－20(e)、(f)所示。受力图图 3－20(g)留给读者校核用。

从以上例题归纳出静定刚架的内力计算和作内力图的要点如下。

(1) 一般先进行几何组成分析，再求支座反力。

(2) 绘弯矩图时，可先求出各杆杆端弯矩，并绘在受拉纤维一侧，分别将各杆杆端弯矩竖标的末端连成直线，再叠加同跨度、同荷载简支梁的弯矩图，不注正负号。

(3) 绘剪力图时，先计算各杆杆端剪力，再根据荷载与剪力的微分关系绘剪力图。杆端剪力可根据截面一边的荷载和反力直接进行计算；也可分别取各杆为隔离体，根据荷载和已知杆端弯矩，利用力矩方程进行求解。剪力的符号规定与梁相同，剪力图要注明正负号。

(4) 绘轴力图时，计算各杆的杆端轴力后直接作图。杆端轴力可根据截面一边的荷载和反力进行计算，也可以取结点为隔离体，用投影方程进行计算。轴力以拉为正，轴力图也要注明正负号。

(5) 每一步都要验算。内力图作好后，须认真校核。通常取刚架的一部分或某些结点，采用未用过的平衡条件以及荷载集度、剪力和弯矩之间的微分关系进行校核。

(6) 对称结构在对称荷载作用下，弯矩图和轴力图是对称的，而剪力图是反对称的。

(7) 对于较为复杂的刚架，内力计算的关键在于求支座反力和各部分之间的相互作用力。一般先进行几何组成分析，厘清基本部分与附属部分的关系，然后再从附属部分到基本部分逐步进行计算，可使问题得到简化。

§3－3　三铰拱

一、概述

在竖向荷载作用下产生水平推力(指向拱的水平支座反力)的曲杆结构，称为拱。例如：图 3－21(a)为工程廊道采用的混凝土拱模板，图 3－21(b)为其计算简图；图 3－21(c)为新安江白沙桥北边跨的三铰拱桥，图 3－21(d)为其计算简图。

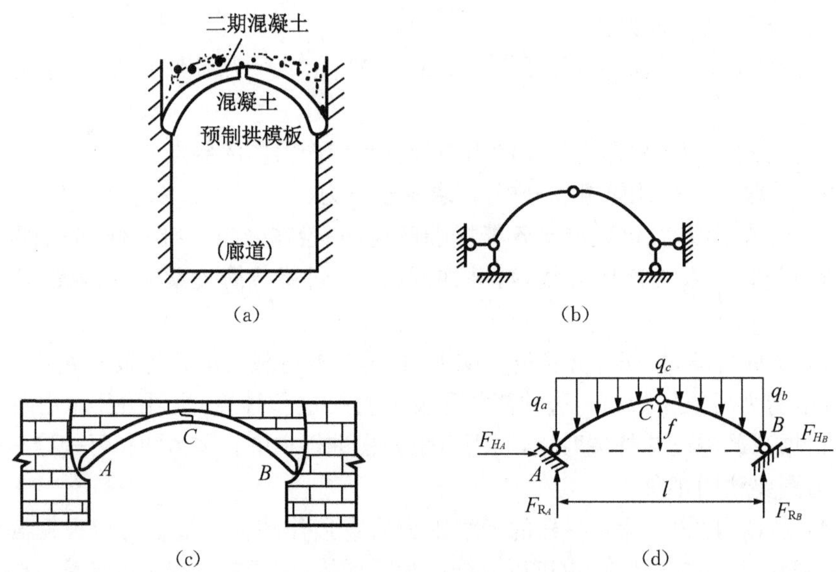

图 3-21　拱结构及其计算简图

在竖向荷载作用下，水平推力的有无是拱与梁的基本区别。图 3-21(a)有水平推力，属拱结构；图 3-22(b)无水平推力，属梁结构。

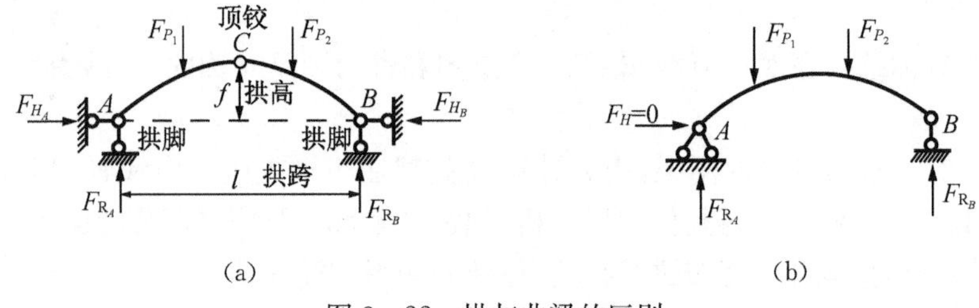

图 3-22　拱与曲梁的区别

拱与基础连接处，如图 3-22(a)的 A、B 两处，称为拱脚。拱轴最高处 C 称为拱顶。两拱脚之间的水平距离 l 称为拱跨。中间铰通常放在拱顶处，称为顶铰。顶铰到两支座连线的垂直距离 f 称为拱高或矢高。矢高与跨度之比 f/l 称为矢跨比。矢跨比是拱的重要几何特征，其值可从 1/10 到 1，变化范围很大。跨度 l 与矢高 f 要根据工程使用条件来确定。常用的拱轴线的形状有抛物线、圆弧线和悬链线等，视荷载情况而定。

推力的存在，使拱的弯矩比同跨度、同荷载简支梁的弯矩要小得多，或者几乎没有，使拱成为一个以受压为主或单纯受压的结构。这样就可以充分利用抗拉强度低、抗压强度高的廉价建筑材料，例如砖、石、混凝土等。当结构要跨越比较大的空间而梁不能胜任时，可以采用拱的形式。

三铰拱的水平推力反作用于基础(例如桥墩或垛墙)，因此要求有坚固的基础。如果基础不能承受水平推力，可以去掉一根水平连杆，而在拱内加一根拉杆，由拉杆来承受拱对基础的推力，如图 3-23(a)、(b)成为带拉杆的三铰拱。

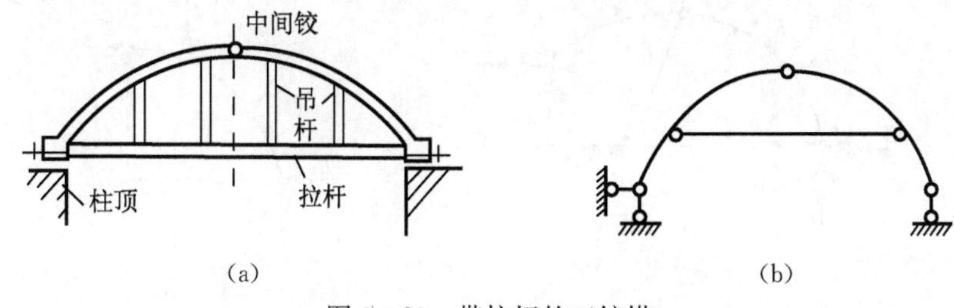

(a)　　(b)

图 3-23　带拉杆的三铰拱

二、三铰拱的计算

在单跨拱中三铰拱是唯一的静定拱。在进行三铰拱计算时需注意以下两个特点。(1) 因三铰拱的支座反力有四个，而整体的平衡条件只有三个，所以，需增加一个顶铰弯矩为零($\sum M_C = 0$)的条件。这个特点与三铰刚架相同。考虑带拉杆的三铰拱时，虽然支座反力只有三个，但计算内力时也需先求拉杆的拉力，为此，也要用到顶铰为零的平衡条件。(2) 因三铰拱是一个曲杆结构，要考虑拱内任意截面的法线与水平线的倾角 φ_k。计算时 φ_k 取锐角。以水平线转到法线位置时逆时针者为正，顺时针者为负。

1. 支座不等高，受一般荷载三铰拱的计算

设有任意形状的三铰拱，受一般荷载，如图 3-24(a)所示。

(1) 反力计算

三铰拱需先求反力，后求内力。整体平衡条件有三个，再用顶铰 C 处的弯矩为零的补充条件可求四个反力。

首先，考虑拱的整体及左半拱的平衡，如图 3-24(a)、(b)所示，由

$$\sum M_B = 0, \sum M_C = 0$$

联立求解反力 F_{R_A} 及 F_{H_A}。

其次，考虑整体及右半拱的平衡，如图 3-24(a)、(c)所示，由

$$\sum M_A = 0, \sum M_C = 0$$

联立求解反力 F_{R_B} 及 F_{H_B}。

最后，利用整体平衡条件

$$\sum F_x = 0, \sum F_y = 0$$

校核反力 F_{H_A}、F_{H_B}、F_{R_A} 和 F_{R_B} 的计算是否正确。

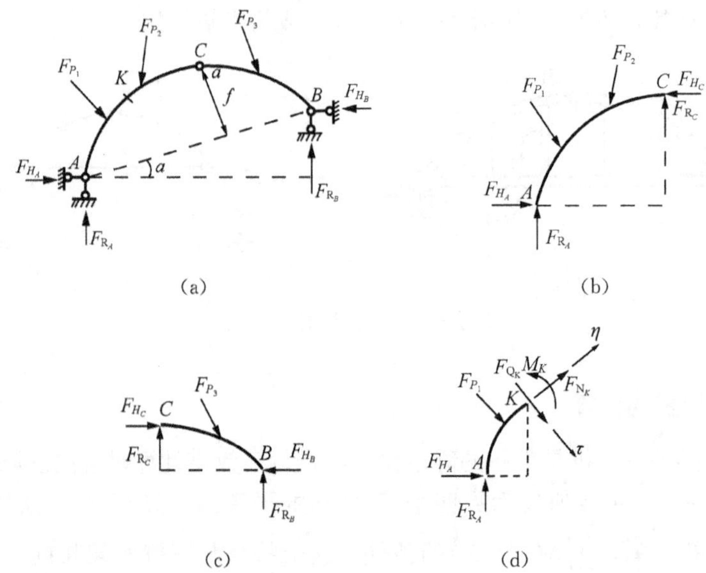

图 3-24 受一般荷载的三铰拱计算

(2) 内力计算

拱截面上的剪力和轴力的符号规定与前相同;弯矩通常规定内侧纤维受拉为正,拱的任意截面 K 的三个内力可利用截面法截取 K 截面左边(或右边)部分作受力图求得。如图 3-24(d),分别利用平衡条件

$$\sum M_K = 0, \sum \eta = 0, \sum \tau = 0$$

即可求出 M_K、F_{Q_K}、F_{N_K}。

求得足够截面的内力后,可用点绘法作内力图。

2. 支座等高,受竖向荷载三铰拱的计算

设支座等高,受竖向荷载的三铰拱如图 3-25(a)所示。

(1) 反力计算

考虑拱 ACB 的整体平衡条件

$$\sum M_B = 0,\ F_{R_A} l - F_{P_1} b_1 - F_{P_2} b_2 - \cdots - F_{P_n} b_n = 0$$

$$F_{R_A} = (F_{P_1} b_1 + F_{P_2} b_2 + \cdots + F_{P_n} b_n)/l = \frac{\sum_{i=1}^{n} F_{P_i} b_i}{l}$$

$$\sum M_A = 0, F_{R_B} l - F_{P_1} a_1 - F_{P_2} a_2 - \cdots - F_{P_n} a_n = 0$$

$$F_{R_B} = (F_{P_1}a_1 + F_{P_2}a_2 + \cdots + F_{P_n}a_n)/l = \frac{\sum_{i=1}^{n} F_{P_i}a_i}{l}$$

$$\sum F_x = 0, F_{H_A} = F_{H_B} = F_H$$

为了与梁的受力特性进行比较，设有同跨度、同荷载的简支梁(以下简称代梁) A^0B^0，如图 3-25(c)所示。代梁的两个支座反力 $F_{R_A^0}$ 和 $F_{R_B^0}$ 为

$$F_{R_A^0} = \frac{\sum_{i=1}^{n} F_{P_i}b_i}{l}, F_{R_B^0} = \frac{\sum_{i=1}^{n} F_{P_i}a_i}{l}$$

可见

$$F_{R_A} = F_{R_A^0}, F_{R_B} = F_{R_B^0} \tag{3-4}$$

即三铰拱在竖向荷载作用下，左右两支座的竖向反力等于代梁左右两支座的反力。

再取拱左边 AC 段考察平衡条件，如图 3-25(b)所示，由

$$\sum M_C = 0, F_{R_A}l_A - F_{P_1}(l_A - a_1) - F_{P_2}(l_A - a_2) - \cdots - F_{P_m}(l_A - a_m) - F_{H_A}f = 0$$

得

$$F_{H_A} = \frac{F_{R_A}l_A - \sum_{i=1}^{m} F_{P_i}(l_A - a_i)}{f}$$

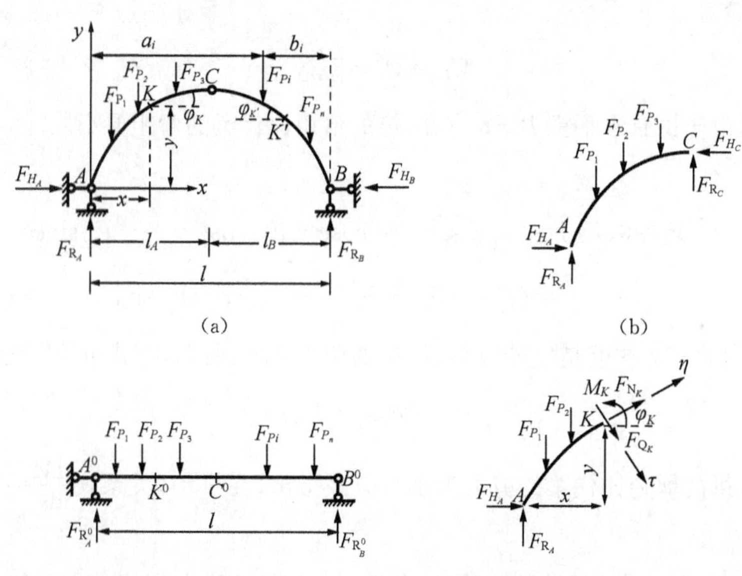

图 3-25　受竖向荷载的三铰拱计算

可看出，式中的分子

$$F_{R_A}l_A-\sum_{i=1}^{m}F_{P_i}(l_A-a_i)=F_{R_A^0}l_A-\sum_{i=1}^{m}F_{P_i}(l_A-a_i)=M_C^0$$

这是代梁 A^0B^0 截面 C^0 的 弯矩(C^0 在拱中间铰 C 的竖线上)。于是

$$F_{H_A}=F_{H_B}=F_H=\frac{M_C^0}{f} \tag{3-5}$$

即三铰拱在竖向荷载作用下的水平推力等于对应的代梁截面 C^0 上弯矩 M_C^0 除以矢高 f。

(2) 内力计算

设拱轴线方程 $y=f(x)$,求拱上任意截面 $K(x,y)$ 的内力。利用截面法截取截面 K 左边(或右边)部分为隔离体,如图 3-25(d)所示。设图上所示各力皆为正向,利用平衡条件可求得三个内力。

① 弯矩

$$\begin{aligned}\sum M_K=0,M_K&=F_{R_A}x-F_{P_1}(x-a_1)-F_{P_2}(x-a_2)-\cdots-F_Hy\\&=[F_{R_A^0}x-F_{P_1}(x-a_1)-F_{P_2}(x-a_2)-\cdots]-F_Hy\end{aligned}$$

式中:y 为截面 K 形心至支座连线的竖直距离。

因为方括号中的表达式是代梁 A^0B^0 截面 K^0 的弯矩,如图 3-25(d)所示,所以上式可简写为

$$M_K=M_K^0-F_Hy \tag{3-6}$$

由此可见,由于拱有水平推力 F_H 存在,拱的弯矩比代梁的弯矩要小。

② 剪力

$$\begin{aligned}\sum F_\tau=0,F_{Q_K}&=F_{R_A}\cos\varphi-F_{P_1}\cos\varphi-F_{P_2}\cos\varphi-\cdots-F_H\sin\varphi\\&=(F_{R_A^0}-F_{P_1}-F_{P_2}-\cdots)\cos\varphi-F_H\sin\varphi\end{aligned}$$

上式括号内的表达式就是代梁截面 K^0 中的剪力 $F_{Q_K^0}$,所以,上式可简写为

$$F_{Q_K}=F_{Q_K^0}\cos\varphi-F_H\sin\varphi \tag{3-7}$$

由此可见,拱的剪力比代梁的剪力为小。应该指出,在拱中,关系式$\frac{dM}{ds}=F_Q$ 仍然成立。

式(3-7)中 φ 为截面与竖直线的夹角,是拱轴线 K 点切线与水平线的夹角,称 K 截面的倾角。计算时,φ 只取锐角,由前面的符号规定可知一般拱左边所有截面的倾角为正,右边所有截面的倾角为负。如图 3-25(a)中截面 K 的 φ 角为

正，截面 K' 的 φ 角为负。φ 值可由 $\tan\varphi=\frac{\mathrm{d}y}{\mathrm{d}x}=f'(x)$ 值反算而得。

③ 轴力

$$\sum F_\eta=0, F_{N_K}=-F_{R_A}\sin\varphi+F_{P_1}\sin\varphi+F_{P_2}\sin\varphi+\cdots-F_H\cos\varphi$$
$$=-(F_{R_A^0}-F_{P_1}-F_{P_2}-\cdots)\sin\varphi-F_H\cos\varphi$$

或简写为

$$F_{N_K}=-(F_{Q_K^0}\sin\varphi+F_H\cos\varphi) \tag{3-8}$$

梁受竖向荷载时，截面上没有轴力，但拱受竖向荷载时，截面上有较大的轴向压力。

(3) 应力计算

正应力可按照材料力学中偏心受压公式进行计算。如拱上任一截面的弯矩 M 及轴力 F_N 为已知，规定轴力以拉为正，弯矩使下边纤维受拉为正，则正应力公式为

$$\sigma=\frac{F_N}{A}\pm\frac{M}{W}$$

式中正号对应截面中性层下边的纤维应力，负号则对应上边的纤维应力。

拱截面为矩形时，利用偏心矩 e 及拱的厚度 h 进行计算比较方便。这时，上式改写为

$$\sigma=\frac{F_N}{A}\left(1\pm\frac{6e}{h}\right)$$

由此看出，当 $e<\frac{h}{6}$，即当合力作用于截面三分之一的中部范围（截面核心）以内时，截面上只有一种以轴力符号表示的应力，即压应力；当 $e>\frac{h}{6}$ 时，截面上同时产生两种符号的应力，即压应力和拉应力。

拱通常采用抗拉强度低的建筑材料，设计时，最好能使拱的所有截面内合力的作用线不超出截面核心的范围。

剪应力亦可按照材料力学中梁的剪应力公式进行计算。

(4) 绘内力图

根据上面列出的内力公式，可计算出任一截面的内力。绘制内力图时，一般采用点绘法。选择若干截面(例如沿跨长或拱轴线选若干截面)并计算出这些截面的内力后作内力图。

3. 受竖向荷载的对称三铰拱计算

(1) 反力计算

竖向反力 F_R　　　　$F_{R_A}=F_{R_A^0}, F_{R_B}=F_{R_B^0}$

拱与梁的竖向反力相等,并且 F_R 与拱轴线形状及拱高 f 无关,只决定于荷载的大小和位置。

水平反力 F_H

$F_H=\frac{M_C^0}{f}$,当拱跨 l 确定时,M_C^0 为常数,则 $F_H\propto\frac{1}{f}$。由此可得如下结论。

① 推力 F_H 与拱高 f 成反比,f 越大,F_H 越小;反之,f 越小,F_H 越大;当 $f=0$ 时,$F_H=\infty$,因为这时三铰共线,成为瞬变体系,水平反力无穷大。

② 荷载为竖向均布力,则

$$f\leqslant\frac{1}{4}l \text{ 时}, F_H\geqslant F_R$$

$$f>\frac{1}{4}l \text{ 时}, F_H<F_R$$

此关系可用于 f 的设计中。基础好的,f 可小些;基础差的,f 可大些,或者加拉杆。

③ 当三铰位置确定,即 f、l 已定时,F_H 与拱轴线形状无关。

(2) 内力 F_N

$$F_N=-(F_{Q_K^0}\sin\varphi+F_H\cos\varphi)$$

当荷载为竖向匀布力时,由此式可得如下结论。

① f 越大,F_H 越小,则 F_N 越小。由于曲线变化较剧烈,φ 角从中间向两边变化大,所以轴力 F_N 沿轴线或水平向变化不均匀,如图 3-26 曲线①、②所示。若用等截面,则材料不能充分发挥作用。

② f 越小,F_H 越大,则 F_N 越大。但由于曲线变化平缓,φ 角变化不大,所以轴力 F_N 变化较均匀,如图 3-26 曲线③、④所示。若用等截面,则材料较能充分发挥作用。

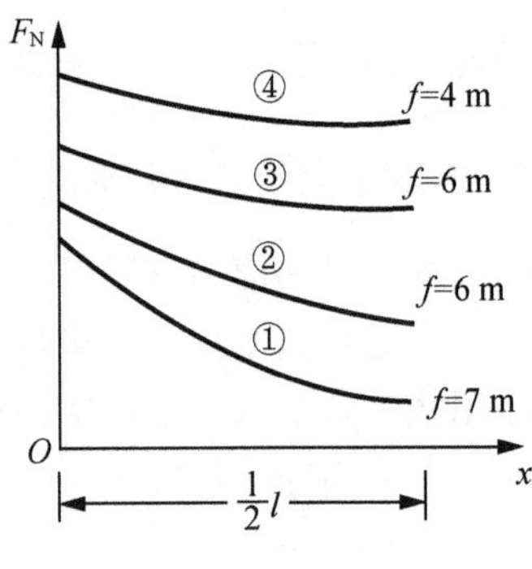

图 3-26　内力 F_N 变化曲线

③ 轴力 F_N 在两端数值较大,变化也较剧烈,因为 φ 角在两端变化较剧烈,F_N 在中间数值较小,变化较均匀,跨度中点处 $F_N=F_H$。

④ f 由大变小,则 F_N 由小变大。

例 3-8　设图 3-27(a)三铰拱,受竖向荷载 $F_P=10$ kN 作用。拱轴方程为 $y=\frac{4f}{l^2}(l-x)$,试计算反力、内力,并作内力图。

解　本例属对称三铰拱受竖向荷载的问题,可按式(3-4)—式(3-8)计算反力和内力。

(1) 反力计算

$$F_{R_A}=F_{R_A^0}=\frac{10\times(16-4)}{16}=7.5\ \text{kN}$$

$$F_{R_B}=F_{R_B^0}=\frac{10\times4}{16}=2.5\ \text{kN}$$

$$F_{H_A}=F_{H_B}=F_H=\frac{M_C^0}{f}=\frac{7.5\times8-10\times(8-4)}{4}=5\ \text{kN}$$

(2) 内力计算

取坐标轴如图 3-27(a),以 x、y 表示任意截面 K 的位置,取截面 K 的左边部分为隔离体,如图 3-27(b)所示,图示内力皆按规定的正向标出。

当 $0<x\leqslant4$ 时

$$\tan\varphi=y'=\frac{4f}{l^2}(l-x)$$

$$M_K=M_K^0-F_Hy=7.5x-5y$$

$$F_{Q_K}=F_{Q_K^0}\cos\varphi-F_H\sin\varphi=7.5\cos\varphi-5\sin\varphi$$

$$F_{N_K}=-(F_{Q_K^0}\sin\varphi+F_H\cos\varphi)=-(7.5\sin\varphi+5\cos\varphi)$$

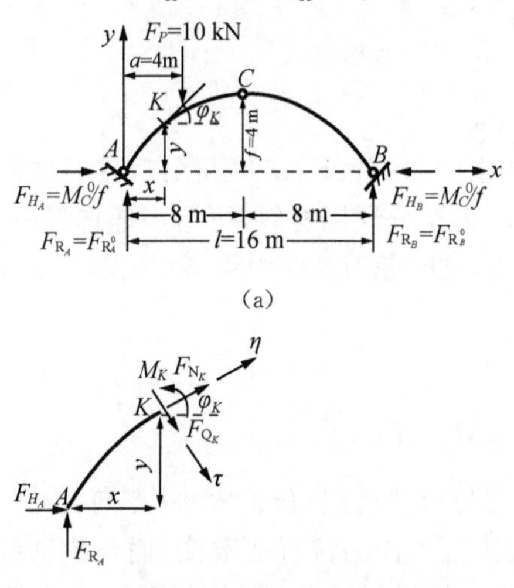

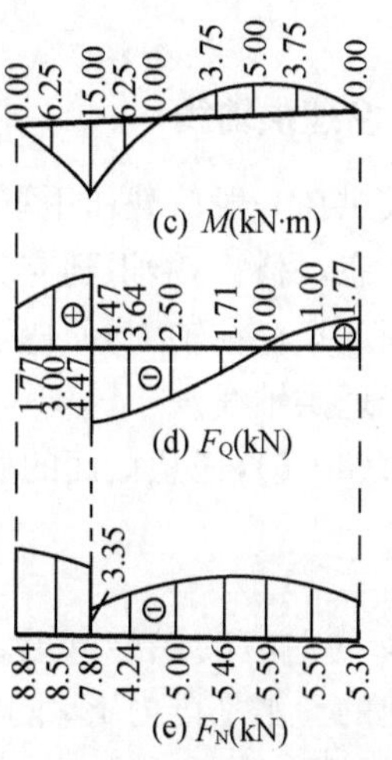

图 3-27　例 3-8

当 $4<x\leqslant16$ 时

$$M_K=M_K^0-F_Hy=7.5x-10(x-4)-5y=40-2.5x-5y$$

$$F_{Q_K}=F_{Q_K^0}\cos\varphi-F_H\sin\varphi=(7.5-10)\cos\varphi-5\sin\varphi=-2.5\cos\varphi-5\sin\varphi$$

$$F_{N_K}=-[(7.5-10)\sin\varphi+5\cos\varphi]=-(-2.5\sin\varphi+5\cos\varphi)$$

(3) 绘内力图

利用上面内力方程,可计算任意截面内力,如表 3-1 所示。

表 3-1 M、F_Q、F_N 计算表

x(m)	y(m)	$\tan\varphi$	φ	$\sin\varphi$	$\cos\varphi$	M(kN·m)	F_Q(kN)	F_N(kN)
0	0	1.0	45°	0.707	0.707	0	1.77	−8.84
2	1.75	0.75	36°52′	0.600	0.800	6.25	3.00	−8.50
4	3	0.5	26°34′	0.447	0.894	15.00	4.47 −4.47	−7.80 −3.35
6	3.75	0.25	14°02′	0.243	0.970	6.25	−3.64	−4.24
8	4	0	0	0	1.00	0	−2.50	−5.00
10	3.75	−0.25	−14°02′	0.243	0.970	−3.75	−1.21	−5.46
12	3	−0.5	−26°34′	−0.447	0.894	−5.00	0	−5.59
14	1.75	−0.75	−36°52′	−0.600	0.800	−3.75	1.00	−5.50
16	0	−1.0	−45°	−7.707	0.707	0	1.77	−5.30

由表 3-1 最后三项结果分别绘出 M、F_Q、F_N 图,如图 3-27(c)、(d)、(e)所示。

三、合理拱轴线

三铰拱在一般荷载作用下任意截面内力 F_N、F_Q、M 都存在,这时截面处于偏心受压状态,材料不能得到充分利用。为充分利用材料,可适当地选择一条轴线,使得截面上只存在轴力,而弯矩等于零,这时截面的应力将是均匀的。这样的拱轴线称为合理拱轴线。

由式(3-6),任意截面的弯矩为

$$M_x=M_K^0-F_Hy$$

式中:M_K^0 为对应的代梁弯矩。当跨度与荷载已定(包括大小、方向、位置)时,M_K^0 是不变化的。水平推力 F_H 随着三铰拱三个铰的位置而改变,而与拱轴线的形状无关,因而可以在三个铰之间选择适当的拱轴线形式,使得每一截面的弯矩为零。即

$$M_K = M_K^0 - F_H y = 0$$

所以

$$y = \frac{M_K^0}{F_H} \tag{3-9}$$

由式(3-9)可知，合理拱轴线的竖标 y 是与代梁的弯矩图竖标成正比的。式中 $\frac{1}{F_H}$ 是两个竖标之间的比例常数。只要三个铰的位置已定，荷载已定，代梁的弯矩图就可用弯矩方程表达出来。弯矩 M_K^0 除以推力 F_H 后，即可得出合理拱轴线的竖向坐标，进而可绘出合理轴线。

根据这个概念，下面推导出两种常用的三铰拱合理轴线形式。

例 3-9　求图 3-28(a)受竖向匀布荷载三铰拱的合理轴线形式。

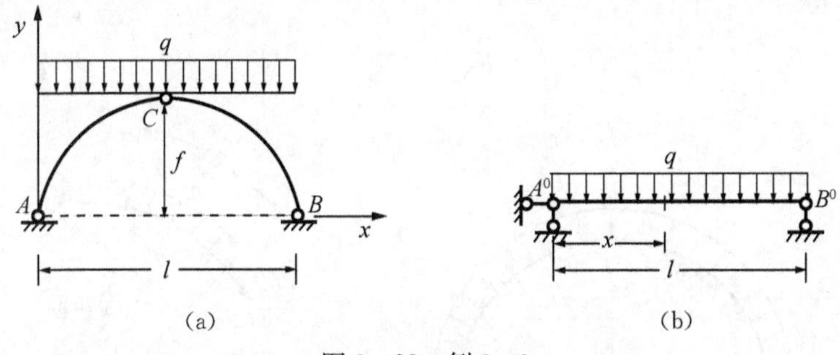

图 3-28　例 3-9

解　图 3-28(a)所示受匀布荷载的三铰拱，其代梁任意截面的弯矩方程为

$$M^0 = \frac{1}{2}qlx - \frac{1}{2}qx^2$$

拱的推力由式(3-5)得

$$F_H = \frac{M_C^0}{f} = \frac{\frac{1}{8}ql^2}{f} = \frac{ql^2}{8f}$$

由式(3-9)得合理轴线方程为

$$y = \frac{M^0}{F_H} = \frac{\frac{1}{2}qlx - \frac{1}{2}qx^2}{\frac{ql^2}{8f}} = \frac{\frac{1}{2}qx(l-x)}{\frac{ql^2}{8f}} = \frac{4f}{l^2}x(l-x)$$

这是抛物线方程。由此可见，三铰拱在满跨的竖向匀布荷载作用下的合理轴线为抛物线。

例 3-10　如图 3-29(a)所示，求在径向匀布水压力作用下三铰拱的合理轴线形式。

解　先假设受径向水压力时三铰拱处于无弯矩的状态,则各截面只有轴向力,然后根据平衡条件推出合理拱轴线形式。

取三铰拱中一微段 $A'B'$,其弧长为 $\mathrm{d}s$,夹角为 $\mathrm{d}\varphi$,根据几何关系,有

$$r=\frac{\mathrm{d}s}{\mathrm{d}\varphi}$$

由于拱处于无弯矩状态,所以任意截面只有轴力,如图 3-29(b)所示。以曲率中心 O 点为矩心,列力矩方程,外荷载 $q\mathrm{d}s$ 通过矩心,只有 F_{N_A} 和 F_{N_B} 有矩,得到

$$\sum M_O=0,\quad F_{\mathrm{N}_A}\cdot r=F_{\mathrm{N}_B}\cdot(r+\mathrm{d}r)$$

略去微量,得

$$F_{\mathrm{N}_A}=F_{\mathrm{N}_B}$$

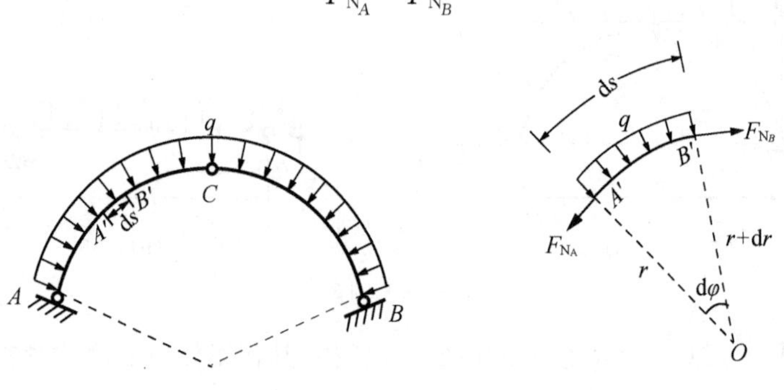

图 3-29　例 3-10

说明三铰拱在径向水压力 q 作用下,在无弯矩状态时各截面的轴力都相等,用 F_N 表示。

然后,把微段上的所有的力对半径 r 轴投影,并列投影方程。由于取的是微段,可认为 $q\mathrm{d}s$ 作用在微段中点,由图 3-29(b),得

$$\sum F_r=0,\quad q\mathrm{d}s\times\cos\frac{\mathrm{d}\varphi}{2}+F_\mathrm{N}\sin\mathrm{d}\varphi=0$$

因 $\mathrm{d}\varphi$ 是微小的,可用 $\cos\frac{\mathrm{d}\varphi}{2}=1$,$\sin\mathrm{d}\varphi=\mathrm{d}\varphi$ 代入上式,得

$$q\mathrm{d}s+F_\mathrm{N}\mathrm{d}\varphi=0$$

则

$$\begin{cases}\dfrac{F_\mathrm{N}}{q}=-\dfrac{\mathrm{d}s}{\mathrm{d}\varphi}=-r\\ F_\mathrm{N}=-qr\end{cases}\tag{3-10}$$

式(3-10)中,由于 F_N 不变化,q 是常量,则 r 也是常量,说明拱的轴线为圆弧,且

轴力为 qr(压力)。

上述关系,还可用曲杆的荷载与内力微分关系式 $\frac{dF_N}{ds}=\frac{F_Q}{r}$,$\frac{dF_Q}{ds}=-\frac{F_N}{r}=-q$,$\frac{dM}{ds}=F_Q$ 加以推导。

以上两种合理拱轴线是常见的,如一般屋盖上的拱多数做成抛物线形状,而水管、隧道、拱坝等多做成圆弧形状。还需指出,合理拱轴线是对应于某种确定的荷载形式的,若荷载形式改变,则合理拱轴线亦随之改变。一般工程中都针对主要的荷载来设计拱轴线,在次要荷载作用下截面虽然会产生弯矩,但也不会太大。

§3-4　静定平面桁架

一、静定平面桁架的一般概念

桁架在工程上使用很多,如桥梁、房屋、水闸闸门等的主要部件都经常采用桁架形式。南京长江大桥和武汉长江大桥的铁路桥都是桁架结构。

工程中多采用木桁架、钢桁架和钢筋混凝土桁架。这些桁架的结点有的类似铰结点,有的则是刚结点的形式。但在结点荷载作用下,不论是理论计算还是实验都证明桁架中各杆件的内力性质主要是拉、压,弯曲和剪切变形所带来的内力都比较小。为了简化计算,同时反映桁架的主要特点,在取计算简图时一般都作如下假设:

(1) 桁架中各杆都为匀质等截面直杆;

(2) 结点为光滑的铰结点,铰的中心为各杆轴线的交点;

(3) 所有荷载都作用在结点上。

符合上述假设的称为理想桁架。理想桁架中各杆件只承受轴向力,该力一般称为主内力,相应的应力称为主应力。由结点的刚性影响或杆上的非结点荷载作用下产生的杆件内力称为次内力,相应的应力称为次应力。一般桁架都只计算主内力,只有在特别大型的、重要的建筑物中才需考虑次内力的影响。

桁架中各杆由于主要承受轴向力,应力比较均匀,材料能得到充分利用,因而它与同跨度的梁相比,有自重轻、经济合理等优点,但构造与施工较复杂。

荷载与各杆轴线在同一平面内的桁架称为平面桁架。静定平面桁架的形式很多,在竖向荷载作用下只产生竖向反力的称为梁式桁架,图 3-30(a)、(b)、(c)、(d)均属此类型,它的作用与梁相似。在竖向荷载作用下产生水平推力的称为拱式桁架,如图 3-30(g)、(h)所示,它的作用与拱相似。

静定平面桁架的类型一般可分为简单桁架(包括悬臂桁架和简支桁架)、联合桁架和复杂桁架。

悬臂式简单桁架是在几何不变的基础上连续按二元体法则组成的,如图 3 - 30(a)所示。简支式简单桁架多半是在一个铰结三角形基础上连续按二元体法则组成后再与地基简支而成的,如图 3 - 30(b)所示。

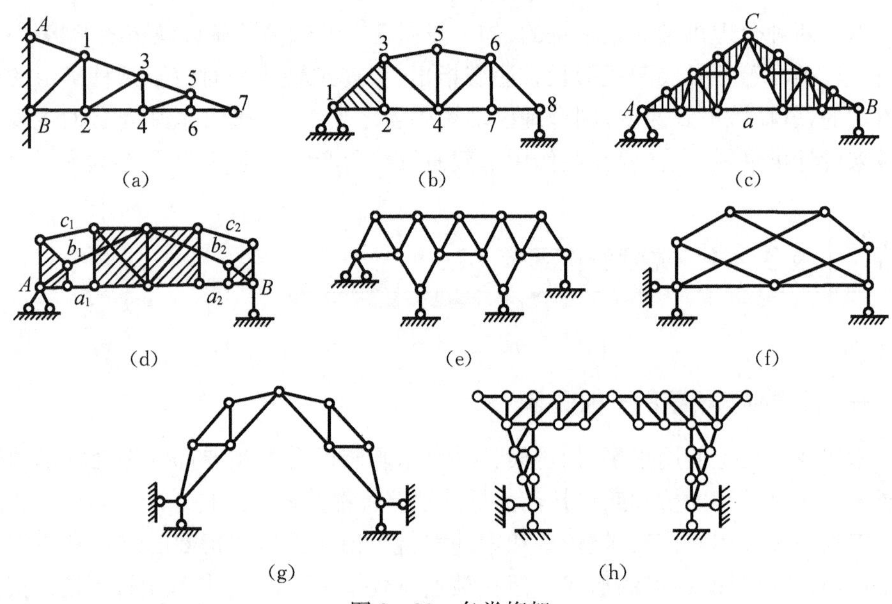

图 3 - 30　各类桁架

联合桁架是由几个简单桁架按二刚片法则联系起来,然后再与地基简支的桁架,如图 3 - 30(c)、(d)所示。联合简单桁架之间的杆件称为联系杆。

凡是不属于简单桁架和联合桁架的,都称为复杂桁架,如图 3 - 30(e)、(f)所示。这类桁架应用极少。

桁架各结点是各杆轴线的汇交点,因而以结点为考察对象时,是平面汇交力系,对应的方法称为结点法。若截取桁架的一部分为考虑对象时,是平面一般力系,对应的求解内力方法称为截面法。结点法与截面法是求桁架内力的主要方法。

二、静定平面桁架的内力求解

为了计算静定桁架的内力,采用脱离体法,从桁架中截取一部分作为脱离体,考虑脱离体的平衡,建立平衡方程求解得到桁架的内力。若截取的脱离体只包含一个桁架结点,这种方法称为结点法;若脱离体包含的结点数多于一个,则称为截面法。

计算桁架内力时,可以根据桁架的构造特点,适当选择计算方法和确定计算顺序,使计算得以简化。特别是对于简单桁架和联合桁架,常常可以使得一个方程只包含一个未知内力，无需求解联立方程。还可以根据桁架特殊的受力特点，预先判断特殊的受力杆件，如零杆和等力杆，从而简化内力计算。

1. 结点法

结点法的特点是截取一个结点为脱离体，由于脱离体上的外力、内力均交于该结点的中心，形成汇交力系，故利用平面汇交力系的两个平衡条件计算各杆件的内力。结点法最适用于求解简单桁架的内力，按照桁架几何组成顺序的逆顺序依次截取脱离体，这样可以使每一个脱离体上只包含两个未知内力，利用平衡条件便可以直接求出这两个未知内力。

需要注意的是，计算过程中一般假设未知内力为正向内力，即假设未知轴力为拉力，这样计算结果为正时，表示该轴力确是拉力，计算结果为负时，表示该轴力为压力，与轴力的正、负号约定一致，不致出现混乱。

下面通过例题说明结点法的计算过程。

例 3－11　求图 3－31(a)所示桁架的各杆内力。

解　此桁架为悬臂式简单桁架，其几何组成的顺序为结点 C、结点 D、结点 E。用结点法求解时按相反的顺序，则每一结点只包含两个未知力，运用平衡条件可一一求得。

截取结点 E，作受力图 3－31(b)，由平衡条件 $\sum F_y=0$，$\sum F_x=0$，得

$$F_{N_5}=\frac{F_P}{2\sin\alpha}=\frac{\sqrt{5}}{2}F_P$$

$$F_{N_6}=-F_{N_5}\cos\alpha=-F_P$$

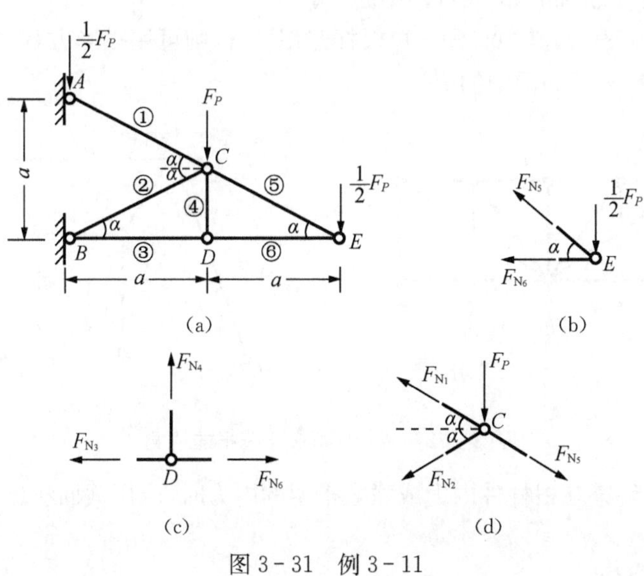

图 3－31　例 3－11

再截取结点 D,作受力图 3-31(c),由平衡条件 $\sum F_y=0$, $\sum F_x=0$,得

$$F_{N_3}=F_{N_6}=-F_P$$

$$F_{N_4}=0$$

最后截取结点 C,作受力图 3-31(d),由平衡条件 $\sum F_y=0$, $\sum F_x=0$,得

$$F_{N_1}\cos\alpha+F_{N_2}\cos\alpha-F_{N_5}\cos\alpha=0$$

$$F_{N_1}\sin\alpha-F_{N_2}\sin\alpha-F_{N_5}\sin\alpha-F_P=0$$

联立求解,得

$$F_{N_1}=\sqrt{5}F_P, F_{N_2}=-\frac{\sqrt{5}}{2}F_P$$

2. 截面法

截面法一般是用截面切断拟求内力的杆件,从桁架上截取一部分作为脱离体,由于脱离体包含的结点数多于一个,故作用在脱离体上的外力、内力形成一般力系,利用平面一般力系的三个平衡方程计算截面上的未知轴力。

对于平面一般力系,对应的平衡条件只有三个,所以,截面法截断的未知力杆件只能有三根,即脱离体上只能有三个未知轴力。但在下列两种情况下,截断杆可多于三根。

(1) 截断 n 根杆,其中有($n-1$)根杆相交于一点,则可对该点列力矩方程,求出余下的一根内力,如图 3-32(a)中的 F_{N_1}。

(2) 截断 n 根杆,其中有($n-1$)根杆互相平行,则可用投影方程求出余下一根杆的内力,如图 3-32(b)中的 F_{N_1}。

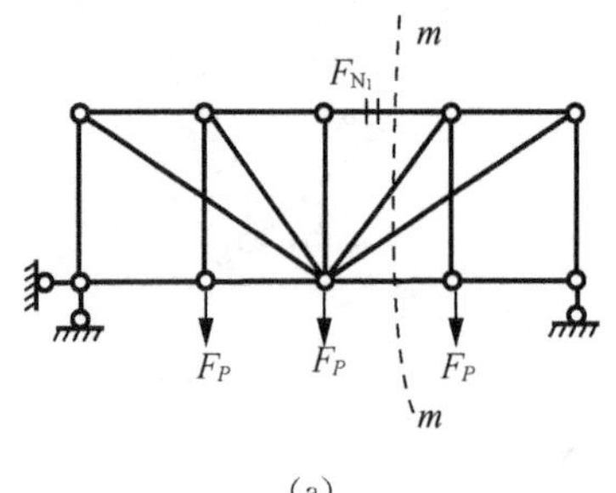

(a)

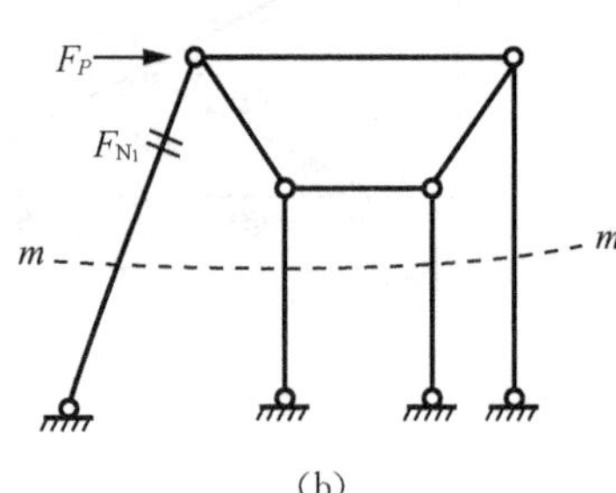

(b)

图 3-32 截断杆可多于三根的情况

在只需求解某几根杆件内力或联合桁架的内力时,应用截面法比较合适。

例 3－12　求图 3－33 桁架结构中指定杆 BD、BE、CE 的内力。

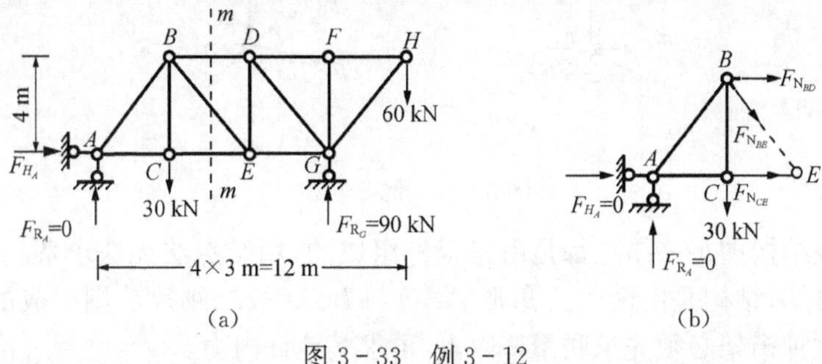

图 3－33　例 3－12

解　此桁架为简支桁架，在 H 和 C 点各受竖向集中荷载作用。由平衡条件可知水平支承反力 $F_{H_A}=0$，再由平衡条件求出竖向反力 F_{R_G} 与 F_{R_A}。

$$F_{R_A}=0, F_{R_G}=90\text{ kN}$$

求三杆内力，用结点法求解过于冗长，因此这里用截面法求解。

由整体平衡条件，得

$$F_{R_A}=0, F_{R_G}=90\text{ kN}$$

用截面 $m-m$ 截桁架为左、右两部分，取左边为隔离体，其受力图如图 3－33(b)所示。

按平面一般力系的三个平衡条件 $\sum M_E=0$，$\sum M_B=0$，$\sum F_y=0$，得

$$F_{N_{BD}}\times 4=30\times 3, F_{N_{BD}}=\frac{90}{4}=22.5\text{ kN}$$

$$F_{N_{CE}}\times 4=0, F_{N_{CE}}=0$$

$$F_{N_{BE}}\times\frac{5}{4}+30=0, F_{N_{BE}}=-37.5\text{ kN}$$

3. 联合法

在桁架内力的计算中，常常联合运用结点法和截面法，使得计算更为简便。下面通过例题加以说明。

例 3－13　求图 3－34 桁架中各杆的内力。

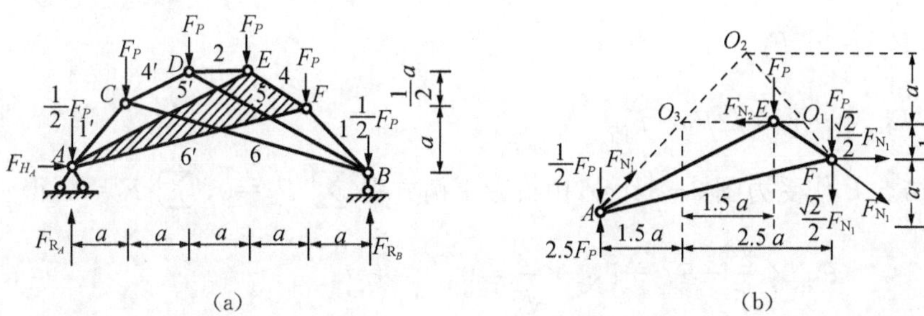

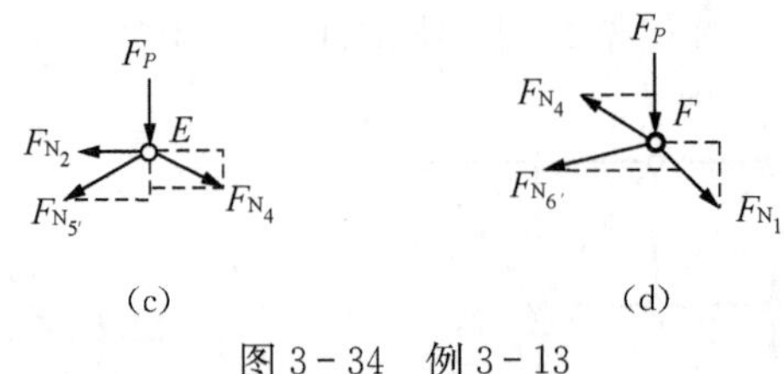

图 3-34　例 3-13

解　该结构中每一结点都是由三根杆组成的,用结点法无法求解。但经几何组成分析可知,结构是由两个三角形 AEF 与 BCD 按二刚片法则组成的,属于联合桁架。这种桁架必须先求联系杆内力,再求其他杆内力。

(1) 求支座反力

由结构的整体平衡条件 $\sum F_x=0,\sum M_B=0,\sum M_A=0$,得

$$F_{H_A}=0$$

$$F_{R_A}=2.5F_P$$

$$F_{R_B}=2.5F_P$$

(2) 计算各杆轴力

此联合桁架,首先利用截面法截取 AEF 部分,作受力图 3-34(b),求出联系杆 1、联系杆 2、联系杆 1′的内力。计算内力时所需的几何尺寸可由几何关系找到,如图 3-34(b)所示。为了避免矩臂的计算,用合力矩定理将斜向的轴力在作用的结点处用两分力代替后,则由三个力矩平衡方程 $\sum M_{O_3}=0$, $\sum M_{O_2}=0$, $\sum M_{O_1}=0$,得

$$F_{N_1}\times\frac{\sqrt{2}}{2}(2.5-0.5)a+F_P(1.5+2.5)a+(2.5F_P-0.5F_P)\times1.5a=0$$

$$F_{N_1}=-\frac{7\sqrt{2}}{2}F_P$$

$$F_{N_2}a+F_P(0.5+1.5)a+2F_P\times2.5a=0$$

$$F_{N_2}=-7F_P$$

$$F_{N_{1'}}=-3.5\sqrt{2}F_P=F_{N_1}$$

取结点 E 作受力图 3-34(c),由投影平衡方程 $\sum F_x=0$, $\sum F_y=0$,得

$$F_{N_4}\times\frac{2}{\sqrt{5}}-F_{N_2}-F_{N_{5'}}\times\frac{2}{\sqrt{5}}=0$$

$$F_{N_4}\times\frac{1}{\sqrt{5}}+F_{N_2}-F_{N_{5'}}\times\frac{1}{\sqrt{5}}+F_P=0$$

联立求解得

$$F_{N_4}=-\frac{9}{4}\sqrt{5}F_P,F_{N_{5'}}=\frac{5}{4}\sqrt{5}F_P$$

再取结点 F 作受力图 3-34(d)，由投影平衡方程 $\sum F_x=0$，$\sum F_y=0$，得

$$F_{N_4}\times\frac{2}{\sqrt{5}}-F_{N_1}\times\frac{\sqrt{2}}{2}+F_{N_{6'}}\times\frac{4}{\sqrt{17}}=0$$

$$F_{N_{6'}}=\frac{\sqrt{17}}{4}F_P$$

$$F_{N_4}\times\frac{1}{\sqrt{5}}-F_{N_{6'}}\times\frac{1}{\sqrt{17}}-F_{N_1}\times\frac{1}{\sqrt{2}}-F_P=-\frac{7}{2}+\frac{7}{2}=0 \qquad \text{(校核)}$$

根据对称条件可得

$$F_{N_{4'}}=F_{N_4}=-\frac{9}{4}\sqrt{5}F_P,F_{N_5}=F_{N_{5'}}=\frac{5}{4}\sqrt{5}F_P,F_{N_6}=F_{N_{6'}}=\frac{\sqrt{17}}{4}F_P$$

例 3-14　求图 3-35 结构中指定杆的内力 F_{N_1}、F_{N_2}。

解　图示结构是简单桁架(亦称 K 型桁架)，它在中间三角形基础上连续按二元体规则向两边扩大，然后整体与地基简支。现先求出支座反力后再用截面 $m-m$ 截桁架为两部分。取左边为隔离体考虑其平衡，对 C 点求矩 $\sum M_C=0$，则切断的四根杆中有三根通过矩心，只有 F_{N_2} 与支座反力 F_{R_A} 对 C 点有矩，求出 F_{N_2}。再通过结点 A 和 D 求得 F_{N_1}。这就是结点法和截面法的联合应用。

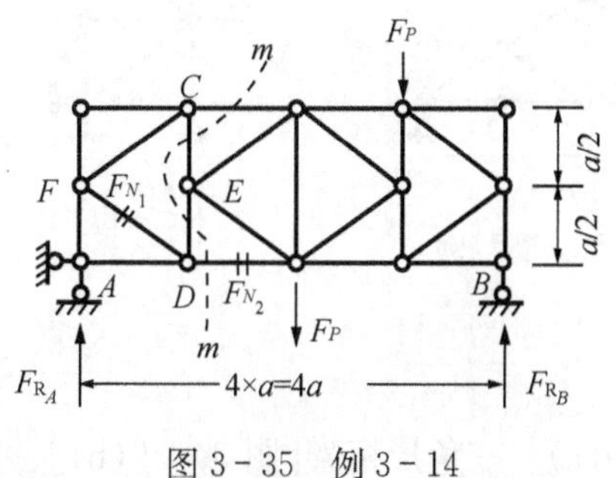

图 3-35　例 3-14

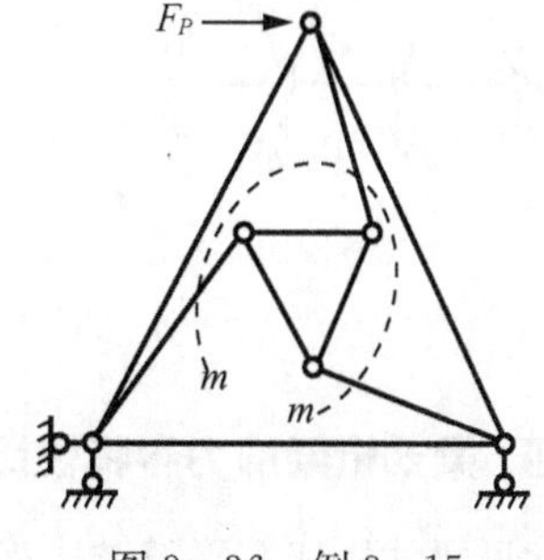

图 3-36　例 3-15

例 3-15　试分析图 3-36 桁架各杆内力。

解　该桁架结构是由内外两个大小三角形联合组成的，为联合桁架，因而需先

求联系杆内力。为此,用 $m-m$ 的封闭截面切出小三角形为隔离体,因其上无荷载,可知它们的内力均为零,所以,大三角形的三根杆内力由结点法迎刃而解。

三、零杆判断

桁架计算中若能预先找出桁架结构中一些内力为零的杆件(称零杆),将对内力计算有很大帮助。

平面桁架零杆判别的原则为

(1) 不受荷载且不在一直线上两杆结点,其两杆均为零杆,如图 3-37(a)所示;

(2) 不受荷载的三杆结点,有两杆在同一直线上,另一杆为零杆(称独杆),如图 3-37(b)所示。

这里顺便指出,按结点法可知不受荷载的四杆结点,其中每两杆互在一直线上,则它们两两相等,如图 3-37(c)所示。对称结构中,零杆的判别参阅本章§3.7。

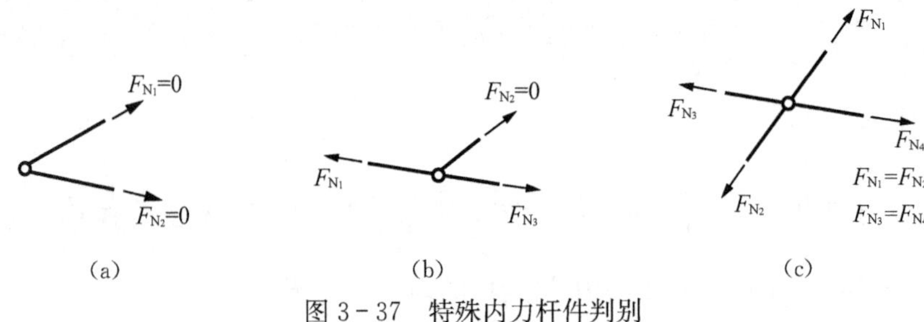

图 3-37 特殊内力杆件判别

根据上述原则不难判断出图 3-38 中所示虚线部分的杆均是零杆。请读者自己判断。

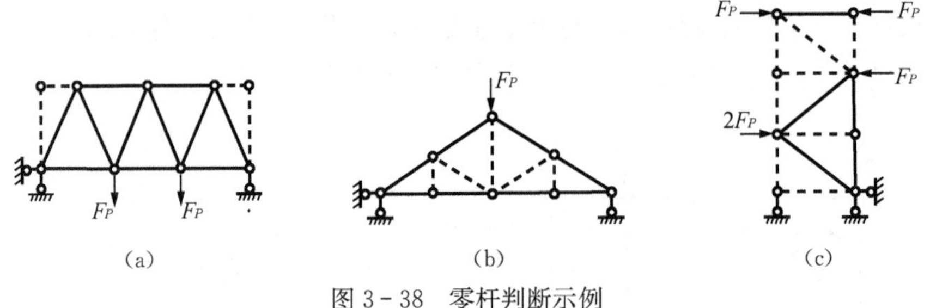

图 3-38 零杆判断示例

四、梁式桁架的力学特性比较

常见梁式桁架有平行弦桁架[图 3-39(a)]、三角形桁架[图 3-39(b)]、抛物线形桁架[(图 3-39(c)]与折线形桁架[图 3-39(d)]四种。下面进行力学特性比较。

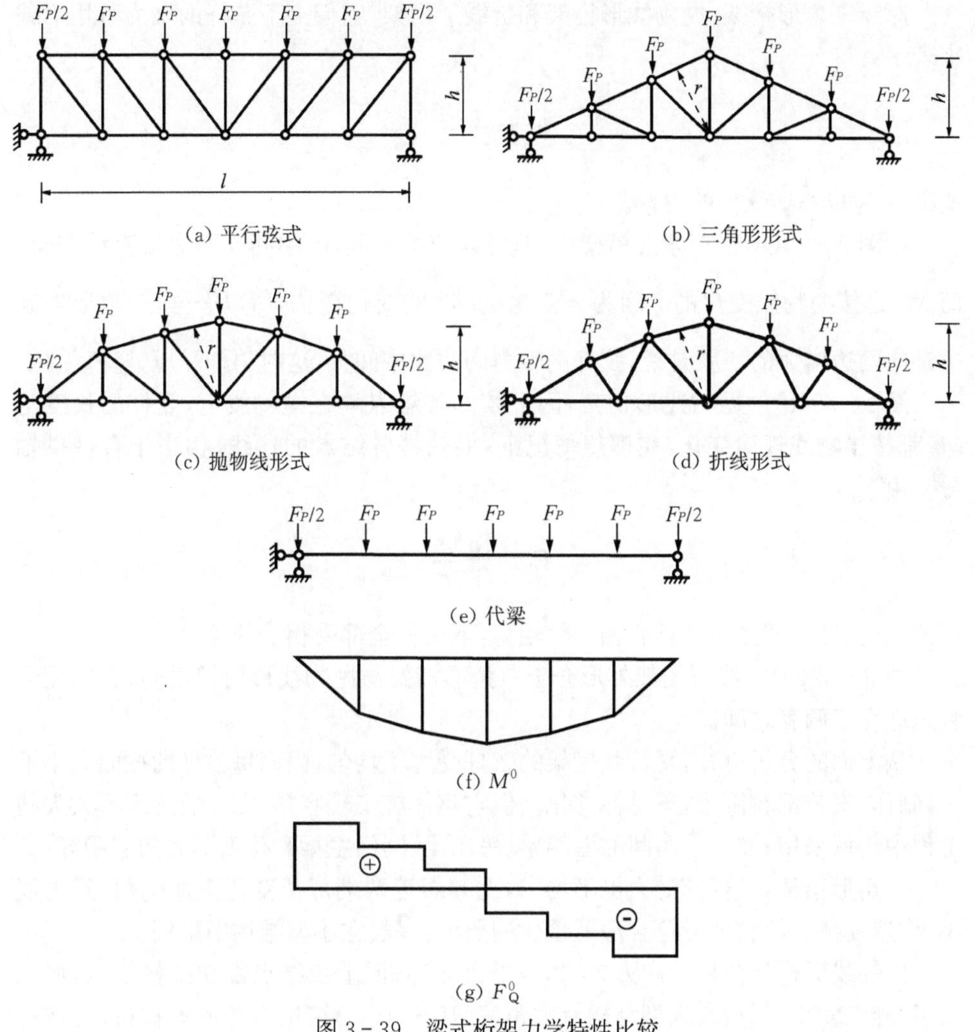

(a) 平行弦式　(b) 三角形形式

(c) 抛物线形式　(d) 折线形式

(e) 代梁

(f) M^0

(g) F_Q^0

图 3－39　梁式桁架力学特性比较

对平行弦梁式桁架，因外形与梁相似，在同样荷载作用下，其力学特性也与梁相似。上、下弦杆在整体结构中起着承受弯矩的作用，上弦杆受压，下弦杆受拉。上、下弦杆的轴力与同跨度、同荷载代梁比较，有

$$F_N = \pm \frac{M^0}{h}$$

M^0 的分布是跨中大、两头小，如图 3－39(f)，因此，弦杆的轴力也是中间大、两头小。腹杆(包括竖杆与斜杆)从整体作用看是承受剪力的，局部每一根杆只有拉、压的轴力。因代梁的剪力，如图 3－39(g)，是两头大、中间小，因此腹杆的轴力也是两头大、中间小。

对于三角形桁架、抛物线形桁架和折线形桁架,它们上下弦杆的轴力可用下式来表示:

$$F_N = \pm \frac{M^0}{r}$$

式中:r 为矩心到弦杆的力臂。

在图 3-39(b)的三角形桁架中,弦杆对应的 r 值,由中间向两边按直线变化。而 M^0 是按抛物线变化的。因为 r 变化比 M^0 的变化更快,所以$\frac{M^0}{r}$在三角形桁架中是向两边增大的。就是说,弦杆的轴力两边比中间大,这时斜杆受压、竖杆受拉。

图 3-39(c)的抛物线形桁架,因上弦的各结点均在抛物线上,竖杆的长度与 M^0 都按抛物线规律变化,在理想情况下,上弦杆各结点的连线,相当于合理拱轴线。由下式

$$F_N = \pm \frac{M^0}{r}$$

可知,上弦杆全部受压并且有相等的轴力,下弦杆全部受相等的拉力。

图 3-39(d)折线形桁架外形介于三角形桁架与抛物线形桁架之间,它的受力状态亦介于两者之间。

从上面的分析可知,平行弦桁架的弦杆受力不均匀,因而每根杆的截面大小不一,制作、安装都较困难,不易标准化。但它整体施工较容易,在一般跨度不太大的工程中仍然采用,如工厂车间的屋架梁、吊车梁、闸门主梁和跨度不大的主梁等。

三角形桁架,弦杆的受力也不均匀,尤其靠近两端部位变化更加剧烈,且角度小、构造复杂。但它外形符合房屋顶架的要求,一般在小型结构中采用。

抛物线形桁架弦杆的内力较均匀,受力合理;但上弦结点都在抛物线上,形式较多,施工较难,不过在大型结构及大跨度(18~30 m)结构中能节省材料,常在礼堂、仓库、车间等的屋架上使用。

折线形桁架既解决了三角形桁架受力不均的问题,又克服了抛物线形桁架施工困难的问题,因而它常在中等跨度(18~24 m)结构上使用。

§3-5 静定组合结构

组合结构是由受弯杆件(梁式杆)与受拉压杆件(桁杆、链杆)组合而成的,也称构架;其杆件与杆件之间的结点,既有刚结点和铰结点,也有组合结点。组合结构可采用力学性能不同的材料,重量轻,施工方便,适用于各种跨度的建筑物。图

3-40为组合结构的一些例子，其中图3-40(a)、(b)、(c)为静定结构，图3-40(d)为具有一个多余约束的超静定结构。

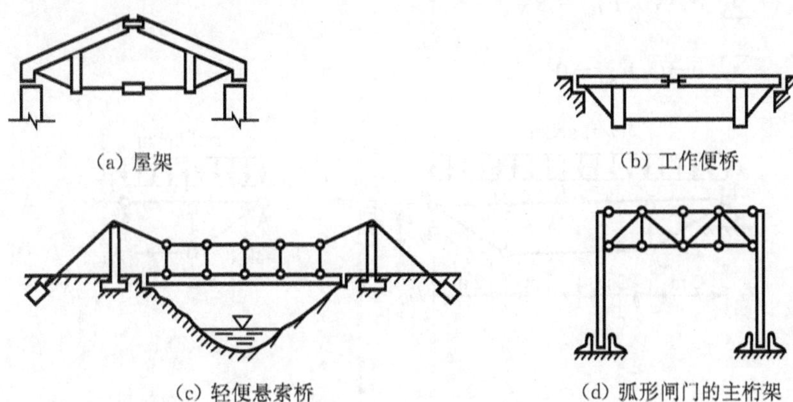

(a) 屋架　　(b) 工作便桥

(c) 轻便悬索桥　　(d) 弧形闸门的主桁架

图3-40　组合结构

如同静定结构内力计算的一般方法，静定组合结构的计算一般从几何组成分析入手，根据几何构造特点确定选取脱离体的顺序，利用平衡条件计算所有约束反力和内力。从几何组成的角度看，组合结构中的梁式杆件往往被链杆约束形成几何不变体系，故计算内力时，一般先求各链杆的轴力，再求梁式杆的弯矩、剪力和轴力。

计算组合结构时，应当注意被截断的杆件是链杆还是梁式杆。如果被截的是链杆，则杆截面上只有轴力；如果被截的是梁式杆，则杆截面上一般作用有弯矩、剪力和轴力。

例3-16　图3-40(b)为工作便桥，图3-41(a)为简化为静定组合结构的计算简图，计算它的内力。

解　(1) 几何组成分析

结构由左右两个三角形按二刚片法则或三刚片法则组成。

(2) 求反力

考虑整体平衡，如图3-41(a)，得

$$\sum M_A=0, F_{R_B}=\frac{q\times 8\times 4}{8}=4\ \text{kN}$$

$$\sum F_y=0, F_{R_A}=q\times 8-F_{R_B}=4\ \text{kN}$$

(3) 求拉、压杆轴力

截开铰 C 和连杆 DE 并取左半部分作受力图，先计算铰 C 和连杆 DE 的约束力，如图3-41(b)所示。由

$$\sum M_C=0, F_{R_A}\times 4-q\times 4\times 2-F_{N_{DE}}\times 1=0, F_{N_{DE}}=8\ \text{kN}(\text{拉力})$$

$$\sum F_x=0, F_{H_C}=F_{N_{DE}}=8\ \text{kN}$$

$$\sum y=0, F_{R_C}=0$$

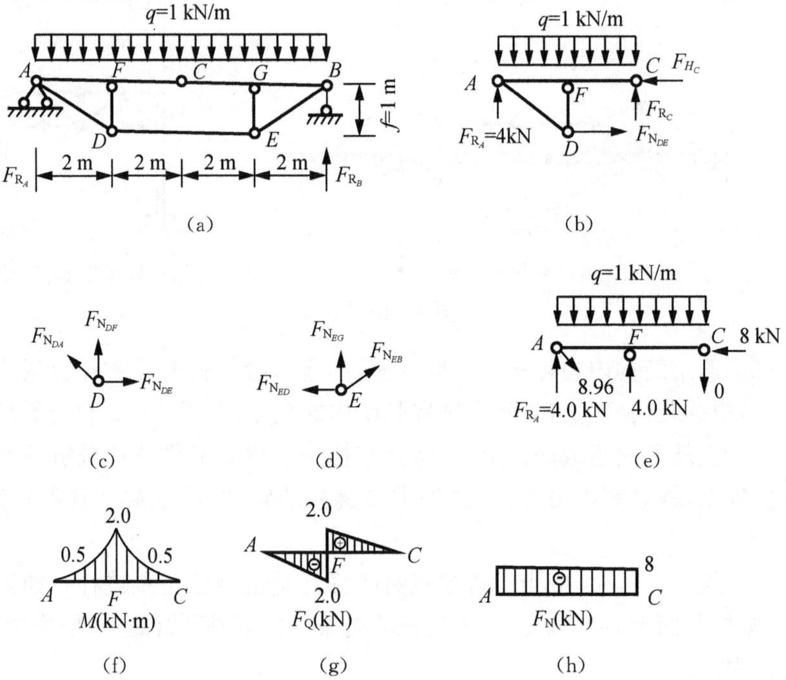

(a) (b) (c) (d) (e) (f) (g) (h)

图 3-41　例 3-16

截取结点 D 及 E 作受力图,如图 3-41(c)、(d)所示。利用平面共点力系的投影方程,求得其他两杆的轴力为

$$F_{N_{DA}}=F_{N_{EB}}=\frac{2.24}{2}\times 8=8.96\ \text{kN}(\text{拉力})$$

$$F_{N_{DF}}=F_{N_{EG}}=-\frac{1}{2.24}\times 8.96=-4\ \text{kN}(\text{拉力})$$

(4) 受弯杆件内力图

杆 AFC 受力情况如图 3-41(e)所示,由此作出的内力图如图 3-41(f)所示。由于结构对称,AFC 与 CGB 受力情况相同,故只作 AFC 左半边的内力图。

由图 3-41(e),解出

$$M_{AF}=0, M_{FA}=M_{FC}=\frac{1\times 2^2}{2}=2\ \text{kN}\cdot\text{m}, M_{CF}=0$$

$$F_{Q_{AF}}=0, F_{Q_{FA}}=-q\times 2=-2\ \text{kN}, F_{Q_{FC}}=-2+4=2\ \text{kN}, F_{Q_{CF}}=0$$

$$F_{N_{AC}}=-8\ \text{kN}, F_{N_{CA}}=-8\ \text{kN}$$

(5) 讨论

① 反力：竖向反力与简支梁完全一样，即

$$F_{R_A}=F_{R_A^0}, F_{R_B}=F_{R_B^0}, F_{H_A}=0$$

② 拉杆轴力：

$$F_{N_{DE}}=\frac{M_C^0}{f}$$

当 l 一定时，M_C^0 是常数，则

$$F_{N_{DE}}\propto\frac{1}{f}$$

由此可见，桁杆内力与高度 f 成反比，f 越大，$F_{N_{DE}}$ 越小；反之，f 越小，$F_{N_{DE}}$ 越大。

③ 受弯杆内力：图 3-41(f)中，对称结构受对称荷载，铰 C 的剪力为零。杆 AFC(或 CGB)的弯矩相当于简支在 AF 的外伸梁受匀布力作用时情况，全梁上面受拉。

④ 如果受弯杆 AFC 变为倾斜，而弦杆 AD 水平，即 $f_2=0$，$f_1=f$，如图 3-42(a)所示。支座反力、拉杆拉力的计算式与上述相同。

对于受弯杆，由于杆 FD、GE 为零杆，则 AC(或 CB)相当于支在 A、B 两点的简支梁。F 点弯矩值为 2 kN·m，全梁下面受拉。

⑤ 如果杆 AF、AD 都倾斜，即 f_1 和 f_2 都不为零，如图 3-42(b)所示。若设

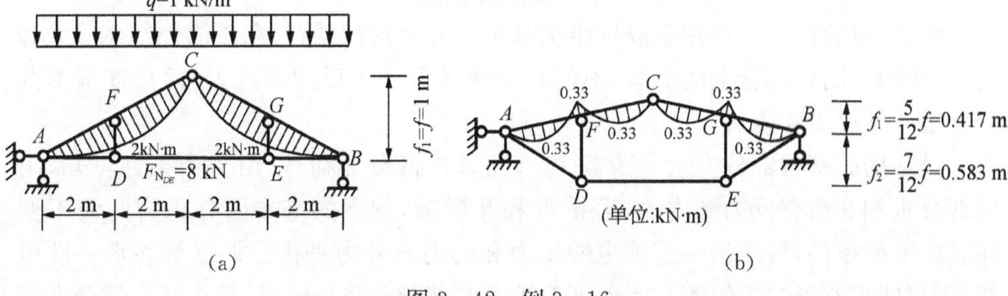

图 3-42　例 3-16

$f_1=\frac{5}{12}f$，$f_2=\frac{7}{12}f$，这时支座反力、拉杆拉力变化规律不变。受弯杆 AFC 的弯矩

介于上述两者之间,如图 3-42(b)所示,正负弯矩值相等。

⑥ 比较这三种形式,如果 f、l 不变,调整 f_1 与 f_2 的关系,拉杆内力不变,但受弯杆的弯矩变化显著。当 f_1 与 f_2 都不为零,且数值相近时,受弯杆正负弯矩绝对值比较接近,受力情况较好。

§3-6 静定结构的一般性质

下面讨论静定结构的特性,这些特性有助于判别计算成果的正确性和简化静定结构的受力分析。

一、静定结构的基础部分和附属部分受力特征

静定结构的组成方式是多种多样的,有些静定结构可以划分为几何不变的基本部分和依附在基本部分上才得以维持几何不变的附属部分。这两者的主要区别在于:如果附属部分遭受破坏或者被撤去,留下的基本部分仍然可以独立存在而保持几何不变;反之,如果基本部分遭受破坏,则支承在其上的附属部分即会随着破坏。

当然,基本部分和附属部分的概念也是相对的。例如图 3-43 所示结构是由Ⅰ、Ⅱ、Ⅲ三部分组成的,Ⅰ支持着Ⅱ,Ⅱ支持着Ⅲ,则Ⅱ对于Ⅰ而言是附属部分,但对Ⅲ而言却是基本部分。

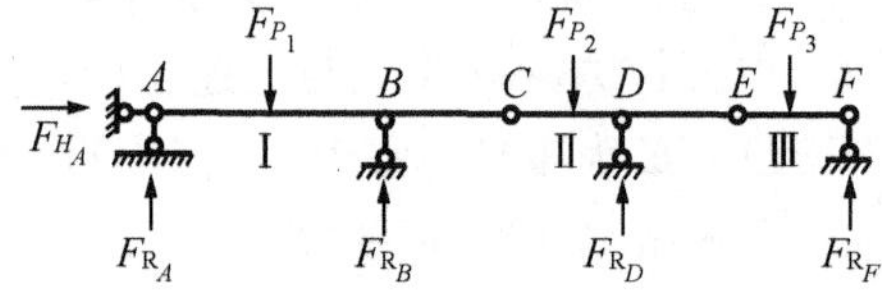

图 3-43 示例结构

静定结构特征一:作用于静定结构基本部分上的荷载,只在该部分产生反力和内力;作用于附属部分上的荷载,不但在附属部分产生反力和内力,而且在基本部分上也产生反力和内力。

设结构的基本部分上承受荷载 F_{P_1},而其他部分无荷载,由平衡条件可知,附属部分Ⅲ和Ⅱ没有反力和内力,若把Ⅲ和Ⅱ撤除,剩下的基本部分仍为几何不变体。由平衡条件,可求出一组确定的反力和内力与外力平衡。根据解答唯一性可知,不可能再有第二组解答。因而证明了基本部分承受荷载时,只在基本部分产生反力和内力,对它的附属部分没有影响。

又设只在附属部分Ⅲ上承受荷载 F_{P_3} 时,设想基本部分Ⅰ、Ⅱ上没有反力和内

力，若将基本部分Ⅰ、Ⅱ撤除，则附属部分的几何不变性将被破坏而不能维持静力平衡，故基本部分没有反力和内力的设想是错误的。由此证明了当附属部分承受荷载时，基本部分必将受力。

这一特性反映了静定结构中力的传递关系，掌握这个关系对分析静定结构的反力和内力有很大的帮助。

例如，图 3-43 的多跨静定梁，有 5 个支座反力及 4 个中间铰相互作用力，共 9 个约束力。由Ⅰ、Ⅱ、Ⅲ三个部分写出 9 个平衡方程，可解出 9 个反力。但这样解不简便。如果根据力的传递层次Ⅲ→Ⅱ→Ⅰ，即由组成的相反方向先由Ⅲ求出反力 F_{H_E}、F_{R_E}、F_{R_F}，再由Ⅱ求出反力 F_{H_C}、F_{R_C}、F_{R_D}，最后由Ⅰ求出反力 F_{H_A}、F_{R_A}、F_{R_B}，则要简便得多。这一特性在前面的例题中已经应用过。

二、静定结构在平衡荷载作用下的受力特性

静定结构特性二：如果静定结构某一局部在平衡力系作用下能维持平衡，则结构其余部分的反力和内力为零。

例如，图 3-44 所示结构，作用在 $ABCDE$ 上的荷载为一组平衡力系。设桁架的 $ABCDE$ 部分有内力，而其余部分没有内力。根据解答唯一性定理可以证明，这是一组满足平衡条件的唯一确定解，从而证明了这一特性的正确性。

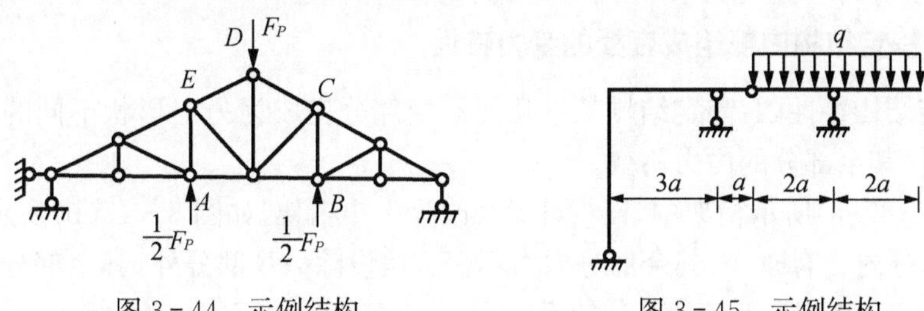

图 3-44　示例结构　　　　图 3-45　示例结构

图 3-45 所示结构，根据特性一，附属部分受力，对基本部分有影响，但作用在附属部分上的荷载与该部分的反力组成一平衡力系，因此不经计算可知，基本部分上的反力和内力为零。

三、静定结构荷载等效变换的受力特性

合力的大小、方向和作用点都相同的两组荷载称为等效荷载。所谓荷载等效变换，是指将一组荷载用另外一组具有同样合力的荷载来替换。

静定结构特性三：作用在静定结构的某一几何不变部分的荷载，作等效变换时，其余部分的内力不变。

设有匀布荷载 q 及集中力 $F_{P_1}=\frac{ql}{2}$，分别作用在结构的几何不变部分 AC 上，

其相应的内力状态分别为 F_{S_1} 及 F_{S_2}，如图 3-46(a)、(b)所示。现以匀布荷载 q 和集中力 $-\frac{1}{2}ql$ 作为一组荷载同时加于 AC 部分，则内力状态为 $F_{S_1}-F_{S_2}$，如图 3-46(c)所示。因为匀布力 q 和集中力 $\frac{1}{2}ql$ 组成一组平衡力系，由特征性二可知，除 AC 外，其余部分内力为零，即

$$F_{S_1}-F_{S_2}=0,\text{即 } F_{S_1}=F_{S_2}$$

从而证明了这一特性的正确性。根据这一特性，在前面例题中处理分布荷载时常常用等效集中力来代替；对桁架非结点荷载的处理，也正是应用这一特性。

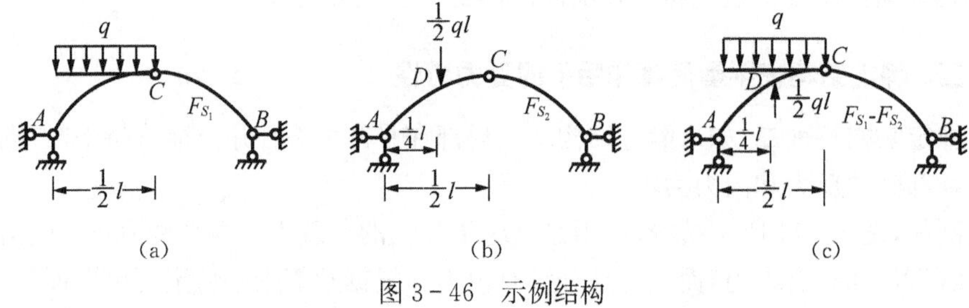

图 3-46　示例结构

四、静定结构内部组成变换的受力特性

静定结构特性四：静定结构某一几何不变部分变成为另一形状不同的几何不变部分时，其余部分的内力不变。

图 3-47(a)所示桁架中，设将杆 AB 改为一小桁架，如图 3-47(b)所示，则仅仅 AB 部分内力有改变，其余部分内力不变。假设除 AB 部分外，其余部分的内力与图 3-47(a)相同，则 AB 部分的反力亦不变，如图 3-47(c)、(d)所示。因此，小桁架 AB 及其余部分能维持平衡。根据解答唯一性，这个满足平衡的内力状态就是真实情况。

这个特性启示我们，在求解静定结构的内力时，如果遇到组成复杂的结构，可适当地对某一部分作结构变换，将其余部分内力求出后，再修正变换部分的内力。

如图 3-48 所示带拉杆的三铰拱，在下面四个集中力 F_P 作用下求各杆的内力是比较复杂的。如利用上述特性，则可简化。首先利用特性三将下面左、右拉杆 A、B 几何不变部分的力用等效荷载来代替，如图 3-48(a)中虚线所示的力；其次利用特性四将下面左右几何不变的组合拉杆，改变为两直杆，如图 3-48(b)所示，这样就可方便地求出左右曲杆、中间竖杆的内力以及代替杆的内力 F_{N_1} 和 F_{N_2}；然后，再根据图 3-48(c)、(d)求出左右组合拉杆中各杆的内力。

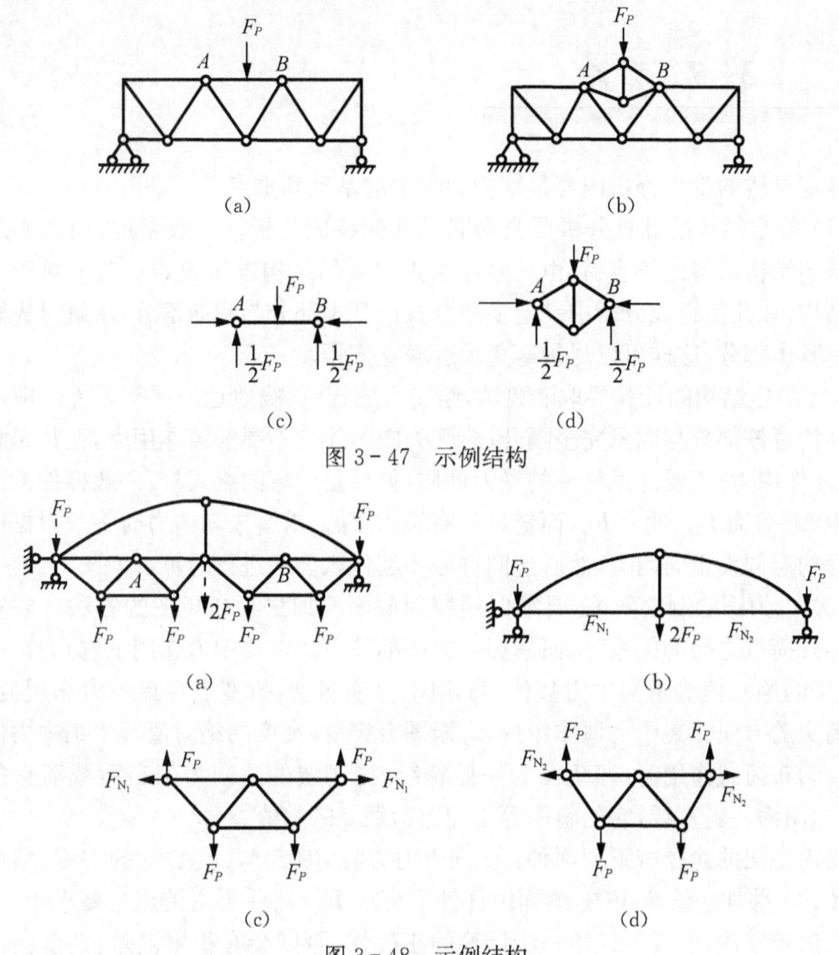

图 3－47　示例结构

图 3－48　示例结构

五、静定结构在温度改变、支座移动作用下的受力特性

静定结构特性五：温度改变、材料胀缩、支座移动及制造误差等在静定结构中不引起反力和内力。

因为没有外荷载，零解答能满足各部分的平衡条件，所以由解答唯一性可知，不可能再有第二组解答存在。因此，温度改变、材料胀缩、支座移动、制造误差等在静定结构中不引起内力。

根据这一特性，在地基容易产生不均匀沉陷，或温度改变比较剧烈，或加工比较粗糙等情况下，为了避免这些影响，可选用静定结构。

§3-7 讨论

静定结构的受力分析内容是结构力学中的基础和重点。

(1) 静定结构的计算分析要紧密联系几何组成分析。一般来说，由二刚片法则组成的结构求解比较容易，由三刚片法则组成的结构求解较难一些。对于较复杂的结构，在几何组成分析中一定要注意找出基本部分与附属部分，求解时先附属部分后基本部分，这样可以尽量避免求解联立方程。

(2) 静定结构的计算要取隔离体，绘受力图，并正确地运用平衡条件。取隔离体时要注意该部分与周围完全隔开；绘受力图时注意不要漏掉作用力，尤其是相互作用、反作用力；还要注意杆件的受力性质，如果是受弯的梁式杆，一般杆件截面上有弯矩 M、剪力 F_Q、轴力 F_N，而链杆只有轴力 F_N。求解未知内力时一般根据内力的符号约定假设正向内力，然后连同符号一起代入公式进行运算。

(3) 内力图绘制要熟练，要掌握用控制截面叠加法绘弯矩图的方法。要熟悉内力与外荷载之间的关系，从而掌握内力图的特点。在集中力作用下，剪力图有突变，突变的绝对值等于集中力数值，弯矩图 M 有折变，折变点在集中力作用处，且折向箭头的方向。集中力偶作用处，弯矩图有突变，突变的绝对值等于集中力偶的数值。匀布荷载作用时，弯矩图为一抛物线，抛物线的凸向为匀布荷载箭头的方向；剪力图为一斜直线，它的斜率等于匀布荷载 q 的数值。

绘内力图的途径有下列两种：① 列内力方程，确定 M、F_Q、F_N 的方程，然后绘内力图；② 叠加法绘弯矩图，继而由杆件平衡求 F_Q，然后再由结点平衡求 F_N。第二种方法较常用，但要保证每一步计算的正确性，否则会有积累误差，甚至会出现大的错误。

(4) 对三铰形式的结构要注意补充条件的应用。所谓补充条件，即结构中存在的已知条件，如图 3-49(a)结构，它是按三刚片法则构成的，属三铰刚架形式。支座 A 有 2 个支座反力 M_A 和 F_{R_A}，所以支座反力共有 4 个。由三个整体平衡条件加一个顶铰的补充条件就可解出 4 个反力。这时顶铰的补充条件是铅直方向的力为零，对应的平衡条件为 $\sum F_y=0$。于是由整体的 $\sum F_x=0$ 得 F_{H_C}，用 m—m 切开顶铰，考虑右边的平衡由 $\sum F_y=0$，得 F_{R_C}，再由整体的 $\sum F_y=0$ 与 $\sum M_C=0$ 可求出 F_{R_A} 与 M_A。反力求出后，内力就容易求出了。

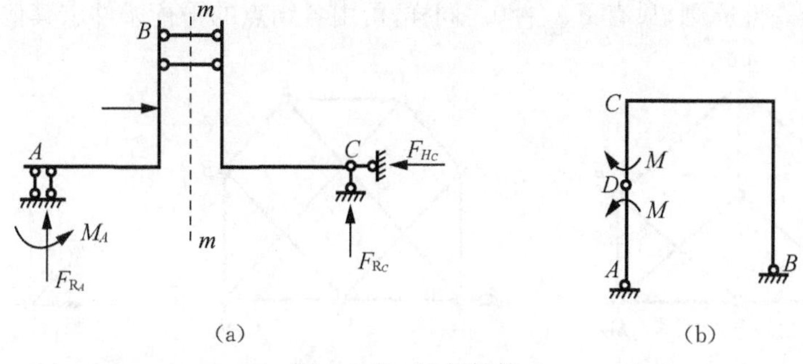

图 3－49　示例结构

图 3－49(b)结构也是三铰形式，请读者自己考虑如何求解反力和内力。

内力图绘制时一定要有根据，不能随手画。图 3－50(a)、(b)是同跨、同高、同荷载的弯矩图，请读者指出它们是否有错？错在哪里？

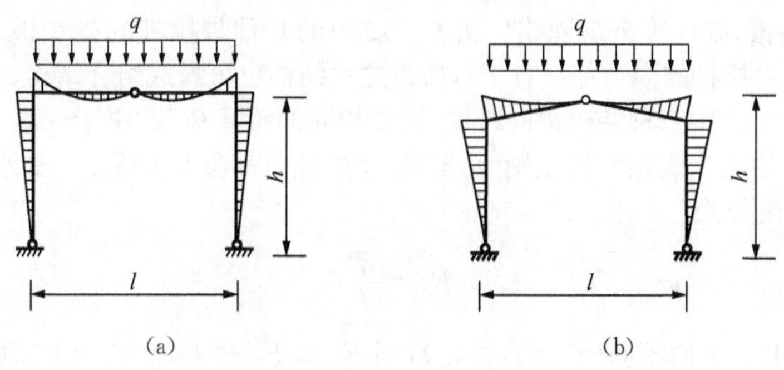

图 3－50　示例内力图

(5) 桁架求解时要先进行几何组成分析，判别是简单桁架、联合桁架还是复杂桁架，然后再找出其中的零杆，进而考虑用结点法还是截面法进行求解。

利用对称性，可以使桁架内力计算得以简化。如图 3－51(a)、(b)的桁架，每一结点都有三根杆，用结点法求解比较困难，只能用截面法或其他方法进行求解。若考虑桁架结构的对称性，求出某一杆或某几杆的内力后，其他杆内力可随之求得。

上述两结构在对称荷载作用下，考察结点 C，如图 3－51(c)，由对称性质，有 $F_{N_{CA}}=F_{N_{CB}}$；由平衡条件，根据 $\sum F_y=0$，得 $F_{N_{CA}}\cos\alpha+F_{N_{CB}}\cos\alpha=0$，$\cos\alpha\neq0$，$F_{N_{CA}}=F_{N_{CB}}$，所以，综合上面二式，知 $F_{N_{CA}}=F_{N_{CB}}=0$。当这两杆内力已知后，再由 A、B 结点求解，进而推求到其他结点，则各杆内力都可求出。

上面两结构在反对称荷载作用下又有什么性质呢？现考察图 3－51(a)中与对称轴相重合的杆 DE 及图 3－51(b)中与对称轴相交的杆 DE，都只可能有一种内力性质。但由反对称的性质可知，对称轴上的杆内力数值相等，方向相反。据杆内力解答唯一性原则,只有 $F_{N_{DE}}=0$。同样,可由各结点的平衡条件求其他杆内力。

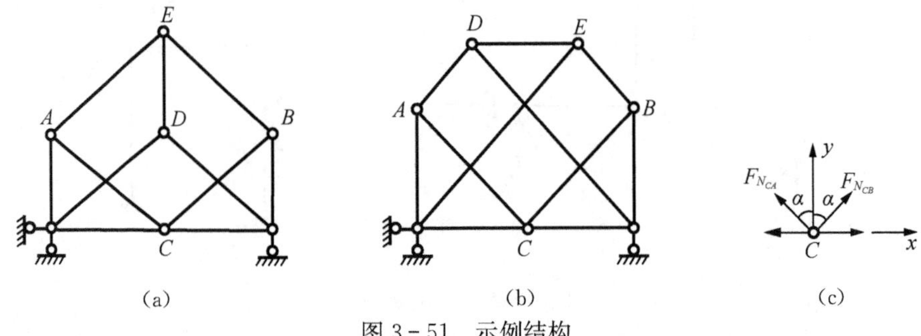

图 3-51 示例结构

(6) 对组合结构进行分析计算时,关键是分析各根杆的受力性质。组合结构是指由两种受力性质不同的杆件组合而成的结构,因而用截面法截开后绘出受力图,受弯杆(或称梁式杆)有内力 M、F_Q、F_N,拉压杆(或称桁架杆)就只有轴力 F_N。若受力图绘错,则计算全盘皆错。图 3-52 中的几种带拉杆的三铰拱,拱内力有 M、F_Q、F_N,而拉杆的内力却只有 F_N,所以这种结构也可看成组合结构。

若图 3-52 中三种结构都同跨度,且受相同的铅直荷载,由于矢高 f 的不同,则各杆内力也会出现很大的差别,甚至拉、压的性质都会发生改变。如水平拉杆的内力 F_N 可由公式

$$F_N=\frac{M_C^0}{f}$$

进行计算,由于 f 的不同($f_3>f_1>f_2$),则 $F_{N_3}<F_{N_1}<F_{N_2}$。图 3-52(b)中两个铅直吊杆这时为拉,对拱圈产生向下拉的作用,而图 3-52(c)中的两吊杆这时为压,对拱圈有向上顶的作用,因而由于 f 的改变,不仅会影响拉压杆的受力性质,也会影响到拱圈的受力状态。设计中要依据这种变化来选择材料、确定断面。

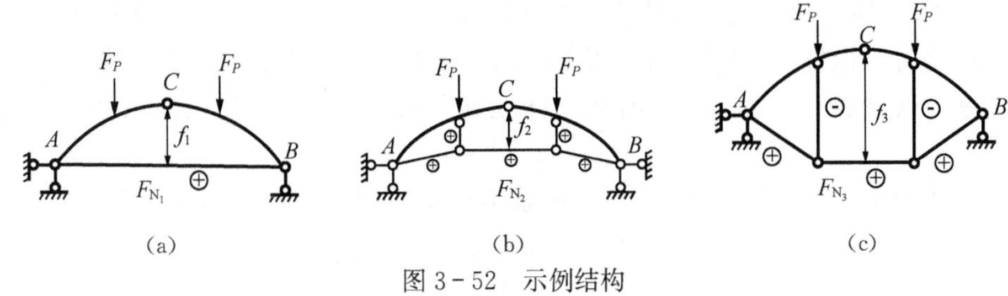

图 3-52 示例结构

思考题

3-1 试述静定结构的定义。静定结构的解答唯一性与哪些条件有关?

3-2 静定结构有哪些基本形式？它们的力学性质各有哪些特点？

3-3 隔离体法包括哪些内容？需要注意什么问题？

3-4 列内力方程法与控制截面法各需注意什么问题？

习 题

3-1 计算图示多跨静定梁的支座反力、内力，作 M、F_Q 图。

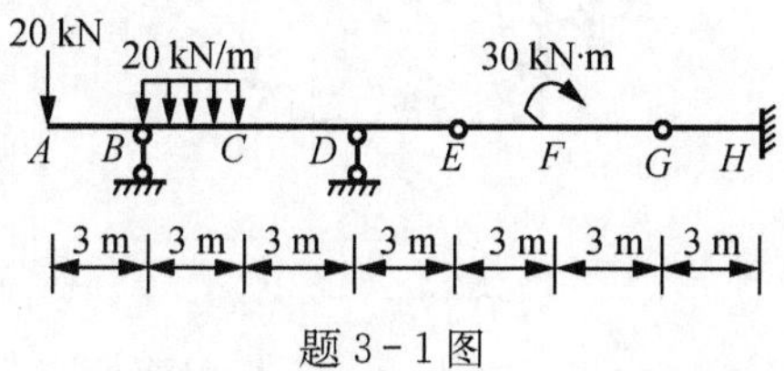

题 3-1 图

3-2 图示多跨静定梁，试调整铰 C 的位置，使所有中间支座上弯矩的绝对值相等。

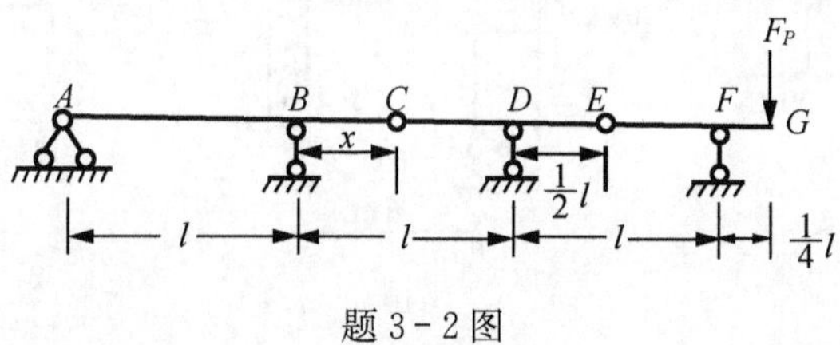

题 3-2 图

3-3 检查图示所示结构 M 图的正确性，并加以改正。

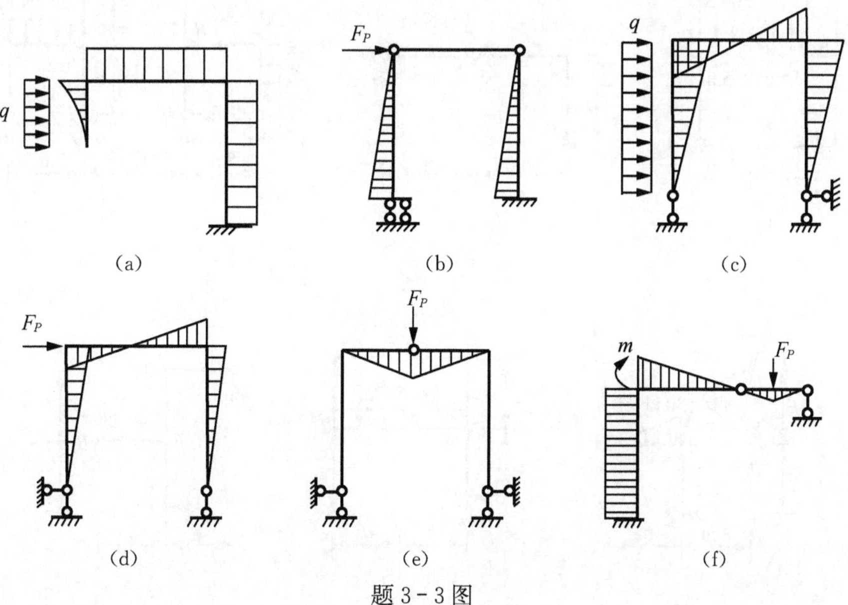

题 3-3 图

3-4 用列内力方程法计算图示各结构的内力,绘内力图并校核。

3-5 对图示刚架计算控制截面的内力,绘内力图。

3-6 试用控制截面法作图示刚架的弯矩图。

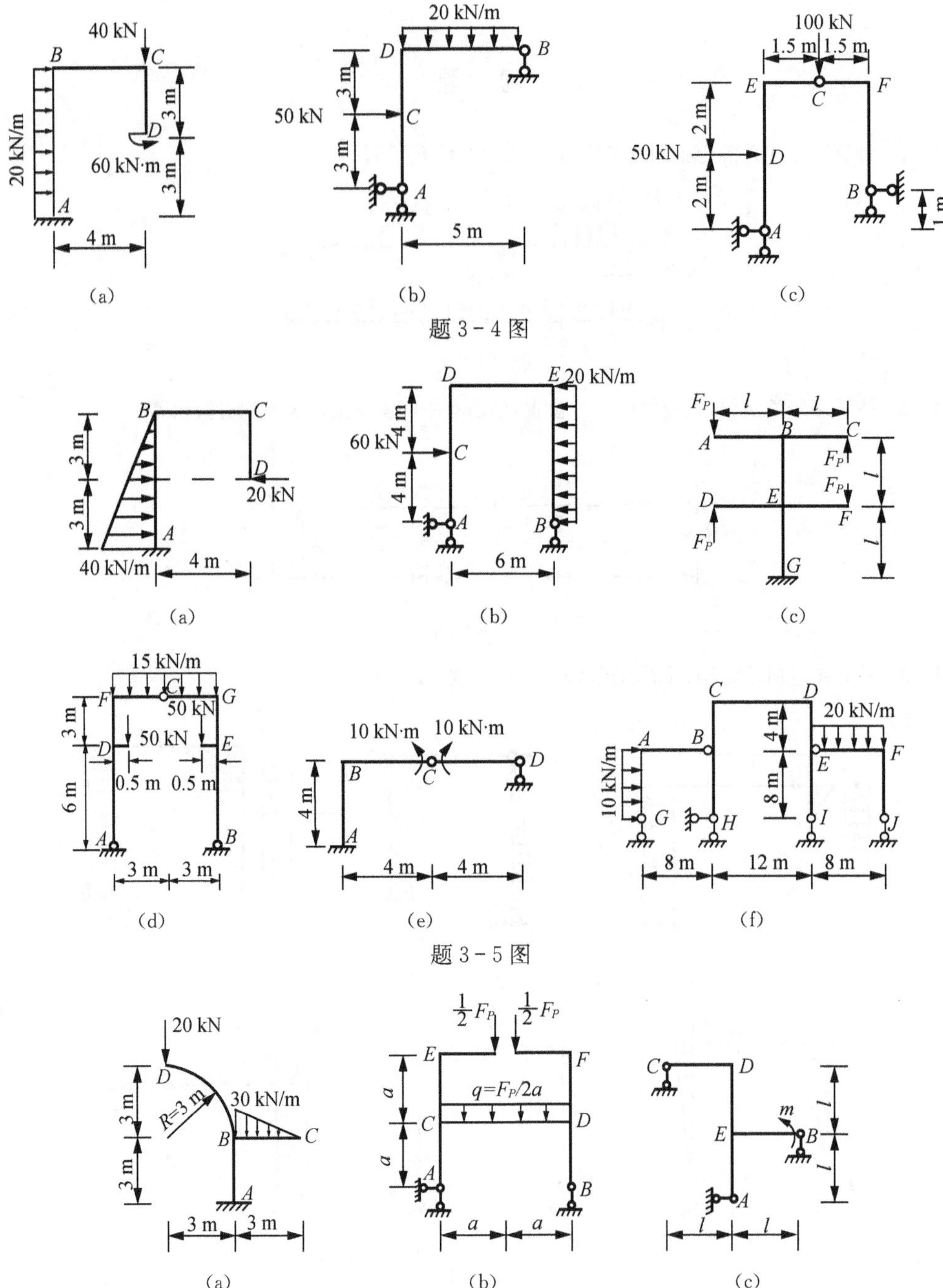

(a) (b) (c)

题 3-4 图

(a) (b) (c)

(d) (e) (f)

题 3-5 图

(a) (b) (c)

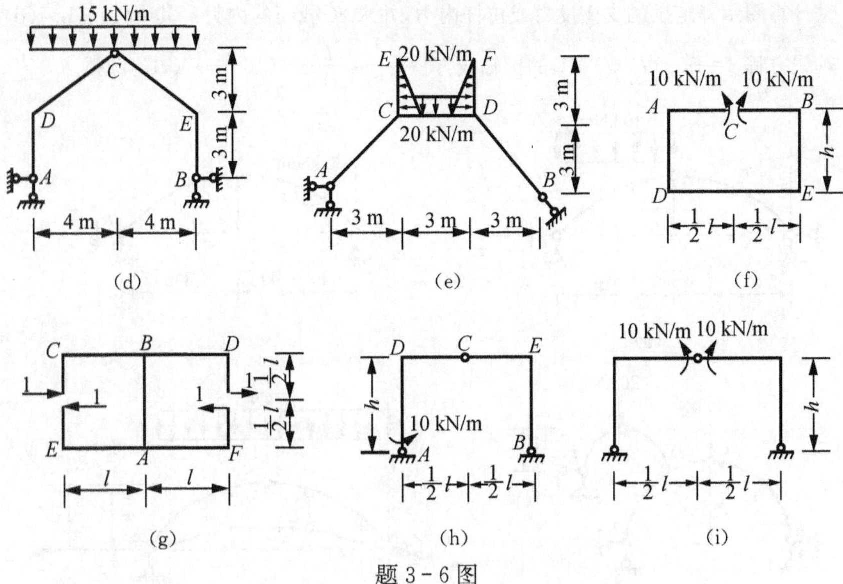

题3-6图

3-7 试分析图示结构的组成关系,求各部分的约束力,并作M图。

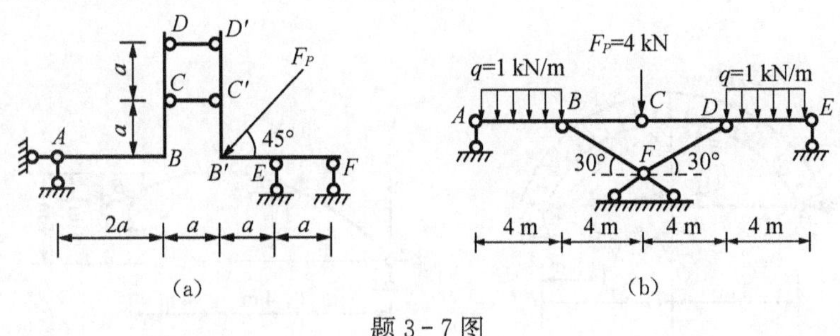

题3-7图

3-8 下列问题可用两种方法计算:(1) 荷载分别作用,由叠加原理求解;(2) 荷载全部作用,直接求解。试讨论哪种方法比较简便。

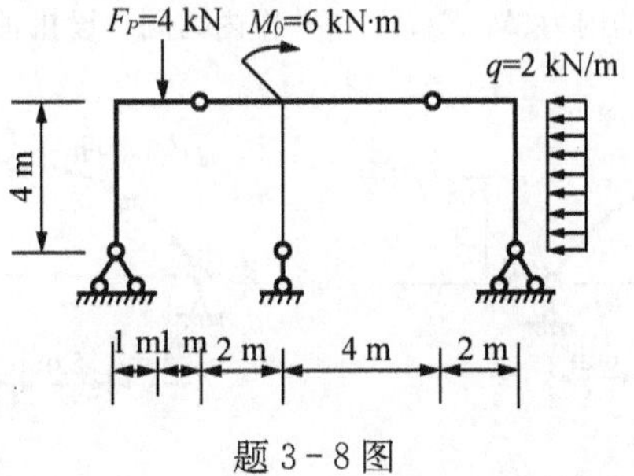

题3-8图

3-9 试计算图示静定拱的支座反力或拉杆内力,并求 K 截面的内力。其中(a)、(b)、(d)的拱轴线方程 $y=\frac{4f}{l^2}x(l-x)$,(f)的拱轴线方程为 $y=\frac{l}{16}x\times(16-x)$,(c)为圆弧。

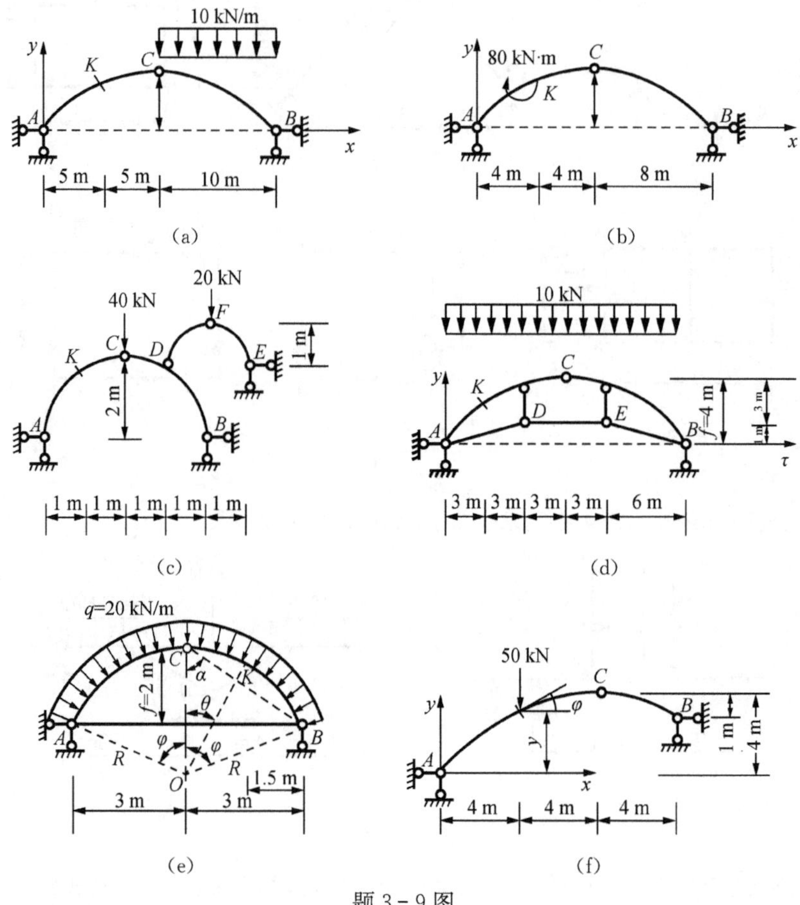

题 3-9 图

3-10 试计算图示三铰拱的内力(M、F_Q、F_N),并作内力图。设拱轴线方程为 $y=\frac{4f}{l^2}x(l-x)$。

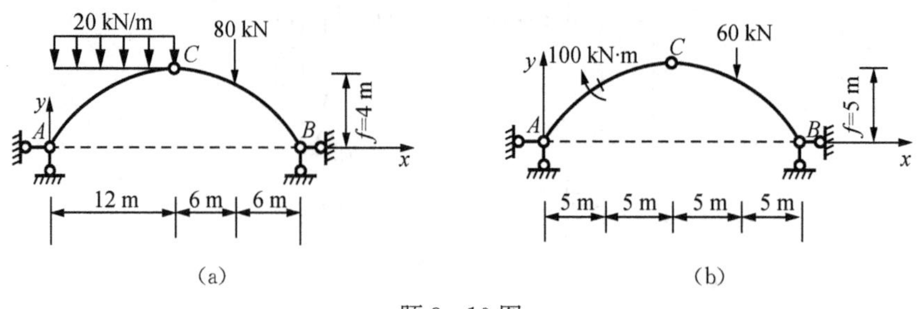

题 3-10 图

3-11　已知荷载及三铰位置,求合理轴线。

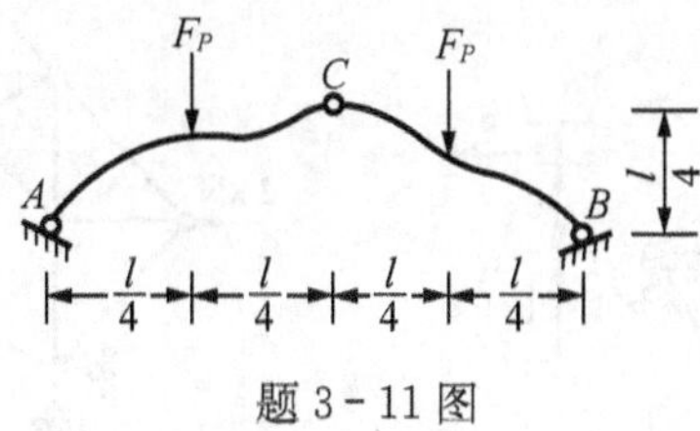

题 3-11 图

3-12　用结点法计算图示桁架的内力[(b)中面板承受 2 m 宽水压力]。

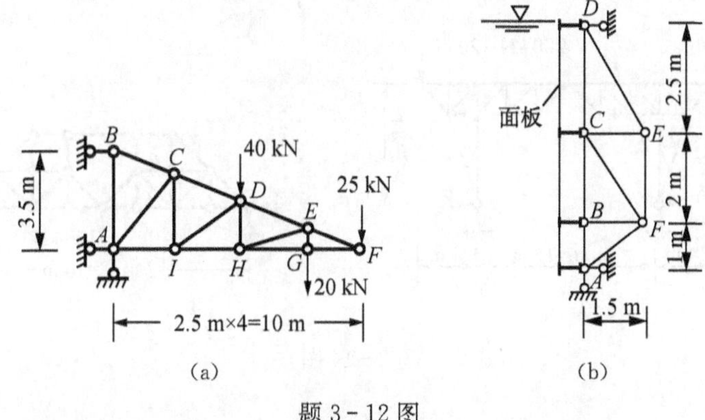

题 3-12 图

3-13　求图示桁架各指定杆内力。

3-14　分析图示桁架的几何组成,用截面法计算指定杆的内力。

3-15　分析图示桁架的几何组成,利用对称性计算指定杆的内力或反力

3-16　求图示中桁架弦杆和腹杆的最大轴力,判明各杆轴力的正负号。

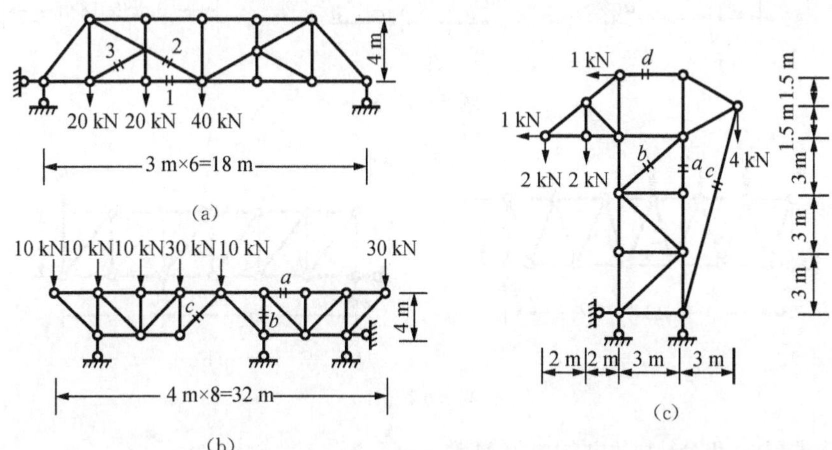

题 3-13 图

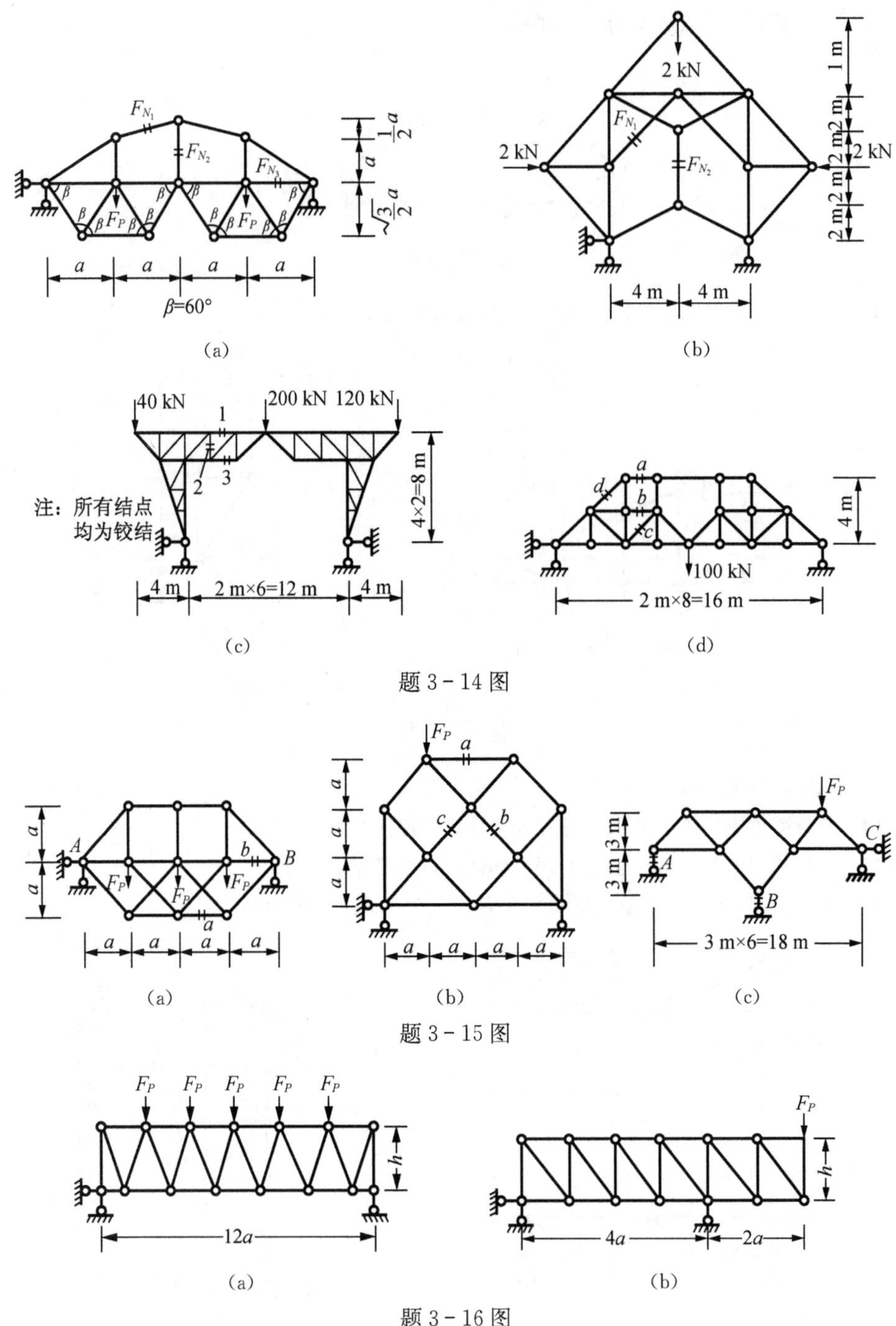

题 3－14 图

(a) (b) (c)

题 3－15 图

(a) (b)

题 3－16 图

3－17 试求图示组合结构的内力,并绘 M 图。

3－18 分析图示结构的基本部分与附属部分,并说明在各荷载分别作用下,结构哪些部分具有内力？为什么？

3-19　图示静定结构在哪些杆段中具有内力？为什么？

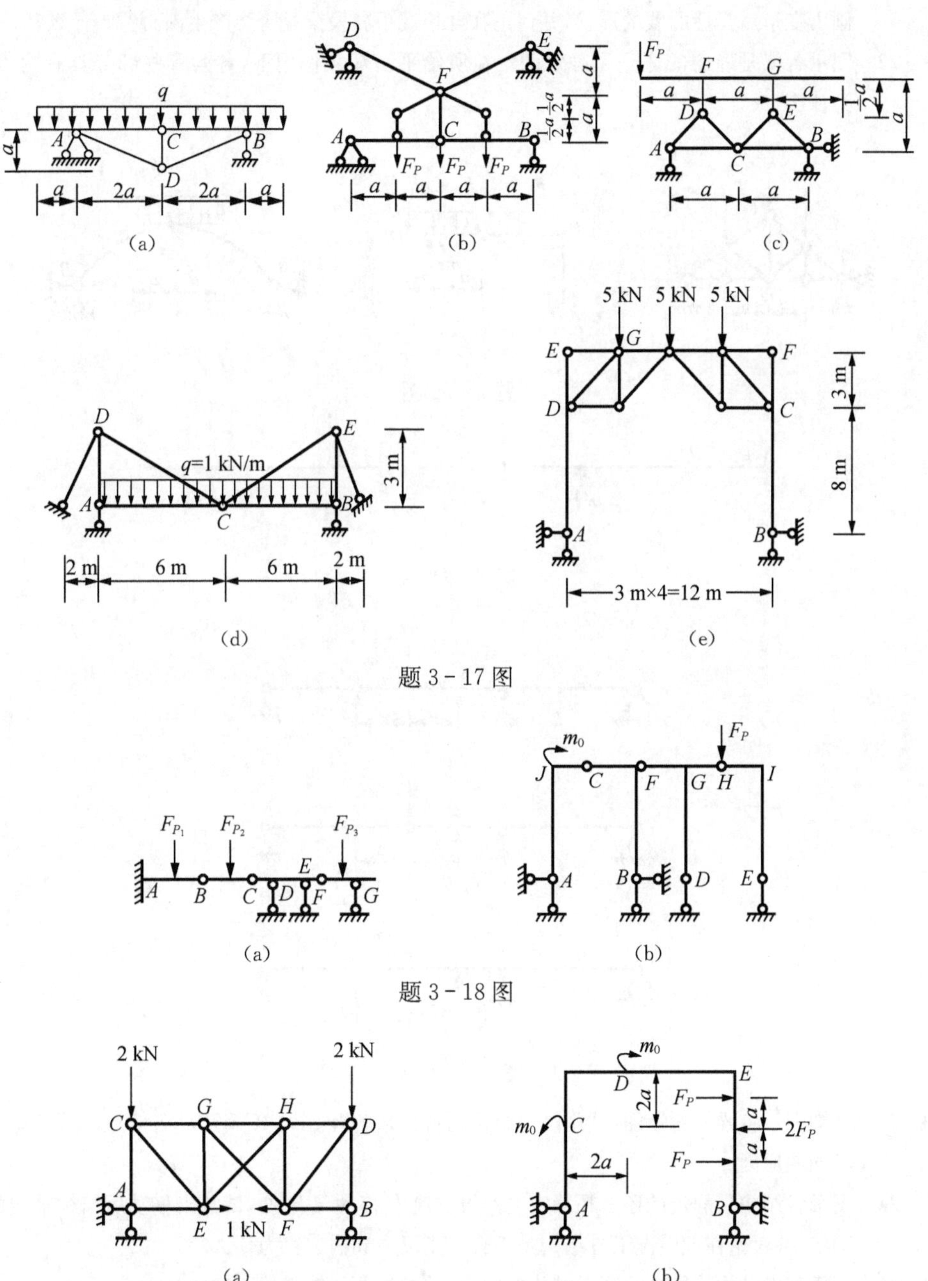

题 3-17 图

题 3-18 图

题 3-19 图

3-20　在图示静定结构中，若将原荷载改用其合力 F_R（图中虚线表示）来代替，则对结构各部分内力的影响如何?

3-21 图示各梁是静定的还是超静定的?设梁的上下温度分别升高了 t_1℃和 t_2℃($t_1>t_2$),试画出变形后弹性曲线的形状,并讨论在此情况下各段梁是否会产生内力?为什么?

3-22 图示各梁是静定的还是超静定的?在所给平衡荷载作用下,各梁哪些部分具有内力?为什么?

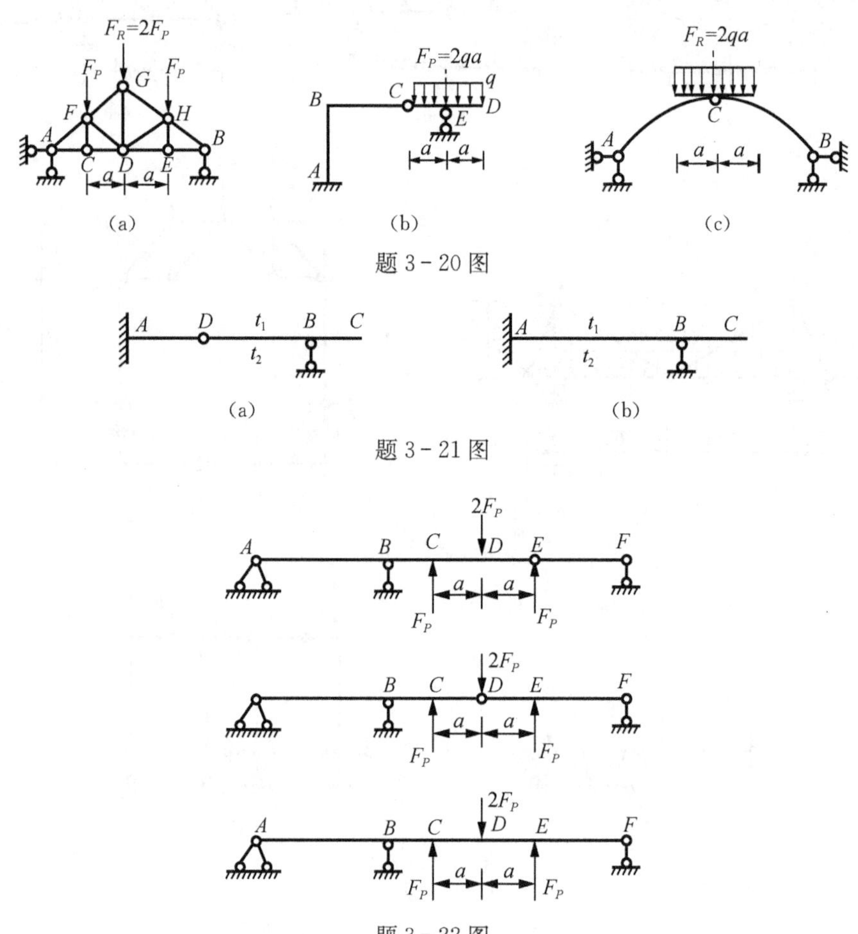

3-23 已知图示各梁的弯矩图,试用静定结构的特性来解释 CD、AC 和 BD 各对应部分弯矩图异同的原因。

3-24 图示各结构是静定的还是超静定的?设支座 B 移动至 B' 处,试画出移动后结构轴线的形状,并讨论在此情况下各结构是否会产生反力和内力?为什么?

3-25 利用静定结构特性分析图示结构的内力,并校核所得结果的正确性。

3-26 利用静定结构特性说明图(a)、(b)哪些部分内力相等?哪些部分内力不等?并用数字证明之。

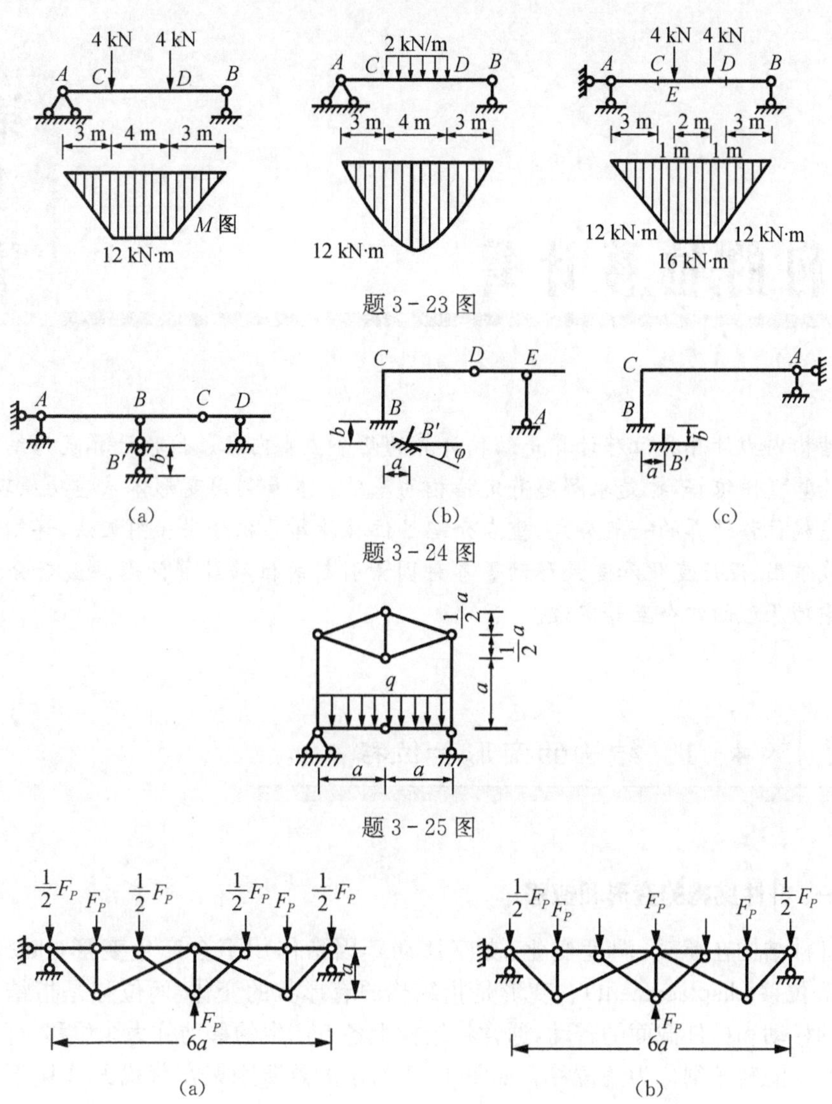

题 3 - 23 图

题 3 - 24 图

题 3 - 25 图

题 3 - 26 图

第4章 结构的位移计算

结构内力计算和位移计算是结构计算的两个主要内容。位移计算既为结构的刚度验算提供依据，也是求解超静定结构的基础。本章利用变形体系虚功原理，推导了结构位移计算的一般公式，重点介绍了位移计算的积分法和图乘法，详细讨论了荷载作用、温度变化和支座移动等各种因素引起的位移计算问题。最后介绍了基于虚功原理的四个互等定理。

§4-1 结构的变形和位移

一、杆件结构的变形和位移

杆件结构在荷载、温度变化、支座移动等因素作用下会产生**变形**(deformation)和**位移**(displacement)。变形是指结构原有形状的变化，而位移是指结构上各点的移动和杆件截面的转动，通常将结构上各点产生的移动称为线位移，杆件横截面产生的转角则称为角位移。如图 4-1 所示的悬臂刚架在荷载 F 作用下产生虚线所示的变形，图中 A 截面形心点移动到 A'，线位移就是 Δ_A，A 截面因此产生的转角 θ_A 就是截面 A 的角位移。

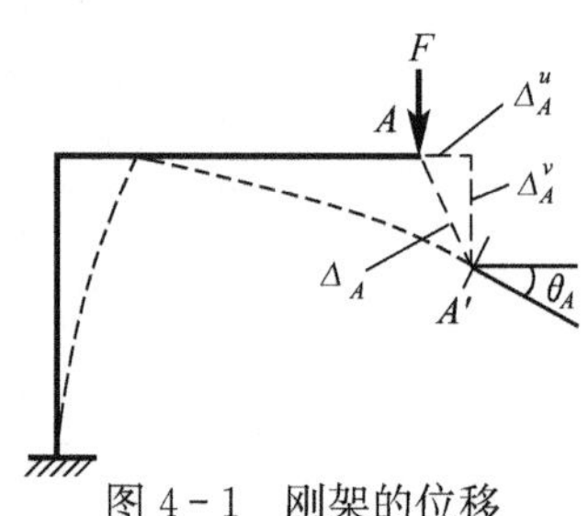

图 4-1 刚架的位移

使结构产生位移的外界因素，主要有以下三个。

(1) **荷载**(load)　结构在荷载作用下产生内力，由此材料发生应变，从而使结构产生位移。

(2) **温度变化**(temperature variation)　材料有热胀冷缩的物理性质，当结构受到温度变化的影响时，就会产生位移。

(3) **支座移动**(supporting movement)　当地基发生沉降时，结构的支座会产生移动及转动，由此使结构产生位移。

其他如材料的干缩及结构构件尺寸的制造误差等因素也会使结构产生位移。

二、结构位移计算的目的

在工程设计和施工过程中，结构位移计算是很重要的，概括地说，它有如下三方面用途。

(1) 验算结构的刚度。所谓结构的刚度验算，是指检验结构的变形是否符合使用的要求。例如，在设计吊车梁时，规范中对吊车梁产生的最大挠度限制为梁跨度的$\frac{1}{500}$～$\frac{1}{600}$，否则将影响吊车的正常行驶；桥梁结构的过大变形将影响行车的安全；水闸结构的闸墩或闸门的过大位移，可能影响闸门的启闭和止水。因此，为了验算结构的刚度，需要计算结构的位移。

(2) 施工控制。在结构的制作、架设和养护等过程中，常需预先知道结构变形后的位置，以便拟定相应的施工措施。例如图 4-2(a)所示屋架，在屋盖自重作用下，下弦各结点将产生虚线所示的竖向位移，其中结点 C 的竖向位移最大。为了减小屋架在使用阶段下弦各节点的竖向位移，制作时常将各下弦的实际下料长度做得比设计长度短些，以使屋架拼装后，结点 C 位于 C' 的位置，如图 4-2(b)所示。这样，在屋盖系统施工完毕后，屋架在屋盖自重作用下，它的下弦各杆能接近于原设计的水平位置。这种做法叫作建筑起拱。显然，欲知道 Δ_{max} 的大小及各下弦杆的实际下料长度，就必须研究屋架的变形和位移之间的关系。

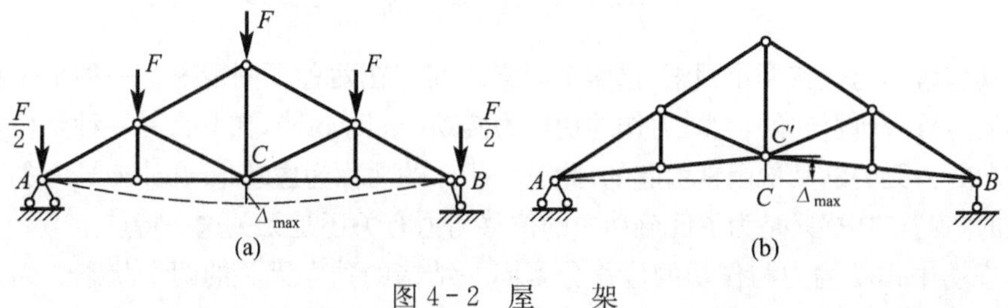

图 4-2　屋　　架

(3) 为分析超静定结构打好基础。计算超静定结构内力时，除应用静力平衡条件外，还必须考虑结构的变形条件，而建立结构的变形条件，就必须计算结构的位移。

此外,在结构的动力分析及稳定计算中,也要涉及结构的位移计算。

三、线性变形体系

本章研究线性变形体系的位移计算。所谓**线性变形体系是指位移与荷载成比例的体系**,荷载对这种体系的影响可以叠加,而且当荷载全部撤除时,由荷载引起的位移也完全消失。这样的体系位移是微小的,且应力与应变关系符合虎克定律。由于位移是微小的,因此,在计算结构的反力和内力时可认为结构的几何形状与尺寸以及荷载的位置和方向保持不变。这也就是通常所说的**小变形假设**。

虚功原理(principle of virtual work)是位移计算的理论基础。本章将讨论虚功原理以及各种结构由于不同因素作用引起的位移计算问题。

§4-2 外力虚功与虚变形功

一、实功与虚功

从物理学中知道,功是用力与沿力方向的位移的乘积来表示的。例如图 4-3(a)中力 F_1 推动物块产生位移 Δ_1,力 F 在位移方向的投影(分量)为 F_1,则力 F_1 所作的功为 $W_1 = F_1\Delta_1$。又如图 4-3(b)所示简支梁受力 F_2 作用,由于 B 支座发生竖向位移 Δ 而引起 F_2 作用点处向下位移 Δ_2,则力 F_2 所作的功为 $W_2 = F_2\Delta_2$。

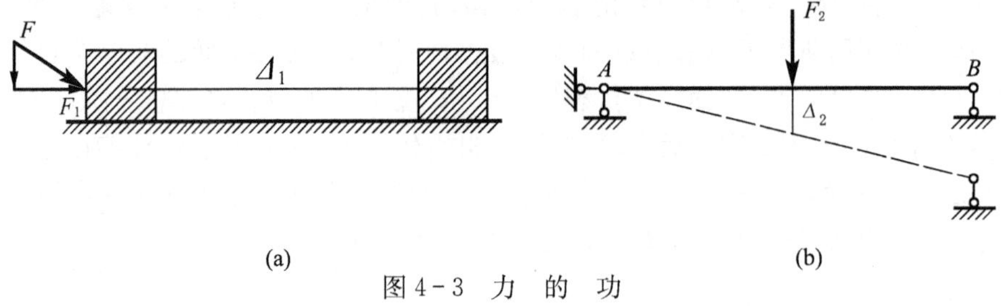

图 4-3 力的功

功包含力与位移两个因素,这两个因素之间存在两种不同情况。一种是位移由作功的力自身所引起的,此时力作的功称为**实功**(real work),如 W_1;另一种是位移由与作功的力无关的其他因素引起的,此时力所作的功称为**虚功**(virtual work),如 W_2。这里的"实"与"虚"只是为了区分功中的位移与力有关还是无关这一特点。

虚功中作功的力与作功的位移分属同一结构的独立无关的两个状态。为了表达方便,常将这两个状态分别画出,其中作功的力所处状态称为静力状态,而作功的位移所处状态称为位移状态。图 4-4(a)—(d)分别表示一悬臂梁单独受力 F_1,F_2 作用及 F_1 和 F_2 共同作用的三种静力状态和由于温度改变引起的位移状态。

F_1 与 F_2 单独作用下，经历温度改变引起的位移所作虚功分别为 $W_1 = F_1 y_1$，$W_2 = F_2 y_2$。在 F_1 与 F_2 共同作用下，经历上述位移所作虚功为 $W_3 = F_1 y_1 + F_2 y_2 = W_1 + W_2$。可见，虚功计算可以应用叠加原理，即力系的虚功可以由力系中各力的虚功之和来计算。应该特别指出，在计算变形体的实功时叠加原理是不适用的。现在计算作用在图 4－4(a)所示悬臂梁上荷载 F_1 在自身引起的位移 Δ_1 上所作的实功。由于 F_1 和 Δ_1 属于同一状态，受到物理关系的约束。若设此结构为线性变形体系，则有 $F = k\Delta$（k 为常数）。可见，当力从零逐渐增加到 F_1 时，位移也从零增加到 Δ_1，作功的力在做功过程中是变化的。此时，力的功可通过积分来计算。

$$W = \int_0^{\Delta} F\mathrm{d}\Delta = \int_0^{\Delta_1} k\Delta\mathrm{d}\Delta = \frac{1}{2}k\Delta_1^2 = \frac{1}{2}F_1\Delta_1 = \frac{1}{2k}F_1^2$$

可见功与力已不是线性关系，力增加一倍，功增加四倍。所以叠加原理在计算变形体的实功时不适用。

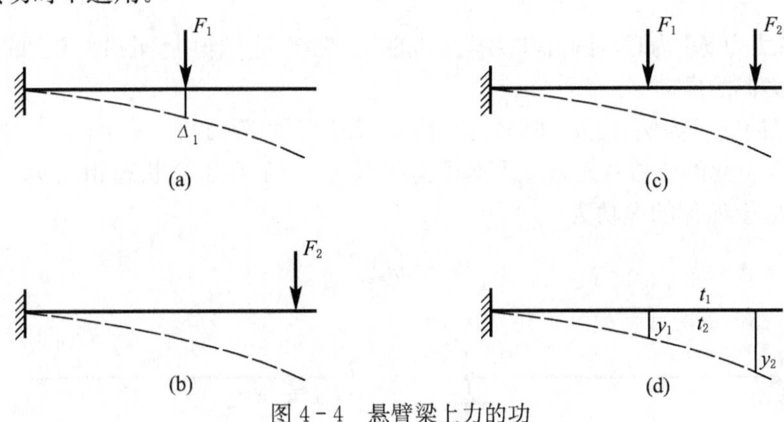

图 4－4　悬臂梁上力的功

二、结构的外力虚功

作用在结构上的外力可能是单个的集中力、力偶、分布力，也可能是一个复杂的力系。为了书写方便，用通式来表示外力系的总虚功 W 。

$$W = F_k \Delta_{km} \tag{4-1}$$

式中：F_k 为作功的力或力系，称为**广义力**（generalized force）；Δ_{km} 为广义力作功的位移，称为**广义位移**（generalized displacement），第一个下标 k 表示广义力中各力的作用处所和方向，第二个下标 m 表示位移发生的原因。

可见广义位移是在作功力系中各力作用处所和方向上的位移系。虚功的量纲仍然是 $FL = ML^2T^{-2}$。

下面讨论几种常见广义力的虚功。

1. 集中力的虚功

图 4-5 所示一简支梁，首先设梁在 K 点的指定方向作用集中力 F_k 后处于平衡态，称为静力状态 k，如图 4-5(a)所示。然后再设该简支梁因别的原因 m 发生位移，如图 4-5(b)所示，称为位移状态 m。那么静力状态的力 F_k 在位移状态的相应 F_k 方向的位移 Δ_{km} 上所作的虚功为

$$W = F_k\Delta_{km}$$

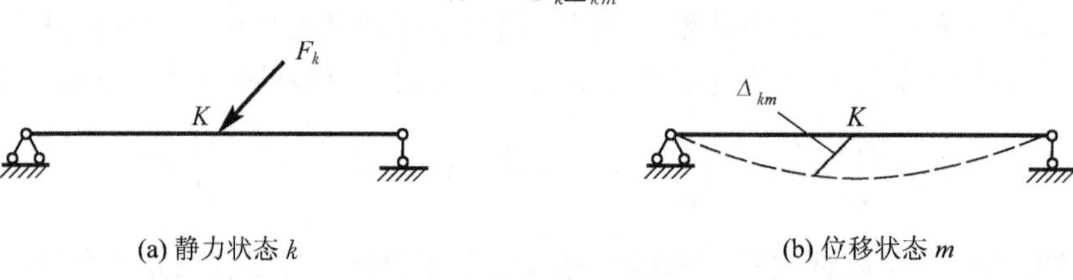

图 4-5 集中力的虚功

广义力为集中力时，对应集中力作虚功的广义位移，是力作用点处沿力方向的位移。

2. 力偶的虚功

仍以简支梁为例，图 4-6(a)为力偶 m_k 作用下的静力状态 k，图 4-6(b)为其他原因 m 引起的位移状态 m。那么静力状态的力 m_k 在位移状态相应 m_k 方向的角位移 θ_{km} 上所作的虚功为

$$W = m_k\theta_{km}$$

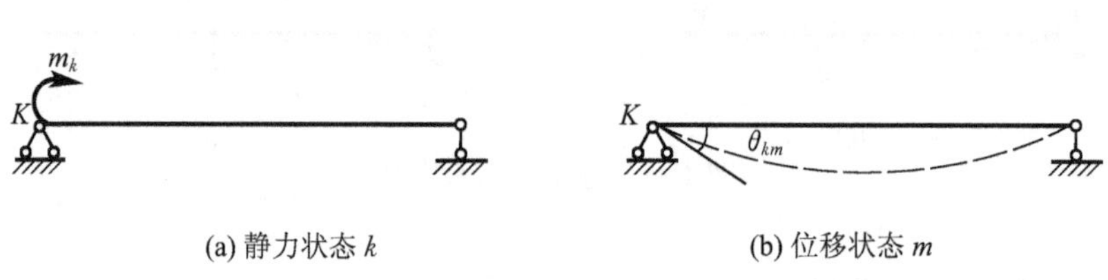

图 4-6 力偶的虚功

广义力为力偶时，对应力偶作虚功的广义位移是力偶作用截面沿力偶方向的角位移。

3. 分布力的虚功

图 4-7(a)为受分布荷载 q_k 作用的简支梁的静力状态 k，图 4-7(b)为 m 因素引起的位移状态 m，将静力状态的力分为无数微小的单元力 $q_k\mathrm{d}x$，那么各个单元力对应于位移状态的线位移 y_{km} 所作的虚功为

$$\mathrm{d}w = q_k\mathrm{d}xy_{km}$$

分布力的总虚功为

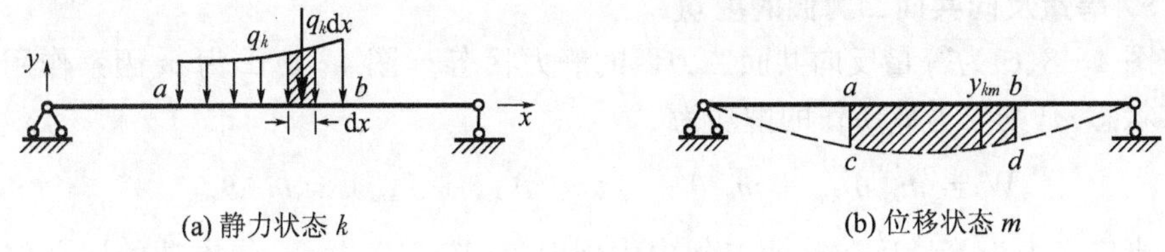

(a) 静力状态 k　　(b) 位移状态 m

图 4-7　分布力的虚功

$$W = \int_a^b q_k \mathrm{d}x\, y_{km} = \int_a^b q_k\, y_{km} \mathrm{d}x$$

若 q_k 为均匀分布，那么

$$W = q_k \int_a^b y_{km} \mathrm{d}x = q_k\, \Omega_{km}^{abcd}$$

当广义力为均布力 q_k 时，对应广义力 q_k 作虚功的广义位移是均布荷载 q_k 作用范围在位移过程中所扫过的面积。

4. 等量反向共线的两集中力的虚功

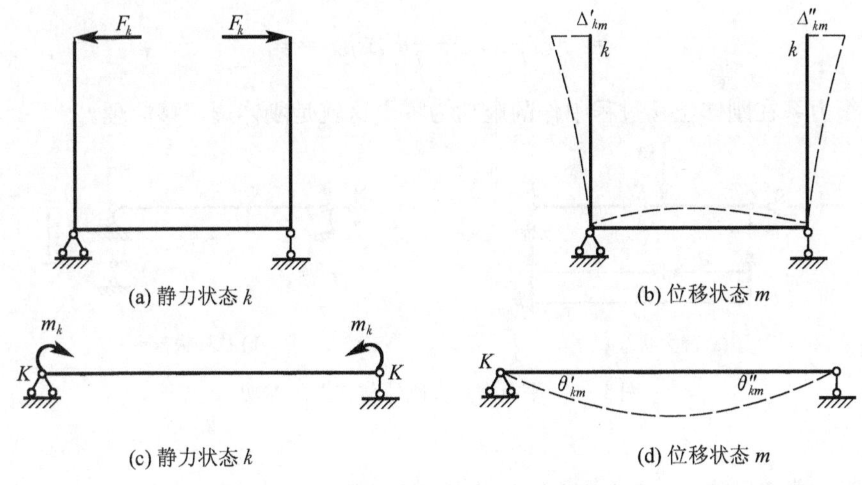

(a) 静力状态 k　　(b) 位移状态 m

(c) 静力状态 k　　(d) 位移状态 m

图 4-8　二集中力的虚功和二力偶的虚功

图 4-8(a)为等量反向共线二集中力的静力状态 k。图 4-8(b)为 m 因素引起的位移状态 m，则二集中力所作的虚功为

$$W = F_k \Delta'_{km} + F_k \Delta''_{km} = F_k (\Delta'_{km} + \Delta''_{km}) = F_k \Delta_{km}$$

当广义力为等量反向共线的两集中力 F_k 时，对应广义力 F_k 作虚功的广义位移是二集中力作用点沿二力作用方向的相对线位移。

5. 等量反向共面二力偶的虚功

图 4-8(c)为等量反向共面二力偶的静力状态 k,图 4-8(d)为 m 因素作用的位移状态 m,则二力偶所作的虚功为

$$W = m_k\ \theta'_{km} + m_k\ \theta''_{km} = m_k(\theta'_{km} + \theta'_{km}) = m_k\ \theta_{km}$$

当广义力为等量反向共面二集中力偶时,对应广义力 m_k 作虚功的广义位移是二力偶作用截面沿二力偶方向的相对角位移。

注意,以上五种情况,因支座没有位移,故只有作用力作虚功。

6. 平衡力系在刚体位移上的虚功

图 4-9(a)表示作用力 F_k 与支座反力构成的静力状态 k,它们满足平衡条件。图 4-9(b)表示由于微小的支座移动引起的位移状态 m(刚体位移),由图示几何关系可知

$$\Delta_{Km} = \frac{a}{l}\Delta_{Bm}$$

则作用力与支座反力所组成的力系在上述位移上作的虚功为

$$\begin{aligned} W &= F_k\Delta_{Km} - F_{RB}\Delta_{Bm} \\ &= F_k\ \frac{a}{l}\Delta_{Bm} - \frac{a}{l}F_k\Delta_{Bm} = 0 \end{aligned}$$

即平衡力系在刚体位移过程中作的虚功为零。这就是刚体虚位移原理。

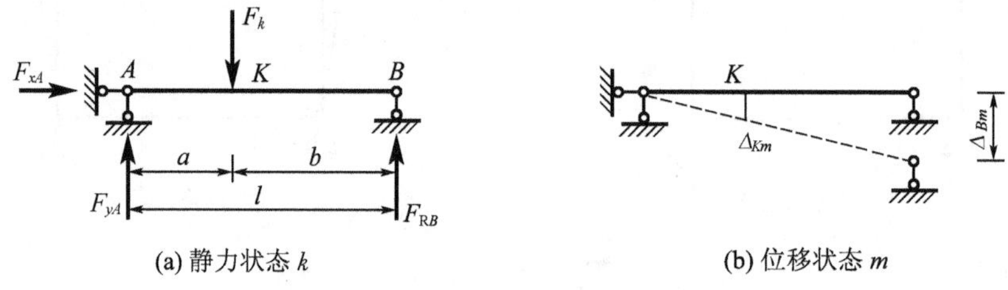

图 4-9　平衡力系在刚体位移上的虚功

三、虚变形功

考察图 4-10(a)所示结构,受到已知荷载 F_k 作用,称静力状态。任意截面 K 内有内力 M_k、F_{Qk}、F_{Nk},取微段为隔离体,切割面上的内力 M_k、F_{Qk}、F_{Nk} 即为结构对隔离体的作用力,对微段来说就是外力。利用叠加原理把它分解为 M_k、F_{Qk}、F_{Nk} 单独作用下的情况,如图 4-10(c)所示。由于另外的原因 m(荷载或温度变化或支座移动)使结构发生了如图 4-10(b)中虚线所示的变形,称位移状态。这时微段 ds 也发生了变形,可分解为:ε_m、γ_m、$\frac{1}{\rho_m}$,分别代表轴向变形、剪切变形、曲率

改变。与之相应的微段两截面由于变形产生的相对位移(以左边截面为基准)为轴向位移 $\varepsilon_m \mathrm{d}s$、剪切位移 $\gamma_m \mathrm{d}s$ 和相对转角 $\mathrm{d}\theta_m = \dfrac{\mathrm{d}s}{\rho_m}$,如图 4-10(d)所示。

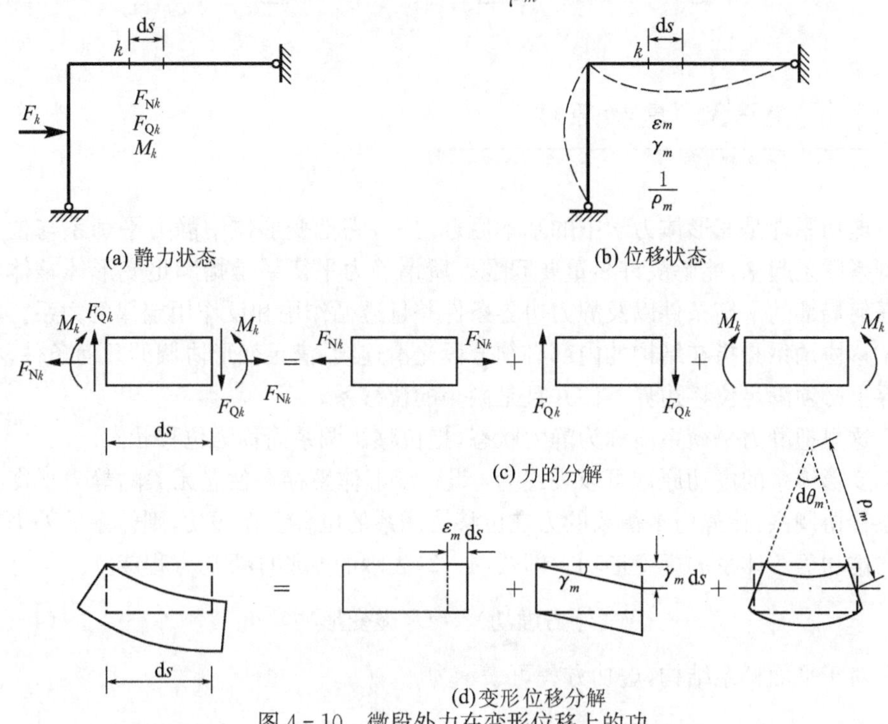

图 4-10　微段外力在变形位移上的功

显然,微段两端的外力 M_k、F_{Qk}、F_{Nk},在微段相应的位移上作了虚功,利用叠加原理可写出微段的虚功表达式为

$$\mathrm{d}U = F_{Nk} \cdot \varepsilon_m \mathrm{d}s + F_{Qk} \cdot \gamma_m \mathrm{d}s + M_k \cdot \mathrm{d}\theta_m \tag{4-2a}$$

或

$$\mathrm{d}U = F_{Nk} \cdot \varepsilon_m \mathrm{d}s + F_{Qk} \cdot \gamma_m \mathrm{d}s + M_k \frac{1}{\rho_m}\mathrm{d}s \tag{4-2b}$$

微段的虚功是静力状态下的微段外力(切割面内力)在位移状态下的变形位移上作的虚功,称为**虚变形功**(work of virtual deformation)。

对某杆件,将微段虚变形功沿杆长 s 积分,得

$$U = \int_s \mathrm{d}U = \int_s F_{Nk}\ \varepsilon_m\ \mathrm{d}s + \int_s F_{Qk}\ \gamma_m\ \mathrm{d}s + \int_s M_k \frac{1}{\rho_m}\mathrm{d}s$$

整个结构虚变形功 U 为各杆虚变形功之总和,即

$$U = \sum\int_s F_{Nk}\ \varepsilon_m\ \mathrm{d}s + \sum\int_s F_{Qk}\ \gamma_m\ \mathrm{d}s + \sum\int_s M_k \frac{1}{\rho_m}\mathrm{d}s$$

对于直杆,将 ds 用 dx 置换,即

$$U=\sum\int_s F_{Nk}\ \varepsilon_m\ dx+\sum\int_s F_{Qk}\ \gamma_m\ dx+\sum\int_s M_k\ \frac{1}{\rho_m}dx$$

§4-3 虚功原理

虚功原理是变形体力学中的基本原理之一,它把变形体中静力平衡系与位移协调系联系起来,能解决许多重要问题。所谓静力平衡系是指满足变形体整体的和任何局部的平衡条件以及静力边界条件并且遵循作用和反作用定律的力系。所谓位移协调系是指在结构的内部必须分段光滑连续、满足变形协调的几何条件,在边界上必须满足位移边界条件并且是微小的位移系。

这里把静力平衡系简称为静力状态,把位移协调系简称为位移状态。

变形体系的虚功原理可以表述为:设一变形体系存在独立无关的静力平衡系和位移协调系,让静力平衡系的力在位移协调系的位移上作虚功,则体系的外力所作的虚功等于体系的虚变形功。即式(4-3)表示的变形体虚功方程成立。

$$W(\text{外力虚功})=U(\text{虚变形功}) \tag{4-3}$$

对于平面杆系结构,虚功方程可表示为

$$F_k\Delta_{km}=\sum\int_s F_{Nk}\ \varepsilon_m\ ds+\sum\int_s F_{Qk}\ \gamma_m\ ds+\sum\int_s M_k\ \frac{1}{\rho_m}ds \tag{4-4}$$

现用图4-11(a)的变形直杆为例来证明虚功原理的正确性。

直杆体系上 $q(x)$ 和 $q_N(x)$ 分别为横向和轴向的分布荷载,杆件左端 A 为固定端,右端 B 为自由端并有三个外力 M_B、F_{QB}、F_{NB}。坐标如图4-11(a)所示。体系在以上荷载作用下处于平衡状态。

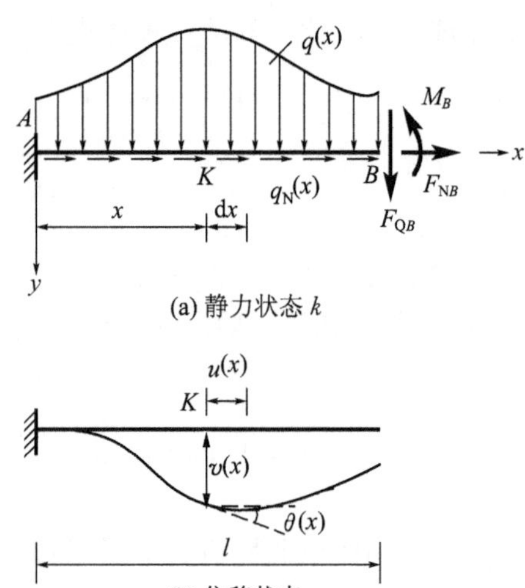

图4-11 直杆的静力状态和位移状态

由于别的因素 m(荷载或温度改变或支座移动)使得体系产生了满足变形协调条件和边界条件的位移,如 K 截面的水平向位移 $u(x)$、横向位移 $v(x)$ 和转角 $\theta(x)$,如图4-11(b)所示。因为体系是满足变形协调条件的,所以这些位移都是连续可导

的函数。位移 u 以向右为正；v 以向下为正；θ 以逆时针转为正。这一位移系与结构所受的力系是彼此独立的，没有因果关系。

现取 K 截面处长度为 $\mathrm{d}x$ 的微段考察，微段上的外力及微段的位移如图 4-12(a)、(b)、(c)、(d)所示。

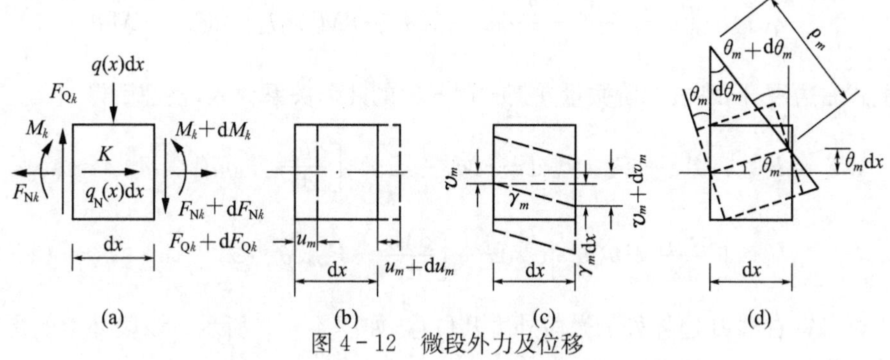

图 4-12　微段外力及位移

考虑微段的平衡条件，由图 4-12(a)得(略去二阶微量)

$$\left.\begin{aligned}\sum F_x = 0, &\qquad \frac{\mathrm{d}F_{Nk}}{\mathrm{d}x} + q_N(x) = 0\\ \sum F_y = 0, &\qquad \frac{\mathrm{d}F_{Qk}}{\mathrm{d}x} + q(x) = 0\\ \sum M_k = 0, &\qquad \frac{\mathrm{d}M_k}{\mathrm{d}x} - F_{Qk} = 0\end{aligned}\right\}\tag{4-5}$$

考虑微段的几何条件，由图 4-12(b)、(c)、(d)得

$$\left.\begin{aligned}\mathrm{d}u_m = \varepsilon_m \mathrm{d}x, &\qquad \varepsilon_m = \frac{\mathrm{d}u_m}{\mathrm{d}x}\\ \mathrm{d}v_m = (\gamma_m - \theta_m)\mathrm{d}x, &\qquad \gamma_m = \frac{\mathrm{d}v_m}{\mathrm{d}x} + \theta_m\\ \mathrm{d}\theta_m = \frac{1}{\rho_m}\mathrm{d}x, &\qquad \frac{1}{\rho_m} = \frac{\mathrm{d}\theta_m}{\mathrm{d}x}\end{aligned}\right\}\tag{4-6}$$

且位移 u、v、θ 是变形连续可导的。

边界条件：A 端的位移边界条件满足 $u(A) = v(A) = \theta(A) = 0$；$B$ 端力的边界条件满足

$$F_{Nl} = F_{NB}, \qquad F_{Ql} = F_{QB}, \qquad M_l = M_B$$

微段外力为荷载 $q(x)$、$q_N(x)$ 和切割面内力 M、F_Q、F_N，在位移 u、v、θ 上的虚

功,即

$$\mathrm{d}W=(F_{\mathrm{N}k}+\mathrm{d}F_{\mathrm{N}k})(u_m+\mathrm{d}u_m)-F_{\mathrm{N}k}u_m+q_{\mathrm{N}}(x)\ \mathrm{d}x\left(u_m+\frac{\mathrm{d}u_m}{2}\right)+$$
$$(F_{\mathrm{Q}k}+\mathrm{d}F_{\mathrm{Q}k})(v_m+\mathrm{d}v_m-\theta_m\ \mathrm{d}x)-F_{\mathrm{Q}k}v_m+$$
$$q(x)\mathrm{d}x\left(v_m+\frac{\mathrm{d}v_m}{2}-\frac{\theta_m}{2}\mathrm{d}x\right)+(M_k+\mathrm{d}M_k)(\theta_m+\mathrm{d}\theta_m)-M_k\theta_m$$

将上式右边展开,略去二阶微量并把式(4-6)的几何关系代入,整理后得

$$\mathrm{d}W=F_{\mathrm{N}k}\ \varepsilon_m\ \mathrm{d}x+F_{\mathrm{Q}k}\ \gamma_m\ \mathrm{d}x+M_k\ \frac{1}{\rho_m}\mathrm{d}x+\left[\frac{\mathrm{d}F_{\mathrm{N}k}}{\mathrm{d}x}+q_{\mathrm{N}}(x)\right]u_m\ \mathrm{d}x+$$
$$\left[\frac{\mathrm{d}F_{\mathrm{Q}k}}{\mathrm{d}x}+q(x)\right]v_m\ \mathrm{d}x+\left[\frac{\mathrm{d}M_k}{\mathrm{d}x}-F_{\mathrm{Q}k}\right]\theta_m\ \mathrm{d}x \tag{4-7}$$

再考察右端 B 边界处的微段外力及位移,如图 4-13 所示。该段外力的虚功表达式为

$$\mathrm{d}W=F_{\mathrm{N}B}u_m-(F_{\mathrm{N}k}-\mathrm{d}F_{\mathrm{N}k})(u_m-\mathrm{d}u_m)+q_{\mathrm{N}}(x)\mathrm{d}x\left(u_m-\frac{\mathrm{d}u_m}{2}\right)+$$
$$F_{\mathrm{Q}B}v_m-(F_{\mathrm{Q}k}-\mathrm{d}F_{\mathrm{Q}k})(v_m-\mathrm{d}v_m+\theta_m\mathrm{d}x)+$$
$$q(x)\mathrm{d}x\left(v_m-\frac{\mathrm{d}v_m}{2}+\frac{\theta_m\mathrm{d}x}{2}\right)+M_B\theta_m-(M_k-\mathrm{d}M_k)(\theta_m-\mathrm{d}\theta_m)$$

整理后得

$$\mathrm{d}W=F_{\mathrm{N}k}\ \varepsilon_m\ \mathrm{d}x+F_{\mathrm{Q}k}\ \gamma_m\ \mathrm{d}x+M_k\ \frac{1}{\rho_m}\mathrm{d}x+\left[\frac{\mathrm{d}F_{\mathrm{N}k}}{\mathrm{d}x}+q_{\mathrm{N}}(x)\right]u_m\ \mathrm{d}x+$$
$$\left[\frac{\mathrm{d}F_{\mathrm{Q}k}}{\mathrm{d}x}+q(x)\right]v_m\ \mathrm{d}x+\left[\frac{\mathrm{d}M_k}{\mathrm{d}x}-F_{\mathrm{Q}k}\right]\theta_m\ \mathrm{d}x+$$
$$(F_{\mathrm{N}B}-F_{\mathrm{N}k})u_m+(F_{\mathrm{Q}B}-F_{\mathrm{Q}k})v_m+(M_B-M_k)\theta_m \tag{4-8}$$

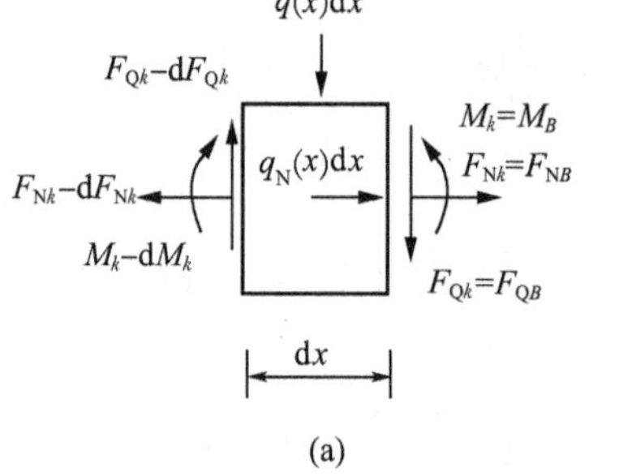

(a)

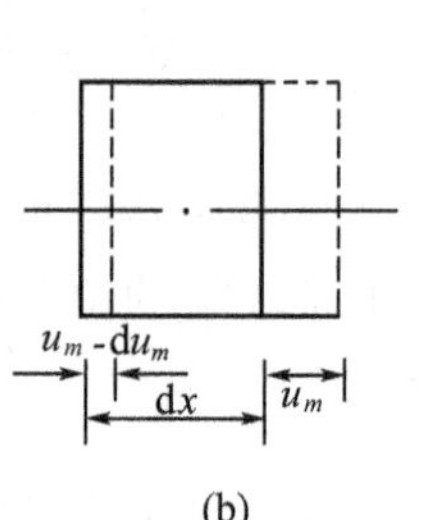

(b)

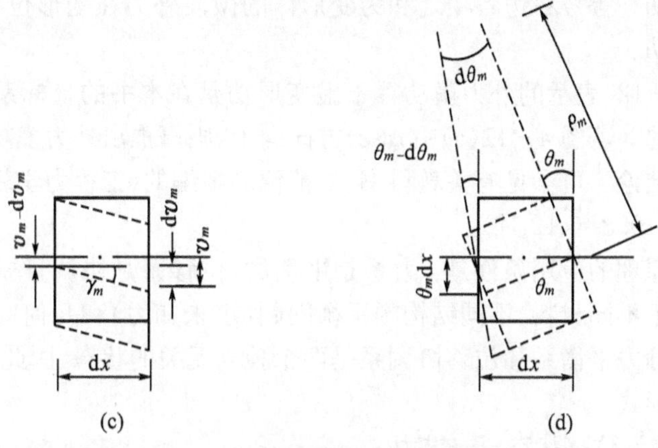

图 4-13　右边界处微段外力及位移

在式(4-7)和式(4-8)中代入平衡条件和边界条件可知，等号右边只有前三项不为零，其余各项均为零。这些等于零的项代表了平衡力系在刚体位移上的虚功等于零。故上两式可简写为

$$dW = F_{Nk}\varepsilon_m dx + F_{Qk}\gamma_m dx + M_k \frac{1}{\rho_m}dx \tag{4-9}$$

对式(4-9)沿杆长积分得

$$W = \int_l F_{Nk}\ \varepsilon_m\ dx + \int_l F_{Qk}\ \gamma_m\ dx + \int_l M_k \frac{1}{\rho_m}dx \tag{4-10}$$

式中：W 代表杆件上静力状态的外力在位移状态的位移上作的外力虚功。由于各微段两相邻切割面上内力等量反向而位移相同，其虚功相互抵消，因此，所有切割面内力所作虚功之和等于零，故只剩下外力虚功。

上式等号右端即为上节所述的虚变形功，故

$$W = U = \int_l F_{Nk}\ \varepsilon_m\ dx + \int_l F_{Qk}\ \gamma_m\ dx + \int_l M_k \frac{1}{\rho_m}dx \tag{4-11}$$

对于由多个杆件组成的较复杂一般结构，考虑到在结点、支座点和集中荷载作用点等处所的极限段($ds\to 0$)上受的力是平衡的(静力状态)，而位移则属于刚体位移(位移状态)，因此，根据平衡力系在刚体位移上作的虚功为零可知，对一般结构，式(4-11)仍然成立，只需对等号右端各项对杆件求和即可。于是得

$$W = \sum\int_l F_{Nk}\ \varepsilon_m\ dx + \sum\int_l F_{Qk}\ \gamma_m\ dx + \sum\int_l M_k \frac{1}{\rho_m}dx \tag{4-12}$$

此即为推证的虚功方程。其中等号左边项 W 为作用在变形体上所有外力的虚功，

称外力虚功。等号右边各项之和为变形体的微段外力在变形位移上作的总虚功,称虚变形功。

式(4-12)表示的外力虚功等于虚变形功是在本书的坐标系统和符号规定基础上得到的。若图 4-11(a)中 $q(x)$方向向上,则可推出外力虚功与虚变形功之和等于零的结论。可参见有关教科书(如范钦珊主编的《工程力学教程(Ⅱ)》,高等教育出版社,1998 年 12 月)。

虚功原理的应用条件是:力系是平衡的,位移系是协调且微小的。虚功原理可以应用于不同材料、不同结构的平衡问题(求未知力)和几何问题(求未知位移)中。由于静力平衡系和位移协调系是两个独立无关的状态,因此,虚功原理通常有两种应用形式。

(1) 虚设位移状态——求力

如果实际存在的一组力系,满足平衡条件,虚设的位移(虚位移)系满足位移协调条件,这样就可通过虚功方程去求力系中的未知力。这时需借助虚功原理的应用形式之一——**虚位移原理**(principle of virtual displacement)。

(2) 虚设静力状态——求位移

如果一组位移系是实际存在的,它满足位移协调条件,可虚设满足平衡条件的一组广义力,这样可通过虚功方程求实际的位移。这时需借助虚功原理的另一应用形式——**虚力原理**(principle of virtual force)。

上述变形体虚功原理,当位移协调系为刚体位移时,虚变形功为零,即得刚体虚功原理,$W = F_k\Delta_{km} = 0$。它同样有两种应用形式即刚体虚位移原理和刚体虚力原理。

下面将分别介绍用虚位移原理求未知力和用虚力原理求位移。

§4-4　虚位移原理与单位位移法

虚位移原理是虚功原理的一种应用形式。虚位移原理可以叙述为变形体系在力系作用下平衡的必要与充分条件是,当有任意虚拟的位移协调系时,力系中的外力经位移系中的位移所作的外力虚功,恒等于变形体系各微段外力在变形位移上的虚变形功。即虚位移方程(此时的虚功方程)成立。

根据虚位移原理可知,虚位移方程等价于力系的平衡方程,可以用它代替平衡方程求未知力。于是,当要求静力平衡系在已知外来因素作用下某些未知的约束力时,首先虚拟任意一组约束允许的完全确定的微小的位移协调系(虚位移),然后利用虚位移原理建立虚位移方程,即可由已知的作用力求出未知的约束力。为了便于应用,人们还归纳成一种**单位位移法**(method of unit displacement)。

单位位移法的解题步骤：(1) 解除所求约束力对应约束，代以约束力，得静力状态 k；(2) 沿所求约束力的正方向给以一单位虚位移，得协调的位移状态 m；(3) 建立虚位移方程，由此求得未知约束力。

例 4-1　利用单位位移法，求图 4-14(a)两跨静定梁在图示荷载下支座 D 的反力和截面 E 的弯矩。

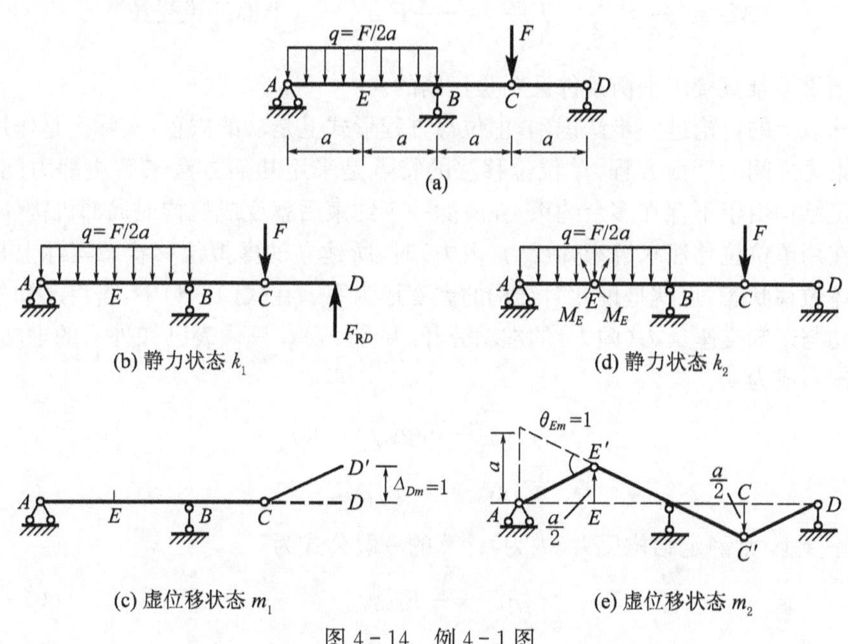

图 4-14　例 4-1 图

解　(1) 求支座反力 F_{RD}。

① 将 D 支座的约束解除，代以约束力 F_{RD} 得静力状态 k_1，如图 4-14(b)所示。

② 此为一个自由度的体系，沿约束力 F_{RD} 的正向给一微小的单位虚位移 $\Delta_{Dm}=1$，得约束容许的位移状态 m_1，如图 4-14(c)所示。

③ 由图 4-14(b)、(c)建立虚功方程，此时只有约束力 F_{RD}，因位移 $\Delta_{Dm}=1$ 作虚功，其他力的方向上没有位移，不作虚功，于是由式(4-4)得

$$F_{RD}\times 1=0,\quad F_{RD}=0$$

(2) 求截面 E 的弯矩 M_E。

① 将截面 E 换成铰相当于解除截面 E 的抗弯约束，代以约束力 M_E 得静力状态 k_2，如图 4-14(d)所示。

② 沿约束力 M_E 的正向给一单位虚角位移(相对转角)$\theta_{Em}=1$ 得位移状态 m_2，如图 4-14(e)所示，由图示的几何关系可以找到所需的位移值。

③ 由图 4-14(d)、(e)建立虚功方程。

注意到匀布荷载在相应的虚位移面积上作功,同时大小相等方向相反的二力偶在相应的相对虚转角上作功,于是

$$M_E \times 1 + F \times \frac{a}{2} - q \times \frac{1}{2} \times 2a\,\frac{a}{2} = 0$$

即 $$M_E = \frac{F}{2a} \times \frac{a^2}{2} - F\,\frac{a}{2} = -\frac{1}{4}F\,a \qquad \text{(上面纤维受拉)}$$

以上结果不难直接用平衡条件证明是正确的。

从以上的讨论进一步认识到,虚位移方程形式上是功的方程,实际上是作用力与约束力之间的平衡方程,单位位移法的特点是采用几何方法来解决静力问题。对静定结构由于不存在多余约束,在解除一个约束后就变成机构或局部机构体系,因此在用单位位移法求解未知反力(内力)时,所建立的虚拟位移状态实际上是一个刚体位移状态,也就是说此时结构的虚变形为零。在式(4-4)中,若将已知外力的虚功与未知支座反力(内力)的虚功分开,并令 $F_k\Delta_{km}$ 只代表已知外力的虚功,则式(4-4)成为

$$F_k\,\Delta_{km} + F_{Ri}\Delta_{im} = 0$$

或 $$F_{Ri}\Delta_{im} = -F_k\,\Delta_{km}$$

设 $\Delta_{im} = 1$,则静定结构反力(内力)计算的一般公式为

$$F_{Ri} = -F_k\,\Delta_{km} \tag{4-13}$$

式中:F_k、Δ_{km} 是相对应的广义力与广义位移,其中 Δ_{km} 表示由于 $\Delta_{im} = 1$ 所引起的 F_k 方向的位移;i 表示欲求反力(内力)的位置和方向。

虚位移原理是一个普遍原理,它不仅适用于刚体,也适用于变形体。

§4-5 虚力原理与单位荷载法

虚力原理是虚功原理的另一种应用形式。虚力原理可以叙述为,变形体系在任意外来因素作用下的位移系协调的必要与充分条件是,当有任意虚拟的静力平衡系时,力系中的外力经位移系中的位移所作的外力虚功,恒等于变形体系各微段外力在变形位移上的虚变形功。即虚力方程(此时的虚功方程)成立。

根据虚力原理可知,虚力方程等价于位移系的几何方程,可以用它代替几何方程求未知位移。于是,当要计算位移协调系中某些指定的位移时,首先按需要虚拟一个完全确定的静力平衡系,然后利用虚力原理建立虚力方程,即可求出指定的位

移。同样为了方便应用，人们又归纳成一种**单位荷载法**(method of unit load)。

单位荷载法的解题步骤：(1) 沿欲求位移的方向加上对应的单位虚力(虚荷载)后得平衡的静力状态 k(虚力状态)；(2) 建立虚力方程，由此求得未知位移。

例 4-2　试用单位荷载法，求图 4-15 所示的两跨静定梁，由于中间支座 B 向下移动 C_B 时，中间铰 C 的竖向位移 Δ_C。

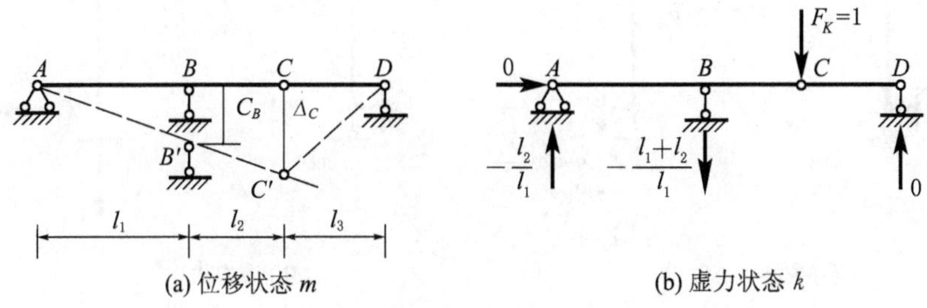

图 4-15　例 4-2 图

解　(1) 建立虚力状态 k。在中间铰结点 C 处移动的方向上加上一单位集中力 $F_K=1$，得虚力状态 k，如图 4-15(b)所示。

(2) 建立虚功方程。以图 4-15(a)为位移状态，由图 4-15(a)、(b)利用式(4-4)求得

$$1\times\Delta_C-\frac{l_1+l_2}{l_1}C_B=0$$

所以

$$\Delta_C=\frac{l_1+l_2}{l_1}C_B$$

以上结果可由直观的几何法证明是正确的。

由以上的讨论进一步认识到，虚力方程形式上是功的方程，实际上是位移协调系的几何方程，单位荷载法的特点是采用静力方法解决几何问题。

虚力原理也是一个普遍原理，不仅适用于刚体，也适用于变形体。下面利用虚力原理来建立变形杆件体系位移计算的一般公式。

图 4-16(a)所示的刚架，由于荷载、温度变化和支座位移等外来因素作用，发生如图中虚线所示的变形，这是结构的实际位移状态。现要求该状态 K 点沿 $K-K$ 方向的位移。根据单位荷载法，应选取一个与所求位移相应的单位虚荷载，即在 K 点沿 $K-K$ 方向加一个虚拟单位力 $F_K=1$，见图 4-16(b)。在该单位虚荷载作用下，结构将产生虚反力 $\overline{F}_{Rik}(i=1,2)$ 和虚内力 $\overline{F}_{Nk}$、$\overline{F}_{Qk}$、$\overline{M}_k$，它们构成了一个平衡力系，这就是虚拟的静力状态(虚力状态)。根据式(4-4)有

$$F_K\Delta_{km}+\overline{F}_{R1k}C_1+\overline{F}_{R2k}C_2$$

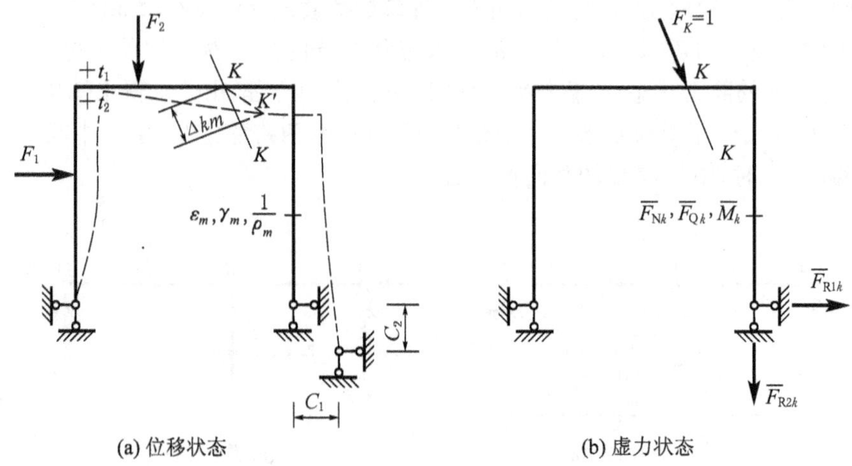

(a) 位移状态

(b) 虚力状态

图 4-16 刚架的位移状态及虚力状态

$$= \sum\int \overline{F}_{Nk}\ \varepsilon_m\ ds + \sum\int \overline{F}_{Qk}\ \gamma_m\ ds + \sum\int \overline{M}_k \frac{1}{\rho_m}\ ds$$

所以

$$\Delta_{km} = \sum\int \overline{F}_{Nk}\ \varepsilon_m\ ds + \sum\int \overline{F}_{Qk}\ \gamma_m\ ds + \sum\int \overline{M}_k \frac{1}{\rho_m}\ ds - \sum \overline{F}_{Rik}\ C_i \tag{4-14}$$

式中:Δ_{km}为所求位移状态的某处所某方向的位移;$\overline{M}_k$、$\overline{F}_{Qk}$、$\overline{F}_{Nk}$为广义力 $F_K=1$ 作用下,结构虚力状态的内力;ε_m、γ_m、$\frac{1}{\rho_m}$为位移状态的应变;$\overline{F}_{Rik}$ 为单位广义力 $F_K=1$ 作用下,有移动的支座的反力;C_i 为有移动的支座所发生的已知位移。式(4-14)即为平面杆系结构的位移计算的一般公式。它不仅适用于静定结构,也适用于超静定结构;不仅适用于弹性材料,也适用于非弹性材料;不仅适用于荷载作用下的位移计算,而且也适用于由于温度变化、初应变以及支座移动等因素导致的位移计算。

最后应该指出,式(4-14)不仅可用来计算结构的线位移,也可用来计算任何性质的位移(例如角位移和相对位移等),只要虚拟状态中的单位虚荷载为与拟求位移相对应的广义力即可。下面列举几种典型的虚拟状态来说明广义力与广义位移的对应关系,见表 4-1。

表 4-1　广义位移和广义单位虚荷载示例

广　义　位　移	广　义　虚　单　位　荷　载
A, B 两点的水平相对位移 $\Delta_{AB}=\Delta_A+\Delta_B$ 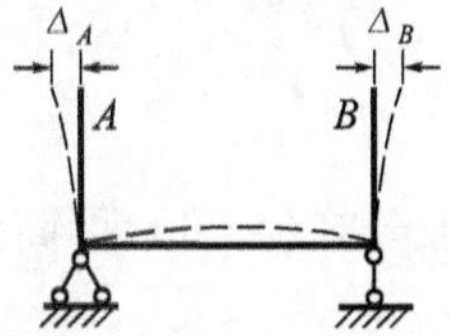	A, B 两点处一对方向相反的水平单位力 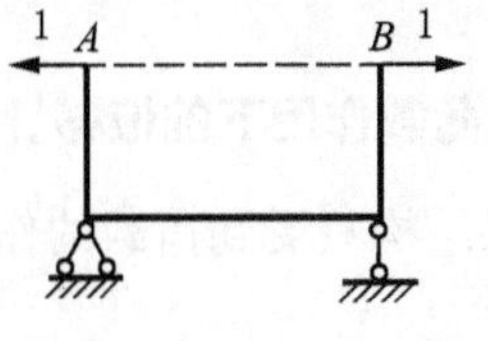
A, B 两点的竖向相对位移 $\Delta_{AB}=\Delta_A+\Delta_B$ 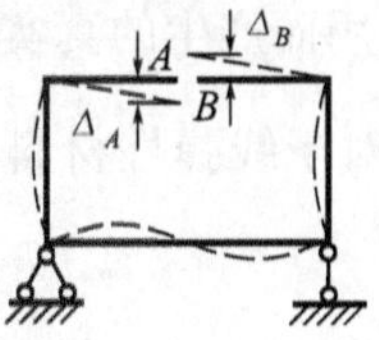	A, B 两点处一对方向相反的竖向单位力 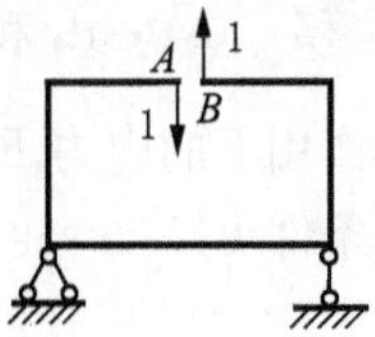
A 端角位移 φ_A 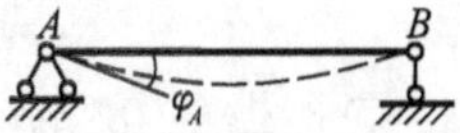	A 端一个单位力偶 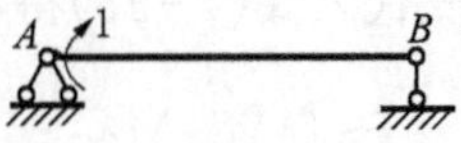
C 左、右两侧截面的相对角位移 $\Delta\varphi_C=\varphi_C^L+\varphi_C^R$ 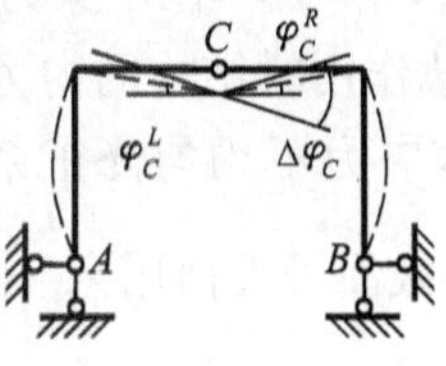	C 左、右两侧一对方向相反的单位力偶 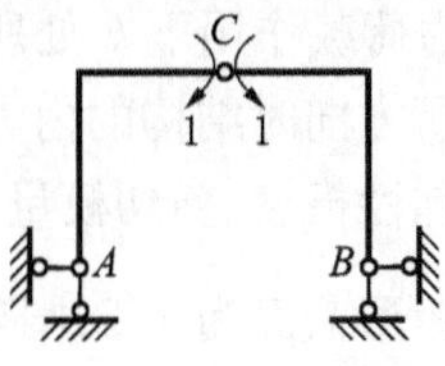
AB 杆的转角 $\varphi_{AB}=\dfrac{\Delta_A+\Delta_B}{d}$ 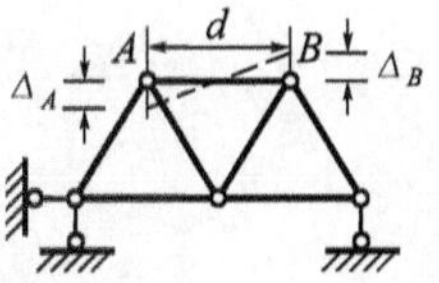	AB 杆上的单位力偶 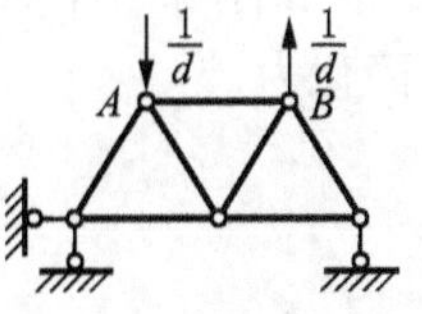

§4-6 荷载作用下结构的位移计算

一、荷载作用下的位移计算公式

如果结构只受到荷载的作用，则位移计算的一般公式(4-14)可简化为

$$\Delta_{km}=\sum\int_s \overline{M}_k \frac{1}{\rho_m}\mathrm{d}s+\sum\int_s \overline{F}_{Qk}\ \gamma_m\ \mathrm{d}s+\sum\int_s \overline{F}_{Nk}\ \varepsilon_m \mathrm{d}s \qquad (4-15)$$

式中：变形位移 $\varepsilon_m \mathrm{d}s$、$\gamma_m \mathrm{d}s$ 和 $\frac{1}{\rho_m}\mathrm{d}s$ 是由于实际荷载作用而产生的真实变形，可以根据实际荷载作用下的内力 F_{NF}、F_{QF} 和 M_F 来计算。对于线弹性材料，由材料力学提供的物理条件可知

$$\varepsilon_m \mathrm{d}s=\frac{F_{NF}}{EA}\mathrm{d}s,\quad \gamma_m \mathrm{d}s=\lambda\frac{F_{QF}}{GA}\mathrm{d}s,\quad \frac{1}{\rho_m}\mathrm{d}s=\frac{M_F}{EI}\mathrm{d}s$$

将以上三式代入式(4-15)得

$$\Delta_{kF}=\sum\int_s \frac{\overline{M}_k\ M_F}{EI}\ \mathrm{d}s+\sum\int_s \lambda\frac{\overline{F}_{Qk}\ F_{QF}}{GA}\mathrm{d}s+\sum\int_s \frac{\overline{F}_{Nk}\ F_{NF}}{EA}\mathrm{d}s \qquad (4-16)$$

这就是荷载作用下的位移计算公式。

式中：Δ_{kF} 为荷载作用下 k 处所方向的位移；$\overline{M}_k$、$\overline{F}_{Qk}$、$\overline{F}_{Nk}$ 为单位广义力 $F_K=1$ 作用于 k 处所方向时结构的内力；M_F、F_{QF}、F_{NF} 为荷载作用时结构的内力；E、G、I，A 为杆件的弹性模量、剪切模量、惯性矩、面积；λ 为剪应力不均匀修正系数(剪切形状系数)，矩形截面为 1.2，圆形截面为 $\frac{10}{9}$，“工”字形截面可近似用 $\lambda=A/A'$(A 是截面总面积，A' 是腹板面积)。

对于不同类型的结构，式(4-16)还可以简化。

(1) 在梁和刚架中，轴力和剪力对位移的影响很小，可以略去不计。式(4-16)可简化为

$$\Delta_{kF}=\sum\int_s \frac{\overline{M}_k\ M_F}{EI}\ \mathrm{d}s \qquad (4-17)$$

(2) 在曲杆和实体拱结构中，当不考虑曲率的影响时，其位移可近似地按式(4-17)计算。通常只考虑弯曲变形一项已足够精确，仅在计算扁平拱中水平位移

或当拱轴与压力线比较接近时，才需考虑轴向变形对位移的影响，即

$$\Delta_{kF}=\sum\int_s\frac{\overline{M}_k\ M_F}{EI}\mathrm{d}s+\sum\int_s\frac{\overline{F}_{Nk}\ F_{NF}}{EA}\ \mathrm{d}s \tag{4-18}$$

(3) 在桁架中，只考虑轴向变形一项的影响，而且每一杆件的轴力和截面都沿杆长 l 不变，故其位移计算公式简化为

$$\Delta_{kF}=\sum\frac{\overline{F}_{Nk}\ F_{NF}}{EA}\ l \tag{4-19}$$

(4) 在组合结构中，既有受弯杆件，又有轴力杆件，故其位移公式简化为

$$\Delta_{kF}=\sum\int_s\frac{\overline{M}_k\ M_F}{EI}\ \mathrm{d}s+\sum\frac{\overline{F}_{Nk}\ F_{NF}}{EA}\ l \tag{4-20}$$

二、积分法计算位移

将材料和截面常数 E、G、A、I、λ 及内力方程代入式(4－16)积分求位移的方法，称为积分法(integration method)。下面举例说明积分法的应用。

例 4－3　如图 4－17(a)所示简支梁 AB 受匀布荷载 q，求跨度中点 C 的挠度。已知 E、I。

解　简支梁 AB 受匀布荷载时位移状态(实际状态)如图 4－17(a)所示。

在所求位移的位置(C 点)、位移的方向(铅直方向)加上单位广义力 $F_k=1$，建立虚力状态，如图 4－17(b)所示。

两状态下 x 截面的弯矩方程(利用对称性，只考虑左半梁)为

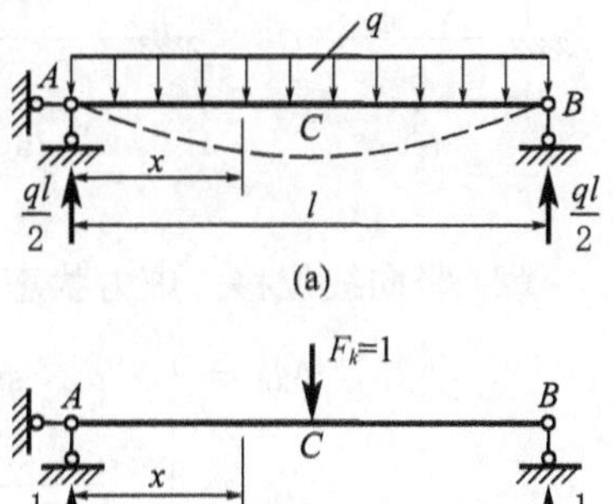

图 4－17　例 4－3 图

$$0\leqslant x\leqslant\frac{l}{2}$$

$$\overline{M}_k=\frac{1}{2}x\quad M_F=\frac{1}{2}q\,l\,x-\frac{1}{2}\ qx^2=\frac{1}{2}q(l\,x-x^2)$$

简支梁 AB 为受弯杆件，位移公式中略去剪力项，由式(4－17)，得

$$\begin{aligned}\Delta_{kF}&=2\int_0^{l/2}\frac{\overline{M}_k\ M_F}{EI}\ \mathrm{d}x\\&=\frac{2}{EI}\int_0^{l/2}\frac{1}{2}x\times\frac{1}{2}\ q\ (l\,x-x^2)\mathrm{d}x\end{aligned}$$

$$= \frac{5ql^4}{384EI}$$

例 4-4 求图 4-18(a)所示四分之一圆弧曲梁自由端处的角位移与线位移。

解 位移计算公式是根据直杆推导的,但对于曲率不大的曲杆也适用。一般在曲率半径大于杆件截面高度 5 倍时,曲率的影响只在 0.3%左右。求位移时建立的虚力状态,如图 4-18(b)、(c)、(d)所示。曲杆的位移计算同样可以略去剪力和轴力项的影响。圆弧曲梁计算用极坐标较方便,公式中应把 dx 换成 ds。

(1) 角位移 φ_{kF}。虚力状态如图 4-18(b)所示。

$$\overline{M}_k = 1, \qquad M_F = F \times a\sin\theta, \qquad \mathrm{d}s = a\mathrm{d}\theta$$

$$\varphi_{kF} = \int_0^{\frac{\pi}{2}} \frac{1 \times a \times F \times \sin\theta}{EI} a\,\mathrm{d}\theta = \frac{F\ a^2}{EI}\text{(弧度)}$$

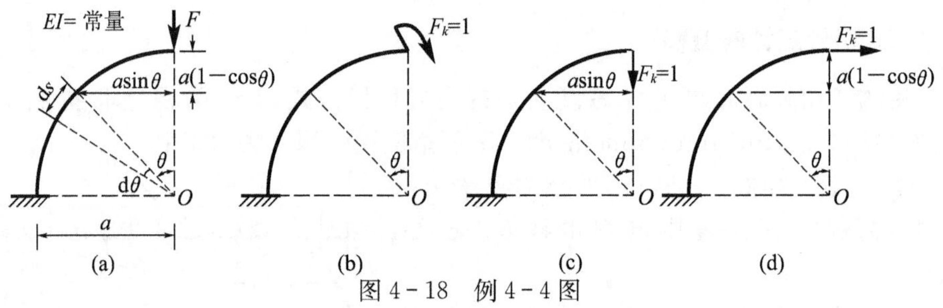

图 4-18 例 4-4 图

(2) 竖向线位移。虚力状态如图 4-18(c)所示。

$$\overline{M}_k = 1 \times a \times \sin\theta, \qquad M_F = F \times a\sin\theta$$

$$\Delta_{kF}^{v} = \int_0^{\frac{\pi}{2}} \frac{a \times \sin\theta \times a \times F \times \sin\theta}{EI} a\,\mathrm{d}\theta = \frac{\pi F\ a^3}{4EI}(\downarrow)$$

(3) 水平线位移。虚力状态如图 4-18(d)所示。

$$\overline{M}_k = 1 \times a \times (1 - \cos\theta), \qquad M_F = F \times a\sin\theta$$

$$\Delta_{kF}^{u} = \int_0^{\frac{\pi}{2}} \frac{a(1-\cos\theta) \times aF \times \sin\theta a\ \mathrm{d}\theta}{EI} = \frac{F\ a^3}{2EI}(\rightarrow)$$

自由端总线位移

$$\Delta_{kP} = \sqrt{(\Delta_{kF}^{u})^2 + (\Delta_{kF}^{v})^2} = \frac{F\ a^3}{4\ EI}\sqrt{\pi^2 + 4}$$

例 4-5 求图 4-19(a)所示的对称桁架在荷载作用下结点 4 的竖向位移。设 $E = 2\,100\ \mathrm{kN/cm^2}$,图中右半各杆旁的数值为杆的截面积 $A(\mathrm{cm^2})$。

解 桁架各杆的剪力和弯矩为零,轴力为常数,位移公式取式(4-19)。

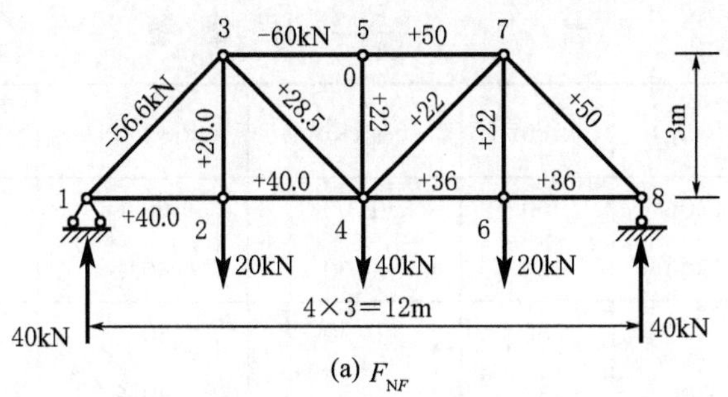

(a) F_{NF}

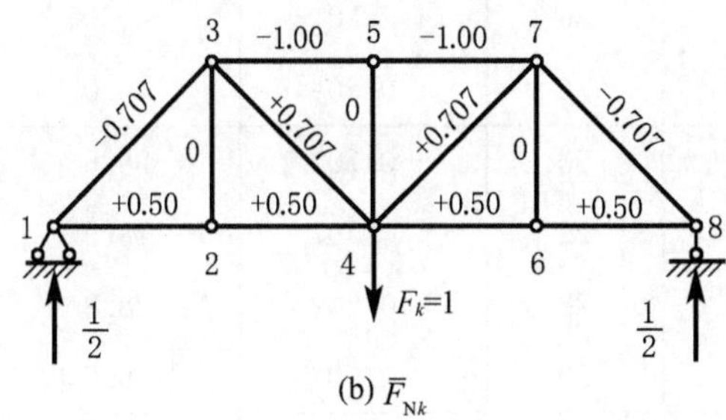

(b) $\overline{F}_{Nk}$

图 4－19　例 4－5 图

$$\Delta_{kF}=\sum\frac{\overline{F}_{Nk}\ F_{NF}\ l}{EA}$$

式中：l 为各杆件的长度。

图 4－19(a)为实际荷载作用下的位移状态。为求结点 4 的竖向位移，在 4 结点加单位竖向集中力 $F_k=1$，得虚力状态，如图 4－19(b)所示。

因为桁架杆件较多，为了避免遗漏和错误，列表计算如下：

各杆的长度 l、面积 A 及各杆件的 F_{NF} 如图 4－19(a)所示，$\overline{F}_{Nk}$ 如图 4－19(b)所示，分别记在表中相应栏内，然后按式(4－19)计算各杆的 $\frac{\overline{F}_{Nk}\ F_{NF}\ l}{A}$ 值，再叠加。

由此得

$$\Delta_{kF}=\sum\frac{\overline{F}_{Nk}\ F_{NF}\ l}{EA}=\frac{2\ 836.4\ \text{kN/cm}}{2\ 100\ \text{kN/cm}^2}=1.35\ \text{cm}(\downarrow)$$

表 4-2　$\frac{\overline{F}_{Nk}F_{NF}l}{A}$ 计算表

杆件		l(cm)	A(cm^2)	$\overline{F}_{Nk}$(kN)	F_{NF}(kN)	$\frac{\overline{F}_{Nk}F_{NF}l}{A}$(kN/cm)
上弦	3—5	300	50	−1.00	−60.0	360.0
	5—7	300	50	−1.00	−60.0	360.0
下弦	1—2	300	36	0.50	40.0	166.6
	2—4	300	36	0.50	40.0	166.6
	4—6	300	36	0.50	40.0	166.6
	6—8	300	36	0.50	40.0	166.6
斜杆	1—3	424	50	−0.707	−56.6	339.3
	3—4	424	22	0.707	28.3	385.6
	4—7	424	22	0.707	28.3	385.6
	7—8	424	50	−0.707	−56.6	339.3
竖杆	2—3	300	22	0	20.0	0
	4-5	300	22	0	0	0
	6—7	300	22	0	20.0	0

$$\sum = 2\,836.4 \text{ kN/cm}$$

从上面三个实例看出，在建立虚力状态时加量纲为 1 的单位力，不影响最后结果的量纲。例如求线位移时，加一量纲为 1 的单位集中力，则 $\overline{F}_{Nk}$、$\overline{F}_{Qk}$ 量纲也为 1，$\overline{M}_k$ 的量纲为 L，而 $\frac{\overline{F}_{Nk}F_{NF}}{EA}\mathrm{d}s$、$\lambda\frac{\overline{F}_{Qk}F_{QF}}{GA}\mathrm{d}s$ 的量纲为 $\frac{MLT^{-2}}{\frac{MLT^{-2}}{L^2}L^2}L=L$。$\frac{\overline{M}_k M_F}{EI}\mathrm{d}s$ 的量纲为 $\frac{LML^2T^{-2}}{\frac{MLT^{-2}}{L^2}L^4}L=L$。如求角位移时加一量纲为 1 的单位力偶，则 $\overline{F}_{Nk}$，$\overline{F}_{Qk}$ 的量纲为 L^{-1}，而 $\frac{\overline{F}_{Nk}F_{NF}}{EA}\mathrm{d}s$、$\lambda\frac{\overline{F}_{Qk}F_{QF}}{GA}\mathrm{d}s$ 的量纲为 $\frac{L^{-1}MLT^{-2}}{\frac{MLT^{-2}}{L^2}L^2}L$，等于量纲为 1 的弧度，$\frac{\overline{M}_k M_F}{EI}\mathrm{d}s$ 的量纲为 $\frac{ML^2T^{-2}}{\frac{MLT^{-2}}{L^2}L^4}L$，等于量纲为 1 的弧度。

§4-7　图乘法计算结构的位移

平面杆系结构在荷载作用下的位移计算如属下列情况：

(1)匀质等截面直杆段，即 EI、GA、EA 均为常量，杆轴线为直线；

(2)位移状态与虚力状态相对应的内力图中有一图形是直线变化的。

则可把结构位移计算的积分法换成图形相乘的**图乘法**(graph multiplication method)。即利用内力图进行运算，使计算简化。

设有匀质等截面直杆段 AB，如图 4-20 所示，两内力图中一图为直线变化的，如 $\overline{M}_k$ 图。现以杆轴线 AB 为 x 轴，它与 $\overline{M}_k$ 的夹角为 α。由图得 $\overline{M}_k = x\tan\alpha$，因 $EI=$ 常数，则积分的位移公式为

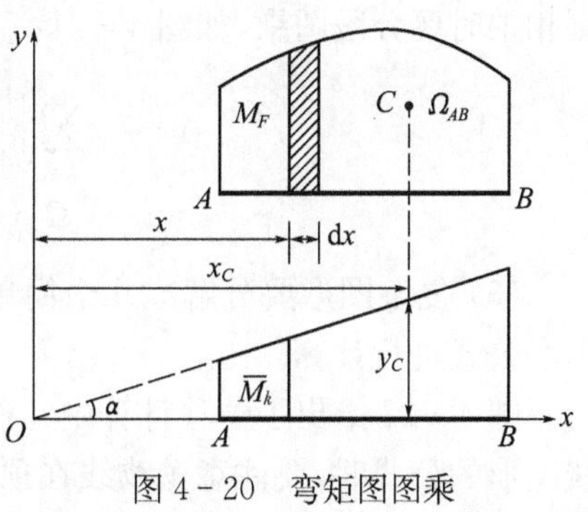

图 4-20　弯矩图图乘

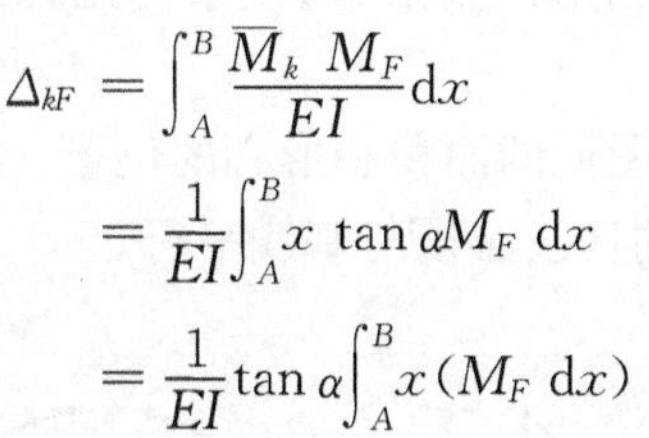

$$\Delta_{kF} = \int_A^B \frac{\overline{M}_k\ M_F}{EI}\mathrm{d}x = \frac{1}{EI}\int_A^B x\ \tan\alpha M_F\ \mathrm{d}x = \frac{1}{EI}\tan\alpha\int_A^B x(M_F\ \mathrm{d}x)$$

积分号内表示 M_F 图的微分面积($M_F\mathrm{d}x$)对 y 轴的矩。若用 Ω_{AB} 代表 M_F 图的面积，用 x_C 代表 M_F 图的形心 C 的横坐标，用 y_C 代表 M_F 图形心 C 所对应的直线图形($\overline{M}_k$ 图)的纵坐标。则上述公式写为

$$\Delta_{kF} = \frac{1}{EI}\tan\alpha\,\Omega_{AB}\,x_C = \frac{1}{EI}\,\Omega_{AB}\,y_C \tag{4-21}$$

式中：Ω_{AB} 为曲线图形的面积；y_C 为曲线图形的形心所对应的直线图形的竖标。

由上述假设，剪力项与轴力项同样得到下面结果

$$\int_A^B \lambda\frac{\overline{F}_{\mathrm{Q}k}\ F_{\mathrm{QF}}}{GA}\ \mathrm{d}x = \frac{\lambda}{GA}\int_A^B \overline{F}_{\mathrm{Q}k}\ F_{\mathrm{QF}}\ \mathrm{d}x = \frac{\lambda}{GA}\ \Omega_{AB}y_C$$

$$\int_A^B \frac{\overline{F}_{\mathrm{N}k}\ F_{\mathrm{NF}}}{EA}\ \mathrm{d}x = \frac{1}{EA}\int_A^B \overline{F}_{\mathrm{N}k}\ F_{\mathrm{NF}}\ \mathrm{d}x = \frac{1}{EA}\ \Omega_{AB}y_C$$

荷载作用下，位移计算公式可改写为

$$\Delta_{kF} = \sum\frac{1}{EI}\ \Omega_M y_C + \sum\frac{\lambda}{GA}\ \Omega_{\mathrm{FQ}} y_C + \sum\frac{1}{EA}\ \Omega_{\mathrm{FN}} y_C \tag{4-22}$$

应用图乘法须注意下列几点：

(1) 面积Ω应在曲线图形中取，坐标y_C应在直线图形中取，且是Ω的形心所对应的竖标值；

(2) 当两个内力图都在杆轴同一侧(对剪力图和轴力图应为同符号)时，相乘结果为正号，异侧时(对剪力图和轴力图为异号)相乘结果取负号；

(3) 两图形相乘后还要除以杆段的刚度；

(4) 若直线图形是由若干直线段组成的，则相乘时要分段图乘，如图4-21：

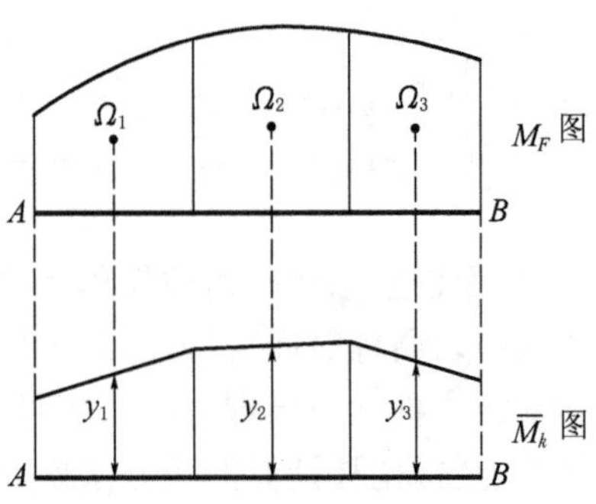

图4-21 分段线性弯矩图图乘

$$
\begin{aligned}
\Delta_{kF} &= \sum\int_A^B \frac{\overline{M}_k\ M_F}{EI}\mathrm{d}x \\
&= (\Omega_1 y_1 + \Omega_2 y_2 + \Omega_3 y_3)
\end{aligned}
$$

(5) 复杂图形要分解成几个简单几何图形的叠加，以便于利用常用的面积和形心公式进行计算。

图4-22给出了位移计算中几种常见图形的面积和形心的位置。在应用抛物线图形的公式时，要注意抛物线在顶点处的切线必须与基线平行。

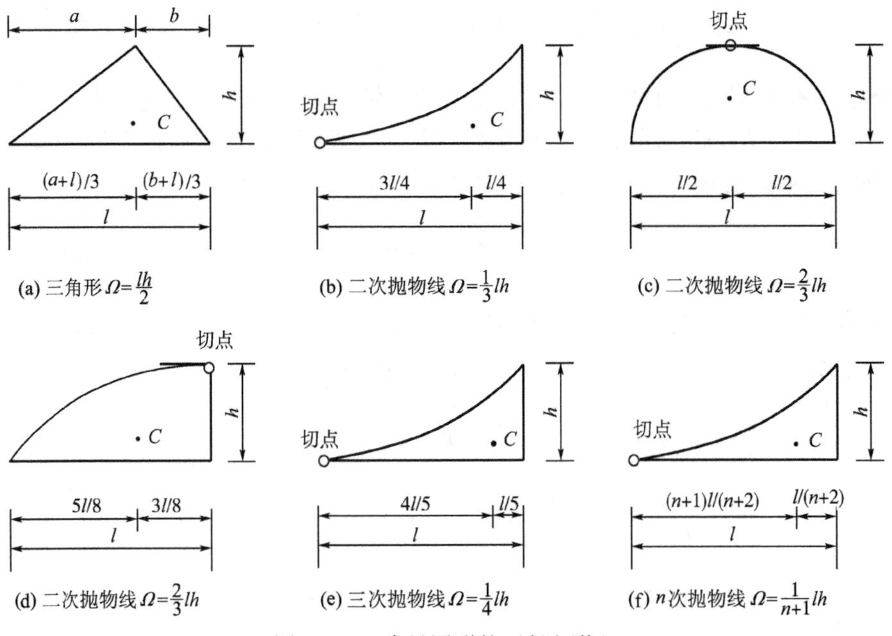

图4-22 常见图形的面积和形心

图 4－23 给出了几种简单图形相乘的结果，建议读者自行证明并予熟记，这对今后的运算是有帮助的。对于比较复杂的图形，可以将图形分解成几个较简单的图形，分别图乘，然后叠加，如图 4－23(e)、(f)、(g)、(h)所示。

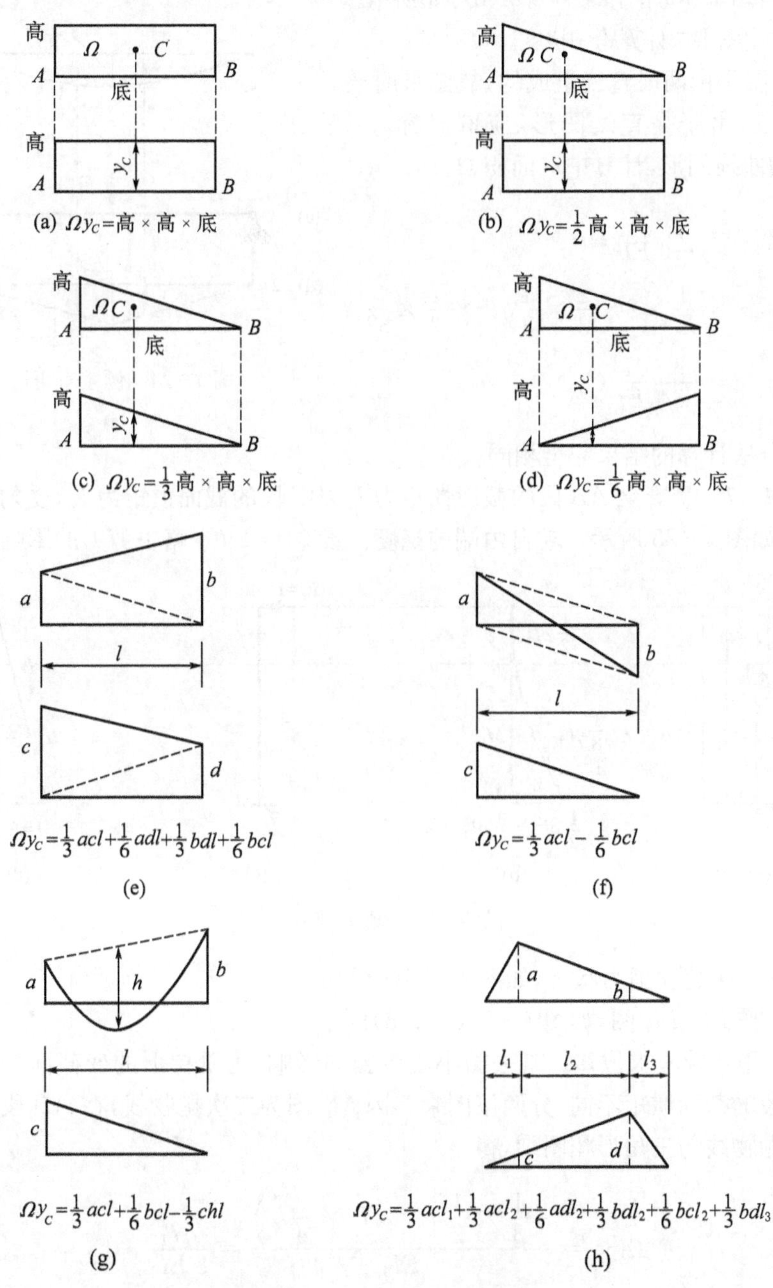

图 4－23　简单图形的图乘结果

例 4-6 用图乘法校核例 4-3 用积分法计算所得的结果。已知 $EI=$ 常数。

解 (1) 建立虚力状态，如图 4-24(c)所示。

(2) 作 M_F、$\overline{M}_k$ 图，如图 4-24(b)、(d)所示。

(3) 用图乘法计算跨中挠度。

$\overline{M}_k$ 图是由两段直线组成的，故图乘时要分为两段，由于是直线图形，应取竖标 y_C。M_F 图为曲线图形，计算中取面积 Ω。

$$\Delta_{kF}=\sum\frac{1}{EI}\Omega_M y_C$$
$$=\frac{1}{EI}\times2\times\frac{2}{3}\times\frac{1}{8}ql^2\times\frac{l}{2}\times\frac{5}{32}l$$
$$=\frac{5}{384}\frac{ql^4}{EI}(\downarrow)$$

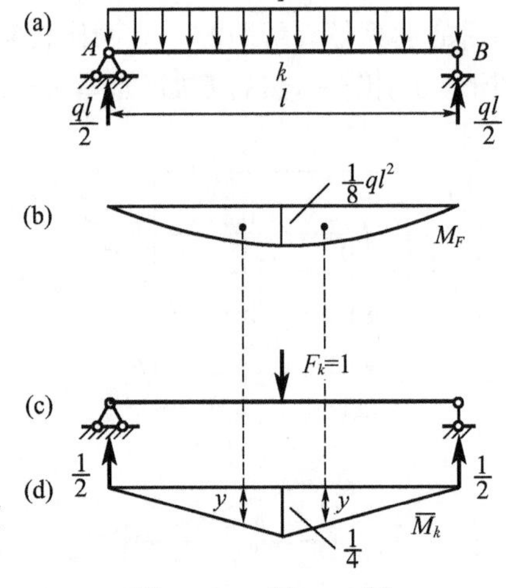

图 4-24 例 4-6 图

与用积分法计算的结果完全相同。

例 4-7 悬臂梁 AB 段的截面惯矩为 I_1，BC 段的截面惯矩为 I_2，受匀布荷载 q 作用，如图 4-25 所示。求自由端的挠度。设 $l_2=2l_1$，略去剪力的影响。

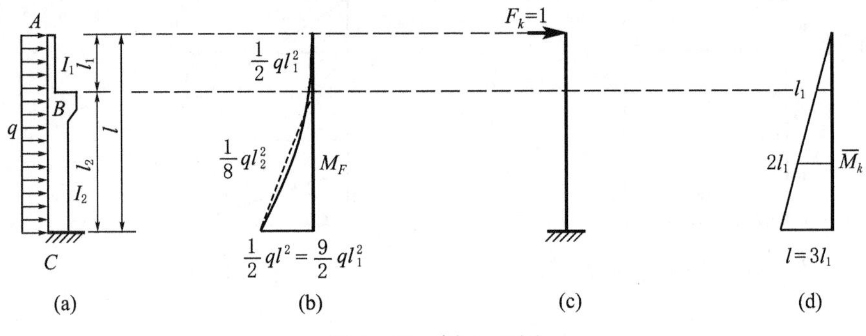

图 4-25 例 4-7 图

解 (1) 建立虚力状态，如图 4-25(c)所示。

(2) 作 M_F、$\overline{M}_k$ 图，如图 4-25(b)、(d)所示。

(3) 用图乘法求位移。略去微小段牛腿的影响，为阶梯形的变截面梁。由于上下两段的截面惯矩不同，分两段图乘。因 M_F 图为二次抛物线，在 AB 段利用标准二次抛物线与三角形相图乘，得

$$\Omega_1 y_1=\frac{\left(\frac{1}{3}\times\frac{1}{2}ql_1^2\times l_1\times\frac{3}{4}l_1\right)}{EI_1}=\frac{ql_1^4}{8EI_1}$$

而 BC 段的曲线图形在 B 点不符合切点的条件，这时可把 B 点与 C 点的竖标连以直线，使原来曲线的图形增加了一块抛物线的面积，成为梯形面积。当 M_F 与 $\overline{M}_k$ 两图相乘时，先用两梯形面积图相乘后再减去增加的抛物线图形与 $\overline{M}_k$ 图相乘的数值。计算如下

$$\Omega_2 y_2 = \Big(\frac{1}{3}\times\frac{1}{2}\,ql_1^2\times l_1\times 2l_1+\frac{1}{6}\times\frac{1}{2}ql_1^2\times 3l_1\times 2l_1+$$
$$\frac{1}{3}\times\frac{9}{2}ql_1^2\times 3l_1\times 2l_1+\frac{1}{6}\times\frac{9}{2}ql_1^2\times l_1\times 2l_1-$$
$$\frac{2}{3}\times\frac{1}{8}\,ql_2^2\times 2l_1\times 2l_1\Big)/EI_2=\frac{10ql_1^4}{EI_2}$$

两段相加，得
$$\Delta_{AF}=\frac{ql_1^4}{8EI_1}+\frac{10ql_1^4}{EI_2},$$

若 $I_2=4I_1$，则
$$\Delta_{AF}=\frac{21ql_1^4}{8EI_1}(\rightarrow)$$

例 4-8　求图 4-26(a)所示刚架 C 点的水平线位移 Δ_{CF}，已知柱 AB 和梁 BC 的截面惯矩分别为 I 和 $1.2I$。

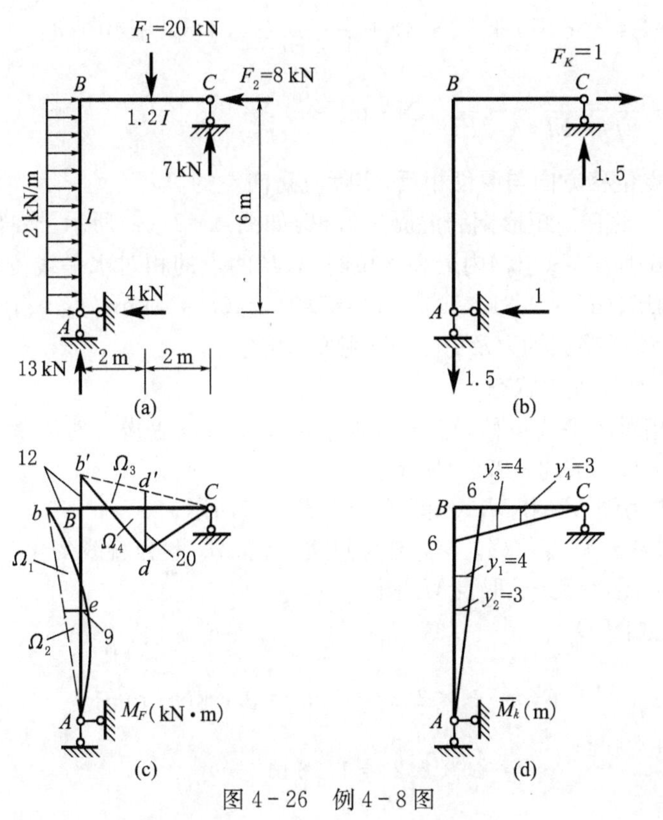

图 4-26　例 4-8 图

解 (1) 建立虚力状态,如图 4-26(b)。

(2) 作 M_F、$\overline{M}_k$ 图,如图 4-26(c)、(d)。

(3) 用图乘法求位移 Δ_{CF}。图乘时在 M_F 图中取面积 Ω,在 $\overline{M}_k$ 图中取纵矩 y_C,因图形较复杂,把柱 AB 的图形用虚线分为一个直角三角形 $ABb(\Omega_1)$ 和一个抛物线图形 $Aeb(\Omega_2)$,把梁 BC 段的图形用虚线分为直角三角形 $Bb'C(\Omega_3)$ 和三角形 $b'Cd(\Omega_4)$。分别求 Ω 和 y。

$$\Omega_1 = \frac{1}{2}\times 12\times 6 = 36\ \text{kN}\cdot\text{m}^2, \qquad y_1 = 4\ \text{m}(\text{与 }\Omega_1\text{ 异侧})$$

$$\Omega_2 = \frac{2}{3}\times 9\times 6 = 36\ \text{kN}\cdot\text{m}^2, \qquad y_2 = 3\ \text{m}(\text{与 }\Omega_2\text{ 同侧})$$

$$\Omega_3 = \frac{1}{2}\times 12\times 4 = 24\ \text{kN}\cdot\text{m}^2, \qquad y_3 = 4\ \text{m}(\text{与 }\Omega_3\text{ 异侧})$$

$$\Omega_4 = \frac{1}{2}\times 20\times 4 = 40\ \text{kN}\cdot\text{m}^2, \qquad y_4 = 3\ \text{m}(\text{与 }\Omega_4\text{ 同侧})$$

$$\begin{aligned}\Delta_{CF} &= \sum\frac{\Omega_M y_C}{EI}\\ &= \frac{1}{EI}(-36\times 4+36\times 3)+\frac{1}{1.2\,EI}(-24\times 4+40\times 3)\\ &= -\frac{36}{EI}+\frac{20}{EI} = -\frac{16}{EI}\ \text{kN}\cdot\text{m}^3(\leftarrow)\end{aligned}$$

负号表示 C 点位移方向与原设相反,实际应是向左的。

例 4-9 设有一矩形钢筋混凝土渡槽,如图 4-27(a)所示,槽身的计算简图如图 4-27(b)所示,试求槽内最高水位时 A、B 两点的相对水平线位移。已知 $EI = 2.1\times 10^7\ \text{kN/m}^2\times 2.81\times 10^{-3}\ \text{m}^4 = 5.91\times 10^4\ \text{kN}\cdot\text{m}^2$,$\gamma_{水}\approx 10\ \text{kN/m}^3$(设结构自重不计,并略去轴力及剪力对位移的影响)。

解 (1) 建立虚力状态。

对应于相对水平线位移,在 A、B 两点的水平方向虚设一对等量、反向的单位集中力 $F_K=1$,如图 4-27(c)所示。

(2) 作内力图 M_F 和 $\overline{M}_k$,如图 4-27(d)、(e)所示。

(3) 用图乘法计算位移。M_F 图为曲线变化,$\overline{M}_k$ 图为直线变化,故图乘时,面积 Ω 取自 M_F 图,纵距 y_C 取自 $\overline{M}_k$ 图。

杆 AC 及杆 BD

$$\Omega_1 = \frac{1}{4}\times 2.2\times 17.8 = 9.8\ \text{kN}\cdot\text{m}^2,$$

$$y_1 = \frac{4}{5}\times 2.2 = 1.76\ \text{m}$$

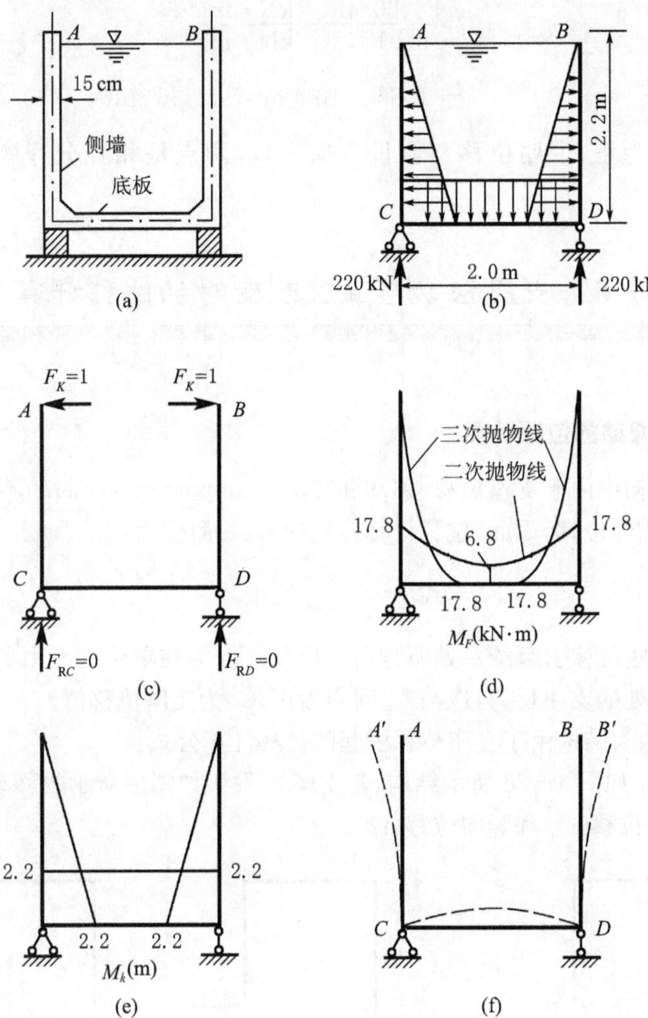

图 4-27　例 4-9 图

杆 CD

$$\Omega_2 = 17.8 \times 2 - \frac{2}{3} \times 11.0 \times 2 = 20.9\ \mathrm{kN \cdot m^2},$$

$$y_2 = 2.2\ \mathrm{m}$$

$$\Delta_{(AB)P} = \frac{\sum \Omega y_C}{EI} = 2\frac{\Omega_1 y_1}{EI} + \frac{\Omega_2 y_2}{EI}$$

$$= \frac{2(9.8 \times 1.76) + 20.9 \times 2.2}{EI}$$

$$= \frac{80.48}{5.91\times 10^{4}} \frac{\text{kN}\cdot\text{m}^3}{\text{kN}\cdot\text{m}^2}$$

$$= 1.36\times 10^{-3}\ \text{m} = 0.136\ \text{cm}(\leftarrow\ \rightarrow)$$

所得结果为正,说明位移与假设方向一致,两点是相互分开的,位移图如图4-27(f)。

§4-8 支座移动与温度改变时的位移计算

一、支座移动的位移计算

在静定结构中由于支座位移(移动和转动)(support movement)不产生内力和变形,只发生刚体位移,因此,位移计算公式(4-14)简化为

$$\Delta_{kC} = -\sum \overline{F}_{Rik} C_i \tag{4-23}$$

式中:Δ_{kC}为支座位移引起的k处所方向的位移;$\overline{F}_{Rik}$为在单位广义力$F_K=1$作用下的支座位移处的支座反力,以与C_i同向为正;C_i为支座位移值。

式(4-23)为结构由于支座位移引起的位移计算公式。

例4-10 如图4-28所示结构,若支座A发生如图中所示的移动和转动,试求B点的水平位移Δ_{BC}^{u}和竖向位移Δ_{BC}^{v}。

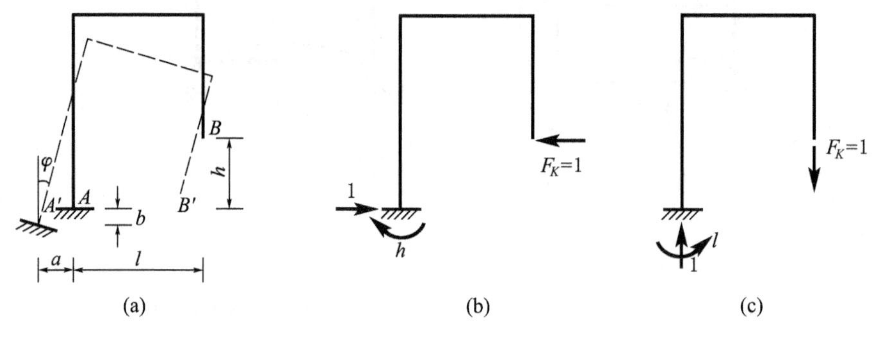

图4-28 例4-10图

解 求B点水平位移和竖向位移时的虚力状态及其引起的反力,分别如图4-28(b)、(c)所示。根据式(4-23),即得

$$\Delta_{BC}^{u} = -(-1\times a + h\times\varphi) = a - h\varphi$$

$$\Delta_{BC}^{v} = -(-1\times b - l\times\varphi) = b + l\varphi$$

实际计算时，要注意虑反力 $\bar{F}_{Rik}$ 与实际位移 C_i 的符号，若 $\bar{F}_{Rik}$ 与 C_i 方向一致，则其乘积为正；反之，则为负。

二、温度改变的位移计算

结构在施工和使用过程中经常受到外界温度变化(temperature change)的影响。温度的改变会引起杆件材料的膨胀和收缩，因而引起结构的变形和位移。

结构由于温度改变引起的位移可由一般公式(4-14)计算。下面首先讨论由于温度变化所引起的微元体的变形。

设微段 ds 上侧温度升高 t_2，下侧温度升高 t_1，如图 4-29 所示并假定温度沿截面的高度 h 按直线规律变化，则在发生变形后，横截面仍将保持为平面。当杆件横截面对称于形心轴时($h_1 = h_2$)，则其形心轴处的温度为

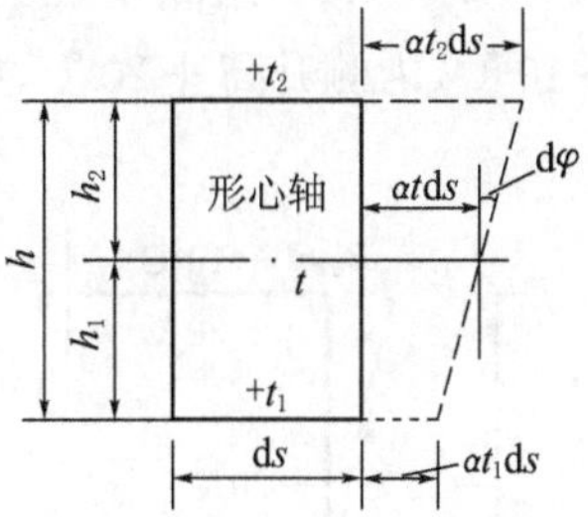

$$t = \frac{t_1 + t_2}{2}$$

图 4-29　杆截面的变温

如果当杆件截面不对称于形心轴时($h_1 \neq h_2$)，形心轴处温度则为

$$t = \frac{t_1 \ h_2 + t_2 \ h_1}{h}$$

若以 α 表示材料的线膨胀系数，则杆件微段 ds 由于温度变化所产生的变形为

$$\varepsilon_t \ ds = \alpha t \, ds$$

$$\frac{1}{\rho_t} ds = \frac{\alpha(t_2 - t_1)}{h} ds$$

$$\gamma_t \ ds = 0 \text{(温度变化不引起剪应变)}$$

将以上由于温度变化所发生的变形代入式(4-14)中，得到温度改变下位移的计算公式：

$$\Delta_{kt} = \sum \int_s \bar{M}_k \frac{\alpha t'}{h} ds + \sum \int_s \bar{F}_{Nk} \ \alpha \ t \ ds \tag{4-24}$$

若结构中每一杆件沿其全长的温度变化相同，且截面高度不变，则式(4-24)变为

$$\Delta_{kt} = \sum \frac{\alpha t'}{h} \Omega_{\bar{M}k} + \sum \alpha \, t \, \Omega_{\bar{F}_{Nk}} \tag{4-25}$$

在式(4-24)、式(4-25)中：t' 为杆件两侧的变温差，称为不均匀温度变化，$t' = t_2 - t_1$；$\Omega_{\bar{M}k}$ 为单位广义力 F_k 作用下弯矩 $\bar{M}_k$ 图的面积；$\Omega_{\bar{F}_{Nk}}$ 为单位广义力 $F_K = 1$ 作

用下轴力 $\overline{F}_{Nk}$ 图的面积;t 为杆件截面的平均变温,称为均匀温度变化,即 $t = \frac{t_1 + t_2}{2}$。

在应用式(4-24)或(4-25)时,轴力以受拉为正,受压为负;温度改变以升高为正,降低为负。在计算中约定以 $\overline{M}_k$ 图中的受拉侧变温为 t_2,受压侧变温为 t_1。如果不这样做,也可直接比较虚拟状态的变形与实际状态由于温度变化所引起的变形,若二者变形方向一致则为正,反之则为负,此时式中的 t 及 t' 均只取绝对值。

例 4-11 求图 4-30 所示结构 C 点的竖向位移 Δ_{kt}^{v}。已知结构外侧温度升高 $+10$ ℃,内侧升高 $+20$ ℃,线膨胀系数 $\alpha = 120 \times 10^{-7}$/度,截面高度 $h = 20$ cm。

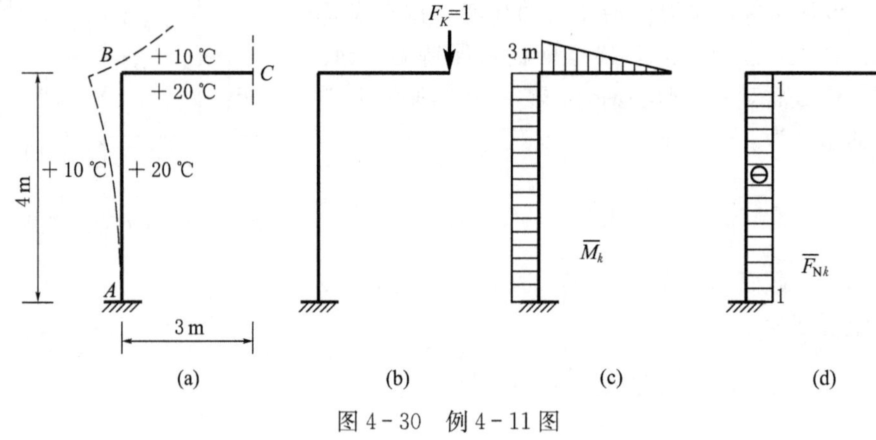

图 4-30 例 4-11 图

解 (1) 建立虚力状态。如图 4-30(b)所示,并绘单位弯矩图和轴力图如图 4-30(c)、(d)所示。

(2) 自由端位移计算。

杆 AB $t_2 = 10$ ℃,$t_1 = 20$ ℃,则 $t = \frac{10+20}{2} = 15$ ℃,$t' = 10 - 20 = -10$ ℃

$$\Omega_{\overline{M}k} = 3 \times 4 = 12\ \text{m}^2, \quad \Omega_{\overline{F}Nk} = (-1) \times 4 = -4\ \text{m}$$

杆 BC $t_2 = 10$ ℃,$t_1 = 20$ ℃,则 $t = 15$ ℃,$t' = -10$ ℃

$$\Omega_{\overline{M}k} = \frac{1}{2} \times 3 \times 3 = 4.5\ \text{m}^2, \quad \Omega_{\overline{F}Nk} = 0$$

由式(4-25)得

$$\Delta_{ct}^{v} = \sum \frac{\alpha t'}{h} \Omega_{\overline{M}k} + \sum \alpha \times t \times \Omega_{\overline{F}Nk}$$

$$= \left[\frac{\alpha \times (-10)}{0.2} \times 12 + \frac{\alpha \times (-10)}{0.2} \times 4.5\right] + \alpha \times 15 \times (-4)$$

$$= -825\alpha - 60\alpha = -885 \times 120 \times 10^{-7}$$
$$= -0.016 \text{ m} = -1.06 \text{ cm}$$

负号表示实际位移与假设的相反。假设 $F_K = 1$ 是向下的，而实际是内侧温度高于外侧，则纤维伸长比外侧大，引起的变形如图 4-30(a)中的虚线所示。

§4-9　线性变形体系的互等定理

线性变形体系有四个**互等定理**(reciprocal theorems)，其中最基本的是虚功互等定理；其他为位移互等定理，反力互等定理，反力位移互等定理，它们只是应用虚功互等定理所得到的特殊情况。这些定理在超静定结构的计算中是非常重要的。下面利用虚功原理导出上述互等定理并分别说明其物理意义。

一、虚功互等定理

图 4-31(a)、(b)所示为任一线性变形体系分别承受外力 F_1 及 F_2 的两种状

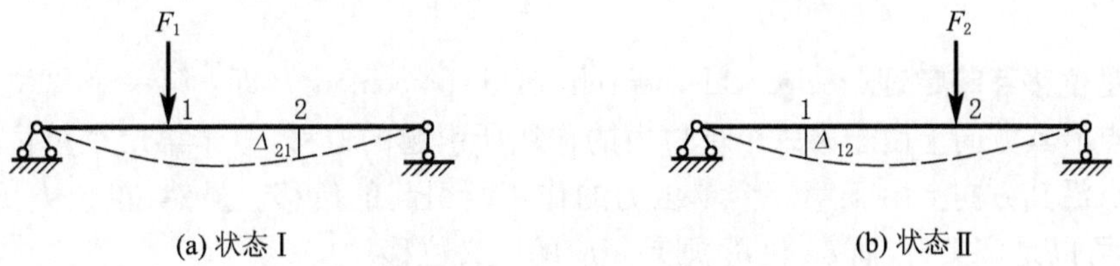

图 4-31　虚功互等状态

态。设以 W_{12} 表示状态 I 的外力在状态 II 的位移上所作的外力虚功，则根据虚功原理有

$$W_{12} = \sum\int_l F_{N1}\varepsilon_2 \mathrm{d}s + \sum\int_l F_{Q1}\gamma_2 \mathrm{d}s + \sum\int_l M_1 \frac{1}{\rho_2}\mathrm{d}s$$
$$= \sum\int_l \frac{F_{N1}F_{N2}}{EA}\mathrm{d}s + \sum\int_l \lambda\frac{F_{Q1}F_{Q2}}{EI}ds + \sum\int_l \frac{M_1M_2}{EI}\mathrm{d}s$$

若设 W_{21} 表示状态 II 的外力在状态 I 的位移上所作的外力虚功，则由虚功原理有

$$W_{21} = \sum\int_l F_{N2}\varepsilon_1 \mathrm{d}s + \sum\int_l F_{Q2}\gamma_1 \mathrm{d}s + \sum\int_l M_2 \frac{1}{\rho_1}\mathrm{d}s$$
$$= \sum\int_l \frac{F_{N2}F_{N1}}{EA}\mathrm{d}s + \sum\int_l \lambda\frac{F_{Q2}F_{Q1}}{EI}\mathrm{d}s + \sum\int_l \frac{M_2M_1}{EI}\mathrm{d}s$$

比较以上两式可知　　$W_{12} = W_{21}$

或写为 $$F_1\ \Delta_{12}=F_2\ \Delta_{21} \tag{4-26}$$

式中:Δ_{12}及Δ_{21}分别代表F_1和F_2相应的位移。

式(4－26)所表示的就是**虚功的互等定理**(reciprocal theorem of work),它可叙述如下：第一状态的外力在第二状态的位移上所作的虚功等于第二状态的外力在第一状态的位移上所作的虚功。

二、位移互等定理

应用上述功的互等定理,下面来研究一种特殊情况,即在两种状态中,结构都只承受一个单位力$F_1=F_2=1$,如图4－32所示。设用δ_{12}及δ_{21}分别代表与单位力F_1及F_2相应的位移,则由功的互等定理可得

$$F_1\ \delta_{12}=F_2\ \delta_{21}$$

因$F_1=F_2=1$,故

$$\delta_{12}=\delta_{21} \tag{4-27}$$

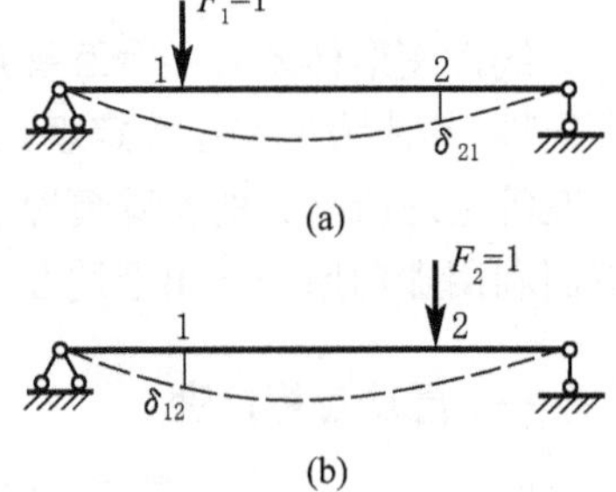

图4－32　位移互等状态

这就是**位移互等定理**(reciprocal theorem of displacement),即：第一个单位力的作用点沿其方向上由于第二个单位力的作用所引起的位移,等于第二个单位力的作用点沿其方向上由于第一个单位力的作用所引起的位移。显然,单位力F_1及F_2都可以是广义力,而δ_{12}和δ_{21}则是相应的广义位移。

图4－33和图4－34所示为应用位移互等定理的两个例子。图4－33表示两个角位移的互等情况;图4－34表示线位移与角位移的互等情况。

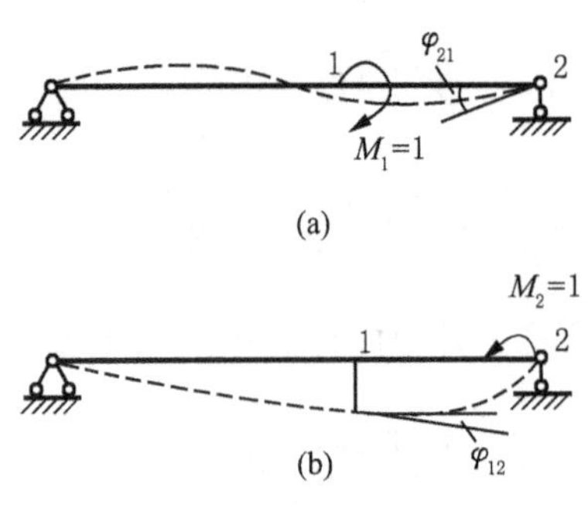

图4－33　角位移互等$\varphi_{12}=\varphi_{21}$

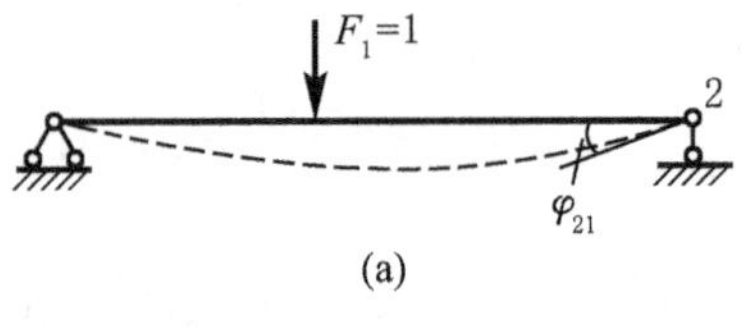

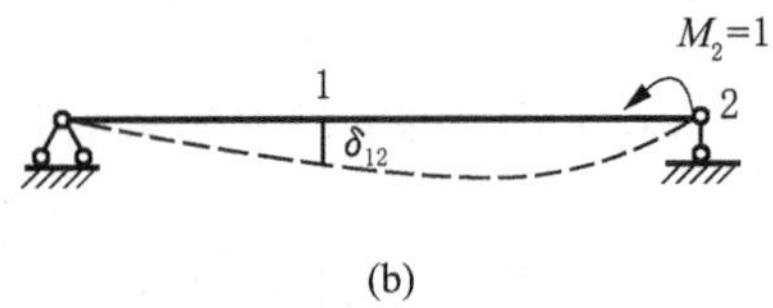

图4－34　线位移与角位移互等$\delta_{12}=\varphi_{21}$

三、反力互等定理

这一定理也是功的互等定理的一个特殊情况。它用来说明体系在两个支座分别发生单位位移时，这两种状态中反力的互等关系。

图 4－35 所示为两个支座分别发生单位位移的两种状态。其中图 4－35(a)表示支座 1 发生单位位移 $\Delta_1=1$ 的状态，设此时在支座 2 上产生的反力为 k_{21}；图 4－35(b)则表示支座 2 发生单位位移 $\Delta_2=1$ 的状态，此时，在支座 1 上产生的反力为 k_{12}。其他支座反力未在图中一一绘出，因为它们所对应另一状态的位移都等于零而不作虚功。根据功的互等定理可得

$$k_{12}=k_{21} \tag{4-28}$$

式(4－28)就代表反力互等定理(reciprocal theorem of reacting force)，即：支座 1 由于支座 2 的单位位移所引起的反力 k_{12}，等于支座 2 由于支座 1 的单位位移所引起的反力 k_{21}。

图 4－36 表示反力互等的另一例子，应用上述定理，便可得知反力 k_{12} 和反力矩 k_{21} 在数值上具有互等的关系。

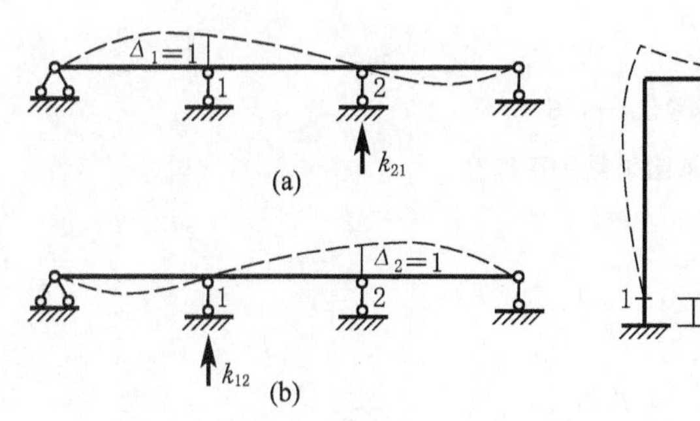

图 4－35　反力互等状态

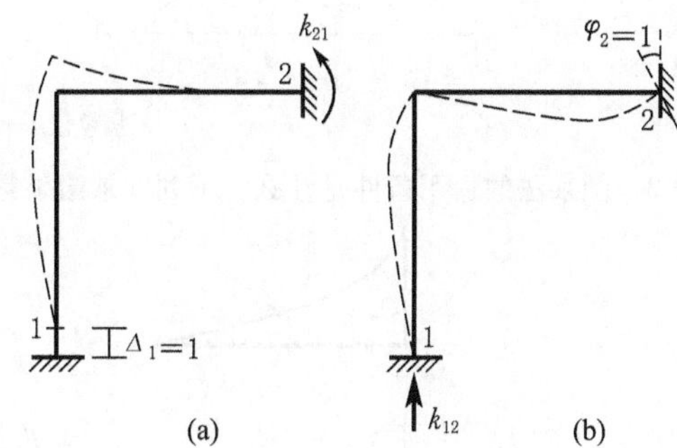

图 4－36　反力与反力矩互等

四、反力与位移互等定理

功的互等定理的又一特殊情况是说明一种状态中的反力与另一状态中的位移具有互等关系。以图 4－37 所示的两种状态为例，其中图 4－37(a)表示单位荷载 $F_2=1$ 作用于 2 点时，支座 1 的反力矩为 k_{12}，其指向设取如图所示；图4－37(b)则表示当支座 1 沿 k_{12} 的方向发生一单位转角 $\varphi_1=1$ 时，点 2 沿 F_2 方向的位移为 δ_{21}。对此两种状态应用功的互等定理，有：

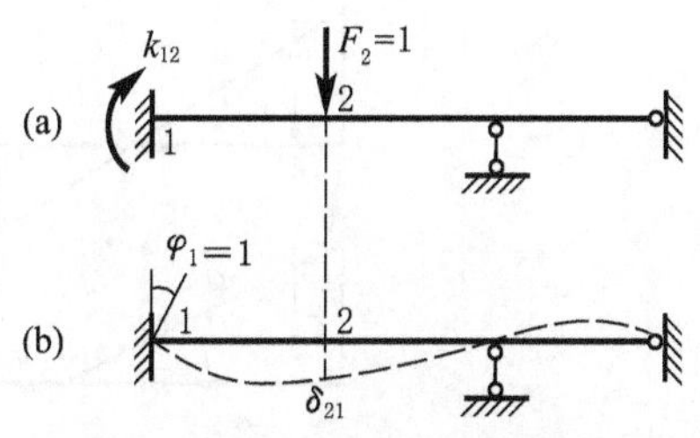

图 4－37　反力位移互等状态

$$k_{12}\varphi_1 + F_2\delta_{21} = 0$$

因在数值上，
$$\varphi_1 = F_2 = 1$$

故得
$$k_{12} = -\delta_{21} \tag{4-29}$$

式(4-29)即为**反力与位移互等定理**(reciprocal theorem of displacement and reacting force)，它表明，由于单位荷载对体系某一支座所产生的反力，等于因该支座发生单位位移所引起的单位荷载作用点沿其方向的位移，但符号相反。

思考题

4-1 结合以下两个问题比较单位位移法和单位荷载法的原理和步骤。

(1) 用单位位移法求图(a)结构 B 截面弯矩 M_B。

(2) 用单位荷载法求图(b)结构因制造误差(B 截面有相对转角 θ)而引起的截面 C 的竖向位移 Δ_C。

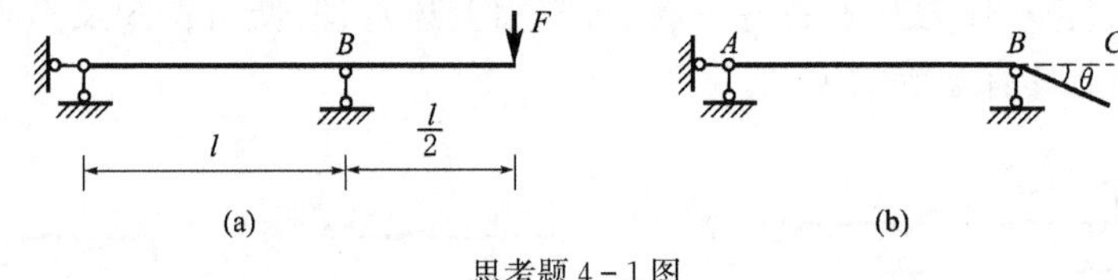

思考题 4-1 图

4-2 图乘法的适用条件是什么？下列图乘结果是否正确？

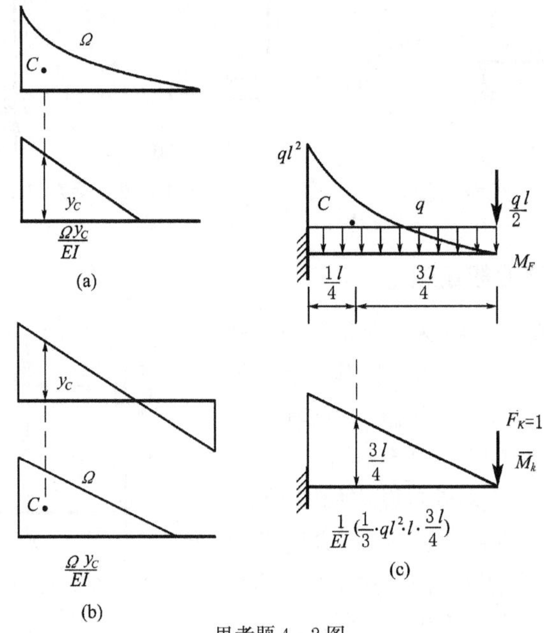

思考题 4-2 图

4-3　下列各情况柱顶有无水平位移？为什么？

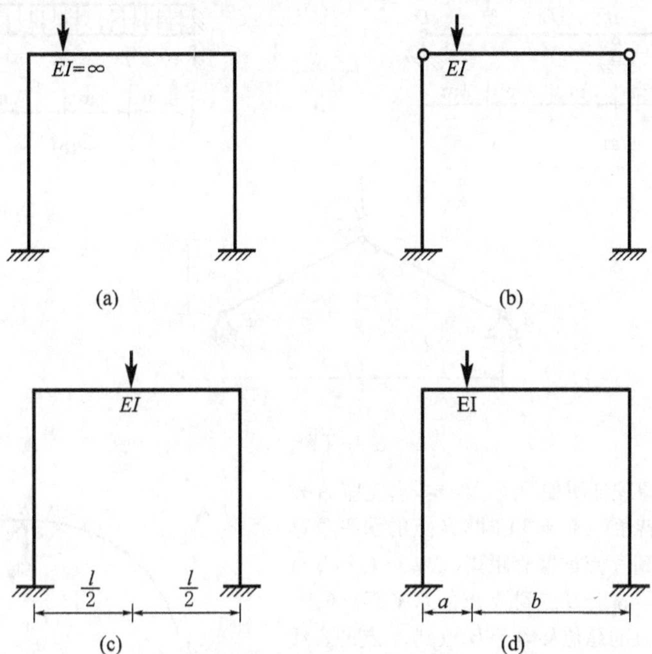

思考题 4-3 图

4-4　已知图示结构中杆 BD 因升温而产生单位伸长引起的支座 E 的弯矩为 m，则当支座 E 发生单位转角时引起杆 BD 的轴向力为多少？

4-5　试分析如何求图示地下埋管（圆）的变形？

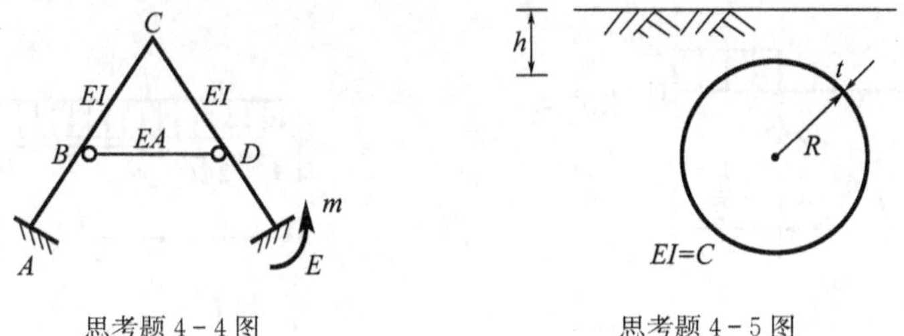

思考题 4-4 图　　　　思考题 4-5 图

4-6　试说明刚体虚位移原理与变形体虚位移原理的内在联系。

4-7　在反力与位移互等定理中，为什么两个不同的量其数值、量纲及单位都相同？

习　题

4-1　试利用虚位移原理求下列静定结构的指定内力或反力，见题 4-1 图：(a)求 F_{By}、$F_{QB}^{左}$、$F_{QB}^{右}$、M_B；(b)求 F_{QD}、M_D；(c)求 AC 杆的轴力和支座 B 的水平推力 F_{Bx}。

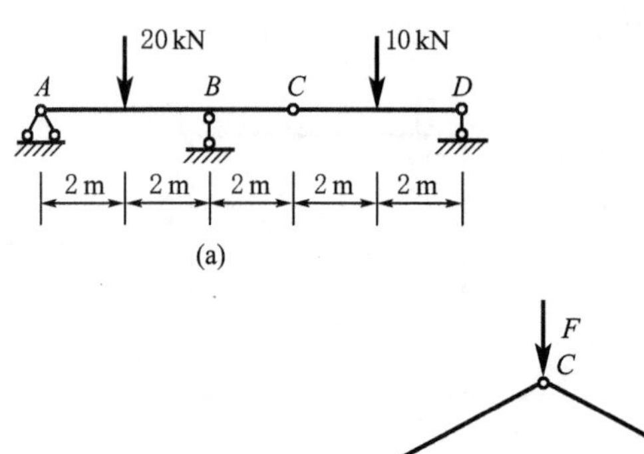

(a)

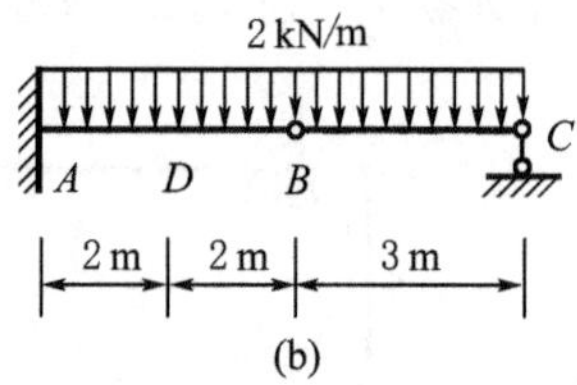

(b)

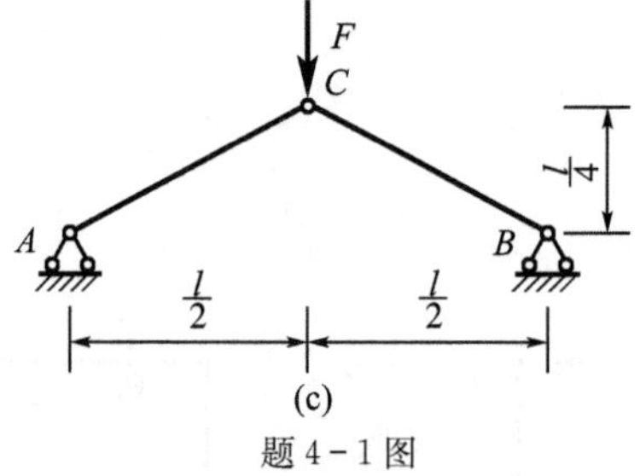

(c)

题 4-1 图

4-2 试用虚力原理证明如图所示结构，当支座 A 发生一单位转角($\varphi_A=1$)时，B 点的水平位移等于 B 点到 A 点的竖直距离($\Delta_{B\varphi}^{v}=l_2$)，$B$ 点竖向线位移等于 B 点到 A 点的水平距离($\Delta_{B\varphi}^{u}=l_1$)；$B$ 点的总位移等于 B 点到 A 点的直线距离($\Delta_{B\varphi}=\rho$)。

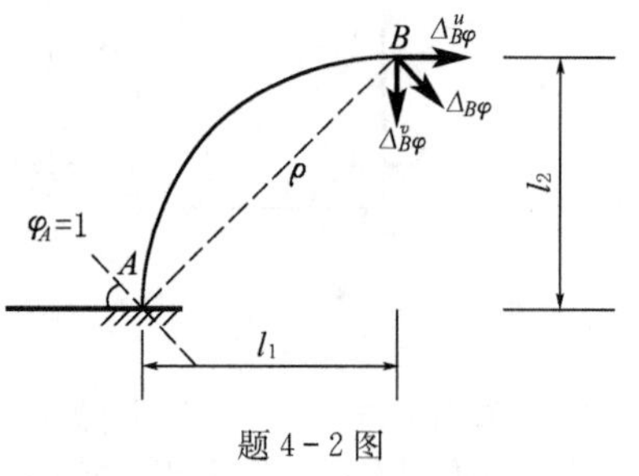

题 4-2 图

4-3 用积分法求下列结构的指定位移(略去剪力 F_Q 和轴力 F_N 对位移的影响，曲杆可略去曲率的影响，用直杆公式计算)。图中未注明者 EI = 常数。

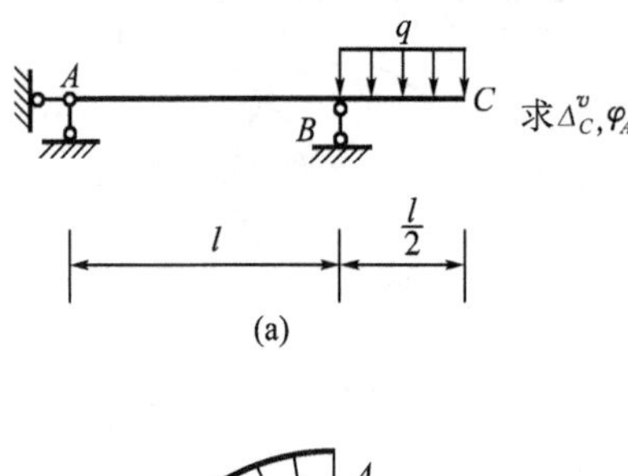

(a)

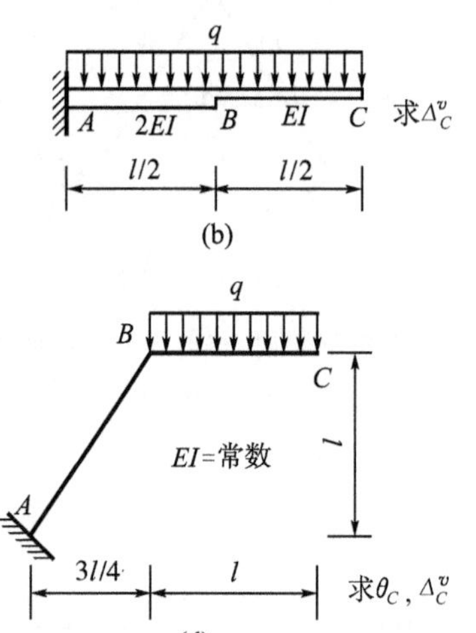

(b)

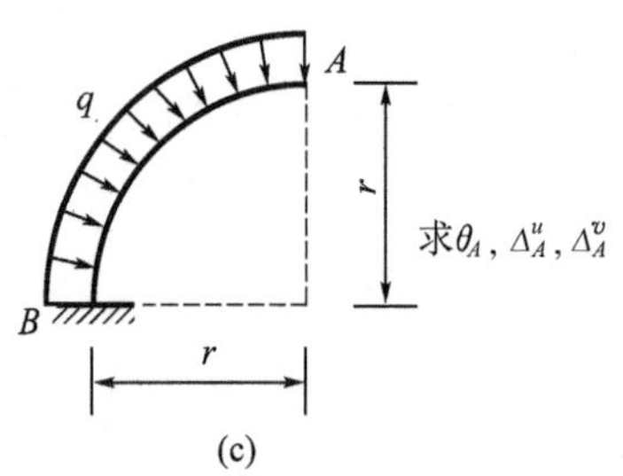

(c)

(d)

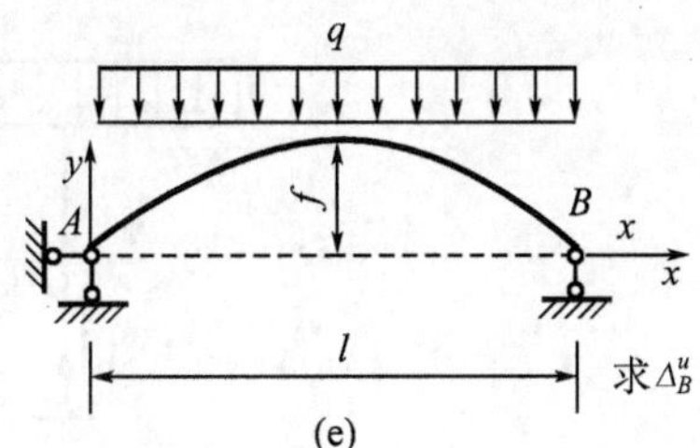

(e)

[提示：可取 $ds=dx$，已知轴线方程为 $y=\frac{4f}{l^2}x(l-x)$]

题 4-3 图

4-4　计算图示桁架的 Δ_B^v 和角 $\angle DBE$ 的改变量。设各杆的 $A = 10\ \text{cm}^2$，$E = 2.1\times 10^4\ \text{kN/cm}^2$（图中长度单位为 m）。

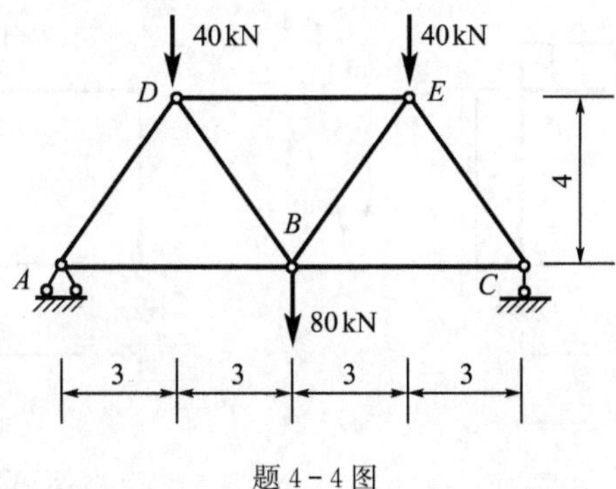

题 4-4 图

4-5　试用图乘法求下列结构的指定位移（图中未注明者 EI = 常数）。

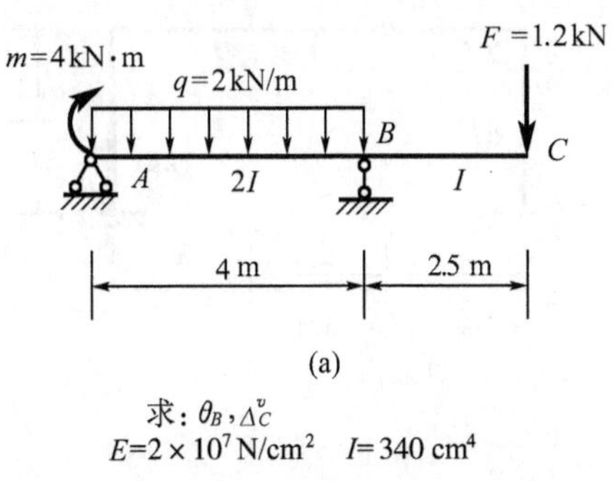

(a)

求：θ_B，Δ_C^v
$E=2\times10^7\ \text{N/cm}^2$　$I=340\ \text{cm}^4$

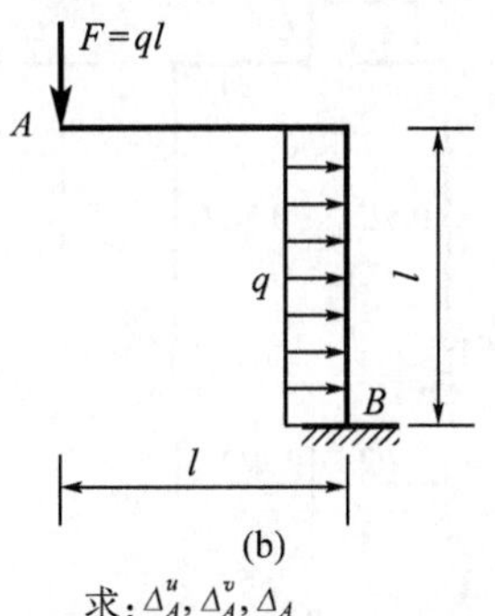

(b)

求：Δ_A^u，Δ_A^v，Δ_A

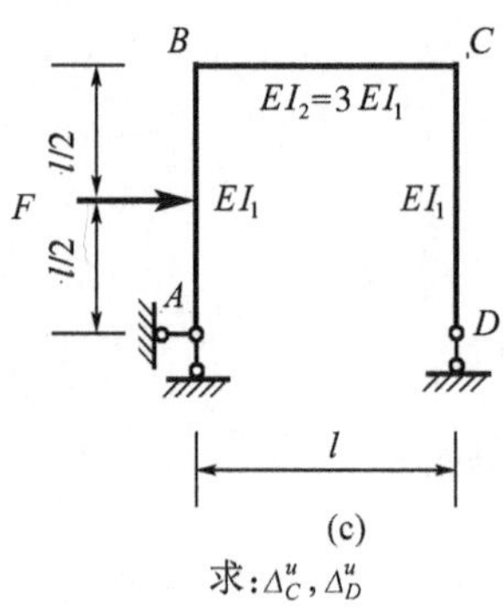

(c)

求:Δ_C^u, Δ_D^u

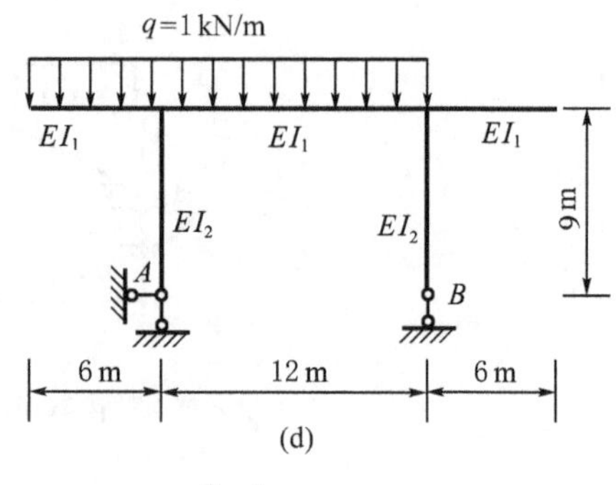

(d)

求:Δ_B^u

EI_1=120 000 kN·m²

EI_2=180 000 kN·m²

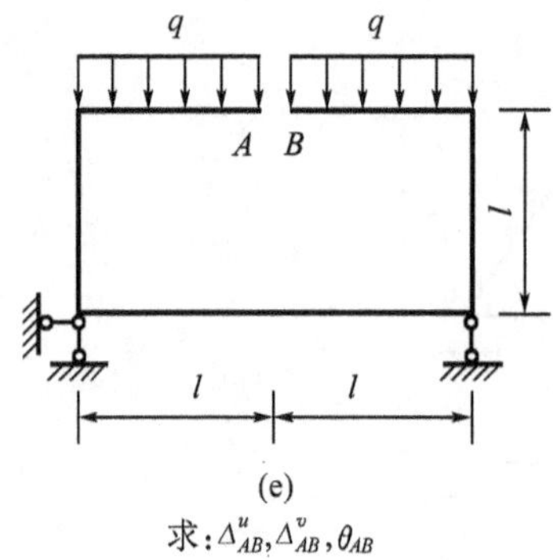

(e)

求:Δ_{AB}^u, Δ_{AB}^v, θ_{AB}

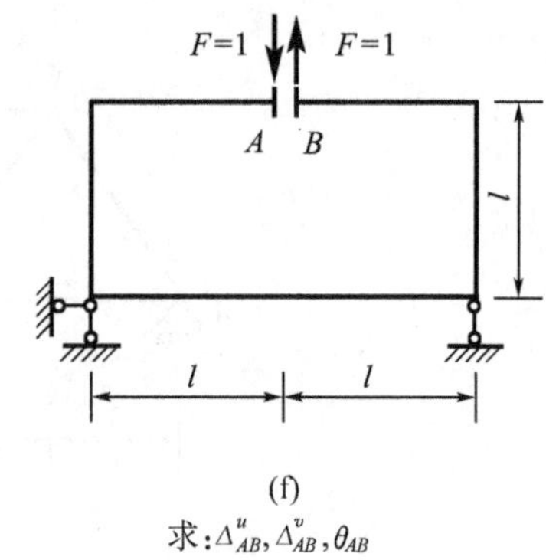

(f)

求:Δ_{AB}^u, Δ_{AB}^v, θ_{AB}

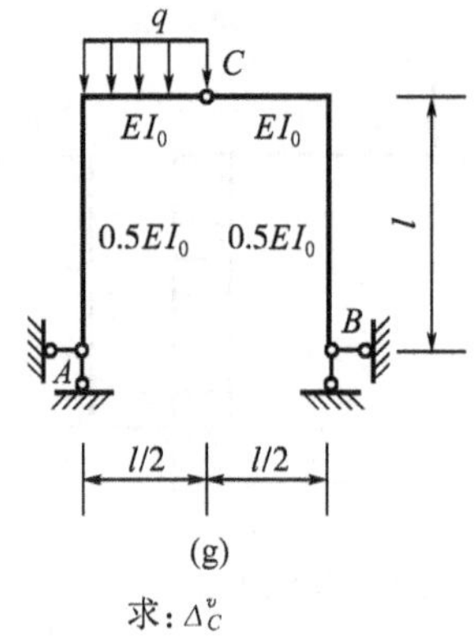

(g)

求:Δ_C^v

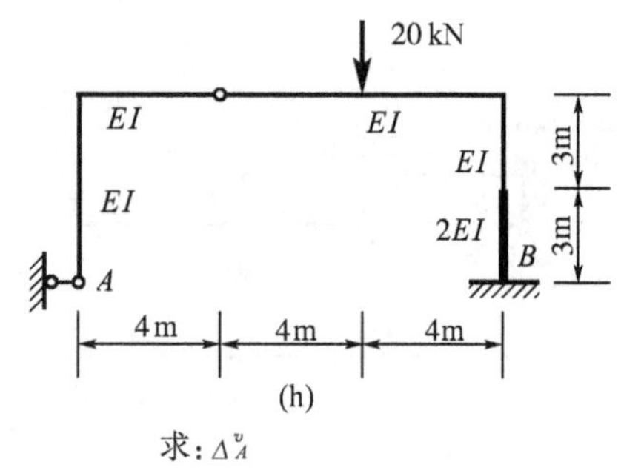

(h)

求:Δ_A^v

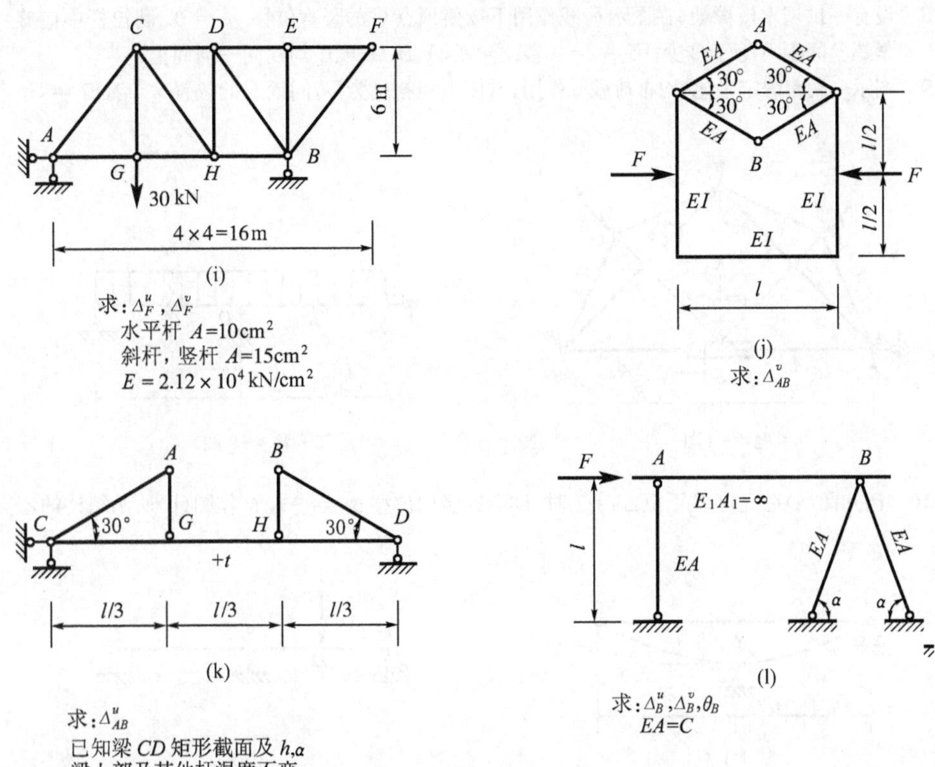

题 4-5 图

4-6　图示结构受荷载和温度改变作用，试求 BD 的相对水平线位移。$\alpha = 0.000\,01$，$h = 50\ \text{cm}$，$EI = 2.1\times10^{11}\ \text{N}\cdot\text{cm}^2$，$q = 1\ \text{kN/m}$。

4-7　图示结构受荷载和支座移动作用，试求 C 点的铅直位移，$a = 2\ \text{m}$，$EA = 2\times10^4\ \text{kN}$，$EI = 2\times10^5\ \text{kN}\cdot\text{m}^2$。

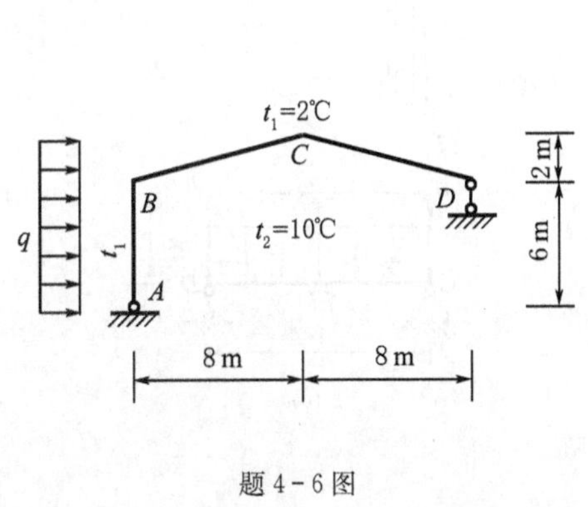

题 4-6 图

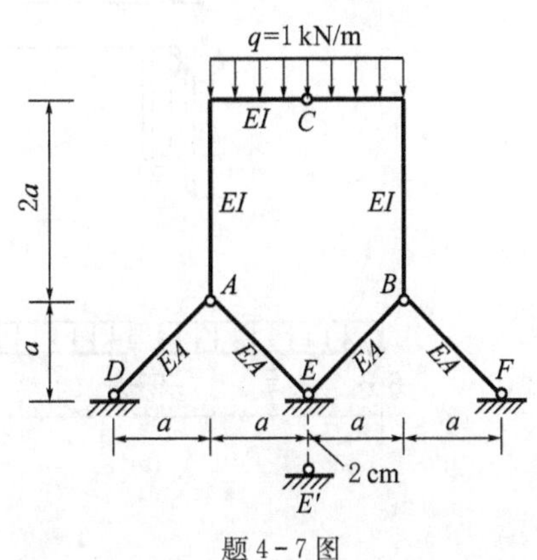

题 4-7 图

4-8 设有一拱坝木模撑架,在图示荷载作用下欲使顶点 C 的竖直位移 $y_C=0$,问拉杆中应旋紧螺丝间距 S 等于多少? $E_1A_1=E_2A_2=C$,A、B、G、F、C 均在同一圆周上。

4-9 图示一两跨静定梁,受均布荷载 q 作用,欲使 B 点挠度为零,问铰 C 的位置 $x=?$,$EI=C$。

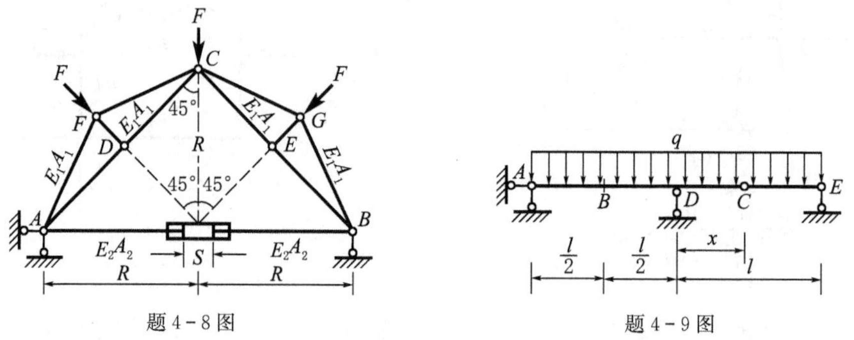

题 4-8 图　　　　题 4-9 图

4-10 已知图(a)在支座 B 下沉 $\Delta_B^v=1$ 时,D 点的竖向位移 $\Delta_D^v=\dfrac{11}{16}$,试作图(b)所示结构的弯矩图。

题 4-10 图

4-11 图示(a)为一钢筋混凝土水槽,(b)、(c)分别是水槽横向及纵向计算简图,设水槽内贮满水,试求:(1) A、B 两点的相对水平线位移;(2) A、B 两截面的相对角位移;(3) 图示截面 $ABCD$ 面积的改变(注:取单位长度进行计算);(4) 水槽跨中点 E 的挠度。

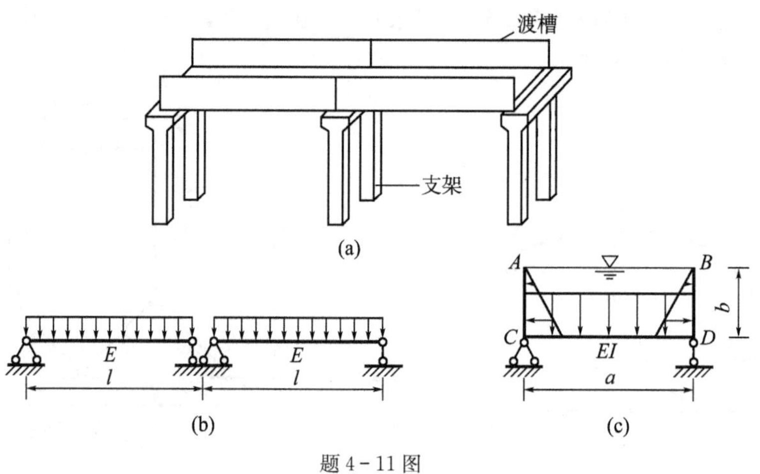

题 4-11 图

4-12 图(a)示屋架结构的上弦杆和其他压杆采用钢筋混凝土杆，下弦杆和其他拉杆采用钢杆。图(b)是屋架的计算简图。试求：(1) 由于制造偏差下弦各杆比设计长度短 1/1 000，引起 C 点的竖向位移；(2) 图示均布荷载 q 作用下 C 点的竖向位移。

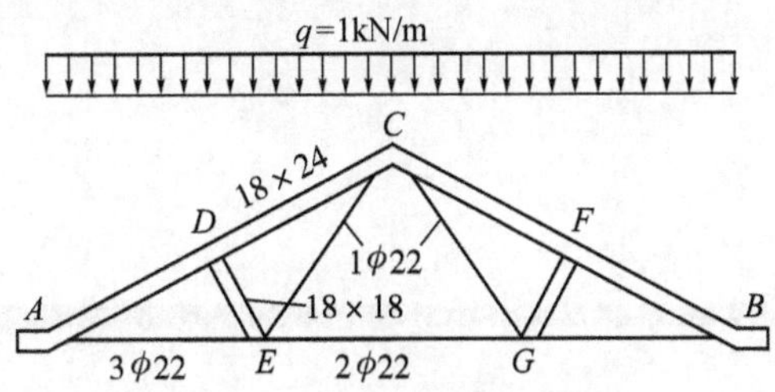

(a)

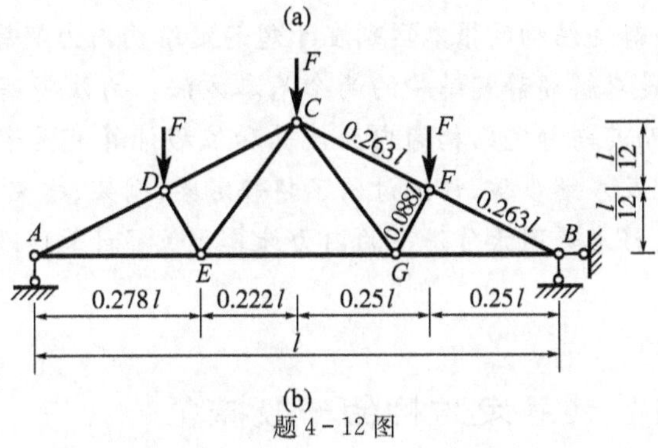

(b)

题 4-12 图

第5章

力　　法

超静定结构与静定结构的根本区别在于超静定结构内力超静定并具有多余约束,力法和位移法是求解超静定结构的两个基本方法。力法将超静定问题转化为静定问题求解,因而其与静定结构的内力计算和位移计算有紧密联系。本章介绍了力法的基本原理及求解步骤,详细讨论了超静定梁、刚架、桁架、拱和组合结构等在荷载、变温、支座移动等因素作用下的内力计算和位移计算问题。

§5-1　超静定结构的一般概念

一、超静定结构的基本特征

超静定结构(statically indeterminate structures)是指在荷载等外来因素作用下,支座反力或内力不能单独由静力平衡条件全部确定的结构。工程结构中普遍存在着超静定的结构形式,如图5-1(a)所示的水闸结构。在分析设计时,按各部位相互之间的连接、传力方式、结构构造的不同,可分解成单个结构型式的计算简图进行计算。图5-1(b)所示的超静定刚架,是水闸中的启闭支架;图5-1(c)所示的连续梁,是启闭纵梁,等等。这些结构内力都不能仅用平衡条件求得。

如图5-2(a)所示的**连续梁**(continuous beams),其竖向反力只用静力平衡条件将无法确定,因此也就不能进一步求出其内力。图5-2(c)所示的加劲梁,虽然它的反力可由静力平衡条件求得,但不能确定杆件的内力,所以这两个结构都是超静定结构,它们的内力是超静定的。

从几何组成的角度分析上述两个结构,可知它们都具有多余约束。如将图5-2(a)中B支座链杆切断,或将图5-2(c)中BD杆切断,两结构仍然是几何不变的,如图5-2(b)、(d)所示。所以上述两杆代表的约束对保持体系的几何不变性来

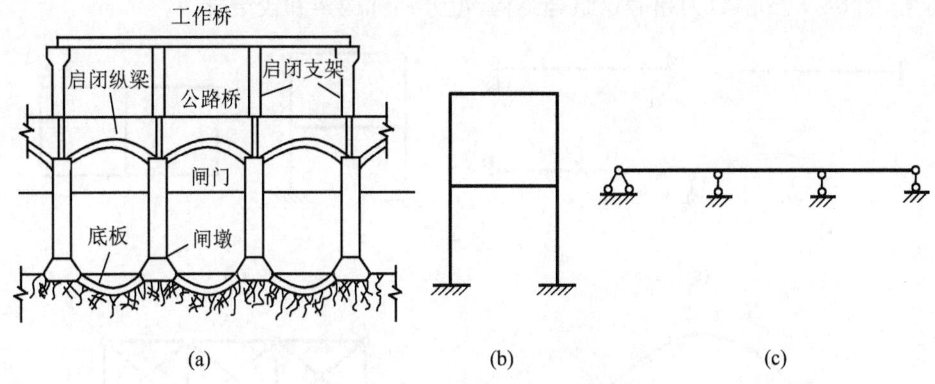

图 5-1　水闸结构及其计算简图

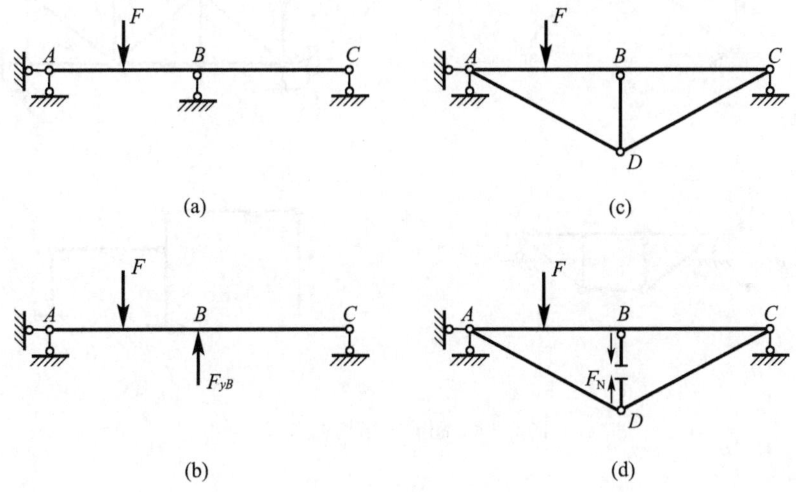

图 5-2　连续梁与加劲梁

说，不是必要的，称为**多余约束**(redundant constraints)，因此超静定结构是有多余约束的几何不变体系。超静定结构在合理地去掉多余约束后，就变成为**静定结构**(statically determinate structures)。

总体来说，有多余约束，内力超静定，就是超静定结构区别于静定结构的基本特征。

二、超静定结构的型式

超静定结构有超静定的梁、刚架、拱、桁架、组合结构等型式。如图 5-3(a)为超静定梁，图 5-3(b)为超静定刚架，图 5-3(c)为超静定拱，图 5-3(d)是超静定桁架,图 5-3(e)、(f)为超静定组合结构,也分别称构架和铰结排架。

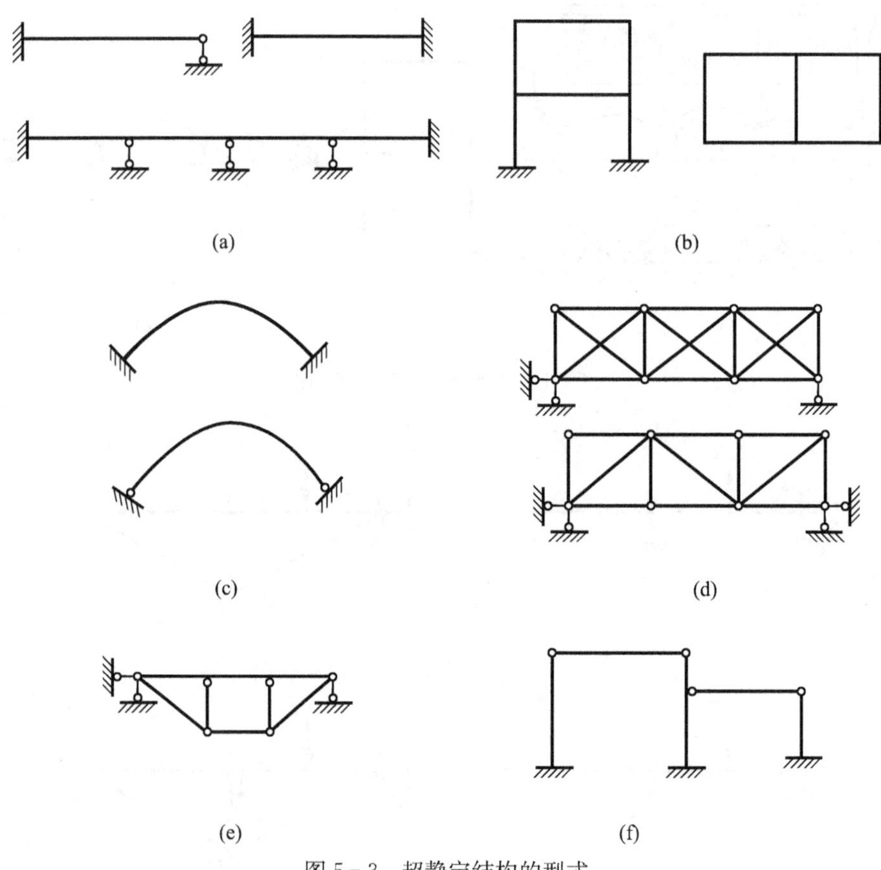

图 5-3 超静定结构的型式

三、超静定次数的确定

超静定结构上多余约束的个数称为**超静定次数**(degree of static indeterminacy)。一个超静定结构在去掉 n 个多余约束后变成静定结构,则这个结构即是 n 次超静定的。多余约束中的约束力,称为**多余约束力**(redundant force)。本章讨论的计算超静定结构内力的力法,以超静定结构的多余约束力为求解对象,因此须先确定超静定次数。

确定超静定次数,常采用解除约束法。即解除结构中的多余约束,使它成为几何不变无多余约束的静定结构,被解除的约束个数即为超静定次数。如图 5-4(a)所示的连续梁,解除 3 根竖向链杆中任意一根,便成为无多余约束的几何不变体系,如图 5-4(b)所示。解除的链杆相当于一个约束,因此,该体系为一次超静定结构。但是,必须注意,水平链杆是不能解除的,否则体系就成为几何可变体系。

为保持体系几何不变性，水平链杆是绝对必须的约束。此外，解除约束可以有多种方式。在图 5-4(a)中，如将 B 处切断插入一个铰，如图5-4(c)所示，也可成为无多余约束的几何不变体系。又如图 5-4(d)所示的刚架，在 A 处解除一个单铰，相当于解除两个约束，又在 B 处切断，相当解除三个约束，总共解除了五个约束，成为图 5-4(e)所示无多余约束的几何不变体系。因此，该刚架为五次超静定刚架。图 5-4(f)所示也是一种解除约束的方式。

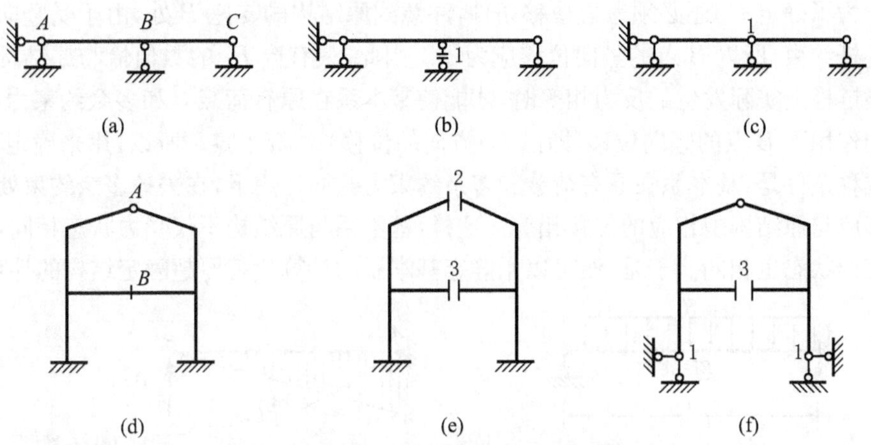

图 5-4　解除约束法确定超静定次数

归纳起来，解除约束确定超静定次数的常用做法有如下几种：

(1) 切断一根链杆(或支座链杆)，等于解除一个约束；

(2) 解除一单铰或铰支座，等于解除两个约束；

(3) 切断一受弯杆或固定支座，等于解除三个约束；

(4) 切断受弯杆或固定支座后插入一铰，等于解除一个约束。

§5-2　力法的基本原理

超静定结构与静定结构的基本区别在于前者有多余约束存在。而静定结构内力和位移计算的方法我们已经掌握，如果能用某种方法先求出超静定结构的多余约束力，使之转变成静定结构来计算，则该种方法自然成为分析超静定结构内力的一条途径。这就是力法(force method)的基本思路。

先用一个简单例子来阐明力法的基本概念。设有图 5-5(a)所示的一端固定另一端铰支的梁，它是具有一个多余约束的超静定结构。如果以右支座链杆作为多余约束(其内的约束力 F_1 称为多余约束力)，则在去掉该约束，并以 F_1 代替多余约束力后，将得到如图 5-5(b)所示的同时受荷载 q 和多余约束力 F_1 作用的静定结构。该静定结构称为原结构的基本结构或称为基本系。显然,基本系与原结构所满足的平衡方程完全相同。作用在基本系上的原有荷载 q 是已知的,而多余约束力 F_1 是未知的。因此,只要能设法先求出 F_1,则原结构的计算问题即可在静定的基本结构上来解决,故称多余约束力 F_1 为基本未知量。显然,如果单从平衡条件来考虑,则 F_1 可取任何数值,这时基本结构都可以维持平衡,但相应的反力、内力和位移就会有不同值,因而 B 点就可能发生大小和方向各不相同的竖向位移。为了确定 F_1 还必须考虑位移条件,注意到原结构的支座 B 处,由于受竖向支座链杆约束,所以 B 点的竖向位移应为零。因此,只有当 F_1 的数值恰与原结构右支座链杆上实际发生的反力相等时,才能使基本系在原有荷载 q 和多余约束力 F_1 共同作用下 B 点的竖向位移(即沿 F_1 方向的位移)Δ_1 等于零。所以,用来确定 F_1 的位移条件是:基本系在原有荷载和多余约束力共同作用下,在去掉多余约束处的位移应与原结构中相应的位移相等。这样,基本系与原结构不仅受力状态相同,而且变形状态也相同。于是,便可以用静定基本系的计算代替原超静定结构的计算。

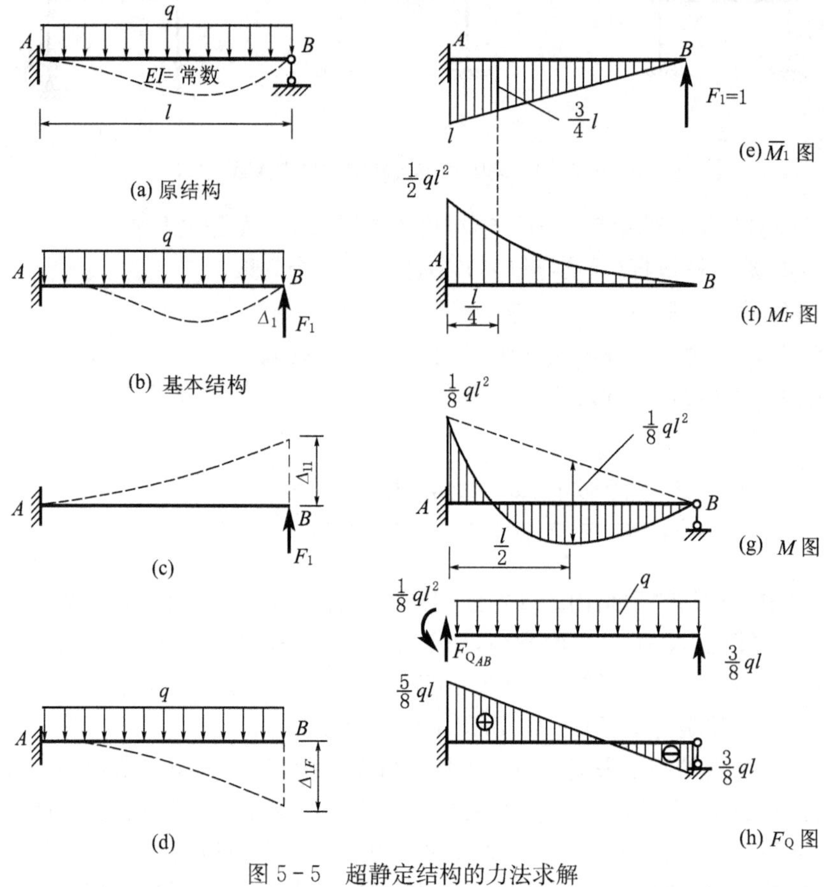

图 5-5　超静定结构的力法求解

由上述可见，为了唯一确定超静定结构的反力和内力，必须同时考虑静力平衡条件和几何位移条件。即在超静定结构中，同时满足静力平衡条件和位移条件的解答才是唯一的。应该指出，在位移条件的建立中包含着对材料物理条件的要求。因此，必须认识到确定超静定结构的内力是以平衡、几何、物理三方面条件为依据的。

若令 Δ_{11} 及 Δ_{1F} 分别表示多余约束力 F_1 及荷载 q 单独作用于基本系时 B 点沿 F_1 方向的位移，如图 5-5(c)、(d)所示，其符号都以沿设定的 F_1 方向者为正。根据叠加原理应有

$$\Delta_1 = \Delta_{11} + \Delta_{1F} = 0$$

再令 δ_{11} 表示 $F_1 = 1$ 时，B 点沿 F_1 方向所产生的位移，则 $\Delta_{11} = \delta_{11} F_1$，于是上式可写为

$$\delta_{11} F_1 + \Delta_{1F} = 0 \tag{5-1}$$

由于 δ_{11} 和 Δ_{1F} 都是静定结构在已知外力作用下的位移，均可按第 4 章所述计算位移的方法求得，于是多余约束力即可由式(5-1)确定。这里采用图乘法计算 δ_{11} 及 Δ_{1F}，先绘出 $F_1 = 1$ 和荷载 q 分别作用在基本系上的单位弯矩图 $\overline{M}_1$[如图 5-5(e)所示]和荷载弯矩图 M_F[如图 5-5(f)所示]，然后求得

$$\delta_{11} = \frac{1}{EI} \times \frac{l^2}{2} \times \frac{2l}{3} = \frac{l^3}{3EI}$$

$$\Delta_{1F} = -\frac{1}{EI}\left(\frac{1}{3} \times l \times \frac{ql^2}{2}\right) \times \frac{3l}{4} = -\frac{ql^4}{8EI}$$

所以由式(5-1)有

$$F_1 = -\frac{\Delta_{1F}}{\delta_{11}} = \frac{ql^4}{8EI} \times \frac{3EI}{l^3} = \frac{3}{8}ql$$

多余约束力 F_1 求得后，就和悬臂梁一样，完全可用静力平衡条件确定其反力和内力。也可利用前面已作出的弯矩图 $\overline{M}_1$ 和 M_F，用下面的叠加公式计算任一截面的弯矩为

$$M = \overline{M}_1 F_1 + M_F$$

例如 A 端的弯矩为

$$M_{AB} = lF_1 - \frac{ql^2}{2} = \frac{3}{8}ql^2 - \frac{1}{2}ql^2 = -\frac{1}{8}ql^2$$

剪力图可以根据弯矩图作出。最后弯矩图和剪力图如图 5-5(g)、(h)所示。

以上所述计算超静定结构的方法称为力法。它的基本原理就是以多余约束力

作为**基本未知量**(primary unknowns),以解除多余约束后剩下的静定结构作为**基本系**(primary system),根据解除约束处的位移条件建立力法的**典型方程**(canonical equations),求出多余约束力,然后利用**叠加原理**(principle of superposition)计算内力,作内力图。力法是计算超静定结构的基本方法之一,可用来分析各种类型的超静定结构。

§5-3 力法的基本未知量、基本系和典型方程

一、基本未知量和基本系

超静定结构解除多余约束后得到的静定结构即为力法的基本系或原结构的基本结构。图5-4(b)、(c)为图5-4(a)的基本系,图5-4(e)、(f)为图5-4(d)的基本系。所解除的多余约束内相应的多余约束力即为力法的基本未知量,其数目等于多余约束的个数,即超静定次数。

因解除约束的位置和方式不同,基本系也不同,一个超静定结构可以有多种不同的基本系。对这些基本系的共同要求是保持几何不变,同时应选择计算较简单的基本系。一般来说悬臂式最简单,其次是简支式,三铰式与组合式都较复杂。图5-4中(e)比(f)要简单。

在解除约束处的多余约束力通常是成对出现的广义力。对支座约束,如采用"切断"的做法解除约束,约束力也是成对的,如图5-6(a)的基本系图5-6(b)。当支座无移动时,为了简化,常不画出作用于基础上的那个多余约束力 F_1。并且切口处相对位移即等于结构被约束处 B 点的位移(它们都等于零)。于是可以如上节那样,去掉链杆支座,取图5-6(c)所示的基本系和基本未知量,且两者的典型方程也相同。

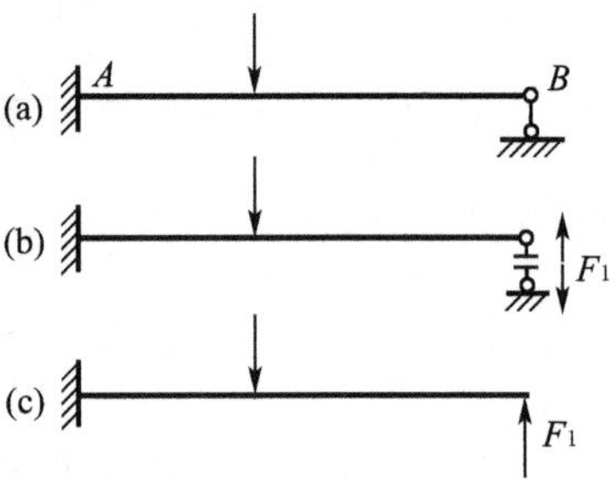

图5-6 基本未知量的表示

二、力法的典型方程

用力法解一般超静定结构的关键在于根据位移条件建立力法方程以求解多余约束力。超静定结构在解除多余约束后,基本系在原外荷载及多余约束力共同作用内力与位移要与原结构一致,就必须使解除约束处的位移条件与原结构一致。

图5-7(a)所示刚架是三次超静定结构,若将固定支座 B 处约束解除,并以相应的多余约束力 F_1、F_2、F_3 代替其作用,则得图5-7(b)所示的 A 端固定的悬臂

刚架基本系。在原结构中，由于 B 端为固定端，无水平线位移、竖向线位移和角位移。因此在三个多余约束力 F_1、F_2、F_3 和外荷载 F 共同作用的基本系上，也必须保证同样的位移条件，即 B 点沿 F_1 方向的位移(竖向位移)Δ_1、沿 F_2 方向的位移(水平位移)Δ_2 和 F_3 方向的位移(角位移)Δ_3 都应等于零。即

$$\Delta_1 = 0, \qquad \Delta_2 = 0, \qquad \Delta_3 = 0$$

每一方向的位移，都是 F_1、F_2、F_3 和外荷载 F 共同作用下产生的。若以 δ_{11}、δ_{21} 和 δ_{31} 表示当 $F_1 = 1$ 单独作用在基本系上，B 点沿 F_1、F_2 和 F_3 方向的位移，如图 5 - 7(c)所示；δ_{12}、δ_{22} 和 δ_{32} 表示当 $F_2 = 1$ 单独作用在基本系上，B 点沿 F_1、F_2、F_3 方向的位移，如图 5 - 7(d)所示；δ_{13}、δ_{23}、δ_{33} 表示当 $F_3 = 1$ 单独作用在基本系上，B 点沿 F_1、F_2、F_3 方向的位移，如图 5 - 7(e)所示。再用 Δ_{1F}、Δ_{2F}、Δ_{3F} 表示当外荷载单独作用在基本系上，B 点沿 F_1、F_2、F_3 方向的位移，如图 5 - 7(f)所示。根据叠加原理，位移条件可写成

$$\begin{cases} \Delta_1 = \delta_{11} F_1 + \delta_{12} F_2 + \delta_{13} F_3 + \Delta_{1F} = 0 \\ \Delta_2 = \delta_{21} F_1 + \delta_{22} F_2 + \delta_{23} F_3 + \Delta_{2F} = 0 \\ \Delta_3 = \delta_{31} F_1 + \delta_{32} F_2 + \delta_{33} F_3 + \Delta_{3F} = 0 \end{cases} \tag{5-2}$$

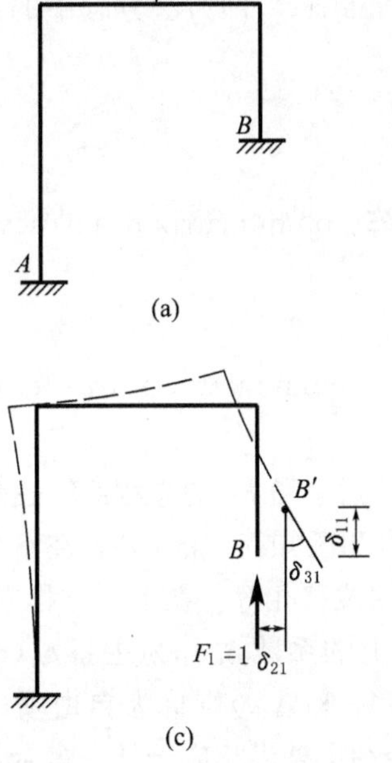

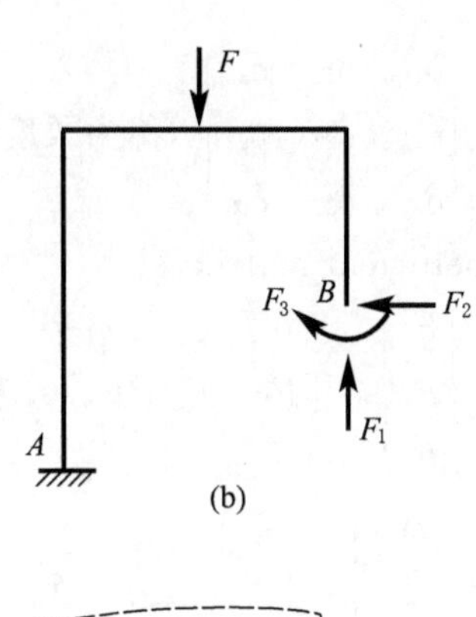

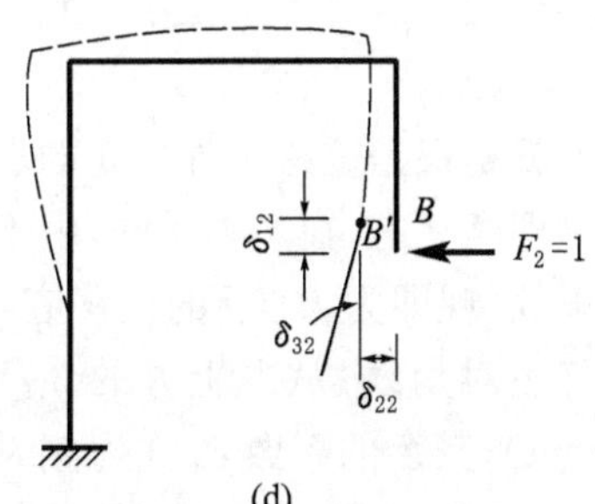

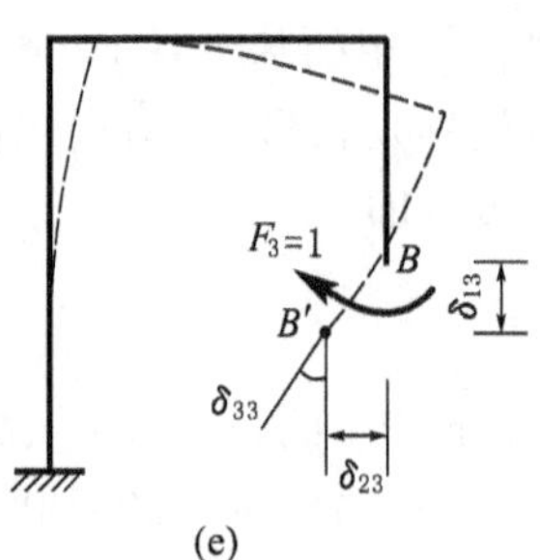

(e)

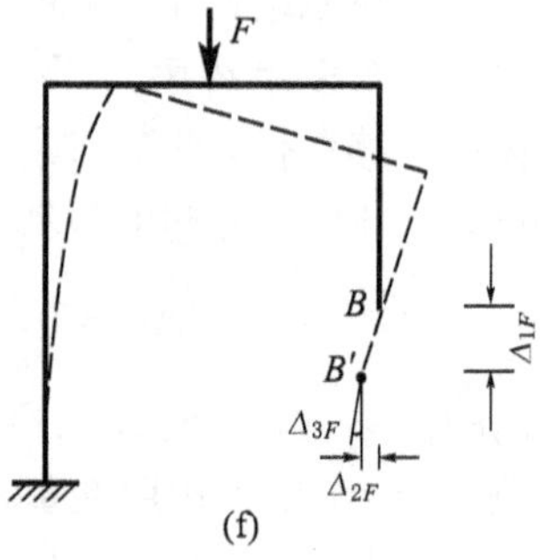

(f)

图 5-7　解除约束处的位移

写成矩阵形式

$$\begin{bmatrix} \delta_{11} & \delta_{12} & \delta_{13} \\ \delta_{21} & \delta_{22} & \delta_{23} \\ \delta_{31} & \delta_{32} & \delta_{33} \end{bmatrix} \begin{Bmatrix} F_1 \\ F_2 \\ F_3 \end{Bmatrix} + \begin{Bmatrix} \Delta_{1F} \\ \Delta_{2F} \\ \Delta_{3F} \end{Bmatrix} = \begin{Bmatrix} 0 \\ 0 \\ 0 \end{Bmatrix}$$

或简写为

$$\boldsymbol{\Delta F} + \boldsymbol{\Delta}_F = \mathbf{0}$$

式中:

$\boldsymbol{\Delta} = \begin{bmatrix} \delta_{11} & \delta_{12} & \delta_{13} \\ \delta_{21} & \delta_{22} & \delta_{23} \\ \delta_{31} & \delta_{32} & \delta_{33} \end{bmatrix}$，称为**柔度矩阵**(flexibility matrix)，即力法方程中的系数矩阵(coefficient matrix)；

$\boldsymbol{F} = \begin{Bmatrix} F_1 \\ F_2 \\ F_3 \end{Bmatrix} = [F_1 \quad F_2 \quad F_3]^{\mathrm{T}}$，称基本**未知量列阵**(colum matrix of unknows)；

$\boldsymbol{\Delta}_F = \begin{Bmatrix} \Delta_{1F} \\ \Delta_{2F} \\ \Delta_{3F} \end{Bmatrix} = [\Delta_{1F} \quad \Delta_{2F} \quad \Delta_{3F}]^{\mathrm{T}}$，称**自由项列阵**(colum matrix of free terms)。

这就是根据位移条件建立的求解多余约束力 F_1、F_2 和 F_3 的方程组。这组方程的物理意义是，在基本系中，由于全部多余约束力和已知荷载的作用，在解除多余约束处(现即为 B 点)的位移应与原结构中相应的位移相等。在上列方程中，柔度矩阵主对角线(从左上方的 δ_{11} 至右下方的 δ_{33})上的系数 δ_{ii} 称为**主系数**(main cofficent)，其余的系数 δ_{ik} 称为副系数，Δ_{iF}(如 Δ_{1F}、Δ_{2F} 和 Δ_{3F})则称为**自由项**(free terms)。所有系数和自由项都是基本系在去掉多余约束处沿相应于某一多余约束力方向的位移，并规定与所设多余约束力方向一致为正。所以主系数总是正的，且不会等于零。而副系数则可能为正、为负或为零。根据位移互等定理可以得知，副

系数有互等关系，即

$$\delta_{ik} = \delta_{ki} \qquad (i \neq k)$$

式(5-2)通常称为力法的**典型方程**(canonical equations)。其中各系数和自由项都为基本系的位移，因而可根据第4章求位移的方法求得。

系数和自由项求得后，即可解典型方程以求得各多余约束力。然后再按照分析静定结构的方法利用叠加原理求出原结构的内力。例如弯矩为

$$M = \overline{M}_1 F_1 + \overline{M}_2 F_2 + \overline{M}_3 F_3 + M_F$$

对于n次的超静定结构来说，共有n个多余约束力，而每一多余约束力对应着一个多余约束，也就对应着一个已知的位移条件，故可按n个位移条件建立n个方程。当已知多余约束力作用处的位移为零时，则力法典型方程可写为

$$\begin{cases} \delta_{11}F_1 + \delta_{12}F_2 + \cdots + \delta_{1i}F_i + \cdots + \delta_{1n}F_n + \Delta_{1F} = 0 \\ \vdots \\ \delta_{i1}F_1 + \delta_{i2}F_2 + \cdots + \delta_{ii}F_i + \cdots + \delta_{in}F_n + \Delta_{iF} = 0 \\ \vdots \\ \delta_{n1}F_1 + \delta_{n2}F_2 + \cdots + \delta_{ni}F_i + \cdots + \delta_{nn}F_n + \Delta_{nF} = 0 \end{cases} \tag{5-3}$$

写成矩阵形式为

$$\begin{bmatrix} \delta_{11} & \delta_{12} & \vdots & \delta_{1n} \\ \delta_{21} & \delta_{22} & \vdots & \delta_{2n} \\ \vdots & \vdots & \vdots & \vdots \\ \delta_{n1} & \delta_{n2} & \vdots & \delta_{nn} \end{bmatrix} \begin{Bmatrix} F_1 \\ F_2 \\ \vdots \\ F_n \end{Bmatrix} + \begin{Bmatrix} \Delta_{1F} \\ \Delta_{2F} \\ \vdots \\ \Delta_{nF} \end{Bmatrix} = \begin{Bmatrix} 0 \\ 0 \\ \vdots \\ 0 \end{Bmatrix}$$

§5-4　力法计算超静定结构

用力法求解超静定结构的一般步骤为：

(1) 确定超静定次数，解除多余约束，选择基本系；

(2) 根据位移条件建立力法典型方程；

(3) 在基本系上作单位内力图及荷载内力图，按位移公式计算系数和自由项；

(4) 求解典型方程，得多余约束力；

(5) 根据叠加原理计算内力，作内力图并校核。

一、用力法计算超静定刚架

例5-1　试用力法计算图5-8所示引水建筑物工作平台(垂直纸面取单位

宽)的内力并绘制内力图。作为例题,在图 5-8(a)计算简图中水荷载按近似的匀布外荷载考虑,且略去构件自重。

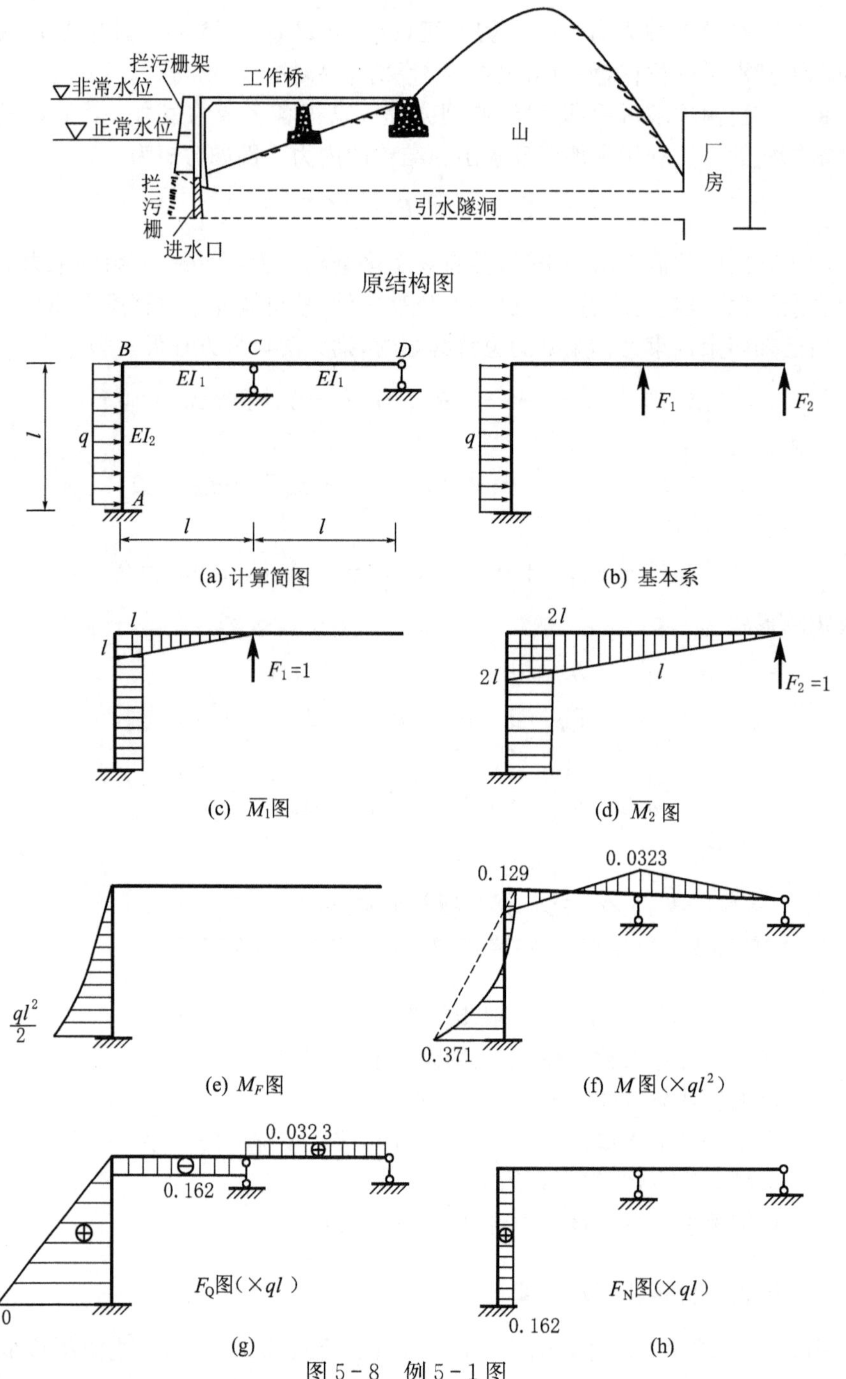

图 5-8 例 5-1 图

解　(1) 基本未知量、基本系。解除图 5－8(a)所示刚架中 C、D 两支座链杆，得静定的悬臂刚架，故此结构有 2 个多余约束，为 2 次超静定刚架，此悬臂刚架即为力法的基本系，两链杆反力 F_1、F_2 为基本未知量，如图 5－8(b)所示。

(2) 典型方程。根据基本系在解除约束 C、D 处的位移条件，建立典型方程

$$\begin{cases}\Delta_1 = 0, & \delta_{11}F_1 + \delta_{12}F_2 + \Delta_{1F} = 0 \\ \Delta_2 = 0, & \delta_{21}F_1 + \delta_{22}F_2 + \Delta_{2F} = 0\end{cases} \tag{a}$$

(3) 系数和自由项。本例可用图乘法计算系数 δ_{ki} 及自由项 Δ_{kF} 并略去剪力和轴力的影响。为此，需首先作出各单位弯矩图 $\overline{M}_i$ 及荷载弯矩图 M_F。$\overline{M}_1$ 图由 $F_1=1$ 单独作用在基本系上作出，如图 5－8(c)所示，同理可作出 $\overline{M}_2$ 图，如图 5－8(d)，M_F 图由荷载单独作用在基本系上作出，如图 5－8(e)所示，然后用图乘法得

$$\delta_{11} = \frac{l^3}{3EI_1} + \frac{l^3}{EI_2} = \frac{1}{EI_1}\left(\frac{l^3}{3} + \frac{l^3\,EI_1}{EI_2}\right)$$

$$\delta_{22} = \frac{(2\,l)^3}{3\,EI_1} + \frac{2\,l \times 2\,l \times l}{EI_2} = \frac{1}{EI_1}\left(\frac{8\,l^3}{3} + 4\,l^3 \cdot \frac{EI_1}{EI_2}\right)$$

$$\delta_{12} = \frac{l \times 2\,l \times l}{3EI_1} + \frac{l^3}{6EI_1} + \frac{l \times 2\,l \times l}{EI_2} = \frac{1}{EI_1}\left(\frac{5\,l^3}{6} + 2\,l^3 \cdot \frac{EI_1}{EI_2}\right)$$

$$\Delta_{1F} = -\frac{1}{3\,EI_2} \times \frac{q\,l^2}{2} \times l \times l = -\frac{q\,l^4}{6\,EI_2}$$

$$\Delta_{2F} = -\frac{1}{3EI_2} \times \frac{q\,l^2}{2} \times l \times 2\,l = -\frac{q\,l^4}{3\,EI_2}$$

(4) 多余约束力。将 δ_{ki} 及 Δ_{kF} 代入典型方程(a)则有

$$\begin{cases}\dfrac{1}{EI_1}\left(\dfrac{l^3}{3} + \dfrac{l^3\,EI_1}{EI_2}\right)F_1 + \dfrac{1}{EI_1}\left(\dfrac{5\,l^3}{6} + \dfrac{2\,l^3\,EI_1}{EI_2}F_2 - \dfrac{q\,l^4}{6\,EI_2} = 0 \\ \dfrac{1}{EI_1}\left(\dfrac{5\,l^3}{6} + \dfrac{2\,l^3\,EI_1}{EI_2}\right)F_1 + \dfrac{1}{EI_1}\left(\dfrac{4\,l^3\,EI_1}{EI_2} + \dfrac{8\,l^3}{3}\right)F_2 - \dfrac{q\,l^4}{3\,EI_2} = 0\end{cases} \tag{b}$$

上式两方程各乘以 EI_1，得

$$\begin{cases}\left(\dfrac{l^3}{3} + \dfrac{l^3\,EI_1}{EI_2}\right)F_1 + \left(\dfrac{5\,l^3}{6} + \dfrac{2\,l^3\,EI_1}{EI_2}\right)F_2 - \dfrac{q\,l^4\,EI_1}{6\,EI_2} = 0 \\ \left(\dfrac{5\,l^3}{6} + \dfrac{2\,l^3\,EI_1}{EI_2}\right)F_1 + \left(\dfrac{8\,l^3}{3} + \dfrac{4\,l^3\,EI_1}{EI_2}\right)F_2 - \dfrac{ql^4\,El_1}{3\,EI_2} = 0\end{cases} \tag{c}$$

从式(c)可见，在荷载作用下，超静定结构的多余约束力及最后内力只与各杆刚度的相对比值有关，而与各杆刚度的绝对值无关，计算时可以采用相对刚度。

设 $\dfrac{EI_1}{EI_2}=k$，则由式(c)可以求得

$$F_1=\frac{6k}{7+24k}ql,F_2=-\frac{k}{7+24k}ql$$

当 $k=1$ 时，解得 $\quad F_1=0.194\,ql,\qquad F_2=-0.032\,3\,ql$

(5) 最后内力及内力图。根据叠加原理，任一截面弯矩可按下式计算

$$M=\overline{M}_1F_1+\overline{M}_2F_2+M_F$$

按此式计算原结构各杆杆端弯矩为

杆 AB
$$M_{AB}=\frac{ql^2}{2}-l\times0.194\,ql-2\,l(-0.032\,3\,ql)=0.371\,ql^2\quad(\text{左侧受拉})$$
$$M_{BA}=0+l\times0.194\,ql+2\,l\times(-0.032\,3\,ql)=0.129\,ql^2\quad(\text{右侧受拉})$$

杆 BC
$$M_{BC}=M_{BA}=0.129\,ql^2\quad(\text{下侧受拉})$$
$$M_{CB}=l(-0.032\,3\,ql)=-0.032\,3\,ql^2\quad(\text{上侧受拉})$$

杆 CD
$$M_{CD}=M_{CB}=-0.032\,3\,ql^2\quad(\text{上侧受拉})$$
$$M_{DC}=0$$

最后弯矩图，如图 5-8(f)所示。

通常，根据已作出的弯矩图，取各杆件平衡，求杆端剪力，如图 5-9 所示，作剪力图。

杆 AB
$$\sum M_A=0,\quad F_{QBA}=0$$
$$\sum M_B=0,\quad F_{QAB}=[0.5\,ql^2+(0.371+0.129)ql^2]/l=ql$$

杆 BC
$$\sum M_C=0,\quad F_{QBC}=-(0.129+0.032\,3)ql^2/l=-0.162\,ql$$
$$\sum M_B=0,\quad F_{QCB}=-0.162\,ql$$

杆 CD
$$\sum M_D=0,\quad F_{QCD}=+0.032\,3\,ql^2/l=0.032\,3\,ql$$
$$\sum M_C=0,\quad F_{QDC}=0.032\,3\,ql$$

剪力图如图 5-8(g)所示。

根据已作出的剪力图,取各结点平衡如图 5-9 所示,作轴力图。

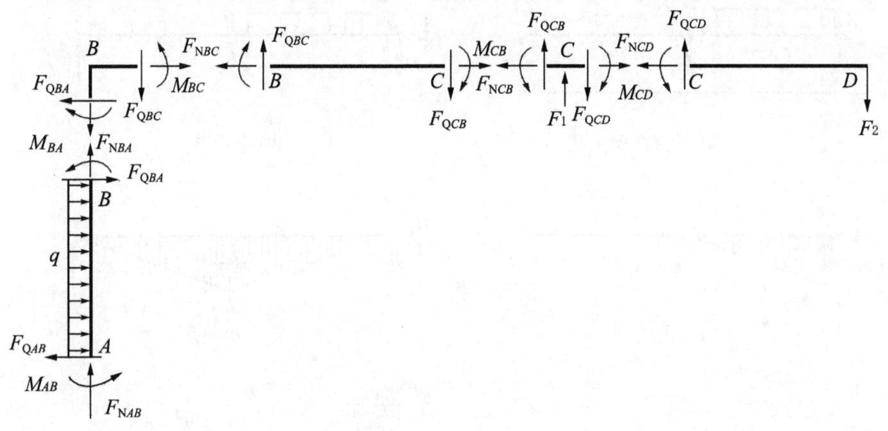

图 5-9　例 5-1 图

结点 B　$\sum F_X = 0$,　$F_{NBC} = F_{QBA} = 0$

$\sum F_Y = 0$,　$F_{NBA} = -F_{QBC} = -(-0.162ql) = 0.162ql$

结点 C　$\sum F_X = 0$,　$F_{NCB} = F_{NCD} = F_{NBC} = 0$

由于各杆无轴向荷载,故各杆轴力分别为常量,最后轴力图如图 5-8(h)所示。

二、用力法计算超静定梁

例 5-2　试作图 5-10 所示两跨桥梁受均布荷载 q 作用下的弯矩图。

解　(1) 建立基本系。图 5-10 所示两跨桥梁的计算简图 5-11(a)是二次超静定连续梁,用解除约束法,解除支座 C 的连杆约束和支座 A 的抗弯约束(即把固定端切开后代以一个单铰)。基本系为单悬臂的简支梁。在基本系上作用多余约束力 F_1、F_2 和外荷载 q,如图 5-11(b)所示。

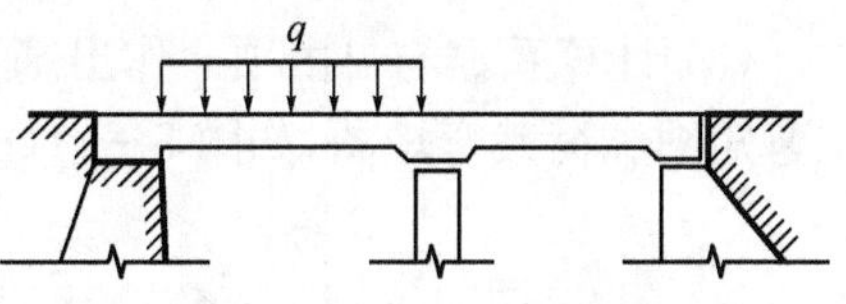

图 5-10　例 5-2 图(原结构图)

(2) 建立典型方程。基本系在 F_1、F_2 及 q 共同作用下,在解除约束处的位移条件应与原结构相同。即固定端 A 处没有转角,支座 C 处没有竖向位移,即 $\Delta_1 = 0$, $\Delta_2 = 0$ 。故典型方程为

$$\begin{cases} \Delta_1 = 0, \quad \delta_{11}F_1 + \delta_{12}F_2 + \Delta_{1F} = 0 \\ \Delta_2 = 0, \quad \delta_{21}F_1 + \delta_{22}F_2 + \Delta_{2F} = 0 \end{cases} \tag{a}$$

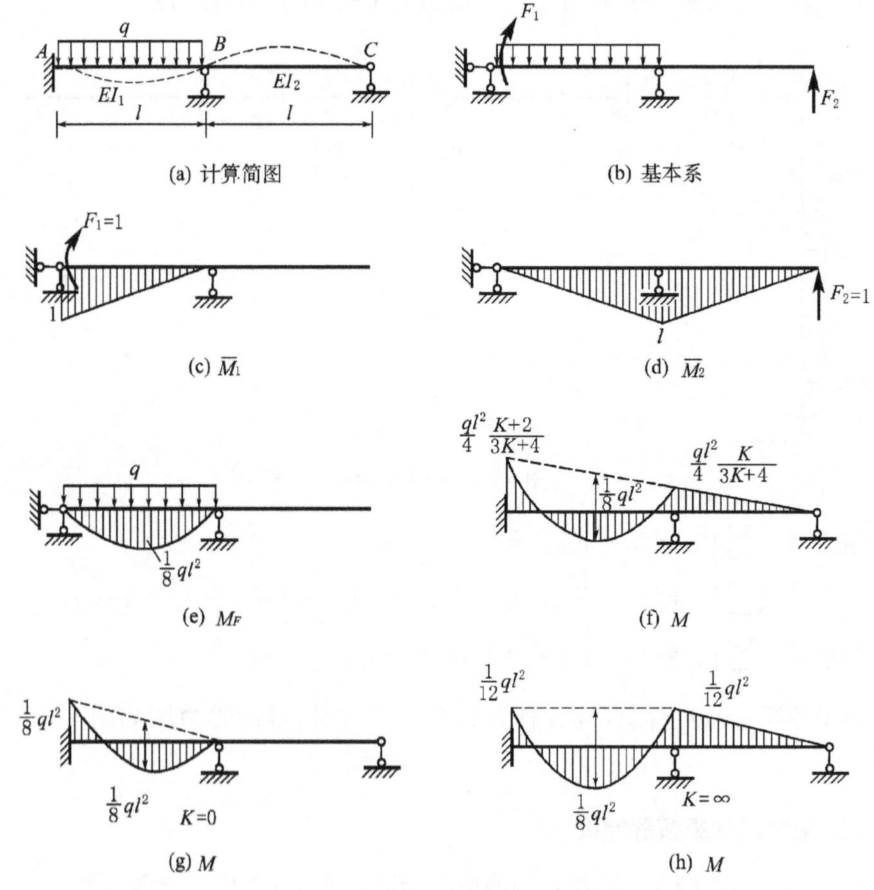

(a) 计算简图　(b) 基本系　(c) $\overline{M}_1$　(d) $\overline{M}_2$　(e) M_F　(f) M　(g) M　(h) M

图 5-11　例 5-2 图

(3) 计算系数与自由项。作出基本系在 $F_1=1$、$F_2=1$ 及 q 分别作用下的单位弯矩图和荷载弯矩图，如图 5-11(c)、(d)、(e)所示。用图乘法求得

$$\delta_{11}=\sum\int\frac{\overline{M}_1^2}{EI}\mathrm{d}x=\frac{1}{EI_1}\left(\frac{1}{2}\times1\times l\times\frac{2}{3}\right)=\frac{l}{3EI_1}$$

$$\begin{aligned}\delta_{22}&=\sum\int\frac{\overline{M}_2^2}{EI}\mathrm{d}x\\&=\frac{1}{EI_1}\left(\frac{1}{2}\times l\times l\times\frac{2}{3}l\right)+\frac{1}{EI_2}\left(\frac{l}{2}\times l\times\frac{2}{3}l\right)\\&=\frac{l^3}{3EI_1}\left(1+\frac{I_1}{I_2}\right)\end{aligned}$$

$$\delta_{12}=\delta_{21}=\sum\int\frac{\overline{M}_1\overline{M}_2}{EI}\mathrm{d}x=\frac{1}{EI_1}\left(\frac{1}{2}\times1\times l\times\frac{l}{3}\right)=\frac{l^2}{6EI_1}$$

$$\Delta_{1F}=\sum\int\frac{\overline{M}_1M_F}{EI}\mathrm{d}x=\frac{1}{EI_1}\left(\frac{2}{3}\times\frac{ql^2}{8}\times l\times\frac{1}{2}\right)=\frac{ql^3}{24EI_1}$$

$$\Delta_{2F}=\sum\int\frac{\overline{M}_2M_F}{EI}\mathrm{d}x=\frac{1}{EI_1}\left(\frac{2}{3}\times\frac{ql^2}{8}\times l\times\frac{l}{2}\right)=\frac{ql^4}{24EI_1}$$

将系数与自由项代入式(a)，整理后得

$$\begin{cases}\dfrac{1}{3EI_1}F_1+\dfrac{l}{6EI_1}F_2+\dfrac{ql^2}{24EI_1}=0\\[2ex]\dfrac{l}{6EI_1}F_1+\dfrac{l^2}{3EI_1}\left(\dfrac{I_1}{I_2}+1\right)F_2+\dfrac{ql^3}{24EI_1}=0\end{cases}\tag{b}$$

(4) 解典型方程，求基本未知量。设 $K=\dfrac{I_2}{I_1}$ 代入式(b)中，解得

$$F_1=-\frac{ql^2}{4}\frac{K+2}{3K+4},\qquad F_2=-\frac{ql}{4}\frac{K}{3K+4}$$

负号表示 F_1、F_2 的实际方向与图中假设的方向相反。

(5) 作内力图。最后弯矩图 $M=\overline{M}_1F_1+\overline{M}_2F_2+M_F$

利用叠加法绘弯矩图时先找出 A、B、C 三个控制点的数值。

$$M_{AB}=F_1=-\frac{ql^2}{4}\frac{K+2}{3K+4}$$

$$M_{BA}=M_{BC}=l\times F_2=-\frac{ql^2}{4}\frac{K}{3K+4}$$

$$M_{CB}=0$$

由于 AB 跨有匀布荷载 q，弯矩图叠加后为抛物线；BC 跨无荷载，弯矩图为直线。最后 M 图如图 5-11(f)所示。

(6) 讨论。最后弯矩图随 $K=I_2/I_1$ 的变化而变化，即随着两跨梁的刚度比值 K 而变化。这里再一次说明在荷载作用下，弯矩图只与各杆刚度的相对比值有关，而与绝对值无关。

若 $K=0$，即 BC 跨的刚度相对 AB 跨的刚度小得多，极端情况为零，杆端弯矩的表达式为

$$M_{AB}=-\frac{ql^2}{8},\quad M_{BA}=M_{BC}=M_{CB}=0$$

则弯矩图如图 5-11(g)所示。从图中看出，BC 跨的弯矩全部为零，即原连续梁结构相当于一端固定，一端铰支的单跨超静定梁。

若 $K=\infty$，即 BC 跨的刚度相对 AB 跨的刚度大得多，极端情况为无穷刚。杆端弯矩的表达式为

$$M_{AB}=-\frac{ql^2}{12},\quad M_{BA}=-\frac{ql^2}{12},\quad M_{BC}=-\frac{ql^2}{12},\quad M_{CB}=0$$

则弯矩图如图 5-11(h)所示。从图中看出,AB 跨的弯矩相当于两端固定的单跨超静定梁,BC 跨起着固定端的作用。注意:BC 跨这时虽不变形,但有弯矩。

三、用力法计算超静定桁架

例 5-3 试求图 5-12(a)所示桁架的内力。

解 (1) 建立基本系。由解除约束法判定此桁架为内部一次超静定结构。解除一根内部桁杆,成为静定型式。切断杆 CD,取图 5-12(b)为其基本系,则杆 CD 的内力 F_1 为基本未知量。

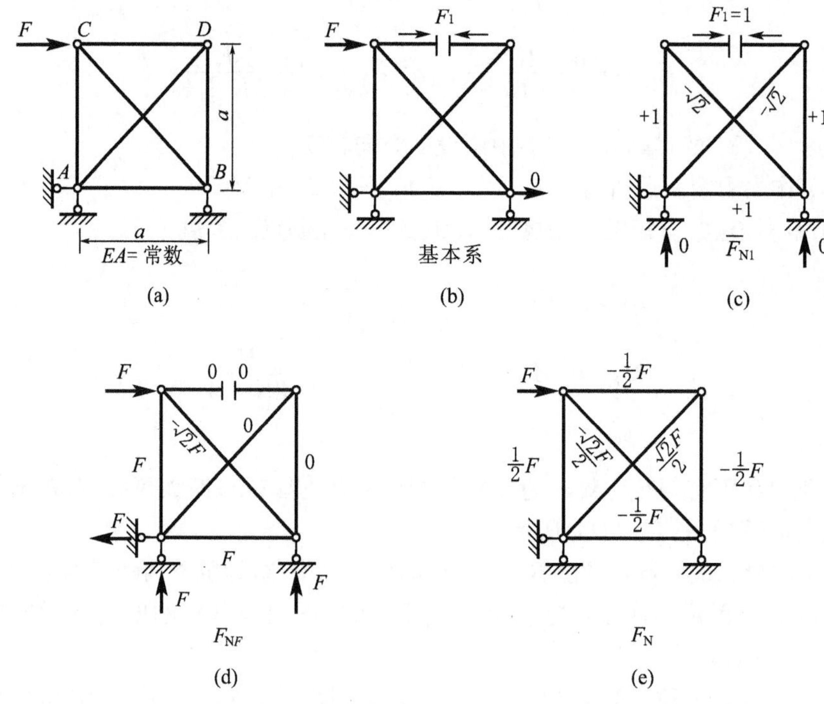

图 5-12 例 5-3 图

(2) 建立典型方程。

$$\Delta_1=0,\quad \delta_{11}F_1+\Delta_{1F}=0$$

(3) 计算系数与自由项。作 $\overline{F}_{N1}$ 与 F_{NF} 图,如图 5-12(c)、(d)所示,则

$$\delta_{11}=\sum_{1}^{6}\frac{\overline{F}_{N1}^{2}}{EA}a$$

$$= 4 \times \frac{1 \times 1 \times a}{EA} + 2 \times \frac{(-\sqrt{2}) \times (-\sqrt{2}) \times \sqrt{2} \times a}{EA}$$

$$= \frac{4(1+\sqrt{2})}{EA} a$$

（解除约束的杆 CD 应计算在内）

$$\Delta_{1F} = \sum_{1}^{6} \frac{\overline{F}_{N1} F_{NF}}{EA} \times a$$

$$= 2 \times \frac{1 \times F}{EA} a + \frac{(-\sqrt{2}) \times (-\sqrt{2}F)}{EA} \sqrt{2} a$$

$$= \frac{2(1+\sqrt{2})}{EA} F a$$

（4）作内力图。求解典型方程有

$$F_1 = -\frac{\Delta_{1F}}{\delta_{11}} = -\frac{2(1+\sqrt{2}) F a}{EA} \times \frac{EA}{4(1+\sqrt{2}) a} = -\frac{F}{2}$$

最后内力按 $F_N = \overline{F}_{N1} F_1 + F_{NF}$ 叠加计算 可得出最后轴力图如图5－12(e)所示。

四、用力法计算超静定组合结构

组合结构或称构架，多用于临时建筑物（如施工便桥、模板支撑）和厂房吊车梁等之中。它的桁架是为了加强梁，其作用等于在梁中间加上一些支座，以减少梁的内力，因而这种结构也叫加劲梁。

例 5－4　求图 5－13(a)超静定组合结构（加劲梁）的内力。图中长度单位为 m，力的单位为 kN。

解　此为一次超静定结构，将下面的水平拉杆切开作为基本系，如图5－13(b)所示。

对于组合结构，在计算系数和自由项时，受弯杆一般只计弯矩项，拉压杆只有轴力项，故需作出 $\overline{M}_1$、$\overline{F}_{N1}$、M_F 和 F_{NF} 图。为了节省篇幅，把弯矩与轴力数值绘注在同一图上，如图 5－13(c)、(d)所示。

于是，得

$$\delta_{11} = \sum \frac{\overline{F}_{N1} \overline{F}_{N1} l_i}{E_i A_i} + \sum \frac{\Omega_{\overline{M}} y_C}{E_i I_i}$$

$$= 2 \times \frac{1.12 \times 1.12 \times 2.24}{E_1 A_1} + \frac{1 \times 1 \times 2}{E_1 A_1} + 2 \times \frac{(-0.5)(-0.5) \times 1}{E_1 A_1} +$$

$$2 \times \frac{1}{3} \times 1 \times 1 \times 2 \times \frac{1}{E_2 I_2} + 1 \times 1 \times 2 \times \frac{1}{E_2 I_2}$$

$$= \frac{8.12}{E_1 A_1} + \frac{3.33}{E_2 I_2}$$

$$\Delta_{1F} = \sum \frac{\overline{F}_{N1} F_{NF} l_i}{E_i A_i} + \sum \frac{\Omega_{MF} y_C}{E_i I_i}$$

$$= 0 - 2 \times \frac{1}{3} \times 10 \times 0.5 \times 1 \times \frac{1}{E_2 I_2} - 2 \times \frac{0.5+1}{2} \times 1 \times 10 \times \frac{1}{E_2 I_2} - 10 \times 1 \times 2 \times \frac{1}{E_2 I_2} = -\frac{38.33}{E_2 I_2}$$

$$F_1 = -\frac{\Delta_{1F}}{\delta_{11}} = \frac{\frac{38.33}{E_2 I_2}}{\frac{8.12}{E_1 A_1} + \frac{3.33}{E_2 I_2}} = \frac{38.33}{\frac{E_2 I_2}{E_1 A_1} \times 8.12 + 3.33}$$

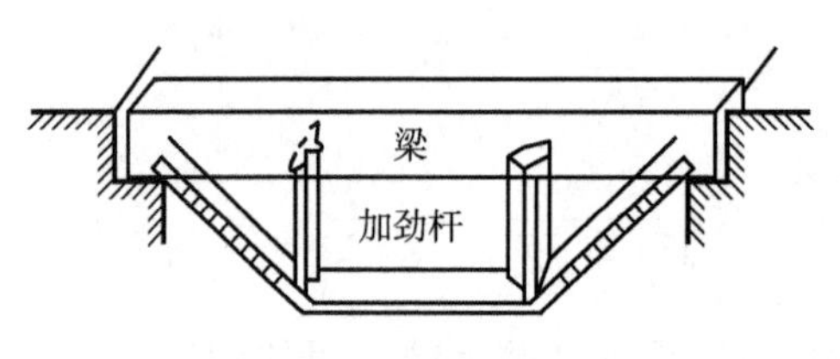

原结构(加劲梁)

(a) 计算简图

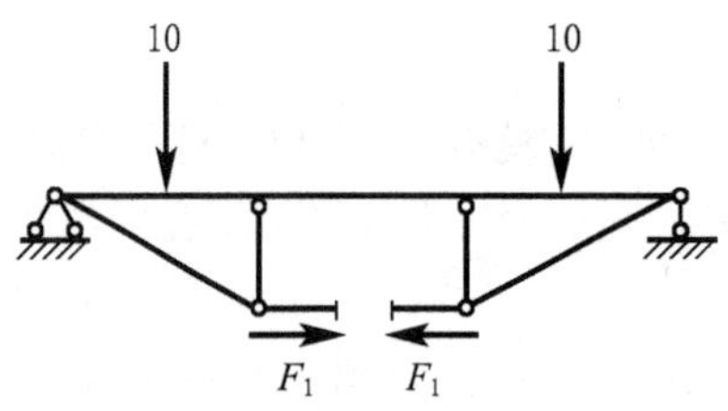
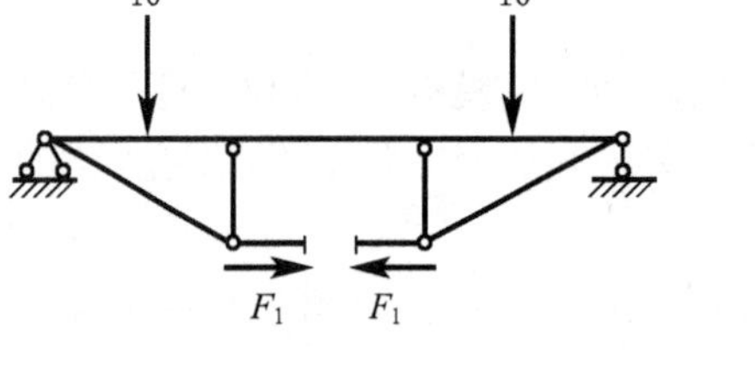

(b)

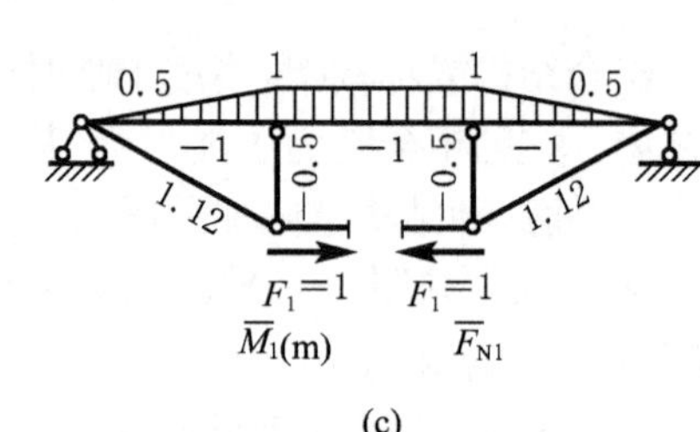

(c)

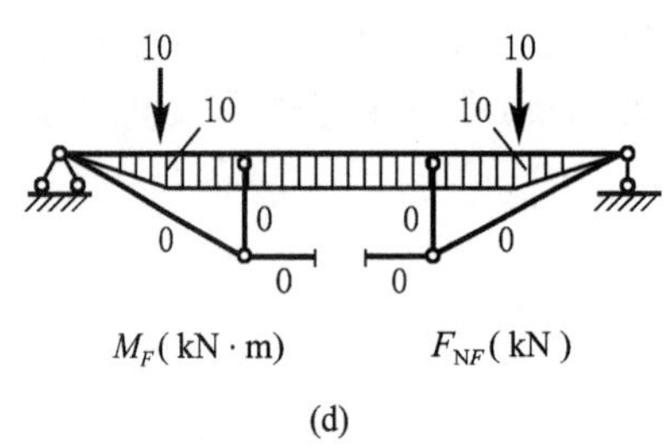

(d)

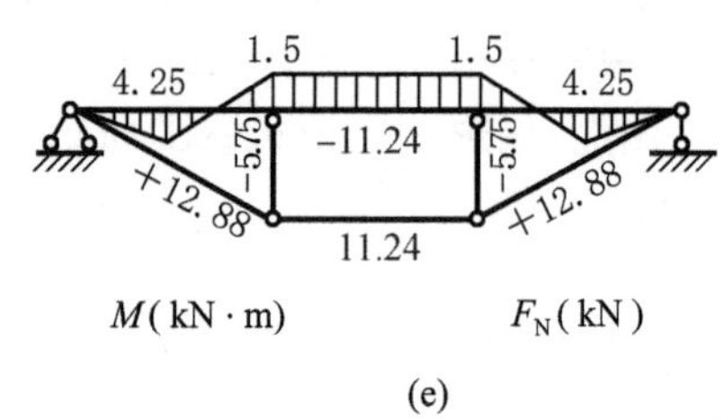

(e)

图 5-13 例 5-4 图

由上式可以看出,多余约束力与$\frac{E_2 I_2}{E_1 A_1}$的相对值有关,与它们的绝对值无关。

若加劲杆截面很小，$\frac{E_2I_2}{E_1A_1}$很大，则加劲杆起的作用很小。横梁弯矩接近跨度为6 m的简支梁的弯矩，如图 5－12(d)所示。相反，加劲杆截面很大，$\frac{E_2I_2}{E_1A_1}$很小，则加劲杆起的作用很大，横梁弯矩接近刚性支座三跨连续梁的弯矩。例如，当 $\frac{E_2I_2}{E_1A_1}=1.026\times10^{-2}$ 时，$F_1\approx11.24\,\text{kN}$，横梁内力如图5－13(e)所示。横梁最大弯矩由于加劲杆的支承减少了 57.5%。

五、用力法计算铰结排架

例 5－5　求图 5－14 某码头仓库横向铰结排架在牛腿处受 $F_T=1\,\text{kN}$ 水平力时的内力并绘内力图。图 5－14(a)中长度单位为 m。

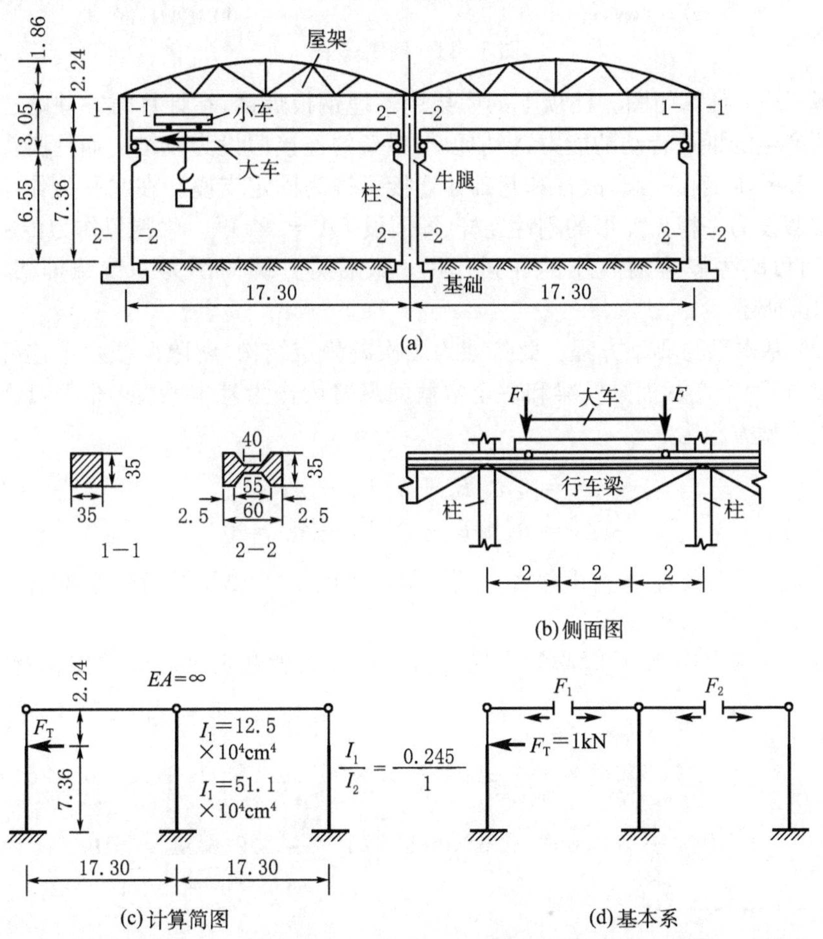

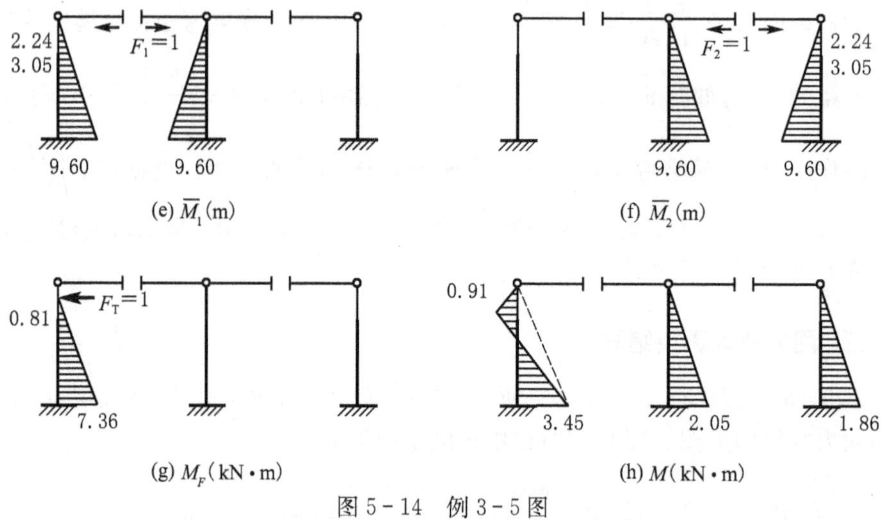

图 5-14　例 3-5 图

解　(1) 计算简图。柱顶上的屋架用预埋钢板焊接,在计算时往往略去由于焊接而产生的抵抗转动的能力,将柱顶与屋架的连接假设为铰结。而柱脚深插入基础并和基础浇在一起,故柱和基础的连接可视为固定支座。在水平力作用下可将屋架假设为一根无变形的刚性连杆(即假设 $EA=\infty$)①。牛腿只作为传递荷载之用,可以略去厚度对柱子的加强作用。最后得计算简图为一铰结排架,如图 5-14(c)所示。

(2) 基本系与典型方程。此排架为二次超静定结构,解除两根水平连杆的轴向约束,得两个变截面悬臂梁和一个常截面悬臂梁作为基本系,如图 5-14(d)所示。则典型方程为

$$\begin{cases}\Delta_1=0,\delta_{11}F_1+\delta_{12}F_2+\Delta_{1F}=0\\ \Delta_2=0,\delta_{21}F_1+\delta_{22}F_2+\Delta_{2F}=0\end{cases}\tag{a}$$

(3) 计算系数 δ_{ki} 及自由项 Δ_{kF}。作单位弯矩图 $\overline{M}_1$、$\overline{M}_2$ 及荷载弯矩图 M_F,如图 5-14(e)、(f)、(g)所示。

对于变截面杆,图乘时必须分段进行。计算系数和自由项时采用相对刚度。则有

$$\delta_{11}=\delta_{22}=\frac{1}{3}\times3.05^3\times\frac{1}{0.245}+\left[\frac{1}{3}\times3.05^2\times6.55+\frac{1}{3}\times9.6^2\times6.55+2\times\frac{1}{6}\times3.05\times9.6\times6.55\right]\Big/1+\frac{1}{3}\times9.6^3/1=619$$

① 对刚度小的屋架(如下弦为圆钢或角钢,上弦为混凝土的组合屋架),这个假定会带来较大的误差,必要时应考虑连杆的轴向变形。

$$\delta_{12}=\delta_{21}=-\frac{1}{3}\times 9.6^3/1=-295$$

$$\Delta_{1F}=\left[\frac{1}{3}\times 3.05\times 0.81^2+\frac{1}{6}\times 2.24\times 0.81^2\right]\times\frac{1}{0.245}+\left[\frac{1}{3}\times 3.05\times 0.81\times 6.55+\frac{1}{3}\times 9.6\times 7.36\times 6.55+\frac{1}{6}\times 3.05\times 7.36\times 6.55+\frac{1}{6}\times 9.6\times 0.81\times 6.55\right]\Big/1=196$$

$$\Delta_{2F}=0$$

(4) 求解多余约束力。将 δ_{11}，δ_{12}，δ_{21}，δ_{22}，Δ_{1F}，Δ_{2F}代入典型方程(a)并求解

$$\left.\begin{aligned}619F_1-295F_2+196=0\\-295F_1+619F_2+0=0\end{aligned}\right\}\tag{b}$$

得　　　　$F_1=-0.408\ \mathrm{kN}$，　$F_2=-0.192\ \mathrm{kN}$

(5) 内力图。根据内力叠加公式得原结构弯矩图,如图 5-14(h)所示。若排架承受其他荷载,其计算方法相同,不再赘述。

六、力法计算超静定二铰拱

超静定拱(statically indeterminate arches)在土建、水利工程中得到广泛的应用。拱式屋架及拱桥见图 5-15(a),连拱坝或连拱挡土墙见图 5-15(b),隧洞及输水涵洞见图 5-15(c),拱坝见图 5-15(d)。

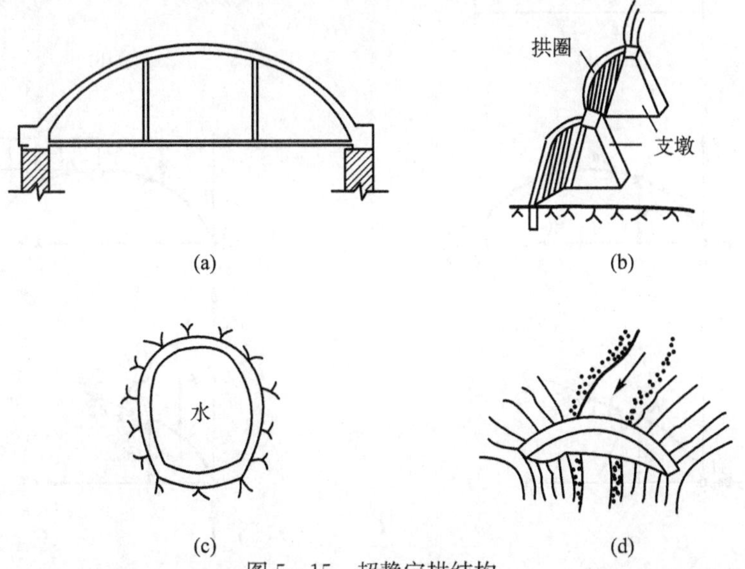

图 5-15　超静定拱结构

超静定拱的内力除与材料及截面变化有关外,还与轴线的形状有关,因此在计算中要预先选定拱轴线线形。对于理想的合理拱轴线,各截面的弯矩为零,只有轴力,这时拱轴线与压力线完全重合。对于超静定拱,这是不易做到的。因为在超静定拱中,只有当各截面的内力都计算出后才能求出压力线,而前者又与后者有关。因此只能采取反复计算,逐步修改的办法,使两者逐步接近。

拱轴线的选择应尽量使弯矩减小,以轴向压力为主。对于用抗拉性能很差的砖、石等材料建造的拱,压力线应在各截面的核心范围以内。

超静定拱多为**两铰拱**(two-hinged arches)和**无铰拱**(fixed arches)。拱轴线的形状有抛物线、悬链线、圆弧线、椭圆线及多心圆弧线等。

两铰拱是一次超静定结构。用力法计算时,以支座处的水平约束力为基本未知量,基本系为简支曲梁,如图 5-16(b)所示。力法的典型方程为

$$\delta_{11}F_1+\Delta_{1F}=0$$

因为基本系为简支曲梁,要用积分法计算系数和自由项。为此列出单位多余约束力及外荷载作用下基本系上任一截面的内力方程。受力图如图 5-16(c)、(d)所示。

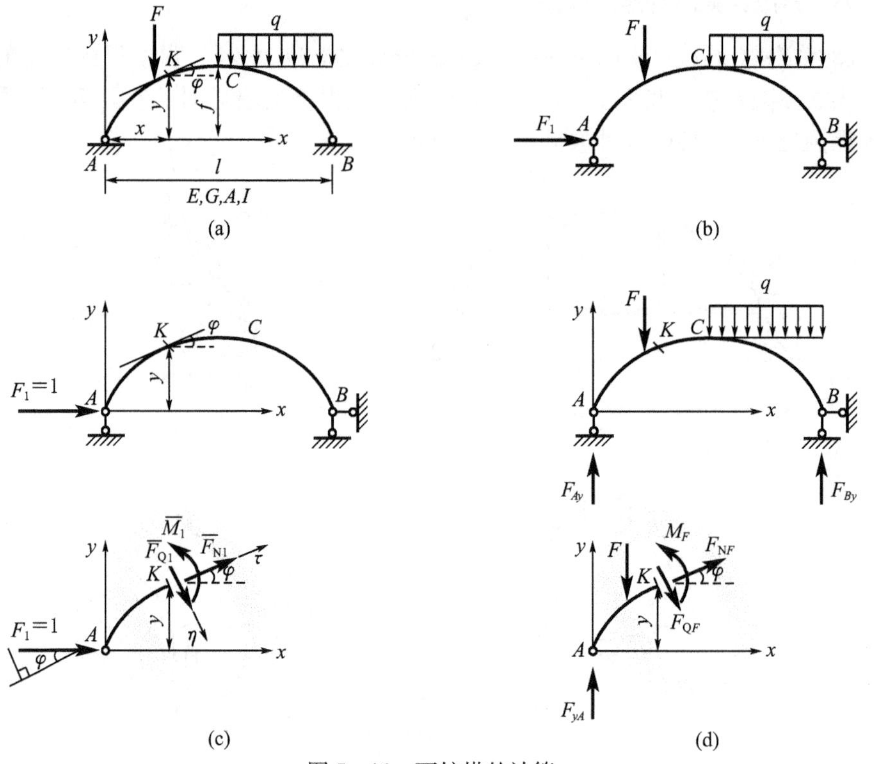

图 5-16　两铰拱的计算

当 $F_1=1$ 作用时,由平衡条件得

$$\begin{cases}\sum M=0, & \overline{M}_1=-y\\ \sum \eta=0, & \overline{F}_{Q1}=-\sin\varphi\\ \sum \tau=0, & \overline{F}_{N1}=-\cos\varphi\end{cases} \tag{a}$$

当外荷载作用时,如图 5-16(d)所示,同样用平衡条件可得

$$M_F=M_F^0,\qquad F_{QF}=F_{QF}^0\cos\varphi,\qquad F_{NF}=-F_{QF}^0\sin\varphi \tag{b}$$

式(b)中 M_F^0、F_{QF}^0 为相同跨度、相同荷载简支直梁上同一截面的弯矩、剪力。

根据式(a)和(b)计算 δ_{11} 与 Δ_{1F}

$$\begin{aligned}\delta_{11}&=\int\frac{\overline{M}_1^2}{EI}\,ds+\int\lambda\frac{\overline{F}_{Q1}^2}{GA}\,ds+\int\frac{\overline{F}_{N1}^2}{EA}\,ds\\&=\int\frac{y^2}{EI}\,ds+\int\lambda\frac{\sin^2\varphi}{GA}\,ds+\int\frac{\cos^2\varphi}{EA}\,ds\end{aligned} \tag{c}$$

$$\begin{aligned}\Delta_{1F}&=\int\frac{\overline{M}_1M_F}{EI}\,ds+\int\lambda\frac{\overline{F}_{Q1}F_{QF}}{GA}\,ds+\int\frac{\overline{F}_{N1}F_{NF}}{EA}\,ds\\&=\int\frac{(-y)\times M_F^0}{EI}\,ds+\int\lambda\frac{(-\sin\varphi)F_{QF}^0\times\cos\varphi}{GA}\,ds+\\&\quad\int\frac{(-\cos\varphi)(-F_{QF}^0\times\sin\varphi)}{EA}\,ds\end{aligned} \tag{d}$$

对通常的二铰拱,Δ_{1F} 中只需考虑弯矩项,而 δ_{11} 中有时还需考虑轴力项的影响(如矢跨比 $\dfrac{f}{l}<\dfrac{1}{5}$ 及拱顶厚度与跨度比 $\dfrac{h_C}{l}<\dfrac{1}{10}$ 时),则

$$F_1=F_H=-\frac{\Delta_{1F}}{\delta_{11}}=\frac{\int yM_F^0\dfrac{1}{EI}\,ds}{\int\dfrac{y^2}{EI}\,ds+\int\dfrac{\cos^2\varphi}{EA}\,ds} \tag{e}$$

最后内力由叠加原理得

$$\begin{cases}M=\overline{M}_1F_1+M_F=M_F^0-F_H\times y\\ F_Q=\overline{F}_{Q1}F_1+F_{QF}=F_{QF}^0\cos\varphi-F_H\sin\varphi\\ F_N=\overline{F}_{N1}F_1+F_{NF}=-(F_{QF}^0\sin\varphi+F_H\cos\varphi)\end{cases} \tag{f}$$

该表达式与静定三铰拱的内力表达式相同,说明两铰拱的受力特性与三铰拱基本相同,唯有两铰拱之拱顶无铰,该处的弯矩不为零,并且两铰拱的水平推力 F_H 是根据平衡条件和位移条件求得的,而三铰拱的水平推力 F_H 仅由平衡条件就可

求得。

当地基或支座承受水平推力的能力很差时,例如支承在墙柱上的屋盖结构或水闸的闸门结构,可采用有拉杆的二铰拱,用内部的拉杆代替外部的水平连杆,如图 5-17(a)所示。拉杆起水平支撑的作用,拉杆内力为拉力。有拉杆时二铰拱的基本系如图 5-17(b)所示,未知力的计算式为

$$F_1 = F_H = -\frac{\Delta_{1F}}{\delta_{11}} = \frac{\int y M_F^0 \frac{1}{EI} \mathrm{d}s}{\int \frac{y^2}{EI} \mathrm{d}s + \int \frac{\cos^2 \varphi}{EA} \mathrm{d}s + \frac{l}{E_1 A_1}} \tag{g}$$

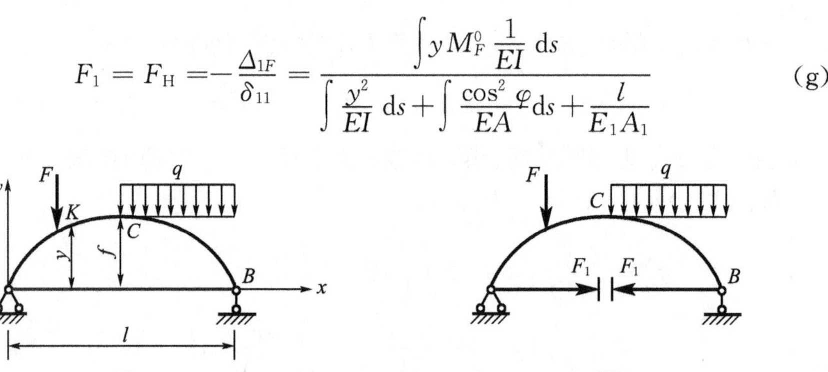

图 5-17 带拉杆的二铰拱

式(g)与式(e)相对照,分母中多了一项$\frac{l}{E_1 A_1}$,该项表示拉杆的变形对位移的影响。E_1 为拉杆材料弹性模量,A_1 为拉杆截面面积。

从 F_H 的表达式可得到,当拉杆的刚度 $E_1 A_1$ 为无穷大时,即拉杆不变形,拉杆的作用与刚性支座连杆完全相同。若拉杆很柔软,甚至不起作用,即 $E_1 A_1 = 0$,则 $F_H = 0$,没有水平推力。则二铰拱就与简支曲梁相同。

例 5-6 求图 5-18(a)所示两铰拱的内力。设拱轴线为 $y = \frac{4f}{l^2} x(l - x)$,$l = 30\ \mathrm{m}$,$f = 5\ \mathrm{m}$,$h_C = 0.5\ \mathrm{m}$。$EI$ 与 EA 均为常数。

解 因为矢跨比 $\frac{f}{l} = \frac{5}{30} = \frac{1}{6} < \frac{1}{5}$,拱顶厚度与跨度比 $\frac{h_C}{l} = \frac{0.5}{30} < \frac{1}{10}$,故可用式(e)计算,并近似地取 $\cos \varphi \approx 1$,$\mathrm{d}s \approx \mathrm{d}x$,于是水平推力式简化为

$$F_H = \frac{\int_s \frac{y M_F^0}{EI} \mathrm{d}s}{\int_s \frac{y^2}{EI} \mathrm{d}s + \int_s \frac{\cos^2 \varphi}{EA} \mathrm{d}s} = \frac{\int_l y M_F^0 \mathrm{d}x}{\int_l y^2 \mathrm{d}x + \frac{h_C^2}{12} \int_l \mathrm{d}x}$$

(1) 建立荷载作用下的内力方程。如图 5-18(b)所示,利用对称性只考虑半跨

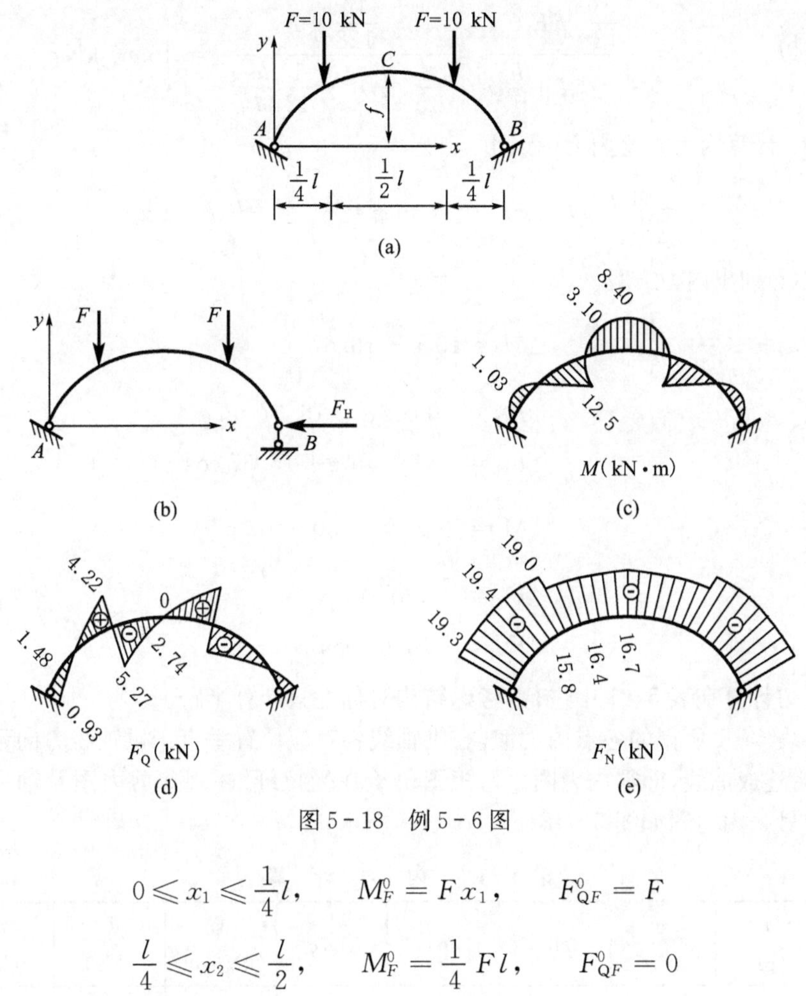

图 5-18　例 5-6 图

$$0 \leqslant x_1 \leqslant \frac{1}{4}l, \qquad M_F^0 = F x_1, \qquad F_{QF}^0 = F$$

$$\frac{l}{4} \leqslant x_2 \leqslant \frac{l}{2}, \qquad M_F^0 = \frac{1}{4}Fl, \qquad F_{QF}^0 = 0$$

（2）计算水平推力 F_H。因为

$$\int_l y^2 \, dx = \left(\frac{4f}{l^2}\right)^2 \int_0^l (lx - x^2)^2 dx = \frac{8f^2}{15}l, \qquad \frac{h_C^2}{12}\int_l dx = \frac{h_C^2}{12}l$$

$$\begin{aligned}\int_l y M_F^0 \, dx &= 2\,\frac{4f}{l^2}\left[\int_0^{l/4}(lx_1 - x_1^2)(Fx_1)\,dx_1 + \int_{l/4}^{l/2}(lx_2 - x_2^2)\left(\frac{1}{4}Fl\right)dx_2\right] \\ &= \frac{8fF}{l^2}\left[\int_0^{l/4}(lx_1^2 - x_1^3)\,dx_1 + \frac{l}{4}\int_{l/4}^{l/2}(lx_2 - x_2^2)\,dx_2\right] \\ &= \frac{19}{128}fFl^2\end{aligned}$$

所以
$$F_H=\frac{\frac{19}{128}fFl^2}{\frac{8}{15}f^2l+\frac{h_C^2}{12}l}=\frac{\frac{19}{128}\frac{f}{l}F}{\frac{8}{15}(\frac{f}{l})^2+\frac{1}{12}(\frac{h_C}{l})^2}=16.67\ \text{kN}$$

(3) 计算内力并绘内力图。由

$$y=\frac{4f}{l^2}x(l-x),\qquad \tan\varphi=y'=\frac{4f}{l^2}(l-2x)$$

根据式(f)列出内力方程。

$0\leqslant x\leqslant\frac{l}{4}$
$$M=10x-16.67y$$
$$F_Q=10\cos\varphi-16.67\sin\varphi$$
$$F_N=-(10\sin\varphi+16.67\cos\varphi)$$

$\frac{l}{4}\leqslant x\leqslant\frac{l}{2}$
$$M=\frac{1}{4}\times10\times30-16.67y$$
$$F_Q=16.67\sin\varphi$$
$$F_N=-16.67\cos\varphi$$

各点内力计算在表 5-1 中进行,考虑结构对称性只计算半跨。

将表 5-1 所得的各点内力值,在拱轴线各对应位置垂直于拱轴线方向量出纵距,然后连成曲线,即得内力图。弯矩图仍绘在受拉纤维一侧,剪力图及轴力图注明正负号。内力图如图 5-18(c)、(d)、(e)所示。

表 5-1　内 力 计 算

点号	x (m)	y (m)	$\tan\varphi$	$\sin\varphi$	$\cos\varphi$	M (kN·m)	F_Q (kN)	F_N (kN)
0	0	0	0.6667	0.5548	0.8320	0	−0.93	−19.32
1	3.75	2.187	0.5000	0.4475	0.8942	−1.03	1.48	−19.38
2	7.5	3.75	0.333	0.3159	0.9488	12.50	4.22 / −5.27	−18.98 / −15.82
3	11.25	4.687	0.1667	0.1644	0.9864	−3.10	−2.74	−16.44
4	15	5	0	0	1	−8.40	0	−16.67

七、力法求解支座移动与温度改变时超静定结构的内力

超静定结构在**支座移动**(support movement)和**温度改变**(temperature changes)等外来因素作用下将产生内力。用力法计算非荷载引起的内力与计算荷载作用下内力之区别,仅在于典型方程中自由项的求法不同。下面通过例题说明计算

过程并讨论两种情况的不同点。

1. 支座移动时的内力计算

例 5-7　图 5-19(a)所示为一等截面梁 AB，A 端为固定支座，B 端为滚轴支座。如果 A 支座转动 θ 角，B 支座下沉 a 距离，求梁中引起的内力。

解　此梁为一次超静定结构，切断 B 支座链杆得到基本系，如图 5-19(b)所示。注意，这里采用"切断"而不是"去掉"，就像对待桁架或组合结构中的多余约束杆件那样。因此，典型方程即为多余约束切口处的相对位移等于零。

$$\delta_{11}F_1 + \Delta_{1C} = 0$$

其中，Δ_{1C}表示基本系因支座移动所产生的切口处沿 F_1 方向的相对位移。Δ_{1C}可以根据基本系的刚体运动用几何法确定，也可用虚功法按下式计算：

$$\Delta_{1C} = -\sum \overline{F}_{Ri1}C_i$$

系数 δ_{11}的求法与荷载作用时相同，根据图 5-19(c)单位弯矩($\overline{M}_1$)图求得

$$\delta_{11} = \frac{l^3}{3EI}$$

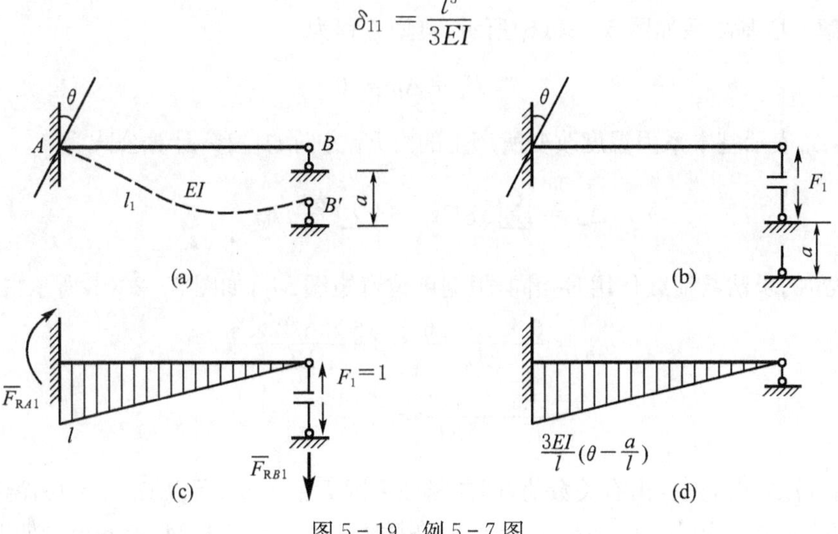

图 5-19　例 5-7 图

从 $\overline{M}_1$ 图中还可求得与已知支座移动相应的支座反力 $\overline{F}_{RB1} = -1$，$\overline{F}_{RA1} = l$(注意 $\overline{F}_{Ri1}$ 与支座移动同向为正)。

$$\Delta_{1C} = -\overline{F}_{RB1}a - \overline{F}_{RA1}\theta = -(-1)a - (l)\theta = a - l\theta$$

将 δ_{11} 和 Δ_{1C}代入典型方程，得

$$\frac{l^3}{3EI}F_1 + a - l\theta = 0$$

由此求得 $$F_1 = \frac{3EI}{l^2}\left(\theta - \frac{a}{l}\right)$$

因为支座移动不引起静定基本系的内力，故结构最后内力全是由多余约束力 F_1 所引起的，弯矩叠加公式为

$$M = \overline{M}_1 F_1$$

弯矩图如图 5-19(d) $\left(设\ \theta > \frac{a}{l}\right)$所示。

以上计算结果表明，**超静定结构在支座移动作用下的内力与各杆刚度的绝对值有关**(成正比)，在相同材料条件下，截面尺寸愈大，内力也愈大。计算中必须用刚度的绝对值。

2. 温度改变时的内力计算

例 5-8 图 5-20(a)所示刚架，设横梁上面升高 30℃，下面降低 10℃，竖柱均匀降低 10℃，线膨胀系数 $\alpha = 0.000\,01$，横梁高度为 $h = 0.8\ \mathrm{m}$，$EI_0 = 200\,000\ \mathrm{kN \cdot m^2}$，$EI_0/EI_1 = 2$，试作弯矩图。

解 取基本系如图 5-20(b)所示，典型方程为

$$\delta_{11} F_1 + \Delta_{1t} = 0$$

其中，Δ_{1t}表示基本系因温度改变所产生的沿 F_1 方向的位移，计算公式为

$$\Delta_{1t} = \sum \alpha t\, \Omega_{\overline{F}_{N1}} + \sum \frac{\alpha t'}{h} \Omega_{\overline{M}_1}$$

系数 δ_{11}的求法与荷载作用时相同，根据单位弯矩图 $\overline{M}_1$，如图 5-20(c)所示得

$$\delta_{11} = \frac{6 \times 10 \times 6}{EI_0} + 2\,\frac{6 \times 6/2 \times 4}{EI_1}$$
$$= \frac{360}{EI_0} + \frac{144}{EI_1} = \frac{648}{EI_0}$$

计算 Δ_{1t}时，先找出有关数值，即在竖柱中因 $\overline{F}_{N1} = 0$，所以 $\Omega_{\overline{F}_{N1}} = 0$；温度均匀变化，$t = -10\ ℃$，$t' = t_2 - t_1 = 0$。在横梁中 $\overline{F}_{N1} = -1$，$\overline{M}_1 = 6\ \mathrm{m}$，故

$$\Omega_{\overline{F}_{N1}} = -1 \times 10\ \mathrm{m}, \quad \Omega_{\overline{M}_1} = 6 \times 10 = 6\ \mathrm{m^2}$$

梁上下有温差，设横梁上缘温度($\overline{M}_1$ 受拉纤维一侧)为 t_2，下缘为 t_1，故

$$t = \frac{t_1 + t_2}{2} = \frac{-10 + 30}{2} = 10℃$$

$$t' = t_2 - t_1 = 30 - (-10) = 40℃$$

于是 $$\Delta_{1t} = -\alpha \times 10 \times 10 + \frac{\alpha \times 40}{0.8} \times 60 = 2\,900a$$

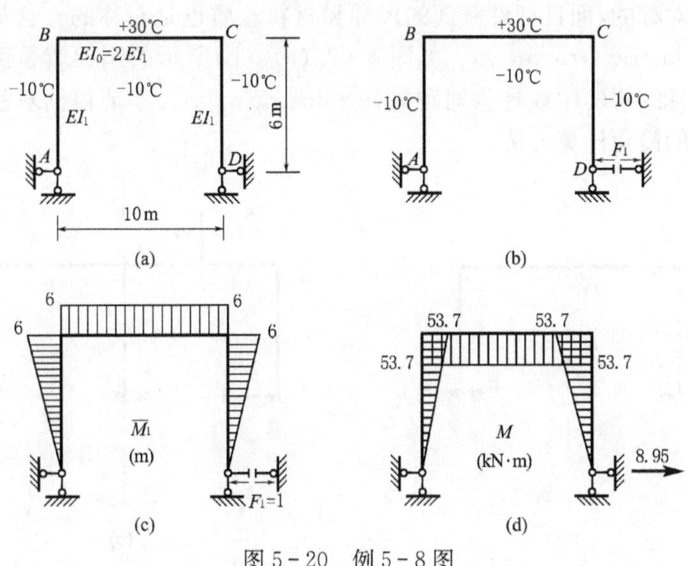

图 5-20　例 5-8 图

将系数及自由项代入典型方程

$$\frac{648}{EI_0}F_1 + 2\,900\alpha = 0$$

解得　$F_1 = -\dfrac{2\,900\,\alpha EI_0}{648} = -\dfrac{2\,900\times 0.000\,01\times 200\,000}{648}\text{kN} = -8.95\text{ kN}$

因为温度改变不引起静定基本系的内力，故结构最后内力全是由多余约束力 F_1 引起的，弯矩叠加公式为

$$M = \overline{M}_1 F_1$$

弯矩图如图 5-20(d)所示。

以上计算结果表明，超静定结构在温度改变作用下的内力与各杆刚度的绝对值有关(成正比)，计算中必须用刚度的绝对值。在给定的变温条件下，截面尺寸愈大，内力也愈大。所以为了改善结构在变温作用下的受力状态，加大截面尺寸并不是一个有效的途径。此外，当杆件有变温差时($t' \neq 0$)，弯矩图出现在降温边，即降温一边产生拉应力。因此，在钢筋混凝土结构中，要特别注意因降温可能出现裂缝的问题。

§5-5　力法简化计算——对称性利用

一、对称结构

在工程中常有这样一类结构，它们不仅在轴线两边所构成的几何图形和支承情况方面是对称的,而且杆件截面的尺寸和材料性质也是对称的。这类结构叫**对称结构**(symmetric structures)。如图 5-21(a)、(b)所示的刚架就是两个对称结构。平分对称结构的中线称为**对称轴**(symmetric axis)。本节根据对称结构的特点来研究它的简化计算方法。

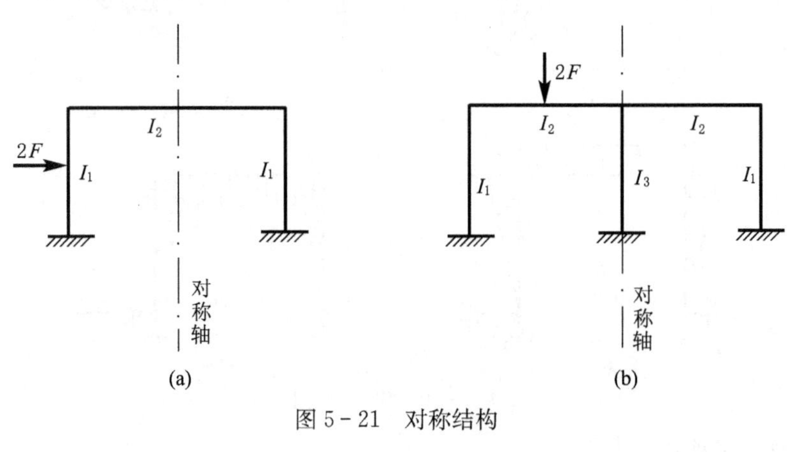

图 5-21　对称结构

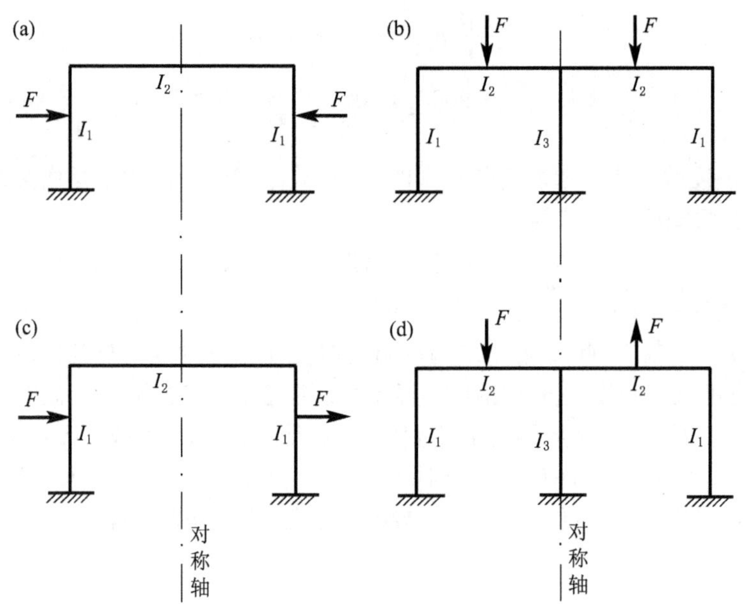

图 5-22　对称结构受对称荷载与反对称荷载

二、对称结构上的荷载

作用在对称结构上的荷载,有两种特殊的情况。如图 5-21 所示的对称刚架若将其中左侧部分或右侧部分绕对称轴转 180°,这时,左右侧两部分结构将重合。

如果左右侧两部分上所受的荷载也重合，且具有相同的大小和方向，如图 5-22(a)、(b)所示，则这种荷载叫做**对称荷载**(symmetric load)；如果左右侧两部分上所受的荷载虽然互相重合，且有相同的大小，但方向恰好相反，如图 5-22(c)、(d)所示，则这种荷载叫做**反对称荷载**(anti-symmetric load)。结构所受的一般荷载总可以分解为对称荷载和反对称荷载。例如图 5-21(a)所示荷载可以分解为图 5-22(a)和(c)两部分。

三、对称基本系

下面先说明对称结构在对称荷载作用下，内力和位移是对称的，在反对称荷载作用下内力和位移是反对称的。以图 5-23(a)所示结构为例，用力法计算时将刚架从 CD 的中点 K 处切开，并代以相应的多余约束力 F_1、F_2、F_3，如图 5-23(b)所示对称的基本系。因为原结构中 CD 杆是连续的，所以在 K 处左右两边的截面没有相对转动，也没有上下和左右的相对移动。据此位移条件，可写出力法典型方程如下：

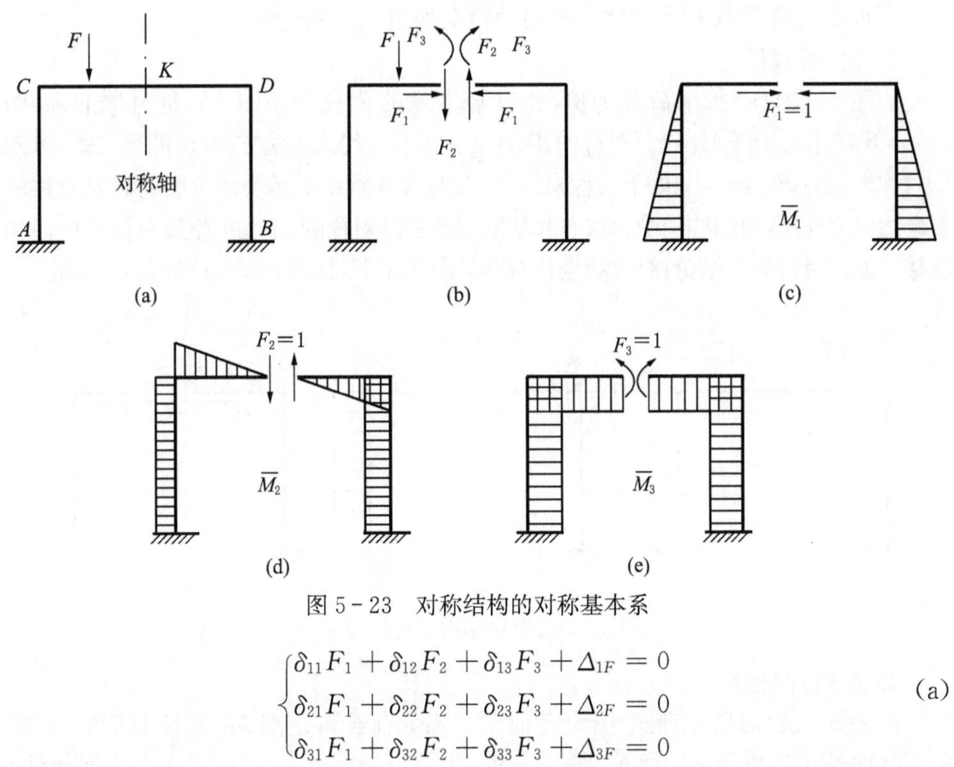

图 5-23　对称结构的对称基本系

$$\begin{cases}\delta_{11}F_1+\delta_{12}F_2+\delta_{13}F_3+\Delta_{1F}=0\\ \delta_{21}F_1+\delta_{22}F_2+\delta_{23}F_3+\Delta_{2F}=0\\ \delta_{31}F_1+\delta_{32}F_2+\delta_{33}F_3+\Delta_{3F}=0\end{cases}\qquad\text{(a)}$$

以上方程组的第一式表示基本系中切口两边截面沿水平方向的相对线位移应为零；第二式表示切口两边截面沿竖直方向的相对线位移应为零；第三式表示切口两

边截面的相对转角应为零。典型方程的系数和自由项都代表基本系中切口两边截面的相对位移,例如δ_{31}表示在$\overline{F}_1=1$单独作用下,基本系中切口两边截面的相对转角。

为了计算系数,分别绘出单位弯矩图,如图 5-23(c)、(d)、(e)所示。因为$\overline{F}_1$和$\overline{F}_3$是对称力,所以$\overline{M}_1$和$\overline{M}_3$图都是对称图形。因为$\overline{F}_2$是反对称力,所以$\overline{M}_2$图是反对称图形。按这些图形来计算系数时,其结果显然有

$$\delta_{12}=\delta_{21}=0$$

$$\delta_{23}=\delta_{32}=0$$

故力法典型方程变为

$$\begin{cases}\delta_{11}F_1+\delta_{13}F_3+\Delta_{1F}=0\\ \delta_{22}F_2+\Delta_{2F}=0\\ \delta_{31}F_1+\delta_{33}F_3+\Delta_{3F}=0\end{cases}\tag{b}$$

可见,方程被分成两组,一组只包含对称未知力F_1和F_3,另一组只包含反对称未知力F_2,可以分别解出,使计算得到简化。

下面就对称荷载和反对称荷载两种情况作进一步的讨论。

1. 对称荷载

以图 5-24(a)所示荷载为例,此时基本系的荷载弯矩图M_F是对称的,如图 5-24(b)所示。由于$\overline{M}_2$是反对称的,因此$\Delta_{2F}=0$。代入力法方程(b)的第二式,可知反对称未知力$F_2=0$,只剩下对称未知力,在对称基本系上承受对称的荷载及对称的多余约束力作用,故结构的受力状态和变形状态都是对称的,不会产生反对称的内力和位移。据此可得如下结论:对称结构在对称荷载作用下,其内力和位移都是对称的。

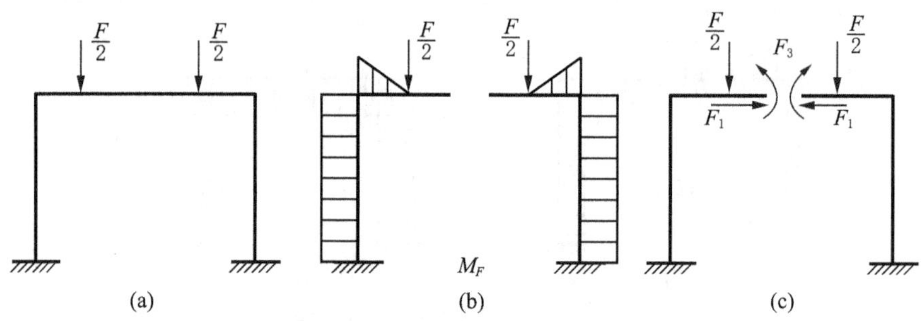

图 5-24 对称结构受对称荷载

2. 反对称荷载

以图 5-25(a)所示荷载为例,此时基本系的荷载弯矩图M_F是反对称的,如图 5-24(b)所示。由于$\overline{M}_1$和$\overline{M}_3$是对称的,因此$\Delta_{1F}=\Delta_{3F}=0$。代入力法方程(b)第一、三式,可知对称未知力$F_1=F_3=0$,只剩下反对称未知力。在对称基本系上承受反对称的荷载及反对称的多余约束力作用,结构的受力状态和变形状态都

是反对称的,不会产生对称的内力和位移。据此可得如下结论:对称结构在反对称荷载作用下,其内力和位移都是反对称的。

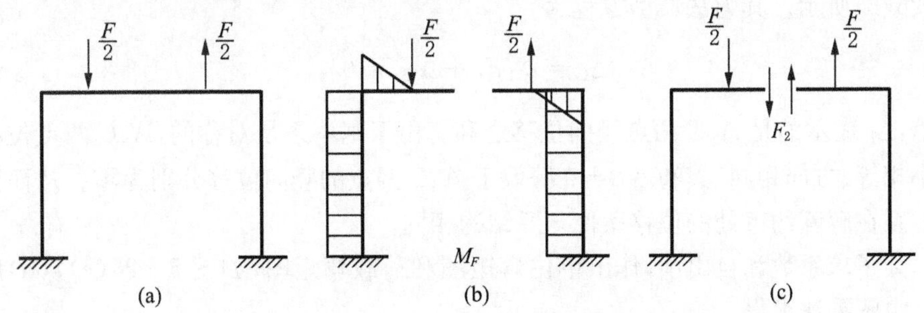

图 5-25 对称结构受反对称荷载

综上所述,利用结构的对称性可使力法计算得到简化。其主要做法如下。

(1) 在一般荷载作用下,取对称基本系(切开位于对称轴上的截面),选对称及反对称基本未知量,可使力法方程中某些副系数为零,使计算简化。

(2) 在对称荷载下,取对称基本系,只有对称基本未知量,如图 5-24(c)所示;在反对称荷载下,取对称基本系,只有反对称基本未知量,如图 5-25(c)所示。

(3) 一般荷载可分解为对称荷载和反对称荷载分别计算,再将结果叠加。在有些情况下这样可简化计算。

四、对称成组未知量

例 5-9 求作图 5-26(a)所示刚架的弯矩图。

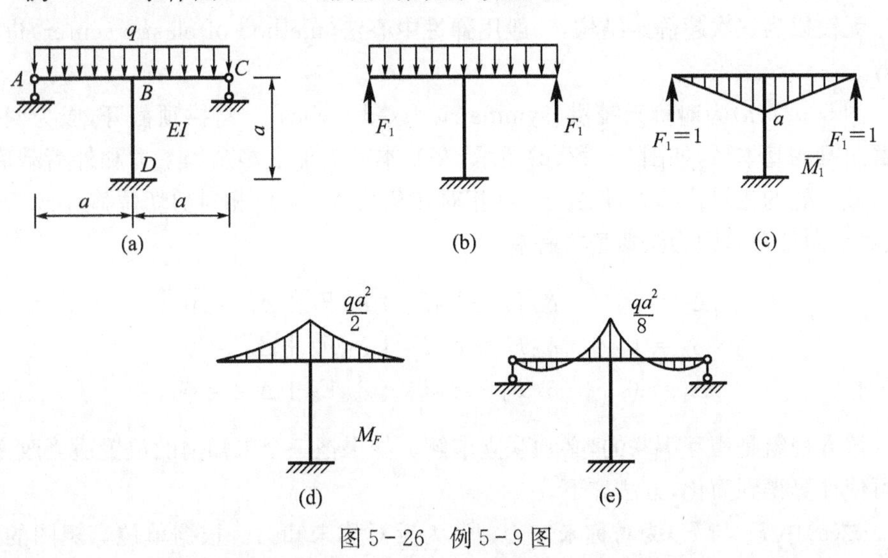

图 5-26 例 5-9 图

解 因为该结构为对称结构,受到对称荷载作用,支座 A、C 处的反力必对称(相等)。因此,取成组未知力 A、C 处的反力 F_1,得基本系和基本未知量,如图 5-26(b)所示。其力法典型方程为

$$\Delta_1 = \delta_{11}F_1 + \Delta_{1F} = 0$$

这里,Δ_1 表示的是 A、C 两点竖向位移之和。由于基本系是对称的,A、C 两点位移大小相等、方向相同,其和 $\Delta_1 = 0$ 等效于 A、C 两点的竖向位移分别为零。从而使基本系在解除约束处的位移条件与原结构相同。

为了求系数和自由项,作出单位弯矩图和荷载弯矩图,如图 5-26(c)、(d)所示。由图乘法求得

$$\delta_{11} = \frac{2}{EI}\left(\frac{1}{3}aaa\right) = \frac{2a^3}{3EI}$$

$$\Delta_{1F} = -\frac{2}{EI}\left(\frac{1}{4}a\frac{qa^2}{2}a\right) = -\frac{qa^4}{4EI}$$

代入方程解得

$$F_1 = -\frac{\Delta_{1F}}{\delta_{11}} = \frac{3}{8}qa$$

再根据叠加原理求作最后弯矩图,如图 5-26(e)所示。

五、对称性简化计算在无铰拱中的应用

无铰拱为三次超静定结构,一般用**弹性中心法**(method of elastic center)进行计算。

图 5-27(a)为**对称无铰拱**(symmetric fixed arches)。将拱顶截开,成为两个悬臂曲梁的基本系,如图 5-27(b)所示,在基本系上加上多余约束力和外荷载后,根据截口处的相对位移条件 $\Delta_1 = 0$(相对转角)、$\Delta_2 = 0$(相对剪切位移)、$\Delta_3 = 0$(相对轴向位移),则力法典型方程有

$$\begin{cases} \Delta_1 = 0, \quad \delta_{11}F_1 + \delta_{12}F_2 + \delta_{13}F_3 + \Delta_{1F} = 0 \\ \Delta_2 = 0, \quad \delta_{21}F_1 + \delta_{22}F_2 + \delta_{23}F_3 + \Delta_{2F} = 0 \\ \Delta_3 = 0, \quad \delta_{31}F_1 + \delta_{32}F_2 + \delta_{33}F_3 + \Delta_{3F} = 0 \end{cases} \tag{a}$$

该方程组是相互耦联的,必须联立求解。如果把三个未知力的位置适当改变,就可使计算得到简化,方法如下。

式(a)中 F_1 与 F_3 为对称未知力,F_2 为反对称未知力。根据单位弯矩图的对称性可知,$\overline{M}_1$、$\overline{M}_3$ 两图为对称,$\overline{M}_2$ 为反对称。则

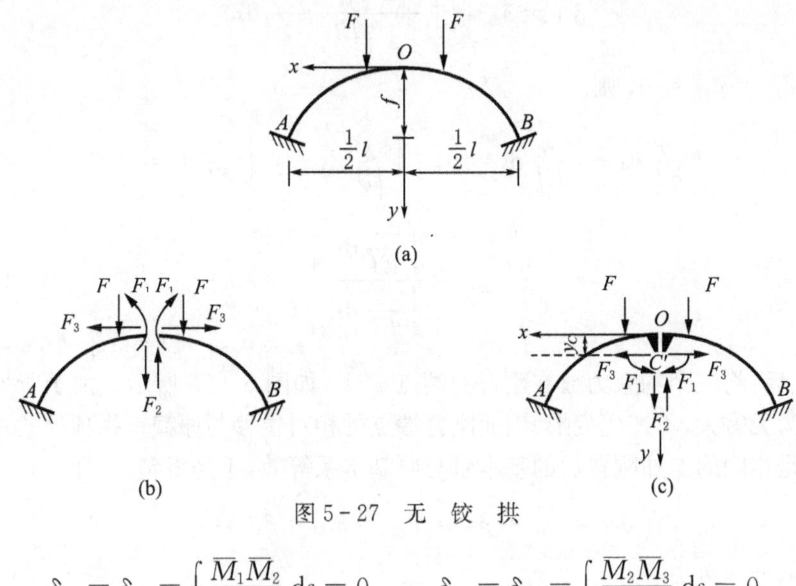

图 5-27　无 铰 拱

$$\delta_{12}=\delta_{21}=\int\frac{\overline{M}_1\overline{M}_2}{EI}\,\mathrm{d}s=0,\qquad \delta_{23}=\delta_{32}=\int\frac{\overline{M}_2\overline{M}_3}{EI}\,\mathrm{d}s=0$$

假设能求得 $\delta_{13}=\delta_{31}=0$，则方程(a)就可简化为三个独立的一元一次方程，避免了求解联立方程组而使计算得以简化。

因为 $\delta_{13}=\delta_{31}$ 的表达式为

$$\delta_{13}=\delta_{31}=\int\frac{\overline{M}_1\overline{M}_3}{EI}\,\mathrm{d}s+\int\lambda\frac{\overline{F}_{Q1}\overline{F}_{Q3}}{GA}\,\mathrm{d}s+\int\frac{\overline{F}_{N1}\overline{F}_{N3}}{EA}\,\mathrm{d}s \tag{b}$$

由图 5-27(b)可得到

$$\begin{cases}\overline{M}_1=1, & \overline{F}_{Q1}=0, & \overline{F}_{N1}=0\\ \overline{M}_2=-x, & \overline{F}_{Q2}=\cos\varphi, & \overline{F}_{N2}=-\sin\varphi\\ \overline{M}_3=y, & \overline{F}_{Q3}=-\sin\varphi, & \overline{F}_{N3}=-\cos\varphi\end{cases} \tag{c}$$

将式(c)第一、第三行中的关系代入式(b)，得

$$\delta_{13}=\delta_{31}=\int\frac{\overline{M}_1\overline{M}_3}{EI}\,\mathrm{d}s=\int\frac{1\times y}{EI}\,\mathrm{d}s \tag{d}$$

在什么情况下 $\delta_{13}=\delta_{31}=0$ 呢？因 $\overline{M}_1=1$ 为常量，而 $\overline{M}_3=y$ 是可以改变的。现设想在截口处固定上一段刚度为无穷大的杆，长度为 y_C，称为**刚臂**(rigid arm)，如图 5-27(c)所示。把多余约束力 F_3 移到刚臂的端点 C'，这样在 C' 点上、下拱截面的弯矩 $\overline{M}_3$ 就产生正、负值符号不同的两个区域，即 $\overline{M}_3=(y-y_C)\times1$，把改变后的 $\overline{M}_3$ 代入式(d)，得

$$\delta_{13}=\delta_{31}=\int\frac{1\times(y-y_C)}{EI}\mathrm{d}s$$

令 $\delta_{13}=\delta_{31}=0$，则

$$\int\frac{y}{EI}\mathrm{d}s-\int\frac{y_C}{EI}\mathrm{d}s=0,\quad \int\frac{y}{EI}\mathrm{d}s-y_C\int\frac{1}{EI}\mathrm{d}s=0$$

得

$$y_C=\frac{\int\frac{y}{EI}\mathrm{d}s}{\int\frac{1}{EI}\mathrm{d}s}\tag{5-4}$$

求得 y_C 后，将三个约束力放在刚臂的端点 C' 上，如图 5－28 所示。由于所加刚臂的刚度为无穷大，不产生变形，因而刚臂端点的相对位移与原截口拱顶处的相对位移条件是相同的。加刚臂后的基本系与原基本系等效，于是得到

$$\delta_{12}=\delta_{21}=\delta_{23}=\delta_{32}=\delta_{13}=\delta_{31}=0$$

典型方程成为

$$\begin{cases}\delta_{11}F_1+\Delta_{1F}=0\\ \delta_{22}F_2+\Delta_{2F}=0\\ \delta_{33}F_3+\Delta_{3F}=0\end{cases}\tag{e}$$

计算得到简化，这就是弹性中心法。刚臂的长度为 y_C，它的端点 C' 称**弹性中心**(elastic center)。

弹性中心的物理意义：若在拱轴的内外两侧各取离轴 $\frac{1}{2EI}$ 远的两条曲线，由此两曲线围成的面积称为拱的弹性面积，如图 5－29 所示。总面积为 $\int\mathrm{d}A=\int\frac{1}{EI}\mathrm{d}s$，而式(5－4)就是该弹性面积形心 C' 的 y 坐标的公式。可见，弹性中心即为弹性面积的形心。

找出弹性中心后，并考虑式(c)，则式(e)中的系数及自由项如下

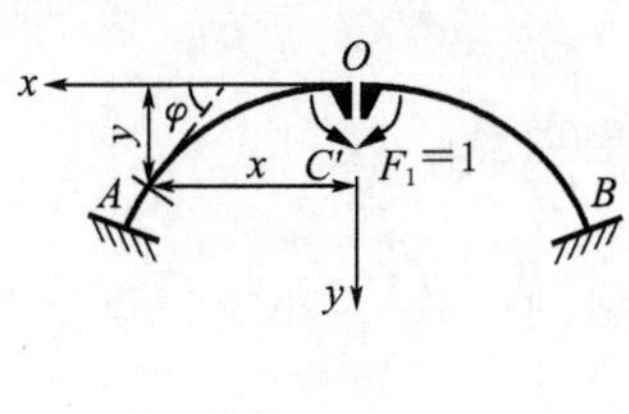

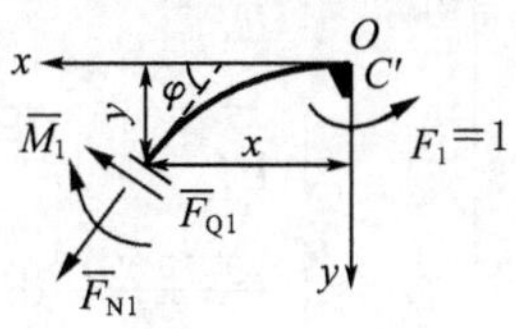

(a)

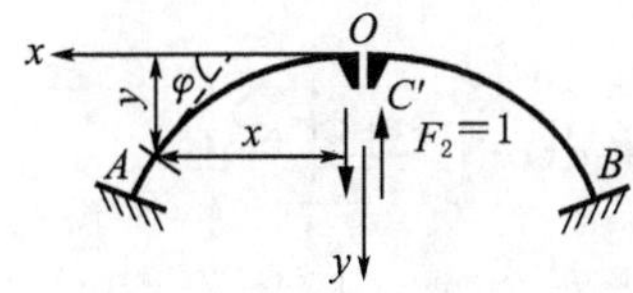

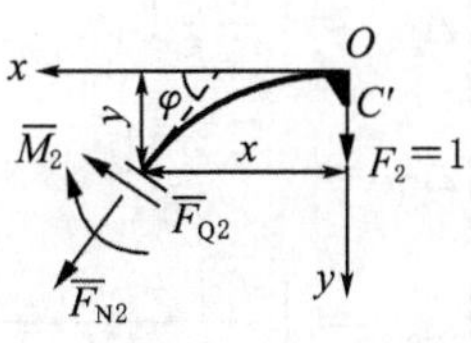

(b)

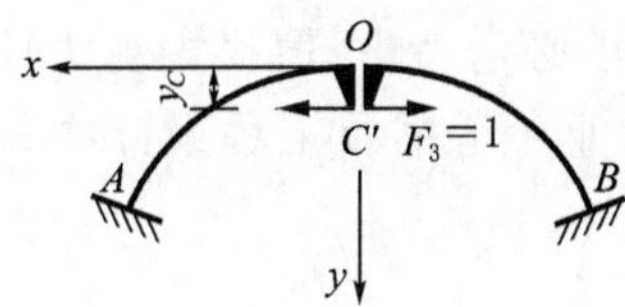

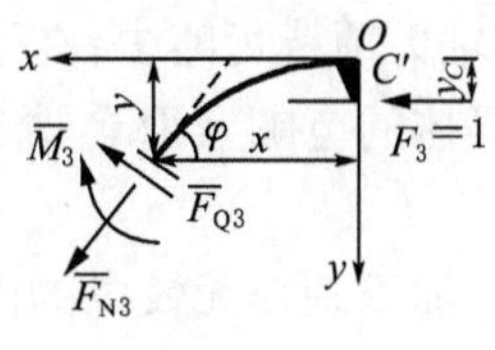

(c)

图5-28　无铰拱的计算

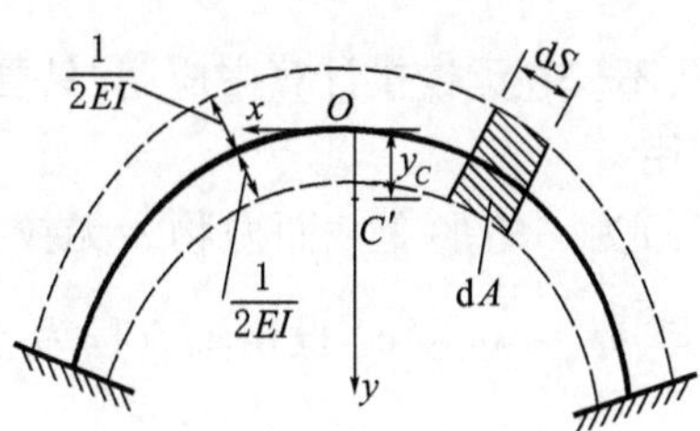

图5-29　弹性中心

$$\begin{cases}\delta_{11}=\int\frac{1}{EI}\mathrm{d}s\\ \delta_{22}=\int\frac{x^2}{EI}\mathrm{d}s+\int\lambda\frac{\cos^2\varphi}{GA}\mathrm{d}s+\int\frac{\sin^2\varphi}{EA}\mathrm{d}s\\ \delta_{33}=\int\frac{(y-y_c)^2}{EI}\mathrm{d}s+\int\lambda\frac{\sin^2\varphi}{GA}\mathrm{d}s+\int\frac{\cos^2\varphi}{EA}\mathrm{d}s\\ \Delta_{1F}=\int\frac{M_F}{EI}\mathrm{d}s\\ \Delta_{2F}=-\int\frac{xM_F}{EI}\mathrm{d}s+\int\lambda\frac{\cos\varphi F_{QF}}{GA}\mathrm{d}s-\int\frac{\sin\varphi F_{NF}}{EA}\mathrm{d}s\\ \Delta_{3F}=\int\frac{(y-y_c)M_F}{EI}\mathrm{d}s-\int\lambda\frac{\sin\varphi F_{QF}}{GA}\mathrm{d}s-\int\frac{\cos\varphi F_{NF}}{EA}\mathrm{d}s\end{cases}\tag{f}$$

系数与自由项公式中的项数取舍，一般原则是弯矩项必需考虑；在高而薄的拱中，剪力项和轴力项皆可略去；在平拱中轴力项必需考虑；厚拱中剪力项影响较大也需考虑。具体的范围及取舍请参考有关专业参考书及工程设计中一些详细的规定。

最后由叠加原理得无铰拱的内力为

$$\begin{cases}M=F_1-xF_2+(y-y_C)F_3+M_F\\ F_Q=0+\cos\varphi F_2-\sin\varphi F_3+F_{QF}\\ F_N=0-\sin\varphi F_2-\cos\varphi_3\ F_3+F_{NF}\end{cases}\tag{g}$$

顺便指出，弹性中心法不仅在无铰拱计算中应用，只要是三次超静定的闭合结构，不论对称与否，均可使用。

例 5-10 图 5-30(a)为一矩形变截面抛物线无铰拱，受匀布荷载 q 作用。$l=30\ \mathrm{m}$，$f=6\ \mathrm{m}$，拱顶厚 $h_C=0.5\ \mathrm{m}$。设拱轴方程为 $y=\frac{4f}{l^2}x^2$，任一截面的 $I_x=\frac{I_C}{\cos\varphi}$，$h_x=\frac{h_C}{\cos\varphi}$，$A_x=\frac{A_C}{\cos\varphi}$，$\mathrm{d}x=\cos\varphi\,\mathrm{d}s$，求拱内力。

解 (1) 求弹性中心。由式(5-4)(其中 $I=\frac{I_C}{\cos\varphi}$，$\mathrm{d}x=\cos\varphi\,\mathrm{d}s$)，得

$$y_C=\frac{\int_s\frac{y}{EI}\mathrm{d}s}{\int_s\frac{\mathrm{d}s}{EI}}=\frac{\frac{1}{EI_C}\int_{-l/2}^{l/2}y\,\mathrm{d}x}{\frac{1}{EI_C}\int_{-l/2}^{l/2}\mathrm{d}x}=\frac{\frac{fl}{3EI_C}}{\frac{l}{EI_C}}=\frac{f}{3}$$

(2) 求多余约束力。由图 5-30(c)列出荷载作用在基本系上的内力方程

$$M_F=-\frac{1}{2}qx^2,\quad F_{QF}=qx\cos\varphi,\quad F_{NF}=-qx\sin\varphi\quad\left(-\frac{l}{2}\leqslant x\leqslant\frac{l}{2}\right)$$

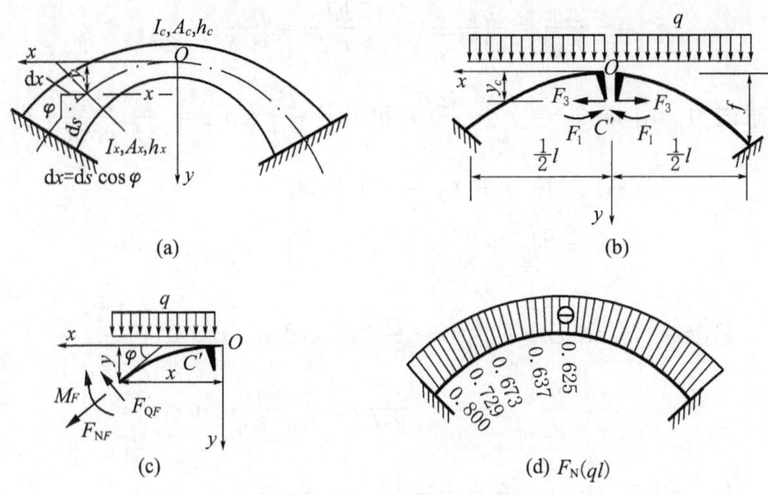

图 5－30　例 5－10 图

因为 $\dfrac{f}{l}=\dfrac{1}{5}$，$\dfrac{h_C}{l}<\dfrac{1}{30}$，在计算系数和自由项时，可略去剪力和轴力的影响，并且在对称荷载作用下，反对称的约束力 $F_2=0$，于是

$$\delta_{11}=\int_s\frac{1}{EI}\,\mathrm{d}s=\frac{l}{EI_C}$$

$$\begin{aligned}\delta_{33}&=\int_s\frac{(y-y_C)^2}{EI}\,\mathrm{d}s\\&=\int_s\frac{(y-y_C)^2\,\mathrm{d}s\cos\varphi}{EI_C}=\frac{1}{EI_C}\int_{-l/2}^{l/2}(y-y_C)^2\,\mathrm{d}x\\&=\frac{1}{EI_C}\int_{-l/2}^{l/2}\left(\frac{4f}{l^2}x^2-\frac{f}{3}\right)^2\mathrm{d}x=\frac{4f^2l}{45EI_C}\end{aligned}$$

$$\begin{aligned}\Delta_{1F}&=\int_s\frac{M_F}{EI}\,\mathrm{d}s=\int\frac{M_F\,\mathrm{d}s\cos\varphi}{EI_C}\\&=\frac{1}{EI_C}\int_{-l/2}^{l/2}\left(-\frac{1}{2}qx^2\right)\mathrm{d}x=-\frac{ql^3}{24EI_C}\end{aligned}$$

$$\begin{aligned}\Delta_{3F}&=\int_s\frac{(y-y_C)M_F}{EI}\,\mathrm{d}s=\int_S\frac{(y-y_C)M_F\,\mathrm{d}s\cos\varphi}{EI_C}\\&=\frac{1}{EI_C}\int_{-l/2}^{l/2}(y-y_C)M_F\,\mathrm{d}x\\&=\frac{1}{EI_C}\int_{-l/2}^{l/2}\left(\frac{4f}{l^2}x^2-\frac{f}{3}\right)\left(-\frac{1}{2}qx^2\right)\mathrm{d}x=-\frac{ql^3f}{90EI_C}\end{aligned}$$

则 $$F_1=-\frac{\Delta_{1F}}{\delta_{11}}=\frac{ql^3}{24EI_C}\times\frac{EI_C}{l}=\frac{ql^2}{24}$$

$$F_3=-\frac{\Delta_{3F}}{\delta_{33}}=\frac{ql^3f}{90EI_C}\times\frac{45EI_C}{4f^2l}=\frac{ql^2}{8f}$$

(3) 求内力。由 $\tan\varphi=y'=\frac{8f}{l^2}x$ 和 $x=\frac{l^2}{8f}\tan\varphi=\frac{l^2}{8f}\frac{\sin\varphi}{\cos\varphi}$，得

$$\begin{aligned}M&=F_1+F_3(y-y_C)+M_F\\&=\frac{ql^2}{24}+\frac{ql^2}{8f}\left(\frac{4f}{l^2}x^2-\frac{f}{3}\right)-\frac{1}{2}qx^2=0\end{aligned}$$

$$\begin{aligned}F_Q&=-F_3\sin\varphi+F_{QF}=-\frac{ql^2}{8f}\sin\varphi+qx\cos\varphi\\&=-\frac{ql^2}{8f}\sin\varphi+\frac{ql^2}{8f}\sin\varphi=0\end{aligned}$$

$$\begin{aligned}F_N&=-F_3\cos\varphi+F_{NF}=-\frac{ql^2}{8f}\cos\varphi-qx\sin\varphi\\&=-\frac{ql^2}{8f}(\cos\varphi+\tan\varphi\sin\varphi)\\&=-0.625(\cos\varphi+\tan\varphi\sin\varphi)ql\end{aligned}$$

上述计算再一次证明，对于在沿跨长匀布荷载作用下的拱，若不计轴力对位移的影响，则抛物线是它的合理拱轴线，拱截面上的弯矩、剪力为零，只有轴力。轴力从拱顶向拱脚逐渐增大，而且是压力。

绘制内力图时，先列表(表 5-2)计算若干指定截面的内力，然后作内力图，如图 5-30(d)所示。

表 5-2 轴力计算表

点号	x(m)	$\tan\varphi$	$\sin\varphi$	$\cos\varphi$	$\tan\varphi\sin\varphi$	$F_N(ql)$
0	0	0	0	1	0	−0.625
1	3.75	0.200 0	0.196 2	0.980 5	0.039 2	−0.637
2	7.50	0.400 0	0.371 4	0.928 5	0.148 2	−0.673
3	11.25	0.600 0	0.514 0	0.857 8	0.308 4	−0.729
4	15.00	0.800 0	0.624 8	0.780 8	0.499 8	−0.800

例 5-11 等截面圆弧拱的计算。

拱坝是一空间壳体结构，精确分析非常繁复，工程上有时简化为杆件结构计算。所谓纯拱法就是将拱坝沿水深高度划分为若干横向的拱圈，取每一个拱圈当作无铰拱计算，在水压力作用下，其合理拱轴线近似为一圆弧线。

设等截面圆弧拱轴半径 r，中心角 $2\varphi_0$，承受径向均匀水压力 q 的作用，如图 5-30(a)所示，计算拱截面上的内力并绘内力图。

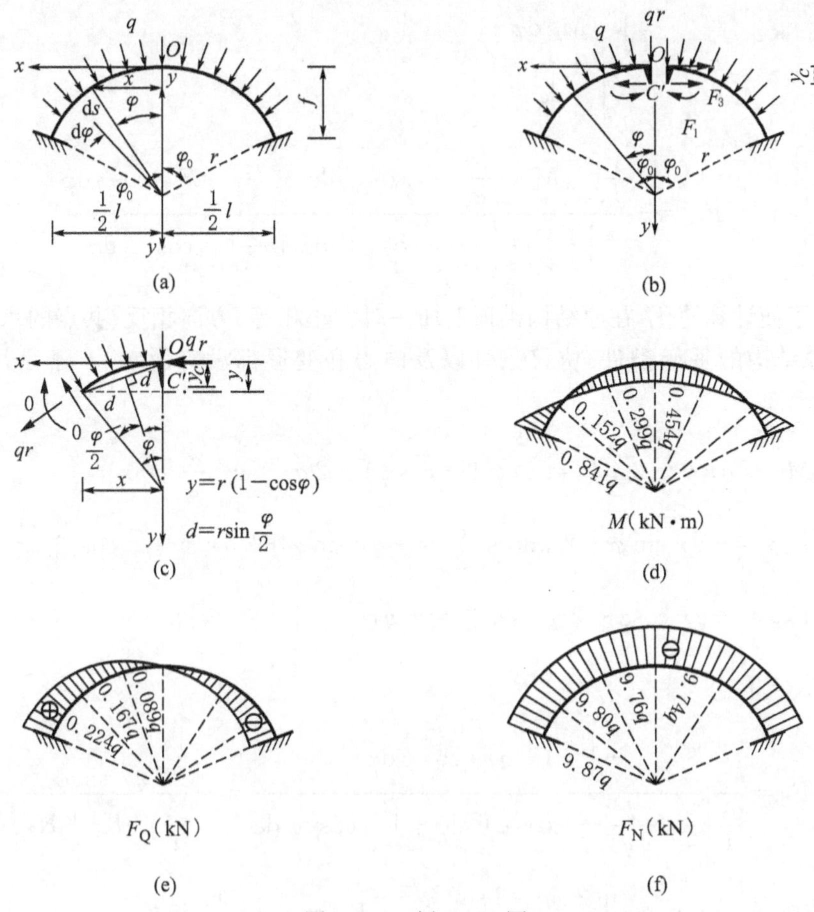

图 5-31　例 5-11 图

解　(1) 求弹性中心。因为拱轴线是圆弧，采用极坐标计算比较方便，于是

$$y = r(1-\cos\varphi),\quad x = r\sin\varphi,\quad \mathrm{d}s = r\,\mathrm{d}\varphi$$

$$y_C = \frac{\int_s y\,\dfrac{\mathrm{d}s}{EI}}{\int_s \dfrac{\mathrm{d}s}{EI}} = \frac{\int_{-\varphi_0}^{\varphi_0} r(1-\cos\varphi)r\,\mathrm{d}\varphi}{\int_{-\varphi_0}^{\varphi_0} r\,\mathrm{d}\varphi} = r - \frac{l}{2\varphi_0} \tag{a}$$

(2) 求多余约束力。注意到 EI、EA 为常数，$y = r(1-\cos\varphi)$，半弦长 $d = r\sin\dfrac{\varphi}{2}$。考虑到结构的对称性，反对称的 F_2 为零，略去剪力对位移的影响，并注意到

$$y - y_C = (r - r\cos\varphi) - \left(r - \frac{l}{2\varphi_0}\right) = \frac{l}{2\varphi_0} - r\cos\varphi$$

则 $$F_1=-\frac{\int_{-\varphi_0}^{\varphi_0}M_F\,\mathrm{d}\varphi}{\int_{-\varphi_0}^{\varphi_0}\mathrm{d}\varphi}$$

$$F_3=-\frac{\frac{1}{I}\int_{-\varphi_0}^{\varphi_0}M_F(\frac{l}{2\varphi_0}-r\cos\varphi)\mathrm{d}\varphi-\frac{1}{A}\int_{-\varphi_0}^{\varphi_0}F_{NF}\cos\varphi\mathrm{d}\varphi}{\frac{1}{I}\int_{-\varphi_0}^{\varphi_0}(\frac{l}{2\varphi_0}-r\cos\varphi)^2\,\mathrm{d}\varphi+\frac{1}{A}\int_{-\varphi_0}^{\varphi_0}\cos^2\varphi\,\mathrm{d}\varphi}$$

为了使计算简化,在原结构拱顶上加一对大小相等、方向相反、共点的水平力qr,对原结构的平衡条件、位移条件以及内力和变形都没有影响①。于是,由图5-31(c)知

$$M_F=qry-2qd^2=qr^2(1-\cos\varphi)-2qr^2\sin^2\frac{\varphi}{2}=0$$

$$F_{QF}=-qr\sin\varphi+2q\,d\cos\frac{\varphi}{2}=-qr\sin\varphi+2qr\sin\frac{\varphi}{2}\cos\frac{\varphi}{2}=0$$

$$F_{NF}=-qr\cos\varphi-2qr\sin\frac{\varphi}{2}=-qr$$

所以 $F_1=0$

$$F_3=\frac{-\int_{-\varphi_0}^{\varphi_0}(-qr)\cos\varphi\,\mathrm{d}\varphi}{\frac{A}{I}\int_{-\varphi_0}^{\varphi_0}(\frac{l}{2\varphi_0}-r\cos\varphi)^2\,\mathrm{d}\varphi+\int_{-\varphi_0}^{\varphi_0}\cos^2\varphi\,\mathrm{d}\varphi}=-\frac{2qr\sin\varphi_0}{\frac{A}{I}r^2K_1+K_2}\tag{b}$$

其中,$K_1=\varphi_0+\frac{\sin 2\varphi_0}{2}-\frac{2\sin^2\varphi_0}{\varphi_0}$, $K_2=\varphi_0+\frac{1}{2}\sin 2\varphi_0$

式(b)分母之第一项表示弯矩的影响,第二项表示轴力的影响。内力用矩阵表示为

$$\begin{Bmatrix}M\\F_Q\\F_N\end{Bmatrix}=\begin{bmatrix}1&-x&y-y_C\\0&\cos\varphi&-\sin\varphi\\0&-\sin\varphi&-\cos\varphi\end{bmatrix}\begin{Bmatrix}0\\0\\F_3\end{Bmatrix}+\begin{Bmatrix}0\\0\\-qr\end{Bmatrix}$$

$$=\begin{Bmatrix}F_3(\frac{l}{2\varphi_0}-r\cos\varphi)\\-F_3\sin\varphi\\-qr-F_3\cos\varphi\end{Bmatrix}\tag{c}$$

① 加上一对轴向力后,悬臂曲杆就转化为三铰拱的受力状态,而三铰拱在水压力作用下,截面上弯矩、剪力为零,轴力为常量并等于$-qr$。

本例设 $r = 10\ \text{m}, \varphi_0 = 60° = 0.017\,5 \times 60 = 1.05$ 弧度，$h = 1\ \text{m}, b = 1\ \text{m}$，$\frac{l}{2} = r\sin 60° = 8.66\ \text{m}$，则

$$K_1 = 1.05 + \frac{0.863}{2} - 2 \times \frac{0.867^2}{1.05} = 0.054\,5$$

$$K_2 = 1.05 + \frac{0.863}{2} = 1.482$$

由式(a)得　$$y_C = 10 - \frac{8.66}{1.05} = 1.752\ \text{m}$$

由式(b)得　$$F_3 = -\frac{2qr \times 0.867}{\frac{12bh}{bh^3} \times 0.054\,5 + 1.482} = -0.025\,9\,qr$$

由式(c)得　$$M = -0.025\,9\,qr\left(\frac{8.66}{1.05} - 10\cos\varphi\right)$$

$$= (0.259\cos\varphi - 0.213\,6)qr$$

$$F_Q = 0.025\,9\sin\varphi qr \qquad (\varphi\ \text{左半拱为正，右半拱为负})$$

$$F_N = -(1 - 0.025\,9\cos\varphi)qr$$

指定截面上的内力计算见表 5-3，对应的内力图如图 5-31(d)、(e)、(f)所示。

表 5-3　内力计算表

点号	φ	$\sin\varphi$	$\cos\varphi$	M(kN·m)	F_N(kN)	F_Q(kN)
0	0°	0.000	1.000	0.454q	−9.74q	0.000
1	20°	0.342	0.940	0.299q	−9.76q	0.089q
2	40°	0.643	0.766	−0.152q	−9.80q	0.167q
3	60°	0.866	0.500	−0.841q	−9.87q	0.224q

在无铰拱计算中，值得注意的是温度改变与支座移动的影响问题，温度改变，将使无铰拱产生很大的温度应力。混凝土的收缩与温度均匀降低的影响相似，一般相当于降低 10～15℃的作用。对水工建筑物来说，因经常受到水的浸润，收缩小一些，大约相当于 2～8℃左右的影响。无铰拱在支座移动下也会产生很大的内力，必须引起重视。

上述两种因素作用下无铰拱的计算仍然可用弹性中心法，只是在自由项中应考虑不同因素的影响。计算时亦须用绝对刚度。

§5-6 超静定结构位移计算

超静定结构的位移计算仍然可从虚功原理出发,利用单位荷载法求解。导出的公式与第四章中的形式完全一样,但计算要比静定结构复杂。下面先对荷载作用下超静定结构位移的计算作一说明,然后推广到温度改变及支座移动作用下位移的计算。

图 5-32(a)的单跨超静定梁,受匀布荷载作用,求梁中点的竖向位移 Δ_{kF}。该结构先用力法求解得弯矩图,如图 5-32(b)所示。现把梁两端的弯矩$\frac{ql^2}{12}$作为外力,同梁上的荷载 q 一起作用在图 5-32(c)的简支梁上。图 5-32(c)的简支梁在上述荷载作用下的内力与位移和原结构完全相同。利用单位荷载法求原超静定结构的位移时,就可以把单位广义力 $F_k=1$ 作用在图 5-32(c)的静定梁上,所得的弯矩图为图 5-32(d)。将图 5-32(b)与图 5-32(d)用图乘法运算,即得到梁中点的位移

$$
\begin{aligned}
\Delta_{kF} &= \sum\int\frac{\overline{M}_k M_F}{EI}\,\mathrm{d}s \\
&= \frac{2}{EI}\left(-\frac{1}{2}\times\frac{l}{4}\times\frac{l}{2}\times\frac{ql^2}{12}+\frac{2}{3}\times\frac{l}{2}\times\frac{ql^2}{8}\times\frac{5}{8}\times\frac{l}{4}\right) \\
&= \frac{ql^4}{384EI}(\downarrow)
\end{aligned}
$$

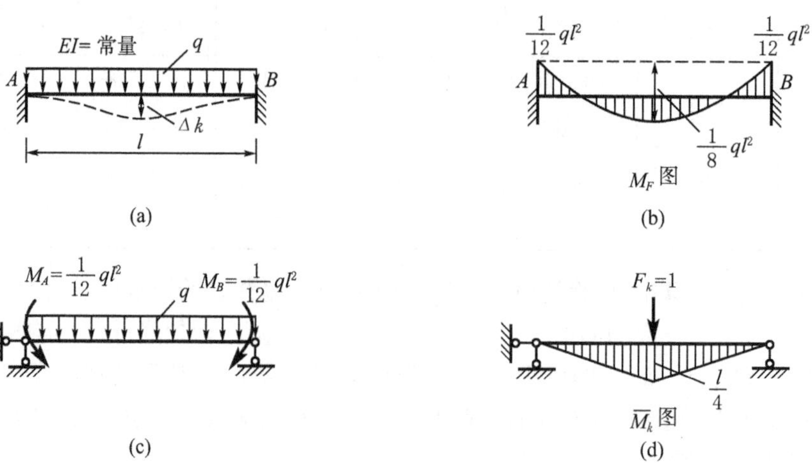

图 5-32 超静定梁的位移计算

这里的 $\overline{M}_k$ 为平衡状态下原结构的基本系(静定结构)在 $F_k=1$ 作用下的弯矩,M_F 为实际位移状态下超静定结构的弯矩。

需要说明的是:基本系与原结构的区别在于把多余约束力由原来的内力转为外力,它是满足解除约束处的位移条件的。由于超静定结构的基本系有多种形式,所以可在原结构的任一基本系上建立平衡状态。请读者对上述例子用悬臂梁的基本系进行校核。

下面列出超静定结构位移计算公式。平面结构的位移计算公式为

$$\Delta_{km}=\sum\int_l \overline{M}_k \frac{1}{\rho_m}\mathrm{d}s+\sum\int_l \overline{F}_{Qk}\gamma_m\,\mathrm{d}s+\sum\int_l \overline{F}_{Nk}\varepsilon_m\,\mathrm{d}s-\sum_{i=1}^{n}\overline{F}_{Rik}\times C_i$$

1. 荷载作用

$$\Delta_{kF}=\sum\int\frac{\overline{M}_k M_F}{EI}\mathrm{d}s+\sum\int\lambda\frac{\overline{F}_{Qk}F_{QF}}{GA}\mathrm{d}s+\sum\int\frac{\overline{F}_{Nk}F_{NF}}{EA}\mathrm{d}s \quad (5-5)$$

式中:$\overline{M}_k$、$\overline{F}_{Qk}$、$\overline{F}_{Nk}$ 为 $F_k=1$ 作用下任一静定基本系的内力;M_F、F_{QF}、F_{NF}为原超静定结构的内力。

2. 温度改变作用

超静定结构在变温作用下,因为微段的变形位移是由超静定结构的内力 M_t、F_{Qt}、F_{Nt}与变温作用下基本系中杆件的自由伸缩共同引起的,所以

$$\Delta_{kt}=\sum\int\frac{\overline{M}_k M_t}{EI}\mathrm{d}s+\sum\int\lambda\frac{\overline{F}_{Qk}F_{Qt}}{GA}\mathrm{d}s+\sum\int\frac{\overline{F}_{Nk}F_{Nt}}{EA}\mathrm{d}s+$$
$$\sum\int\overline{M}_k\frac{a\,t'}{h}\mathrm{d}s+\sum\int\overline{F}_{Nk}a\,t\,\mathrm{d}s \quad (5-6)$$

式中:$\overline{M}_k$、$\overline{F}_{Qk}$、$\overline{F}_{Nk}$ 为 $F_k=1$ 作用下任一静定基本系上的内力。

3. 支座移动作用

超静定结构在支座移动下的内力为 M_C、F_{QC}、F_{NC},所以

$$\Delta_{kC}=\sum\int\frac{\overline{M}_k M_C}{EI}\mathrm{d}s+\sum\int\lambda\frac{\overline{F}_{Qk}F_{QC}}{GA}\mathrm{d}s+$$
$$\sum\int\frac{\overline{F}_{Nk}F_{NC}}{EA}\mathrm{d}s-\sum_{i=1}^{n}\overline{F}_{Rik}\times C_i \quad (5-7)$$

式中:$\overline{M}_k$、$\overline{F}_{Qk}$、$\overline{F}_{Nk}$、$\overline{F}_{Rik}$ 为 $F_k=1$ 作用下任一静定基本系上的内力与支座反力,积分号内的另一量值为超静定结构的内力。

这里还要指出,求超静定结构位移时,$F_k=1$ 作用的虚力状态,仍然可以在原超静定结构上建立,这时的各种公式与静定结构中求位移的公式相同,公式中的各项内力与支座反力均应是超静定的,显然计算较繁。

§5－7 超静定结构内力图校核

用力法计算超静定结构时要注意下列几点：

(1) 计算之前要检查超静定次数是否正确，基本系是否是几何不变的；

(2) 计算系数与自由项时，先检查内力图是否正确，积分法或图乘法运算时要注意正、负号，注意分段积分或图乘；

(3) 解方程要一步步检查，最后结果要代回原方程校核；

(4) 对内力图要根据结构力学知识在定性检查基础上进行定量校核。

一般内力图的校核分为平衡条件校核与位移条件校核。

1. 平衡条件校核

平衡条件校核与静定结构一样，在内力图求出后，把原有作用在结构上的因素，如荷载等都加在结构上，这时可考查各结点是否平衡；或用截面法切开某一部分时，该部分是否平衡；或用以前没有用过的平衡方程检查计算结果是否正确等，这里不作详细叙述。

满足平衡条件还不够，因为力法计算是在超静定结构解除多余约束后得到的静定结构基本系上进行的，在解除约束处还存在是否满足原有的位移条件的问题。因而还必须进行位移条件的校核。

2. 位移条件校核

位移条件的校核，实质上就是超静定结构位移计算的问题。利用力法已求出的超静定结构内力图，求解除约束处的位移，若求出位移与原结构相同即为正确的，否则是错的。如图 5－33(a)所示为竖杆受均布荷载 q 时刚架的弯矩图。现取图5－33(b)所示的基本系及图5－33(c)所示的单位弯矩图，经图乘得

$$\Delta_{kF}=\frac{1}{EI_1}\Big(-\frac{1}{3}\times 0.032\,3\,ql^2\times l\cdot l-\frac{1}{3}\times 0.032\,3\,ql^2\times l\times l+\frac{1}{6}\times 0.129\,ql^2\times l\times l\Big)=0$$

说明原结构 A 点的竖向没有位移，则原结构的弯矩图是正确的。

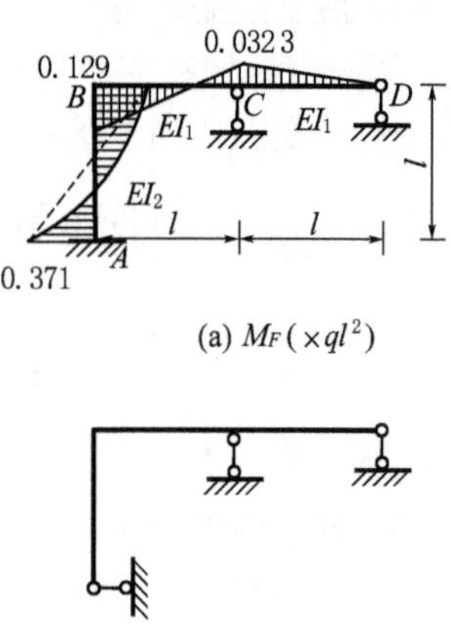

(a) $M_F(\times ql^2)$

(b) 基本系

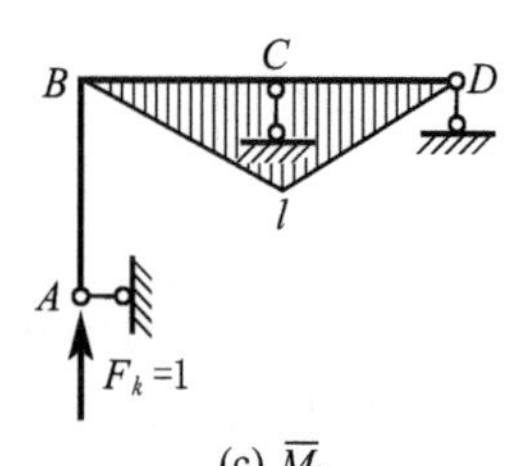

(c) $\overline{M}_k$

图 5－33　位移条件的校核

从本例中还看出两弯矩图相乘时内力图只涉及水平横杆，若竖杆的内力图错了，这时也无法予以校核。所以选择单位内力图时，应尽量使每一杆都有内力图，这样校核更充分。本例如选择校核截面 A 的转角就更好，建议读者自己尝试。

又如图 5 - 34(a)为三次超静定结构，结构周边均无铰(称为闭合框)。最后弯矩图如图 5 - 34(b)所示，校核该图是否正确。现在选图 5 - 34(c)为静定基本系并校核横杆中间截面的相对转角。因图 5 - 34(c)中各杆内力坐标均为 1。

$$\Delta_{kF}=\sum\int\frac{\overline{M}_k M_F}{EI}\,\mathrm{d}x=\sum\int\frac{M_F}{EI}\,\mathrm{d}x=\sum\frac{\Omega_{MF}}{EI} \tag{5-8}$$

式中：Ω_{MF} 为 M_F 图的总面积，可以规定外侧为正面积，内侧为负面积。

若计算出 $\Delta_{kF}=0$，表示两截面无相对转角，不等于零则有相对转角，即 M_F 图有错。对周边无铰的闭合框，且 EI 相同时，用周边弯矩图正、负总面积(指杆件两侧的面积)之和是否为零作为位移条件的校核是方便的。本例按式(5 - 8)计算如下

$$\begin{aligned}\Delta_{kF}=&\left(-\frac{7.96\times 9}{2}+\frac{6.26\times 9}{2}\right)\frac{2}{4.5EI}+\left(\frac{11+6.26}{2}\times 3\right)\frac{2}{EI}+\\&\left(11\times 18-\frac{2}{3}\times 40.5\times 18\right)\times\frac{1}{6EI}\\=&\frac{97.3-96.92}{EI}=\frac{0.38}{EI}\neq 0\end{aligned}$$

计算结果有误差，是因为在力法的计算过程中总是有舍入误差的。所以位移校核的最后结果不一定全为零。只要误差在限定范围内即可。误差率的估计为

$$误差率=\frac{|A-B|}{\frac{1}{2}(A+B)}\times 100\%=n\%$$

一般不宜超过 5%。这里 A 为所有正项之和，B 为所有负项之和。

本例位移校核中误差率为

$$\frac{0.38}{\frac{1}{2}(97.3+96.92)}\times 100\%=0.39\%<5\%$$

所以原内力图还是正确的。

本例若采用图 5 - 34(d)与(b)相图乘的方法来校核就不合适。因为图 5 - 34(d)是反对称的图形。反对称图形与正对称图形相乘总为零。即使 M_F 图完全错了，但它只要满足正对称的，就无法检查是否有错，这点在校核中应该引起注意。

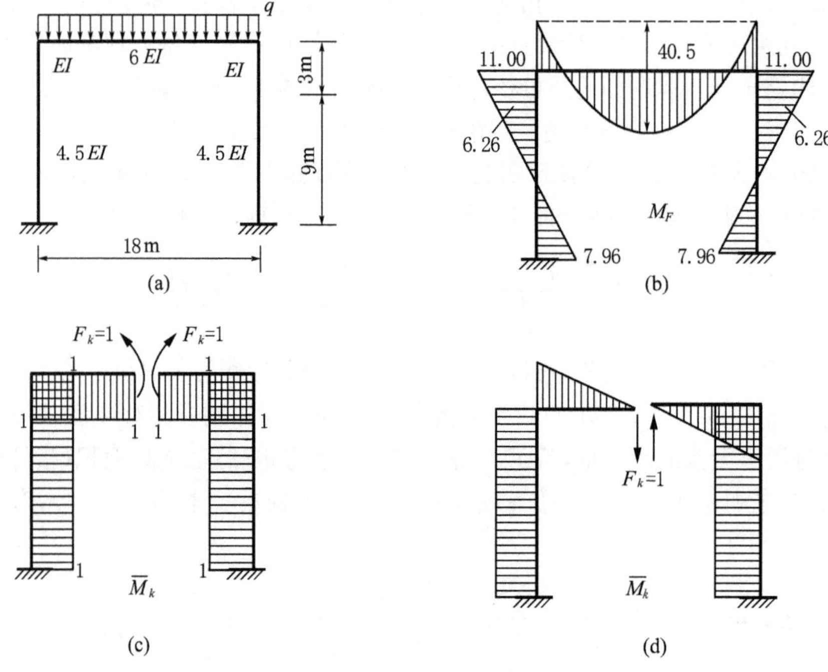

图 5-34 闭合框的位移条件校核

§5-8 超静定结构的特性

因为超静定结构有多余约束，所以它具有不同于静定结构的重要特性。

1. 超静定结构在失去多余约束后，仍可以维持几何不变性

静定结构是几何不变且无多余约束的体系，它若失去任何一个约束，就成为几何可变体系，因而丧失了承载能力。

超静定结构则不同，它若失去多余约束，仍为几何不变体系，仍能维持几何不变，还具有一定的承载能力。故从抵抗突然破坏的防护能力来看，超静定结构比静定结构具有更大的安全保证性。

2. 超静定结构的最大内力和位移小于静定结构

在同荷载、同跨度、同结构类型情况下，超静定结构的最大内力和位移一般小于静定结构的最大内力和位移。在局部荷载作用时，超静定结构内力影响范围比较大，内力分布比较均匀，内力峰值也较小。

例如图 5-35(a)所示常截面固端梁，当全跨长 l 受均布荷载时，最大弯矩为 $\frac{1}{12}ql^2$，最大挠度为$\frac{ql^4}{384EI}$。但同跨度、同荷载、同 EI 的简支梁，如图 5-35(b)所示，最大弯矩为$\frac{1}{8}ql^2$，最大挠度为$\frac{5ql^4}{384EI}$。可见超静定梁的弯矩和挠度峰值比同情况下的简支梁要小。如果根据同样的容许应力和容许位移进行设计，超静定结构比静定结构的截面要小，这是具有经济意义的。

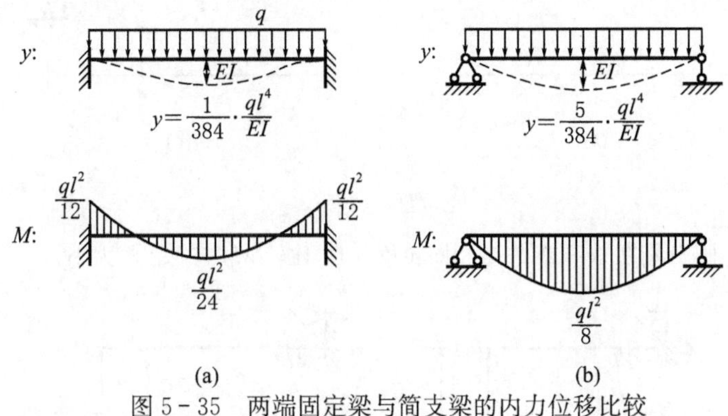

图5-35 两端固定梁与简支梁的内力位移比较

3. 超静定结构的反力和内力与杆件材料的弹性常数和截面尺寸有关

静定结构的反力和内力决定于结构的平衡条件，与杆件材料的弹性常数和截面尺寸无关。在超静定结构计算中，要用到平衡条件、物理条件和位移条件。而位移又与杆件材料的弹性常数和截面尺寸有关。所以，超静定结构的内力与杆件材料的弹性常数和截面尺寸有关，即与杆件的刚度有关。在荷载作用下，内力与相对刚度有关。因此对于超静定结构，有时不必改变杆件的布置，只要调整各杆截面的大小，就会使结构的内力重新分布。

4. 温度改变、支座移动等因素会使超静定结构产生内力

在静定结构中，温度改变、支座移动、制造误差等因素都将引起结构的变形或位移。但是在变形或位移过程中没有受到额外的约束，故不引起内力。而在超静定结构中，温度改变、支座移动、制造误差等因素在变形和位移的过程中受到额外的约束，故要引起内力。这种不属于荷载引起的内力，通常称为初内力或自内力，这种内力与各杆件刚度的绝对值有关。各杆件刚度增大，则内力也增大。因此，对于温度改变、支座移动等因素来说，不能用增大结构的截面尺寸的办法来减少内力。

思考题

5-1 如何利用几何组成分析方法判断结构的超静定次数？

5-2 利用力法的概念分析、比较图中截面 A 和 C 的弯矩的大小。

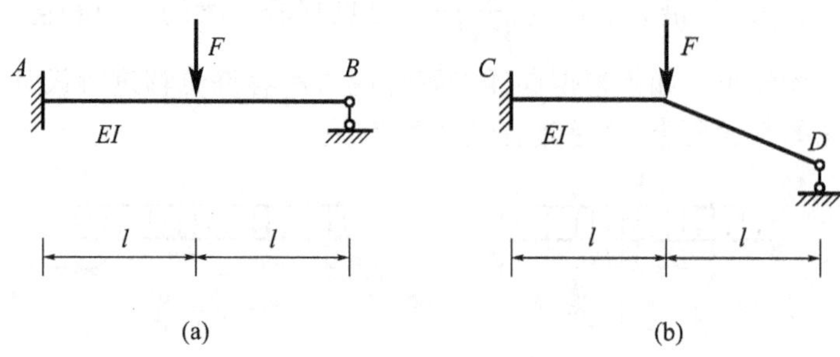

思考题 5－2 图

5－3 图示结构中,分别在 A 和 A' 发生相同转角 φ 时,比较 M_B 与 $M_B{}'$ 的大小。

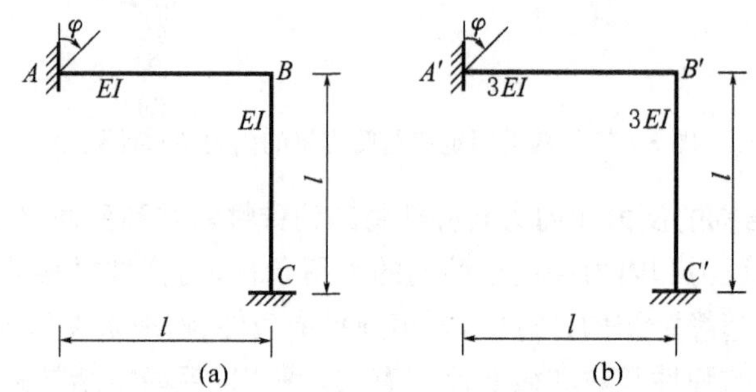

思考题 5－3 图

5－4 用力法计算荷载作用下的刚架、桁架、排架和组合结构有何不同?

5－5 试说明弹性中心法求解超静定刚架的可行性。

5－6 根据对称性和最后弯矩图校核条件,确定图示结构的弯矩图。$EI=$ 常数。

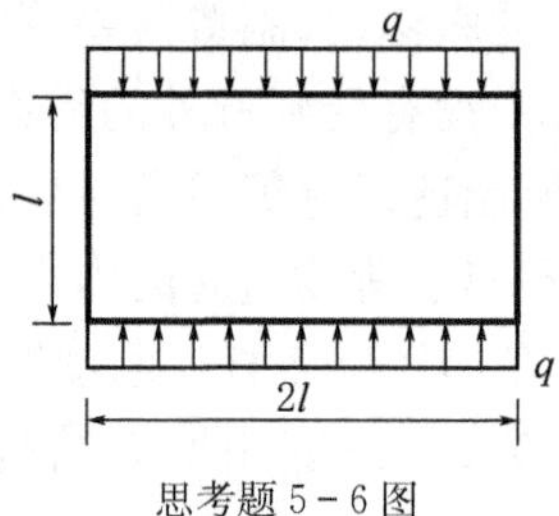

思考题 5－6 图

5－7 在支座位移情况下,如何校核超静定结构的最后内力图?

习 题

5－1 用解除约束法判定题 5－1 图中所示各结构的超静定次数并选择基本系。

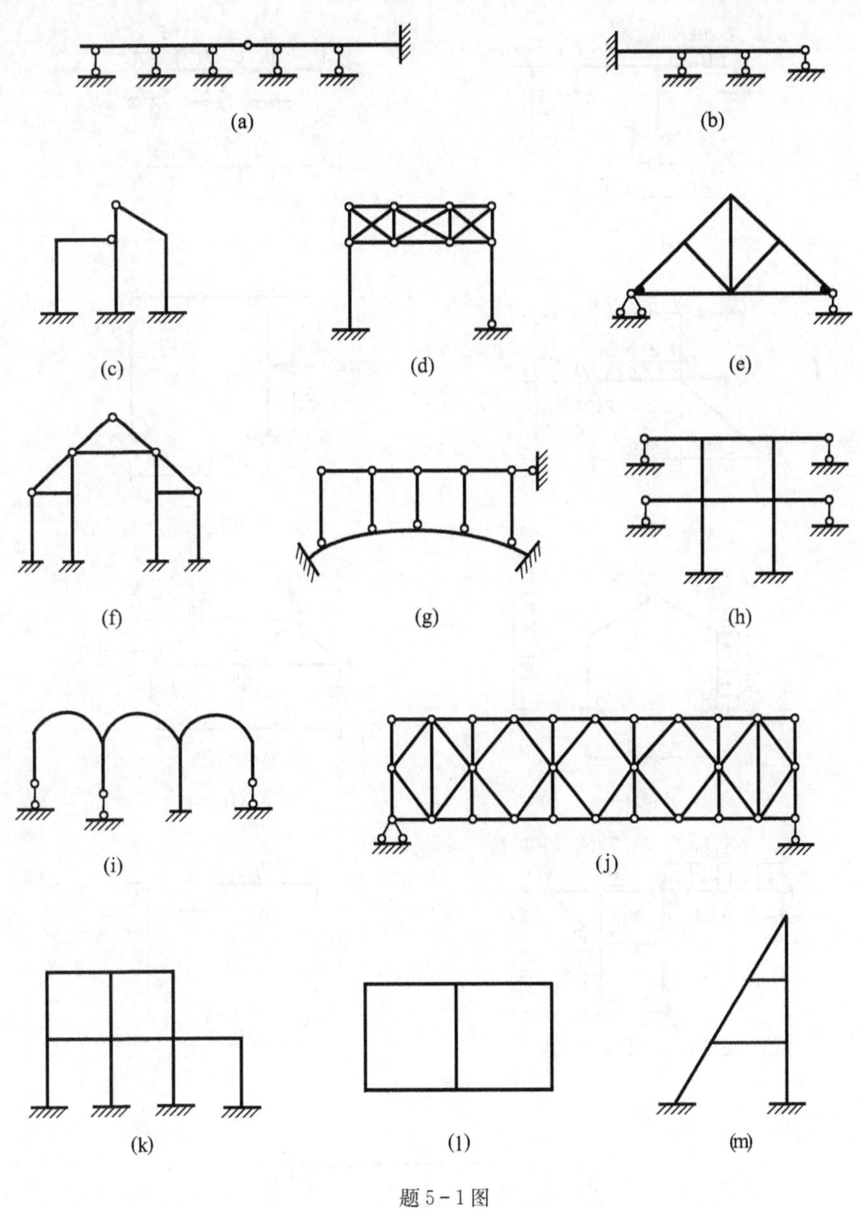

题5-1图

5-2 试用力法作题5-2图中各超静定结构的内力图。图中未注明者,EI=常数。

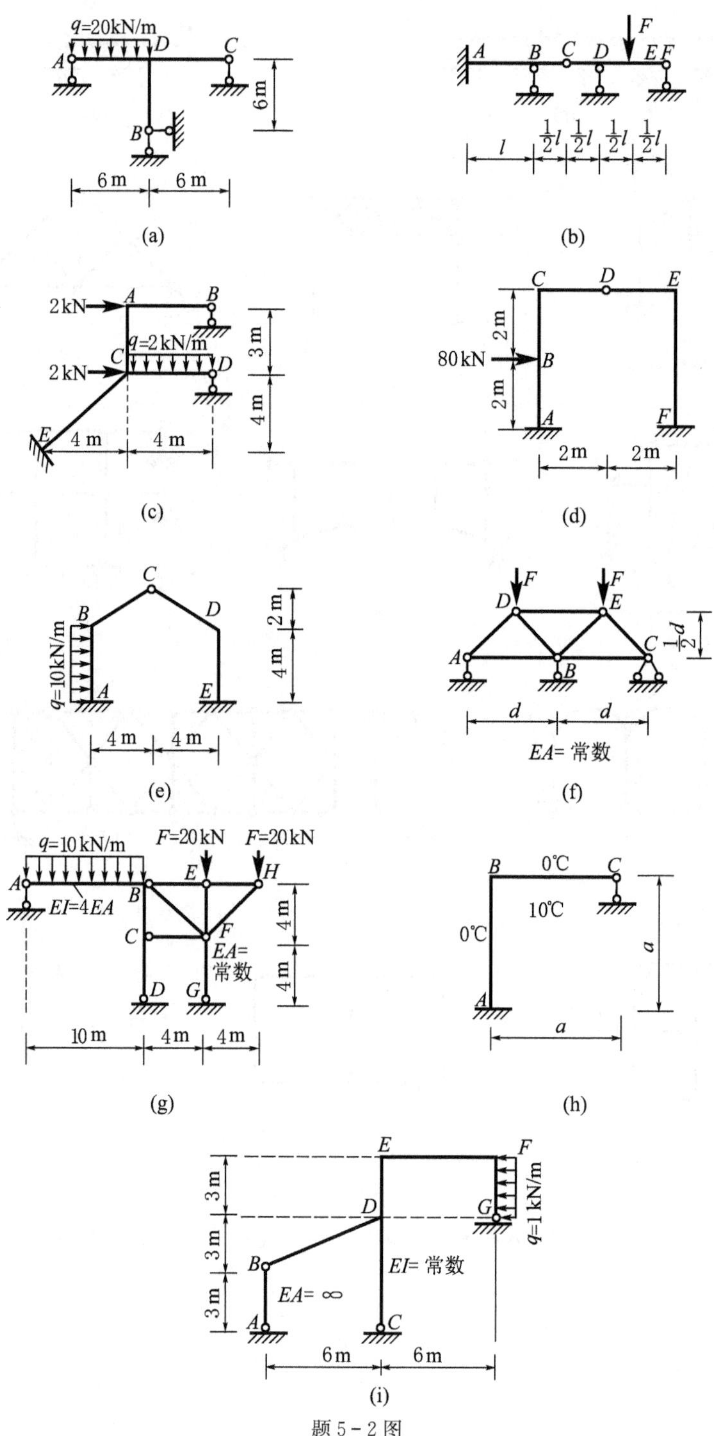
q=20kN/m
A
D
C
B
6m
6m
6m
(a)
F
A
B
C
D
E F
l
$\frac{1}{2}l$
$\frac{1}{2}l$
$\frac{1}{2}l$
$\frac{1}{2}l$
(b)
2kN
A
B
q=2kN/m
C
D
2kN
E
4 m
4 m
3 m
4 m
(c)
C
D
E
80kN
B
A
F
2m
2m
2m
2m
(d)
C
B
D
q=10kN/m
A
E
2m
4m
4m
4m
(e)
F
F
D
E
A
B
C
$\frac{1}{2}d$
d
d
EA= 常数
(f)
q=10kN/m
F=20kN
F=20kN
A
E
H
B
EI=4EA
C
F
EA=
常数
D
G
4m
4m
10m
4m
4m
(g)
B
0℃
C
10℃
0℃
A
a
a
(h)
E
F
3m
D
G
q=1kN/m
3m
B
EI= 常数
EA= ∞
3m
A
C
6m
6m
(i)

题 5-2 图

5-3　图示一水泵站厂房骨架，设屋顶桁架梁与柱顶用铰连接，试就图示荷载作用下：(1) 作骨架的计算简图；(2) 作内力图。已知 $F_{W1} = 0.78\ \text{kN}$，$F_{W2} = 1.25\ \text{kN}$，$q_1 = 2.25\ \text{kN/m}$，$q_2 = 1.56\ \text{kN/m}$。

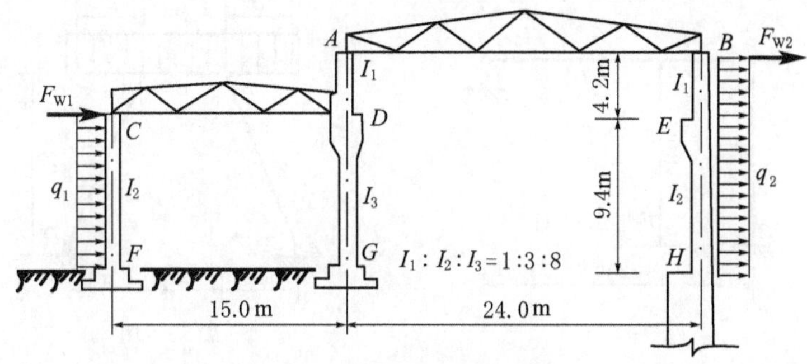

题 5-3 图

5-4　(1) 试作图示双跨梁的弯矩图；(2) 为了使支座弯矩与跨中弯矩相等，以达到经济的目的，则需使中间支座向下移动距离 Δ 等于多少？设 $E = 2\times10^7\ \text{kN/m}^2$（图中长度单位为 cm）。

5-5　试用力法计算图示结构，绘内力图。已知 $EI =$ 常数，$\dfrac{I}{A} = 1.5$。

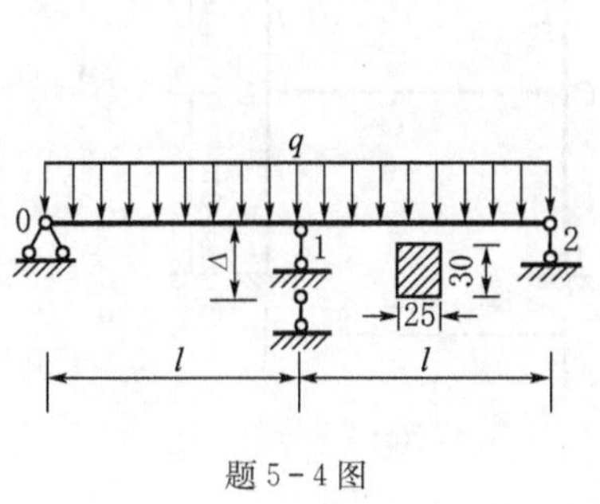

题 5-4 图

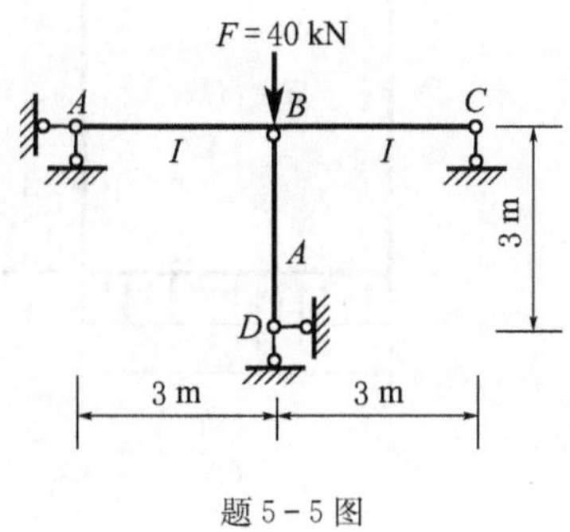

题 5-5 图

5-6　图示体系分别是什么结构？试作出内力图并比较图(a)、(b)的最大内力。

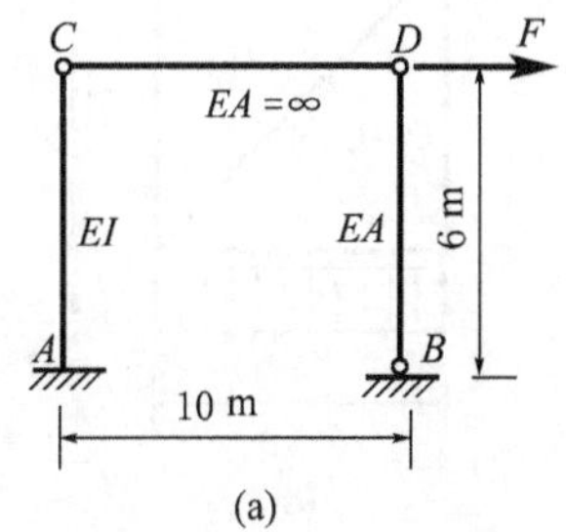

(a)

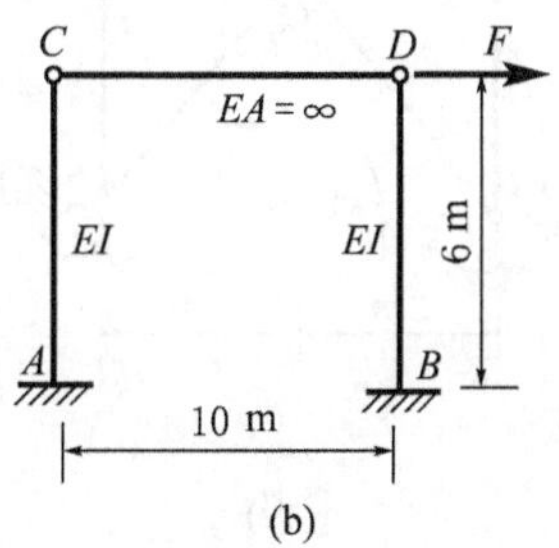

(b)

题 5-6 图

5-7 图示一挡水结构,选定 $E_2I_2=\frac{3}{2}E_1I_1$。若要求在水压力作用下,结点 A 的水平位移Δ'_{uAB}不能大于 0.02 m,问 E_1I_1 的数值不能小于多少?

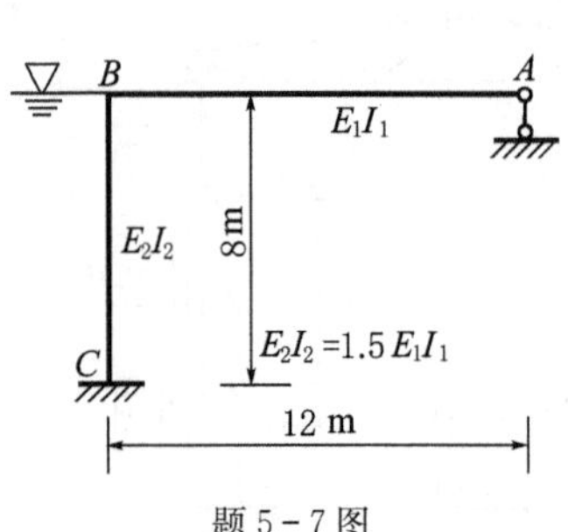

题 5-7 图

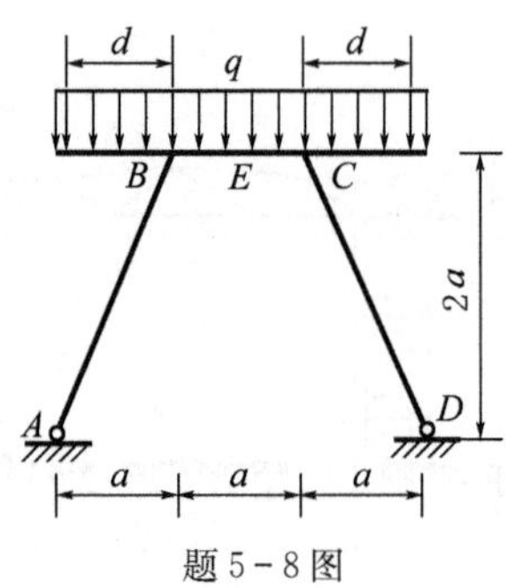

题 5-8 图

5-8 图示一弧形闸门支架,欲使横梁中间段杆 BC 的 B 端弯矩与跨中 E 截面弯矩绝对值相等,即 $|M_{BC}|=|M_E|$,问悬臂长度 d 等于多少?已知 $EI=$ 常数。

5-9 作图示对称结构的 M、F_Q、F_N 图。

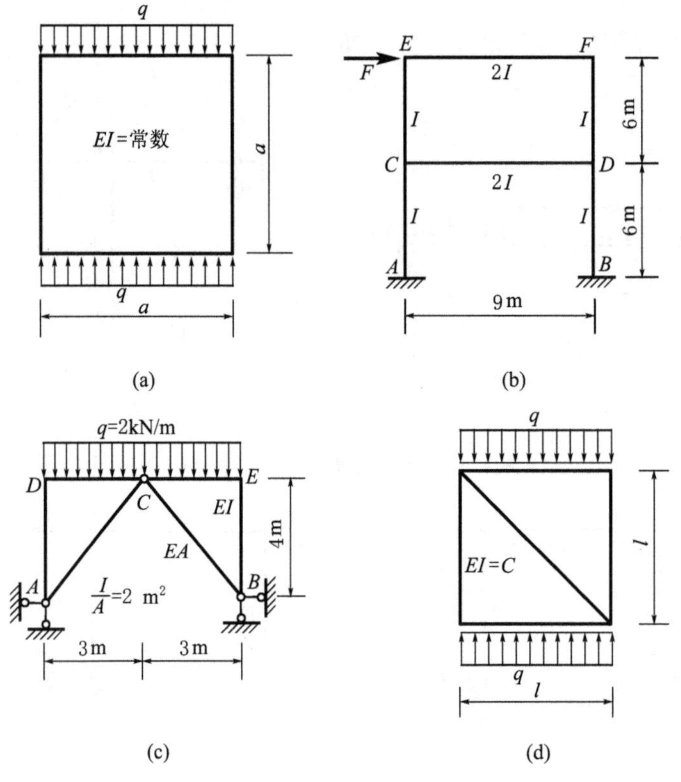

题 5-9 图

5-10 图示刚架各杆为 $b\times h$ 的矩形截面，求作刚架的 M 图。(1) 计算时忽略轴向变形；(2) 计算时考虑轴向变形并进行比较。

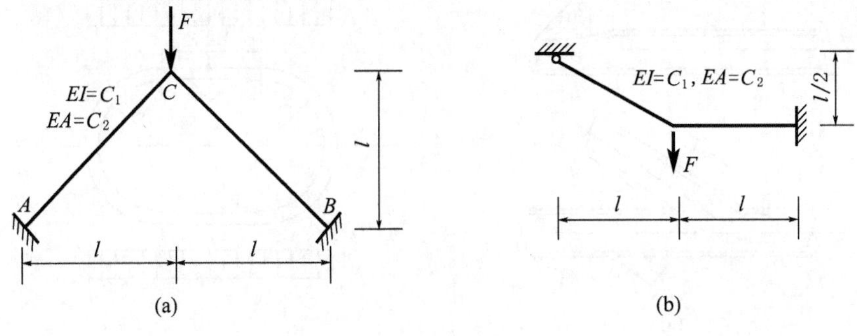

题 5-10 图

5-11 有一等截面两铰拱，受满跨竖向均布荷载 q 作用，跨度 $l=16\,\text{m}$，矢高 $f=4\,\text{m}$，设拱轴方程为：$y=\dfrac{4f}{l^2}x(l-x)$（坐标原点取左铰处），拱截面高 $h=0.6\,\text{m}$（略去剪力、轴力影响），试作内力图。

5-12 图(a)表示钢筋混凝土圆弧拱坝纵剖面。图(b)为高程▽50.5 处断面图。设拱轴半径 $R=36\,\text{m}$，中心角 $2\varphi_0=134°$，拱计算高度为 1m，计算厚度为 3.6 m，$E=2\times10^7\,\text{kN/m}^2$。计算：(1) 径向水压力下拱的内力并作内力图；(2) 拱顶和拱脚最大与最小应力（考虑轴力对位移的影响）；(3) 不考虑轴力影响内力的变化。

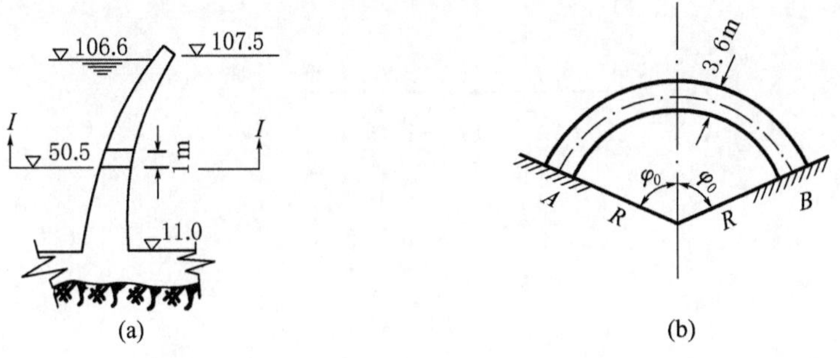

题 5-12 图

5-13 对题5-12图(b)的无铰拱，线膨胀系数 $\alpha=0.000\,01/$度，试计算：(1) 温度均匀下降10℃时，拱顶及拱脚截面内力及其最大、最小应力；(2) 内侧面温度下降 10℃时，拱顶及拱脚截面的内力及最大、最小应力。

5-14 图示为一圆形涵管的岔管。简化计算时，断面如图(b)所示。设管壁厚 $t=C$。试计算上部土重及地基反力作用下的弯矩并作图。

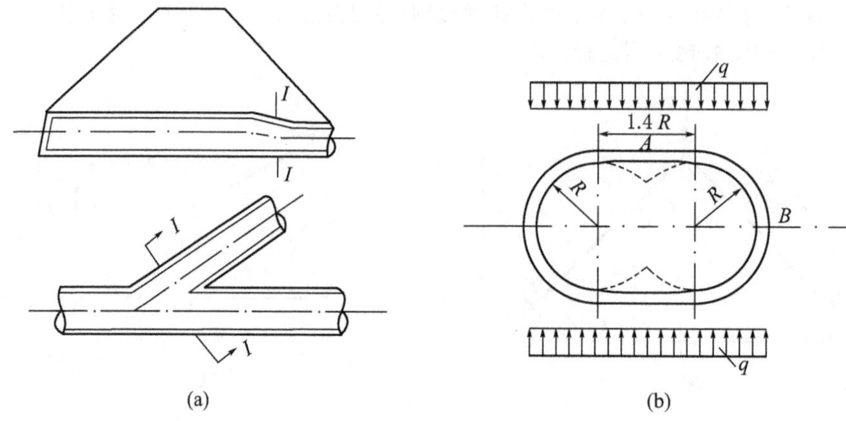

(a)　　(b)

题 5 - 14 图

5 - 15　试求图示结构的 M 图($K_1 = K_2$)。

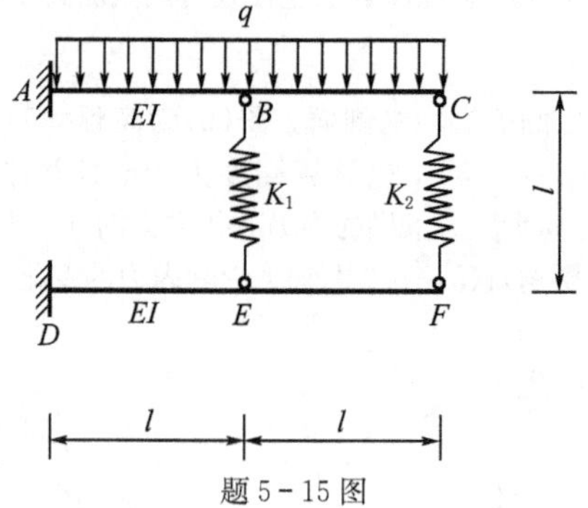

题 5 - 15 图

第6章 位移法

位移法是超静定结构计算的另一种基本方法,与力法相比,它更适合于求解高次超静定结构,也是力矩分配法以及矩阵位移法的基础。位移法是以转角位移方程为基础的,转角位移方程建立了杆端内力与杆端位移及外荷载之间的关系。本章介绍了位移法的基本原理与求解步骤,详细讨论了超静定结构在外来因素作用下的内力计算问题。

§6-1 等截面直杆杆端转角位移方程

从前面章节中我们知道,杆件结构内力计算的关键是计算控制截面的内力。对静定结构,控制截面的内力可以通过静力平衡条件求得;对超静定结构,则需要同时利用静力平衡条件和位移协调条件求解控制截面的内力。

将控制截面之间的一段杆件截出来,研究该段杆件的杆端内力,所得到的杆端内力即为控制截面的内力。一般常见类型杆件的变形和受力如图 6-1 所示。其中,图 6-1(a)表示杆件两端连接到刚结点或固定支座的情况,图 6-1(b)表示杆件一端(A 端)连接到刚结点或固定支座,另一端(B 端)连接到铰结点或铰支座、链杆支座的情况,图 6-1(c)表示杆件一端(A 端)连接到刚结点或固定支座,另一端(B 端)连接到滑移支座的情况。

显然杆端内力与杆端位移以及杆件上所受到的荷载相关。结构力学中将杆端内力与杆端位移及杆件上的荷载之间的关系式称为转角位移方程。下面,我们研究等截面直杆的杆端内力与杆端位移及荷载之间的这种关系,推导转角位移方程。

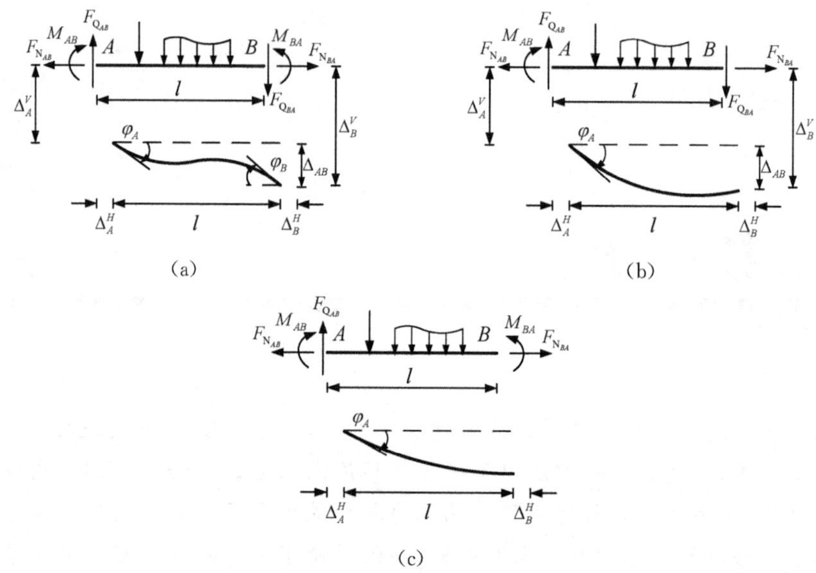

图 6-1 常见杆件及其变形曲线

以图 6-1(a)所示杆件为例进行分析,图 6-1(b)、(c)所示情形与之类似。对于细长的受弯杆件,一般情况下轴向变形比起弯曲变形是更高阶微量,为计算简便略去不计,则图 6-1(a)中,杆件两端沿杆轴线方向的线位移 $\Delta_A^H=\Delta_B^H$。杆件两端在垂直于杆轴线方向的线位移分别为 Δ_A^V、Δ_B^V,杆件两端垂直于杆轴线方向的相对线位移为 $\Delta_{AB}=\Delta_B^V-\Delta_A^V$。显然,刚体位移不引起杆件变形和杆端内力,杆端内力只与杆端角位移 φ_A、φ_B 以及杆端在垂直于杆轴线方向的相对线位移 Δ_{AB} 有关。为便于建立杆端内力值与杆端位移之间的关系,我们将图 6-1(a)所示问题转化为图 6-2所示问题求解,并对杆端内力和杆端位移的正负号作如下约定:(1) 杆端弯矩以顺时针方向为正,反之为负;杆端转角以顺时针方向为正,反之为负;(2) 杆端剪

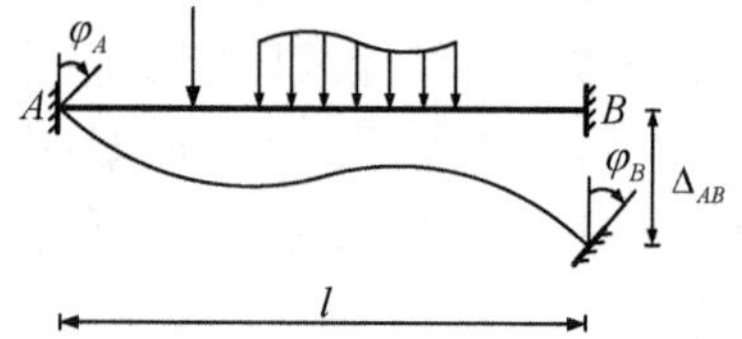

图 6-2　两端固定等截面直梁

力以绕杆件远端顺时针转动为正,反之为负;杆件两端在垂直于杆轴线方向的相对线位移以使杆件顺时针转动为正,反之为负。

图 6-2 所示问题为等截面单跨超静定梁在支座移动(φ_A、φ_B、Δ_{AB})和荷载(集中荷载、分布荷载、温度变化等因素)作用下的内力计算问题,可以用力法求解(详细求解过程请读者自行练习)。根据叠加原理,分别求解单跨超静定梁在支座位移

φ_A、φ_B、Δ_{AB}和荷载单独作用下的杆端内力，然后将它们叠加起来即得到杆件 AB 的杆端内力。

一、杆端位移引起的杆端内力

由力法求得两端固定的等截面梁 AB 在 φ_A、φ_B 和 Δ_{AB}作用下的杆端弯矩和杆端剪力为

$$
\left.\begin{aligned}
M_{AB}&=4i\varphi_A+2i\varphi_B-\frac{6i}{l}\Delta_{AB}\\
M_{BA}&=2i\varphi_A+4i\varphi_B-\frac{6i}{l}\Delta_{AB}\\
F_{Q_{AB}}&=-\frac{6i}{l}\varphi_A-\frac{6i}{l}\varphi_B+\frac{12i}{l^2}\Delta_{AB}\\
F_{Q_{BA}}&=-\frac{6i}{l}\varphi_A-\frac{6i}{l}\varphi_B+\frac{12i}{l^2}\Delta_{AB}
\end{aligned}\right\}\tag{6-1a}
$$

式中：$i=\dfrac{EI}{l}$称为杆件线刚度。方程中各项的系数（如 $4i$、$2i$、$\dfrac{6i}{l}$、$\dfrac{12i}{l^2}$，等等）为支座分别发生单位位移（如 $\varphi_A=1$、$\varphi_B=1$、$\Delta_{AB}=1$）引起的杆端内力，称为劲度系数。例如，$\varphi_A=1$ 时，两端固定等截面梁的弯矩和杆端剪力如图 6-3(a)所示，杆端弯矩和杆端剪力分别为 $4i$、$2i$、$-\dfrac{6i}{l}$、$-\dfrac{6i}{l}$；$\varphi_B=1$ 和 $\Delta_{AB}=1$ 时两端固定梁的弯矩和杆端剪力分别如图 6-3(b)、(c)所示。

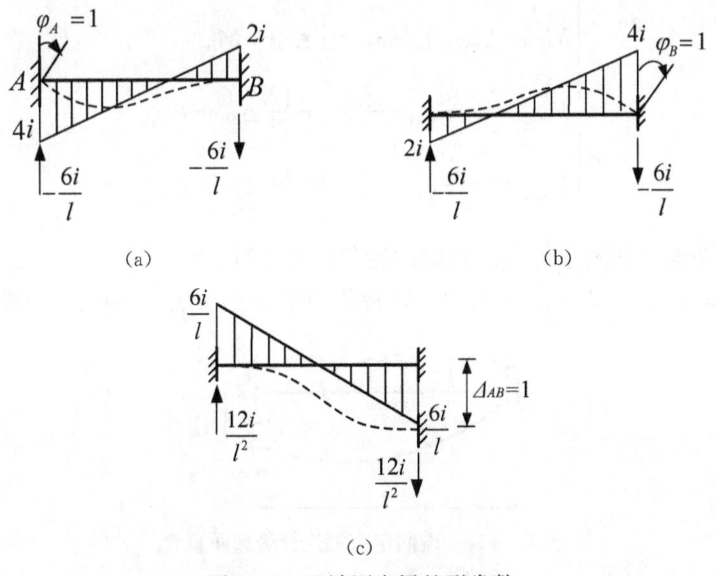

图 6-3　两端固定梁的形常数

由于劲度系数是与杆件两端约束、杆件尺寸、截面形状、材料性质等杆件自身因素有关的常数，与作用在杆件上的荷载无关，故又称为形常数。常用杆件的形常数列于表 6-1 中。

二、荷载引起的杆端内力

两端固定等截面梁 AB 在外荷载作用下的杆端弯矩和杆端剪力同样可由力法求解得到，分别用 M_{AB}^F、M_{BA}^F 和 $F_{Q_{AB}}^F$、$F_{Q_{BA}}^F$ 表示。例如在满跨均布荷载 q 作用下由力法计算得到杆端内力为

$$M_{AB}^F=-\frac{ql^2}{12},M_{BA}^F=\frac{ql^2}{12},F_{Q_{AB}}^F=\frac{ql}{2},F_{Q_{BA}}^F=-\frac{ql}{2} \tag{6-1b}$$

在荷载或温度变化等外部因素作用下，两端固定梁(两端无杆端位移)的杆端内力称为固端内力，其中，杆端弯矩称为固端弯矩，用 M_{AB}^F、M_{BA}^F 表示；杆端剪力称为固端剪力，用 $F_{Q_{AB}}^F$、$F_{Q_{BA}}^F$ 表示。固端内力是由外荷载作用引起的，故又称为载常数。常用荷载等外部因素作用下杆件的载常数列于表 6-2 中。

三、转角位移方程

由叠加原理，两端固定等截面直梁在杆端位移 φ_A、φ_B 和 Δ_{AB} 以及外荷载等因素作用下的杆端内力为

$$\begin{cases}M_{AB}=4i\varphi_A+2i\varphi_B-\dfrac{6i}{l}\Delta_{AB}+M_{AB}^F\\ M_{BA}=2i\varphi_A+4i\varphi_B-\dfrac{6i}{l}\Delta_{AB}+M_{BA}^F\\ F_{Q_{AB}}=-\dfrac{6i}{l}\varphi_A-\dfrac{6i}{l}\varphi_B+\dfrac{12i}{l^2}\Delta_{AB}+F_{Q_{AB}}^F\\ F_{Q_{BA}}=-\dfrac{6i}{l}\varphi_A-\dfrac{6i}{l}\varphi_B+\dfrac{12i}{l^2}\Delta_{AB}+F_{Q_{BA}}^F\end{cases} \tag{6-1c}$$

式(6-1c)即为两端固定等截面直梁的转角位移方程。

类似地，图 6-1(b) 所示问题可以转化为图 6-4 所示一端固定一端连杆的等

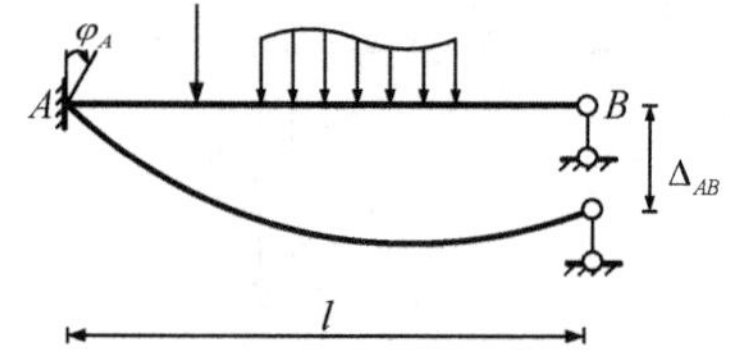

图 6-4　一端固定一端连杆等截面直梁

截面直梁在杆端位移 φ_A 和 Δ_{AB} 以及外荷载等因素作用下的杆端内力计算问题。应用力法求解，可得到一端固定一端连杆的等截面直梁的杆端内力为

$$\begin{cases} M_{AB}=3i\varphi_A-\dfrac{3i}{l}\Delta_{AB}+M_{AB}^F \\ M_{BA}=0 \\ F_{Q_{AB}}=-\dfrac{3i}{l}\varphi_A+\dfrac{3i}{l^2}\Delta_{AB}+F_{Q_{AB}}^F \\ F_{Q_{BA}}=-\dfrac{3i}{l}\varphi_A+\dfrac{3i}{l^2}\Delta_{AB}+F_{Q_{BA}}^F \end{cases} \tag{6-2}$$

式(6－2)即为一端固定一端连杆等截面直梁的转角位移方程。

图 6－1(c)所示问题可以转化为图 6－5 所示一端固定一端为滑移支座的等截面直梁在杆端位移 φ_A 以及外荷载等因素作用下的杆端内力计算问题。应用力法求解建立其转角位移方程为

$$\begin{cases} M_{AB}=i\varphi_A+M_{AB}^F \\ M_{BA}=-i\varphi_A+M_{BA}^F \\ F_{Q_{AB}}=F_{Q_{AB}}^F \\ F_{Q_{BA}}=0 \end{cases} \tag{6-3}$$

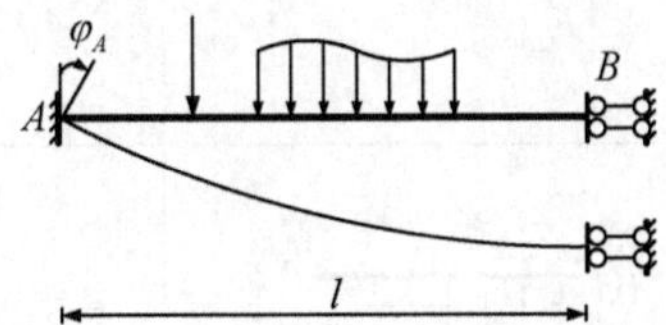

图6－5　一端固定一端滑移等截面直梁

表 6-1　等截面单跨超静定梁的形常数

图号	简　　图	弯　矩　图 (画在杆件受拉侧)	杆　端　弯　矩		杆　端　剪　力	
			M_{AB}	M_{BA}	F_{QAB}	F_{QBA}
1			$4i=S_{AB}$	$2i$	$-\frac{6i}{l}$	$-\frac{6i}{l}$
2			$-\frac{6i}{l}$	$-\frac{6i}{l}$	$\frac{12i}{l^2}$	$\frac{12i}{l^2}$
3			$3i=S_{AB}$	0	$-\frac{3i}{l}$	$-\frac{3i}{l}$
4			$-\frac{3i}{l}$	0	$\frac{3i}{l^2}$	$\frac{3i}{l^2}$
5			$i=S_{AB}$	$-i$	0	0

表 6-2 等截面单跨超静定梁的载常数

图号	简图	弯矩图（画在杆件受拉侧）	杆端弯矩 M_{AB}	杆端弯矩 M_{BA}	杆端剪力 F_{QAB}	杆端剪力 F_{QBA}
1	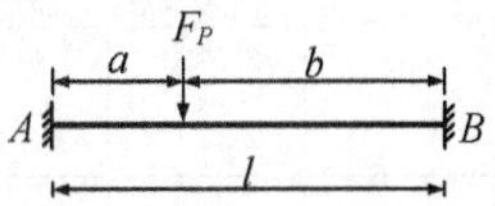	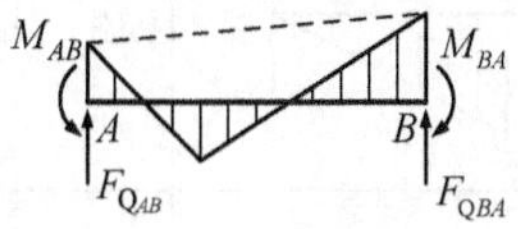	$-\frac{F_Pab^2}{l^2}$ $-\frac{F_Pl}{8}$ $(a=b)$	$\frac{F_Pa^2b}{l^2}$ $\frac{F_Pl}{8}$ $(a=b)$	$\frac{F_Pb^2}{l^2}\left(1+\frac{2a}{l}\right)$ $\frac{F_P}{2}$ $(a=b)$	$-\frac{F_Pa^2}{l^2}\left(1+\frac{2b}{l}\right)$ $-\frac{F_P}{2}$ $(a=b)$
2	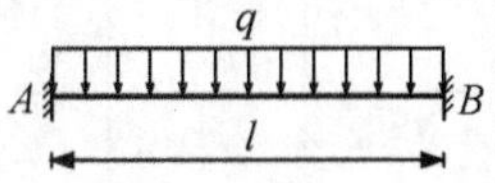	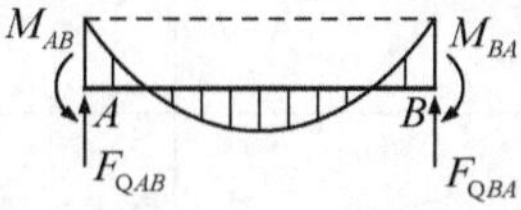	$-\frac{ql^2}{12}$	$\frac{ql^2}{12}$	$\frac{ql}{2}$	$-\frac{ql}{2}$
3	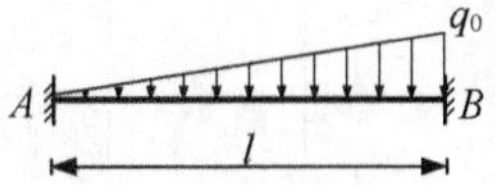	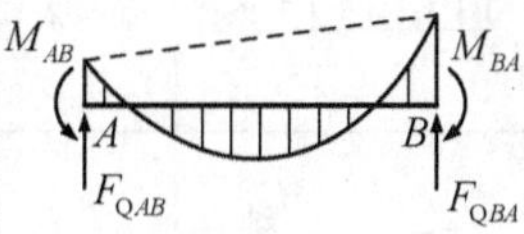	$-\frac{q_0l^2}{30}$	$\frac{q_0l^2}{20}$	$\frac{3q_0l}{20}$	$-\frac{7q_0l}{20}$
4	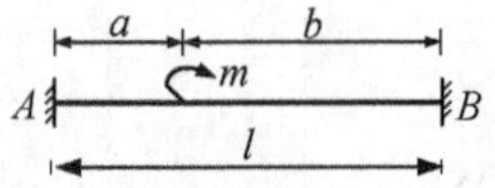	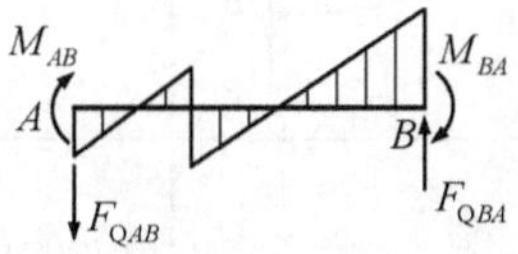	$\frac{mb}{l^2}(2l-3a)$	$\frac{ma}{l^2}(2l-3b)$	$-\frac{6ab}{l^3}m$	$-\frac{6ab}{l^3}m$
5	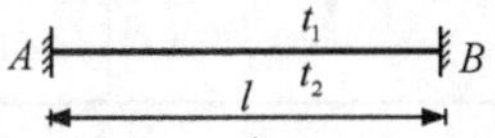 $t_2>t_1$，$t'=t_2-t_1$	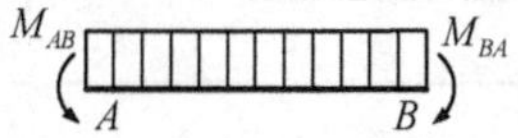	$\frac{-\alpha t'EI}{h}$	$\frac{\alpha t'EI}{h}$	0	0
6	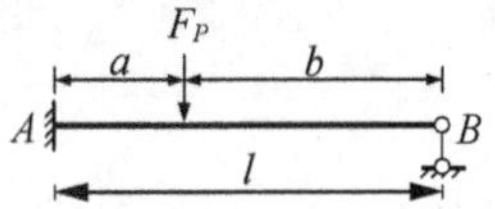	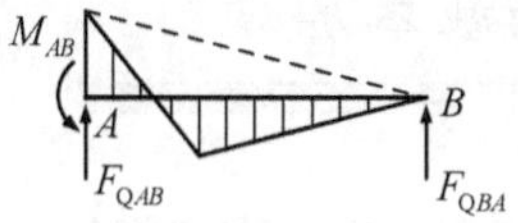	$-\frac{F_Pab(l+b)}{2l^2}$ $-\frac{3F_Pl}{16}$ $(a=b)$	0	$\frac{F_Pb(3l^2-b^2)}{2l^3}$ $\frac{11F_P}{16}$ $(a=b)$	$\frac{F_Pa^2(3l-a)}{2l^3}$ $-\frac{5F_P}{16}$ $(a=b)$
7	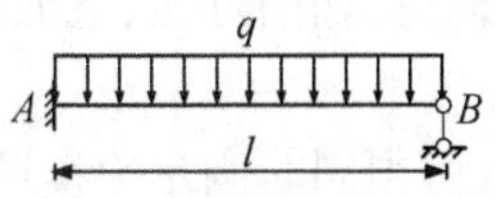	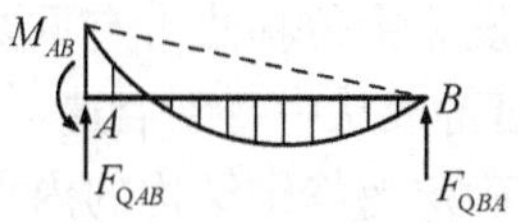	$-\frac{ql^2}{8}$	0	$\frac{5ql}{8}$	$-\frac{3ql}{8}$
8	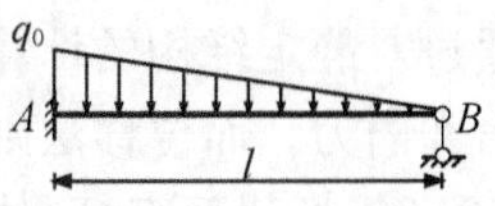	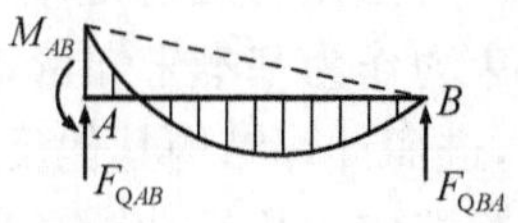	$-\frac{q_0l^2}{15}$	0	$\frac{2q_0l}{5}$	$-\frac{q_0l}{10}$

续 表

图号	简图	弯矩图(画在杆件受拉侧)	杆端弯矩 M_{AB}	杆端弯矩 M_{BA}	杆端剪力 F_{QAB}	杆端剪力 F_{QBA}
9			$\frac{m(l^2-3b^2)}{2l^2}$	0	$-\frac{3m(l^2-b^2)}{2l^3}$	$-\frac{3m(l^2-b^2)}{2l^3}$
10	$t_2>t_1$, $t'=t_2-t_1$		$-\frac{3\alpha t'EI}{2h}$	0	$\frac{3\alpha t'EI}{2hl}$	$\frac{3\alpha t'EI}{2hl}$
11			$-\frac{F_Pa(l+b)}{2l}$	$-\frac{F_Pa^2}{2l}$	F_P	0
12			$-\frac{ql^2}{3}$	$-\frac{ql^2}{6}$	ql	0
13	$t_2>t_1$, $t'=t_2-t_1$		$-\frac{\alpha t'EI}{h}$	$\frac{\alpha t'EI}{h}$	0	0

§6-2 位移法的基本原理

位移法(displacement method)和力法是求解超静定结构的两个基本方法。力法出现较早,但在结构分析的近代发展中位移法占有重要地位,如渐近法、近似法、矩阵位移法等均可由位移法演变而得或从中得到启迪。

从上一章对力法的讨论可见,确定超静定结构的内力,必须同时满足平衡条件和位移协调条件,才能得到唯一解。力法是将超静定结构转化为静定结构来计算的。力法考虑平衡条件,以多余约束力作为基本未知量,通过对静定结构的计算建立位移条件,首先求出多余约束力,进而计算结构其他反力和内力。而位移法则是利用等截面直杆转角位移方程,将超静定结构转化为单跨梁(各等截面直杆)体系来计算的。位移法利用变形协调条件,建立杆端位移和结点位移之间的关系,以结构的**结点位移**(nodal displacement)为基本未知量,通过对单跨超静定梁系的计算建立平衡条件，首先求出结点位移，进而计算结构内力。这就是位移法的基本思路。

现以两个简单例子来说明位移法的基本原理。先讨论图 6-6(a)所示刚架结构。在荷载作用下，该刚架将发生如图中虚线所示的变形。若不计杆长的变化，刚结点 B 只有**角位移**(rotation)(转角)而无**线位移**(translation)。设此转角为 φ_1(顺时针转)，根据变形协调条件，与刚结点 B 相连的 AB 杆的 B 端和 BC 杆的 B 端也都发生与 B 结点相同的转角 φ_1。其变形状态与图 6-6(b)所示的两个单跨超静定梁的情况相同。其中 AB 杆相当于两端固定梁在固定端 B 处发生转角 φ_1；BC 杆相当于 B 端固定，C 端铰支的单跨梁受原荷载 F 作用，且在固定端 B 处发生转角 φ_1，所不同的仅仅是在刚架中 φ_1 为荷载 F 所引起的，而在单跨梁系中 φ_1 与 F 同属外来因素作用于梁上。显然，如果 φ_1 已知，这些单跨梁的内力就可以根据转角位移方程来确定。

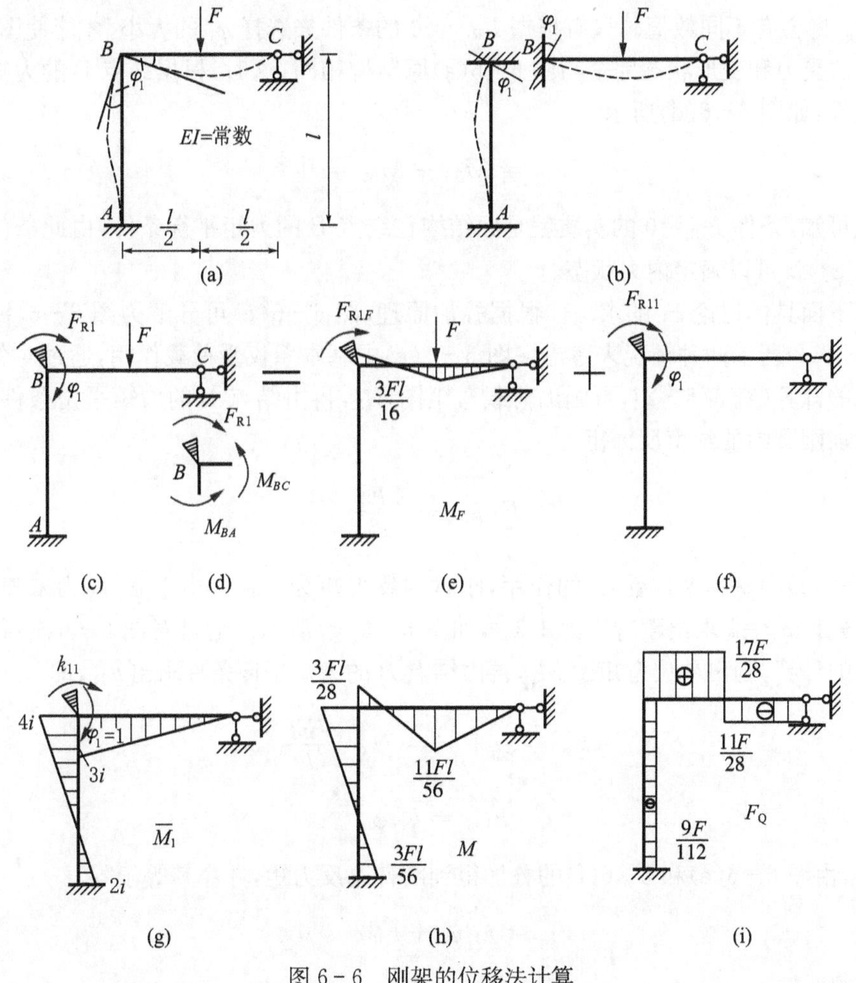

图 6-6　刚架的位移法计算

为了使原结构能转化为图 6－1(b)所示的单跨梁系来计算，在原结构结点 B 上加一个阻止结点转动(但不能阻止移动)的约束，叫作**刚臂**(clamp)，并用符号 ▼ 表示，如图 6－6(c)所示。这时，由于结点 B 既不能转动又不能移动，所以 AB 杆相当于两端固定梁，BC 杆则相当于一端固定一端铰支的单跨梁，再把原荷载以及转角 φ_1 作用上去。将 φ_1 作用到图 6－6(c)所示体系上，就是强迫刚臂转动角度 φ_1，并同时带动结点 B 转动 φ_1，可以把刚臂理解为一种特殊支座，φ_1 看作是支座转动。经过以上处理，图 6－6(c)与图 6－6(b)的变形状态完全一致。也就是说，图 6－6(c)状态实现了将原结构离散为单跨梁系的目的。这就可以通过对图6－6(c)离散梁系的计算来代替对图 6－6(a)原结构的计算。但计算图6－6(c)体系还存在两个问题：一是 φ_1 是未知的，二是结点 B 处有刚臂约束，这意味着有一约束反力矩作用，设其为 F_{R1}(与 φ_1 转向一致为正)；而在原结构 B 结点处无此力作用，虽然任意设定一个 φ_1 值都能满足 B 结点处的变形协调条件，但在刚臂上的约束反力矩 F_{R1}将会有不同数值。只有根据 $F_{R1}=0$ 的条件来选择 φ_1 的大小，才能使图 6－6(c)的受力和变形状态完全与图 6－6(a)原结构相同，这时，根据结点 B 的力矩平衡条件，如图 6－6(d)所示

$$F_{R1}=M_{BA}+M_{BC}=0$$

由此可知，条件 $F_{R1}=0$ 的实质就是原结构在结点 B 的力矩平衡条件，由此条件求得了 φ_1，就可以确定内力状态。

下面具体讨论 φ_1 的求法。根据叠加原理，图 6－6(c)可分解为图 6－6(e)和图 6－6(f)所示两种情况来考虑。图 6－6(e)中基本系仅受荷载作用，通过对各单跨梁的计算(查表 6－2)，可画出荷载弯矩图 M_F，再由结点 B 的力矩平衡条件，求出附加刚臂内的约束反力矩

$$F_{R1F}=-\frac{3Fl}{16}$$

图 6－6(f)中基本系仅受 φ_1 的作用，刚臂内反力矩为 F_{R11}。由于 φ_1 尚为未知量，可以先设 $\varphi_1=1$ 求出刚臂反力矩 k_{11}，如图 6－6(g)所示。通过对图 6－6(g)各单跨梁的计算，画出单位弯矩图 $\overline{M}_1$，再由结点 B 的力矩平衡条件求出 k_{11}，即

$$k_{11}=3i+4i=7i=\frac{7EI}{l}$$

则

$$F_{R11}=k_{11}\varphi_1$$

最后，由图 6－6(e)和 6－6(f)的叠加得到刚臂总反力矩，并令其等于零

$$F_{R1}=k_{11}\varphi_1+F_{R1F}=0$$

此即位移法典型方程，由此解得

$$\varphi_1 = -\frac{F_{R1F}}{k_{11}} = \frac{3Fl^2}{112EI}$$

结构最后内力也可由图 6－6(e)和 6－6(g)叠加得到，例如各截面弯矩为

$$M = \overline{M}_1\varphi_1 + M_F$$

作出最后弯矩图，如图 6－6(h)所示，进而可作出剪力图，如图 6－6(i)所示。

因此，按位移法求解结构时，必须同时考虑静力平衡条件和几何方面的变形协调条件。应该指出，在平衡条件的建立中需要用到材料的物理条件。因此，位移法求解超静定结构的内力，与力法一样，同样是以平衡、几何、物理三方面条件为依据的。结点位移(φ_1)称为位移法的基本未知量，加了附加约束(刚臂)的体系(单跨超静定梁系)为位移法的基本系，用来确定 φ_1 的条件方程 $F_{R1}=0$ 即为位移法的典型方程。

下面再讨论图 6－7(a)所示铰结排架，在荷载作用下结构发生如虚线所示变形。设柱子长度不变，结点无竖向位移，又因为 BC 杆的抗压刚度 $EA=\infty$，所以变形后 B,C 两点的水平线位移相等(变形协调条件)，用 Δ_1 表示(设指向右)，为了获得按位移法计算的基本系，可在结点 C 处加一个水平的链杆约束(支座)，以阻止结点发生水平位移。这时，AB、CD 两杆都成为一端固定另一端铰支的单跨梁。将原来的荷载和结点位移 Δ_1 作用于基本系如图 6－2(b)上，则基本系的变形和受力情况都将与原结构相同。如果能将 Δ_1 首先求出，则各杆的杆端内力便可由转角位移方程求得。故 Δ_1 为基本未知量。Δ_1 的不同取值，虽然都能满足变形协调条件，但在附加链杆中的约束反力 F_{R1}(与 Δ_1 同向为正)将有不同数值。为了保证基本系与原结构完全一致，必须按约束反力 $F_{R1}=0$ 的条件来选定 Δ_1，事实上，根据 BC 杆为脱离体，如图 6－7(c)所示的剪力平衡条件

$$F_{R1} = F_{QBA} + F_{QCD} = 0$$

可知，$F_{R1}=0$ 的条件实质上就是截面的剪力平衡条件。

下面通过对基本系的计算来建立位移法典型方程 $F_{R1}=0$，并求出 Δ_1。先计算基本系上仅受荷载作用时，如图 6－7(d)所示的荷载弯矩图 M_F，再取 BC 杆为脱离体，根据剪力平衡条件求出附加链杆内的约束反力 F_{R1F}，如图 6－7(e)所示。各杆端剪力可根据柱子的平衡条件求出 。

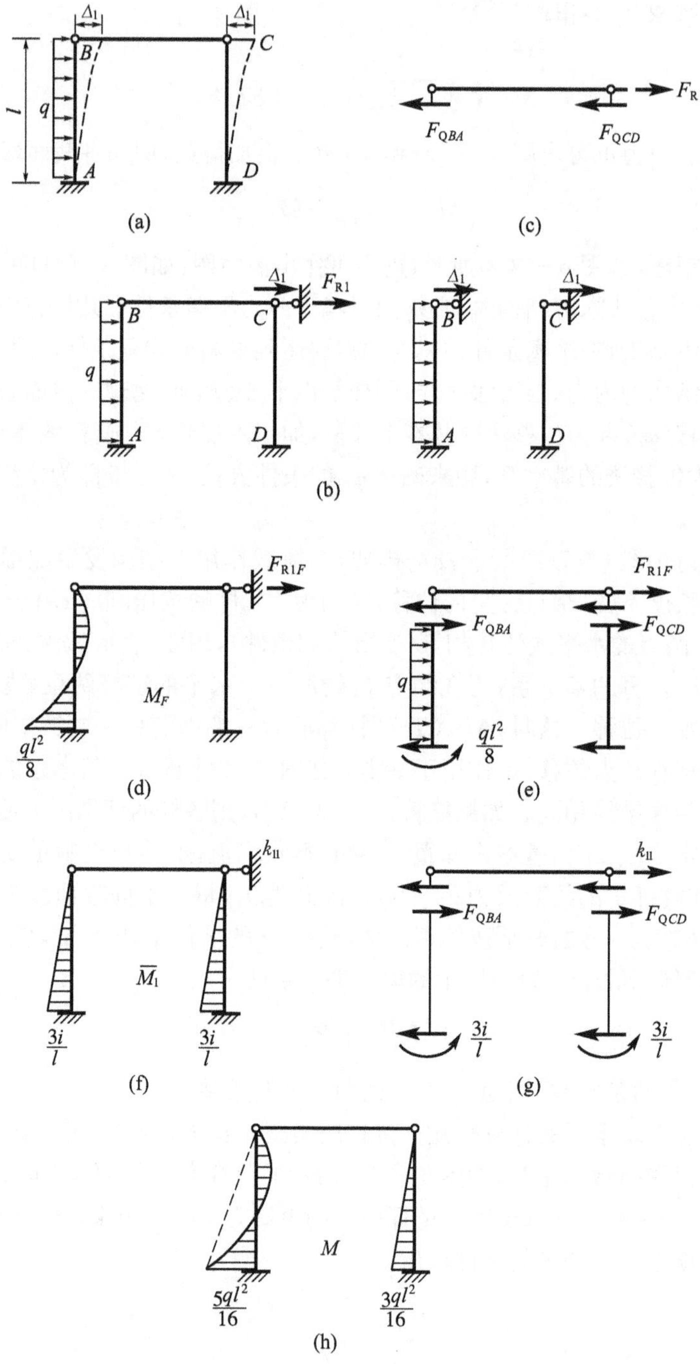

图 6-7 铰结排架的位移法计算

$$F_{QBA}=-\frac{3}{8}ql,\quad F_{QCD}=0$$

$$F_{R1F}=F_{QBA}+F_{QCD}=-\frac{3}{8}ql$$

再计算基本系上仅受$\Delta_1=1$作用时，如图6-7(f)所示的单位弯矩图$\overline{M}_1$，仍取BC杆为脱离体，根据剪力平衡条件求出附加链杆内的反力k_{11}，如图6-7(g)所示。各杆端剪力可根据柱子的平衡求出

$$F_{QBA}=F_{QCD}=\frac{3i}{l^2}$$

$$k_{11}=F_{QBA}+F_{QCD}=\frac{6i}{l^2}$$

由此可知基本系上受Δ_1作用时，附加链杆约束反力为

$$F_{R11}=k_{11}\Delta_1=\frac{6i}{l^2}\Delta_1$$

通过叠加即可求出附加链杆内总的约束反力，并令其等于零

$$F_{R1}=F_{R11}+F_{R1F}=k_{11}\Delta_1+F_{R1F}=0$$

此即位移法典型方程，由此解得

$$\Delta_1=-\frac{F_{R1F}}{k_{11}}=\frac{ql^3}{16i}=\frac{ql^4}{16EI}$$

最后弯矩由叠加公式计算

$$M=\overline{M}_1\Delta_1+M_F$$

弯矩图如图6-7(h)所示。

从以上两例可见，位移法的基本原理为：以结构的结点位移为基本未知量，取因附加约束而离散的单跨梁系为基本系，根据附加约束内的约束力为零的条件建立典型方程，求解结点位移，进而通过叠加计算内力。

§6-3 位移法的基本未知量、基本系和典型方程

一、基本假设和符号规定

在梁和刚架的计算中，位移法常采用如下基本假设：(1) 不计轴向变形；(2) 弯曲变形是微小的。根据假设可得：杆件变形后，杆长、杆端连线长度及其在

原方向的投影长度均相等,即杆长不变。

采用的符号规定如下:杆端转角和杆端垂直于杆轴线的相对线位移 Δ(或以弦转角 $\beta=\dfrac{\Delta}{l}$ 表示)以及杆端弯矩和杆端剪力均以顺时针转向为正;结点转角和附加刚臂内的反力矩(习惯上)以顺时针转向为正;结点水平线位移和附加链杆内的反力(习惯上)以指向右为正。

二、基本未知量和基本系

位移法的**基本未知量**为结构的结点位移。一般而言,结点位移包括角位移(转角)和线位移。由于采用杆长不变假设,各结点线位移之间可能存在一定联系,可以独立变化的结点线位移一经确定,其他结点线位移也就可由它们来确定。如上节中图6-7(a)的例子,若 C 点水平位移为 Δ_1,则 B 点水平位移也等于 Δ_1,所以,那些独立的结点线位移才取为基本未知量。

基本未知量一经确定,位移法的**基本系**也就随之确定了,只要在取为角位移未知量的结点处附加阻止转角的刚臂,在取为线位移未知量的结点处附加阻止线位移的附加链杆,就能得到位移法基本系。

根据变形协调条件,结构中某刚结点的转角等于交于该结点各杆件的杆端转角。由转角位移方程可知,要计算杆端内力,需先求出该杆端转角。因此,刚结点的转角应取为基本未知量,**结点角位移未知量的数目就等于刚结点的个数**,与铰结点相连的各杆端转角与计算杆端弯矩无直接关系,不必作为基本未知量。如图6-8(a)所示刚架,刚结点1、3、5处的转角取为基本未知量,而铰结点2、4、8处各杆端转角可以不取为基本未知量(不是独立的角位移)。又如图6-9(a)所示排架,柱子5—2应看作为5—6和6—2两根杆件在结点6处刚接,结点6成为由该刚结点和右侧的铰结合而成的组合结点,此处刚结点转角应取为未知量,而各柱子顶端的转角则不取为未知量。

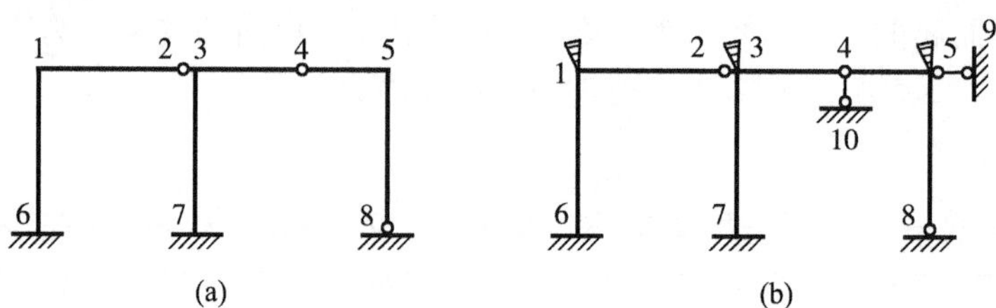

图6-8　刚架的位移未知量

结点线位移未知量的数目等于结构独立结点线位移的个数。对于一般刚架,独立结点线位移的个数常可由观察判定。根据杆长不变假定,可以推知:在结构

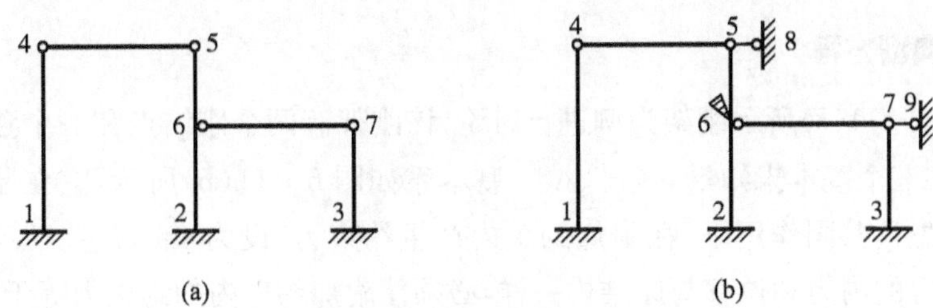

图 6-9 排架的位移法未知量

中,由两个已知不动点所引出的两杆相交的结点,也将是不动的。据此,则不难通过逐一考察各结点和支座处的位移情况,确定使所有结点成为不动点所需加入的附加链杆数目,即独立线位移数目。例如图 6-8(a)所示刚架:(1) 考察结点 5,不难看出它是可以移动的。若加入一附加链杆5—9,如图 6-8(b)所示,则因 8、9 为已知不动点,5 与 9 及 5 与 8 之间距离又都保持不变,故结点 5 就不可能发生任何线位移了。(2) 考虑结点 4,它可作上下移动,若加入链杆 4—10,则因 5 与 10 为已知不动点,5 与 4 及 10 与 4 之间距离不变,故结点 4 的线位移也被控制了。(3) 由3—4 与 3—7 杆控制了结点 3 和 2(结点 2 和 3 实为一组合结点),由 2—1 与 6—1 杆控制了结点 1。由此可知,该刚架有两个独立结点线位移。再看图 6-9(a)所示排架,按以上方法分析可知需加入 5—8 和 7—9 两根附加链杆,如图 6-9(b)所示,故有两个独立结点线位移。

根据上述对独立结点线位移个数的分析,可以推出如下确定刚架独立结点线位移数目的方法:把刚架的所有刚结点和固定支座都改为铰结点,使这样得到的铰结体系成为几何不变体系所需添加的最少链杆数,即等于原结构的独立结点线位移数,如图 6-10(a)所示刚架,其铰结体系如图 6-10(b)所示,加两根链杆(虚线所示)就成为几何不变体系,故独立结点线位移数目为 2。

通过以上的分析所建立的图 6-8(a)、图 6-9(a)和图 6-10(a)所示结构的位移法基本系分别如图 6-8(b)、图 6-9(b)和图 6-10(c)所示。

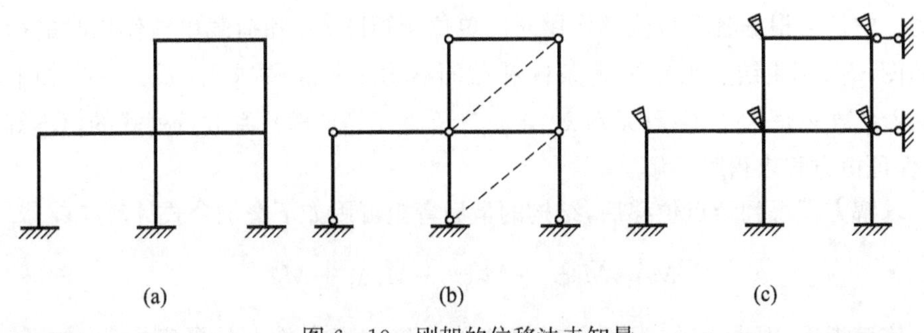

图 6-10 刚架的位移法未知量

三、典型方程

以图 6-11(a)所示刚架为例进行讨论,该刚架有两个刚结点和一个独立结点线位移,共三个基本未知量 φ_1、φ_2、Δ_3。基本系如图 6-11(b)所示,它在原荷载及未知结点位移共同作用下,在附加约束内产生约束力,设为 F_{R1}、F_{R2}、F_{R3},为使从基本系求得的内力和位移与原结构一样,必须使附加约束内的约束力等于零,从而得到位移法的典型方程为

$$F_{R1}=0,\quad F_{R2}=0,\quad F_{R3}=0 \tag{6-4a}$$

下面利用叠加原理,把基本系中总约束力 F_{R1}、F_{R2}、F_{R3} 分解成几种情况分别计算。

(1) 荷载单独作用——相应的约束力为 F_{R1F}、F_{R2F} 和 F_{R3F},如图 6-11(c) 所示。

(2) 单位转角 $\varphi_1=1$ 单独作用——相应的约束力 k_{11}、k_{21} 和 k_{31},如图 6-11(d) 所示。

(3) 单位转角 $\varphi_2=1$ 单独作用——相应的约束力 k_{12}、k_{22} 和 k_{32},如图 6-11(e) 所示。

(4) 单位线位移 $\Delta_3=1$ 单独作用——相应的约束力 k_{13}、k_{23} 和 k_{33},如图 6-11(f) 所示。

叠加以上结果,并代入式(6-1a) 得位移法典型方程为

$$\begin{cases}k_{11}\varphi_1+k_{12}\varphi_2+k_{13}\Delta_3+F_{R1F}=0\\k_{21}\varphi_1+k_{22}\varphi_2+k_{23}\Delta_3+F_{R2F}=0\\k_{31}\varphi_1+k_{32}\varphi_2+k_{33}\Delta_3+F_{R3F}=0\end{cases} \tag{6-4b}$$

方程中**系数**(coefficients)k_{ki} 为附加约束 i 处单位位移单独作用时,在附加约束 k 处所产生的约束力;**自由项** F_{RkF} 为荷载单独作用时在附加约束 k 处产生的约束力。它们可根据各单位位移作用时的单位弯矩图 $\overline{M}_i$ 和荷载单独作用时的荷载弯矩图 M_F,利用结点力矩平衡条件和截面剪力平衡条件求出,系数具有如下特点:主系数 k_{ii} 恒大于零;副系数 $k_{ki}=k_{ik}$(反力互等定理);系数行列式的值不等于零,保证由方程求得唯一解答。

求解方程得到结点位移后,结构的最后弯矩可用如下叠加公式计算:

$$M=\overline{M}_1\varphi_1+\overline{M}_2\varphi_2+\overline{M}_3\Delta_3+M_F$$

应该指出,根据上节讨论可知,位移法典型方程本质上是平衡方程,如图 6-11(g)所示。

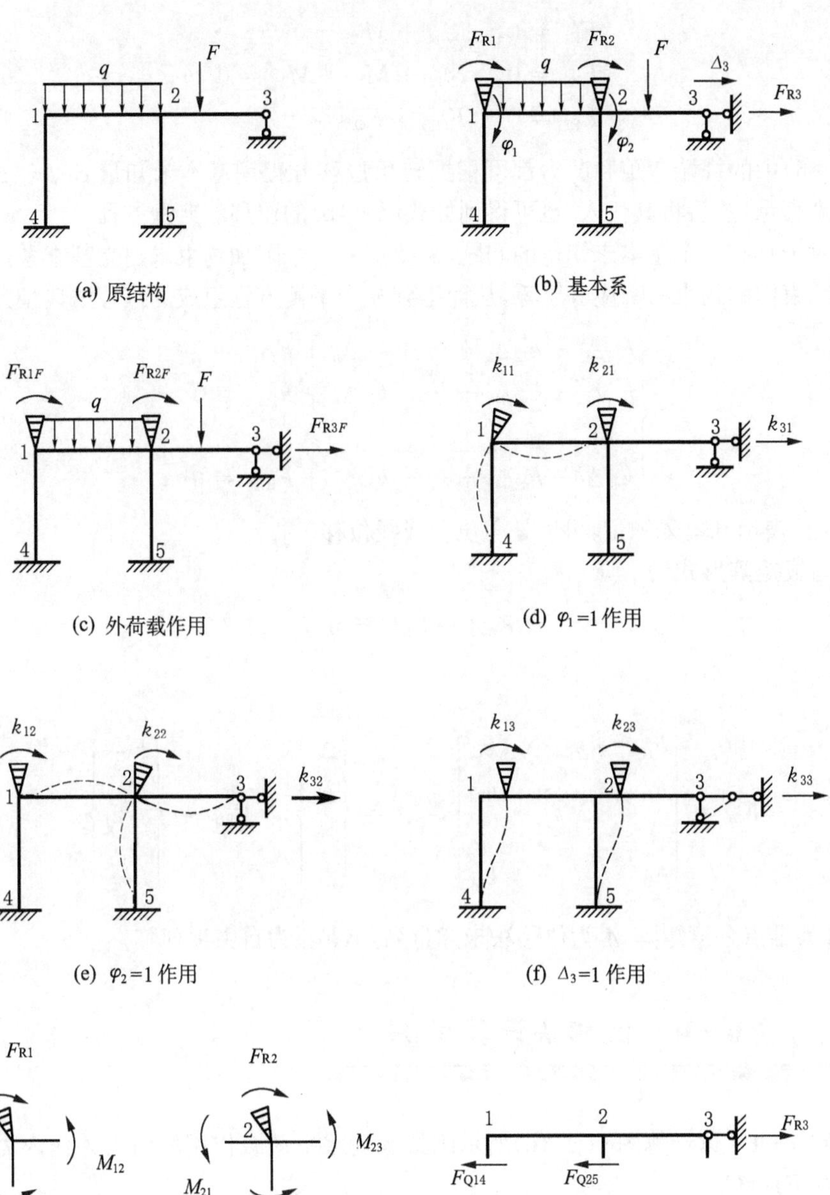

图 6 - 11　刚架的位移法求解

$$\begin{cases}F_{R1}=0, & M_{14}+M_{12}=0\\ F_{R2}=0, & M_{21}+M_{23}+M_{25}=0\\ F_{R3}=0, & F_{Q14}+F_{Q25}=0\end{cases} \tag{6-5}$$

式(6-5)中的杆端弯矩和剪力都可根据转角位移方程用基本未知量 φ_1、φ_2、Δ_3 及荷载来表示,然后将其代入,也可得到如式(6-4b)的位移法典型方程。

对于具有 n 个基本未知量的问题,需要加入 n 个附加约束来建立基本系,每个附加约束内的约束力都应等于零,从而得到 n 个平衡方程组成的位移法典型方程

$$\begin{cases}k_{11}\Delta_1+k_{12}\Delta_2+\cdots+k_{1n}\Delta_n+F_{R1F}=0\\ k_{21}\Delta_1+k_{22}\Delta_2+\cdots+k_{2n}\Delta_n+F_{R2F}=0\\ \qquad\vdots\\ k_{n1}\Delta_1+k_{n2}\Delta_2+\cdots+k_{nn}\Delta_n+F_{RnF}=0\end{cases} \tag{6-6}$$

式中:Δ_i 表示基本未知量,可以是角位移或线位移。

写成矩阵形式为

$$\boldsymbol{K}_{\delta\delta}\boldsymbol{\Delta}+\boldsymbol{F}_{R\delta F}=\boldsymbol{0}$$

式中

$$\boldsymbol{K}_{\delta\delta}=\begin{bmatrix}k_{11} & k_{12} & \cdots & k_{1n}\\ k_{21} & k_{22} & \cdots & k_{2n}\\ \vdots & \vdots & \vdots & \vdots\\ k_{n1} & k_{n2} & \cdots & k_{nn}\end{bmatrix},\quad \boldsymbol{\Delta}=\begin{Bmatrix}\Delta_1\\ \Delta_2\\ \vdots\\ \Delta_n\end{Bmatrix},\quad \boldsymbol{F}_{R\delta F}=\begin{Bmatrix}F_{R1F}\\ F_{R2F}\\ \vdots\\ F_{RnF}\end{Bmatrix}$$

称 $\boldsymbol{K}_{\delta\delta}$ 为结点劲度矩阵,$\boldsymbol{\Delta}$ 为位移法未知量列阵,$\boldsymbol{F}_{R\delta F}$ 为自由项列阵。

§6-4 位移法计算举例

例 6-1 试计算图6-12(a)所示刚架承受水平荷载作用的内力并作内力图。设各杆 $EI=C$。

解 (1) 基本未知量及基本系。以刚结点 B、C 的角位移 φ_1、φ_2 及独立水平线位移 Δ_3 作为基本未知量,基本体系如图 6-12(b)所示。

(2) 典型方程。根据基本系附加约束力为零的条件,可建立典型方程:

$$\begin{cases}F_{R1}=0, & k_{11}\varphi_1+k_{12}\varphi_2+k_{13}\Delta_3+F_{R1F}=0\\ F_{R2}=0, & k_{21}\varphi_1+k_{22}\varphi_2+k_{23}\Delta_3+F_{R2F}=0\\ F_{R3}=0, & k_{31}\varphi_1+k_{32}\varphi_2+k_{33}\Delta_3+F_{R3F}=0\end{cases} \tag{6-7}$$

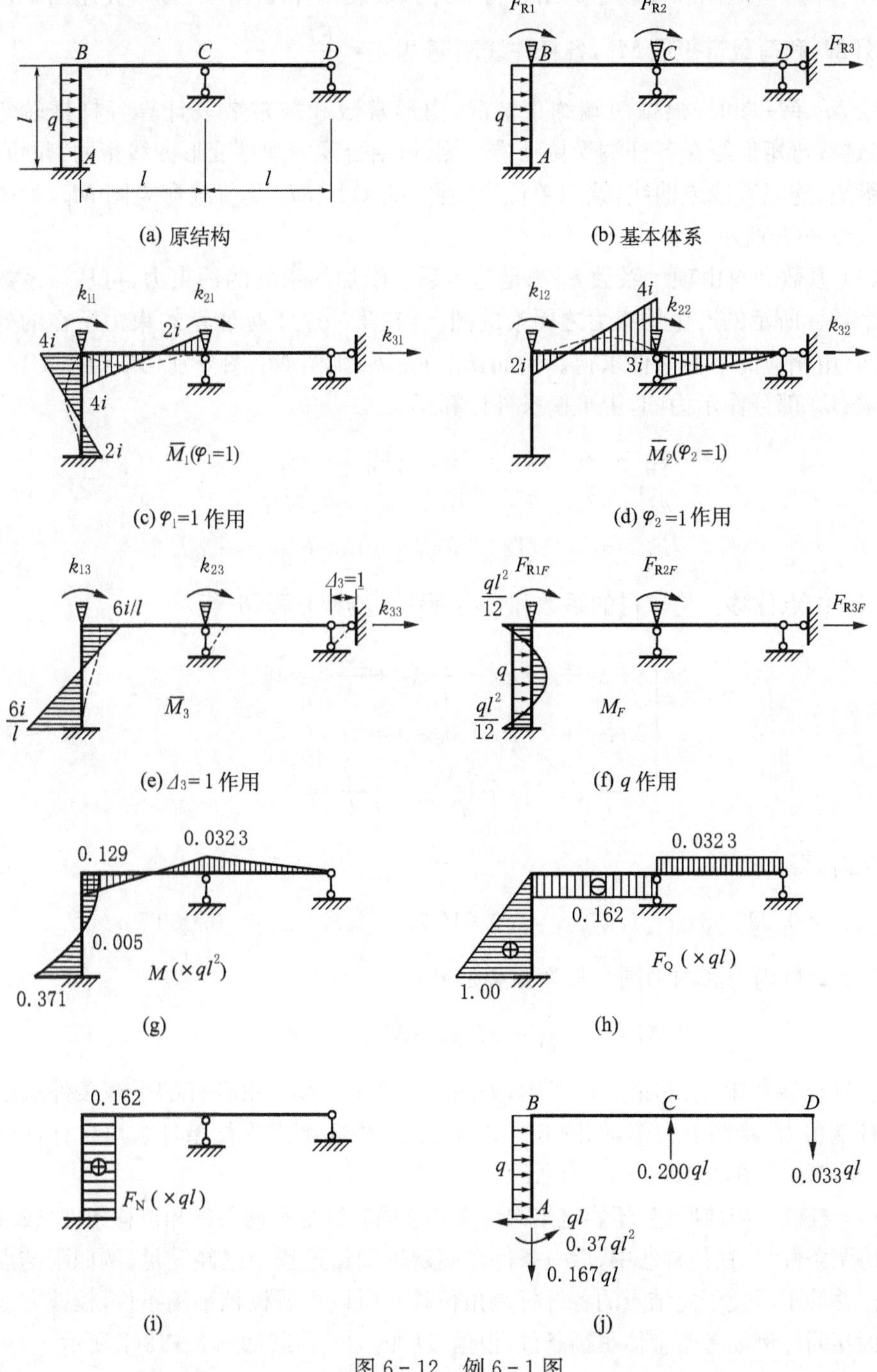
B
C
D
l
q
A
l
l
(a) 原结构
F_{R1}
F_{R2}
B
C
D
F_{R3}
q
A
(b) 基本体系
k_{11}
k_{21}
4i
2i
k_{31}
4i
2i
$\overline{M}_1(\varphi_1=1)$
(c) $\varphi_1=1$ 作用
k_{12}
4i
k_{22}
k_{32}
2i
3i
$\overline{M}_2(\varphi_2=1)$
(d) $\varphi_2=1$ 作用
k_{13}
k_{23}
$\Delta_3=1$
6i/l
k_{33}
6i/l
$\overline{M}_3$
(e) $\Delta_3=1$ 作用
F_{R1F}
F_{R2F}
$ql^2/12$
F_{R3F}
q
$ql^2/12$
M_F
(f) q 作用
0.0323
0.129
0.005
$M(\times ql^2)$
0.371
(g)
0.0323
0.162
1.00
$F_Q(\times ql)$
(h)
0.162
$F_N(\times ql)$
(i)
B
C
D
q
0.200ql
0.033ql
A
ql
$0.37ql^2$
0.167ql
(j)

图6-12 例6-1图

(3) 单位弯矩图和荷载弯矩图。为了计算系数 k_{ki} 和自由项 F_{RkF}，先绘出单位弯矩图 $\overline{M}_i$ 和荷载弯矩图 M_F，各杆件线刚度为 $i=\dfrac{EI}{l}$。

绘 $\overline{M}_i$、M_F 图时，根据两端约束情况，由形常数和载常数表计算各杆杆端弯矩，将这些弯矩值绘在各杆端受拉纤维一侧(可结合观察弹性变形曲线帮助判断)，标出纵矩，连以直线或曲线，绘出单位弯矩图 $\overline{M}_1$、$\overline{M}_2$、$\overline{M}_3$ 及荷载弯矩图 M_F，如图 6-12(c)—(f)所示。

(4) 系数和自由项。系数 k_{ki} 都是基本系上附加约束处的约束力，可从该系数第二个下标所示的产生约束力之因素的图上，在第一个下标所示约束力所在的处所方向，由相应的平衡条件求得。例如，k_{11}、k_{21}、k_{31} 则由 $\overline{M}_1$ 图分别切取结点 B，C 及横梁 BD 部分作示力图，由平衡条件计算得

$$k_{11}=8i,\quad k_{21}=2i,\quad k_{31}=-6i/l$$
$$k_{22}=7i,\quad k_{32}=0,\quad k_{33}=12i/l^2$$
$$F_{R1F}=ql^2/12,\quad F_{R2F}=0,\quad F_{R3F}=-ql/2$$

(5) 结点位移。将求得的系数和自由项代入典型方程(6-7)

$$\begin{cases}8i\varphi_1+2i\varphi_2-\dfrac{6i}{l}\Delta_3+\dfrac{ql^2}{12}=0\\2i\varphi_1+7i\varphi_2+0+0=0\\-\dfrac{6i}{l}\varphi_1+0+\dfrac{12i}{l^2}\Delta_3-\dfrac{ql}{2}=0\end{cases}\tag{6-8}$$

联立求解，得

$$\varphi_1=0.037\,63\,ql^2/i,\quad \varphi_2=-0.010\,75\,ql^2/i,\quad \Delta_3=0.060\,5\,ql^3/i$$

(6) 最后内力和内力图。按弯矩叠加公式

$$M=\overline{M}_1\varphi_1+\overline{M}_2\varphi_2+\overline{M}_3\Delta_3+M_F$$

计算各杆杆端弯矩，绘制最后弯矩图，如图 6-12(g)所示；由各杆的平衡条件求出各杆杆端剪力，绘制剪力图，如图 6-12(h)所示；由各结点平衡条件求出各杆杆端轴力，绘制轴力图，如图 6-12(i)所示。

(7) 校核。如前所述，超静定结构计算必须同时满足平衡条件和位移条件(或称变形协调条件)。在位移法中，后一条件在确定未知量过程中已经满足(例如刚结点的角位移等于汇交于此结点的各杆杆端角位移)，所以主要校核平衡条件，校核方法与前面相同。例如考察整体平衡条件，根据最后内力及荷载如图 6-12(j)所示：

$$\sum F_x=ql-ql=0$$

$$\sum F_y = 0.200\,ql - 0.167\,ql - 0.033\,ql = 0$$

$$\sum M_A = 0.5\,ql^2 + 0.033\,ql \times 2\,l - 0.37\,ql^2 - 0.200\,ql \times l = 0$$

可见,整体平衡条件满足。

此外,取各结点为隔离体,局部平衡条件也满足。因此,计算无误。值得指出的是,本例所得的结果与用力法解得的相同,再一次说明了超静定结构解答的唯一性。

例 6-2　计算图6-13(a)所示排架在结点水平荷载作用下的内力,绘制弯矩图。

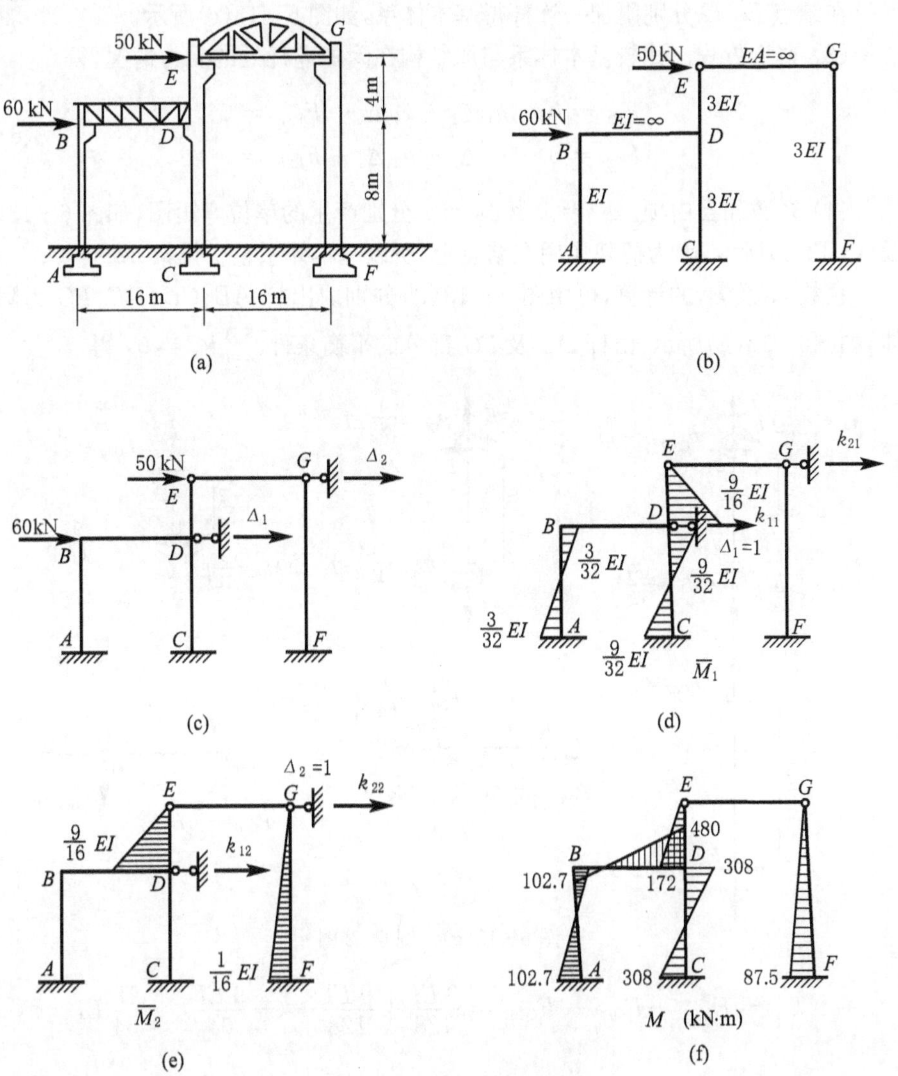

图 6-13　例 6-2 图

解 (1) 计算简图。左跨屋架采用平行弦桁架,用预埋钢筋与柱子焊牢并浇筑在一起,结点抗转能力较大,可视为刚结。右跨屋架采用抛物线桁架,结点抗转能力较小,可视为铰结。当荷载作用在柱子上时,这二屋架都可简化为一刚度很大的杆件,即假设左杆 BD 的 $EI=\infty$,右杆 EG 的 $EA=\infty$,计算简图如图 6-13(b)所示。设作用在结点 B, E 的水平荷载各为 60 kN 和 50 kN。

(2) 基本未知量和基本体系。因为杆 BD 的 EI 和杆系的 EA 均为∞,所以 BD 和 EG 分别不产生弯曲变形和轴向变形。当结构发生水平线位移时,结点 B 和 D 有相同的线位移而无角位移,结点 E 和 G 有相同的水平线位移,角位移不作为未知量,故该结构总共有两个线位移 Δ_1 和 Δ_2。

在结点 D, G 分别附加一连杆得基本体系,如图 6-13(c)所示。

(3) 典型方程。比较基本体系与原结构在附加连杆处的受力情况,得

$$\begin{cases} F_{R1}=0, \quad k_{11}\Delta_1+k_{12}\Delta_2+F_{R1F}=0 \\ F_{R2}=0, \quad k_{21}\Delta_1+k_{22}\Delta_2+F_{R2F}=0 \end{cases} \tag{6-9}$$

(4) 系数和自由项。$\Delta_1=1$ 及 $\Delta_2=1$ 分别产生的单位弯矩图,如图 6-13(d)及 6-13(e)所示,因为荷载作用在结点上,所以基本体系整个排架 $M_F=0$。

系数 k_{11} 及 k_{21} 的计算,可由图 6-13(d)分别取出杆 AB、CD、DE、FG 为隔离体,如图6-13(g)所示,由杆 BD 及 EG 部分的平衡条件 $\sum F_x=0$,得

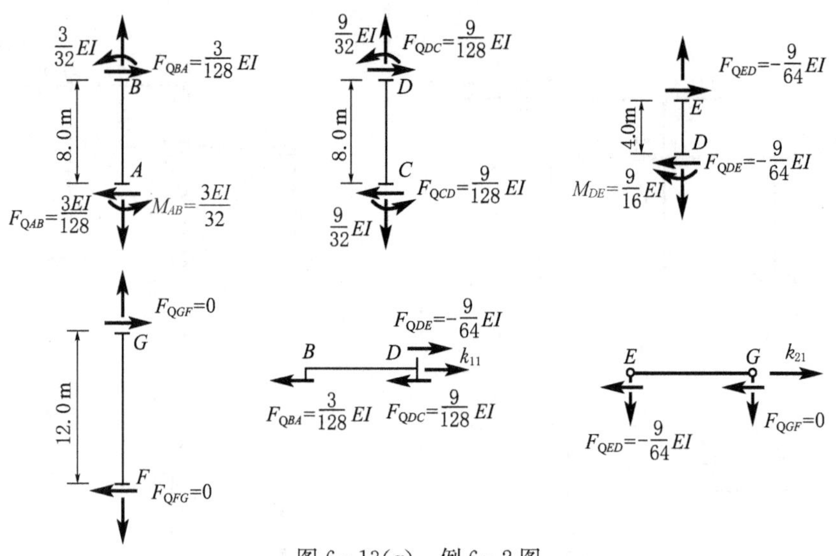

图 6-13(g) 例 6-2 图

$$k_{11}=F_{QBA}+F_{QDC}-F_{QDE}=\frac{3\,EI}{128}+\frac{9\,EI}{128}-\left(-\frac{9\,EI}{64}\right)=\frac{15}{64}EI$$

$$k_{21} = k_{12} = F_{QED} = -\frac{9\,EI}{64}$$

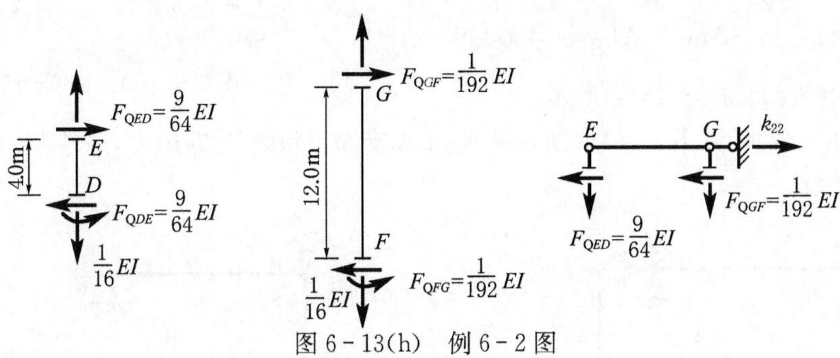

图 6 - 13(h) 例 6 - 2 图

系数 k_{22} 的计算,可由图 6 - 13(e)分别取出杆 DE 及 FG 为隔离体,考虑平衡求出杆端剪力后,进而取出杆 EG 为隔离体,如图 6 - 13(h)所示。由 EG 的平衡条件 $\sum F_x = 0$,得

$$k_{22} = F_{QED} + F_{QGF} = \frac{9\,EI}{64} + \frac{EI}{192} = \frac{7\,EI}{48}$$

自由项 F_{R1F} 及 F_{R2F} 的计算,令荷载单独作用在图 6 - 13(c)上,因各杆端的 $M_F = 0$,故 $F_{QF} = 0$,取杆 BD、EG 部分为隔离体,由平衡条件得

$$F_{R1F} = -60\ \text{kN},\quad F_{R2F} = -50\ \text{kN}$$

(5) 结点位移。将上面求得的 k_{ij} 和 F_{RiF} 代入式(6 - 9)

$$\begin{cases} \dfrac{15\,EI}{64}\Delta_1 - \dfrac{9\,EI}{64}\Delta_2 - 60 = 0 \\ -\dfrac{9\,EI}{64}\Delta_1 + \dfrac{7\,EI}{48}\Delta_2 - 50 = 0 \end{cases} \tag{6-10}$$

解得
$$\Delta_1 = \frac{1\ 095.59}{EI},\quad \Delta_2 = \frac{1\ 399.32}{EI}$$

(6) 弯矩图。因为 $M_F = 0$,故计算任意截面最后弯矩公式为

$$M = \overline{M}_1\Delta_1 + \overline{M}_2\Delta_2$$

杆件 AB、CD、DE、FG 的杆端弯矩为

$$M_{AB} = -102.7\ \text{kN}\cdot\text{m}\qquad M_{BA} = -102.7\ \text{kN}\cdot\text{m}$$
$$M_{CD} = -308\ \text{kN}\cdot\text{m}\qquad M_{DC} = -308\ \text{kN}\cdot\text{m}$$
$$M_{DE} = -172\ \text{kN}\cdot\text{m}\qquad M_{FG} = -87.5\ \text{kN}\cdot\text{m}$$

由结点 B、D 的平衡条件,如图 6-13(i)所示,得

$$M_{BD}=-M_{BA}=102.7\ \text{kN}\cdot\text{m}$$
$$M_{DB}=-M_{DC}-M_{DE}=480\ \text{kN}\cdot\text{m}$$

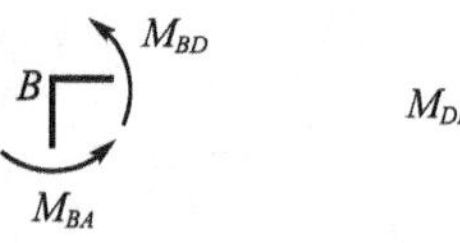

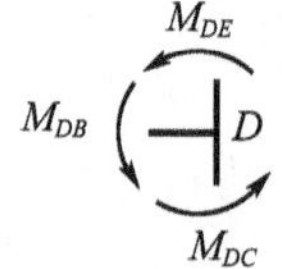

图 6-13(i) 例 6-2 图

最后弯矩图,如图 6-13(f)所示。

例 6-3 计算图6-9(a)所示刚架当 A 支座下沉 Δ 时的内力,并绘制内力图,$EI=$ 常数。

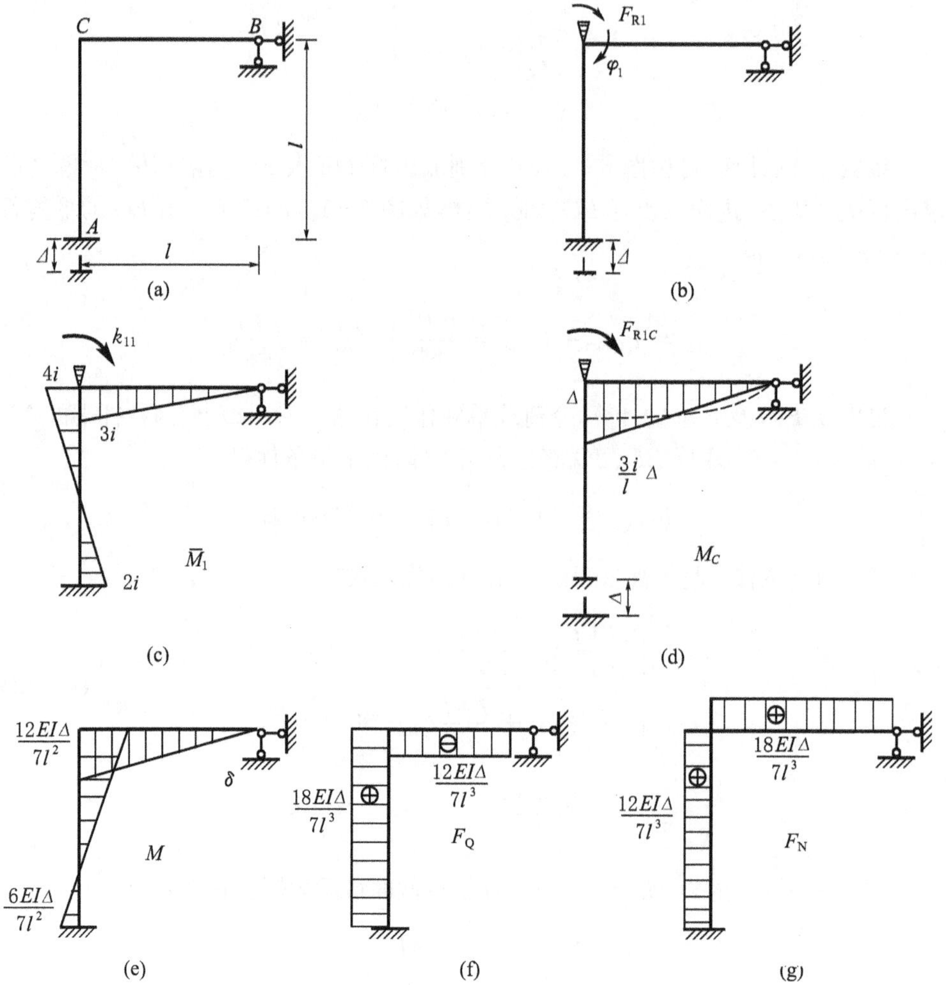

图 6-14 例 6-3 图

解 用位移法计算支座移动作用下的结构内力,与荷载作用时的不同仅在于典型方程中自由项的计算。在支座移动时,自由项表示基本系在支座移动单独作用下,附加约束内产生的约束力,记为 F_{R1C}。

该刚架基本未知量为结点C的转角φ_1，基本系如图6-14(b)所示。单位弯矩图$\overline{M}_1$，如图6-14(c)所示。支座移动Δ作用在基本系上的支座移动弯矩图M_C如图6-14(d)所示。由$\overline{M}_1$和M_C图求得$\left(i=\dfrac{EI}{l}\right)$

$$k_{11}=7i,\quad F_{\mathrm{R1}C}=\frac{3i}{l}\Delta$$

典型方程为

$$F_{\mathrm{R1}}=0,\quad k_{11}\varphi_1+F_{\mathrm{R1}C}=0$$

将系数和自由项代入上式，求得

$$\varphi_1=-\frac{3}{7l}\Delta$$

按叠加公式计算弯矩

$$M=\overline{M}_1\varphi_1+M_C$$

最后弯矩图如图6-14(e)所示，根据弯矩图可作剪力图，如图6-14(f)所示，再由剪力图作出轴力图，如图6-14(g)所示。

例6-4 求如图6-15(a)所示刚架。当上侧温度增高t_1，下侧增高t_2，且$t_2>t_1$时，绘制刚架弯矩图。已知各杆线膨胀系数为α，截面高度为h，EI=常数。

解 结构在变温因素作用下的内力计算与支座移动因素下的内力计算类似，只有典型方程中自由项计算的差别。在变温因素作用时，自由项表示基本系在变温因素单独作用下，附加约束内产生的约束力，记为$F_{\mathrm{R}it}$。

(1) 基本未知量与基本系。该刚架无线位移，只有刚结点1的转角位移φ_1为基本未知量，基本系如图6-15(b)所示。

(2) 典型方程

$$F_{\mathrm{R1}}=0,\quad k_{11}\varphi_1+F_{\mathrm{R1}t}=0$$

式中：$F_{\mathrm{R1}t}$为变温作用下附加刚臂处的约束力。为了计算方便，把每一杆单元的温度变化分为均匀变化$t=\dfrac{t_1+t_2}{2}$（由此引起基本系上刚臂的约束力为$F'_{\mathrm{R1}t}$）和杆单元两侧的不均匀温度变化$t'=t_2-t_1$（由此引起刚臂上的约束力为$F''_{\mathrm{R1}t}$）。因此，上面典型方程可改写为

$$F_{\mathrm{R1}}=0,\quad k_{11}\varphi_1+F'_{\mathrm{R1}t}+F''_{\mathrm{R1}t}=0$$

(3) 系数、自由项计算。如图6-10(c)，可求得系数

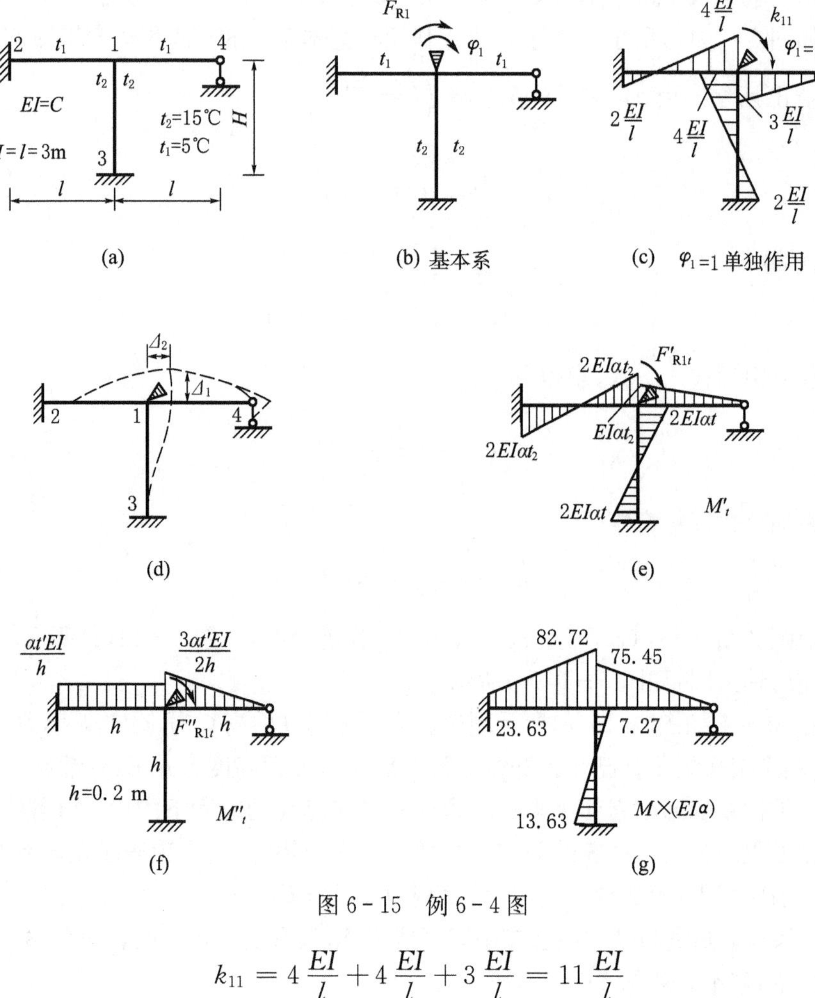

图 6-15 例 6-4 图

$$k_{11}=4\frac{EI}{l}+4\frac{EI}{l}+3\frac{EI}{l}=11\frac{EI}{l}$$

自由项的计算,考虑以下两方面

① 均匀温度改变引起的各杆固端弯矩。因均匀变温 t 只引起杆的伸缩,由某些杆的伸缩就会引起其他杆两端的相对线位移,如图 6-15(d)所示,进而得到杆两端的固端弯矩,弯矩图 M'_t 如图 6-15(e)所示。

由杆 1—3 伸长　　　$\Delta_1=\Delta_{12}=\Delta_{14}=\alpha t_2 H$

由杆 1—2 伸长　　　$\Delta_2=\Delta_{13}=\alpha t l$

由转角位移方程即可得到

$$M_{12}^{F}=6\frac{EI}{l}\times\frac{\Delta_{12}}{l}=6\frac{EI}{3}\times\frac{\Delta_{12}}{3}=2EI\alpha t_2$$

$$M_{14}^{F} = -3\frac{EI}{l} \times \frac{\Delta_{14}}{l} = -3\frac{EI}{3} \times \frac{\Delta_{14}}{3} = -EI\alpha t_2$$

$$M_{13}^{F} = -6\frac{EI}{H} \times \frac{\Delta_{13}}{H} = -6\frac{EI}{3} \times \frac{\Delta_{13}}{3} = -2EI\alpha t$$

由结点 1 力矩平衡得

$$F'_{\mathrm{R1}t} = -EI\alpha t_1$$

② 杆两侧温度差引起的各杆固端弯矩。各杆两侧的温度差 t' 只引起杆的弯曲变形,查表 6 - 2 即可得固端弯矩,弯矩图 M'_t 如图 6 - 15(f)所示,固端弯矩数值为

$$M_{12}^{F} = -M_{21}^{F} = \frac{\alpha t' EI}{h}$$

$$M_{14}^{F} = -\frac{3\alpha t' EI}{2h}$$

式中:h 为杆截面高度。

由结点 1 力矩平衡得

$$F''_{\mathrm{R1}t} = -0.5\frac{\alpha t' EI}{h}$$

(4) 求解未知量、绘最后弯矩图。将系数与自由项代入典型方程解出 φ_1,本例中 $t_1 = 5\ ℃$,$t_2 = 15\ ℃$,$h = 0.2\ \mathrm{m}$,

则
$$\varphi_1 = 9.55\alpha$$

最后由叠加原理 $M = \overline{M}_1\varphi_1 + M'_t + M''_t$ 得最后弯矩图,如图 6 - 15(g)所示。

由例 6 - 3 与例 6 - 4 又一次看出,在支座移动、温度变化作用下,超静定结构的内力与杆件刚度的绝对值有关。

例 6 - 5 用位移法计算图6 - 16(a)的斜杆刚架并绘 M 图。

解 (1) 确定基本未知量、建立基本系。该结构基本未知量为角位移 $\varphi_B = \varphi_1$,水平位移$\Delta_C = \Delta_2$。在 B 点和 C 点附加上刚臂和连杆约束成基本系,如图 6 - 16(b)所示。

(2) 建立位移法典型方程。将结点位移及荷载同时施加在基本系上,根据消除附加约束反力的条件得如下典型方程

$$F_{\mathrm{R1}} = 0,\quad k_{11}\varphi_1 + k_{12}\Delta_2 + F_{\mathrm{R1}F} = 0$$

$$F_{\mathrm{R2}} = 0,\quad k_{21}\varphi_1 + k_{22}\Delta_2 + F_{\mathrm{R2}F} = 0$$

(3) 求系数、自由项(下列计算用各杆相对刚度,其值在杆旁圈内)。在基本系上作单位弯矩图 $\overline{M}_1$、$\overline{M}_2$ 和荷载弯矩图 M_F 如图 6 - 16(c)、(e)、(f)所示。

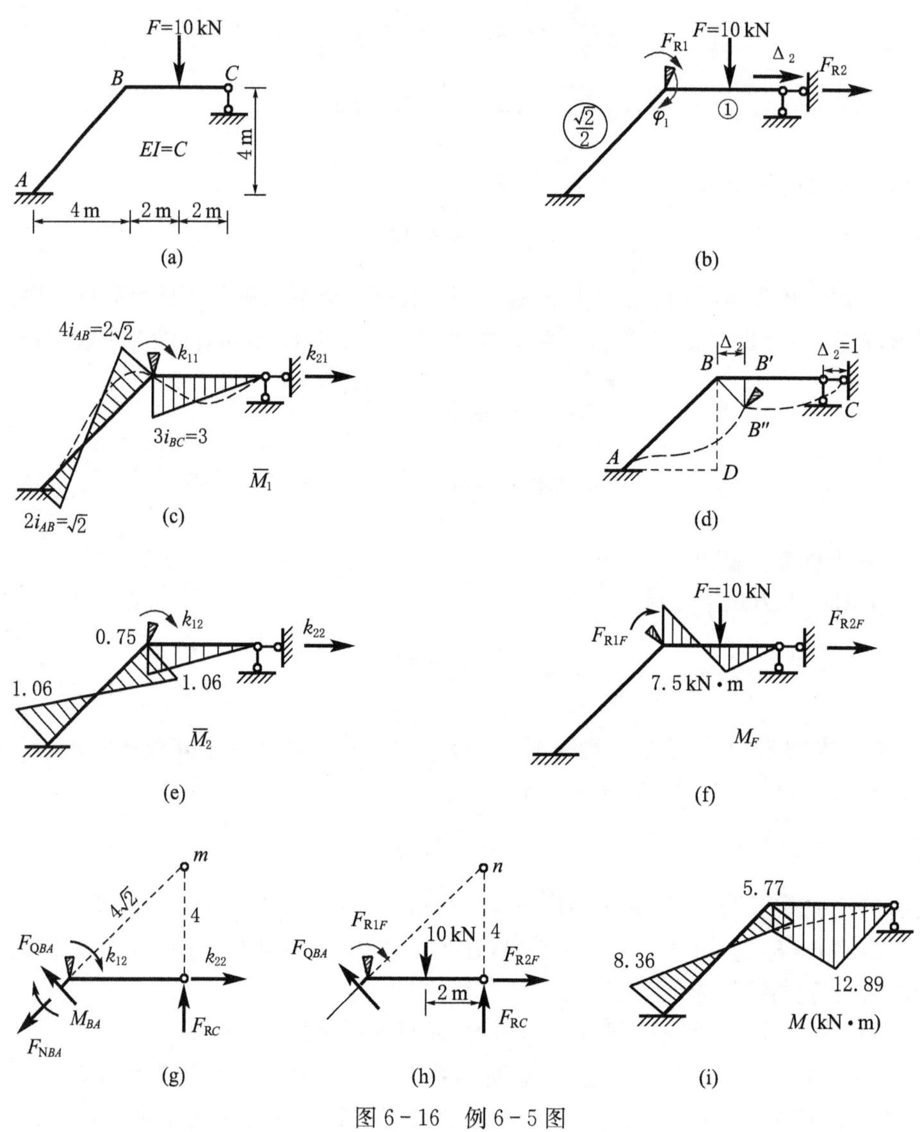

图 6－16　例 6－5 图

作 $\overline{M}_2$ 图时需注意杆件单元两端的相对线位移。当 C 点有一单位线位移 $\Delta_2=1$ 时,如图 6－16(d)所示,根据斜柱位移的特点,B 点移到 B'' 点。$\overline{BB''}$ 成为 AB 杆两端的相对线位移,即 $\Delta_{AB}=\overline{BB''}$。$\overline{BB''}$ 的水平投影 $\overline{BB'}$,由于杆不伸长的假设,仍为 Δ_2,即 $\overline{BB'}=\Delta_2=1$。

因 $\Delta BB'B''\backsim\Delta ADB$,则有下列几何关系

$$\frac{\overline{BB''}}{\overline{AB}}=\frac{\overline{BB'}}{\overline{BD}}=\frac{\overline{B'B''}}{\overline{AD}}$$

即 $$\Delta_{BC}=\overline{B'B''}=1,\quad \Delta_{AB}=\overline{BB''}=\sqrt{2}$$

根据杆 AB 与杆 BC 的角位移方程，可计算出它们在两端相对线位移情况下的杆端弯矩为

$$M_{AB}=M_{BA}=-6i_{AB}\frac{\Delta_{AB}}{l_{AB}}=-6\times\frac{\sqrt{2}}{2}\times\frac{\sqrt{2}}{4\sqrt{2}}=-1.06$$

$$M_{BC}=3i_{BC}\frac{\Delta_{BC}}{l_{BC}}=3\times1\times\frac{1}{4}=0.75$$

单位弯矩图和荷载弯矩图绘出后，可分别在各自的弯矩图中求出系数与自由项。

由 $\overline{M}_1$ 图 B 结点力矩平衡，得　　$k_{11}=3+2\sqrt{2}=5.83$

由 $\overline{M}_2$ 图 B 结点力矩平衡，得　　$k_{12}=k_{21}=0.75-1.06=-0.31$

截取 BC 考察平衡，如图 6-16(g)所示。由于 F_{RC} 和斜柱的轴力 F_{NBA} 未知，所以可对它们两者的延长线交点 m，列力矩方程 $\sum M_m=0$ 求 k_{22} 得

$$k_{22}\times4-F_{QBA}\times4\sqrt{2}-k_{12}-M_{BA}=0$$

$$k_{22}=\frac{1}{4}\left(\frac{1.06+1.06}{4\sqrt{2}}\times4\sqrt{2}-0.31-1.06\right)=0.72$$

由 M_F 图 B 结点的平衡 $\sum M_B=0$，得

$$F_{R1F}=-7.50$$

截取 BC 杆考察，如图 6-16(h)所示，用求 k_{22} 的同样方法求得

$$F_{R2F}=-6.88$$

(4) 求解未知量、绘制最后弯矩图。将系数、自由项代入典型方程求解得

$$\varphi_1=1.84,\quad \Delta_2=10.35$$

由 $M=\overline{M}_1\varphi_1+\overline{M}_2\Delta_2+M_F$ 的叠加原理绘最后弯矩图，如图 6-16(i)。

§6-5　对称性利用

对称结构的性质以及利用结构对称性简化计算在第五章力法中已经讨论过。用位移法和力矩分配法解题时仍然可以应用结构的对称性简化计算。这里介绍**半结构法**(method of half structures)。所谓半结构法，就是利用对称结构的性质，将

计算简图加以改造,只须沿对称轴取一半结构进行计算。

一、对称荷载情况

根据对称结构受**对称荷载**(symmetrical loading)时,其内力和位移均对称的性质,图 6-17(a)所示刚架,在对称轴上的截面 D、E 只可能发生对称的位移(竖向位移),而不可能发生反对称的位移(水平位移与转角),故计算简图可取图 6-17(b)所示之图。在 D、E 端为不能水平移动和转动,只能竖向移动的滑移支座。

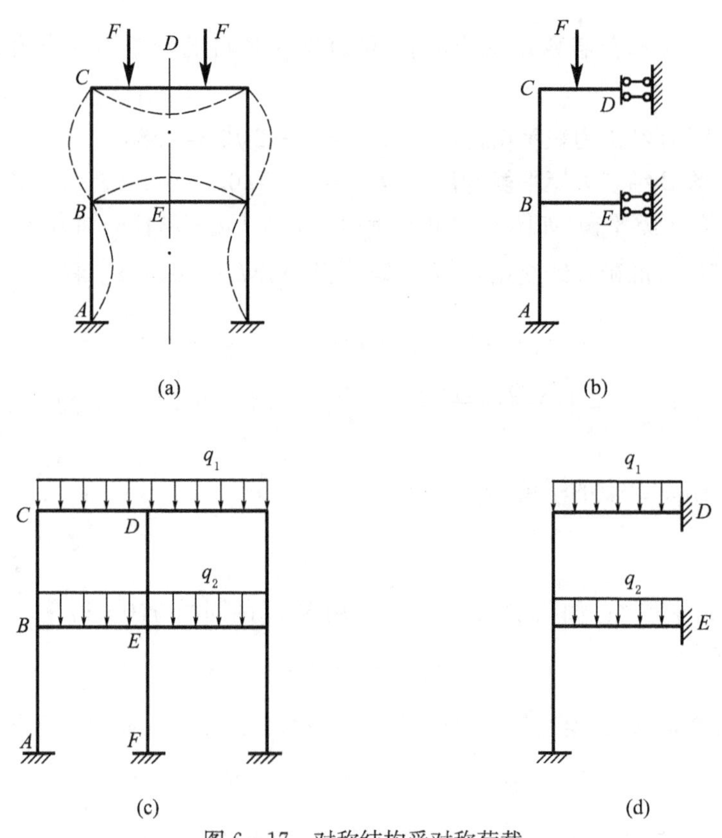

图 6-17 对称结构受对称荷载

图 6-17(c)所示刚架,在对称轴上的结点 D、E 没有水平位移和转角,柱 DE、EF 无弯曲变形,即弯矩为零,在略去其轴向变形的情况下,D、E 两点也无竖向位移。从而 D、E 点相当于没有转角和线位移的固定端,如图 6-17(d)所示。

二、反对称荷载情况

根据对称结构受**反对称荷载**(antisymmetrical loading)时,其内力和位移均反对称的性质,图 6-18(a)刚架,在对称轴上的截面 D、E 不可能发生对称的位移(竖向位移)，只可能发生反对称的位移(转角和水平位移)，故计算简图可取图 6-18(b)，D、E 端为允许水平移动和转动，不允许竖向移动的辊轴支座。

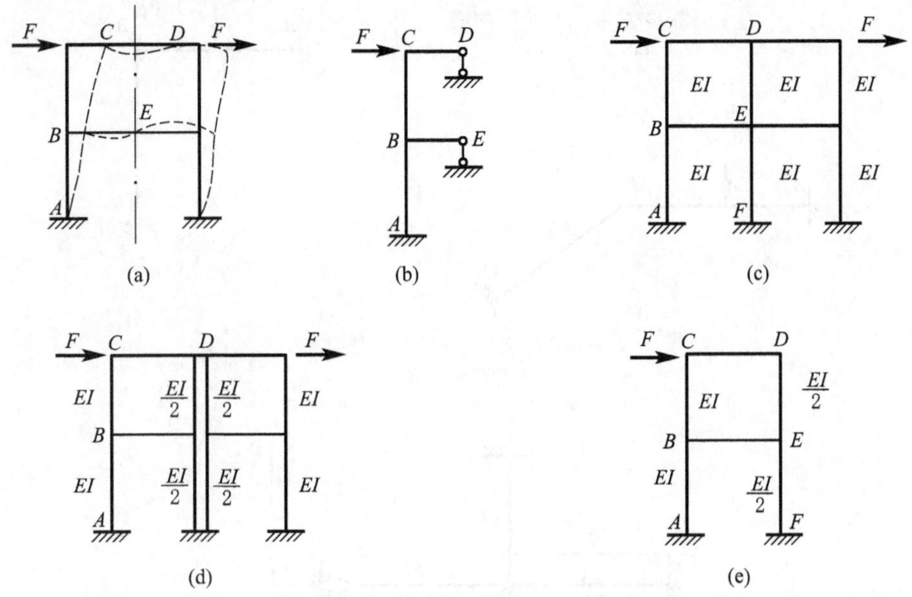

图 6-18　对称结构受反对称荷载

图 6-18(c)示出的刚架，其对称轴上的结点 D、E 有水平位移和转角，没有竖向位移，中间柱 DEF 有弯曲变形，其抗弯刚度可理解为由两根惯矩为 $I/2$ 的杆件组合而成，如图 6-18(d)所示。计算简图可取图 6-18(e)的半个结构，中柱的抗弯刚度减半。

思考题

6-1　如何根据两端固定梁的形常数和载常数，分别导出一端固定另一端铰支梁和一端固定另一端滑移支承梁的形常数和载常数？

6-2　力法和位移法分别是如何满足平衡条件和位移连续条件的？又是如何体现满足物理条件的？

6-3　试分析对称结构分别受对称荷载及反对称荷载时，位于对称轴截面上的内力和位移有何特点？如何利用这些特点进行简化计算？

6-4　图示各结构中，A 和 B 截面的弯矩是否相同？为什么？(各段杆长相同、刚度相同，荷载 F 作用在 AB 杆中点。)

6-5　试分析图示结构的最后弯矩图。

6-6　图示结构的最后弯矩 $|M_{CB}| = \frac{1}{2}|M_{BC}|$ 是否成立？

6-7　试分析如何利用力矩分配法来求解有侧移刚架。

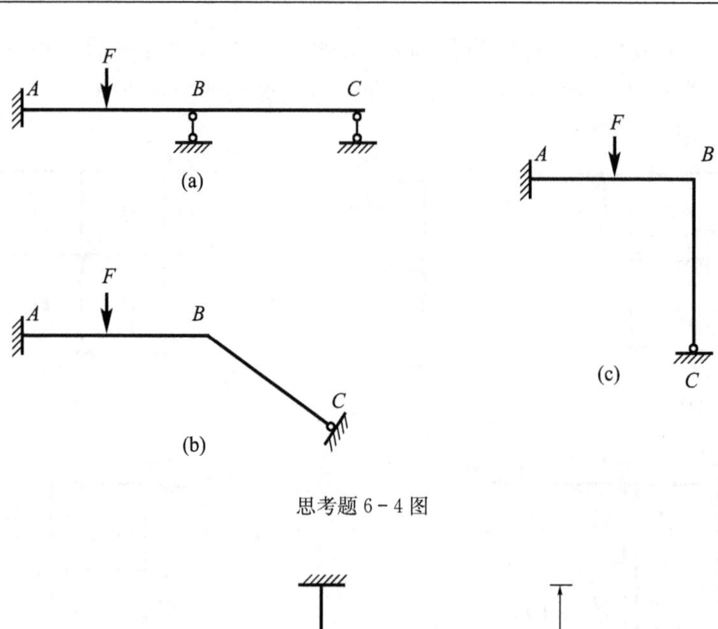

思考题 6-4 图

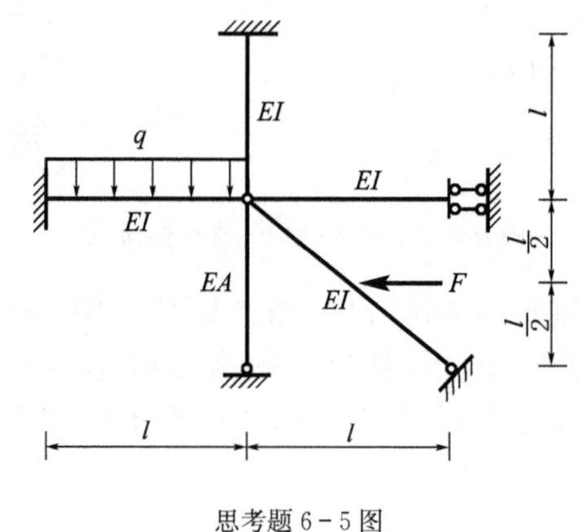

思考题 6-5 图

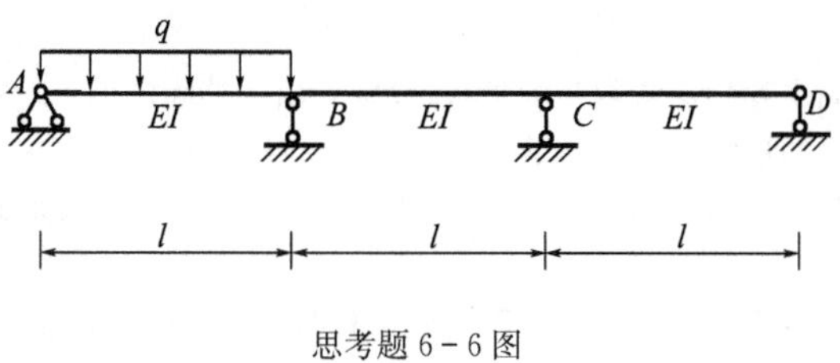

思考题 6-6 图

习 题

6-1 试确定用位移法计算下列结构时的基本未知量。

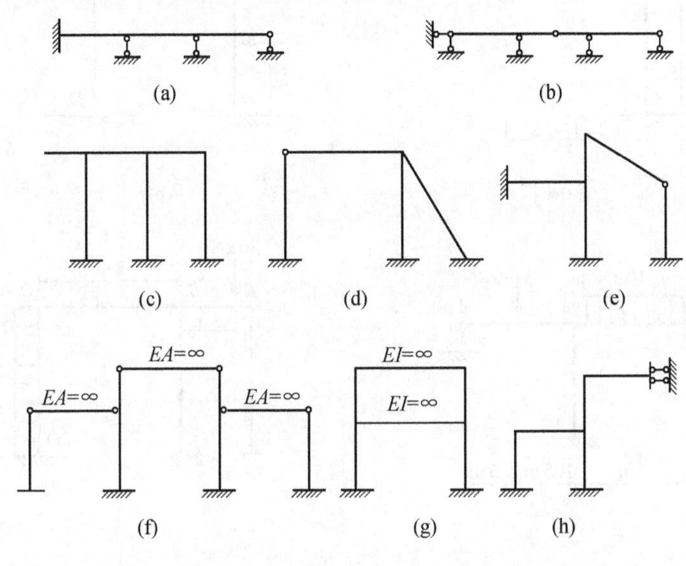

题6-1图

6-2 利用对称性简化图示结构，取出计算简图。图中未注明者，EI = 常数。

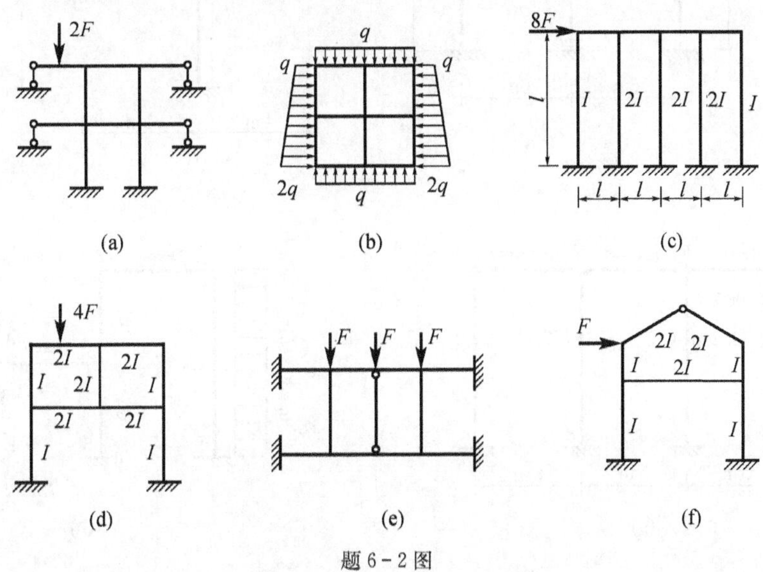

题6-2图

6-3 试用位移法计算图示结构的弯矩图，EI = 常数或 E = 常数。

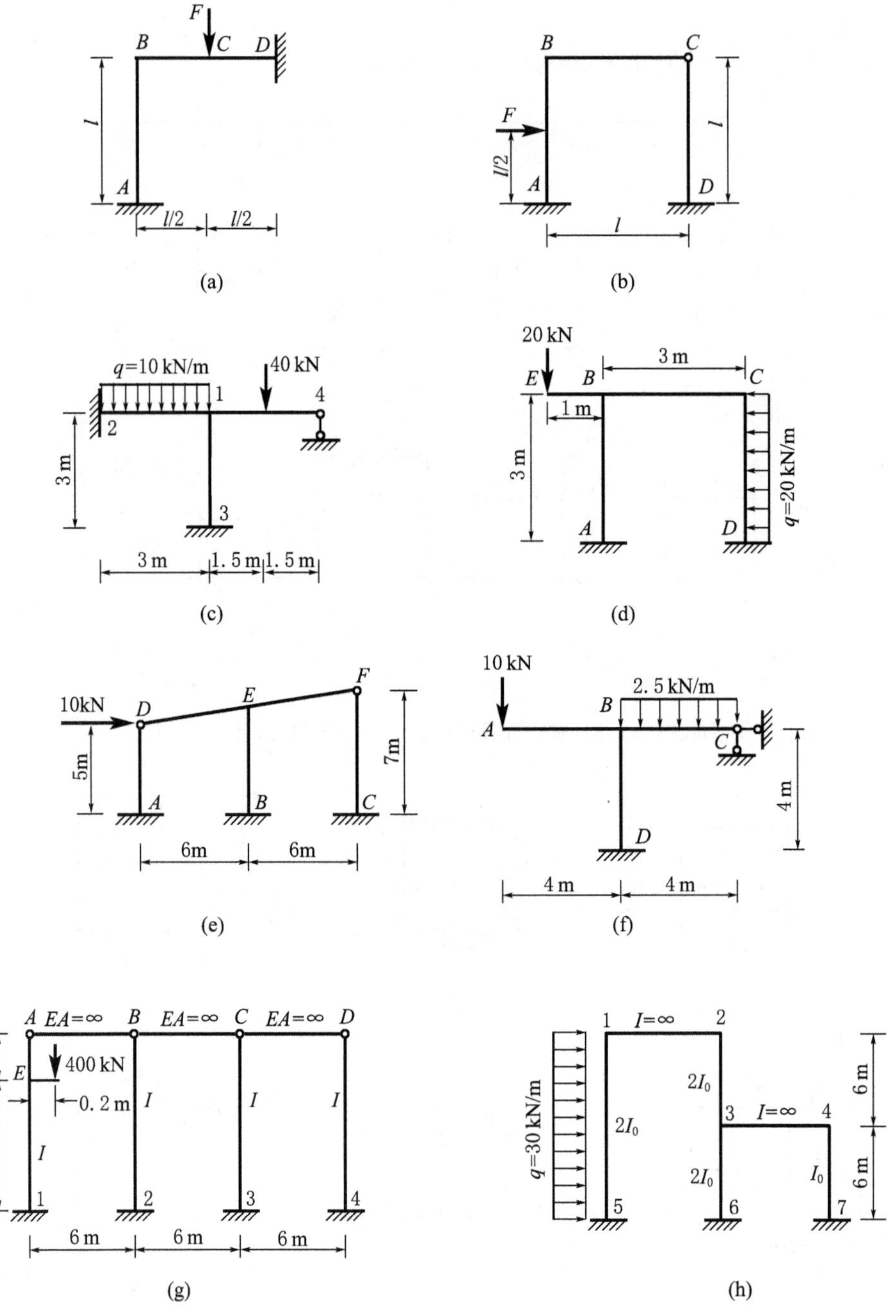

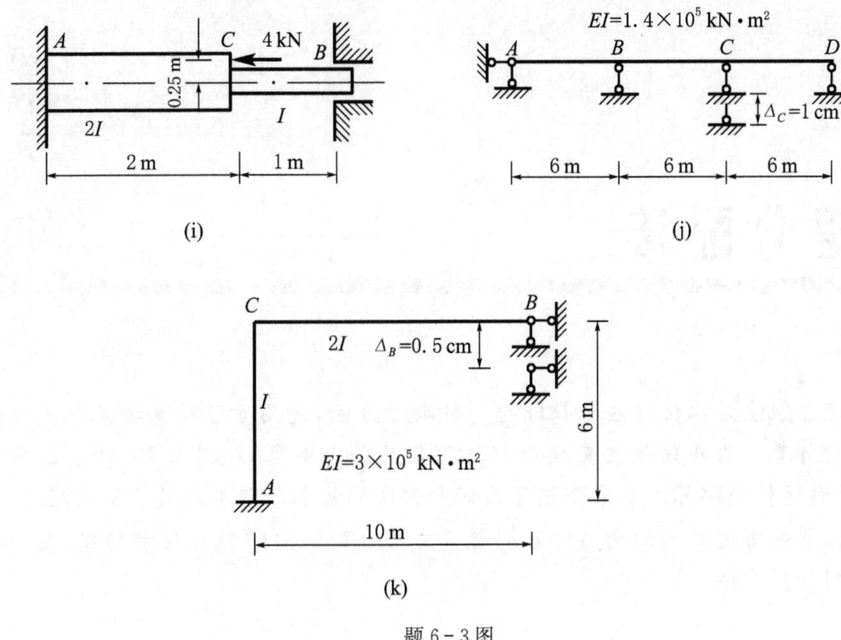

题 6－3 图

6－4　利用对称性计算图示结构的 M 图。

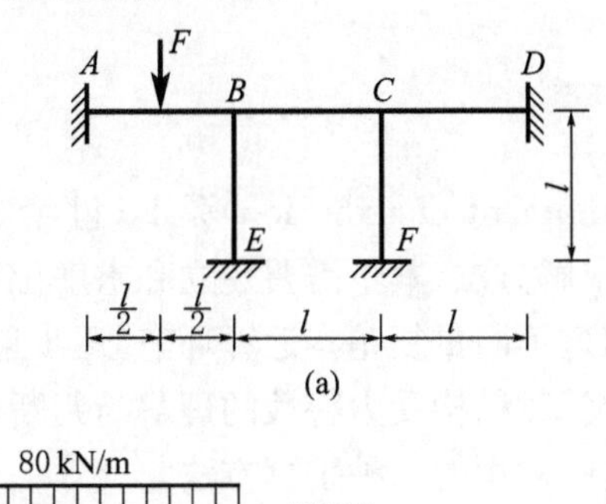

(a)

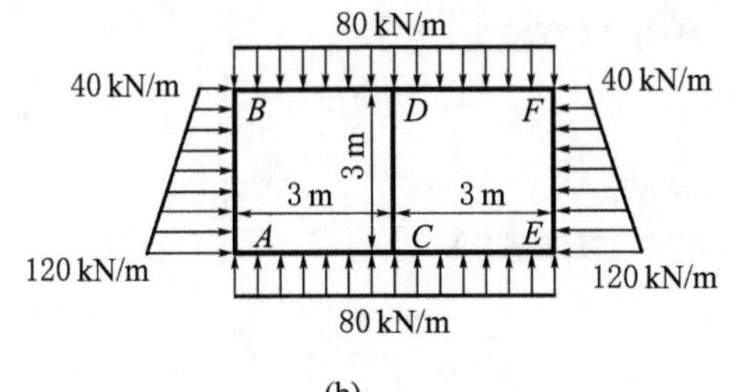

(b)

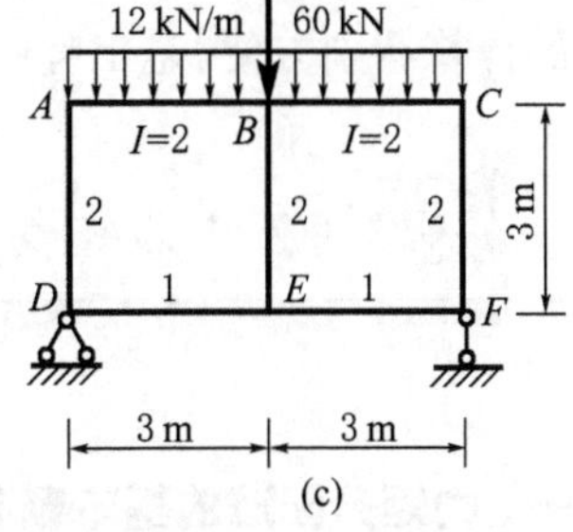

(c)

题 6－4 图

第7章 力矩分配法

力矩分配法是以位移法为基础的一种渐近方法，适用于连续梁和无结点线位移刚架的计算。力矩分配法直接以杆端弯矩为计算对象，通过分配、传递迭代运算，逐步逼近精确解答。本章介绍了力矩分配法的基本原理与求解步骤，讨论了无结点线位移超静定结构的内力计算问题。力矩分配法力学概念生动形象，是一种工程实用计算方法。

§7-1 概述

力矩分配法(method of moment distribution)是20世纪30年代提出的一种以位移法为基础的渐进结构求解方法，其不需要建立和求解位移典型方程组，而直接以杆端弯矩为计算对象，通过不断重复基本运算环节，逐步逼近精确解。该方法物理概念形象生动，有助于加深对结构受力特性的理解与判断，对连续梁和无侧移刚架的计算特别方便，是工程中常用的一种手算方法。

§7-2 力矩分配法基本原理

一、力矩分配法的基本概念

采用位移法对图7-1(a)所示单结点无侧移刚架进行分析，引出几个常用名词并介绍力矩分配法的基本概念。

1. 杆端抗弯劲度、固端弯矩与结点不平衡力矩

用位移法求解图7-1(a)所示刚架时，基本未知量为φ_k，基本系、单位弯矩图

$\overline{M}_K$、荷载弯矩图 M_F 分别如图 7-1(b)、(c)、(d)所示。

典型方程为

$$k_{KK}\varphi_K + F_{RKF} = 0 \tag{7-1}$$

式中：系数和自由项可由$\overline{M}_K$ 图、M_F 图中结点 K 的平衡条件求得

$$k_{KK} = 4i_{KA} + 3i_{KB} + i_{KC} = S_{KA} + S_{KB} + S_{KC} = \sum S_{KI} \tag{7-2}$$

$$F_{RKF} = \sum M_{KI}^{F} = m_K \tag{7-3}$$

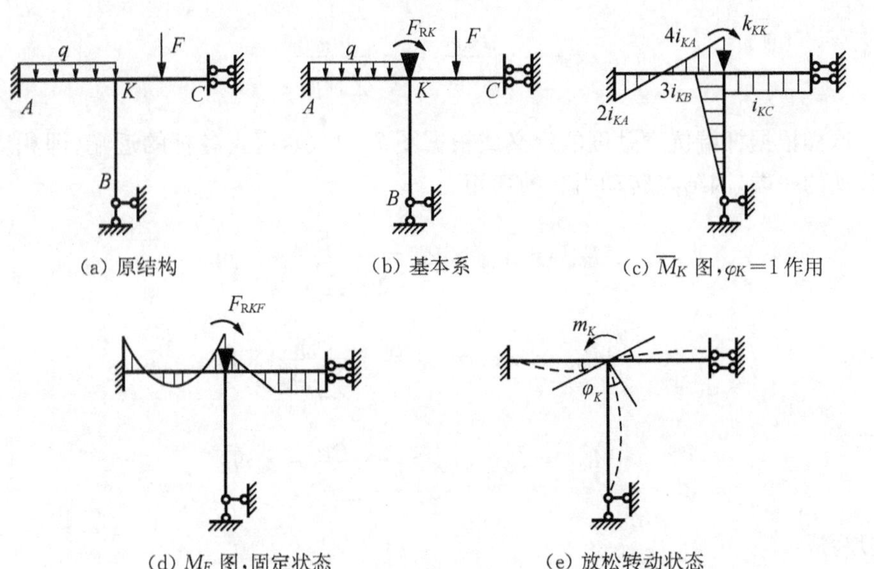

(a) 原结构　(b) 基本系　(c) $\overline{M}_K$ 图，$\varphi_K=1$ 作用

(d) M_F 图，固定状态　(e) 放松转动状态

图 7-1　无侧移刚架的力矩分配法计算

式中；S_{KI} 称为杆端抗弯劲度(或转动刚度)，表示 KI 杆在 K 端发生单位转角时在 K 端所需施加的力矩。为表述方便，这里将发生转动的 K 端称为近端，杆的另一端 I 称为远端。杆端抗弯劲度(转动刚度)S_{KI} 与杆件的线刚度及远端约束有关，对于等截面直杆，有

远端固定杆	$S_{KI}=4i_{KI}$
远端简支杆	$S_{KI}=3i_{KI}$
远端滑移支承杆	$S_{KI}=i_{KI}$
远端自由或轴向链杆支承	$S_{KI}=0$

k_{KK} 称为结点抗弯劲度，表示 K 结点发生单位转角时，在 K 结点所需施加的力矩。由式(7-2)可知，结点抗弯劲度 k_{KK} 在数值上等于汇交于 K 结点的各杆杆端抗弯劲度的总和。从物理意义及位移协调角度看，结点发生单位转角需要汇交于此结

点的所有杆的杆端发生同一转角。

M_{KI}^{F}称为固端弯矩,表示当仅有荷载作用在基本系上时(固定状态),在各杆杆端产生的弯矩,其符号对杆端而言以顺时针为正。

m_K 称为**结点不平衡力矩**(nodal unbalance moment),表示荷载作用在基本系上结点 K 处附加刚臂上的反力矩,其值等于结点外力偶(逆时针转为正)与各杆固端弯矩的代数和。在结点放松状态中,其符号规定对结点而言以逆时针转为正,见图 7-1(e)。

2. 分配系数与分配弯矩

解典型方程得

$$\varphi_K = -\frac{F_{\text{RKF}}}{k_{KK}} = -\frac{m_K}{\sum S_{KI}}$$

这样根据杆端抗弯劲度的定义或根据图 7-1(c),可得各杆的近端(即相应结点转动的一端)因结点转动引起的弯矩

$$M_{KA}^{\mu} = 4i_{KA} \times \varphi_K = -\frac{S_{KA}}{\sum S_{KI}} \times m_K$$

$$M_{KB}^{\mu} = 3i_{KB} \times \varphi_K = -\frac{S_{KB}}{\sum S_{KI}} \times m_K$$

$$M_{KC}^{\mu} = i_{KC} \times \varphi_K = -\frac{S_{KC}}{\sum S_{KI}} \times m_K$$

一般写成

$$M_{KI}^{\mu} = -\frac{S_{KI}}{\sum S_{KI}} \times m_K = -\mu_{KI} \times m_K \tag{7-4}$$

其中:

$$\mu_{KI} = \frac{S_{KI}}{\sum S_{KI}} \tag{7-5}$$

式中:M_{KI}^{μ}称为**分配弯矩**(distributed moments),是因结点 K 在不平衡力矩 m_K 作用下,转动 φ_K(转动状态)在 KI 杆 K 端(近端)产生的弯矩,其符号对杆端而言以顺时针转为正;μ_{KI} 称为**分配系数**(distribution factors),是将不平衡力矩分配给各杆近端的分配弯矩与不平衡力矩的比值,显然有 $\sum \mu_{KI} = 1$。

由式(7-4)可知,分配弯矩等于不平衡力矩乘以分配系数再改变符号。其负号表示不平衡力矩要与分配弯矩之和 $\sum M_{KI}^{\mu}$ 平衡。式(7-5)表明,分配系数与

外来作用无关，只与各杆的抗弯劲度有关。因此说，在将结点 K 的不平衡力矩按照分配系数 μ_{KI} 的比例分配给汇交于该结点的各杆件近端的过程中，杆端抗弯劲度大的就多分配，杆端抗弯劲度小的就少分配，体现了“能者多劳”的原则。

另外，$\sum \mu_{KI}=1$ 的特性可供校核分配系数之用。

3. 传递系数与传递弯矩

在远端（即结点转动的另一端，I 端）由于结点 K 转动（转动状态）引起的弯矩

$$\begin{cases} M_{AK}^{C}=2i_{KA}\times\varphi_K=\dfrac{1}{2}M_{KA}^{\mu} \\ M_{BK}^{C}=0\times\varphi_K=0\cdot M_{KB}^{\mu} \\ M_{CK}^{C}=-i_{KC}\varphi_K=-M_{KC}^{\mu} \end{cases} \tag{7-6}$$

一般写成

$$M_{IK}^{C}=C_{KI}M_{KI}^{\mu} \tag{7-7}$$

式中：M_{IK}^{C} 称为**传递弯矩**（carry - over moments），表示结点 K 在不平衡力矩 m_K 作用下转动 φ_K 角，在 KI 杆 I 端（远端）产生的弯矩，其符号对杆端而言仍以顺时针转向为正；C_{KI} 称为**传递系数**（carry - over factors），它是传递弯矩与分配弯矩之比值。

由式（7 - 7）可知，传递弯矩等于分配弯矩乘以传递系数，而传递系数与外来作用无关，仅与远端的约束情况有关，从式（7 - 6）知

$$\begin{aligned} &\text{远端为固定端} \quad && C_{KI}=\frac{1}{2} \\ &\text{远端为铰支承} \quad && C_{KI}=0 \\ &\text{远端为滑移支承} \quad && C_{KI}=-1 \end{aligned} \tag{7-8}$$

4. 杆端弯矩

根据位移法，最后弯矩

$$M=M_F+\overline{M}_K\varphi_K$$

式中：第一项是固定状态的弯矩［图 7 - 1（d），结点 K 固定 $\varphi_K=0$］，第二项 $\overline{M}_K\varphi_K$ 是转动状态（结点 K 转动 φ_K）的弯矩。

因此，最后**杆端弯矩**（member end moments）等于各杆端固端弯矩与分配弯矩或传递弯矩之和，即

$$\begin{cases} M_{KI}=M_{KI}^{F}+M_{KI}^{\mu} \\ M_{IK}=M_{IK}^{F}+M_{IK}^{C} \end{cases} \tag{7-9}$$

二、力矩分配法的计算基本流程

根据以上的推演,单结点问题的力矩分配法计算过程可以按以下步骤完成计算:

(1) 在转动结点处施加刚臂,确定各杆的约束条件;

(2) 由式(7-5)计算分配系数,由式(7-8)确定传递系数;

(3) 利用载常数表计算固端弯矩;

(4) 由式(7-3)计算结点不平衡力矩;

(5) 由式(7-4)计算各杆近端的分配弯矩,由式(7-7)计算各杆远端的传递弯矩;

(6) 用式(7-9)叠加得到各杆的最后杆端弯矩。

该方法的整个计算过程可以在表格中进行,避免了位移法中作单位弯矩图和荷载弯矩图,避免了建立和求解典型方程,十分方便。

例 7-1 用力矩分配法计算图 7-2(a)所示梁的弯矩。

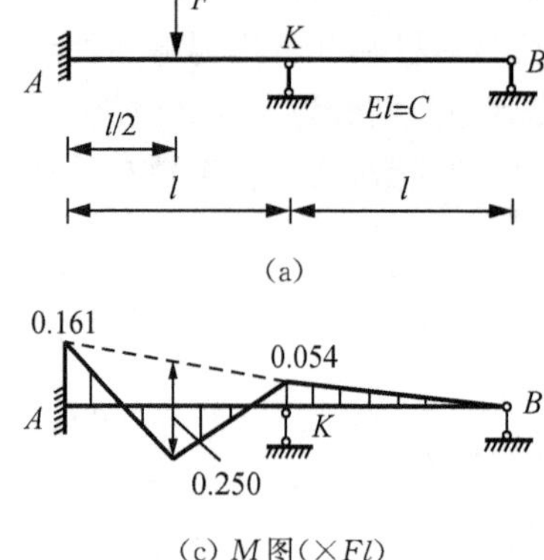

(a)

(c) M图(×Fl)

杆端	AK ← C0.5	KA	KB → C0	BK
分配系数μ		0.571	0.429	
固端弯矩M^F	−0.125	0.125	0	0
分配、传递	−0.036 ←	−0.071	−0.054 →	0
杆端弯矩M	−0.161	0.054	−0.054	0

(×Fl)

(b)

图 7-2 例 7-1

用力矩分配法进行结构计算一般通过表格方式进行,因此要合理设计计算表。

(1) 建立如图 7-2(b)所示计算表,在第一行列出各个杆的杆端名称,根据杆端约束条件确定传递系数,并用箭头表示其传递方向。这里 AK 杆的远端是固定端,KB 杆的远端是简支端,因此,$C_{KA}=0.5$,$C_{KB}=0$。

(2) 计算转动结点处各杆分配系数,并表示在第二行的转动结点处的杆端。

$$\mu_{KA}=\frac{S_{KA}}{S_{KA}+S_{KB}}=\frac{4i}{4i+3i}=0.571$$

$$\mu_{KB}=\frac{S_{KB}}{S_{KA}+S_{KB}}=\frac{3i}{4i+3i}=0.429$$

检查

$$\mu_{KA}+\mu_{KB}=0.571+0.429=1$$

(3) 利用载常数表,计算杆端弯矩,填入表中第三行对应的杆端下方。依据杆端约束特征,计算各杆端的弯矩为

$$M_{AK}^F=-\frac{1}{8}Fl=-0.125Fl,\quad M_{KA}^F=\frac{1}{8}Fl=0.125Fl,\quad M_{BK}^F=0,\quad M_{KB}^F=0$$

为表示清楚,表中列出了公因子 Fl 的系数,公因子放到了表外。

(4) 计算结点不平衡力矩,并进行分配与传递,列入表标识为分配、传递的第四行。具体计算如下。

结点不平衡力矩等于结点外力偶(此问题中为 0)与各杆固端弯矩的代数和

$$m_K=\sum M_{KI}^F=M_{KA}^F+M_{KB}^F=0.125Fl+0=0.125Fl$$

近端的分配弯矩等于分配系数乘以结点不平衡力矩再改变正负号,有

$$M_{KA}^\mu=-\mu_{KA}\times m_K=-0.571\times 0.125\times Fl=-0.071Fl$$

$$M_{KB}^\mu=-\mu_{KB}\times m_K=-0.429\times 0.125\times Fl=-0.054Fl$$

远端传递弯矩等于近端分配弯矩乘以传递系数,有

$$M_{AK}^C=C_{KA}M_{KA}^\mu=0.5\times(-0.071Fl)=-0.036Fl$$

$$M_{BK}^C=C_{KB}M_{KB}^\mu=0\times(-0.054Fl)=0$$

由于是单结点计算问题,经过一次分配、传递后,转动结点处不平衡力矩达到 0,实现平衡,因此在此行画一条小横线表示结点平衡。

(5) 应用叠加原理计算最终杆端弯矩,填入左侧标识对应行的杆端。

此处,转动端的杆端弯矩等于固端弯矩加分配弯矩,远端弯矩等于固端弯矩加传递弯矩

$$M_{KA}=M_{KA}^F+M_{KA}^\mu=0.125Fl-0.071Fl=0.054Fl$$

$$M_{AK}=M_{AK}^F+M_{AK}^C=-0.125Fl-0.036Fl=-0.161Fl$$

$$M_{KB}=M_{KB}^F+M_{KB}^\mu=0-0.054\,Fl=-0.054\,Fl$$

$$M_{BK}=M_{BK}^F+M_{BK}^C=0+0=0$$

依据最终杆端弯矩,作出连续梁的弯矩图如图 7-2(c)所示。

§7-3 力矩分配法计算连续梁

§7-2节中就一个结点转动的情况导出了计算分配弯矩、传递弯矩和最后杆端弯矩的公式,给出了求解的基本流程。对于有多个结点转动的情况,同样可以利用这些公式和概念,但要结合逐次渐近的办法,下面予以说明。

图7-3(a)为三跨连续梁,在荷载q作用下结点1和结点2分别产生如图7-3(b)所示转角φ_1和φ_2。用位移法求解时,先用两个附加刚臂固定住结点1和结点2,如图7-3(c)所示,附加刚臂上的约束力矩$F_{R1F}=m_1$、$F_{R2F}=m_2$,m_1和m_2即为结点不平衡力矩。位移法中,建立方程和求解方程的过程,就是一次放松所有的刚臂,使结点1和结点2转动到它们的实际位移位置,找出它们的实际转角φ_1和φ_2,而力矩分配法采用的不是同时一次消除刚臂的作用,而是用逐个结点轮流放松的办法,逐步消去不平衡力矩,即逐步消除刚臂的作用。

首先放松刚臂1,见图7-3(d),结点1因不平衡力矩m_1的作用而转动,此时结点2仍固定不动,因此可以用单结点转动的公式,求出在结点1近端各杆产生的分配弯矩并传给远端。经过这一计算步骤,结点1已消去不平衡力矩,达到平衡;而结点2上由于结点1进行力矩分配而有传递弯矩传递过来,结点2的不平衡力矩发生变化,用m'_2表示变化后的不平衡力矩。

然后,用刚臂重新固定结点1,见图7-3(e)所示。为了消去结点2不平衡力矩m'_2,同样应用单结点转动的分配弯矩方法实现结点2的放松,在结点2近端各杆产生分配弯矩并传给远端,结点2达到平衡。但结点1由于结点2的分配与传递,产生新的不平衡力矩m'_1。

接着,再次用刚臂重新固定结点2,见图7-3(f)所示。为了消去结点1新出现的不平衡力矩m'_1,同样重复应用单结点转动的分配弯矩方法实现结点1的放松,此时结点1近端各杆产生新增的分配弯矩并传给远端,结点1再次达到平衡。但结点2由于结点1的新增分配弯矩与传递弯矩,产生新的不平衡力矩m''_2。

如此重复计算,各结点上的新增不平衡力矩的值越来越小,经过几轮迭代后,结点新增不平衡力矩趋于0,表示所有结点达到平衡。

最后利用叠加原理,累加各杆端的固端弯矩以及多轮计算过程中的分配弯矩与传递弯矩,得到最终杆端弯矩并作出弯矩图。

为了清晰地表达上述过程,采用图7-3(g)所示表格进行计算。

(1) 基于图7-3(c),明确杆端并确定传递系数。

此处需要注意的是,结点1、2之间要多次相互传递,因此结点1、2之间的传递用双向箭头表示其传递方向。

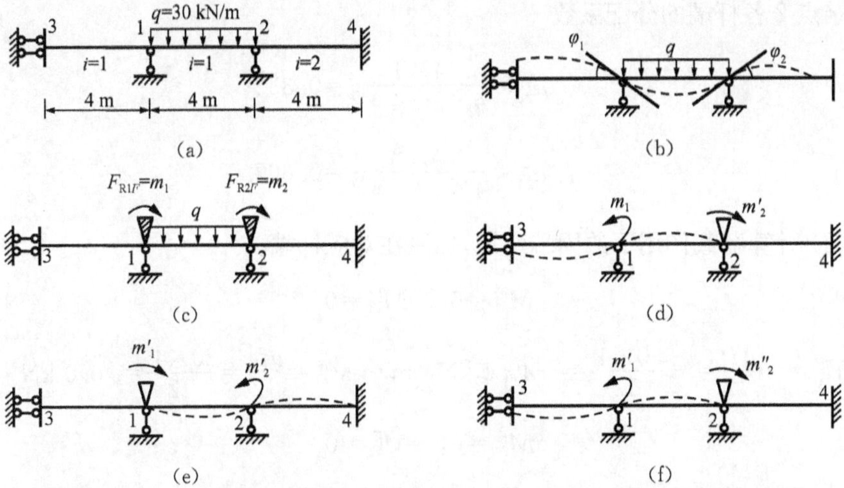

(a)

(b)

(c)

(d)

(e)

(f)

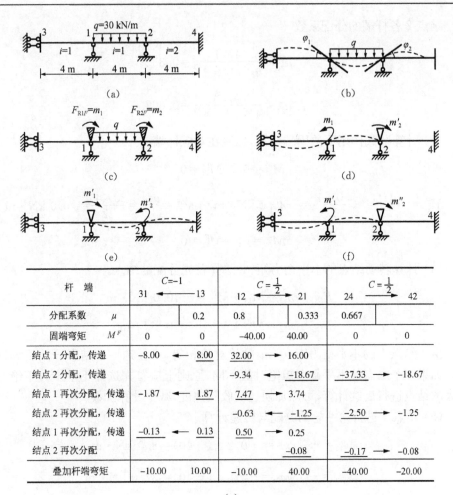

杆端	31	13	12	21	24	42
	$C=-1$ ←		$C=\frac{1}{2}$ ↔		$C=\frac{1}{2}$ →	
分配系数　μ		0.2	0.8	0.333	0.667	
固端弯矩　M^F	0	0	−40.00	40.00	0	0
结点 1 分配，传递	−8.00	8.00	32.00	16.00		
结点 2 分配，传递			−9.34	−18.67	−37.33	−18.67
结点 1 再次分配，传递	−1.87	1.87	7.47	3.74		
结点 2 再次分配，传递			−0.63	−1.25	−2.50	−1.25
结点 1 再次分配，传递	−0.13	0.13	0.50	0.25		
结点 2 再次分配				−0.08	−0.17	−0.08
叠加杆端弯矩	−10.00	10.00	−10.00	40.00	−40.00	−20.00

(g)

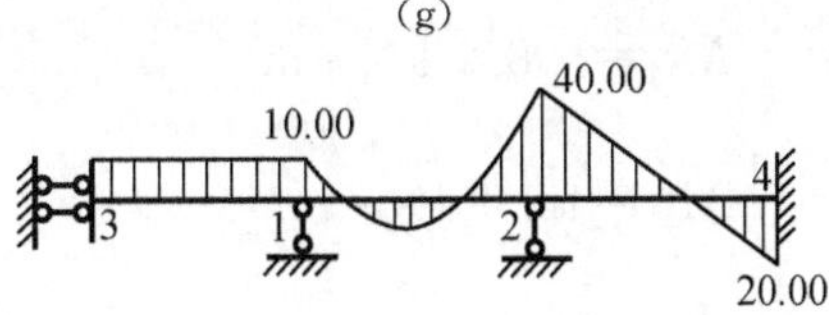

(h) M(kN·m)

图 7－3　三跨连续梁

(2) 计算转动结点处杆端分配系数,并放置在转动结点对应杆端。

结点 1 各杆端的分配系数

$$\mu_{13}=\frac{1\times1}{1\times1+4\times1}=0.2$$

$$\mu_{12}=\frac{4\times1}{1\times1+4\times1}=0.8$$

结点 2 各杆端的分配系数

$$\mu_{21}=\frac{4\times1}{4\times1+4\times2}=0.333$$

$$\mu_{24}=\frac{4\times2}{4\times1+4\times2}=0.667$$

(3) 计算荷载作用下的固端弯矩,标注在对应杆端。

$$M_{31}^{F}=0,\quad M_{13}^{F}=0$$

$$M_{12}^{F}=-\frac{ql^2}{12}=-\frac{30\times4^2}{12}=-40.0\ \text{kN}\cdot\text{m},\quad M_{21}^{F}=\frac{ql^2}{12}=\frac{30\times4^2}{12}=40.0\ \text{kN}\cdot\text{m}$$

$$M_{24}^{F}=0,\quad M_{42}^{F}=0$$

(4) 计算转动结点的不平衡力矩,并选择首先分配的结点。

$$F_{\text{R1}F}=m_1=M_{13}^{F}+M_{12}^{F}=-40.0\ \text{kN}\cdot\text{m}$$

$$F_{\text{R2}F}=m_2=M_{21}^{F}+M_{24}^{F}=40.0\ \text{kN}\cdot\text{m}$$

由于结点 1 的不平衡力矩m_1、m_2的绝对值相等,可任选一个结点开始后续计算。如果 2 个结点的不平衡力矩绝对值不同,原则上应首先选择不平衡力矩绝对值大的结点进行后续计算,可以加快迭代收敛速度,减少计算次数。

(5) 结点 1 进行第一轮的分配与传递计算。

$$M_{13}^{\mu}=-\mu_{13}m_1=-0.2\times(-40)=8.0\ \text{kN}\cdot\text{m}$$

$$M_{12}^{\mu}=-\mu_{12}m_1=-0.8\times(-40)=32.0\ \text{kN}\cdot\text{m}$$

$$M_{31}^{C}=-M_{13}^{\mu}=-8.0\ \text{kN}\cdot\text{m}$$

$$M_{21}^{C}=\frac{1}{2}M_{12}^{\mu}=16.0\ \text{kN}\cdot\text{m}$$

此时,结点 1 达到平衡。

(6) 重新计算结点 2 不平衡力矩。

结点 2 不平衡力矩等于初始不平衡力矩与 1 结点的传递弯矩之和,即

$$m'_2=m_2+M_{21}^{C}=40+16=56.0\ \text{kN}\cdot\text{m}$$

(7) 结点 2 进行第一轮的分配与传递计算。

$$M_{21}^{\mu}=-\mu_{21}\times m'_2=-0.333\times56.0=-18.67\ \text{kN}\cdot\text{m}$$

$$M_{24}^{\mu}=-\mu_{24}\times m'_2=-0.667\times56.0=-37.33\ \text{kN}\cdot\text{m}$$

$$M_{12}^{C}=\frac{1}{2}M_{21}^{\mu}=-9.34\ \text{kN}\cdot\text{m}$$

$$M_{42}^{C}=\frac{1}{2}M_{24}^{\mu}=-18.67\ \text{kN}\cdot\text{m}$$

此时,结点2已平衡,但结点1由于结点2转动传过来传递弯矩,产生新的不平衡。

(8) 再次计算结点1的新增不平衡力矩 m'_1。

$$m'_1=M_{12}^{C}=-9.34\ \text{kN}\cdot\text{m}$$

可以看出,结点1的新增不平衡力矩 m'_1 与 m_1 相比已减小许多。

(9) 结点1进行第二轮分配与传递,消除新增不平衡力矩。

(10) 结点2进行第二轮分配与传递,消除新增不平衡力矩。

依次重复上述过程,计算过程如图7-3(g)所示。直到满足要求的精度,结束计算过程。

(11) 最后各杆端的杆端弯矩等于各杆端的固端弯矩叠加上各次的分配弯矩和传递弯矩,所以最后杆端弯矩可表示为

$$M_{KI}=M_{KI}^{F}+M_{KI}^{\mu}+M_{KI}^{C}+\cdots$$

根据各杆杆端弯矩可给出弯矩图,如图7-3(h)所示。

依据经验,如果开始参与计算结点选择合理,那么对于两个可动结点的问题一般只需二三轮的迭代就能满足工程上的精度要求了。

§7-4 力矩分配法计算无侧移刚架

§7-3节通过一个三跨连续梁的计算,演示了力矩分配法如何进行多结点结构的求解。本节结合一个刚架的计算,说明该方法在无侧移刚架中的应用,特别是如何巧妙处理一些特殊杆件以及作用于结点上的外力偶。与多跨连续梁相比,刚架计算表格也更为复杂一些,需要精心设计。

图7-4(a)所示为一无侧移刚架,各杆 EI=常数,试用力矩分配法计算并绘制弯矩图。

解 (1) 结构简化

此刚架 AB 为静定部分,该部分的内力根据静力平衡条件可以求出:$M_{BA}=30.0\ \text{kN}\cdot\text{m}$,$F_{QBA}=-30\ \text{kN}$。因此,可先将悬臂部分切除,而将它对右面部分的作用力作用于结点 B 处,以图7-4(b)所示结构为计算对象,并设计图7-4(c)所示计算表格,合理显示各杆杆端。

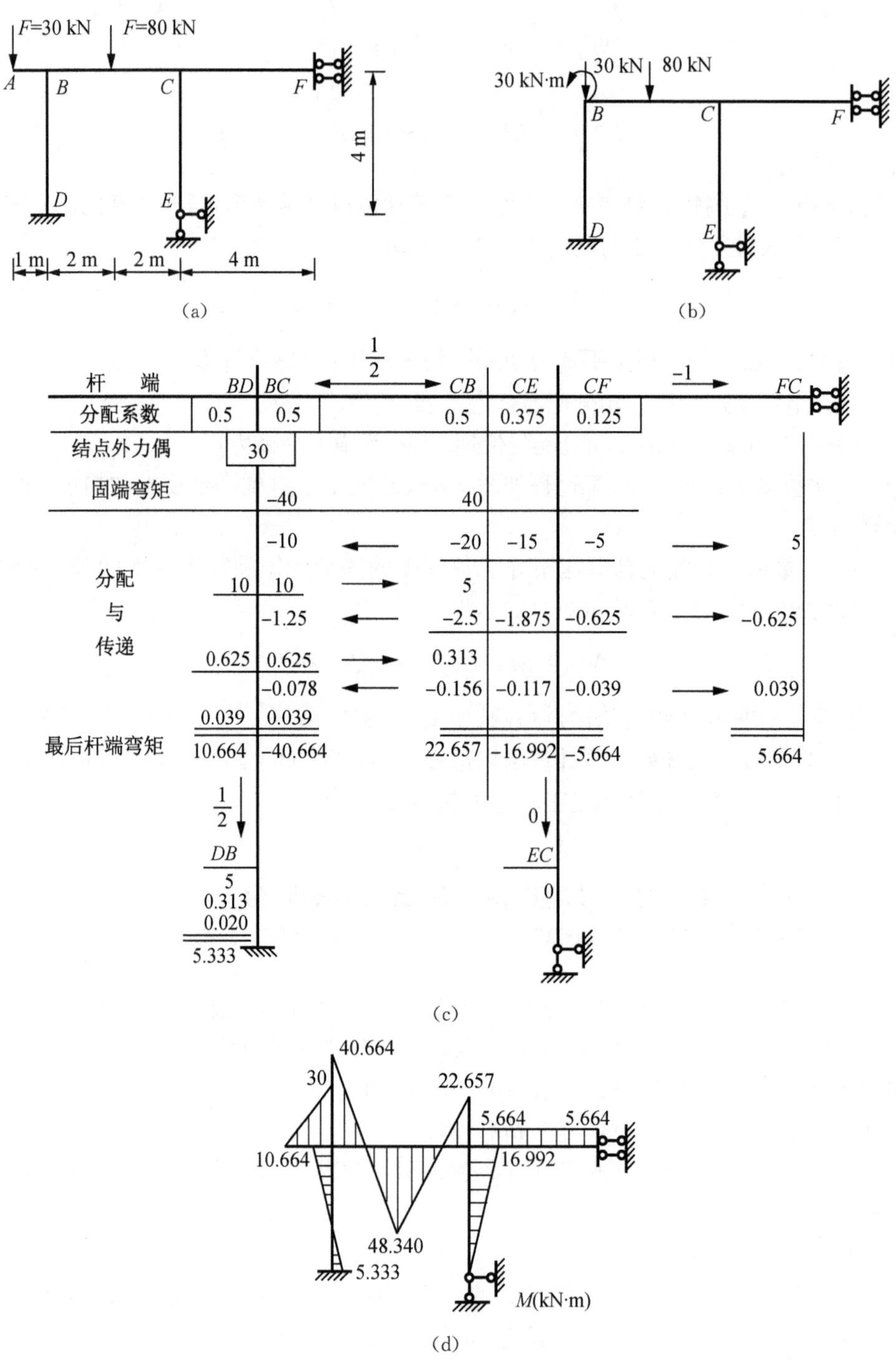
F=30 kN
F=80 kN
A
B
C
F
D
E
4 m
1 m
2 m
2 m
4 m
(a)
30 kN·m
30 kN
80 kN
B
C
F
D
E
(b)
杆　端
BD
BC
1/2
CB
CE
CF
-1
FC
分配系数
0.5
0.5
0.5
0.375
0.125
结点外力偶
30
固端弯矩
-40
40
-10
-20
-15
-5
5
分配
与
传递
10
10
5
-1.25
-2.5
-1.875
-0.625
-0.625
0.625
0.625
0.313
-0.078
-0.156
-0.117
-0.039
0.039
0.039
0.039
最后杆端弯矩
10.664
-40.664
22.657
-16.992
-5.664
5.664
1/2
0
DB
EC
5
0.313
0.020
5.333
0
(c)
40.664
30
22.657
5.664
5.664
10.664
16.992
48.340
5.333
M(kN·m)
(d)

图 7-4　无侧移刚架

(2) 计算分配系数和传递系数

结点 B

$$\mu_{BC}=\frac{4i_{BC}}{4i_{BC}+4i_{BD}}=0.5,\quad C_{BC}=0.5$$

$$\mu_{BD}=\frac{4i_{BD}}{4i_{BC}+4i_{BD}}=0.5,\quad C_{BD}=0.5$$

结点 C

$$\mu_{CB}=\frac{4i_{CB}}{4i_{CB}+3i_{CE}+i_{CF}}=0.5,\quad C_{CB}=0.5$$

$$\mu_{CE}=\frac{4i_{CE}}{4i_{CB}+4i_{CE}+i_{CF}}=0.375,\quad C_{CE}=0$$

$$\mu_{CF}=\frac{i_{CF}}{4i_{CB}+3i_{CE}+i_{CF}}=0.125,\quad C_{CF}=-1$$

(3) 计算固端弯矩

$$M_{BC}^{F}=-\frac{1}{8}\times F\times l=-40.0\ \text{kN}\cdot\text{m}$$

$$M_{CB}^{F}=\frac{1}{8}\times F\times l=40.0\ \text{kN}\cdot\text{m}$$

其他各杆固端弯矩为 0。

(4) 处理结点外力偶,计算结点不平衡力矩,确定起算点

由于结点 B 处的集中力偶是直接作用在结点上的,不属于汇交于 B 结点的固端弯矩,因此在表格中将其标注在结点位置,并用矩形框标识,使其区别于杆端弯矩。最后杆端弯矩计算时该值不能参与 BD,BC 两个杆端的叠加计算。

$$m_B=M_{BC}^{F}+M_{BA}=-40+30=-10\ \text{kN}\cdot\text{m}$$

$$m_C=M_{CB}^{F}+M_{CE}^{F}+M_{CF}^{F}=40+0+0=40\ \text{kN}\cdot\text{m}$$

选择从 C 点作为优先开始计算点。

其他计算细节列于图 7-4(c)所示表格中。结构弯矩图如图 7-4(d)所示。

例 7-2　图 7-5(a)表示一单孔钢筋混凝土输水涵洞剖面,由顶板、边墙及底板组成。结点都是刚结的闭合刚架,顶板承受土重,边墙受侧向土压力,底板受地基反力,内部还有水压力,沿水流方向取一单位长度进行计算,其计算简图如图 7-5(b)所示。试求由图示土重及侧向土压力作用下的内力。

解　这是具有两个对称轴的刚架,而荷载又对 $y-y$ 轴对称,故可利用结构的对称性,对称轴上的 C、D 点只有竖向位移,没有水平位移和转角,计算时可取一半刚架代替,计算简图如图 7-5(c)所示。

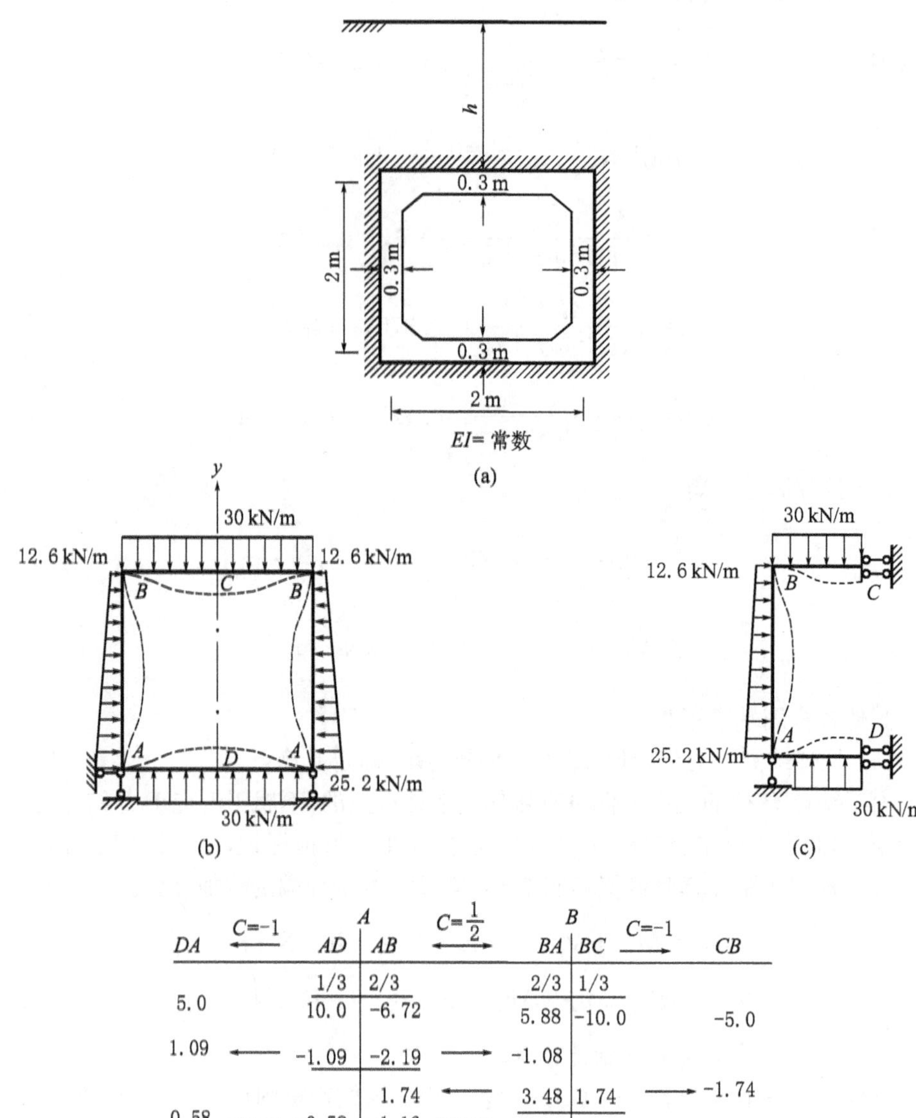

(a)

(b)

(c)

DA		AD	AB		BA	BC		CB
	C=-1 ←	A		$C=\frac{1}{2}$ ↔	B		C=-1 →	
		1/3	2/3		2/3	1/3		
5.0		10.0	-6.72		5.88	-10.0		-5.0
1.09	←	-1.09	-2.19	→	-1.08			
			1.74	←	3.48	1.74	→	-1.74
0.58	←	-0.58	-1.16	→	-0.58			
			0.20	←	0.39	0.19	→	-0.19
0.07	←	-0.07	-0.13	→	-0.06			
6.74		8.26	-8.26		0.04	0.02	→	-0.02
					8.05	-8.05		-6.95

(d)

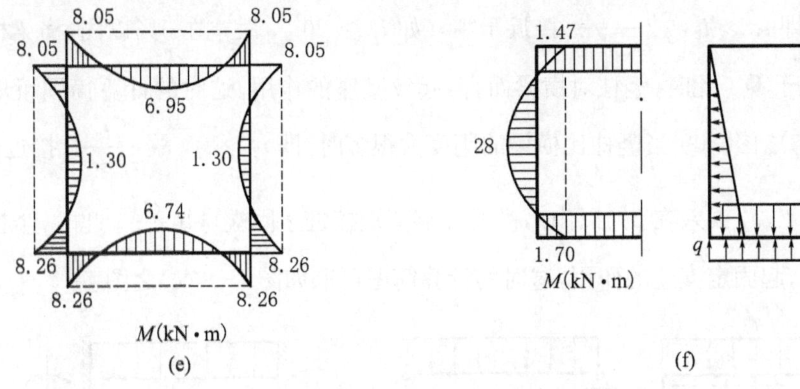

图 7-5 例 7-2 图

$$l_{AB}=2m,\quad l_{BC}=l_{AD}=1m$$

令

$$i_{AB}=\frac{EI}{l}=1,\quad i_{BC}=i_{AD}=\frac{EI}{l/2}=2$$

(1) $\mu_{AB}=\dfrac{4\times1}{1\times2+4\times1}=\dfrac{2}{3},\quad \mu_{AD}=\dfrac{1\times2}{1\times2+4\times1}=\dfrac{1}{3}$

$$C_{AB}=C_{BA}=\frac{1}{2},\quad \mu_{BA}=\frac{2}{3},\quad \mu_{BC}=\frac{1}{3},\quad C_{BC}=C_{CD}=-1$$

(2) 承受土重及侧向土压力,查表 6-2 得

$$M^F_{BC}=-\frac{1}{3}ql^2=-\frac{1}{3}\times30\times1^2=-10.0\ \text{kN}\cdot\text{m}$$

$$M^F_{CB}=-\frac{1}{6}ql^2=-5.0\ \text{kN}\cdot\text{m}$$

$$M^F_{AD}=\frac{1}{3}ql^2=10.0\ \text{kN}\cdot\text{m},\quad M^F_{DA}=5.0\ \text{kN}\cdot\text{m}$$

$$M^F_{AB}=-\frac{1}{20}\times(25.2-12.6)\times2^2-\frac{1}{12}\times12.6\times2^2=-6.72\ \text{kN}\cdot\text{m}$$

$$M^F_{BA}=\frac{1}{30}\times(25.2-12.6)\times2^2+\frac{1}{12}\times12.6\times2^2=5.88\ \text{kN}\cdot\text{m}$$

(3) 力矩分配及传递,如 7-5(d)表所示。

(4) 最后弯矩图,如图 7-5(e)所示。

同理可得内水压力作用下的弯矩图,如图 7-5(f)所示,注意水重力与地基反力抵消。

(5)讨论。

本例的荷载如果改为如图 7-6(a)所示之图,则:① 当横梁比竖柱的刚度大很多时，即 $i_1 \gg i_2$，故 $\frac{i_2}{i_1+i_2}$ 接近于零，(如 $i_1 \geqslant 20i_2$，误差在5%以内)横梁杆端弯矩接近于零。此时，竖柱对横梁而言，起铰支座的作用，这时的计算简图可取如图7-6(b)之图。② 当竖柱比横梁的刚度大很多时，即 $i_2 \gg i_1$，故 $\frac{i_2}{i_1+i_2}$ 接近于1(如 $i_2 \geqslant 20i_1$，误差在5%以内)，横梁杆端弯矩接近于固端弯矩 $\frac{ql_1^2}{12}$。此时，竖柱对横梁而言，起固定支座的作用，这时的计算简图可取如图7-6(c)之图。

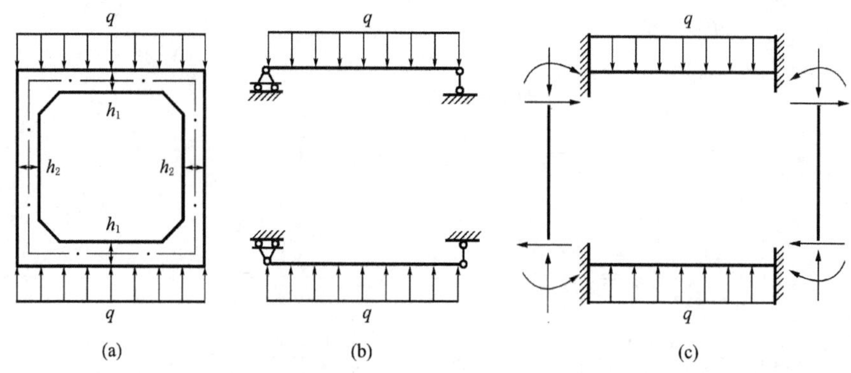

图7-6　梁柱刚度对计算简图的影响

从该例可以看出，这里的梁和柱是互为支承的，支承的作用不仅决定于结点的构造情况，也与各杆的相对刚度有关。

在水利工程中，如水电站的引水管、水库放空底管、船闸闸室墙的输水廊道等，在不同的管段其管壁厚度是不同的，有的管段顶板、底板较厚，边墙较薄；有的管段边墙较厚，顶板、底板较薄。对不同的管段可按上述原则选取不同的计算简图。

力矩分配法对支座移动及温度变化等因素下的连续梁和无侧移刚架的内力计算问题也能很好地解决。它与荷载因素不同之处仅在计算固端弯矩上有差别。

思考题

7-1　什么是结点不平衡力矩？如何计算？

7-2　什么是杆端抗弯劲度(转动刚度)？它与哪些因素有关？

7-3　什么是分配系数？为什么汇交于同一刚结点的所有杆端的分配系数之和等于1？

7-4　什么是传递系数？它与哪些因素有关？

7-5　力矩分配法的基本运算步骤有哪些？

7-6　用力矩分配法计算连续梁和无侧移刚架时，计算过程为什么是收敛的？

习　题

7-1　试用力矩分配法计算图示连续梁，并作弯矩图。

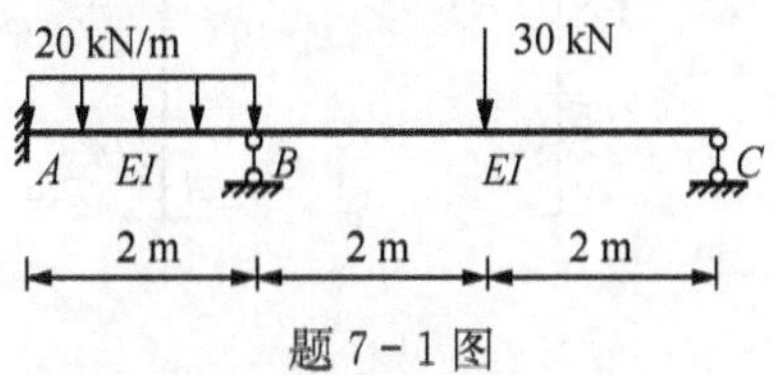

题 7-1 图

7-2　试用力矩分配法计算图示连续梁，并作弯矩图。

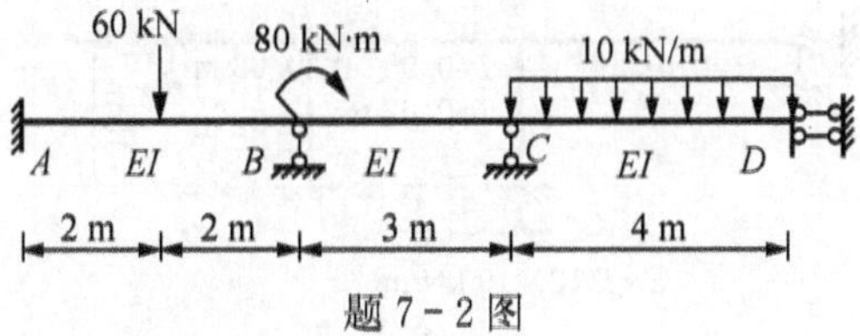

题 7-2 图

7-3　试用力矩分配法计算图示刚架，并作弯矩图。

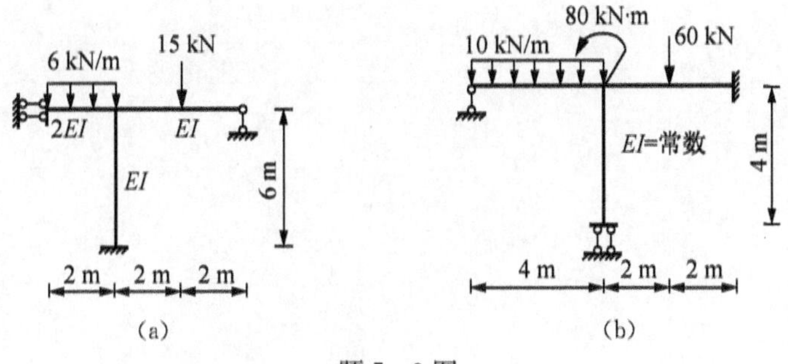

题 7-3 图

7-4　试用力矩分配法计算图示对称刚架，并作弯矩图。

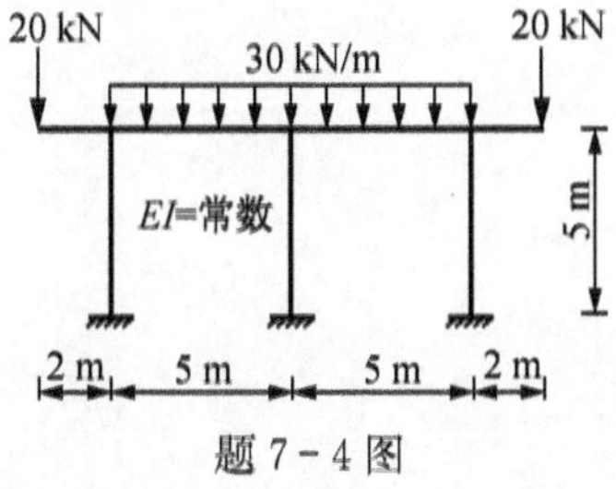

题 7-4 图

7-5 试用力矩分配法计算图示结构,并作弯矩图。

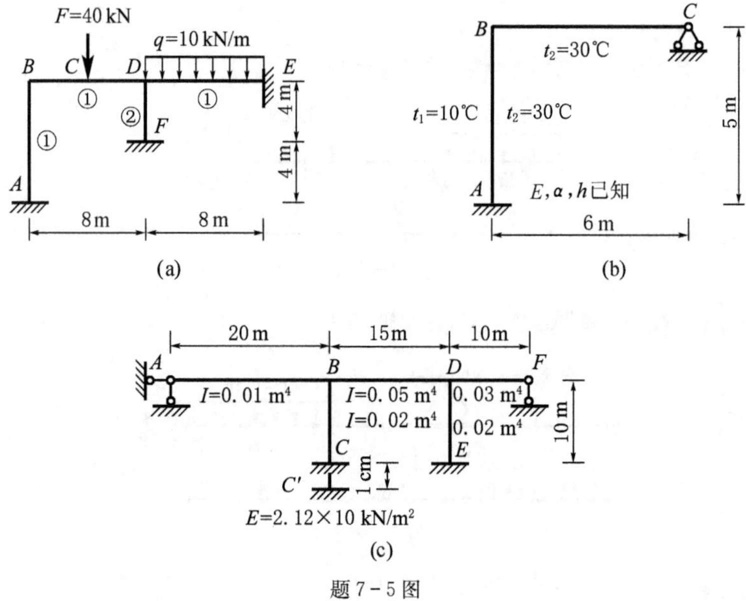

题7-5图

第8章 矩阵位移法

矩阵位移法是以位移法为理论基础，利用矩阵数学和计算机工具进行大型复杂杆系结构分析的现代计算方法。本章重点介绍了矩阵位移法的基本方法和求解步骤，推导了几种单元在局部坐标和整体坐标系下的单元劲度矩阵和荷载列阵，采用“对号入座”原则，构建结构平衡方程。本章还介绍了结构分析计算机程序的程序结构与数据结构。

§8-1 概述

近代力学的基本理论和基本方程在19世纪末20世纪初已基本完备了。后来的力学家大多致力于寻求各种具体问题的解。但由于许多力学问题相当复杂，很难获得解析解，用数值方法求解也遇到计算工作量过于庞大的困难。通常只能通过各种假设把问题简化到可以处理的程度，以得到某种近似的解答，或是借助于实验手段来谋求问题的解决。随着电子计算机的诞生和迅猛发展，这种强大的计算工具使复杂的数学运算不再成为不可逾越的障碍。计算机的快速运算和海量存储能力，使得解决复杂力学问题成为可能，为计算力学的形成奠定了物质基础。计算力学是根据力学理论，利用现代计算机技术和各种数值方法，解决力学中的实际问题的一门新兴学科。它横贯力学的各个分支，不断扩大各个领域中力学的研究和应用范围，同时也在逐渐发展自己的理论和方法。计算结构力学是计算力学的一个分支，它以数值计算的方法，用电子计算机求解结构力学中的各类问题。

计算结构力学的发展使得结构力学发生了根本性的变化，工程实践中的结构分析问题日益大型化和复杂化，体现在：(1) 结构的规模愈来愈大，如土木工程中的高层建筑和大跨度结构等；(2) 结构的构造愈来愈复杂，如高层建筑中的框架剪力墙结构等；(3) 结构分析的要求更高。如平面问题向空间问题拓展；线性问题向非线性问题拓展;确定性问题向不确定性问题拓展;一般荷载向特殊荷载拓展,等等;(4) 结构分析的含义更为广泛。结构分析由被动的分析向主动设计拓展,其内容涵盖设计参数选择、结构计算、强度刚度稳定性校核等。

计算结构力学的主要任务如下。

(1)利用计算机完成结构的力学分析,包括研究分析方法以及应用这些方法进行结构计算。经典结构力学分析时,考虑结构的约束力或结点位移为基本未知值,考虑位移条件或平衡条件建立典型方程,求解典型方程得基本未知值,从而得到结构的内力分布和位移分布。由于经典结构力学分析是面向手工计算的,故而能求解的规模十分有限。计算结构力学则建立一种统一的、规范的求解途径和步骤,由计算机自动建立求解的方程组,然后求解。这种计算格式是为方便于计算机求解而建立并由计算机完成计算的,因此其求解的规模随着计算机软、硬件的发展变得十分庞大。以矩阵位移法为例,其求解过程可表述为“拆”和“装”两个主要部分。所谓“拆”,就是将结构离散为一些标准的单元,建立单元性能的控制方程,如杆端内力与杆端位移及荷载关系方程;所谓“装”,就是将各单元组装成结构,得到关于结构性能的控制方程,如可动结点自由度方向的平衡方程。将这种杆系结构矩阵分析的思想应用到连续体的计算机分析诞生了结构分析的有限单元法。应用这些方法,在给定结构参数的情况下,对结构进行计算;对结构的施工、工作状态进行仿真,等等。

(2) 结构优化设计。传统的结构分析是在结构参数给定的情况下,对结构进行分析。结构分析只是结构设计的一种工具。而结构优化设计则可以对结构的参数进行设计,并且可以得到在某种意义下的最优设计。这使得结构分析由被动分析向主动设计拓展。结构优化设计的主要思想是选择结构设计参数为设计变量,在满足各种规范或某些特定要求的条件下,使结构的某种指标(如重量、造价、刚度或频率等)为最佳的设计方法。也就是要在所有可用方案中,按某一目标选出最优设计方案的方法。结构优化设计于 20 世纪 60 年代,首先在航空工程中开展研究和应用,后来推广到机械、造船、土建等工程。我国从 20 世纪 70 年代开始研究结构优化设计,对吊车梁、屋架、排架、网架、桥梁、高压输电塔架等结构进行了优化设计。70 年代末以来,在水利工程的坝工设计、港口工程的码头设计中也开始研究和应用,编制了一些具有实用价值的计算程序,取得了一大批成果。

(3)计算机结构分析软件研制。计算结构力学的理论、方法最终是通过计算机结构分析软件来解决实际问题的,因此研制具有强大功能、高效率的结构分析软件是计算结构力学的主要任务之一。计算结构力学软件主要有以下几种类型:(1) 研究力学理论和方法用的软件,主要面向研究和教学;(2) 解决专门问题的专用软件;(3) 面向一批问题的通用软件;(4) 集成系统。这种集成系统为某类工程设计的全过程服务,包括中央数据库和各种子程序。与中央数据库相连的程序模块可以实现设计过程的各分项计算,且具有智能。这些模块可供工程师调用,使集成系统成为工程师得心应手的工具。20 世纪 50 年代中期至 60 年代末,结构分析软件一般为专用程序,60 年代末至 70 年代初开始出现大型通用分析软件。其中著名的有 E. L. Wilson 教授等编制的 SAP;K. J. Bathe 等编制的 ADINA 和NONSAP;美国国家航空和航天管理局(NASA)发展的 NASTRAN;Hibbitt, Karison 公司研制的 ABAQUS;Swanson 分析系统公司研制的 ANSYS;MARC 分析研究公司研制的 MARC;德国斯图加特大学宇航结构研究所研制的 ASKA;等等。这些大型通用软件以功能强大、计算可靠、效率高而倍受用户青睐,对于通用软件没有涉及的领域大多利用通用软件拥有的强大前后处理功能和计算技术作为开发平台,进行二次开发,避免零起点和低水平重复。

计算结构力学的内容十分丰富,本章仅介绍矩阵位移法的基本理论和方法,有兴趣的读者可阅读相关的参考资料。

§8-2　矩阵位移法基本原理

矩阵位移法与经典结构力学位移法在原理上并无区别(不同),只是在分析中将求解过程用矩阵形式表示,使得计算步骤标准化,适宜于编制通用计算机程序,便于计算过程程序化。

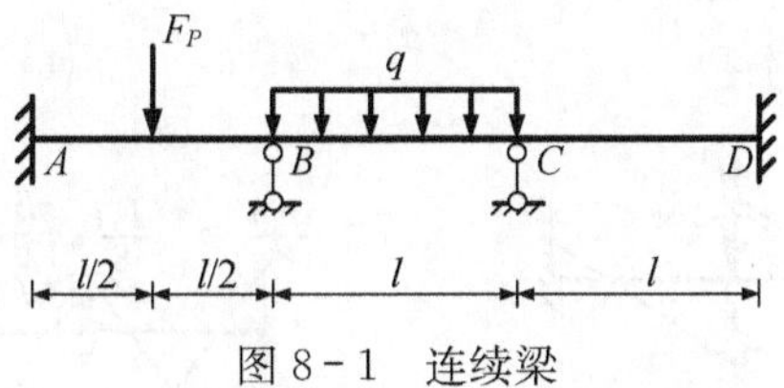

图 8-1　连续梁

下面以图 8-1 所示连续梁为例,说明如何应用矩阵的形式表示位移法的求解过程,并总结出矩阵位移法求解的步骤。图 8-1 所示连续梁,受到集中荷载 F_P 和均布荷载 q 的作用,EI=常数。显然用位移法求解时,考虑 B、C 结点的角位移作为基本未知值,其位移法基本系、单位弯矩图、荷载弯矩图如图 8-2 所示,位移法典型方程为

$$
\begin{aligned}
K_{11}\varphi_1+K_{12}\varphi_2+F_{\mathrm{R}_{1P}}=0\\
K_{21}\varphi_1+K_{22}\varphi_2+F_{\mathrm{R}_{2P}}=0
\end{aligned}
\tag{8-1}
$$

写成矩阵形式为

$$
\boldsymbol{K}_{\delta\delta}\boldsymbol{\Delta}=\boldsymbol{F}_{\delta} \tag{8-2}
$$

其中：

$$\boldsymbol{K}_{\delta\delta}=\begin{bmatrix}K_{11} & K_{12}\\ K_{21} & K_{22}\end{bmatrix} \tag{8-3}$$

称为可动结点劲度矩阵，是由位移法典型方程中的劲度系数组成的矩阵。

$$\boldsymbol{\Delta}=\begin{Bmatrix}\delta_1\\ \delta_2\end{Bmatrix}=\begin{Bmatrix}\varphi_1\\ \varphi_2\end{Bmatrix} \tag{8-4}$$

称为可动结点位移列阵，即位移法中的基本未知量。

$$\boldsymbol{F}_{\delta}=-\boldsymbol{F}_{R_P}=-\begin{Bmatrix}F_{R_{1P}}\\ F_{R_{2P}}\end{Bmatrix} \tag{8-5}$$

称为可动结点等效荷载列阵，由位移法典型方程中的自由项加上负号组成的列阵。式(8-2)是标准形式的线性代数方程组，其求解有标准的计算机算法和程序，关键是如何用矩阵的形式表示可动结点劲度矩阵 $\boldsymbol{K}_{\delta\delta}$ 和可动结点等效荷载列阵 $\boldsymbol{F}_{\delta}$ 的形成过程。

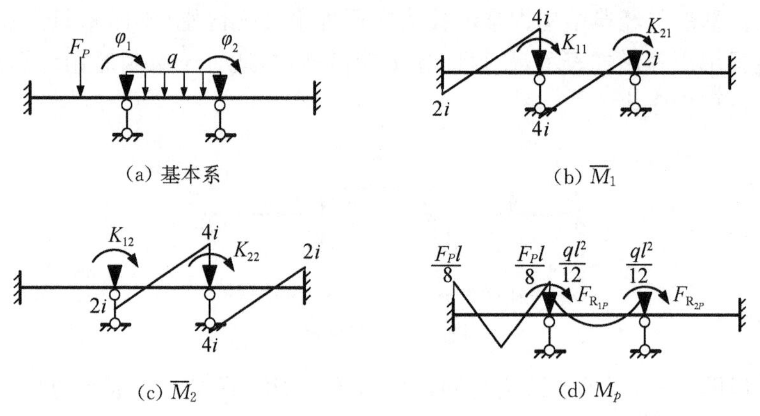

图 8-2　连续梁基本系、单位弯矩图、荷载弯矩图

位移法中计算劲度系数的过程可表述为：在单位弯矩图 $\overline{M}_1$、$\overline{M}_2$ 中选取适当的脱离体，如图 8-3 所示，考虑适当的平衡条件求得劲度系数。

分别考虑图 8-3(a)中 B、C 结点的平衡条件得

$$K_{11}=4i+4i=8i,\quad K_{21}=2i$$

分别考虑图 8-3(b)中 B、C 结点的平衡条件得

$$K_{12}=2i,\quad K_{22}=4i+4i=8i$$

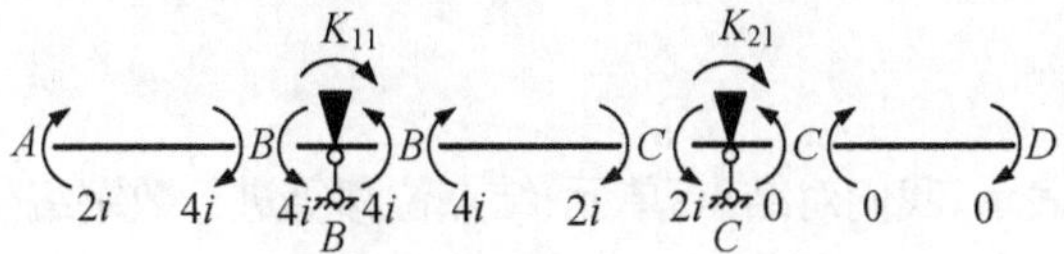

（a）　从单位弯矩图$\overline{M}_1$ 中选取的脱离体

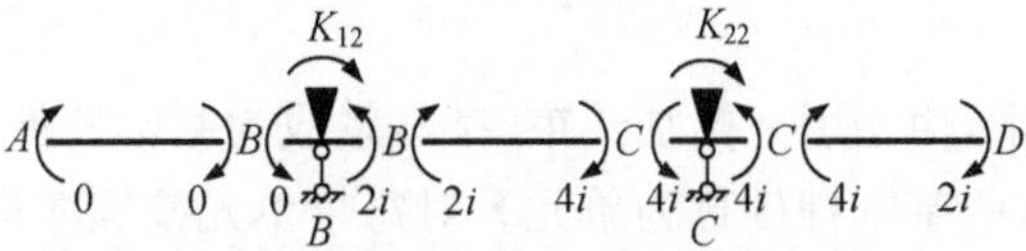

（b）　从单位弯矩图$\overline{M}_2$ 中选取的脱离体

图 8－3　从单位弯矩图中选取的脱离体

位移法中计算自由项的过程是：考虑荷载弯矩图 M_P，选取适当的脱离体如图 8－4 所示。考虑适当的平衡条件，如考虑 B、C 结点的力矩平衡条件得

$$F_{R_{1P}}=\frac{F_P l}{8}-\frac{ql^2}{12},\quad F_{R_{2P}}=\frac{ql^2}{12}$$

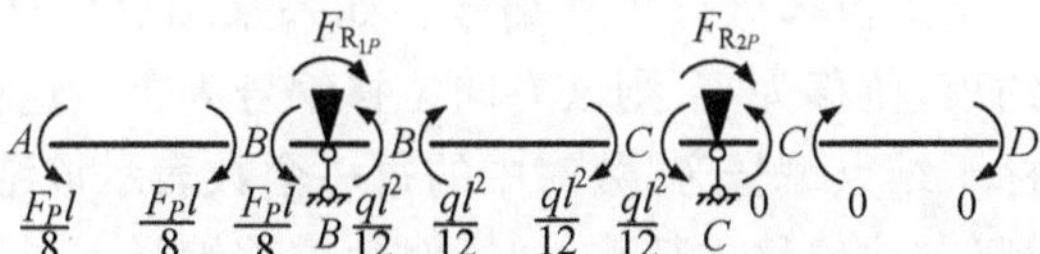

图 8－4　从荷载弯矩图中选取的脱离体

下面用矩阵形式表示上述位移法计算劲度系数和自由项的过程。

一、坐标系和符号约定

为了建立适合计算机求解的矩阵格式，需要建立适当的坐标系，并对坐标系中的力学量约定符号。对连续梁整体建立笛卡尔坐标系，如图 8－5 所示，该坐标系称为整体坐标系。约定结点位移分量以整体坐标系中相应坐标轴正方向为正，例如，图 8－5 中结点角位移 δ_1 和 δ_2 根据右手螺旋法则以顺时针方向为正。同样，如果结点上作用有集中荷载，约定其分量以整体坐标系中相应坐标轴正方向为正。

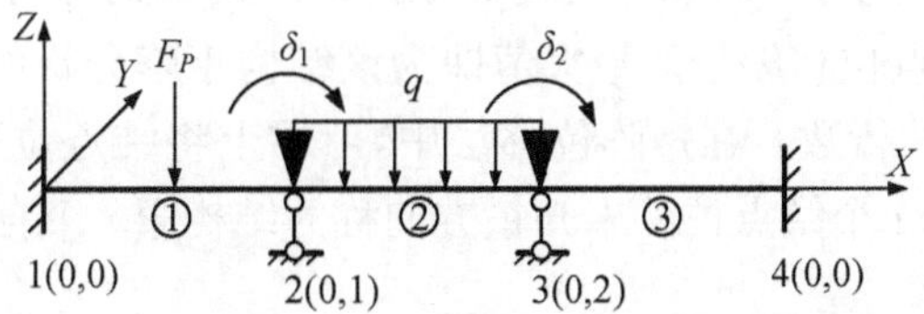

图 8－5　整体坐标系、编号

二、数字编号

为便于用矩阵表示,我们对结点、单元、结点位移等进行数字编号,如图 8-5 所示。

1. 结点编号

对结点按顺序进行数字编号,标于结点旁,该数码称为结点编号。

2. 单元编号

位移法基本系中,由于引入附加约束,基本系成为基本杆件的组合体。在矩阵位移法中,我们将这些基本杆件称为单元。对每个单元按顺序进行数字编号,形成单元编号,标于杆件中央。为与结点编号区别,通常在表示单元序号的阿拉伯数字外加一圆圈。

3. 结点位移编号

矩阵位移法的基本未知量为结点位移,不同类型的结构,结点位移的个数不一样。例如,连续梁通常考虑结点竖向线位移和角位移为基本未知量;平面桁架考虑结点沿坐标方向的两个线位移分量为基本未知量;平面刚架考虑结点沿坐标方向的两个线位移分量和角位移分量为基本未知量;等等。根据具体类型结构的计算,按结点编号的顺序对结点位移进行数字编号。如果某结点位移方向的位移已知,例如该方向被支座约束,位移为零,则该方向位移编号为零。这样形成的结点位移编号用数对的形式标于结点编号旁,数对中的每一个数表示该结点位移的编号,对于连续梁,通常先对竖向线位移进行编号,后对角位移编号。

以图 8-5 所示连续梁为例,每个结点有两个位移分量:一个竖向线位移分量和一个角位移分量,即在整体坐标系中一个 Z 方向线位移和一个绕 Y 轴的角位移。对每个结点的位移进行编号并写成数对得到结点位移编号。结点 1 为固定支座,位移分量全为零,故结点 1 的结点位移编号为(0,0);结点 2 在 Z 方向有支座连杆,位移分量为零,角位移编号为 1,故结点 2 的结点位移编号为(0,1);同样,结点 3 的结点位移编号为(0,2);结点 4 的结点位移编号为(0,0)。

三、结点位移列阵

考虑结构的支承条件,确定结构求解的基本未知量。图 8-5 所示连续梁的基本未知量为结点角位移 δ_1 和 δ_2,将之写成矩阵形式则得到可动结点位移列阵:$\boldsymbol{\Delta}=[\delta_1,\delta_2]^{\mathrm{T}}$。显然,结点位移编号的最大值即为该结构矩阵分析的未知量总数,亦即可动结点位移列阵的行数。在矩阵位移法中,习惯上将结点位移未知量总数称为结构自由度总数,第 i 个结点位移未知量方向称为结构第 i 个自由度方向。

四、可动结点平衡方程

位移法的基本思路是把整体结构拆成(离散为)独立的单元进行单元分析,再通过变形协调条件和整体平衡条件将这些单元重新集合为整体。考虑位移协调条件，我们可以确定哪些结点位移作为结构的基本未知量建立杆端位移和结点位移的对应关系；考虑结构的支承条件可以确定结构求解的基本未知量；考虑基本未知量方向的平衡条件，可以建立可动结点平衡方程(8-2)，即位移法典型方程。

（一）可动结点劲度矩阵 $\mathbf{K}_{\delta\delta}$ 的形成

我们从位移法出发，建立可动结点劲度矩阵。位移法中计算劲度系数时有两个关键步骤：(1) 作单位内力图；(2) 选取适当脱离体，考虑适当的平衡条件，计算劲度系数。尽管在位移法中人们可以灵活地选取脱离体，并考虑相应的平衡条件，在矩阵位移法中，为了计算过程的通用性和程序化，一般都将可动结点(发生基本未知值的结点)取作脱离体，考虑结点位移方向的平衡条件。一旦确定了结点位移，各单元杆端位移便随之而确定。杆件通过杆端与结点相连，因此可动结点的平衡条件考虑的是杆端内力和可动结点上的外荷载之间的平衡关系。

可见上述两个关键步骤考虑的是结点位移和结点力，杆端位移和杆端内力之间的关系。作单位内力图时，考虑单位杆端位移引起的杆件的内力。通常选取一个典型的单元，确定该单元可能发生的杆端位移(包括线位移和角位移)引起的可能的杆端内力(杆端剪力和杆端弯矩)，建立单元杆端内力和杆端位移之间的关系。为了用矩阵表示，需要对单元建立坐标系，对杆端位移和杆端内力编号以及约定正负号。

考虑一个典型的梁单元 i，如图 8-6 所示。通常将杆件的一端，如左端，称为 J 端，另一端，如右端，称为 K 端。在单元上建立笛卡尔坐标系 $x_m y_m z_m$，坐标原点放在 J 端，x_m 轴沿杆轴线由 J 端指向 K 端，y_m、z_m 轴与杆件横截面的两个主轴重合，对平面问题，y_m 轴与整体坐标系 Y 轴方向一致，z_m 轴由右手螺旋法则确定。这样建立在单元上的坐标系称为单元局部坐标系。

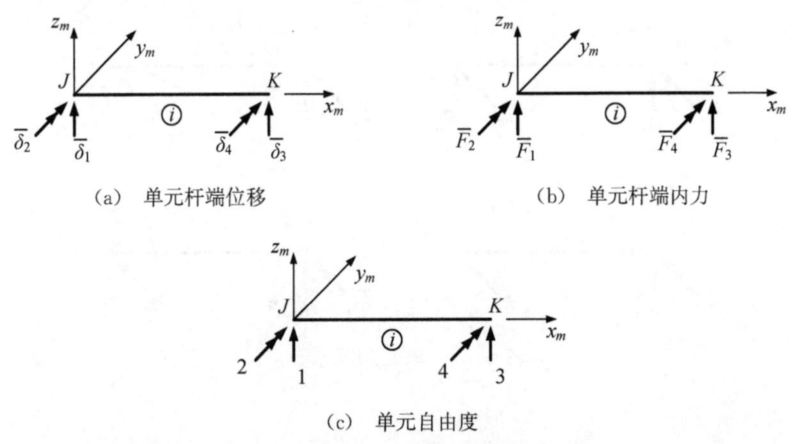

(a)　单元杆端位移

(b)　单元杆端内力

(c)　单元自由度

图 8-6　单元局部坐标系及单元自由度编号

1. 单位内力图的表示

为表示单位内力图,需要确定各个单元可能发生的杆端位移(包括线位移和角位移)引起的可能的杆端内力(杆端剪力和杆端弯矩),建立单元杆端内力和杆端位移之间的关系。

对于梁单元,一般考虑弯曲变形而不计轴向变形的影响,故杆端位移考虑杆件两端的角位移和垂直于杆轴线方向的线位移。单元杆端位移及其编号见图8-6(a)。杆端位移的正负号约定为:沿着局部坐标轴正向的位移为正向位移,其中角位移根据右手螺旋法则用双箭头表示。杆端位移用矩阵表示为

$$\overline{\boldsymbol{\delta}}_i=[\overline{\delta}_1 \quad \overline{\delta}_2 \quad \overline{\delta}_3 \quad \overline{\delta}_4]_i^{\mathrm{T}} \tag{8-6}$$

称为杆件 i 在局部坐标系中的杆端位移列阵。

连续梁一般水平布置,结点位移的方向为竖向线位移和角位移,因此在考虑结点位移方向的平衡条件时一般涉及杆端的剪力和弯矩。图 8-6(b)给出了正向单元杆端内力及其编号。各杆端内力分量以指向局部坐标轴正向为正,其中弯矩根据右手螺旋法则,用双箭头表示。杆端内力用矩阵表示为

$$\overline{\boldsymbol{F}}_i=[\overline{F}_1 \quad \overline{F}_2 \quad \overline{F}_3 \quad \overline{F}_4]_i^{\mathrm{T}} \tag{8-7}$$

称为杆件 i 在局部坐标系中的杆端内力列阵。

将杆端位移和杆端内力的方向统一起来进行编号,这样图 8-6(c)所示编号既可适用于杆端位移,又可适用于杆端内力。通常将所考虑的杆端位移(内力)的总数称为该单元的自由度总数,杆端位移(内力)的方向称为该单元的自由度方向。

建立起单元局部坐标系以及单元自由度编号系统,分别令单元各自由度方向发生单位位移,确定单元杆端各自由度方向的杆端内力,如图 8-7 所示,写成矩阵形式有

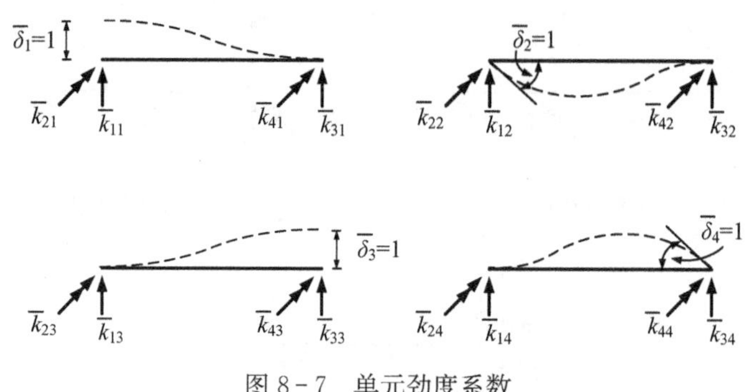

图 8-7 单元劲度系数

$$\overline{\boldsymbol{k}}_i=\begin{bmatrix}\overline{k}_{11} & \overline{k}_{12} & \overline{k}_{13} & \overline{k}_{14}\\ \overline{k}_{21} & \overline{k}_{22} & \overline{k}_{23} & \overline{k}_{24}\\ \overline{k}_{31} & \overline{k}_{32} & \overline{k}_{33} & \overline{k}_{34}\\ \overline{k}_{41} & \overline{k}_{42} & \overline{k}_{43} & \overline{k}_{44}\end{bmatrix}_i \tag{8-8}$$

式中$\overline{\boldsymbol{k}}_i$ 称为单元在局部坐标系中的劲度矩阵，其元素$\overline{k}_{ij}$ 为单元在第 j 个自由度方向发生单位位移引起的第 i 个自由度方向的杆端内力。很自然，我们会把$\overline{\boldsymbol{k}}_i$ 中的元素和形常数表 6－1 联系起来，由表 6－1 结合单元自由度的编号以及杆端位移和杆端内力的正负号约定，我们可以方便地确定梁单元在局部坐标系中的劲度矩阵$\overline{\boldsymbol{k}}_i$ 如式(8－9)所示。这种令杆端发生单位位移求杆端内力，进而确定单元劲度矩阵的方法称为单位位移法。

$$\overline{\boldsymbol{k}}_i=\begin{bmatrix}\dfrac{12EI}{l^3} & -\dfrac{6EI}{l^2} & -\dfrac{12EI}{l^3} & -\dfrac{6EI}{l^2}\\ -\dfrac{6EI}{l^2} & \dfrac{4EI}{l} & \dfrac{6EI}{l^2} & \dfrac{2EI}{l}\\ -\dfrac{12EI}{l^3} & \dfrac{6EI}{l^2} & \dfrac{12EI}{l^3} & \dfrac{6EI}{l^2}\\ -\dfrac{6EI}{l^2} & \dfrac{2EI}{l} & \dfrac{6EI}{l^2} & \dfrac{4EI}{l}\end{bmatrix}_i \tag{8-9}$$

显然，对每个单元建立其单元劲度矩阵，则单位内力图中任一单元的杆端内力都可以由相应的单元劲度矩阵确定。以图 8－2(b)、(c)为例，图 8－2(b)为$\overline{M}_1$ 图，AB 杆右端的杆端弯矩为 $M_{BA}=4i$，顺时针方向。由图 8－6、图 8－7 及公式(8－8)、公式(8－9)，我们知道，M_{BA} 为第一单元的劲度系数$\overline{k}_{44}$，也就是第一单元右端发生单位角位移$\overline{\delta}_4=1$ 引起的右端的杆端弯矩$\overline{F_4}$，由式(8－9)得$\overline{k}_{44}=4i$，正号表示顺时针方向。又比如，图 8－2(c)为$\overline{M}_2$ 图，BC 杆左端的杆端弯矩为 $M_{BC}=2i$，顺时针方向。按劲度系数的定义，它为第二单元的劲度系数$\overline{k}_{24}$，亦即第二单元发生$\overline{\delta}_4=1$ 引起的$\overline{F}_2$，由式(8－9)可知劲度系数$\overline{k}_{24}=2i$，顺时针方向。

单元杆端内力和杆端位移之间的关系可以表示为下列矩阵形式

$$\overline{\boldsymbol{F}}_i=\overline{\boldsymbol{k}}_i\,\overline{\boldsymbol{\delta}}_i \tag{8-10}$$

式(8－10)称为单元劲度方程。该方程即为两端固定梁的转角位移方程。

2. 结点位移方向的平衡条件，劲度系数的计算

位移法中选取脱离体，考虑平衡条件计算劲度系数的过程，可以由图 8－3 清楚地表示，要将这个过程用矩阵表示必须搞清楚下面几个问题：

(1) 脱离体取自与哪一个结构自由度相对应的单位内力图?考虑哪一个结构自由度方向的平衡条件?

在计算劲度系数 K_{ij} 时,由系数的下标可知,引起第 i 个附加约束的反力的原因是第 j 个结构自由度发生单位位移,因此,脱离体取自$\overline{M}_j$ 图,建立第 i 个结构自由度方向的平衡条件。

(2) 该结构自由度与哪些单元的单元自由度协调?

搞清这个问题,我们便知道在建立某结构自由度方向的平衡条件时选择哪些单元自由度方向的杆端内力构成平衡条件。

(3) 平衡条件中杆端内力正负号如何确定?

单位内力图中所有杆端内力都假设为正向内力,而脱离体上与之相对应的自由度方向的力是其反作用力,与之大小相等方向相反,在平衡条件中它们全部为负向内力。

综合上述三点我们知道,通过平衡条件计算结构第 i 个自由度方向由于第 j 个自由度发生单位位移引起的劲度系数 K_{ij} 时,选取所有与第 i 个自由度相协调的单元中由于与第 j 个自由度相协调的单元自由度发生单位位移时引起的杆端内力,将它们叠加起来便得到要计算的劲度系数。这样的单元可能有一个,也有可能是多个,这取决于结构的连接方式。

例如,计算劲度系数 K_{11} 时,(1) 脱离体取自$\overline{M}_1$;考虑第一个结构自由度方向的平衡条件;(2) 该结构自由度 δ_1 与第一单元第四自由度方向和第二单元第二自由度协调;(3) 每个单元的杆端弯矩都假设为正向即顺时针方向,反作用到脱离体上都是负值,即逆时针方向。因此,平衡条件中只有附加约束上的反力矩为正,其余杆端内力均为负值。弄清以上三个问题便不难得到 K_{11} 应为第一单元第四个自由度方向的杆端内力与第二单元第二自由度方向的杆端内力之和。即

$$K_{11}=(\overline{k}_{44})_1+(\overline{k}_{22})_2$$

上述过程中,很关键的一步是建立结构自由度与单元自由度之间的对应关系。这种关系决定了我们选取哪些杆端内力进行叠加,形成可动结点劲度矩阵。结构自由度与单元自由度之间的对应关系可以用各单元的单元定位向量 $\boldsymbol{\lambda}_i$ 来表示。

(1) 结构自由度编码

以图 8-5 所示连续梁为例,结构自由度总数为 2。结点 1 的结构自由度编码为(0,0),结点 2 的自由度编码为(0,1),结点 3 的自由度编码为(0,2),结点 4 的自由度编码为(0,0)。

(2) 单元定位向量

图 8-5 所示连续梁有 3 个梁单元,每个梁单元的单元自由度编号如图 8-6(c)所示,而每个梁单元的两端与结点相连。因此,单元的自由度与结点的自由度存在对应关系,单元自由度与结构自由度的对应关系如表 8-1a 至表 8-1c 所示。

表 8-1a　第 1 单元结构自由度与单元自由度的对应关系

单元端点	J 端(第 1 点)		K 端(第 2 点)	
单元自由度	1	2	3	4
结构自由度	0	0	0	1

表 8-1b　第 2 单元结构自由度与单元自由度的对应关系

单元端点	J 端(第 2 点)		K 端(第 3 点)	
单元自由度	1	2	3	4
结构自由度	0	1	0	2

表 8-1c　第 3 单元结构自由度与单元自由度的对应关系

单元端点	J 端(第 3 点)		K 端(第 4 点)	
单元自由度	1	2	3	4
结构自由度	0	2	0	0

将每个单元的单元自由度与结构自由度的对应关系用列矩阵表示

$$\boldsymbol{\lambda}_1=[0\quad 0\quad 0\quad 1]^{\mathrm{T}},\quad \boldsymbol{\lambda}_2=[0\quad 1\quad 0\quad 2]^{\mathrm{T}},\quad \boldsymbol{\lambda}_3=[0\quad 2\quad 0\quad 0]^{\mathrm{T}}$$

表示单元自由度与结构自由度对应关系的列阵称为单元定位向量。每个向量的元素个数即为单元自由度数,每个元素在列矩阵中的位置表示该元素所对应的单元自由度序号,而元素的数值则为结构自由度编号。例如:$\boldsymbol{\lambda}_2$ 中第二个元素为 1,表示第二个单元的第二个单元自由度对应了第 1 个结构自由度;第四个元素为 2,表示该单元的第四个单元自由度对应了第 2 个结构自由度;而第一和第三个元素为零,表示该单元的第一和第三单元自由度所对应的结构自由度为零,表示在该方向位移被约束,没有自由度。

(3) 拼装

根据单元定位向量,我们可以确定与所要计算的劲度系数相关的所有单元劲度系数,将这些单元劲度系数相加即可。这个过程从数值运算来看,只是单元劲度系数的叠加,但反映的却是平衡条件。在矩阵位移法中一般将这个过程称为拼装,即由单元劲度矩阵拼装结构可动结点劲度矩阵。

仍以 K_{11} 为例说明图 8-5 所示连续梁由单元劲度矩阵拼装可动结点劲度矩阵的过程。劲度系数 K_{11} 告诉我们平衡条件的方向是第 1 个结构自由度方向,发生单位位移的方向也是第 1 个结构自由度方向,而根据单元定位向量我们知道与该方向相关的单元自由度有两个,分别是第一个单元的第 4 个单元自由度方向和第二个单元的第 2 个单元自由度方向。因此,与它相关的单元劲度矩阵的元素分

别是$(\bar{k}_{44})_1$和$(\bar{k}_{22})_2$,将它们相加有

$$K_{11}=(\bar{k}_{44})_1+(\bar{k}_{22})_2$$

同理有

$$K_{12}=(\bar{k}_{24})_2,\quad K_{21}=(\bar{k}_{42})_2$$

$$K_{22}=(\bar{k}_{44})_2+(\bar{k}_{22})_3$$

这样我们得到

$$\boldsymbol{K}_{\delta\delta}=\begin{bmatrix}8i & 2i\\ 2i & 8i\end{bmatrix}=\begin{bmatrix}8\dfrac{EI}{l} & 2\dfrac{EI}{l}\\ 2\dfrac{EI}{l} & 8\dfrac{EI}{l}\end{bmatrix} \tag{a}$$

在实际编制计算机程序时,常常采用运算效率更高的所谓"对号入座"的方法。首先,根据结构自由度编号确定可动结点劲度矩阵$\boldsymbol{K}_{\delta\delta}$为$2\times2$的方阵,初始化该矩阵

$$\boldsymbol{K}_{\delta\delta}=\begin{bmatrix}0 & 0\\ 0 & 0\end{bmatrix}$$

然后,对每个单元根据其单元定位向量确定该单元劲度矩阵中相关元素在可动结点劲度矩阵中的位置,将它们放入可动结点劲度矩阵中,并与原先的元素叠加。

对第一单元,由单元定位向量$\boldsymbol{\lambda}_1=[0\quad 0\quad 0\quad 1]^{\mathrm{T}}$我们知道,该单元只有第4个单元自由度非零,其第4个单元自由度发生单位位移时引起第4个单元自由度方向的杆端内力即$(\bar{k}_{44})_1$,而且该单元自由度对应了第1个结构自由度,故$(\bar{k}_{44})_1$对应了K_{11},将之放入$\boldsymbol{K}_{\delta\delta}$中相应的位置,与原先的元素叠加

$$\boldsymbol{K}_{\delta\delta}=\begin{bmatrix}(\bar{k}_{44})_1 & 0\\ 0 & 0\end{bmatrix}$$

对第二单元,由$\boldsymbol{\lambda}_2=[0\quad 1\quad 0\quad 2]^{\mathrm{T}}$我们知道该单元第2和第4方向单元自由度不为零,它们分别对应了第1个和第2个结构自由度,故$(\bar{k}_{22})_2$对应了K_{11},$(\bar{k}_{24})_2$对应了K_{12},$(\bar{k}_{42})_2$对应了K_{21},$(\bar{k}_{44})_2$对应了K_{22}。将单元劲度矩阵中相关的元素放入$\boldsymbol{K}_{\delta\delta}$中相应的位置,与原先的元素叠加

$$\boldsymbol{K}_{\delta\delta}=\begin{bmatrix}(\bar{k}_{44})_1+(\bar{k}_{22})_2 & (\bar{k}_{24})_2\\ (\bar{k}_{42})_2 & (\bar{k}_{44})_2\end{bmatrix}$$

对第三单元,由$\boldsymbol{\lambda}_3=[0\quad 2\quad 0\quad 0]^{\mathrm{T}}$可知,$(\bar{k}_{22})_3$对应了$K_{22}$,将之放入$\boldsymbol{K}_{\delta\delta}$中相应的位置,与原先的元素叠加

$$K_{\delta\delta}=\begin{bmatrix}(\bar{k}_{44})_1+(\bar{k}_{22})_2 & (\bar{k}_{24})_2\\(\bar{k}_{42})_2 & (\bar{k}_{44})_2+(\bar{k}_{22})_3\end{bmatrix}$$

当遍历所有单元后，得到的$K_{\delta\delta}$便是最后形成的结构可动结点劲度矩阵。将单元劲度矩阵的相应元素代入上式得

$$K_{\delta\delta}=\begin{bmatrix}8i & 2i\\2i & 8i\end{bmatrix}=\begin{bmatrix}8\dfrac{EI}{l} & 2\dfrac{EI}{l}\\2\dfrac{EI}{l} & 8\dfrac{EI}{l}\end{bmatrix}$$

（二）可动结点等效荷载列阵F_δ 的形成

由式(8-5)知道，只要形成附加约束上的反力(矩)F_{R_P}，便可得到可动结点等效荷载列阵F_δ。从图 8-4 可以看出，位移法中计算F_{R_P} 的过程与计算劲度系数的过程是类似的，都是通过选取脱离体，考虑结构自由度方向的平衡条件计算，甚至比劲度系数的计算更为简单。F_{R_P} 的计算过程也分为两步：(1) 作荷载内力图；(2) 考虑平衡条件计算F_{R_P}。

1. 荷载内力图的表示

杆件单元上由于荷载作用引起杆端内力即固端内力，如图 8-8 所示。由载常数表，我们可以确定在一定荷载作用下的固端内力。按照矩阵位移法中单元杆端

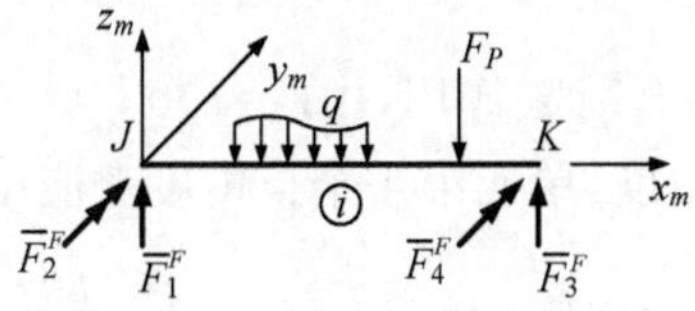

图 8-8　单元固端力

内力的正、负号约定，将荷载引起的杆端内力写成列矩阵$\bar{F}_i^F$

$$\bar{F}_i^F=[\bar{F}_1^F\quad \bar{F}_2^F\quad \bar{F}_3^F\quad \bar{F}_4^F]_i^{\mathrm{T}}$$

称之为单元固端力列阵。对图 8-1 所示连续梁，在单元荷载的作用下，荷载弯矩图如图 8-2(d)所示，将每个单元作为脱离体隔离出来，如图 8-9 所示，根据单元自由度编号以及符号约定，单元的固端力列阵为

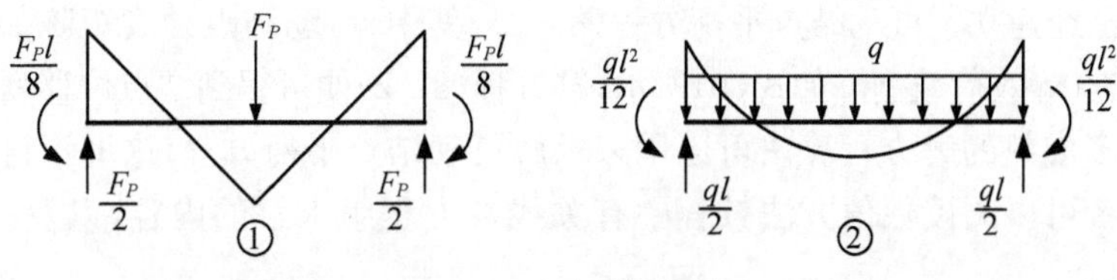

图 8-9　单元脱离体

$$\overline{\boldsymbol{F}}_1^F=\left[\frac{F_P}{2}\quad -\frac{F_Pl}{8}\quad \frac{F_P}{2}\quad \frac{F_Pl}{8}\right]_1^{\mathrm{T}}$$

$$\overline{\boldsymbol{F}}_2^F=\left[\frac{ql}{2}\quad -\frac{ql^2}{12}\quad \frac{ql}{2}\quad \frac{ql^2}{12}\right]_2^{\mathrm{T}}$$

$$\overline{\boldsymbol{F}}_3^F=\boldsymbol{0}$$

2. 拼装

检查每个单元上是否有荷载作用,如有荷载作用则计算由于荷载作用引起的单元固端力$\overline{\boldsymbol{F}}_i^F$,否则$\overline{\boldsymbol{F}}_i^F$ 为 **0**。形成单元固端力列阵后,根据单元定位向量将$\overline{\boldsymbol{F}}_i^F$ 拼装成可动结点等效荷载列阵$\boldsymbol{F}_\delta$。需注意的是,由于$\boldsymbol{F}_\delta=-\boldsymbol{F}_{\mathrm{R}_P}$,故拼装是单元固端力列阵反号后进行叠加。

首先初始化$\boldsymbol{F}_\delta$,

$$\boldsymbol{F}_\delta=[0\quad 0]^{\mathrm{T}}$$

对第 1 个单元,因单元上有集中荷载作用,根据单元定位向量$\boldsymbol{\lambda}_1=[0\quad 0\quad 0\quad 1]^{\mathrm{T}}$ 可知,单元第 4 个自由度对应结构第 1 个自由度,故将$(\overline{F}_4^F)_1$ 叠加到结构第 1 个自由度方向上

$$\boldsymbol{F}_\delta=[-(\overline{F}_4^F)_1\quad 0]=\left[-\frac{F_Pl}{8}\quad 0\right]^{\mathrm{T}}$$

对第 2 个单元,单元上有均布荷载作用,由$\boldsymbol{\lambda}_2=[0\quad 1\quad 0\quad 2]^{\mathrm{T}}$ 可知,单元第 2 个自由度对应结构第 1 个自由度,单元第 4 个自由度对应结构第 2 个自由度,因此

$$\boldsymbol{F}_\delta=[-(\overline{F}_4^F)_1-(\overline{F}_2^F)_2\quad -(\overline{F}_4^F)_2]^{\mathrm{T}}=\left[-\frac{F_Pl}{8}+\frac{ql^2}{12}\quad -\frac{ql^2}{12}\right]^{\mathrm{T}}$$

第 3 单元上没有荷载作用,故不须考虑第 3 单元。

遍历所有单元,得到的$\boldsymbol{F}_\delta$ 便是最后形成的可动结点等效荷载列阵。

$$\boldsymbol{F}_\delta=\left[-\frac{F_Pl}{8}+\frac{ql^2}{12}\quad -\frac{ql^2}{12}\right]^{\mathrm{T}} \tag{b}$$

五、求解结点位移

我们已经建立了可动结点平衡方程(8-2),其中,可动结点劲度矩阵如式(a)所示,可动结点等效荷载列阵如式(b)所示,解方程(8-2)便可得到结点位移列阵 $\boldsymbol{\Delta}$。

有许多成熟的解方程算法可以用来求解可动结点平衡方程,这里不再赘述,有兴趣的读者可以阅读数值方法教程中有关线性方程组求解的内容,以及一些有关文献。

六、单元杆端力的计算

位移法中在求得结点位移后，通常用叠加原理作最后内力图，对图 8-1 所示问题，可由下述叠加公式作最后内力图

$$M=\overline{M}_1\varphi_1+\overline{M}_2\varphi_2+M_P$$
$$F_Q=\overline{F}_{Q_1}\varphi_1+\overline{F}_{Q_2}\varphi_2+F_{Q_P}$$

上述公式说明杆件最后内力由两部分组成，一部分是由结点位移引起的杆端力，另一部分是在杆端被约束住的情况下由荷载作用引起的杆端内力，即单元固端力。将上述叠加公式写成矩阵形式

$$\overline{\boldsymbol{F}}_i=\overline{\boldsymbol{k}}_i\,\overline{\boldsymbol{\delta}}_i+\overline{\boldsymbol{F}}_i^F \tag{8-11}$$

式中：

$\overline{\boldsymbol{F}}_i$ 为杆端力列阵，其元素为沿局部坐标系方向的杆端力分量；

$\overline{\boldsymbol{\delta}}_i$ 为杆端位移列阵，其元素为沿局部坐标系方向的杆端位移分量。

我们知道杆端位移与相应的结点位移是存在位移协调关系的。因此，$\overline{\boldsymbol{\delta}}_i$ 可以根据单元定位向量由结点位移确定。例如对图 8-1 所示问题，对第 1 单元，由单元定位向量$\boldsymbol{\lambda}_1=[0\quad 0\quad 0\quad 1]^{\mathrm{T}}$得$\overline{\boldsymbol{\delta}}_1=[0\quad 0\quad 0\quad \delta_1]^{\mathrm{T}}$；对第 2 单元，由$\boldsymbol{\lambda}_2=[0\quad 1\quad 0\quad 2]^{\mathrm{T}}$得$\overline{\boldsymbol{\delta}}_2=[0\quad \delta_1\quad 0\quad \delta_2]^{\mathrm{T}}$；对第 3 单元，由$\boldsymbol{\lambda}_3=[0\quad 2\quad 0\quad 0]^{\mathrm{T}}$得$\overline{\boldsymbol{\delta}}_3=[0\quad \delta_2\quad 0\quad 0]^{\mathrm{T}}$。

由式(8-11)在求得杆端内力后，可根据$\overline{\boldsymbol{F}}_i$ 作最后的内力图。

七、小结

上面介绍了矩阵位移法的基本方法，总结求解的基本步骤如下。

1. 离散化

对结构建立整体坐标系；对结点编号；确定基本未知值，并对基本未知值编号；对单元编号。

2. 单元分析

对单元建立局部坐标系；对单元自由度编号；建立单元在局部坐标系中的劲度矩阵$\overline{\boldsymbol{k}}_i$ 和固端力列阵$\overline{\boldsymbol{F}}_i^F$。

3. 整体分析

建立单元定位向量$\boldsymbol{\lambda}_i$，根据$\boldsymbol{\lambda}_i$ 将单元劲度矩阵拼装成可动结点劲度矩阵，将固端力列阵拼装成可动结点等效荷载列阵。

4. 解方程

求解可动结点平衡方程，得结点位移 $\boldsymbol{\Delta}$。

5. 计算单元杆端内力

由结点位移得到单元杆端位移$\overline{\boldsymbol{\delta}}_i$,并由公式$\overline{\boldsymbol{F}}_i=\overline{\boldsymbol{k}}_i\,\overline{\boldsymbol{\delta}}_i+\overline{\boldsymbol{F}}_i^F$ 计算单元杆端内力。

下面通过一个例题,详细说明用矩阵位移法求解超静定梁的具体过程。图8-10(a)为一超静定梁受荷载作用,试用矩阵位移法计算各杆端内力。

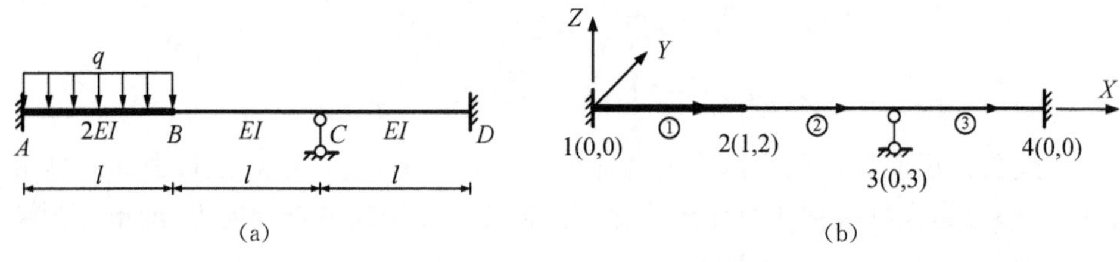

图 8-10

解 1. 离散化

整体坐标系、结点编号、单元编号、结点自由度编号如图 8-10(b)所示。

2. 单元分析

(1) 各单元在局部坐标系中的劲度矩阵为

$$\overline{\boldsymbol{k}}_1=\begin{bmatrix} \dfrac{24EI}{l^3} & -\dfrac{12EI}{l^2} & -\dfrac{24EI}{l^3} & -\dfrac{12EI}{l^2} \\ -\dfrac{12EI}{l^2} & \dfrac{8EI}{l} & \dfrac{12EI}{l^2} & \dfrac{4EI}{l} \\ -\dfrac{24EI}{l^3} & \dfrac{12EI}{l^2} & \dfrac{24EI}{l^3} & \dfrac{12EI}{l^2} \\ -\dfrac{12EI}{l^2} & \dfrac{4EI}{l} & \dfrac{12EI}{l^2} & \dfrac{8EI}{l} \end{bmatrix}$$

$$\overline{\boldsymbol{k}}_2=\overline{\boldsymbol{k}}_3=\begin{bmatrix} \dfrac{12EI}{l^3} & -\dfrac{6EI}{l^2} & -\dfrac{12EI}{l^3} & -\dfrac{6EI}{l^2} \\ -\dfrac{6EI}{l^2} & \dfrac{4EI}{l} & \dfrac{6EI}{l^2} & \dfrac{2EI}{l} \\ -\dfrac{12EI}{l^3} & \dfrac{6EI}{l^2} & \dfrac{12EI}{l^3} & \dfrac{6EI}{l^2} \\ -\dfrac{6EI}{l^2} & \dfrac{2EI}{l} & \dfrac{6EI}{l^2} & \dfrac{4EI}{l} \end{bmatrix}$$

(2) 单元固端力列阵

$$\overline{\boldsymbol{F}}_1^F=\left[\frac{ql}{2}\quad -\frac{ql^2}{12}\quad \frac{ql}{2}\quad \frac{ql^2}{12}\right]^{\mathrm{T}},\quad \overline{\boldsymbol{F}}_2^F=\overline{\boldsymbol{F}}_3^F=\boldsymbol{0}$$

3. 整体分析

(1) 单元定位向量

$$\boldsymbol{\lambda}_1=[0\quad 0\quad 1\quad 2]^{\mathrm{T}},\quad \boldsymbol{\lambda}_2=[1\quad 2\quad 0\quad 3]^{\mathrm{T}},\quad \boldsymbol{\lambda}_3=[0\quad 3\quad 0\quad 0]^{\mathrm{T}}$$

(2) 拼装可动结点劲度矩阵$\boldsymbol{K}_{\delta\delta}$

结构自由度总数为 3,可动结点劲度矩阵$\boldsymbol{K}_{\delta\delta}$为 3×3 矩阵。首先初始化劲度矩阵,然后根据各单元定位向量将单元劲度矩阵中的元素存入可动结点劲度矩阵相应的行和列中。

$$\boldsymbol{K}_{\delta\delta}=\begin{bmatrix}0&0&0\\0&0&0\\0&0&0\end{bmatrix}$$

考虑第 1 单元,由单元定位向量$\boldsymbol{\lambda}_1=[0\quad 0\quad 1\quad 2]^{\mathrm{T}}$ 得

$$\boldsymbol{K}_{\delta\delta}=\begin{bmatrix}(k_{33})_1&(k_{34})_1&0\\(k_{43})_1&(k_{44})_1&0\\0&0&0\end{bmatrix}$$

考虑第 2 单元,由单元定位向量$\boldsymbol{\lambda}_2=[1\quad 2\quad 0\quad 3]^{\mathrm{T}}$ 得

$$\boldsymbol{K}_{\delta\delta}=\begin{bmatrix}(k_{33})_1+(k_{11})_2&(k_{34})_1+(k_{12})_2&(k_{14})_2\\(k_{43})_1+(k_{21})_2&(k_{44})_1+(k_{22})_2&(k_{24})_2\\(k_{41})_2&(k_{42})_2&(k_{44})_2\end{bmatrix}$$

考虑第 3 单元,由单元定位向量$\boldsymbol{\lambda}_3=[0\quad 3\quad 0\quad 0]^{\mathrm{T}}$ 得

$$\boldsymbol{K}_{\delta\delta}=\begin{bmatrix}(k_{33})_1+(k_{11})_2&(k_{34})_1+(k_{12})_2&(k_{14})_2\\(k_{43})_1+(k_{21})_2&(k_{44})_1+(k_{22})_2&(k_{24})_2\\(k_{41})_2&(k_{42})_2&(k_{44})_2+(k_{22})_3\end{bmatrix}$$

将单元劲度矩阵相关元素代入,可动结点劲度矩阵为

$$\boldsymbol{K}_{\delta\delta}=\begin{bmatrix}\frac{24EI}{l^3}+\frac{12EI}{l^3}&\frac{12EI}{l^2}-\frac{6EI}{l^2}&-\frac{6EI}{l^2}\\\frac{12EI}{l^2}-\frac{6EI}{l^2}&\frac{8EI}{l}+\frac{4EI}{l}&\frac{2EI}{l}\\-\frac{6EI}{l^2}&\frac{2EI}{l}&\frac{4EI}{l}+\frac{4EI}{l}\end{bmatrix}=\begin{bmatrix}\frac{36EI}{l^3}&\frac{6EI}{l^2}&-\frac{6EI}{l^2}\\\frac{6EI}{l^2}&\frac{12EI}{l}&\frac{2EI}{l}\\-\frac{6EI}{l^2}&\frac{2EI}{l}&\frac{8EI}{l}\end{bmatrix}$$

(3) 拼装可动结点等效荷载列阵$\boldsymbol{F}_{\delta}$

考虑单元荷载引起的可动结点等效荷载列阵$\boldsymbol{F}_{\delta}^{E}$,将单元固端力拼装为$\boldsymbol{F}_{\delta}^{E}$。

初始化$\boldsymbol{F}_{\delta}^{E}$,

$$\boldsymbol{F}_{\delta}^{E}=\{0\quad 0\quad 0\}^{\mathrm{T}}$$

对第1单元,由单元定位向量$\boldsymbol{\lambda}_1=[0\quad 0\quad 1\quad 2]^{\mathrm{T}}$,得

$$\boldsymbol{F}_{\delta}^{E}=-\left\{\frac{ql}{2}\quad \frac{ql^2}{12}\quad 0\right\}^{\mathrm{T}}$$

第2、3单元上无荷载作用,所以可动结点等效荷载列阵

$$\boldsymbol{F}_{\delta}^{E}=\left\{-\frac{ql}{2}\quad -\frac{ql^2}{12}\quad 0\right\}^{\mathrm{T}}$$

4. 解方程得结点位移

$$\boldsymbol{\Delta}=\frac{ql^3}{272EI}\begin{Bmatrix}-\frac{41}{9}l\\ 1\\ -\frac{11}{3}\end{Bmatrix}$$

5. 计算单元杆端内力

(1) 杆端位移列阵

由第1单元单元定位向量$\boldsymbol{\lambda}_1=[0\quad 0\quad 1\quad 2]^{\mathrm{T}}$得第1单元杆端位移列阵

$$\overline{\boldsymbol{\delta}}_1=\frac{ql^3}{272EI}\left[0\quad 0\quad -\frac{41}{9}l\quad 1\right]^{\mathrm{T}}$$

由第2单元单元定位向量$\boldsymbol{\lambda}_2=[1\quad 2\quad 0\quad 3]^{\mathrm{T}}$得第2单元杆端位移列阵

$$\overline{\boldsymbol{\delta}}_2=\frac{ql^3}{272EI}\left[-\frac{41}{9}l\quad 1\quad 0\quad -\frac{11}{3}\right]^{\mathrm{T}}$$

由第3单元单元定位向量$\boldsymbol{\lambda}_3=[0\quad 3\quad 0\quad 0]^{\mathrm{T}}$得第3单元杆端位移列阵

$$\overline{\boldsymbol{\delta}}_3=\frac{ql^3}{272EI}\left[0\quad -\frac{11}{3}\quad 0\quad 0\right]^{\mathrm{T}}$$

(2) 计算单元杆端内力

$$\overline{\boldsymbol{F}}_i=\overline{\boldsymbol{k}}_i\,\overline{\boldsymbol{\delta}}_i+\overline{\boldsymbol{F}}_i^{F}$$

对第1单元,

$$\overline{\boldsymbol{F}}_1=\begin{bmatrix}\frac{24EI}{l^3} & -\frac{12EI}{l^2} & -\frac{24EI}{l^3} & -\frac{12EI}{l^2}\\ -\frac{12EI}{l^2} & \frac{8EI}{l} & \frac{12EI}{l^2} & \frac{4EI}{l}\\ -\frac{24EI}{l^3} & \frac{12EI}{l^2} & \frac{24EI}{l^3} & \frac{12EI}{l^2}\\ -\frac{12EI}{l^2} & \frac{4EI}{l} & \frac{12EI}{l^2} & \frac{8EI}{l}\end{bmatrix}\frac{ql^3}{272EI}\begin{Bmatrix}0\\0\\-\frac{41}{9}l\\1\end{Bmatrix}+\begin{Bmatrix}\frac{ql}{2}\\-\frac{ql^2}{12}\\\frac{ql}{2}\\\frac{ql^2}{12}\end{Bmatrix}$$

$$=\begin{Bmatrix}\frac{175}{204}ql\\-\frac{55}{204}ql^2\\\frac{29}{204}ql\\-\frac{18}{204}ql^2\end{Bmatrix}$$

对第 2 单元，

$$\overline{\boldsymbol{F}}_2=\begin{bmatrix}\frac{12EI}{l^3} & -\frac{6EI}{l^2} & -\frac{12EI}{l^3} & -\frac{6EI}{l^2}\\ -\frac{6EI}{l^2} & \frac{4EI}{l} & \frac{6EI}{l^2} & \frac{2EI}{l}\\ -\frac{12EI}{l^3} & \frac{6EI}{l^2} & \frac{12EI}{l^3} & \frac{6EI}{l^2}\\ -\frac{6EI}{l^2} & \frac{2EI}{l} & \frac{6EI}{l^2} & \frac{4EI}{l}\end{bmatrix}\frac{ql^3}{272EI}\begin{Bmatrix}-\frac{41}{9}l\\1\\0\\-\frac{11}{3}\end{Bmatrix}=\begin{Bmatrix}-\frac{29}{204}ql\\\frac{18}{204}ql^2\\\frac{29}{204}ql\\\frac{11}{204}ql^2\end{Bmatrix}$$

对第 3 单元，

$$\overline{\boldsymbol{F}}_3=\begin{bmatrix}\frac{12EI}{l^3} & -\frac{6EI}{l^2} & -\frac{12EI}{l^3} & -\frac{6EI}{l^2}\\ -\frac{6EI}{l^2} & \frac{4EI}{l} & \frac{6EI}{l^2} & \frac{2EI}{l}\\ -\frac{12EI}{l^3} & \frac{6EI}{l^2} & \frac{12EI}{l^3} & \frac{6EI}{l^2}\\ -\frac{6EI}{l^2} & \frac{2EI}{l} & \frac{6EI}{l^2} & \frac{4EI}{l}\end{bmatrix}\frac{ql^3}{272EI}\begin{Bmatrix}0\\-\frac{11}{3}\\0\\0\end{Bmatrix}=\begin{Bmatrix}\frac{11}{136}ql\\-\frac{11}{204}ql^2\\-\frac{11}{136}ql\\-\frac{11}{408}ql^2\end{Bmatrix}$$

本节以连续梁为例介绍了矩阵位移法的一些基本概念和基本方法，并总结了矩阵位移法求解连续梁的基本步骤。但结构往往是复杂的，我们用上述方法求解其他类型的结构时仍会碰到一些问题。比如分析时除了连续梁外，还需要考虑刚架、桁架等;又比如结构中有些杆件单元斜向布置,等等。前一个问题使我们在单元分析时需要对不同类型的杆件进行单元分析,而后一个问题则会使我们在整体平衡分析时碰到困难,因为斜向布置的单元杆端内力分量不在所考虑的结构整体自由度方向上。我们在下面几节中对矩阵位移法中常见的一些问题的处理方法进行介绍。

§8-3 单元分析

在结构矩阵分析中,我们常常会碰到各种不同类型的单元,所谓不同类型是指单元具有不同的单元自由度,不同的形常数和载常数,因此,需要对不同类型的单元建立单元劲度矩阵,单元固端力列阵。本节中我们针对常用的平面铰接单元和平面固结单元进行讨论,而对其他类型的单元,本节介绍的方法同样适用。

一、平面铰接单元

在桁架结构中,桁架杆件两端铰接,只考虑轴向变形,杆件两端只有轴向线位移分量,杆端内力只有轴向内力分量,这种单元称为铰接单元。平面铰接单元局部坐标系和单元自由度编号如图 8-11 所示。

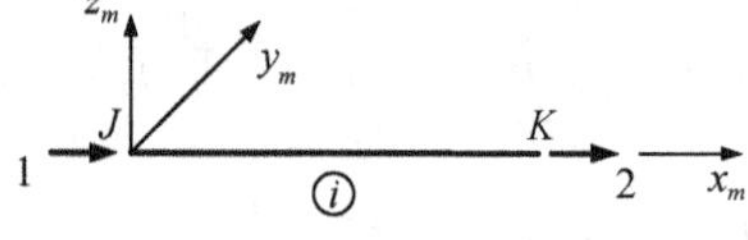

图 8-11 平面铰接单元

平面铰接单元的杆端内力$\overline{\boldsymbol{F}}_i=[\overline{F}_1 \quad \overline{F}_2]_i^{\mathrm{T}}$,杆端位移$\overline{\boldsymbol{\delta}}_i=[\overline{\delta}_1 \quad \overline{\delta}_2]_i^{\mathrm{T}}$,单元劲度方程$\overline{\boldsymbol{F}}_i=\overline{\boldsymbol{k}}_i\overline{\boldsymbol{\delta}}_i$,单元劲度矩阵为 2×2 方阵

$$\overline{\boldsymbol{k}}_i=\begin{bmatrix}\overline{k}_{11} & \overline{k}_{12}\\ \overline{k}_{21} & \overline{k}_{22}\end{bmatrix}_i$$

根据材料力学知识,可算出当单元 1、2 自由度方向分别发生单位位移时产生的杆端内力。当单元第 1 自由度方向发生单位位移时,杆端轴力为

$$\overline{k}_{11}=\frac{EA}{l},\quad \overline{k}_{21}=-\frac{EA}{l}$$

当单元第 2 自由度方向发生单位位移时,杆端轴力为

$$\overline{k}_{12}=-\frac{EA}{l},\quad \overline{k}_{22}=\frac{EA}{l}$$

写成矩阵形式得到平面铰接单元的单元劲度矩阵

$$\overline{\boldsymbol{k}}_i=\begin{bmatrix}\dfrac{EA}{l} & -\dfrac{EA}{l}\\ -\dfrac{EA}{l} & \dfrac{EA}{l}\end{bmatrix}_i \tag{8-12}$$

为便于坐标转换，常常添加两个单元自由度，如图 8－12 所示，从而将平面铰接单元写成 4×4 阶的矩阵

$$\overline{\boldsymbol{k}}_i=\begin{bmatrix}\dfrac{EA}{l} & 0 & -\dfrac{EA}{l} & 0\\ 0 & 0 & 0 & 0\\ -\dfrac{EA}{l} & 0 & \dfrac{EA}{l} & 0\\ 0 & 0 & 0 & 0\end{bmatrix}_i \tag{8-13}$$

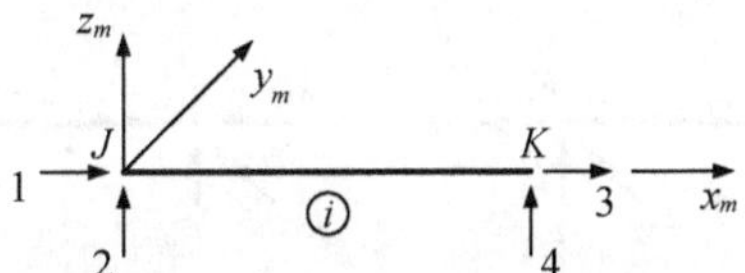

图 8－12　平面桁架单元

由于桁架结构只受结点荷载作用，单元上并无荷载作用，故对桁架单元不需要考虑单元固端力。

二、平面固结单元

平面固结单元既考虑杆件的弯曲变形，又考虑杆件轴向变形。杆件单元两端既有线位移分量，又有角位移分量，杆端内力既有轴力，又有剪力和弯矩。平面固结单元的局部坐标系和单元自由度编号如图 8－13 所示。

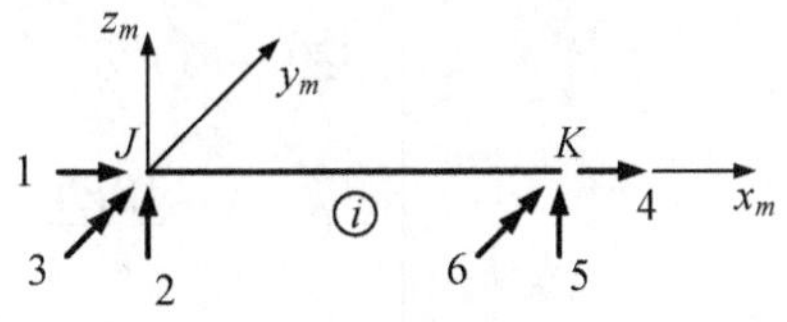

图 8－13　平面固结单元

单元杆端位移列阵$\overline{\boldsymbol{\delta}}_i=\begin{bmatrix}\overline{\delta}_1 & \overline{\delta}_2 & \overline{\delta}_3 & \overline{\delta}_4 & \overline{\delta}_5 & \overline{\delta}_6\end{bmatrix}_i^{\mathrm{T}}$，单元杆端内力列阵$\overline{\boldsymbol{F}}_i=\begin{bmatrix}\overline{F}_1 & \overline{F}_2 & \overline{F}_3 & \overline{F}_4 & \overline{F}_5 & \overline{F}_6\end{bmatrix}_i^{\mathrm{T}}$，单元劲度方程为$\overline{\boldsymbol{F}}_i=\overline{\boldsymbol{k}}_i\,\overline{\boldsymbol{\delta}}_i$，单元劲度矩阵$\overline{\boldsymbol{k}}_i$ 为 6×6 的方阵，单元固端力列阵为 6×1 的列阵。

1. 单元劲度矩阵

可以用单位位移法来推导单元劲度矩阵$\overline{\boldsymbol{k}}_i$。根据单元劲度矩阵的定义，令每个单元自由度方向分别发生单位位移，计算单位位移引起的单元杆端内力，见图

8－14。由形常数表 6－1 结合单元自由度的编号以及杆端位移和杆端内力的正负号约定，我们可以方便地确定平面固结单元在局部坐标系中的劲度矩阵$\overline{\boldsymbol{k}}_i$，如式(8－14)所示。

在计算单元劲度系数时，忽略轴向变形和弯曲变形之间的相互影响，单元 1、4 自由度方向和其他自由度方向的劲度系数分别推导。从图 8－14 中可以看出，当单元 1、4 自由度方向分别发生单位位移时，只引起单元 1、4 自由度方向的内力，对其他自由度方向没有影响，因此，单元 1、4 自由度方向的劲度系数和平面桁架单元是完全一样的。当单元 2、3、5、6 自由度方向分别发生单位位移时，只引起这些自由度方向的杆端内力，对轴向没有影响，劲度系数与平面梁单元的劲度系数是完全一样的。

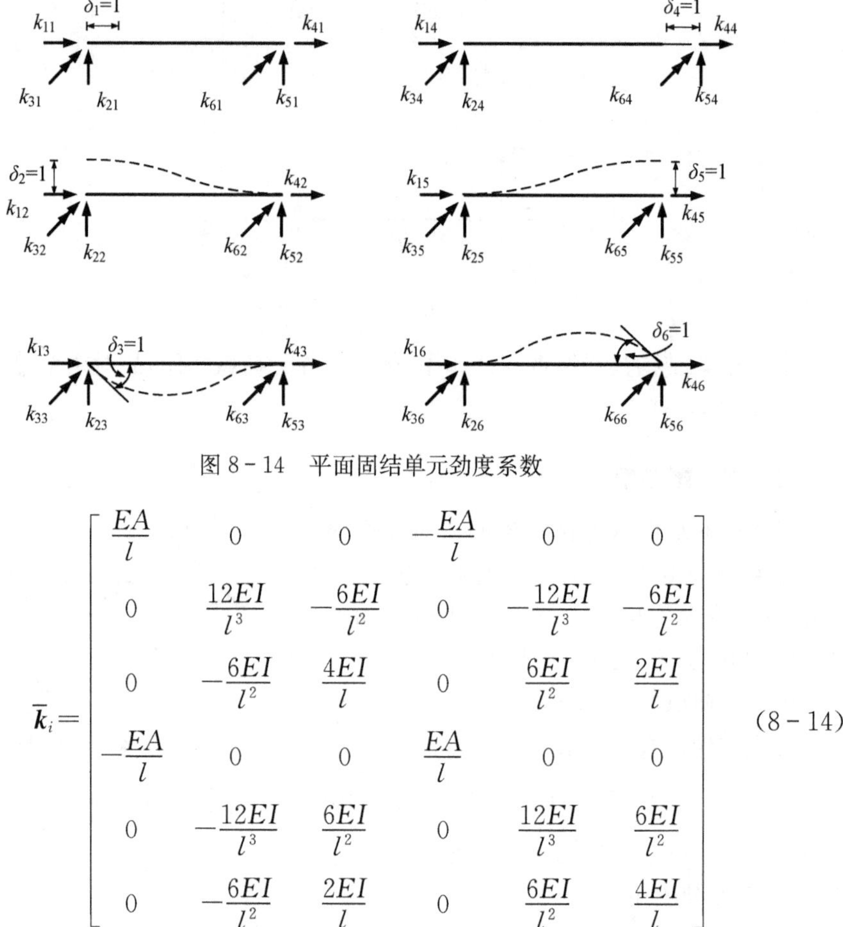

图 8－14　平面固结单元劲度系数

$$\overline{\boldsymbol{k}}_i=\begin{bmatrix} \frac{EA}{l} & 0 & 0 & -\frac{EA}{l} & 0 & 0 \\ 0 & \frac{12EI}{l^3} & -\frac{6EI}{l^2} & 0 & -\frac{12EI}{l^3} & -\frac{6EI}{l^2} \\ 0 & -\frac{6EI}{l^2} & \frac{4EI}{l} & 0 & \frac{6EI}{l^2} & \frac{2EI}{l} \\ -\frac{EA}{l} & 0 & 0 & \frac{EA}{l} & 0 & 0 \\ 0 & -\frac{12EI}{l^3} & \frac{6EI}{l^2} & 0 & \frac{12EI}{l^3} & \frac{6EI}{l^2} \\ 0 & -\frac{6EI}{l^2} & \frac{2EI}{l} & 0 & \frac{6EI}{l^2} & \frac{4EI}{l} \end{bmatrix} \tag{8-14}$$

从式(8－14)中可以看出，由于忽略轴向变形和弯曲变形之间的相互影响，平面固结单元可以看成由平面铰接单元和平面梁单元组合而成。将平面铰接单元劲度矩阵和平面梁单元劲度矩阵分别扩充为 6×6 的矩阵，第 1、4 方向与轴向变形相对应，第 2、3、5、6 方向与弯曲变形相对应。将扩充后的矩阵相加即可得到平面固结单元劲度矩阵。

2. 单元固端力列阵

对于作用有荷载的单元，计算出单元固端力，形成单元固端力列阵。

例如第 i 杆件单元上距 J 端距离为 a 的截面处作用集中力，其沿单元局部坐标 x_m、y_m、z_m 方向的分别分量为 F_{x_m}、F_{z_m}、M_{y_m}，如图 8-15 所示，其单元固端力列阵为

$$\overline{\boldsymbol{F}}_i^F=\begin{Bmatrix} -\dfrac{b}{l}F_{x_m} \\ -\dfrac{b^2}{l^2}\left(1+2\,\dfrac{a}{l}\right)F_{z_m}+\dfrac{6ab}{l^3}M_{y_m} \\ -\dfrac{ab^2}{l^2}F_{z_m}+\dfrac{b}{l}\left(2-3\,\dfrac{b}{l}\right)M_{y_m} \\ -\dfrac{a}{l}F_{x_m} \\ -\dfrac{a^2}{l^2}\left(1+2\,\dfrac{b}{l}\right)F_{z_m}-\dfrac{6ab}{l^3}M_{y_m} \\ \dfrac{a^2b}{l^2}F_{z_m}+\dfrac{a}{l}\left(2-3\,\dfrac{a}{l}\right)M_{y_m} \end{Bmatrix}_i$$

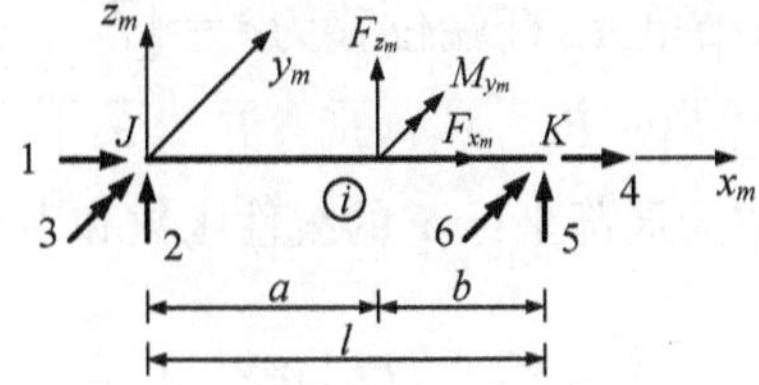

图 8-15　平面固结单元受集中力作用

又例如杆件上有满跨均布荷载作用的单元，如图 8-16 所示，固端力列阵为

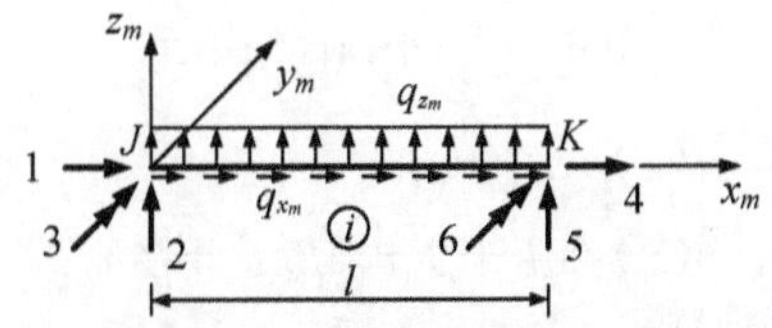

图 8-16　平面固结单元受均布荷载作用

$$
\overline{\boldsymbol{F}}_i^{\mathrm{F}}=\begin{Bmatrix} -\dfrac{q_{x_m}l}{2} \\ -\dfrac{q_{z_m}l}{2} \\ \dfrac{q_{z_m}l^2}{12} \\ -\dfrac{q_{x_m}l}{2} \\ -\dfrac{q_{z_m}l}{2} \\ -\dfrac{q_{z_m}l^2}{12} \end{Bmatrix}_i
$$

对平面固结单元受其他形式荷载作用的情况,读者可用所学过的方法(比如力法)求解出杆端内力,接局部坐标系方向并考虑正、负号约定形成单元在该种荷载作用下的固端力列阵。

三、应用虚功原理进行单元分析

应用虚功原理进行单元分析具有普遍的适用性,可用于推导结构力学中各种类型单元的劲度矩阵和单元等效荷载列阵,也是有限单元法中常用的单元分析的方法。本节以平面固结单元为例,应用变形体虚功原理推导单元劲度矩阵。

1. 单元位移与单元结点位移

图 8-17 所示平面固结单元,杆端位移为$\overline{\boldsymbol{\delta}}_i=[\overline{\delta}_1 \quad \overline{\delta}_2 \quad \overline{\delta}_3 \quad \overline{\delta}_4 \quad \overline{\delta}_5 \quad \overline{\delta}_6]_i^{\mathrm{T}}$,与之对应的杆端内力为$\overline{\boldsymbol{F}}_i=[\overline{F}_1 \quad \overline{F}_2 \quad \overline{F}_3 \quad \overline{F}_4 \quad \overline{F}_5 \quad \overline{F}_6]_i^{\mathrm{T}}$。单元的轴向位移$\overline{u}(x)$和横向位移$\overline{v}(x)$可分别取为局部坐标 x 的线性函数和多项式函数,即

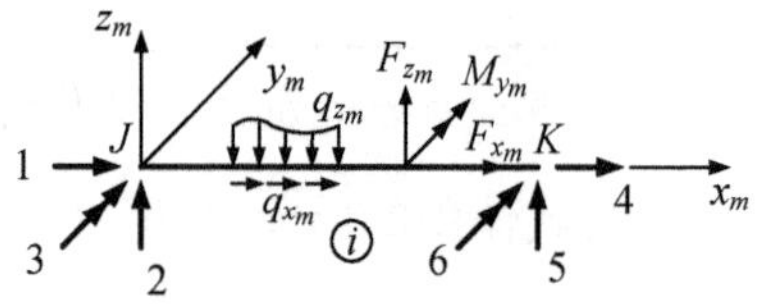

图 8-17　平面固结单元

$$
\begin{aligned}
\overline{u}(x)&=\alpha_0+\alpha_1 x \\
\overline{v}(x)&=\beta_0+\beta_1 x+\beta_2 x^2+\beta_3 x^3
\end{aligned} \tag{a}
$$

式中:待定参数可由杆端位移表示。

$$
\begin{aligned}
&\text{当 } x=0 \text{ 时}, \bar{u}(0)=\bar{\delta}_1, \bar{v}(0)=\bar{\delta}_2, \left.\frac{\mathrm{d}\bar{v}}{\mathrm{d}x}\right|_{x=0}=-\bar{\delta}_3 \\
&\text{当 } x=l \text{ 时}, \bar{u}(l)=\bar{\delta}_4, \bar{v}(l)=\bar{\delta}_5, \left.\frac{\mathrm{d}\bar{v}}{\mathrm{d}x}\right|_{x=l}=-\bar{\delta}_6
\end{aligned} \tag{b}
$$

将式(b)代入式(a)中有

$$
\begin{cases}
\alpha_0=\bar{\delta}_1 \\
\beta_0=\bar{\delta}_2 \\
\beta_1=-\bar{\delta}_3 \\
\alpha_0+\alpha_1 l=\bar{\delta}_4 \\
\beta_0+\beta_1 l+\beta_2 l^2+\beta_3 l^3=\bar{\delta}_5 \\
\beta_1+2\beta_2 l+3\beta_3 l^2=-\bar{\delta}_6
\end{cases} \tag{c}
$$

求解式(c)得

$$
\begin{cases}
\alpha_0=\bar{\delta}_1 \\
\alpha_1=\dfrac{\bar{\delta}_4-\bar{\delta}_1}{l} \\
\beta_0=\bar{\delta}_2 \\
\beta_1=-\bar{\delta}_3 \\
\beta_2=-\dfrac{3}{l^2}\bar{\delta}_2+\dfrac{2}{l}\bar{\delta}_3+\dfrac{3}{l^2}\bar{\delta}_5+\dfrac{1}{l}\bar{\delta}_6 \\
\beta_3=\dfrac{2}{l^3}\bar{\delta}_2-\dfrac{1}{l^2}\bar{\delta}_3-\dfrac{2}{l^3}\bar{\delta}_5-\dfrac{1}{l^2}\bar{\delta}_6
\end{cases} \tag{d}
$$

将式(d)代入式(a)并写成矩阵形式

$$
\begin{cases}
\bar{u}(x)=\boldsymbol{N}_u\bar{\boldsymbol{u}} \\
\bar{v}(x)=\boldsymbol{N}_v\bar{\boldsymbol{v}}
\end{cases} \tag{e}
$$

式中：

$$
\begin{aligned}
&\boldsymbol{N}_u=[N_1 \quad N_4], \quad \bar{\boldsymbol{u}}=[\bar{\delta}_1 \quad \bar{\delta}_4]^{\mathrm{T}} \\
&\boldsymbol{N}_v=[N_2 \quad N_3 \quad N_5 \quad N_6], \quad \bar{\boldsymbol{v}}=[\bar{\delta}_2 \quad \bar{\delta}_3 \quad \bar{\delta}_5 \quad \bar{\delta}_6]^{\mathrm{T}}
\end{aligned} \tag{f}
$$

其中:

$$\begin{cases} N_1=1-\dfrac{x}{l}, \quad N_4=\dfrac{x}{l} \\ N_2=1-3\left(\dfrac{x}{l}\right)^2+2\left(\dfrac{x}{l}\right)^3, \quad N_3=-l\left[\left(\dfrac{x}{l}\right)-2\left(\dfrac{x}{l}\right)^2+\left(\dfrac{x}{l}\right)^3\right] \\ N_5=3\left(\dfrac{x}{l}\right)^2-2\left(\dfrac{x}{l}\right)^3, \quad N_6=l\left[\left(\dfrac{x}{l}\right)^2-\left(\dfrac{x}{l}\right)^3\right] \end{cases} \tag{g}$$

$\boldsymbol{N}_u$、$\boldsymbol{N}_v$ 称为位移形状函数矩阵,式(g)中,N_i 称为位移形状函数。

将 $\bar{u}(x)$和 $\bar{v}(x)$综合起来,可写为

$$\boldsymbol{\delta}(x)=\begin{Bmatrix}\bar{u}(x)\\ \bar{v}(x)\end{Bmatrix}=\begin{bmatrix}\boldsymbol{H}_u(x)\\ \boldsymbol{H}_v(x)\end{bmatrix}\boldsymbol{A}\,\bar{\boldsymbol{\delta}}_i=\boldsymbol{N}\bar{\boldsymbol{\delta}}_i \tag{8-15}$$

其中:

$$\boldsymbol{H}_u(x)=[1 \quad 0 \quad 0 \quad x \quad 0 \quad 0]$$
$$\boldsymbol{H}_v(x)=[0 \quad 1 \quad x \quad 0 \quad x^2 \quad x^3]$$

$$\boldsymbol{A}=\begin{bmatrix} 1 & 0 & 0 & 0 & 0 & 0 \\ 0 & 1 & 0 & 0 & 0 & 0 \\ 0 & 0 & -1 & 0 & 0 & 0 \\ -\dfrac{1}{l} & 0 & 0 & \dfrac{1}{l} & 0 & 0 \\ 0 & -\dfrac{3}{l^2} & \dfrac{2}{l} & 0 & \dfrac{3}{l^2} & \dfrac{1}{l} \\ 0 & \dfrac{2}{l^3} & -\dfrac{1}{l^2} & 0 & -\dfrac{2}{l^3} & -\dfrac{1}{l^2} \end{bmatrix}$$

$$\boldsymbol{N}=\begin{bmatrix} N_1 & 0 & 0 & N_4 & 0 & 0 \\ 0 & N_2 & N_3 & 0 & N_5 & N_6 \end{bmatrix}$$

式(8-15)就是用单元结点位移表示的单元位移。

2. 单元应变和应力与单元结点位移

图 8-17 所示平面固结单元发生轴向变形和弯曲变形,忽略剪切变形的影响,则单元的轴向应变 ε_a 和弯曲应变 ε_b 为

$$\varepsilon_a=\frac{\mathrm{d}\bar{u}(x)}{\mathrm{d}x}$$

$$\varepsilon_b=-z\left(\frac{1}{\rho}\right)=-z\,\frac{\mathrm{d}^2\bar{v}(x)}{\mathrm{d}x^2}$$

写成矩阵形式为

$$\boldsymbol{\varepsilon}=\begin{Bmatrix}\varepsilon_a\\ \varepsilon_b\end{Bmatrix}=\begin{Bmatrix}\dfrac{\mathrm{d}\bar{u}(x)}{\mathrm{d}x}\\ -z\dfrac{\mathrm{d}^2\bar{v}(x)}{\mathrm{d}x^2}\end{Bmatrix} \tag{h}$$

将式(8-15)代入并整理，得到

$$\boldsymbol{\varepsilon}=\boldsymbol{B}\bar{\boldsymbol{\delta}}_i \tag{8-16}$$

式中 $\boldsymbol{B}$ 称为应变矩阵，表示单元应变与结点位移之间的关系

$$\boldsymbol{B}=\begin{bmatrix}\boldsymbol{H}'_u(x)\\ -z\boldsymbol{H}''_v(x)\end{bmatrix}\boldsymbol{A}$$

其中：

$$\begin{aligned}H'_u(x)&=[0\quad 0\quad 0\quad 1\quad 0\quad 0]\\ H''_v(x)&=[0\quad 0\quad 0\quad 0\quad 2\quad 6x]\end{aligned} \tag{i}$$

记轴向变形引起的单元应力为 σ_a，弯曲变形引起的单元应力为 σ_b，根据胡克定律，杆件单元应力向量用结点位移表示为

$$\boldsymbol{\sigma}=\begin{Bmatrix}\sigma_a\\ \sigma_b\end{Bmatrix}=E\boldsymbol{\varepsilon}=E\boldsymbol{B}\bar{\boldsymbol{\delta}}_i \tag{8-17}$$

3. 虚功原理推导单元劲度矩阵和单元固端力列阵

设单元内各点产生虚位移 $\bar{\boldsymbol{\delta}}^*(x)$，与此相对应，单元两端的杆端虚位移为 $\bar{\delta}_i^*$，由式(8-15)有

$$\bar{\boldsymbol{\delta}}^*(x)=\boldsymbol{N}\bar{\boldsymbol{\delta}}_i^*$$

由式(8-16)单元内的虚应变向量为

$$\boldsymbol{\varepsilon}^*=\boldsymbol{B}\bar{\boldsymbol{\delta}}_i^*$$

杆件单元的虚变形功 W_I 为

$$\begin{aligned}W_I&=\iiint(\boldsymbol{\varepsilon}^*)^{\mathrm{T}}\boldsymbol{\sigma}\mathrm{d}V\\ &=\iiint(\bar{\boldsymbol{\delta}}_i^*)^{\mathrm{T}}\boldsymbol{B}^{\mathrm{T}}E\boldsymbol{B}\bar{\boldsymbol{\delta}}_i\mathrm{d}V\\ &=(\bar{\boldsymbol{\delta}}_i^*)^{\mathrm{T}}\iiint\boldsymbol{B}^{\mathrm{T}}E\boldsymbol{B}\mathrm{d}V\cdot\bar{\boldsymbol{\delta}}_i\end{aligned}$$

单元上的杆端内力以及单元荷载在虚杆端位移上所做的单元外力虚功为

$$W_E=(\bar{\boldsymbol{\delta}}_i^*)^{\mathrm{T}}\bar{\boldsymbol{F}}_i-\int_l(\bar{\boldsymbol{\delta}}_i^*)^{\mathrm{T}}\boldsymbol{N}^{\mathrm{T}}\boldsymbol{q}\mathrm{d}s-\sum_j(\bar{\boldsymbol{\delta}}_i^*)^{\mathrm{T}}\boldsymbol{N}_j^{\mathrm{T}}\boldsymbol{F}_j$$

$$=(\bar{\boldsymbol{\delta}}_i^*)^{\mathrm{T}}(\bar{\boldsymbol{F}}_i-\int_l\boldsymbol{N}^{\mathrm{T}}\boldsymbol{q}\mathrm{d}s-\sum_j\boldsymbol{N}_j^{\mathrm{T}}\boldsymbol{F}_j)=(\bar{\boldsymbol{\delta}}_i^*)^{\mathrm{T}}(\bar{\boldsymbol{F}}_i-\bar{\boldsymbol{F}}_i^F)$$

由虚功原理 $W_E=W_I$ 得

$$(\bar{\boldsymbol{\delta}}_i^*)^{\mathrm{T}}(\bar{\boldsymbol{F}}_i-\bar{\boldsymbol{F}}_i^F)=(\bar{\boldsymbol{\delta}}_i^*)^{\mathrm{T}}\iiint B^{\mathrm{T}}E\boldsymbol{B}\mathrm{d}V\cdot\bar{\boldsymbol{\delta}}_i$$

由于虚位移$\bar{\boldsymbol{\delta}}_i^*$ 的任意性,故可得到

$$\bar{\boldsymbol{F}}_i=\iiint\boldsymbol{B}^{\mathrm{T}}E\boldsymbol{B}\mathrm{d}V\cdot\bar{\boldsymbol{\delta}}_i+\bar{\boldsymbol{F}}_i^F=\bar{\boldsymbol{k}}_i\bar{\boldsymbol{\delta}}_i+\bar{\boldsymbol{F}}_i^F \tag{8-18}$$

式(8-18)就是单元劲度方程,其中$\bar{\boldsymbol{k}}_i$ 即为杆件单元的劲度矩阵

$$\bar{\boldsymbol{k}}_i=\iiint\boldsymbol{B}^{\mathrm{T}}E\boldsymbol{B}\mathrm{d}V \tag{8-19}$$

$\bar{\boldsymbol{F}}_i^F$ 即为杆件单元固端力列阵

$$\bar{\boldsymbol{F}}_i^F=\int_l\boldsymbol{N}^{\mathrm{T}}\boldsymbol{q}\mathrm{d}s-\sum_j\boldsymbol{N}_j^{\mathrm{T}}\boldsymbol{F}_j \tag{8-20}$$

将式(8-16)代入并积分,记 $I=\iint z^2\mathrm{d}A$,为杆件横截面的惯性矩,可得

$$\bar{\boldsymbol{k}}_i=E\iiint\boldsymbol{B}^{\mathrm{T}}\boldsymbol{B}\mathrm{d}V=\begin{bmatrix}\frac{EA}{l}&0&0&-\frac{EA}{l}&0&0\\0&\frac{12EI}{l^3}&-\frac{6EI}{l^2}&0&-\frac{12EI}{l^3}&-\frac{6EI}{l^2}\\0&-\frac{6EI}{l^2}&\frac{4EI}{l}&0&\frac{6EI}{l^2}&\frac{2EI}{l}\\-\frac{EA}{l}&0&0&\frac{EA}{l}&0&0\\0&-\frac{12EI}{l^3}&\frac{6EI}{l^2}&0&\frac{12EI}{l^3}&\frac{6EI}{l^2}\\0&-\frac{6EI}{l^2}&\frac{2EI}{l}&0&\frac{6EI}{l^2}&\frac{4EI}{l}\end{bmatrix}_i$$

$\bar{\boldsymbol{F}}_i^F$ 为局部坐标系中的单元固端力列阵。例如,对满跨横向均布荷载作用,$q=[0\quad q_v]^{\mathrm{T}}$,其中 q_v 为常数,则

$\bar{\boldsymbol{F}}_i^F=$

$$\int_0^l \begin{bmatrix} 1-\frac{x}{l} & 0 & 0 & \frac{x}{l} & 0 & 0 \\ 0 & 1-\frac{3}{l^2}x^2+\frac{2}{l^3}x^3 & -x+\frac{2}{l}x^2-\frac{1}{l^2}x^3 & 0 & \frac{3}{l^2}x^2-\frac{2}{l^3}x^3 & \frac{1}{l}x^2-\frac{1}{l^2}x^3 \end{bmatrix}^{\mathrm{T}} \begin{Bmatrix} 0 \\ q_v \end{Bmatrix} \mathrm{d}x$$

$$=\begin{bmatrix} 0 & \frac{q_v l}{2} & -\frac{q_v l^2}{12} & 0 & \frac{q_v l}{2} & \frac{q_v l^2}{12} \end{bmatrix}^{\mathrm{T}}$$

对跨中受垂直于杆件轴线的集中力 F_P 作用，则

$$\overline{\boldsymbol{F}}_i^F=$$

$$\begin{bmatrix} 1-\frac{x}{l} & 0 & 0 & \frac{x}{l} & 0 & 0 \\ 0 & 1-\frac{3}{l^2}x^2+\frac{2}{l^3}x^3 & -x+\frac{2}{l}x^2-\frac{1}{l^2}x^3 & \frac{x}{l} & \frac{3}{l^2}x^2-\frac{2}{l^3}x^3 & \frac{1}{l}x^2-\frac{1}{l^2}x^3 \end{bmatrix}^{\mathrm{T}}_{x=\frac{l}{2}} \begin{Bmatrix} 0 \\ F_P \end{Bmatrix}$$

$$=\begin{bmatrix} \frac{1}{2} & 0 & 0 & \frac{1}{2} & 0 & 0 \\ 0 & \frac{1}{2} & -\frac{l}{8} & 0 & \frac{1}{2} & \frac{1}{8} \end{bmatrix}^{\mathrm{T}} \begin{Bmatrix} 0 \\ F_P \end{Bmatrix}=\begin{bmatrix} 0 & \frac{F_P}{2} & -\frac{F_P l}{8} & 0 & \frac{F_P}{2} & \frac{F_P l}{8} \end{bmatrix}^{\mathrm{T}}$$

四、单元劲度矩阵的性质

1. 单元劲度矩阵是对称矩阵

根据反力互等定理，单元劲度矩阵中的元素存在互等关系 $k_{ij}=k_{ji}$，即第 j 个单元自由度方向发生单位位移引起的第 i 个单元自由度方向的力恒等于第 i 个单元自由度方向发生单位位移引起的第 j 个单元自由度方向的力。

单元劲度矩阵主对角线上的元素恒为正，即 $k_{ii}>0$，称为主元素；其余各元素 $k_{ij}(i\neq j)$ 称为副元素，其值可正、可负，亦可为零，但满足互等关系，即 $k_{ij}=k_{ji}$。

2. 单元劲度矩阵是奇异矩阵

单元劲度方程可表示为

$$\overline{\boldsymbol{F}}_i=\overline{\boldsymbol{k}}_i\,\overline{\boldsymbol{\delta}}_i$$

已知杆端位移 $\overline{\boldsymbol{\delta}}_i$，可以从上式中确定唯一的一组杆端力 $\overline{\boldsymbol{F}}_i$ 与之相对应。但反过来给定一组杆端力 $\overline{\boldsymbol{F}}_i$，却无法确定唯一的一组杆端位移 $\overline{\boldsymbol{\delta}}_i$ 与之对应。表现在数值计算上，单元劲度矩阵所对应的行列式的值为零，单元劲度矩阵不存在逆矩阵，它是奇异的。究其原因，这是因为处在结构中的一般单元存在刚体位移。当我们给定一组杆端位移，则单元的变形就确定了，因而就能确定唯一的一组内力状态与单元的变形状态相对应。反过来，虽然单元的内力与变形是一一对应的，但由于刚体位移，一组变形状态可以有无穷多组杆端位移与之对应，所以给定一组杆端力 $\overline{\boldsymbol{F}}_i$，虽然有唯一的一组变形状态与之相对应，却不存在一组唯一的杆端位移与之对应。

因此不能通过单元劲度方程求出与杆端内力$\overline{\boldsymbol{F}}_i$相对应的杆端位移$\overline{\boldsymbol{\delta}}_i$。单元劲度矩阵的奇异性正是单元这种性质的反映。

§8-4 整体分析

整体分析的任务是考虑结构自由度方向的平衡条件,建立求解结点位移的基本方程,具体的工作是形成可动结点劲度矩阵和可动结点等效荷载列阵。

在单元分析中,建立了单元在局部坐标系中的劲度方程,其中杆端内力分量和杆端位移分量都是沿局部坐标系方向的。对单元分析,考虑局部坐标系中的单元劲度矩阵和单元固端力列阵是必须且方便的。而整体平衡分析是在结构自由度方向进行的,即沿整体坐标系方向建立平衡方程。当两种坐标系方向不一致时,例如结构中有杆件任意斜向布置时,使得整体分析时出现困难。局部坐标系中的单元劲度矩阵元素和单元固端力不能直接拼装到可动结点劲度矩阵和可动结点等效荷载列阵中。为解决这个问题,我们有两种选择:(1) 重新考虑局部坐标系的建立方法,将其和整体坐标系一致起来,统一使用整体坐标系;(2) 建立杆端力、杆端位移在两种坐标系中的关系,以便在需要时实现杆端力、杆端位移从一种坐标系向另一种坐标系转换。

第一种选择的好处是只建立一种坐标系,一旦在该坐标系中建立起单元劲度矩阵和单元固端力列阵,便可将它们直接拼装到可动结点劲度矩阵和可动结点等效荷载列阵中。不足之处是对斜向布置杆件,单元分析过于麻烦,且单元自由度方向的杆端内力和杆端位移不便于工程技术人员验算杆件的强度和刚度。

第二种选择可以独立建立局部坐标系,在此情况下,局部坐标系的三个坐标轴分别沿杆轴线和横截面的两个主轴方向,不但使得单元分析变得较为方便,而且沿局部坐标系方向的杆端内力分别是沿杆轴线方向和垂直于杆轴线方向的杆端内力(轴力和剪力)以及杆端弯矩,沿局部坐标系方向的杆端位移分别是沿杆轴线方向和垂直于杆轴线方向的杆端线位移以及杆端角位移,方便工程技术人员进行杆件强度和刚度校核。

通常矩阵位移法采用第 2 种方法,其主要思路是(1) 在局部坐标系中进行单元分析,建立单元在局部坐标系中的劲度矩阵和单元固端力列阵;(2) 建立单元局部坐标系和整体坐标系之间的转换矩阵;(3) 实现杆端内力和杆端位移在两种坐标系中的转换。

在上一节中,我们已经介绍了局部坐标系中单元分析的过程,下面我们介绍转换矩阵的建立以及杆端内力和杆端位移在两种坐标系中的转换。

一、单元转换矩阵

图 8－18 为一任意平面固结单元 i，单元的自由度方向及编号如图 8－18(a)所示，单元沿整体坐标系方向的杆端内力和位移方向如图 8－18(b)所示。显然单元自由度方向与结构自由度方向不一致。单元在局部坐标系方向的杆端内力和杆端位移分别为$\overline{\boldsymbol{F}}_i$ 和$\overline{\boldsymbol{\delta}}_i$，单元在整体自由度(整体坐标系)方向的杆端内力和杆端位移用$\boldsymbol{F}_i$ 和$\boldsymbol{\delta}_i$ 表示。

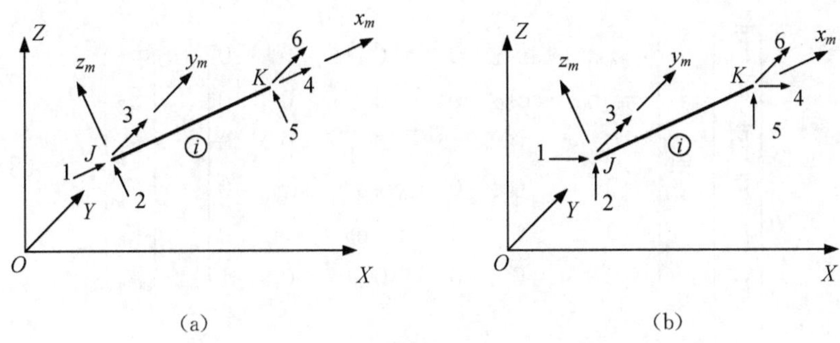

图 8－18　局部坐标系和整体坐标系中的平面固结单元

单元的位置可以用单元的方向余弦来表示，设结构整体坐标系 X 轴正方向逆时针旋转至单元局部坐标系 x_m 轴正方向形成夹角 α，单元沿整体坐标方向的杆长分量为

$$l_{ix}=X_k-X_j$$
$$l_{iz}=Z_k-Z_j$$

其中：(X_j,Z_j)、(X_k,Z_k)分别为单元两端 J、K 点的坐标值。则单元杆长为

$$l_i=\sqrt{l_{ix}^2+l_{iz}^2}$$

方向余弦

$$C_{ix}=\cos\alpha=l_{ix}/l$$
$$C_{iz}=\sin\alpha=l_{iz}/l$$

先讨论两种坐标系中杆端内力之间的转换关系。对平面固结单元，在两种坐标系中，杆端弯矩都作用在同一平面上，是垂直于坐标平面 XOZ 的力偶矢量，故不受平面内坐标变换的影响，即

$$\left.\begin{aligned}\overline{F}_3=F_3\\ \overline{F}_6=F_6\end{aligned}\right.\qquad\text{(a)}$$

而对杆端轴力和剪力,由投影关系可得

$$\begin{cases} \overline{F}_1=F_1\cos\alpha+F_2\sin\alpha \\ \overline{F}_2=-F_1\sin\alpha+F_2\cos\alpha \\ \overline{F}_4=F_4\cos\alpha+F_5\sin\alpha \\ \overline{F}_5=-F_4\sin\alpha+F_5\cos\alpha \end{cases} \tag{b}$$

将上述(a)、(b)两式写成矩阵形式有

$$\begin{Bmatrix} \overline{F}_1 \\ \overline{F}_2 \\ \overline{F}_3 \\ \overline{F}_4 \\ \overline{F}_5 \\ \overline{F}_6 \end{Bmatrix}_i = \begin{bmatrix} \cos\alpha & \sin\alpha & 0 & 0 & 0 & 0 \\ -\sin\alpha & \cos\alpha & 0 & 0 & 0 & 0 \\ 0 & 0 & 1 & 0 & 0 & 0 \\ 0 & 0 & 0 & \cos\alpha & \sin\alpha & 0 \\ 0 & 0 & 0 & -\sin\alpha & \cos\alpha & 0 \\ 0 & 0 & 0 & 0 & 0 & 1 \end{bmatrix}_i \begin{Bmatrix} F_1 \\ F_2 \\ F_3 \\ F_4 \\ F_5 \\ F_6 \end{Bmatrix}_i \tag{8-21a}$$

简写为

$$\overline{\boldsymbol{F}}_i=\boldsymbol{T}_i\boldsymbol{F}_i \tag{8-21b}$$

式中:

$$\boldsymbol{T}_i=\begin{bmatrix} \cos\alpha & \sin\alpha & 0 & 0 & 0 & 0 \\ -\sin\alpha & \cos\alpha & 0 & 0 & 0 & 0 \\ 0 & 0 & 1 & 0 & 0 & 0 \\ 0 & 0 & 0 & \cos\alpha & \sin\alpha & 0 \\ 0 & 0 & 0 & -\sin\alpha & \cos\alpha & 0 \\ 0 & 0 & 0 & 0 & 0 & 1 \end{bmatrix}_i \tag{8-22}$$

称为平面固结单元的单元坐标转换矩阵。

单元坐标转换矩阵为正交矩阵,其逆阵与其转置矩阵相等,故

$$\boldsymbol{F}_i=\boldsymbol{T}_i^{-1}\overline{\boldsymbol{F}}_i=\boldsymbol{T}_i^{\mathrm{T}}\overline{\boldsymbol{F}}_i \tag{8-23}$$

显然,单元杆端内力的这种转换关系,同样适用于单元杆端位移之间的转换,即

$$\overline{\boldsymbol{\delta}}_i=\boldsymbol{T}_i\boldsymbol{\delta}_i \tag{8-24}$$

$$\boldsymbol{\delta}_i=\boldsymbol{T}_i^{\mathrm{T}}\overline{\boldsymbol{\delta}}_i \tag{8-25}$$

由式(8-21)、式(8-23)、式(8-24)和式(8-25)可以看出,通过单元坐标转

换矩阵$[T]_i$，可以实现单元杆端内力和杆端位移在两种坐标系中的转换。

上述单元坐标转换矩阵是针对平面固结单元推导的，对其他类型单元的坐标转换矩阵，可由平面固结单元的坐标转换矩阵简化而得到。例如，平面铰接单元的坐标转换矩阵为

$$\boldsymbol{T}_i=\begin{bmatrix} \cos\alpha & \sin\alpha & 0 & 0 \\ -\sin\alpha & \cos\alpha & 0 & 0 \\ 0 & 0 & \cos\alpha & \sin\alpha \\ 0 & 0 & -\sin\alpha & \cos\alpha \end{bmatrix}_i \tag{8-26}$$

二、单元在整体坐标系中的劲度矩阵

局部坐标系中单元劲度方程可以表示为

$$\overline{\boldsymbol{F}}_i=\overline{\boldsymbol{k}}_i\,\overline{\boldsymbol{\delta}}_i \tag{c}$$

它表示在局部坐标系中单元杆端内力和杆端位移之间的关系。通过单元坐标转换矩阵，可以将单元杆端内力和杆端位移转换到整体坐标系中，从而建立起在整体坐标系中单元杆端力和杆端位移之间的关系。

先考虑单元杆端内力的转换，将上述式(c)两边同时前乘坐标转换矩阵的转置T_i^{T}，则有

$$\boldsymbol{T}_i^{\mathrm{T}}\,\overline{\boldsymbol{F}}_i=\boldsymbol{T}_i^{\mathrm{T}}\,\overline{\boldsymbol{k}}_i\,\overline{\boldsymbol{\delta}}_i,$$

显然，$\boldsymbol{F}_i=\boldsymbol{T}_i^{\mathrm{T}}\,\overline{\boldsymbol{F}}_i$，上式变为

$$\boldsymbol{F}_i=\boldsymbol{T}_i^{\mathrm{T}}\,\overline{\boldsymbol{k}}_i\,\overline{\boldsymbol{\delta}}_i \tag{d}$$

将式(8－24)代入上式(d)则得

$$\boldsymbol{F}_i=\boldsymbol{T}_i^{\mathrm{T}}\,\overline{\boldsymbol{k}}_i\,\boldsymbol{T}_i\,\boldsymbol{\delta}_i \tag{e}$$

式(e)可写为

$$\boldsymbol{F}_i=\boldsymbol{k}_i\,\boldsymbol{\delta}_i \tag{8-27}$$

式中：

$$\boldsymbol{k}_i=\boldsymbol{T}_i^{\mathrm{T}}\,\overline{\boldsymbol{k}}_i\,\boldsymbol{T}_i \tag{8-28}$$

称为单元在整体坐标系中的劲度矩阵。式(8－27)建立了整体坐标系中单元杆端内力和杆端位移之间的关系，即在结构自由度方向的单元杆端内力和杆端位移之间的关系，为整体坐标系中的单元劲度方程。式(8－28)为单元劲度矩阵由局部坐标系向整体坐标系转换的公式。

三、可动结点劲度矩阵及其性质

(一) 结构可动结点劲度矩阵的形成

建立起整体坐标系中的单元劲度方程,所有的杆端内力和杆端位移都被转换至统一的结构整体坐标系中,整体分析时可直接将整体坐标系中单元劲度矩阵的元素拼装到可动结点劲度矩阵中。

前面已详细介绍了由单元劲度矩阵"拼装"可动结点劲度矩阵的过程,这里将可动结点劲度矩阵的拼装步骤总结如下,对每个单元:

(1) 建立单元在局部坐标系中的单元劲度矩阵$\overline{\boldsymbol{k}}_i$。

(2) 建立单元转换矩阵$\boldsymbol{T}_i$ 及其转置矩阵$\boldsymbol{T}_i^{\mathrm{T}}$。

(3) 计算整体坐标系中的单元劲度矩阵$\boldsymbol{k}_i=\boldsymbol{T}_i^{\mathrm{T}}\overline{\boldsymbol{k}}_i\boldsymbol{T}_i$。

(4)建立单元定位向量$\boldsymbol{\lambda}_i$;即整体坐标系中的单元自由度与结构自由度之间的对应关系。

(5) 按"对号入座"的原则由单元劲度矩阵拼装成可动结点劲度矩阵。

例题 8-1 试建立图 8-19(a)所示刚架的可动结点劲度矩阵,各杆件 E、I、A 均为常数。

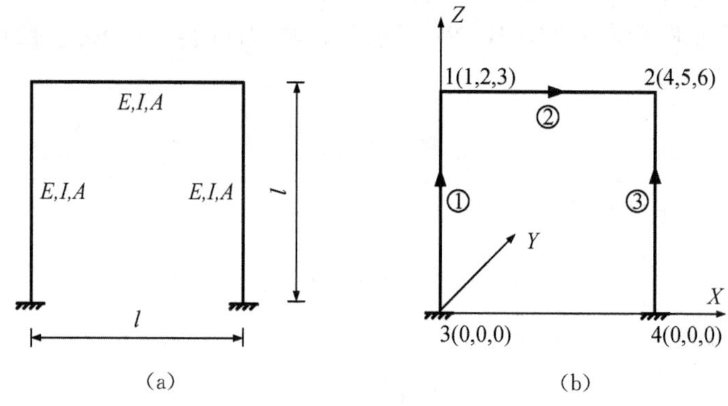

图 8-19 平面刚架例题

解 (1) 结构整体坐标系,各单元局部坐标系以及结点、单元和自由度编号如图 8-19(b)所示。

(2) 建立单元在局部坐标系中的劲度矩阵

$$\overline{\boldsymbol{k}}_1=\overline{\boldsymbol{k}}_2=\overline{\boldsymbol{k}}_3=\begin{bmatrix} \frac{EA}{l} & 0 & 0 & -\frac{EA}{l} & 0 & 0 \\ 0 & \frac{12EI}{l^3} & -\frac{6EI}{l^2} & 0 & -\frac{12EI}{l^3} & -\frac{6EI}{l^2} \\ 0 & -\frac{6EI}{l^2} & \frac{4EI}{l} & 0 & \frac{6EI}{l^2} & \frac{2EI}{l} \\ -\frac{EA}{l} & 0 & 0 & \frac{EA}{l} & 0 & 0 \\ 0 & -\frac{12EI}{l^3} & \frac{6EI}{l^2} & 0 & \frac{12EI}{l^3} & \frac{6EI}{l^2} \\ 0 & -\frac{6EI}{l^2} & \frac{2EI}{l} & 0 & \frac{6EI}{l^2} & \frac{4EI}{l} \end{bmatrix}$$

(3) 建立单元转换矩阵

对第 1 单元和第 3 单元，$\alpha=90°$、$\cos\alpha=0$、$\sin\alpha=1$，单元转换矩阵为

$$\boldsymbol{T}_1=\boldsymbol{T}_3=\begin{bmatrix} 0 & 1 & 0 & 0 & 0 & 0 \\ -1 & 0 & 0 & 0 & 0 & 0 \\ 0 & 0 & 1 & 0 & 0 & 0 \\ 0 & 0 & 0 & 0 & 1 & 0 \\ 0 & 0 & 0 & -1 & 0 & 0 \\ 0 & 0 & 0 & 0 & 0 & 1 \end{bmatrix}$$

对第 2 单元，局部坐标系与整体坐标系相同，转换矩阵为单位矩阵 $\boldsymbol{I}$。

(4) 计算单元在整体坐标系中的劲度矩阵

由公式(8-28)即

$$\boldsymbol{k}_i=\boldsymbol{T}_i^{\mathrm{T}}\,\overline{\boldsymbol{k}}_i\,\boldsymbol{T}_i$$

计算各单元在整体坐标系中的劲度矩阵

$\boldsymbol{k}_1=\boldsymbol{k}_3=$

$$\begin{bmatrix} 0 & -1 & 0 & 0 & 0 & 0 \\ 1 & 0 & 0 & 0 & 0 & 0 \\ 0 & 0 & 1 & 0 & 0 & 0 \\ 0 & 0 & 0 & 0 & -1 & 0 \\ 0 & 0 & 0 & 1 & 0 & 0 \\ 0 & 0 & 0 & 0 & 0 & 1 \end{bmatrix}\begin{bmatrix} \frac{EA}{l} & 0 & 0 & -\frac{EA}{l} & 0 & 0 \\ 0 & \frac{12EI}{l^3} & -\frac{6EI}{l^2} & 0 & -\frac{12EI}{l^3} & -\frac{6EI}{l^2} \\ 0 & -\frac{6EI}{l^2} & \frac{4EI}{l} & 0 & \frac{6EI}{l^2} & \frac{2EI}{l} \\ -\frac{EA}{l} & 0 & 0 & \frac{EA}{l} & 0 & 0 \\ 0 & -\frac{12EI}{l^3} & \frac{6EI}{l^2} & 0 & \frac{12EI}{l^3} & \frac{6EI}{l^2} \\ 0 & -\frac{6EI}{l^2} & \frac{2EI}{l} & 0 & \frac{6EI}{l^2} & \frac{4EI}{l} \end{bmatrix}\begin{bmatrix} 0 & 1 & 0 & 0 & 0 & 0 \\ -1 & 0 & 0 & 0 & 0 & 0 \\ 0 & 0 & 1 & 0 & 0 & 0 \\ 0 & 0 & 0 & 0 & 1 & 0 \\ 0 & 0 & 0 & -1 & 0 & 0 \\ 0 & 0 & 0 & 0 & 0 & 1 \end{bmatrix}$$

$$
=\begin{bmatrix}
\frac{12EI}{l^3} & 0 & -\frac{6EI}{l^2} & -\frac{12EI}{l^3} & 0 & -\frac{6EI}{l^2} \\
0 & \frac{EA}{l} & 0 & 0 & -\frac{EA}{l} & 0 \\
-\frac{6EI}{l^2} & 0 & \frac{4EI}{l} & \frac{6EI}{l^2} & 0 & \frac{2EI}{l} \\
-\frac{12EI}{l^3} & 0 & \frac{6EI}{l^2} & \frac{12EI}{l^3} & 0 & \frac{6EI}{l^2} \\
0 & -\frac{EA}{l} & 0 & 0 & \frac{EA}{l} & 0 \\
-\frac{6EI}{l^2} & 0 & \frac{2EI}{l} & \frac{6EI}{l^2} & 0 & \frac{4EI}{l}
\end{bmatrix}
$$

$\boldsymbol{k}_2=\overline{\boldsymbol{k}}_2$

(5) 建立各单元定位向量$\boldsymbol{\lambda}_i$

单元端点编号及自由度对应关系如表 8-2a 至表 8-2c 所示：

表 8-2a　第 1 单元端点编号及自由度对应关系

单元端点	J			K		
单元自由度	1	2	3	4	5	6
结点号	3			1		
结构自由度	0	0	0	1	2	3

表 8-2b　第 2 单元端点编号及自由度对应关系

单元端点	J			K		
单元自由度	1	2	3	4	5	6
结点号	1			2		
结构自由度	1	2	3	4	5	6

表 8-2c　第 3 单元端点编号及自由度对应关系

单元端点	J			K		
单元自由度	1	2	3	4	5	6
结点号	4			2		
结构自由度	0	0	0	4	5	6

由表 8-2 确定各单元的单元定位向量为

$$\boldsymbol{\lambda}_1=[0\quad 0\quad 0\quad 1\quad 2\quad 3]^{\mathrm{T}}$$
$$\boldsymbol{\lambda}_2=[1\quad 2\quad 3\quad 4\quad 5\quad 6]^{\mathrm{T}}$$
$$\boldsymbol{\lambda}_3=[0\quad 0\quad 0\quad 4\quad 5\quad 6]^{\mathrm{T}}$$

(6) 对号入座，拼装可动结点劲度矩阵

结构自由度总数为 6，可动结点劲度矩阵为 6×6 阶方阵。

初始劲度矩阵为

$$\boldsymbol{K}_{\delta\delta}=\begin{array}{c} \begin{matrix} 1 & 2 & 3 & 4 & 5 & 6 \end{matrix} \\ \begin{bmatrix} 0 & 0 & 0 & 0 & 0 & 0 \\ 0 & 0 & 0 & 0 & 0 & 0 \\ 0 & 0 & 0 & 0 & 0 & 0 \\ 0 & 0 & 0 & 0 & 0 & 0 \\ 0 & 0 & 0 & 0 & 0 & 0 \\ 0 & 0 & 0 & 0 & 0 & 0 \end{bmatrix} \end{array}\begin{matrix} 1 \\ 2 \\ 3 \\ 4 \\ 5 \\ 6 \end{matrix}$$

考虑第 1 单元，$\boldsymbol{\lambda}_1=[0\quad 0\quad 0\quad 1\quad 2\quad 3]^{\mathrm{T}}$，则

$$\boldsymbol{K}_{\delta\delta}=\begin{bmatrix} (k_{44})_1 & (k_{45})_1 & (k_{46})_1 & 0 & 0 & 0 \\ (k_{54})_1 & (k_{55})_1 & (k_{56})_1 & 0 & 0 & 0 \\ (k_{64})_1 & (k_{65})_1 & (k_{66})_1 & 0 & 0 & 0 \\ 0 & 0 & 0 & 0 & 0 & 0 \\ 0 & 0 & 0 & 0 & 0 & 0 \\ 0 & 0 & 0 & 0 & 0 & 0 \end{bmatrix}$$

考虑第 2 单元，$\boldsymbol{\lambda}_2=[1\quad 2\quad 3\quad 4\quad 5\quad 6]^{\mathrm{T}}$，则

$$\boldsymbol{K}_{\delta\delta}=$$
$$\begin{bmatrix} (k_{44})_1+(k_{11})_2 & (k_{45})_1+(k_{12})_2 & (k_{46})_1+(k_{13})_2 & (k_{14})_2 & (k_{15})_2 & (k_{16})_2 \\ (k_{54})_1+(k_{21})_2 & (k_{55})_1+(k_{22})_2 & (k_{56})_1+(k_{23})_2 & (k_{24})_2 & (k_{25})_2 & (k_{26})_2 \\ (k_{64})_1+(k_{31})_2 & (k_{65})_1+(k_{32})_2 & (k_{66})_1+(k_{33})_2 & (k_{34})_2 & (k_{35})_2 & (k_{36})_2 \\ (k_{41})_2 & (k_{42})_2 & (k_{43})_2 & (k_{44})_2 & (k_{45})_2 & (k_{46})_2 \\ (k_{51})_2 & (k_{52})_2 & (k_{53})_2 & (k_{54})_2 & (k_{55})_2 & (k_{56})_2 \\ (k_{61})_2 & (k_{62})_2 & (k_{63})_2 & (k_{64})_2 & (k_{65})_2 & (k_{66})_2 \end{bmatrix}$$

考虑第 3 单元，$\boldsymbol{\lambda}_3=[0\quad 0\quad 0\quad 4\quad 5\quad 6]^{\mathrm{T}}$，则

$$\boldsymbol{K}_{\delta\delta}=$$

$$\begin{bmatrix}(k_{44})_1+(k_{11})_2 & (k_{45})_1+(k_{12})_2 & (k_{46})_1+(k_{13})_2 & (k_{14})_2 & (k_{15})_2 & (k_{16})_2\\(k_{54})_1+(k_{21})_2 & (k_{55})_1+(k_{22})_2 & (k_{56})_1+(k_{23})_2 & (k_{24})_2 & (k_{25})_2 & (k_{26})_2\\(k_{64})_1+(k_{31})_2 & (k_{65})_1+(k_{32})_2 & (k_{66})_1+(k_{33})_2 & (k_{34})_2 & (k_{35})_2 & (k_{36})_2\\(k_{41})_2 & (k_{42})_2 & (k_{43})_2 & (k_{44})_2+(k_{44})_3 & (k_{45})_2+(k_{45})_3 & (k_{46})_2+(k_{46})_3\\(k_{51})_2 & (k_{52})_2 & (k_{53})_2 & (k_{54})_2+(k_{54})_3 & (k_{55})_2+(k_{55})_3 & (k_{56})_2+(k_{56})_3\\(k_{61})_2 & (k_{62})_2 & (k_{63})_2 & (k_{64})_2+(k_{64})_3 & (k_{65})_2+(k_{65})_3 & (k_{66})_2+(k_{66})_3\end{bmatrix}$$

将各单元劲度矩阵的有关元素代入上式得结构可动结点劲度矩阵为

$$\boldsymbol{K}_{\delta\delta}=\begin{bmatrix}\frac{12EI}{l^3}+\frac{EA}{l} & 0 & \frac{6EI}{l^2} & -\frac{EA}{l} & 0 & 0\\0 & \frac{EA}{l}+\frac{12EI}{l^3} & -\frac{6EI}{l^2} & 0 & -\frac{12EI}{l^3} & -\frac{6EI}{l^2}\\\frac{6EI}{l^2} & -\frac{6EI}{l^2} & \frac{8EI}{l} & 0 & \frac{6EI}{l^2} & \frac{2EI}{l}\\-\frac{EA}{l} & 0 & 0 & \frac{EA}{l}+\frac{12EI}{l^3} & 0 & \frac{6EI}{l^2}\\0 & -\frac{12EI}{l^3} & \frac{6EI}{l^2} & 0 & \frac{12EI}{l^3}+\frac{EA}{l} & \frac{6EI}{l^2}\\0 & -\frac{6EI}{l^2} & \frac{2EI}{l} & \frac{6EI}{l^2} & \frac{6EI}{l^2} & \frac{8EI}{l}\end{bmatrix}$$

(二) 可动结点劲度的性质和特点

结构可动结点劲度矩阵的性质和特点总结如下。

(1) 对称性

结构可动结点劲度矩阵$\boldsymbol{K}_{\delta\delta}$是对称矩阵,处于主对角线两侧对称位置的任意两个元素相等,即 $K_{ij}=K_{ji}$。这种对称性反映的是两个劲度系数(反力)的互等关系。

(2) 非奇异性

结构可动结点劲度矩阵$\boldsymbol{K}_{\delta\delta}$是非奇异矩阵。在建立$\boldsymbol{K}_{\delta\delta}$时已经考虑了结构的支座约束条件,只要结构是几何不变的,则不存在刚体位移,结构位移状态、变形模式和内力状态是一一对应的,只有唯一解。

(3) 稀疏性

结构可动结点劲度矩阵$\boldsymbol{K}_{\delta\delta}$是带状稀疏矩阵。$\boldsymbol{K}_{\delta\delta}$中非零元素一般都集中在主对角线附近的"带状"区域内。当可动结点数较多时,远离主对角线的元素为零,非零元素是稀疏的。越是大型结构,$\boldsymbol{K}_{\delta\delta}$中非零元素的稀疏性和带状分布规律越是明显。

四、可动结点等效荷载列阵

(一) 单元荷载的处理

作用在杆件单元上的荷载称为单元荷载。对作用在单元上的荷载,计算其在局部坐标系中的固端力列阵,通过单元坐标转换矩阵转换至整体坐标系中,进而“拼装”得到可动结点等效荷载列阵。其具体步骤如下:

(1) 建立局部坐标系中的单元固端力列阵$\overline{\boldsymbol{F}}_i^F$;

(2) 将$\overline{\boldsymbol{F}}_i^F$ 转换至整体坐标系中,$\boldsymbol{F}_i^F=\boldsymbol{T}_i^T\,\overline{\boldsymbol{F}}_i^F$;

(3) 按对号入座的原则,由$\boldsymbol{F}_i^F$“拼装”成可动结点等效荷载列阵。

(二) 结点集中荷载的处理

作用在结点上的集中荷载称为结点集中荷载。直接作用在结点上的集中荷载,总是可以将它们沿结构坐标系方向投影,得到沿整体坐标轴方向的分量,也就是沿结构自由度方向的分量。位移法基本系在这些荷载作用下,其附加约束上的反力(矩)总是与荷载分量大小相等、方向相反。换言之,可动结点荷载列阵中的元素就是相应结构自由度方向的荷载分量。因此,结点集中荷载的处理较为简单,将它们沿整体自由度方向投影,将所得荷载分量直接放入可动结点荷载列阵中相应的自由度方向上。

总结上述两点,将单元荷载作用引起的可动结点荷载列阵表示为$\boldsymbol{F}_\delta^E$,将结点集中荷载作用引起的可动结点荷载列阵表示为$\boldsymbol{F}_\delta^J$,则结构的等效荷载列阵为

$$\boldsymbol{F}_\delta=\boldsymbol{F}_\delta^J+\boldsymbol{F}_\delta^E \tag{8-29}$$

例题 8-2　试求图 8-20(a)所示结构可动结点等效荷载列阵,图中 $l=4$ m。

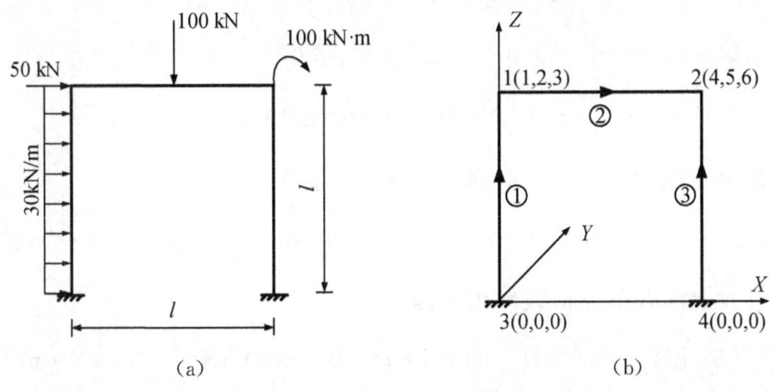

图 8-20　平面刚架例题

解　(1) 结构整体坐标系、局部坐标系以及结点、单元和结构自由度编号如图 8-20(b)所示。

(2) 考虑结点集中荷载作用。

由于结点集中荷载直接作用在结构自由度方向上,故将它们直接放入荷载列阵中相应的自由度方向。由图 8-20 可知,水平方向集中力作用在第 1 个自由度方向上,力偶作用在第 6 个自由度方向上,其余自由度方向上没有结点集中荷载作用,故

$$\boldsymbol{F}_\delta^J=[50\ \text{kN}\quad 0\quad 0\quad 0\quad 0\quad 100\ \text{kN}\cdot\text{m}]^{\text{T}}$$

(3) 考虑单元荷载作用

单元在局部坐标系中的单元固端力列阵为

$$\overline{\boldsymbol{F}}_1^F=[0\quad 60\ \text{kN}\quad -40\ \text{kN}\cdot\text{m}\quad 0\quad 60\ \text{kN}\quad 40\ \text{kN}\cdot\text{m}]^{\text{T}}$$

$$\overline{\boldsymbol{F}}_2^F=[0\quad 50\ \text{kN}\quad -50\ \text{kN}\cdot\text{m}\quad 0\quad 50\ \text{kN}\quad 50\ \text{kN}\cdot\text{m}]^{\text{T}}$$

$$\overline{\boldsymbol{F}}_3^F=[0\quad 0\quad 0\quad 0\quad 0\quad 0]^{\text{T}}$$

将它们转换至整体坐标系中,$\boldsymbol{F}_i^F=\boldsymbol{T}_i^{\text{T}}\overline{\boldsymbol{F}}_i^F$(转换矩阵见例题 8-1)

$$\boldsymbol{F}_1^F=[-60\ \text{kN}\quad 0\quad -40\ \text{kN}\cdot\text{m}\quad -60\ \text{kN}\quad 0\quad 40\ \text{kN}\cdot\text{m}]^{\text{T}}$$

$$\boldsymbol{F}_2^F=[0\quad 50\ \text{kN}\quad -50\ \text{kN}\cdot\text{m}\quad 0\quad 50\ \text{kN}\quad 50\ \text{kN}\cdot\text{m}]^{\text{T}}$$

$$\boldsymbol{F}_3^F=[0\quad 0\quad 0\quad 0\quad 0\quad 0]^{\text{T}}$$

按单元定位向量,将它们反号叠加,拼装成荷载列阵$\boldsymbol{F}_\delta^E$。

初始化$\boldsymbol{F}_\delta^E$

$$\boldsymbol{F}_\delta^E=[0\quad 0\quad 0\quad 0\quad 0\quad 0]^{\text{T}}$$

对第 1 单元,$\boldsymbol{\lambda}_1=[0\quad 0\quad 0\quad 1\quad 2\quad 3]^{\text{T}}$,可得

$$\boldsymbol{F}_\delta^E=[-(-60)\ \text{kN}\quad 0\quad -(40)\ \text{kN}\cdot\text{m}\quad 0\quad 0\quad 0]^{\text{T}}$$

对第 2 单元,$\boldsymbol{\lambda}_2=[1\quad 2\quad 3\quad 4\quad 5\quad 6]^{\text{T}}$,可得

$$\boldsymbol{F}_\delta^E=[60\ \text{kN}\quad -(50)\ \text{kN}\quad (-40-(-50))\ \text{kN}\cdot\text{m}\quad 0\quad -50\ \text{kN}\quad -50\ \text{kN}\cdot\text{m}]^{\text{T}}$$

第 3 单元上没有单元荷载作用。因此

$$\boldsymbol{F}_\delta^E=[60\ \text{kN}\quad -50\ \text{kN}\quad 10\ \text{kN}\cdot\text{m}\quad 0\quad -50\ \text{kN}\quad -50\ \text{kN}\cdot\text{m}]^{\text{T}}$$

(4) 叠加

$$\begin{aligned}\boldsymbol{F}_\delta&=\boldsymbol{F}_\delta^J+\boldsymbol{F}_\delta^E\\&=[110\ \text{kN}\quad -50\ \text{kN}\quad 10\ \text{kN}\cdot\text{m}\quad 0\quad -50\ \text{kN}\quad 50\ \text{kN}\cdot\text{m}]^{\text{T}}\end{aligned}$$

五、单元杆端内力及支座反力

在建立了可动结点劲度矩阵$\boldsymbol{K}_{\delta\delta}$和等效结点荷载列阵$\boldsymbol{F}_{\delta}$后，求解平衡方程

$$\boldsymbol{K}_{\delta\delta}\boldsymbol{\Delta}=\boldsymbol{F}_{\delta}$$

便可得到结点位移$\boldsymbol{\Delta}$，进而可以求得单元杆端内力和结构支座反力。

（一）单元杆端内力的计算

单元杆端内力的计算思路是：对每个单元，根据单元定位向量，由结点位移$\boldsymbol{\Delta}$得到单元杆端位移列阵$\boldsymbol{\delta}_i$，再由杆端位移及单元固端力计算杆件的杆端内力。杆端内力计算公式为

$$\overline{\boldsymbol{F}}_i=\overline{\boldsymbol{k}}_i\overline{\boldsymbol{\delta}}_i+\overline{\boldsymbol{F}}_i^F$$

需要注意的是，上述计算公式中，杆端内力和杆端位移都是沿局部坐标系方向的，而根据单元定位向量由结点位移得到的杆端位移是沿整体坐标系方向的，因此不能直接将整体坐标系中的单元杆端位移列阵$\boldsymbol{\delta}_i$用到上述杆端力计算公式中，需要将它们转换到局部坐标系中。将坐标转换公式(8－24)代入杆端力计算公式得

$$\overline{\boldsymbol{F}}_i=\overline{\boldsymbol{k}}_i\boldsymbol{T}_i\boldsymbol{\delta}_i+\overline{\boldsymbol{F}}_i^F \tag{8-30}$$

（二）支座反力计算

支座反力计算的思路是：将支座作为脱离体切出来，将连接到该支座上的所有杆端内力反作用到该支座上，利用平衡条件求出支座反力。将这个思路用矩阵形式表示，便是相应的杆端内力叠加。因此求解支座反力的步骤可归结为：

(1) 通过支座结点号和支座的约束特性，寻找与该支座相连的所有杆端。

(2) 将与支座相连的所有杆端的杆端内力取出来，由于与支座相连的杆件往往不止一根，且各杆件的位置各异，其局部坐标系不尽相同，因此局部坐标系中的杆端内力无法直接叠加，必须将它们转换到整体坐标系中。

(3) 将转换到整体坐标系中的杆端力叠加起来，得到支座反力沿整体坐标方向的分量。

如果该支座结点上还有集中荷载作用，则将支座结点集中荷载沿整体坐标方向投影得到荷载分量，把荷载分量改变正负号后叠加到相应的支座反力分量中。

§8－5　矩阵位移法分析举例

一、矩阵位移法一般步骤

通过前面的讨论，矩阵位移法求解的一般步骤总结如下。

1. 离散化

(1) 对整个结构,建立整体坐标系 XYZ。

(2) 对结点、单元编号。

(3) 确定结点未知位移作为基本未知值,并编号。

2. 单元分析

(1) 对每个单元建立局部坐标系 $x_m y_m z_m$,确定单元自由度并对单元自由度编号。

(2) 建立单元在局部坐标系中的单元劲度矩阵$\overline{\boldsymbol{k}}_i$。

(3) 对受单元荷载作用的单元,计算局部坐标系中的单元固端力列阵$\overline{\boldsymbol{F}}_i^F$。

(4) 建立单元转换矩阵$\boldsymbol{T}_i$ 及其转置$\boldsymbol{T}_i^{\mathrm{T}}$。

3. 整体分析

(1) 形成单元定位向量$\boldsymbol{\lambda}_i$。

(2) 计算整体坐标系中的单元劲度矩阵

$$\boldsymbol{k}_i=\boldsymbol{T}_i^{\mathrm{T}}\,\overline{\boldsymbol{k}}_i\,\boldsymbol{T}_i$$

并根据单元定位向量“对号入座”,形成可动结点劲度矩阵$\boldsymbol{K}_{\delta\delta}$。

(3) 计算整体坐标系中的单元固端力列阵$\boldsymbol{F}_i^F=\boldsymbol{T}_i^{\mathrm{T}}\,\overline{\boldsymbol{F}}_i^F$,并根据单元定位向量“对号入座”,形成由单元荷载引起的可动结点等效荷载列阵$\boldsymbol{F}_\delta^E$。考虑结点集中荷载,得到最终可动结点荷载列阵

$$\boldsymbol{F}_\delta=\boldsymbol{F}_\delta^J+\boldsymbol{F}_\delta^E$$

4. 解方程,求解结点位移 $\boldsymbol{\Delta}$

5. 计算单元杆端内力和支座及力

(1) 根据单元定位向量,形成单元杆端位移列阵$\boldsymbol{\delta}_i$。

(2) 计算杆端内力

$$\overline{\boldsymbol{F}}_i=\overline{\boldsymbol{k}}_i\,\boldsymbol{T}_i\,\boldsymbol{\delta}_i+\overline{\boldsymbol{F}}_i^F$$

(3) 由杆端力计算支座反力。

二、连续梁分析举例

例题 8-3 图 8-21(a)为一等截面的两跨连续梁受荷载作用,其中 $F_1=2P$,$F_2=P$,$m=Pl$。试用矩阵位移法计算各杆端内力及支座反力,并作弯矩图和剪力图。

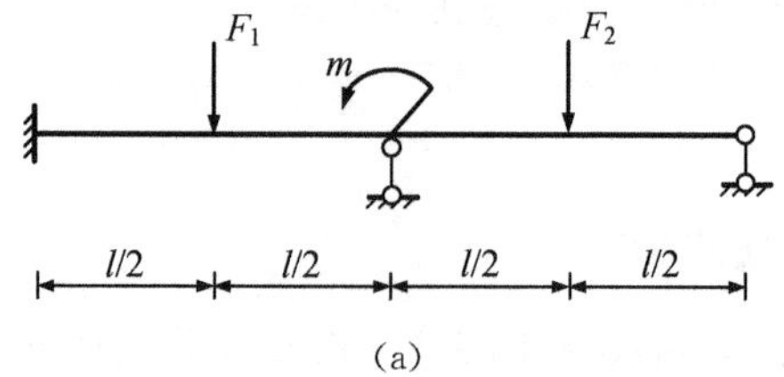

(a)

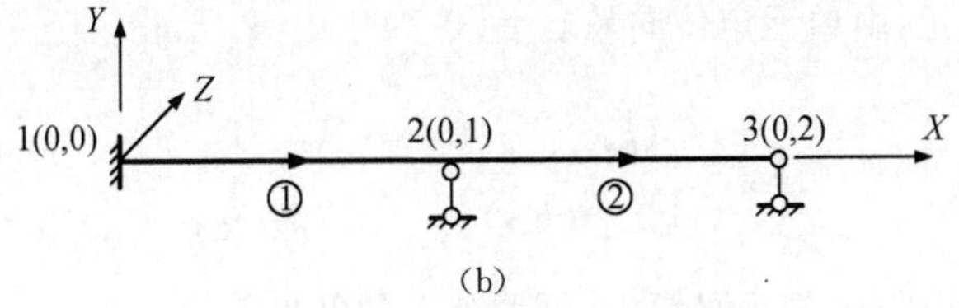

(b)

图 8-21　平面连续梁例题

解　1. 离散化

整体坐标系、结点编号、单元编号、结点自由度编号如图 8-21(b)所示。

2. 单元分析

(1) 单元劲度矩阵

$$\overline{\boldsymbol{k}}_1=\overline{\boldsymbol{k}}_2=\begin{bmatrix}\frac{12EI}{l^3} & -\frac{6EI}{l^2} & -\frac{12EI}{l^3} & -\frac{6EI}{l^2}\\ -\frac{6EI}{l^2} & \frac{4EI}{l} & \frac{6EI}{l^2} & \frac{2EI}{l}\\ -\frac{12EI}{l^3} & \frac{6EI}{l^2} & \frac{12EI}{l^3} & \frac{6EI}{l^2}\\ -\frac{6EI}{l^2} & \frac{2EI}{l} & \frac{6EI}{l^2} & \frac{4EI}{l}\end{bmatrix}$$

(2) 单元固端力列阵

$$\overline{\boldsymbol{F}}_1^F=\begin{bmatrix}P & -\frac{Pl}{4} & P & \frac{Pl}{4}\end{bmatrix}^{\mathrm{T}}$$

$$\overline{\boldsymbol{F}}_2^F=\begin{bmatrix}\frac{P}{2} & -\frac{Pl}{8} & \frac{P}{2} & \frac{Pl}{8}\end{bmatrix}^{\mathrm{T}}$$

3. 整体分析

(1) 单元定位向量

$$\boldsymbol{\lambda}_1=\begin{bmatrix}0 & 0 & 0 & 1\end{bmatrix}^{\mathrm{T}},\quad \boldsymbol{\lambda}_2=\begin{bmatrix}0 & 1 & 0 & 2\end{bmatrix}^{\mathrm{T}}$$

(2) 拼装可动结点劲度矩阵$\boldsymbol{K}_{\delta\delta}$

结构自由度总数为 2,可动结点劲度矩阵$\boldsymbol{K}_{\delta\delta}$为 2×2 矩阵,初始化劲度矩阵。

$$\boldsymbol{K}_{\delta\delta}=\begin{bmatrix}0 & 0\\ 0 & 0\end{bmatrix}$$

考虑第 1 单元,由单元定位向量$\boldsymbol{\lambda}_1=\begin{bmatrix}0 & 0 & 0 & 1\end{bmatrix}^{\mathrm{T}}$,得

$$\boldsymbol{K}_{\delta\delta}=\begin{bmatrix}(k_{44})_1 & 0\\ 0 & 0\end{bmatrix}$$

考虑第 2 单元,由单元定位向量$\boldsymbol{\lambda}_2=[0\quad 1\quad 0\quad 2]^{\mathrm{T}}$,得

$$\bar{\boldsymbol{K}}_{\delta\delta}=\begin{bmatrix}(\bar{k}_{44})_1+(\bar{k}_{22})_2 & (\bar{k}_{24})_2\\(\bar{k}_{42})_2 & (\bar{k}_{44})_2\end{bmatrix}$$

将单元劲度矩阵相关元素代入,可动结点劲度矩阵为

$$\boldsymbol{K}_{\delta\delta}=\begin{bmatrix}\dfrac{8EI}{l} & \dfrac{2EI}{l}\\\dfrac{2EI}{l} & \dfrac{4EI}{l}\end{bmatrix}$$

(3) 拼装可动结点荷载列阵$\boldsymbol{F}_\delta$

考虑结点集中荷载有

$$\boldsymbol{F}_\delta^J=[-Pl\quad 0]^{\mathrm{T}}$$

考虑单元荷载引起的可动结点等效荷载列阵$\boldsymbol{F}_\delta^E$。将单元固端力拼装为$\boldsymbol{F}_\delta^E$,初始化$\boldsymbol{F}_\delta^E$,

$$\boldsymbol{F}_\delta^E=\begin{Bmatrix}0\\0\end{Bmatrix}$$

考虑第 1 单元,由单元定位向量$\boldsymbol{\lambda}_1=[0\quad 0\quad 0\quad 1]^{\mathrm{T}}$,得

$$\boldsymbol{F}_\delta^E=\begin{Bmatrix}-\dfrac{Pl}{4}\\0\end{Bmatrix}$$

考虑第 2 单元,由单元定位向量$\boldsymbol{\lambda}_2=[0\quad 1\quad 0\quad 2]^{\mathrm{T}}$,得

$$\boldsymbol{F}_\delta^E=\begin{Bmatrix}-\dfrac{Pl}{4}-(-\dfrac{Pl}{8})\\-\dfrac{Pl}{8}\end{Bmatrix}=\begin{Bmatrix}-\dfrac{Pl}{8}\\-\dfrac{Pl}{8}\end{Bmatrix}$$

于是,可动结点荷载列阵为

$$\boldsymbol{F}_\delta=\boldsymbol{F}_\delta^J+\boldsymbol{F}_\delta^E=\begin{Bmatrix}-\dfrac{Pl}{8}\\0\end{Bmatrix}+\begin{Bmatrix}-\dfrac{Pl}{8}\\-\dfrac{Pl}{8}\end{Bmatrix}=\begin{Bmatrix}-\dfrac{9Pl}{8}\\-\dfrac{Pl}{8}\end{Bmatrix}$$

4. 解方程得结点位移

$$\boldsymbol{\Delta}=\frac{Pl^2}{112EI}\begin{Bmatrix}-17\\5\end{Bmatrix}$$

5. 计算单元杆端内力和支座反力

(1) 杆端位移列阵

由第 1 单元的单元定位向量$\boldsymbol{\lambda}_1=[0\quad 0\quad 0\quad 1]^{\mathrm{T}}$得

$$\overline{\boldsymbol{\delta}}_1=\left[0\quad 0\quad 0\quad -\frac{17Pl^2}{112EI}\right]^{\mathrm{T}}$$

由第 2 单元的单元定位向量$\boldsymbol{\lambda}_2=[0\quad 1\quad 0\quad 2]^{\mathrm{T}}$得

$$\overline{\boldsymbol{\delta}}_2=\left[0\quad -\frac{17Pl^2}{112EI}\quad 0\quad \frac{5Pl^2}{112EI}\right]^{\mathrm{T}}$$

(2) 杆端内力

$$\overline{\boldsymbol{F}}_i=\overline{\boldsymbol{k}}_i\,\overline{\boldsymbol{\delta}}_i+\overline{\boldsymbol{F}}_i^{\mathrm{F}}$$

对第 1 单元，

$$\overline{\boldsymbol{F}}_1=\begin{bmatrix}\frac{12EI}{l^3} & -\frac{6EI}{l^2} & -\frac{12EI}{l^3} & -\frac{6EI}{l^2}\\ -\frac{6EI}{l^2} & \frac{4EI}{l} & \frac{6EI}{l^2} & \frac{2EI}{l}\\ -\frac{12EI}{l^3} & \frac{6EI}{l^2} & \frac{12EI}{l^3} & \frac{6EI}{l^2}\\ -\frac{6EI}{l^2} & \frac{2EI}{l} & \frac{6EI}{l^2} & \frac{4EI}{l}\end{bmatrix}\begin{Bmatrix}0\\0\\0\\-\frac{17Pl^2}{112EI}\end{Bmatrix}+\begin{Bmatrix}P\\-\frac{Pl}{4}\\P\\\frac{Pl}{4}\end{Bmatrix}=\begin{Bmatrix}\frac{107}{56}P\\-\frac{31}{56}Pl\\\frac{5}{56}P\\-\frac{20}{56}Pl\end{Bmatrix}$$

对第 2 单元，

$$\overline{\boldsymbol{F}}_2=\begin{bmatrix}\frac{12EI}{l^3} & -\frac{6EI}{l^2} & -\frac{12EI}{l^3} & -\frac{6EI}{l^2}\\ -\frac{6EI}{l^2} & \frac{4EI}{l} & \frac{6EI}{l^2} & \frac{2EI}{l}\\ -\frac{12EI}{l^3} & \frac{6EI}{l^2} & \frac{12EI}{l^3} & \frac{6EI}{l^2}\\ -\frac{6EI}{l^2} & \frac{2EI}{l} & \frac{6EI}{l^2} & \frac{4EI}{l}\end{bmatrix}\begin{Bmatrix}0\\-\frac{17Pl^2}{112EI}\\0\\\frac{5Pl^2}{112EI}\end{Bmatrix}+\begin{Bmatrix}\frac{P}{2}\\-\frac{Pl}{8}\\\frac{P}{2}\\\frac{Pl}{8}\end{Bmatrix}=\begin{Bmatrix}\frac{64}{56}P\\-\frac{36}{56}Pl\\-\frac{8}{56}P\\0\end{Bmatrix}$$

(3) 支座反力

$$\boldsymbol{F}_{\mathrm{R}}=\begin{Bmatrix}F_{R_1}\\F_{R_2}\\F_{R_3}\\F_{R_4}\end{Bmatrix}=\begin{Bmatrix}(\overline{F}_1)_1\\(\overline{F}_2)_1\\(\overline{F}_3)_1+(\overline{F}_1)_2\\(\overline{F}_4)_2\end{Bmatrix}-\begin{Bmatrix}0\\0\\0\\P\end{Bmatrix}=\begin{Bmatrix}\dfrac{107P}{56}\\-\dfrac{31Pl}{56}\\\dfrac{5P}{56}+\dfrac{64P}{56}\\-\dfrac{8P}{56}\end{Bmatrix}-\begin{bmatrix}0\\0\\0\\P\end{bmatrix}=\begin{Bmatrix}\dfrac{107}{56}P\\-\dfrac{36}{56}Pl\\\dfrac{69}{56}P\\-\dfrac{64}{56}P\end{Bmatrix}$$

6. 画弯矩图、剪力图,如图 8-22 所示

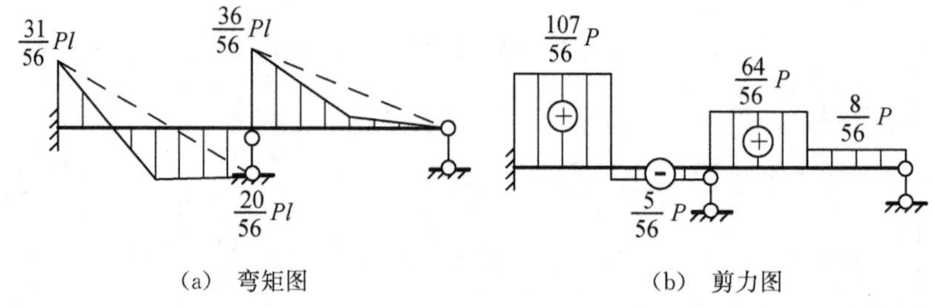

图 8-22 连续梁内力图

7. 讨论

(1) 在考虑结点自由度编号时,3 结点的结点位移需要仔细分析。有两种选择,一是不考虑 2 单元右端的角位移为未知量(位移法计算时就是这样处理的),这样 2 单元是一端固定一端为连杆的梁单元,单元分析时必须建立这种单元的单元劲度矩阵、固端力列阵;第二种选择是将 2 单元右端的角位移取作未知量[如图 8-21(b)所示],这样 2 单元是两端固定的梁单元。两种方法各有利弊,第一种方法未知量少,但增加了单元类型;第二种方法虽增加了未知量,但单元类型统一,可以减少计算机编程的复杂程度。请读者比较这两种做法,建立一端固定、一端连杆的梁单元劲度矩阵以及在跨中受集中力和满跨均布荷载作用下的单元固端力列阵,并计算本例题。

(2) 本例题计算的是连续梁,所有单元的局部坐标系与整体坐标系相同,因此,不需要作坐标转换。

(3) 由杆端内力作内力图时,必须注意两种不同的符号约定,矩阵位移法中求得的杆端内力均以局部坐标系正方向为正,而作内力图时弯矩画在受拉侧,剪力以绕远端顺时针为正。

三、平面桁架分析举例

例题 8-4 图 8-23(a)所示平面桁架,各杆 EA 相同,均为常数,试用矩阵位

移法求各杆轴力。

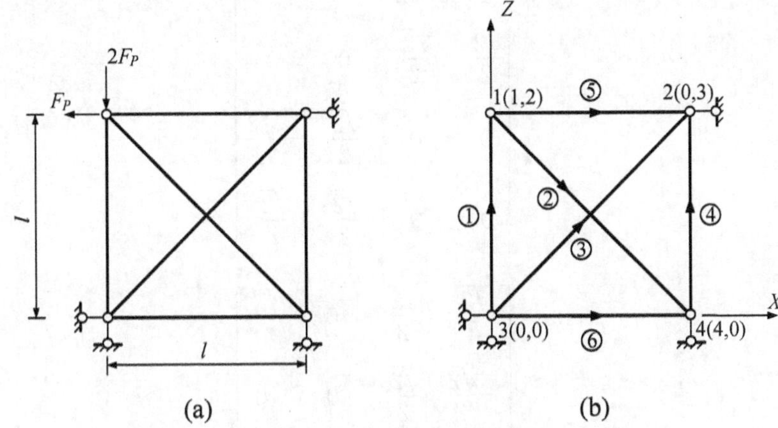

图 8-23　平面桁架例题

解　1. 离散化

整体坐标系、结点编号、单元编号、结点自由度编号及单元局部坐标系如图 8-23(b)所示。

2. 单元分析

(1) 单元劲度矩阵

$$\overline{\boldsymbol{k}}_1=\overline{\boldsymbol{k}}_4=\overline{\boldsymbol{k}}_5=\overline{\boldsymbol{k}}_6=\frac{EA}{l}\begin{bmatrix}1&0&-1&0\\0&0&0&0\\-1&0&1&0\\0&0&0&0\end{bmatrix}$$

$$\overline{\boldsymbol{k}}_2=\overline{\boldsymbol{k}}_3=\frac{EA}{\sqrt{2}l}\begin{bmatrix}1&0&-1&0\\0&0&0&0\\-1&0&1&0\\0&0&0&0\end{bmatrix}$$

(2) 单元坐标转换矩阵

$$\boldsymbol{T}_1=\boldsymbol{T}_4=\begin{bmatrix}0&1&-1&0\\-1&0&0&0\\0&0&0&1\\0&0&-1&0\end{bmatrix}$$

$$\boldsymbol{T}_2=\begin{bmatrix}\frac{\sqrt{2}}{2} & -\frac{\sqrt{2}}{2} & 0 & 0\\ \frac{\sqrt{2}}{2} & \frac{\sqrt{2}}{2} & 0 & 0\\ 0 & 0 & \frac{\sqrt{2}}{2} & -\frac{\sqrt{2}}{2}\\ 0 & 0 & \frac{\sqrt{2}}{2} & \frac{\sqrt{2}}{2}\end{bmatrix}$$

$$\boldsymbol{T}_3=\begin{bmatrix}\frac{\sqrt{2}}{2} & \frac{\sqrt{2}}{2} & 0 & 0\\ -\frac{\sqrt{2}}{2} & \frac{\sqrt{2}}{2} & 0 & 0\\ 0 & 0 & \frac{\sqrt{2}}{2} & \frac{\sqrt{2}}{2}\\ 0 & 0 & -\frac{\sqrt{2}}{2} & \frac{\sqrt{2}}{2}\end{bmatrix}$$

$$\boldsymbol{T}_5=\boldsymbol{T}_6=I$$

3. 整体分析

(1) 单元定位向量

$\boldsymbol{\lambda}_1=[\ 0\quad 0\quad 1\quad 2\ ]^{\mathrm{T}}$

$\boldsymbol{\lambda}_2=[\ 1\quad 2\quad 4\quad 0\ ]^{\mathrm{T}}$

$\boldsymbol{\lambda}_3=[\ 0\quad 0\quad 0\quad 3\ ]^{\mathrm{T}}$

$\boldsymbol{\lambda}_4=[\ 4\quad 0\quad 0\quad 3\ ]^{\mathrm{T}}$

$\boldsymbol{\lambda}_5=[\ 1\quad 2\quad 0\quad 3\ ]^{\mathrm{T}}$

$\boldsymbol{\lambda}_6=[\ 0\quad 0\quad 4\quad 0\ ]^{\mathrm{T}}$

(2) 计算整体坐标系中的单元劲度矩阵

$\boldsymbol{k}_1=\boldsymbol{k}_4$

$$=\begin{bmatrix}0 & 1 & 0 & 0\\ -1 & 0 & 0 & 0\\ 0 & 0 & 0 & 1\\ 0 & 0 & -1 & 0\end{bmatrix}^{\mathrm{T}}\frac{EA}{l}\begin{bmatrix}1 & 0 & -1 & 0\\ 0 & 0 & 0 & 0\\ -1 & 0 & 1 & 0\\ 0 & 0 & 0 & 0\end{bmatrix}\begin{bmatrix}0 & 1 & 0 & 0\\ -1 & 0 & 0 & 0\\ 0 & 0 & 0 & 1\\ 0 & 0 & -1 & 0\end{bmatrix}$$

$$=\frac{EA}{l}\begin{bmatrix}0&0&0&0\\0&1&0&-1\\0&0&0&0\\0&-1&0&1\end{bmatrix}$$

$$\boldsymbol{k}_2=\begin{bmatrix}\frac{\sqrt{2}}{2}&-\frac{\sqrt{2}}{2}&0&0\\\frac{\sqrt{2}}{2}&\frac{\sqrt{2}}{2}&0&0\\0&0&\frac{\sqrt{2}}{2}&-\frac{\sqrt{2}}{2}\\0&0&-\frac{\sqrt{2}}{2}&\frac{\sqrt{2}}{2}\end{bmatrix}^{\mathrm{T}}\frac{EA}{\sqrt{2}l}\begin{bmatrix}1&0&-1&0\\0&0&0&0\\-1&0&1&0\\0&0&0&0\end{bmatrix}\begin{bmatrix}\frac{\sqrt{2}}{2}&-\frac{\sqrt{2}}{2}&0&0\\\frac{\sqrt{2}}{2}&\frac{\sqrt{2}}{2}&0&0\\0&0&\frac{\sqrt{2}}{2}&-\frac{\sqrt{2}}{2}\\0&0&-\frac{\sqrt{2}}{2}&\frac{\sqrt{2}}{2}\end{bmatrix}$$

$$=\frac{\sqrt{2}EA}{4l}\begin{bmatrix}1&-1&-1&1\\-1&1&1&-1\\-1&1&1&-1\\1&-1&-1&1\end{bmatrix}$$

$$\boldsymbol{k}_3=\begin{bmatrix}\frac{\sqrt{2}}{2}&\frac{\sqrt{2}}{2}&0&0\\-\frac{\sqrt{2}}{2}&\frac{\sqrt{2}}{2}&0&0\\0&0&\frac{\sqrt{2}}{2}&\frac{\sqrt{2}}{2}\\0&0&-\frac{\sqrt{2}}{2}&\frac{\sqrt{2}}{2}\end{bmatrix}^{\mathrm{T}}\frac{EA}{\sqrt{2}l}\begin{bmatrix}1&0&-1&0\\0&0&0&0\\-1&0&1&0\\0&0&0&0\end{bmatrix}\begin{bmatrix}\frac{\sqrt{2}}{2}&\frac{\sqrt{2}}{2}&0&0\\-\frac{\sqrt{2}}{2}&\frac{\sqrt{2}}{2}&0&0\\0&0&\frac{\sqrt{2}}{2}&\frac{\sqrt{2}}{2}\\0&0&-\frac{\sqrt{2}}{2}&\frac{\sqrt{2}}{2}\end{bmatrix}$$

$$=\frac{\sqrt{2}EA}{4l}\begin{bmatrix}1&1&-1&-1\\1&1&-1&-1\\-1&-1&1&1\\-1&-1&1&1\end{bmatrix}$$

$$\boldsymbol{k}_5=\boldsymbol{k}_6=\frac{EA}{l}\begin{bmatrix}1&0&-1&0\\0&0&0&0\\-1&0&1&0\\0&0&0&0\end{bmatrix}$$

(3) 拼装$\boldsymbol{K}_{\delta\delta}$

结构自由度总数为 4，可动结点劲度矩阵$\boldsymbol{K}_{\delta\delta}$为 4×4 矩阵，初始化劲度矩阵

$$\boldsymbol{K}_{\text{总}}=\begin{bmatrix}0&0&0&0\\0&0&0&0\\0&0&0&0\\0&0&0&0\end{bmatrix}$$

考虑第 1 单元,$\{\boldsymbol{\lambda}\}_1=[0\quad 0\quad 1\quad 2]^{\mathrm{T}}$,故

$$\boldsymbol{K}_{\text{总}}=\begin{bmatrix}k_{33}^1&k_{34}^1&0&0\\k_{43}^1&k_{44}^1&0&0\\0&0&0&0\\0&0&0&0\end{bmatrix}$$

考虑第 2 单元,$\{\boldsymbol{\lambda}\}_2=[1\quad 2\quad 4\quad 0]^{\mathrm{T}}$,故

$$\boldsymbol{K}_{\text{总}}=\begin{bmatrix}k_{33}^1+k_{11}^2&k_{34}^1+k_{12}^2&0&k_{13}^2\\k_{43}^1+k_{21}^2&k_{44}^1+k_{22}^2&0&k_{23}^2\\0&0&0&0\\k_{31}^2&k_{32}^2&0&k_{33}^2\end{bmatrix}$$

考虑第 3 单元,$\{\boldsymbol{\lambda}\}_3=[0\quad 0\quad 0\quad 3]^{\mathrm{T}}$,故

$$\boldsymbol{K}_{\text{总}}=\begin{bmatrix}k_{33}^1+k_{11}^2&k_{34}^1+k_{12}^2&0&k_{13}^2\\k_{43}^1+k_{21}^2&k_{44}^1+k_{22}^2&0&k_{23}^2\\0&0&k_{44}^3&0\\k_{31}^2&k_{32}^2&0&k_{33}^2\end{bmatrix}$$

考虑第 4 单元,$\{\boldsymbol{\lambda}\}_4=[4\quad 0\quad 0\quad 3]^{\mathrm{T}}$,故

$$\boldsymbol{K}_{\text{总}}=\begin{bmatrix}k_{33}^1+k_{11}^2&k_{34}^1+k_{12}^2&0&k_{13}^2\\k_{43}^1+k_{21}^2&k_{44}^1+k_{22}^2&0&k_{23}^2\\0&0&k_{44}^3+k_{44}^4&k_{41}^4\\k_{31}^2&k_{32}^2&k_{14}^4&k_{33}^2+k_{11}^4\end{bmatrix}$$

考虑第 5 单元,$\{\boldsymbol{\lambda}\}_5=[1\quad 2\quad 0\quad 3]^{\mathrm{T}}$,故

$$\boldsymbol{K}_{\text{总}}=\begin{bmatrix}k_{33}^1+k_{11}^2+k_{11}^5&k_{34}^1+k_{12}^2+k_{12}^5&k_{14}^5&k_{13}^2\\k_{43}^1+k_{21}^2+k_{21}^5&k_{44}^1+k_{22}^2+k_{22}^5&k_{24}^5&k_{23}^2\\k_{41}^5&k_{42}^5&k_{44}^3+k_{44}^4+k_{44}^5&k_{41}^4\\k_{31}^2&k_{32}^2&k_{14}^4&k_{33}^2+k_{11}^4\end{bmatrix}$$

考虑第 6 单元,$\{\boldsymbol{\lambda}\}_6=[0\quad 0\quad 4\quad 0]^{\mathrm{T}}$,故

$$\boldsymbol{K}_{\delta\delta}=\begin{bmatrix} k_{33}^{1}+k_{11}^{2}+k_{11}^{5} & k_{34}^{1}+k_{12}^{2}+k_{12}^{5} & k_{14}^{5} & k_{13}^{2} \\ k_{43}^{1}+k_{21}^{2}+k_{21}^{5} & k_{44}^{1}+k_{22}^{2}+k_{22}^{5} & k_{24}^{5} & k_{23}^{2} \\ k_{41}^{5} & k_{42}^{5} & k_{44}^{3}+k_{44}^{4}+k_{44}^{5} & k_{41}^{4} \\ k_{31}^{2} & k_{32}^{2} & k_{14}^{4} & k_{33}^{2}+k_{11}^{4}+k_{33}^{6} \end{bmatrix}$$

将各单元劲度矩阵元素代入上式得到

$$\boldsymbol{K}_{\delta\delta}=\frac{EA}{l}\begin{bmatrix} 1.3535 & -0.3535 & 0 & -0.3535 \\ -0.3535 & 1.3535 & 0 & 0.3535 \\ 0 & 0 & 1.3535 & 0 \\ -0.3535 & 0.3535 & 0 & 1.3535 \end{bmatrix}$$

(4) 形成可动结点荷载列阵

对于桁架只有结点集中荷载，于是

$$\{F_\delta\}=[-F_P \quad -2F_P \quad 0 \quad 0]^{\mathrm{T}}$$

4. 解方程得到结点位移

$$\{\delta\}=\frac{F_P l}{EA}[-1.172 \quad -1.827 \quad 0 \quad 0.172]^{\mathrm{T}}$$

5. 计算各单元杆端内力

(1) 杆端位移列阵

$$\{\delta\}_1=[0 \quad 0 \quad \delta_1 \quad \delta_2]^{\mathrm{T}}$$

$$\{\delta\}_2=[\delta_1 \quad \delta_2 \quad \delta_4 \quad 0]^{\mathrm{T}}$$

$$\{\delta\}_3=[0 \quad 0 \quad 0 \quad \delta_3]^{\mathrm{T}}$$

$$\{\delta\}_4=[\delta_4 \quad 0 \quad 0 \quad \delta_3]^{\mathrm{T}}$$

$$\{\delta\}_5=[\delta_1 \quad \delta_2 \quad 0 \quad \delta_3]^{\mathrm{T}}$$

$$\{\delta\}_6=[0 \quad 0 \quad \delta_4 \quad 0]^{\mathrm{T}}$$

(2) 计算各杆轴力

杆端轴力计算公式为

$$\{F_m\}_i=[k_m]_i\,[T]_i\,\{\delta\}_i$$

故各杆轴力为

$$\{F_m\}_1=\frac{EA}{l}\begin{bmatrix}1&0&-1&0\\0&0&0&0\\-1&0&1&0\\0&0&0&0\end{bmatrix}\begin{bmatrix}0&1&0&0\\-1&0&0&0\\0&0&0&1\\0&0&-1&0\end{bmatrix}\begin{Bmatrix}0\\0\\-1.172\\-1.827\end{Bmatrix}\frac{F_Pl}{EA}=\begin{Bmatrix}1.827F_P\\0\\-1.827F_P\\0\end{Bmatrix}$$

$$\{F_m\}_2=\frac{EA}{\sqrt{2}l}\begin{bmatrix}1&0&-1&0\\0&0&0&0\\-1&0&1&0\\0&0&0&0\end{bmatrix}\begin{bmatrix}\frac{\sqrt{2}}{2}&-\frac{\sqrt{2}}{2}&0&0\\\frac{\sqrt{2}}{2}&\frac{\sqrt{2}}{2}&0&0\\0&0&\frac{\sqrt{2}}{2}&-\frac{\sqrt{2}}{2}\\0&0&\frac{\sqrt{2}}{2}&\frac{\sqrt{2}}{2}\end{bmatrix}\begin{Bmatrix}-1.172\\-1.827\\0\\0\end{Bmatrix}\frac{F_Pl}{EA}$$

$$=\begin{Bmatrix}0.242F_P\\0\\-0.242F_P\\0\end{Bmatrix}$$

$$\{F_m\}_3=\frac{EA}{\sqrt{2}l}\begin{bmatrix}1&0&-1&0\\0&0&0&0\\-1&0&1&0\\0&0&0&0\end{bmatrix}\begin{bmatrix}\frac{\sqrt{2}}{2}&\frac{\sqrt{2}}{2}&0&0\\-\frac{\sqrt{2}}{2}&\frac{\sqrt{2}}{2}&0&0\\0&0&\frac{\sqrt{2}}{2}&\frac{\sqrt{2}}{2}\\0&0&-\frac{\sqrt{2}}{2}&\frac{\sqrt{2}}{2}\end{bmatrix}\begin{Bmatrix}0\\0\\0\\0\end{Bmatrix}=\begin{Bmatrix}0\\0\\0\\0\end{Bmatrix}$$

$$\{F_m\}_4=\frac{EA}{l}\begin{bmatrix}1&0&-1&0\\0&0&0&0\\-1&0&1&0\\0&0&0&0\end{bmatrix}\begin{bmatrix}0&1&0&0\\-1&0&0&0\\0&0&0&1\\0&0&-1&0\end{bmatrix}\begin{Bmatrix}0.172\\0\\0\\0\end{Bmatrix}\frac{F_Pl}{EA}=\begin{Bmatrix}0\\0\\0\\0\end{Bmatrix}$$

$$\{F_m\}_5=\frac{EA}{l}\begin{bmatrix}1&0&-1&0\\0&0&0&0\\-1&0&1&0\\0&0&0&0\end{bmatrix}\begin{bmatrix}1&0&0&0\\0&1&0&0\\0&0&1&0\\0&0&0&1\end{bmatrix}\begin{Bmatrix}-1.172\\-1.827\\0\\0\end{Bmatrix}\frac{F_Pl}{EA}=\begin{Bmatrix}-1.172F_P\\0\\1.172F_P\\0\end{Bmatrix}$$

$$\{F_m\}_6=\frac{EA}{l}\begin{bmatrix}1&0&-1&0\\0&0&0&0\\-1&0&1&0\\0&0&0&0\end{bmatrix}\begin{bmatrix}1&0&0&0\\0&1&0&0\\0&0&1&0\\0&0&0&1\end{bmatrix}\begin{Bmatrix}0\\0\\0.172\\0\end{Bmatrix}\frac{F_Pl}{EA}=\begin{Bmatrix}-0.172F_P\\0\\0.172F_P\\0\end{Bmatrix}$$

6. 讨论

试计算支座反力，并应用结点的平衡条件验证计算的正确性。

四、平面刚架计算举例

例题 8-5　试用矩阵位移法分析图 8-24(a)所示平面刚架。设各杆 EI、EA 相同，均为常数，且在数值上有比值关系 $EI=20EA$。设 $F_{P_1}=P$，$F_{P_2}=2P$，$m=Pl$，$q=2.4P/l$。

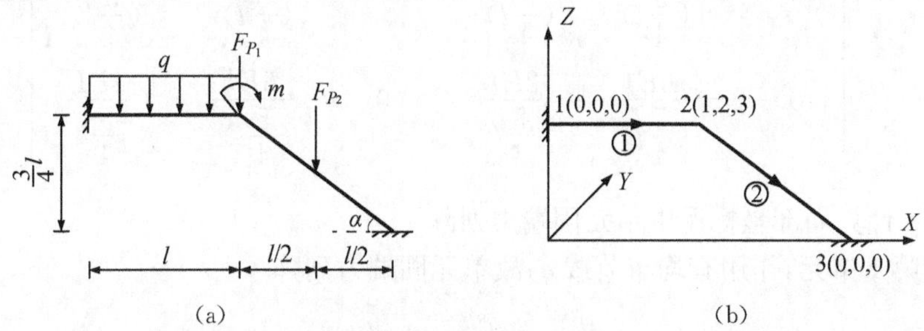

图 8-24　平面刚架例题

解　1. 离散化

整体坐标系、结点编号、单元编号、结点自由度编号、单元局部坐标系，如图 8-24(b)所示。

2. 单元分析

(1) 单元劲度矩阵

$$\overline{\boldsymbol{k}}_1=\begin{bmatrix}\frac{EA}{l}&0&0&-\frac{EA}{l}&0&0\\0&\frac{12EI}{l^3}&-\frac{6EI}{l^2}&0&-\frac{12EI}{l^3}&-\frac{6EI}{l^2}\\0&-\frac{6EI}{l^2}&\frac{4EI}{l}&0&\frac{6EI}{l^2}&\frac{2EI}{l}\\-\frac{EA}{l}&0&0&\frac{EA}{l}&0&0\\0&-\frac{12EI}{l^3}&\frac{6EI}{l^2}&0&\frac{12EI}{l^3}&\frac{6EI}{l^2}\\0&-\frac{6EI}{l^2}&\frac{2EI}{l}&0&\frac{6EI}{l^2}&\frac{4EI}{l}\end{bmatrix}$$

$$\overline{\boldsymbol{k}}_2=\begin{bmatrix} \frac{EA}{\frac{5}{4}l} & 0 & 0 & -\frac{EA}{\frac{5}{4}l} & 0 & 0 \\ 0 & \frac{12EI}{(\frac{5}{4}l)^3} & -\frac{6EI}{(\frac{5}{4}l)^2} & 0 & -\frac{12EI}{(\frac{5}{4}l)^3} & -\frac{6EI}{(\frac{5}{4}l)^2} \\ 0 & -\frac{6EI}{(\frac{5}{4}l)^2} & \frac{4EI}{\frac{5}{4}l} & 0 & \frac{6EI}{(\frac{5}{4}l)^2} & \frac{2EI}{\frac{5}{4}l} \\ -\frac{EA}{\frac{5}{4}l} & 0 & 0 & \frac{EA}{\frac{5}{4}l} & 0 & 0 \\ 0 & -\frac{12EI}{(\frac{5}{4}l)^3} & \frac{6EI}{(\frac{5}{4}l)^2} & 0 & \frac{12EI}{(\frac{5}{4}l)^3} & \frac{6EI}{(\frac{5}{4}l)^2} \\ 0 & -\frac{6EI}{(\frac{5}{4}l)^2} & \frac{2EI}{\frac{5}{4}l} & 0 & \frac{6EI}{(\frac{5}{4}l)^2} & \frac{4EI}{\frac{5}{4}l} \end{bmatrix}$$

(2) 计算局部坐标系中单元固端力列阵

对第 1 单元,作用有均布荷载 q,故单元固端力列阵

$$\overline{\boldsymbol{F}}_1^F=\begin{bmatrix} 0 & \frac{ql}{2} & -\frac{ql^2}{12} & 0 & \frac{ql}{2} & -\frac{ql^2}{12} \end{bmatrix}^{\mathrm{T}}$$

对 2 单元,跨中有集中力 F_{P_2} 作用,轴向分量为

$$F_{P_2}\cdot\sin\alpha=\frac{3}{5}F_{P_2}=\frac{6}{5}P$$

横向分量为

$$F_{P_2}\cdot\cos\alpha=\frac{4}{5}F_{P_2}=\frac{8}{5}P$$

故单元固端力列阵为

$$\overline{\boldsymbol{F}}_2^F=\begin{bmatrix} -\frac{3P}{5} & \frac{4P}{5} & -\frac{Pl}{5} & -\frac{3P}{5} & \frac{4P}{5} & \frac{Pl}{5} \end{bmatrix}^{\mathrm{T}}$$

(3) 计算单元坐标转换矩阵

$$\boldsymbol{T}_1=\boldsymbol{I}$$

$$
\boldsymbol{T}_2=\begin{bmatrix}\frac{4}{5} & -\frac{3}{5} & 0 & 0 & 0 & 0\\ \frac{3}{5} & \frac{4}{5} & 0 & 0 & 0 & 0\\ 0 & 0 & 1 & 0 & 0 & 0\\ 0 & 0 & 0 & \frac{4}{5} & -\frac{3}{5} & 0\\ 0 & 0 & 0 & \frac{3}{5} & \frac{4}{5} & 0\\ 0 & 0 & 0 & 0 & 0 & 1\end{bmatrix}
$$

3. 整体分析

(1) 形成单元定位向量

$$\boldsymbol{\lambda}_1=[0\quad 0\quad 0\quad 1\quad 2\quad 3]^{\mathrm{T}}$$

$$\boldsymbol{\lambda}_2=[1\quad 2\quad 3\quad 0\quad 0\quad 0]^{\mathrm{T}}$$

(2) 计算整体坐标系下单元劲度矩阵

$$\boldsymbol{k}_1=\overline{\boldsymbol{k}}_1$$

$$
\boldsymbol{k}_2=\boldsymbol{T}_2^{\mathrm{T}}\,\overline{\boldsymbol{k}}_2\,\boldsymbol{T}_2=\frac{EA}{l}\begin{bmatrix}0.5121 & -0.3838 & -0.0768 & \\ -0.3838 & 0.2882 & -0.1024 & \boldsymbol{k}_{jk}\\ -0.0768 & -0.1024 & 64.0000 & \\ -0.5121 & 0.3838 & 0.0768 & \\ 0.3838 & -0.2882 & 0.1024 & \boldsymbol{k}_{kk}\\ -0.0768 & -0.1024 & 32.0000 & \end{bmatrix}
$$

(3) 拼装可动结点劲度矩阵

结构自由度总数为 4,可动结点劲度矩阵$\boldsymbol{K}_{\delta\delta}$为 4×4 矩阵,初始化劲度矩阵

$$
\boldsymbol{K}_{\delta\delta}=\begin{bmatrix}0 & 0 & 0\\ 0 & 0 & 0\\ 0 & 0 & 0\end{bmatrix}
$$

考虑第 1 个单元,$\boldsymbol{\lambda}_1=[0\quad 0\quad 0\quad 1\quad 2\quad 3]^{\mathrm{T}}$,故

$$
\boldsymbol{K}_{\delta\delta}=\begin{bmatrix}(k_{44})_1 & (k_{45})_1 & (k_{46})_1\\ (k_{54})_1 & (k_{55})_1 & (k_{56})_1\\ (k_{64})_1 & (k_{65})_1 & (k_{66})_1\end{bmatrix}
$$

考虑第 2 个单元,$\boldsymbol{\lambda}_2=[1\quad 2\quad 3\quad 0\quad 0\quad 0]^{\mathrm{T}}$,故

$$\boldsymbol{K}_{\delta\delta}=\begin{bmatrix}(k_{44})_1+(k_{11})_2 & (k_{45})_1+(k_{12})_2 & (k_{46})_1+(k_{13})_2\\(k_{54})_1+(k_{21})_2 & (k_{55})_1+(k_{22})_2 & (k_{56})_1+(k_{23})_2\\(k_{64})_1+(k_{31})_2 & (k_{65})_1+(k_{32})_2 & (k_{66})_1+(k_{33})_2\end{bmatrix}$$

将各单元劲度矩阵相关元素代入上式,并计及 $EI=20EA$,得到

$$\boldsymbol{K}_{\delta\delta}=\frac{EA}{l}\begin{bmatrix}1.5121 & -0.3838 & -0.0768\\-0.3838 & 0.2889 & 0.0976\\-0.0768 & 0.0976 & 144.0\end{bmatrix}$$

(4) 拼装可动结点等效荷载列阵

考虑结点集中荷载作用

$$\boldsymbol{F}_{\delta}^{J}=[0\quad -F_{P_1}\quad m]^{\mathrm{T}}=[0\quad -P\quad Pl]^{\mathrm{T}}$$

考虑单元荷载作用,先将单元固端力转换至整体坐标系中

$$\boldsymbol{F}_1^L=\overline{\boldsymbol{F}}_1^L$$

$$\boldsymbol{F}_2^L=\boldsymbol{T}_2^{\mathrm{T}}\,\overline{\boldsymbol{F}}_2^L=\begin{bmatrix}0 & P & -\dfrac{Pl}{4} & 0 & P & \dfrac{Pl}{4}\end{bmatrix}^{\mathrm{T}}$$

拼装:

$$\boldsymbol{F}_{\delta}^{E}=\left[0\quad -\left(\frac{ql}{2}+P\right)\quad -\left(\frac{ql^2}{12}-\frac{Pl}{4}\right)\right]^{\mathrm{T}}=[0\quad -2.2P\quad 0.05Pl]^{\mathrm{T}}$$

叠加:

$$\boldsymbol{F}_{\delta}=\boldsymbol{F}_{\delta}^{J}+\boldsymbol{F}_{\delta}^{E}=[0\quad -3.2P\quad 1.05Pl]^{\mathrm{T}}$$

4. 解方程得

$$\boldsymbol{\Delta}=\frac{Pl}{EA}[-4.4791\quad -18.5235\quad 4.3862]^{\mathrm{T}}$$

5. 计算杆端内力

(1) 由单元定位向量建立杆件单元杆端位移列阵

$$\boldsymbol{\delta}_1=[0\quad 0\quad 0\quad -4.4791\quad -18.5235\quad 4.3862]^{\mathrm{T}}\frac{Pl}{EA}$$

$$\boldsymbol{\delta}_2=[-4.4791\quad -18.5235\quad 4.3862\quad 0\quad 0\quad 0]^{\mathrm{T}}\frac{Pl}{EA}$$

(2) 由公式$\overline{\boldsymbol{F}}_i=\overline{\boldsymbol{k}}_i\boldsymbol{T}_i\boldsymbol{\delta}_i+\overline{\boldsymbol{F}}_i^{\mathrm{L}}$ 计算杆端内力

$$\overline{\boldsymbol{F}}_1=[4.4791P\quad 0.3358P\quad 0.0857Pl\quad -4.4791P\quad 2.0642P\quad 0.7787Pl]^{\mathrm{T}}$$

$$\overline{\boldsymbol{F}}_2=[5.4246P\quad 0.2316P\quad 0.2216Pl\quad -6.6246P\quad 1.3684P\quad 0.4877Pl]^{\mathrm{T}}$$

6. 作内力图如图 8－25 所示。

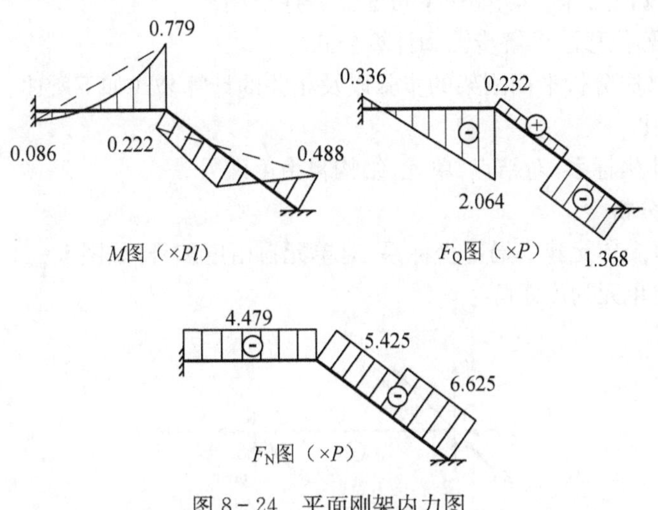

图 8－24　平面刚架内力图

§8－6　矩阵位移法计算机程序设计

利用计算机分析工程问题的一般过程可分为三个阶段：(1) 将所研究的问题用数学语言描述出来，即建立求解该问题的数学模型；(2) 根据数学模型建立计算机分析的算法，编制源程序；(3) 将源程序翻译成一个个指令，计算机按指令进行工作，得出结果。前两个阶段的工作由人来完成，第三阶段的工作则由计算机完成。因此，要编制结构矩阵分析程序，必须具备下列几方面的知识：(1) 结构矩阵分析方法；(2) 数值代数和计算方法；(3) 计算机程序设计语言。

编制矩阵位移法计算机程序的一般步骤为：

(1) 列出用矩阵位移法进行结构分析的基本步骤及所使用的计算公式。

(2) 建立结构矩阵分析的算法流程，如设计程序框图，确定程序结构等。

(3) 确定计算机程序的数据结构，如对公式中所涉及的物理量设计存贮方式以及在不同程序之间的传输方式，包括与用户交互的方式，等等。

(4) 编制源程序。选用算法语言(如 FORTRAN)将算法编制成计算机源程序。

(5) 调试源程序。将源程序输入计算机，输入结构的相关数据进行运算、调试，直到计算结果正确为止。

本章以矩阵位移法分析平面刚架为例说明编制计算机程序的过程。

一、程序框图

在编写程序之前,首先要明确该程序要解决的问题,以及解决问题所采用的理论和方法,在确定了程序功能后便可建立程序框图。

(一) 矩阵位移法求解步骤和计算公式

矩阵位移法分析平面刚架的步骤以及相关的计算公式如下所述。

1. 离散化

建立整体坐标系,对结点、单元、结构自由度编号。

2. 单元分析

(1) 对每个单元建立局部坐标系,对单元自由度编号,如图 8-26 所示。

(2) 建立单元劲度矩阵

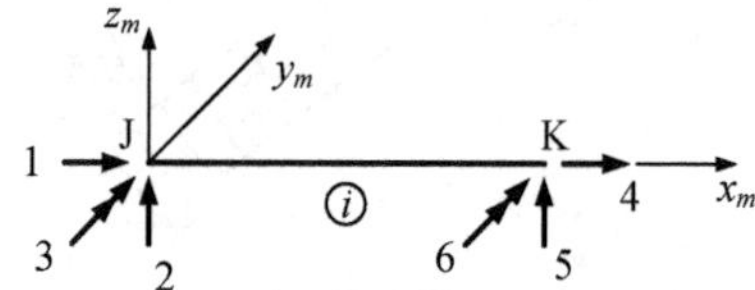

图 8-26　平面固结单元局部坐标系

平面固结单元在局部坐标系中的单元劲度矩阵为

$$\bar{\boldsymbol{k}}_i=\begin{bmatrix} \frac{EA}{l} & 0 & 0 & -\frac{EA}{l} & 0 & 0 \\ 0 & \frac{12EI}{l^3} & -\frac{6EI}{l^2} & 0 & -\frac{12EI}{l^3} & -\frac{6EI}{l^2} \\ 0 & -\frac{6EI}{l^2} & \frac{4EI}{l} & 0 & \frac{6EI}{l^2} & \frac{2EI}{l} \\ -\frac{EA}{l} & 0 & 0 & \frac{EA}{l} & 0 & 0 \\ 0 & -\frac{12EI}{l^3} & \frac{6EI}{l^2} & 0 & \frac{12EI}{l^3} & \frac{6EI}{l^2} \\ 0 & -\frac{6EI}{l^2} & \frac{2EI}{l} & 0 & \frac{6EI}{l^2} & \frac{4EI}{l} \end{bmatrix}_i \tag{a}$$

(3) 建立固端力列阵

不同的单元荷载有不同的固端力计算公式,例如满跨匀布荷载作用下单元固端力为

$$\overline{\boldsymbol{F}}_i^F=\begin{bmatrix}0 & \frac{ql}{2} & -\frac{ql^2}{12} & 0 & \frac{ql}{2} & \frac{ql^2}{12}\end{bmatrix}^{\mathrm{T}} \tag{b}$$

又例如跨中横向集中力 F_P 作用下单元固端力为

$$\overline{\boldsymbol{F}}_i^F=\begin{bmatrix}0 & \frac{F_P}{2} & -\frac{F_Pl}{8} & 0 & \frac{F_P}{2} & \frac{F_Pl}{8}\end{bmatrix}^{\mathrm{T}} \tag{c}$$

(4) 建立单元转换矩阵及其转置矩阵

对第 i 个单元，其两端结点号为 J、K，则

$$l_{ix}=X_J-X_K,\quad l_{iz}=Z_J-Z_K,\quad l=\sqrt{l_{ix}^2+l_{iz}^2} \tag{d}$$

$$C_x=l_{ix}/l,\quad C_z=l_{iz}/l \tag{e}$$

$$\boldsymbol{T}_i=\begin{bmatrix}C_x & C_z & 0 & 0 & 0 & 0\\ -C_z & C_x & 0 & 0 & 0 & 0\\ 0 & 0 & 1 & 0 & 0 & 0\\ 0 & 0 & 0 & C_x & C_z & 0\\ 0 & 0 & 0 & -C_z & C_x & 0\\ 0 & 0 & 0 & 0 & 0 & 1\end{bmatrix}_i \tag{f}$$

式中：(X_J,Z_J)、(X_K,Z_K)分别为单元 J、K 端点的坐标值。

3. 整体分析

(1) 建立单元定位向量。

(2) 将局部坐标系中的单元劲度矩阵转换至整体坐标系中，转换公式为

$$\boldsymbol{k}_i=\boldsymbol{T}_i^{\mathrm{T}}\overline{\boldsymbol{k}}_i\boldsymbol{T}_i \tag{g}$$

(3) 由单元劲度矩阵拼装可动结点劲度矩阵$\boldsymbol{K}_{\delta\delta}$。

(4) 将局部坐标系中的固端力列阵转换至整体坐标系中，转换公式为

$$\boldsymbol{F}_i^F=\boldsymbol{T}_i^{\mathrm{T}}\overline{\boldsymbol{F}}_i^F$$

(5) 由固端力列阵拼装可动结点等效荷载列阵$\boldsymbol{F}_\delta^E$ 并与结点集中荷载叠加得

$$\boldsymbol{F}_\delta=\boldsymbol{F}_\delta^J+\boldsymbol{F}_\delta^E$$

4. 解方程$\boldsymbol{K}_{\delta\delta}\boldsymbol{\Delta}=\boldsymbol{F}_\delta$

5. 计算杆端内力和支座反力

杆端内力的计算公式为

$$\overline{\boldsymbol{F}}_i=\overline{\boldsymbol{k}}_i\boldsymbol{T}_i\boldsymbol{\delta}_i+\overline{\boldsymbol{F}}_i^F \tag{h}$$

(二) 程序框图

程序框图是将计算的顺序用一定图形符号表示出来,也称流程图。它说明了程序的逻辑结构以及程序各部分执行的先后顺序。它可以画得比较简单,只列出求解问题中的主要步骤,一般称为粗框图;也可以画得比较详细,把程序执行中的细节表示出来,一般称为细框图。在设计程序框图时,通常根据程序的主要功能列出粗框图,表明程序的结构。而对程序中的每一个功能则列出细框图,作为编制、调试程序的指导。

根据矩阵位移法分析平面刚架的主要步骤,设计程序粗框图如图 8-27 所示。

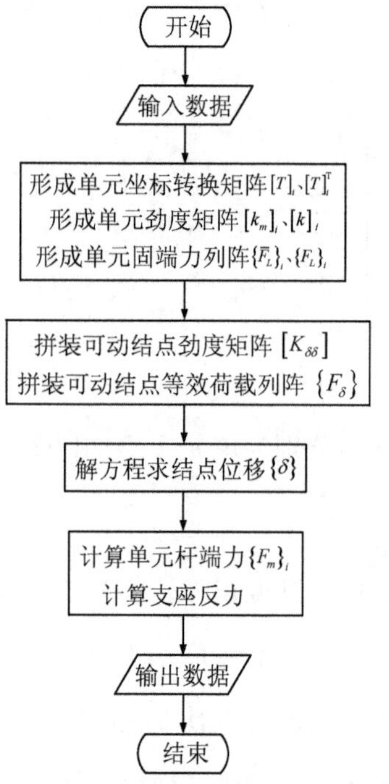

图8-27 矩阵位移法分析平面刚架框图

图 8-27 所示程序框图只是反映了程序的主要功能、逻辑结构,它与矩阵位移法求解的基本步骤总体是一致的,但也有一些差别。比如,在矩阵位移法基本步骤中,我们把单元劲度矩阵从局部坐标系向整体坐标系转换归结在整体分析中,因为这种转换是整体分析的需要。但在程序设计时为了程序的执行效率,将k_i 的计算移至单元分析中。程序框图中的每一"框"表示的是一种功能,具体执行时某一功能可能是分布在其他"框"中的。比如程序的输入和输出实际上并不都是在程序的一开始和结束前进行的。

在上述框图中,程序的使用者是通过输入、输出与程序交流的,这两个"框"所反映的程序功能决定了该程序的使用是否方便。为计算程序准备数据并将数据输入到计算机中，称为前处理；对计算结果进行分析整理称为后处理。前、后处理工作量十分巨大，早期的程序都要求使用者手工完成，这大大降低了使用程序的效率。近年来，许多计算力学工作者在这方面做了大量工作。一些大型商用软件都具有十分友好的用户界面，用户通过界面与计算机交互，输入简单的主控信息由计算机自动生成输入数据。计算结果也可以由计算机自动整理成图形直观地表示出来，极大地方便了用户使用程序，也提高了输出结果的质量。

除了用户界面，框图中的其他部分是结构分析程序的内核。程序功能的强大与否主要取决于程序内核的功能是否强大。比如，对平面杆件结构矩阵位移法程序功能的评价包括：程序能否处理多种类型的单元以及实现不同类型单元的组合；程序能否处理不同类型的单元荷载；程序的求解效率如何，高效率的程序能用较小的存储空间和较短的时间求解较大规模的结构。

二、单元分析计算机程序

（一）程序框图

单元分析的程序结构相对简单，程序框图如图 8 - 28 所示。

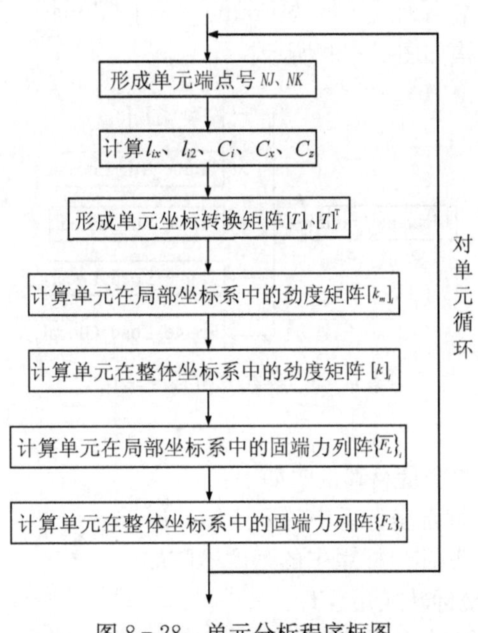

图 8 - 28　单元分析程序框图

关于单元固端力列阵的计算需要补充说明一点，并不是每个杆件单元上都作用有单元荷载，即使作用有单元荷载其类型也不尽相同。因此是否需要计算单元固端力以及如何计算单元固端力是要考虑的问题。可以通过一个单元荷载“指针”来判断是否需要计算单元固端力，例如“指针”为零表示无单元荷载作用，“指针”非零表示有单元荷载作用。如何计算单元固端力则涉及到计算机程序中荷载计算的功能,程序能处理的单元荷载类型越多,其功能就越强大。通常在设计程序时并不知道使用者在分析某一结构时到底要处理哪一种类型的单元荷载,要求程序设计者把所有类型的单元荷载都考虑到是不现实的,但对常用的单元荷载类型,例如单元受集中荷载、均布荷载作用等等,程序要有自动计算单元固端力的功能。而对其他类型的荷载,程序留出接口,由用户直接输入单元固端力。综上所述,可以约定单元荷载指针的意义:(1) 指针为零,无单元荷载作用;(2) 指针为 1,单元集中荷载作用;(3) 指针为 2,单元均布荷载作用;(4) 指针为 3,特殊荷载作用,输入单元固端力。这样程序既能处理常用的单元荷载类型,又能计算特殊单元荷载。除此以外,程序还要能考虑同一单元上受有多种类型单元荷载作用的情况。

(二) 程序结构

单元分析功能由 Element_Frame 模块完成,通过调用这个模块形成坐标转换矩阵$\boldsymbol{T}_i$ 的子模块 Trans_T、计算单元在局部坐标系中劲度矩阵$\overline{\boldsymbol{k}}_i$ 的子模块 Frame_Stif_Local、计算单元在整体坐标系中劲度矩阵$\boldsymbol{k}_i$ 的子模块 Frame_Stif_Global、计算单元在局部坐标系中的固端力列阵子模块 Frame_Load_Local 以及计算单元在整体坐标系中的固端力列阵子模块 Frame_Load_Global。

单元分析程序结构如图 8-29 所示。

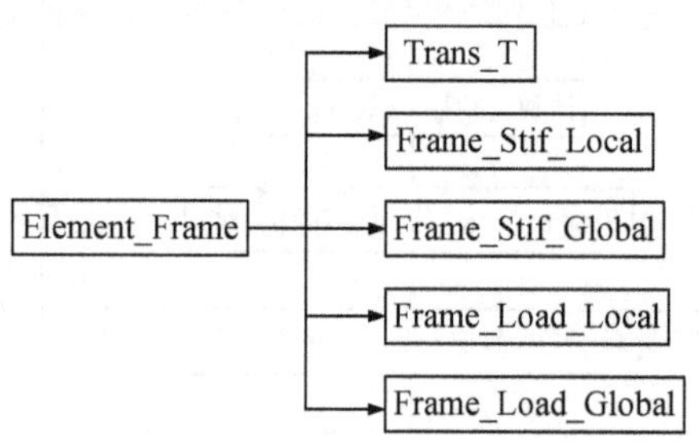

图 8-29　单元分析程序结构

(三) 变量设计

程序模块中涉及的变量及其说明如下:

SFL(6,6)单元在局部坐标系中的劲度矩阵$\overline{\boldsymbol{k}}_i$

SFG(6,6)单元在整体坐标系中的劲度矩阵$\boldsymbol{k}_i$

TFM(6,6)单元坐标转换矩阵$\boldsymbol{T}_i$

TFMT(6,6)单元坐标转换矩阵的转置矩阵$\boldsymbol{T}_i^{\mathrm{T}}$

FEFL(6)单元在局部坐标系中的固端力列阵$\overline{\boldsymbol{F}}_i^F$

FEFG(6)单元在整体坐标系中的固端力列阵$\boldsymbol{F}_i^F$

NUM_Joint 结点总数

NUM_Frame 单元总数

NUM_Mate 材料类型总数

JNTJ、JNTK 单元两端结点号

XZ(2,NUM_Joint)结点坐标

INELT(3,NUM_Frame)单元信息

Index_Ele_Load(10)单元荷载指针

（四）源程序及其说明

```
! ------------------------------------------------------------ Element_Frame
!
    SUBROUTINE Element_Frame (NDM,NUM_Joint,NNE,            &
      NUM_Frame,NEU,NUM_Mate,XZ,EU,INELT)
    IMPLICIT REAL * 8 (A - H,O - Z)
    REAL * 8 IY,LE
    DIMENSION EU(NEU,NUM_Mate),XZ(NDM,NUM_Joint),          &
    INELT(NNE,NUM_Frame),SFL(6,6),SFG(6,6),WK(6,6),  &
    TFM(6,6),TFMT(6,6),FEFL(6),FEFG(6)
    COMMON /EPOS/ CX,CZ,LE,AX,WUNT,EMOD,IY
    COMMON /IOLIST/ NSC,NKY,NIN,NOT,NF1,NF2,NF3,NF4,NF5,NF6
!
    CALL FOPEN (NF1,'KML',1)
    CALL FOPEN (NF2,'KMG',1)
    WRITE(NSC,2000)NUM_Frame
! ----------------------------------对单元循环
    DO 200 LOPE=1,NUM_Frame
    WRITE(NSC,2010) LOPE
! ----------------------------------单元 J、K 端点号
    JJNT=INELT(1,LOPE)
    KJNT=INELT(2,LOPE)
    NMT=INELT(3,LOPE)
! ----------------------------------计算单元长度及方向余弦
    CALL ELT(JJNT,KJNT,NMT,NUM_Joint,NDM,XZ,NUM_Mate,NEU,EU)
! ----------------------------------计算单元劲度矩阵
    CALLFrame_Stif_Local(SFL)
    CALL Trans_TT(CX,CZ,TFMT)
    WK=MATMUL(TFMT,SFL)
    CALLTrans_T(CX,CZ,TFM)
    SFG=MATMUL(WK,TFM)
!
    WRITE(NF1) ((SFL(I,J),J=1,6),I=1,6)
```

```
      WRITE(NF2) ((SFG(I,J),J=1,6),I=1,6)

200   CONTINUE
      CALL FCLOSE(NF1)
      CALL FCLOSE(NF2)
!
2000  FORMAT(//4X,'FORMATION OF ELEMENTAL STIFFNESS'/   &
              6X,'Total Number of Elements = ',I8)
2010  FORMAT( 4X,'ELEMENT # ',I8)
!
      RETURN
      END
! ---------------------------------------------------------------- Frame_Stif_Local
!                                                  计算单元局部坐标系中的劲度矩阵
      SUBROUTINE Frame_Stif_Local(SFL)
      IMPLICIT REAL * 8(A - H,O - Z)
      REAL * 8 IY,LE
      DIMENSION SFL(6,6)
      COMMON /EPOS/ CX,CZ,LE,AX,WUNT,EMOD,IY
      COMMON /IOLIST/ NSC,NKY,NIN,NOT,NF1,NF2,NF3,NF4,NF5,NF6
!
      H1=EMOD * AX/LE
      H2=12.D0 * EMOD * IY/(LE * LE * LE)
      H3=6.D0 * EMOD * IY/(LE * LE)
      H4=4.D0 * EMOD * IY/LE
      H5=2.D0 * EMOD * IY/LE
!
      DO 51 IP=1,6
      DO 51 IQ=1,6
51    SFL(IP,IQ)=0.0
      SFL(1, 1)= H1
      SFL(1,4)=- H1
      SFL(2,2)= H2
      SFL(2,3)=- H3
      SFL(2,5)=- H2
      SFL(2,6)=- H3
      SFL(3,3)= H4
      SFL(3,2)=- H3
```

```
      SFL(3,5)= H3
      SFL(3,6)= H5
      SFL(4,4)= H1
      SFL(4,1)=- H1
      SFL(5,5)= H2
      SFL(5,2)=- H2
      SFL(5,3)= H3
      SFL(5,6)= H3
      SFL(6,6)= H4
      SFL(6,2)=- H3
      SFL(6,3)= H5
      SFL(6,5)= H3
!
      RETURN
      END
! ----------------------------------------------------------------------- ELT
!                                                       计算单元长度及方向余弦
    SUBROUTINE ELT(JJNT,KJNT,NMT,NUM_Joint,NDM,XZ,NUM_Mate,NEU,EU)
      IMPLICIT REAL*8 (A-H,O-Z)
      REAL*8 LE,IY
      DIMENSION XZ(NDM,NUM_Joint),EU(NEU,NUM_Mate)
      COMMON /EPOS/ CX,CZ,LE,AX,WUNT,EMOD,IY
!
      EMOD=EU (1,NMT)
      WUNT=EU (2,NMT)
      AX=EU (3,NMT)
      IY=EU (4,NMT)
!
      XJ=XZ(1,JJNT)
      ZJ=XZ(2,JJNT)
      XK=XZ(1,KJNT)
      ZK=XZ(2,KJNT)
      DX=XK - XJ
      DZ=ZK - ZJ
      LE=DSQRT(DX*DX+DZ*DZ)
      CX=DX/LE
      CZ=DZ/LE
!
```

```
      RETURN
      END
! ---------------------------------------------------- Trans_T
!                                          计算单元坐标转换矩阵
      SUBROUTINETrans_T(CX,CZ,TFM)
      IMPLICIT REAL*8(A-H,O-Z)
      DIMENSION TFM(6,6)
!
      DO 60 IP=1,6
      DO 60 IQ=1,6
60    TFM(IP,IQ)=0.0
      TFM(1,1)= CX
      TFM(2,2)= CX
      TFM(3,3)= 1.0
      TFM(1,2)= CZ
      TFM(2,1)=-CZ
      TFM(4,4)= CX
      TFM(5,5)= CX
      TFM(6,6)= 1.0
      TFM(4,5)= CZ
      TFM(5,4)=-CZ
!
      RETURN
      END
! ------------------------------------------------------------ Trans_TT
!                                    计算单元坐标转换矩阵的转置矩阵
      SUBROUTINETrans_TT(CX,CZ,TFMT)
      IMPLICIT REAL*8(A-H,O-Z)
      DIMENSION TFMT(6,6)
!
      DO 40 IP=1,6
      DO 40 IQ=1,6
40    TFMT(IP,IQ)=0.0
      TFMT(1,1)= CX
      TFMT(2,2)= CX
      TFMT(3,3)= 1.0
      TFMT(1,2)=-CZ
      TFMT(2,1)= CZ
```

```
      TFMT(4,4)= CX
      TFMT(5,5)= CX
      TFMT(6,6)= 1.0
      TFMT(4,5)=- CZ
      TFMT(5,4)= CZ
!
      RETURN
      END

! ------------------------------------------------------------ Frame_Load
!                                                    计算单元固端力列阵
      SUBROUTINE Frame_Load (NNE,NUM_Frame,NDM,NDM1,NFJNT1,          &
                NUM_Joint,NFELE,NEU,NUM_Mate,INELT,XZ,EU,            &
                MI2,FI2,MI3,FI3,FI33,MI4,FI4,NLD2,NLD3,NLD4)
      IMPLICIT REAL * 8 (A - H,O - Z)
      REAL * 8 IY,LE
      DIMENSION MI2(NLD2),FI2(NFJNT1,NLD2),MI3(NLD3),FI3(NDM1,NLD3),  &
                FI33(NDM1,NLD3),MI4(NLD4),FI4(NFELE,NLD4)
      DIMENSION INELT(NNE,NUM_Frame)
      DIMENSION XZ(NDM,NUM_Joint),EU(NEU,NUM_Mate)
      DIMENSION FEFL(6),FEFG(6),TFMT(6,6)
      DIMENSION F2(6),F3(6)
      COMMON /CLOAD/NLOAD1,NLOAD2,NLOAD3,NLOAD4,NLOAD5
      COMMON /EPOS/ CX,CZ,LE,AX,WUNT,EMOD,IY
      COMMON /IOLIST/ NSC,NKY,NIN,NOT,NF1,NF2,NF3,NF4,NF5,NF6
!
      MRELE=6 * 8
      CALL FOPEND (NF1,'FEL',2,MRELE)
      CALL FOPEND (NF2,'FEG',2,MRELE)
!
      DO 600 ITE=1,NUM_Frame
      DO 50 JF=1,NFELE
50    FEFL(JF)=0.0
      JJNT=INELT( 1,ITE)
      KJNT=INELT( 2,ITE)
      NMT=INELT( 3,ITE)
! ------------------------------------------ Inputing Fixedend Forces
!                                            输入固端力
```

```
      IF (NLOAD4. LE. 0) GO TO 70
      DO 65 ILOD=1,NLOAD4
      JJ=MI4(ILOD)
      IF (JJ. NE. ITE) GOTO 65
      DO 60 JF=1,NFELE
      FEFL(JF) = FEFL(JF) + FI4(JF,ILOD)
60    CONTINUE
65    CONTINUE
70    CONTINUE
! ------------------------------------------ Concentrated Load
!                                                      单元集中荷载
      IF (NLOAD2. LE. 0) GO TO 90
      DO 100 I=1,NLOAD2
      DO 80 II=1,NFELE
80    F2(II)=0. 0
      IE =MI2(I)
      IF (IE. NE. ITE) GOTO 100
      CALL ELT (JJNT,KJNT,NMT,NUM_Joint,NDM,XZ,NUM_Mate,NEU,EU)
      A= FI2(1,I)
      B= LE - FI2(1,I)
      FX = FI2(2,I)
      FZ = FI2(3,I)
      FY = FI2(4,I)
      EF21  = FX * (1. - A/LE)
      EF22  = FZ * B * B * (1. +2. * A/LE)/LE/LE+6. * A * B * FY/LE/LE/LE
      EF23  = FZ * A * B * B/LE/LE+FY * B * (2. * LE - 3. * B)/LE/LE
      EF24  = FX * A/LE
      EF25  = FZ * A * A * (1. +2. * B/LE)/LE/LE - 6. * A * B * FY/LE/LE/LE
      EF26  = FZ * A * A * B/LE/LE - FY * A * (2. * LE - 3. * A)/LE/LE
!
      F2(1) = F2(1) - EF21
      F2(2) = F2(2) - EF22
      F2(3) = F2(3) + EF23
      F2(4) = F2(4) - EF24
      F2(5) = F2(5) - EF25
      F2(6) = F2(6) - EF26
!
      DO 110 L=1,NFELE
```

```
      FEFL(L)=FEFL(L)+F2(L)
110   CONTINUE
100   CONTINUE
90    CONTINUE
! ---------------------------------------- Distributed Load
!                                                  单元均布荷载
      IF (NLOAD3. LE. 0) GO TO 120
      DO 130 I=1,NLOAD3
      DO 81 II=1,NFELE
81    F3(II)=0. 0
      IE = MI3(I)
      IF (IE. NE. ITE) GOTO 130
      CALL ELT (JJNT,KJNT,NMT,NUM_Joint,NDM,XZ,NUM_Mate,NEU,EU)
      QX = FI3(3,I) + FI33(3,I) * CZ
      QZ = FI3(4,I) + FI33(4,I) * CX
!
      EF31 = QX * LE/2.
      EF32 = QZ * LE/2.
      EF33 = QZ * LE * LE/12.
      EF34 = EF31
      EF35 = EF32
      EF36 = EF33
!
      F3(1) = F3(1) - EF31
      F3(2) = F3(2) - EF32
      F3(3) = F3(3) + EF33
      F3(4) = F3(4) - EF34
      F3(5) = F3(5) - EF35
      F3(6) = F3(6) - EF36
!
      DO 140 LL=1,NFELE
      FEFL(LL)=FEFL(LL)+F3(LL)
140   CONTINUE
130   CONTINUE
120   CONTINUE
!
!                             将单元固端力转换至整体坐标系中
      CALLTrans_TT(CX,CZ,TFMT)
```

```
      FEFG = MATMUL(TFMT,FEFL)
!
      NREC=(IL-1) * NUM_Frame+ITE
      WRITE(NF1,REC=NREC) (FEFL(L),L=1,NFELE)
      WRITE(NF2,REC=NREC) (FEFG(L),L=1,NFELE)
!
600   CONTINUE
!
      CALL FCLOSE (NF2)
      RETURN
      END
```

三、整体分析计算机程序

整体分析包括形成可动结点劲度矩阵$\boldsymbol{K}_{\delta\delta}$和可动结点等效荷载列阵$\boldsymbol{F}_{\delta}$。首先,给结点自由度编号,计算结构自由度参数;其次,形成每个单元的单元定位向量;最后,根据单元定位向量将单元劲度矩阵拼装到可动结点劲度矩阵$\boldsymbol{K}_{\delta\delta}$中,将单元固端力列阵拼装到可动结点等效荷载列阵$\boldsymbol{F}_{\delta}$中。

在形成可动结点劲度矩阵后,其存贮方案仍需仔细考虑。由于$\boldsymbol{K}_{\delta\delta}$的阶数较高,占用内存很多。举例来说,实际工程中具有1 000个可动结点的空间刚架并不是很大规模的结构,然而即便如此,其$\boldsymbol{K}_{\delta\delta}$的阶数仍达到6 000阶。如以单精度实数组存贮$\boldsymbol{K}_{\delta\delta}$约需144兆字节;如用双精度数组存贮则需288兆字节。如此耗费计算机内存以至于不仔细考虑$\boldsymbol{K}_{\delta\delta}$的存贮方案将严重影响计算能力和计算效率。目前常用的存贮方案是利用$\boldsymbol{K}_{\delta\delta}$的对称性和其非零元素的稀疏性,采用一维变带宽存贮方案。根据$\boldsymbol{K}_{\delta\delta}$的对称性,只存贮$\boldsymbol{K}_{\delta\delta}$的下(或上)三角元素和主元素;利用$\boldsymbol{K}_{\delta\delta}$中非零元素的稀疏性,在每一行元素中只存贮第一个非零元素以右的元素,其以左的元素为零元素,不存贮;由于每一行中需要存贮的非零元素的个数(称为该行的半带宽)一般不相同,因此将它们存贮到一个一维数组中。这样的存贮方案是科学的。第一,节省了大量计算机内存;第二,易于实现。通过主对角线元素的存贮地址很容易建立二维矩阵$\boldsymbol{K}_{\delta\delta}$中的任一非零元素和其一维存贮数组中的位置(地址)之间一一对应的关系。

(一) 程序框图

整体分析程序框图如图8-30所示。

(二) 程序结构

整体分析由EQV_Global模块完成,包含下列子模块:Freedom_Joint模块形成结点自由度编号,Diag_Adress模块形成主对角元素存贮地址,Freedom_Frame模块形成单元定位向量。

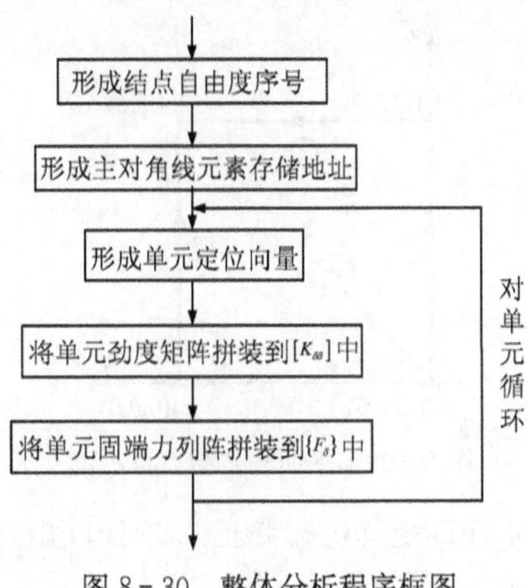

图 8-30　整体分析程序框图

（三）变量设计

程序模块中涉及的变量及其说明如下：

IREST(3,NUM_Restraint)，约束信息

JFD(3,NUM_Joint)，结点自由度序号

NUM_Equation，结点自由度总数

LFF(6)，单元定位向量

IAD(NUM_Equation)，主对角线元素存贮地址

NUM_Stiff，$\boldsymbol{K}_{\delta\delta}$ 中需要存贮的非零元素总数

SK(NUM_Stiff)，以一维数组存贮的可动结点劲度矩阵$\boldsymbol{K}_{\delta\delta}$

FD(NUM_Equation)，可动结点等效荷载列阵

（四）源程序及其说明

1. Freedom_Joint 模块

一般一个刚结点有三个自由度方向，如在某方向存在约束，如支座约束等，则该方向的自由度被删除，因此平面刚架的自由度总数等于该刚架的刚结点总数乘以 3 再减去支座约束总数。

下面以图 8-31 所示结构介绍形成结点自由度序号的算法如下：

(1) 初始化 JFD(3,NUM_Joint)数组，将其所有元全部充 1，即认为所有结点的所有自由度方向都有结点位移。

$$JFD(3,NUM\_Joint)=\begin{array}{c}\begin{matrix} X & Z & \theta_y \end{matrix}\\ \begin{bmatrix}1&1&1\\1&1&1\\1&1&1\\1&1&1\end{bmatrix}\end{array}\begin{matrix}1\\2\\3\\4\end{matrix}$$

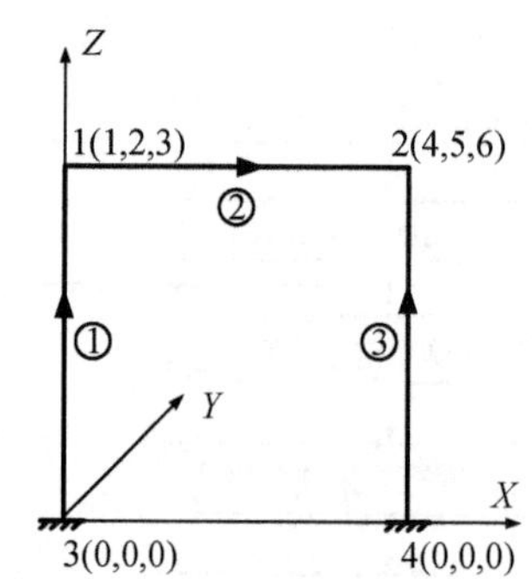

图 8-31　平面刚架结点自由度

(2) 考虑约束条件对 JFD 矩阵进行修正。将 JFD 矩阵中相应有约束的自由度方向的元素修正为 0,则

$$JFD(3, NUM\_Joint)=\begin{matrix} X & Z & \theta_y & \\ \left[\begin{matrix} 1 & 1 & 1 \\ 1 & 1 & 1 \\ 0 & 0 & 0 \\ 0 & 0 & 0 \end{matrix}\right] & & & \begin{matrix} 1 \\ 2 \\ 3 \\ 4 \end{matrix} \end{matrix}$$

(3) 将 JFD 矩阵中的元素从第一行开始一个一个进行累加(零元素仍为零),累加后的元素即为某结点某自由度方向的结点位移自由度编号

$$JFD(3, NUM\_Joint)=\begin{matrix} X & Z & \theta_y & \\ \left[\begin{matrix} 1 & 2 & 3 \\ 4 & 5 & 6 \\ 0 & 0 & 0 \\ 0 & 0 & 0 \end{matrix}\right] & & & \begin{matrix} 1 \\ 2 \\ 3 \\ 4 \end{matrix} \end{matrix}$$

2. Freedom_Frame 模块

单元定位向量共有 6 个元素,每个元素的位置代表了单元自由度,而元素的数值则代表了与该单元自由度对应的结点自由度,对图 8-31 所示刚架中第一单元,其单元定位向量为

$$\begin{matrix} & 1 & 2 & 3 & 4 & 5 & 6 & \longleftarrow \text{单元自由度编号} \\ LFF(6)=[& 1 & 2 & 3 & 4 & 5 & 6 &] \end{matrix}$$

↑

结点自由度编号

单元自由度编号与结点自由度编号完全相同。对第二单元,其单元定位向量为

$$
\begin{array}{c}
\quad\quad\quad\quad 1\quad 2\quad 3\quad 4\quad 5\quad 6 \\
LFF(6)=[0\quad 0\quad 0\quad 1\quad 2\quad 3]
\end{array}
$$

对第三单元，其单元定位向量为

$$
\begin{array}{c}
\quad\quad\quad\quad 1\quad 2\quad 3\quad 4\quad 5\quad 6 \\
LFF(6)=[0\quad 0\quad 0\quad 4\quad 5\quad 6]
\end{array}
$$

形成单元定位向量的算法为：

(1) 找出第 i 个单元两端的结点号 J、K。

(2) 由 JFD 矩阵找出 J 结点的自由度序号，填入 LFF(6)的前三个元素中。

(3) 由 JFD 矩阵找出 K 结点的自由度序号，填入 LFF(6)的后三个元素中。

3. Diag_Adress 模块

由于该模块涉及较多内容，限于篇幅这里不再详述，有兴趣的读者可以阅读相关参考资料。

4. 源程序及说明

```
! ---------------------------------------------------------------- Freedom_Joint
!
      SUBROUTINE Freedom_Joint(NFJNT,NFJNT1,NUM_Joint,                &
                    NUM_Equation,NUM_Restraint,IREST,JFD)
      DIMENSION JFD(NFJNT,NUM_Joint),IREST(NFJNT1,NUM_Restraint)
      COMMON /IOLIST/ NSC,NKY,NIN,NOT,NF1,NF2,NF3,NF4,NF5,NF6
! -------- SET ID ARRAY ---------------------
!                                     初始化 JFD(3,NUM_Joint)数组
      DO 100 N=1,NUM_Joint
      DO 100 I=1,NFJNT
100    JFD(I,N)=1
!       将 JFD 矩阵中相应有约束的自由度方向的元素修正为 0
      DO 160 J=1,NUM_Restraint
      JR = IREST(1,J)
      DO 160 I=1,NFJNT
      IF(IREST(I,J).NE.0) JFD(I,JR) = 0
160   CONTINUE
! ----- EVALUATION OF EQUATION NUMBERS ---------------
!                                              形成结点自由度序号
300   NUM_Equation=0
      DO 400 M=1,NUM_Joint
340   DO 350 I=1,NFJNT
      IF(JFD(I,N).EQ.1) GO TO 350
```

```
      NUM_Equation      = NUM_Equation+1
      JFD(I,N) =NUM_Equation
350   CONTINUE
400   CONTINUE
! ----- SET SLAVE DEGREES OF FREEDOM---------------
      WRITE (NSC,2000)
      DO 500 N=1,NUM_Joint
      WRITE (NSC,2001) N,(JFD(I,N),I=1,NFJNT)
500   CONTINUE
      WRITE (NSC,2003)NUM_Equation
      RETURN
! ---------------------------------------------------
2000  FORMAT(/' EQUILIBRIUM   EQUATION   NUMBERS'//      &
                 '  JOINT #     U(X)     U(Z)     R(Y)')
2001  FORMAT (2X,I8,2X,3(I6,2X))
2003  FORMAT(' TOTAL NUMBER OF EQUATIONSNUM_Equation =',I8)
      END
! --------------------------------------------------- Freedom_Frame
!                                                     形成单元定位向量
      SUBROUTINE Freedom_Frame(NFJNT,NUM_Joint,          &
                 NNE,NUM_Frame,NUM_Equation,INELET,JFD)
      IMPLICIT REAL * 8 (A - H,O - Z)
      REAL * 8 IY,LE
      DIMENSION JFD(NFJNT,NUM_Joint),INELET(NNE,NUM_Frame),LFF(6)
      COMMON /IOLIST/ NSC,NKY,NIN,NOT,NF1,NF2,NF3,NF4,NF5,NF6
!
      DO 200 LOPE=1,NUM_Frame
      JJONT=INELET(1,LOPE)
      KJONT=INELET(2,LOPE)
      DO 110 NFR=1,NFJNT
      JFRE = NFR
      KFRE = NFR+NFJNT
      LFF(JFRE) = JFD(NFR,JJONT)
      LFF(KFRE) = JFD(NFR,KJONT)
110   CONTINUE
!
200   CONTINUE
!
```

```
      RETURN
      END
```

四、单元杆端内力计算机程序

1. 单元杆端内力的算法

单元杆端内力的算法如下：

(1) 根据单元定位向量，找出单元两端的杆端位移$\{\delta\}_i$。

(2) 根据公式计算杆端内力$\{F_m\}_i=[k_m]_i\ [T]_i\ \{\delta\}_i+\{F_L\}_i$。

2. 源程序及说明

```
!---------------------------------------------------------------------FRAM_FORCE
!
      SUBROUTINE FRAM_FORCE(NNE,NUM_Frame,NDM,NUM_Joint,    &
                NEU,NUM_Mate,INELT,XZ,EU,NFJNT,NFELE,    &
                     NUM_Equation,JFD,FD,FEFL)
      IMPLICIT REAL*8(A-H,O-Z)
      REAL*8      IY,LE
      DIMENSION INELT(NNE,NUM_Frame),XZ(NDM,NUM_Joint)
      DIMENSION EU(NEU,NUM_Mate)
      DIMENSION JFD(NFJNT,NUM_Joint),FD(NUM_Equation),FEFL(NFELE)
      DIMENSION UEL(6),UEG(6),FO(6),TFM(6,6)
      DIMENSION SFL(6,6)
      COMMON /EPOS/ CX,CZ,LE,AX,WUNT,EMOD,IY
      COMMON /IOLIST/ NSC,NKY,NIN,NOT,NF1,NF2,NF3,NF4,NF5,NF6
!-----------------------------------
      NREC = NFELE*8
      CALL FOPEN (NF1,'KML',2)
      MRELE=6*8
      CALL FOPEND (NF2,'FEL',2,MRELE)
      CALL POPEN ('FRA',NOT)
      CALL WRT(0,NOT)
!                                                        对单元循环
      DO 500 LOPE=1,NUM_Frame
      JJNT = INELT( 1,LOPE)
      KJNT = INELT( 2,LOPE)
      NMT  = INELT( 3,LOPE)
!                                                  形成单元坐标转换矩阵
      CALL ELT(JJNT,KJNT,NMT,NUM_Joint,NDM,XZ,NUM_Mate,NEU,EU)
      CALLTrans_T(CX,CZ,TFM)
```

```
!                                     读入单元劲度矩阵和固端力列阵
      READ (NF1) ((SFL(I,J),J=1,NFELE),I=1,NFELE)
      NEC = LOPE
      READ (NF2,REC=NEC) (FEFL(I),I=1,NFELE)
!                                               形成单元杆端位移
      DO 120 NFR=1,NFJNT
      JFRE=JFD(NFR,JJNT)
      KFRE=JFD(NFR,KJNT)
      JFR = NFR
      KFR = JFR + NFJNT
      IF (JFRE.NE.0) THEN
      UEG(JFR)=FD(JFRE)
      ELSE
      UEG(JFR)=0.D0
      ENDIF
      IF (KFRE.NE.0) THEN
      UEG(KFR)=FD(KFRE)
      ELSE
      UEG(KFR)=0.D0
      ENDIF
120   CONTINUE
!                                     将单元杆端位移转换至局部坐标
      UEL = MATMUL(TFM,UEG)
!                                                   计算杆端内力
      FO = MATMUL(SFL,UEL)
!
      DO 300 LOP = 1,NFELE
      FO (LOP) = FO(LOP) + FEFL(LOP)
300   CONTINUE
!                                                   输出杆端内力
      WRITE(NSC,2100) LOPE
      WRITE(NOT,2100) LOPE
      WRITE(NSC,2110) JJNT,(FO(IF),IF=1,NFELE/2)
      WRITE(NSC,2110) KJNT,(FO(IF),IF=NFELE/2+1,NFELE)
      WRITE(NOT,2110) JJNT,(FO(IF),IF=1,NFELE/2)
      WRITE(NOT,2110) KJNT,(FO(IF),IF=NFELE/2+1,NFELE)
!
500   CONTINUE
```

```
      CALL FCLOSE (NF1)
      CALL FCLOSE (NF2)
      CALL FCLOSE (NOT)
!
2100  FORMAT(9X,I5)
2110  FORMAT(16X,I6,3X,3(F12.5,3X))
      RETURN
      END
```

五、矩阵位移法程序数据结构

上面介绍了矩阵位移法计算机程序的主要结构，列出了程序主要功能模块的源代码。但是在组织这些模块运行时，如何为程序模块提供数据，以什么形式提供数据，计算结果如何保存，等等，是程序设计中的另一个重要内容，即矩阵位移法程序的数据结构设计。

我们从单元分析模块开始考虑。单元分析模块形成单元劲度矩阵和固端力列阵，形成单元劲度矩阵需要提供单元位置、单元长度、单元材料、单元断面参数等数据。单元位置可以用方向余弦表示，单元位置和单元长度可以通过计算得到。对杆系结构，并不是所有单元都使用不同的材料和断面参数，因此没有必要为每一个单元设置材料和断面参数的存储单元。同样，并不是所有单元上都有单元荷载作用，没有必要为每一个单元设置单元荷载的存储信息。较为高效的数据结构可按下列方式组织：

(1) 将数据分为结点坐标、单元信息、材料信息、单元荷载信息等部分。

(2) 结点的位置由整体坐标系中的坐标表示，由公式(d)和公式(e)计算单元杆长、和方向余弦。公式中单元杆端结点号由单元信息提供，并且约定单元信息中第一个结点号为单元 J 端点号，第二个结点号为单元 K 端点号。

(3) 将所有不同种类的材料和断面参数组成材料信息，在单元信息中增加该单元的材料指针，指明该单元所使用的材料种类。

(4) 将所有作用有单元集中力的单元号、单元集中力的位置以及单元集中力的大小组成单元集中荷载信息；将所有作用有单元均布力的单元号、单元均布力的分布长度以及单元均布力的大小组成单元均布荷载信息；将所有输入单元固端力的单元号、单元固端力的值组成单元固端力输入信息。

再考虑整体分析模块。整体分析需要建立自由度方向的平衡方程，将单元劲度矩阵拼装到可动结点劲度矩阵中，将单元固端力拼装到可动结点等效荷载列阵中，因此需要给结点自由度编号，计算结构自由度总数。这就需要处理约束信息和结点集中荷载信息。约束信息由约束结点号和该约束结点坐标方向是否被约束指示信息组成，通常约定如某坐标方向被约束则约束指示信息为“1”，否则为“0”。结点集中荷载信息由荷载作用的结点号和结点自由度方向的荷载分量组成。

综上所述,矩阵位移法分析的数据包含以下几个部分:(1) 结构的主要控制信息,如结点总数、单元总数、支座结点总数、材料类型总数、荷载类型数,等等;(2) 结构的几何信息,如结点坐标,等等;(3) 结构的拓扑信息,如单元连接信息,等等;(4) 结构材料信息,包括构件断面尺寸;(5) 结构约束信息;(6) 结构荷载信息。

下面以图 8-20 所示平面刚架为例,给出矩阵位移法分析的数据。图示刚架 $l=10\ \text{m}$,$E=2.1\times10^7\ \text{kN/m}^2$,竖直杆件断面尺寸为 40 cm×40 cm,水平杆件断面尺寸为 40 cm×50 cm。荷载作用位置及大小如图 8-32(a)所示。

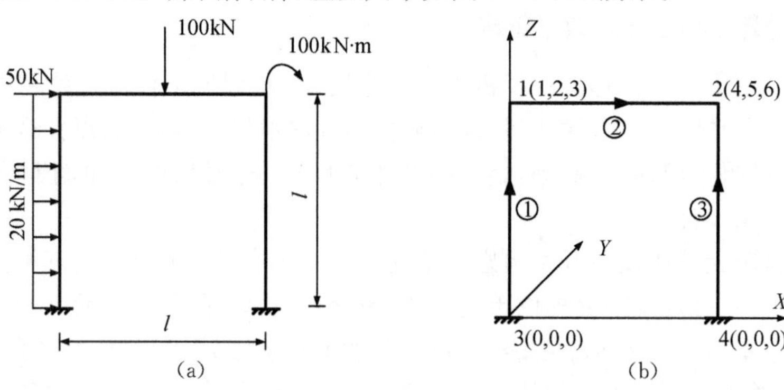

图 8-32 平面刚架分析数据

(1) 结构主要控制信息

结点总数、单元总数、支座结点总数、材料类型总数为

4,3,2,2

(2) 结点坐标

结点坐标为(结点号,X 坐标,Z 坐标)

1,0,10

2,10,10

3,0,0

4,10,0

(3) 单元信息

单元信息包括单元编号、J 端点号、K 端点号、材料类型号

1,3,1,1

2,1,2,2

3,4,2,1

(4) 材料信息

共有两组材料,每组包含材料编号、弹性模量、截面面积、截面惯性矩

1,2.1E7,0.16,0.002133

2,2.1E7,0.20,0.004167

(5) 约束信息

约束信息包括约束结点号和 X、Z、θ_y 方向的约束指示信息

3,1,1,1

4,1,1,1

(6) 荷载信息

荷载信息包括：

作用有结点集中荷载的结点数、作用有单元集中荷载的单元数、作用有单元均布荷载的单元数、需要输入单元固端力的单元数

2,1,1,0

有两个结点上作用有结点集中荷载，每条信息包含：

荷载作用的结点号和结点自由度方向的荷载分量（荷载分量以整体坐标正方向为正）

1,50,0,0

2,0,0,100

有一个单元受单元集中力作用，每条信息包含：

受单元集中力作用的单元号、集中力距 J 端的距离、荷载在单元自由度方向分量（荷载分量以局部坐标正方向为正）

2,5,0,－100,0

有一个单元受单元均布荷载作用，每条信息包含：

受单元均布荷载作用的单元号、均布荷载起始端和结束端距 J 端的距离、荷载在单元自由度方向分量（不考虑分布力偶作用，荷载分量以局部坐标正方向为正）

1,0,10,0,－20

思考题

8－1　单元的局部坐标系是如何建立的？单元的自由度指什么？

8－2　单元的杆端位移和杆端内力的正、负号是如何约定的？与经典位移法中的约定有何异同？

8－3　单元劲度矩阵中各元素的物理意义是什么？为什么单元劲度矩阵是对称的、奇异的？

8－4　单元坐标转换矩阵是如何建立的？其中杆件单元的倾角是如何约定的？

8－5　为何要考虑单元在局部和整体两个坐标系中的劲度矩阵？两个坐标系中的劲度矩阵具有什么样的关系？

8－6　结构的自由度指什么？它与单元的自由度是什么关系？

8－7　什么是单元单位向量？如何确定单元单位向量？哪些步骤中用了单元单位向量？

8-8 结构劲度矩阵中各元素的物理意义是什么？结构劲度矩阵有哪些性质？为什么具有这些性质？

8-9 形成结构劲度矩阵的依据是什么？有哪些基本方法和步骤？

8-10 如何计算单元等效荷载列阵？如何形成结构荷载列阵？

习　题

8-1 推导图示结构的劲度矩阵。

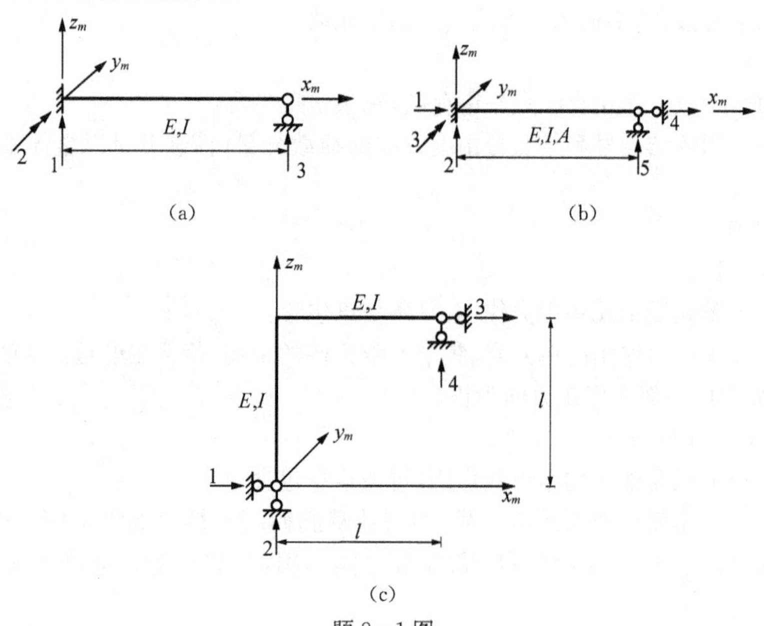

题8-1图

8-2　用矩阵位移法计算图示超静定梁，并作弯矩图和剪力图。（图中，各杆件 EI＝常数）

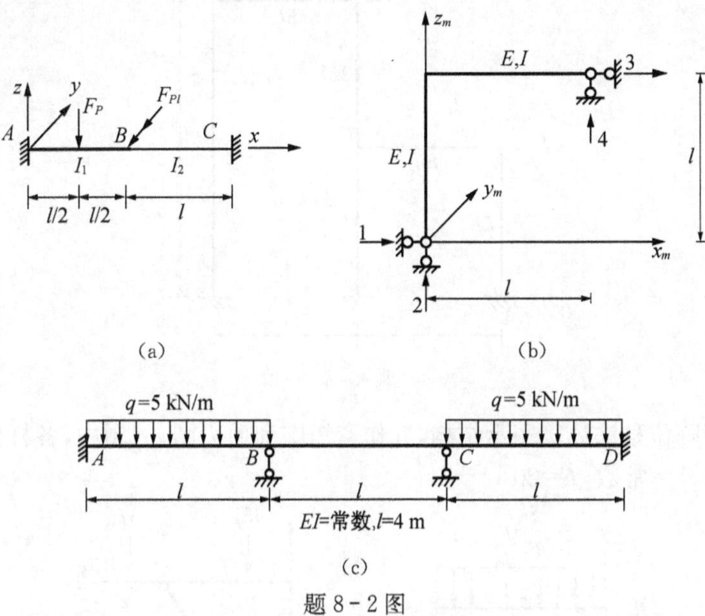

题 8-2 图

8-3　用矩阵位移法计算图示桁架。（图中，EA＝常数）

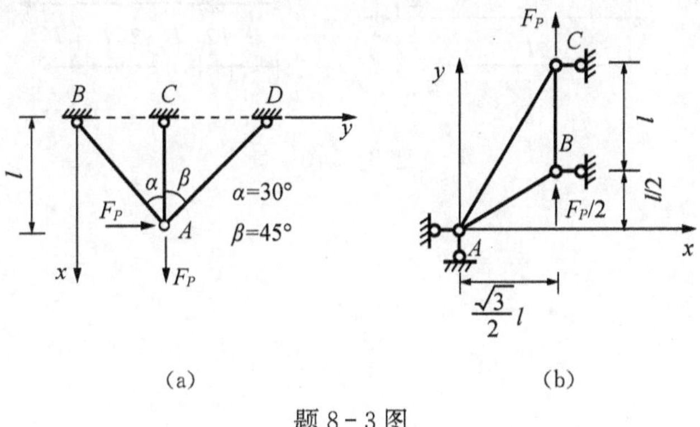

题 8-3 图

8－4 求图示结构的结构劲度矩阵。(不计轴向变形)

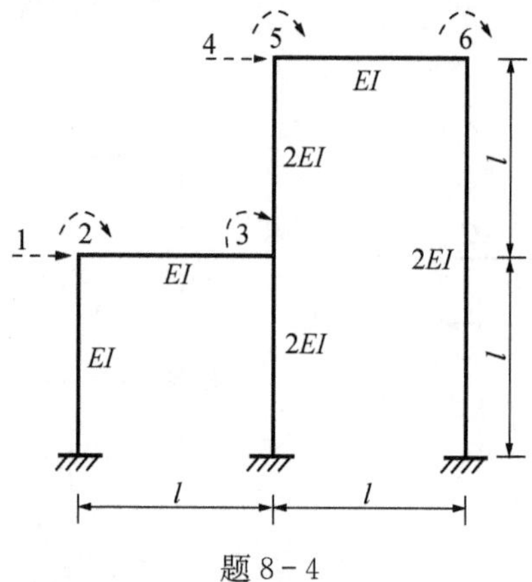

题 8－4

8－5 用矩阵位移法计算图示结构,并作弯矩图和剪力图。(图中,各杆件 EI＝常数,EA＝常数,$I=20A$)

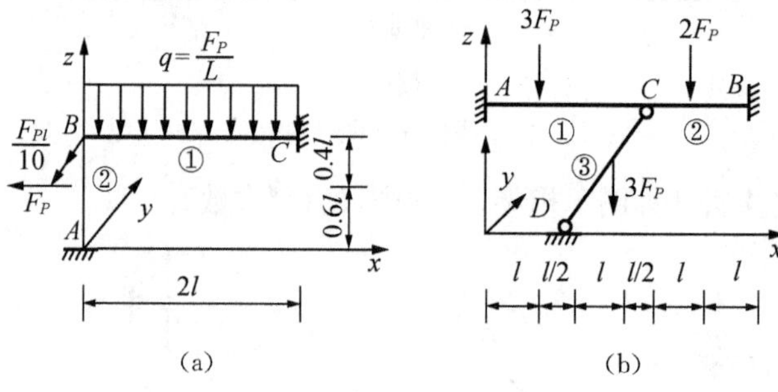

题 8－5 图

第9章

影响线及其应用

影响线是活荷载作用下结构计算分析的重要工具。该方法通过研究单位定向荷载作用下结构反力与内力的变化规律，实现工程结构在各类活荷载作用下的计算分析。本章重点介绍了静力法和机动法两种内力影响线的绘制方法，讨论了利用影响线计算影响量、确定最不利荷载位置、绘制内力包络图。还简要介绍了位移影响线的概念。

§9-1　移动荷载与影响线的概念

在前面的几章中，讨论了在**恒载**(dead load)作用下各种结构的静力计算。由于恒载的位置是固定不变的，所以结构上的某一量值(例如支座反力，某一截面的弯矩、剪力、轴力、挠度等)也是不变的。其计算比较简单，只需作出所求量值的分布图(如弯矩图等)，便可得知该量值沿结构分布的情况。然而在一般工程结构中，除了承受恒载外，还受到**活载**(living load)的作用。例如承受车辆、人群等荷载的桥梁，工业厂房中承受吊车荷载的吊车梁，承受启闭闸门门机荷载的水闸工作桥等，此外各类结构还将受到风、雪等荷载的作用。在进行结构设计时，需要算出结构在恒载和活载共同作用下各量值的最大值。这样，就需要进一步研究在活载作用下结构各量值的变化规律，以便找出它们的最大值。

实际工程中的活荷载通常有两大类：一类是荷载的作用位置、大小和方向均随时间而改变，例如风、雪等荷载，这类荷载一般称为临时荷载或短期荷载；另一类是作用位置是移动的，但其大小、方向始终不变，如车辆的轮压等，这类荷载称之为**移动荷载**(moving load)。移动荷载是工程中常见的荷载，本章的主要任务就是研究移动荷载对结构的影响。

实际工程中所遇到的移动荷载通常是间距不变的平行集中荷载或**均布荷载**

(uniform load),同时具有大小和方向保持不变的特点。因此,为研究方便,只讨论最典型的单位集中移动荷载 $F=1$ 在结构上移动时某一量值的变化规律,然后根据叠加原理,就可进一步解决各种移动荷载对结构产生的影响。

在研究单位集中移动荷载 $F=1$ 所产生的影响时,常将所考虑的某一量值随荷载位置移动而变化的规律用图形表示出来,这种图形称为该量值的**影响线**(influence line)。现以荷载 $F=1$ 在简支梁上移动时对支座反力 F_{RA} 的影响为例,说明影响线的概念,如图9-1(a)所示。要知道单位荷载在梁上移动时 F_{RA} 的变化情况,可把 $F=1$ 依次作用于梁上各个位置并逐一算出相应的 F_{RA} 值,然后用图形表示出 F_{RA} 的变化规律。图 9-1(b)中对应于 A, C, D, E, B 各点的竖标,即 $F=1$ 分别作用于各点处时所产生的 F_{RA} 值。图中 F_{RA} 的右上标表示 $F=1$ 所在的位置,例如 F_{RA}^{C} 表示 $F=1$ 作用于 C 点时,F_{RA} 的大小如图 9-1(b)所示,余类推。将所有各竖标顶点连接起来,就得出 F_{RA} 变化的图形。在本例中,这些竖标顶点恰好在一直线上,亦即 F_{RA} 的影响线恰好是一直线,如图 9-1(b)所示。

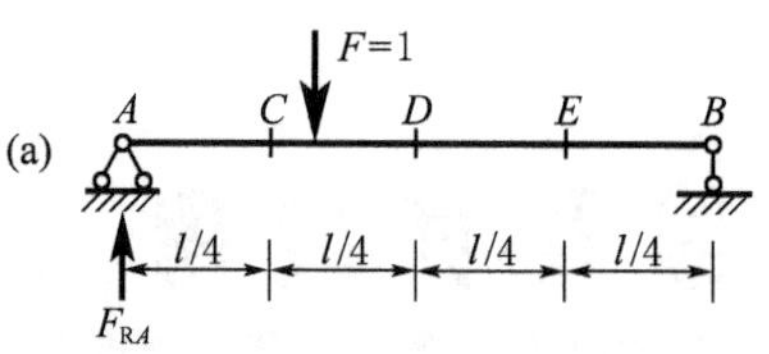

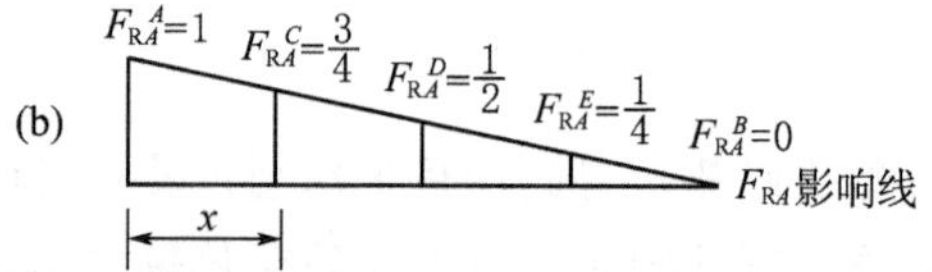

图 9-1　移动荷载下简支梁支座反力 F_{RA} 的变化

综上所述,可得影响线的定义如下:当一个方向不变的单位集中荷载(无量纲)沿结构移动时,表示结构中某处所、某量值(如支座反力、截面内力或位移)变化规律的图形,称为该量值的影响线。

影响线是研究移动荷载的作用进行结构计算的基本工具。应用它可确定最不利荷载位置,进而求出相应量值的最大值。

本章将先讨论绘制静定梁影响线的两种基本方法——静力法和机动法,然后介绍其他结构影响线的作法,最后再讨论影响线的应用。

§9-2　静力法绘制静定梁的影响线

由上节可知,影响线表示的是所求量值与单位荷载 $F=1$ 的位置 x 两者之间关系的函数图形。因此,在作影响线时,可先把荷载 $F=1$ 放在任意位置,并根据所选坐标系统,以横坐标 x 表示其作用点的位置,然后将荷载看做不动,由静力平衡条件求出所研究量值 z 与 x 的关系。表示这种关系的方程称为影响线方程。利用影响线方程,即可作出相应量值的影响线,这种方法称为**静力法**(static method)。

一、简支梁的影响线

1. 反力影响线

图 9-2(a)所示简支梁 AB 受单位移动荷载 $F=1$ 的作用。

首先绘制 F_{RA} 的影响线。建立图示坐标系，假定荷载 $F=1$ 移动到某一位置 x 时，由梁的静力平衡条件 $\sum M_B=0$ 得

$$F_{RA}l-F(l-x)=0$$

$$F_{RA}=\frac{F(l-x)}{l}\quad(0\leqslant x\leqslant l)\tag{9-1}$$

式(9-1)为 F_{RA} 的影响线方程，表示反力 F_{RA} 随 x 的变化规律。由方程可见，反力 F_{RA} 是 x 的一次函数，因此，反力 F_{RA} 的影响线是一条直线，它只需定出两个竖标即可绘出。

当 $x=0$ 时，$F_{RA}=1$；当 $x=l$ 时，$F_{RA}=0$。因此，只需在左支座处取等于 1 的竖标，将其顶点与右支座处的零点相连，即可绘出 F_{RA} 的影响线，如图9-2(b)所示。

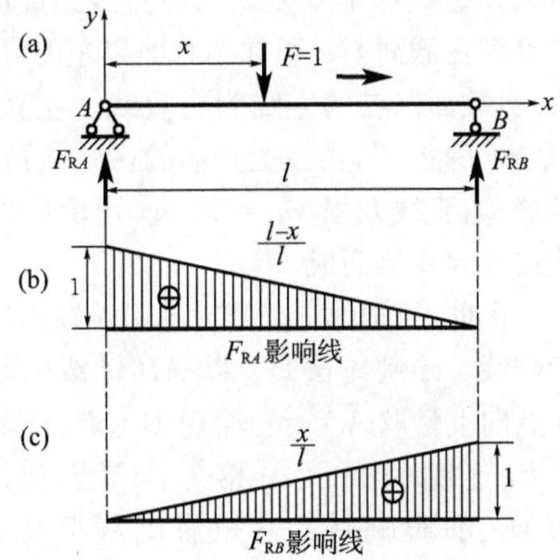

图 9-2　简支梁反力影响线

然后绘制反力 F_{RB} 的影响线。同理，由梁的平衡条件 $\sum M_A=0$ 得

$$F_{RB}l-Fx=0$$

$$F_{RB}=\frac{F_x}{l}=\frac{x}{l}\quad(0\leqslant x\leqslant l)\tag{9-2}$$

因此，F_{RB} 的影响线仍是一条直线，如图 9-2(c)所示。

支座反力的影响线表示单位荷载 $F=1$ 在梁上移动时，支座反力的变化规律。影响线上任一竖标 y 表示 $F=1$ 在该处时支座反力的数值。通常规定将正号影响线竖标绘在基线的上方，负号绘在基线以下；反力影响线的竖标量纲为 1。

2. 弯矩影响线

某梁 AB 上任意截面 C 的位置及坐标系，如图 9-3(a)所示。截面 C 的弯矩 M_C 与荷载 $F=1$ 在截面的左、右位置有关，所以必须分段建立 M_C 的影响线方程，如图 9-3(b)、(c)、(d)所示。

当 $F=1$ 在截面 C 以左移动时，取截面的右半边梁考察平衡，有

$$M_C = F_{RB}b = \frac{x}{l}b \qquad (0 \leqslant x \leqslant a) \tag{9-3}$$

当 $x=0$ 时,$M_C=0$;当 $x=a$ 时,$M_C=\frac{ab}{l}$。

当 $F=1$ 在截面 C 以右移动时,取截面的左半边梁考察平衡,有

$$M_C = F_{RA}a = \frac{l-x}{l}a \quad (a \leqslant x \leqslant l) \tag{9-4}$$

当 $x=a$ 时,$M_C=\frac{ab}{l}$;当 $x=l$ 时,$M_C=0$。

从 M_C 的影响线方程式(9-3)和式(9-4)可见,M_C 的影响线是由两段直线组成的,其相交点就在截面 C。通常称截面以左的直线为左直线,截面以右的直线为右直线。左直线方程 $M_C=F_{RB}b$,可由反力 F_{RB} 的影响线放大 b 倍而成;右直线方程 $M_C=F_{RA}a$,可由反力 F_{RA} 影响线放大 a 倍而成。

因此,可根据 F_{RA}、F_{RB} 的影响线来绘制 M_C 影响线。绘制方法是:以 AB 轴线为基线,由 A 点向上量取 $\overline{AA'}=a$,由 B 点向上量取 $\overline{BB'}=b$,连接 AB' 和 BA' 相交于 C' 点,则 $AC'B$ 即为 M_C 的影响线。弯矩影响线竖标的量纲为 L。

3. 剪力影响线

与弯矩影响线一样,需分段建立影响线方程。关于剪力的正负号,仍规定以顺时针转动为正。

当 $F=1$ 在截面 C 以左移动时,如图 9-3(a)所示,取截面 C 以右部分,考察平衡条件

$$\sum F_y = 0, \quad F_{QC} = -F_{RB} = -\frac{x}{l} \qquad (0 \leqslant x \leqslant a) \tag{9-5}$$

当 $x=0$ 时,$F_{QC}=0$;当 $x=a$ 时,$F_{QC}=-\frac{a}{l}$。式(9-5)说明 AC 段的剪力影响线与 F_{RB} 影响线相同,但符号相反。负号表示

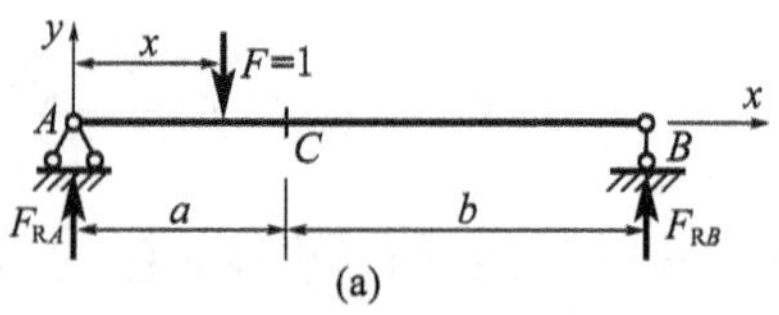

(a)

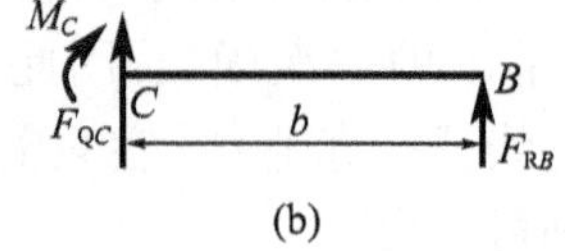

(b)

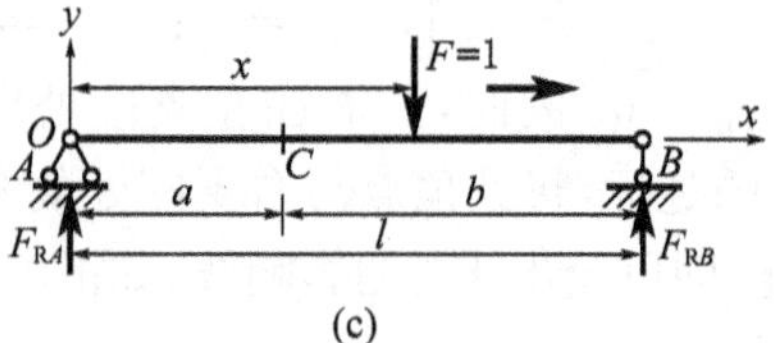

(c)

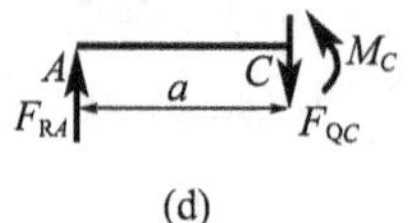

(d)

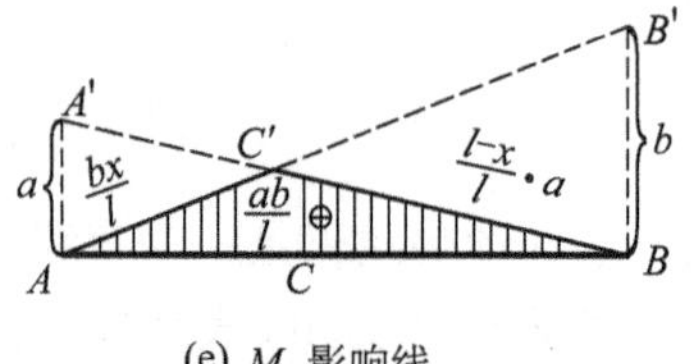

(e) M_C 影响线

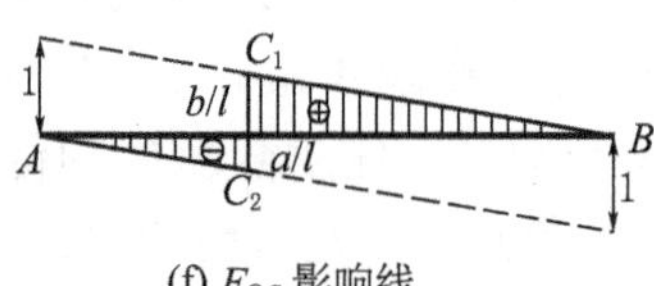

(f) F_{QC} 影响线

图 9-3 简支梁的内力影响线

实际的剪力方向与假设相反。

当荷载 $F=1$ 在截面 C 以右移动时，如图 9-3(c)所示，则取截面 C 以左部分，由平衡条件

$$\sum F_y=0,\quad F_{QC}=F_{RA}=\frac{l-x}{l}\quad (a\leqslant x\leqslant l)\tag{9-6}$$

当 $x=a$ 时，$F_{QC}=\dfrac{b}{l}$；当 $x=l$ 时，$F_{QC}=0$。可见，BC 段剪力影响线与 F_{RA} 影响线相同，竖标为正。

将两段影响线结合起来即得截面 C 的剪力影响线，如图 9-3(f)阴影部分所示，两段影响线相互平行。

综上所述，绘制简支梁任意截面 C 的剪力影响线的方法是：以梁轴线 AB 为基线，在左支座处向上量取竖标等于 1 与右支座的零点连以直线，然后经左支座的零点作该直线的平行线，再由截面 C 引竖线，分别与所作平行线相交于 C_1 和 C_2 两点，则 AC_2C_1B 即为 F_{QC} 影响线。

F_{QC} 影响线的竖标 y，表示 $F=1$ 移动到该位置时，所求的截面 C 的剪力大小。y 量纲为 1。

二、外伸梁的影响线

图 9-4(a)所示为**外伸梁**(beam with an overhang)，受单位移动荷载 $F=1$ 作用。

1. 反力影响线

取支座 A 为坐标原点并分别求得反力 F_{RA}、F_{RB} 的影响线方程为

$$F_{RA}=\frac{l-x}{l},\quad F_{RB}=\frac{x}{l}$$

这两个方程与相应简支梁的反力影响线完全相同，故在 AB 部分外伸梁与简支梁的反力影响线显然是一样的。至于外伸部分，只要注意到当荷载 $F=1$ 位于支座 A 以左时，x 取负值，则上面两个影响线方程仍能适用。因此只需将相应简支梁的反力影响线向两个外伸部分延长，即可绘出其反力 F_{RA}、F_{RB} 的影响线，如图 9-4(b)、(c)所示。

2. 跨中截面内力影响线

有伸臂的简支梁，其跨中任一截面 C 的弯矩与剪力的影响线方程与无伸臂的简支梁相同见式(9-4)、式(9-5)。反力影响线的伸臂部分是原有影响线的延伸。所以，具有伸臂部分的简支梁其跨中截面内力的影响线，只需将原有的影响线往伸臂部分延伸即可，如图 9-4(d)、(e)所示。

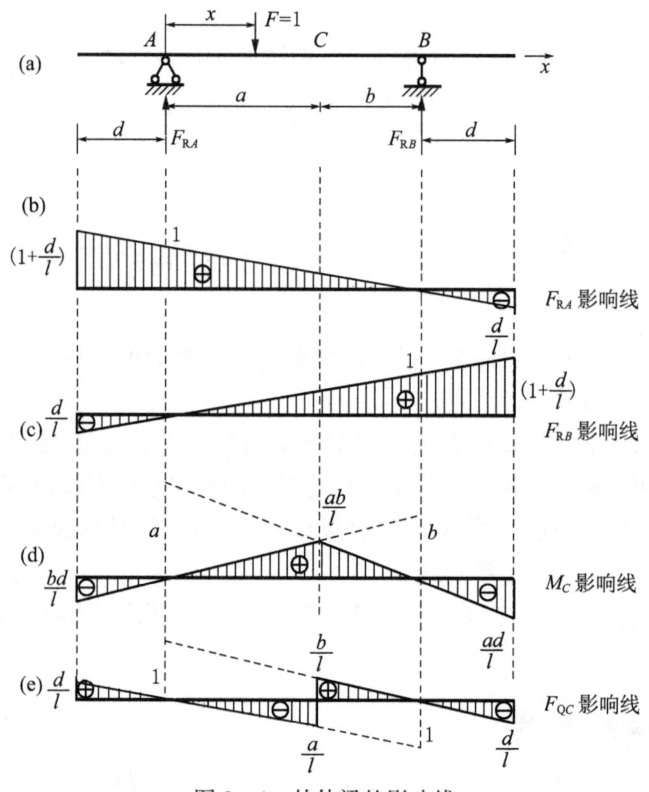

图 9-4　外伸梁的影响线

3. 伸臂部分内力影响线

以绘制位于左悬臂上截面 D 的弯矩和剪力影响线为例加以说明，如图 9-5(a)所示。

取 D 为坐标原点，建立图示坐标系，如图 9-5(a)所示。取截面 D 以左部分为隔离体，考虑其静力平衡条件可得

当 $F=1$ 位于 D 以左部分时，有　　$M_D=-x$，　$F_{QD}=-1$；

当 $F=1$ 位于 D 以右部分时，则有　　$M_D=0$，　$F_{QD}=0$。

据此可作出 M_D 和 F_{QD} 的影响线，如图 9-5(b)、(c)所示。

对于支座处截面的剪力影响线，则需按支座左右两侧的两个截面分别考虑，现以绘制支座 A 左右两侧截面的剪力影响线为例来说明。注意到这两个截面分别在伸臂和跨中部分，可以看出：支座 A 的左截面剪力 F_{QA}^{L} 的影响线，可由上面的 F_{QD} 影响线使截面 D 趋于支座 A 的左截面而得到，如图 9-5(d)所示；而对于右截面剪力 F_{QA}^{R} 的影响线，则可由 F_{QC} 如图 9-4(e)的影响线，使截面 C 趋于支座 A 的右截面而得到，如图 9-5(e)所示。

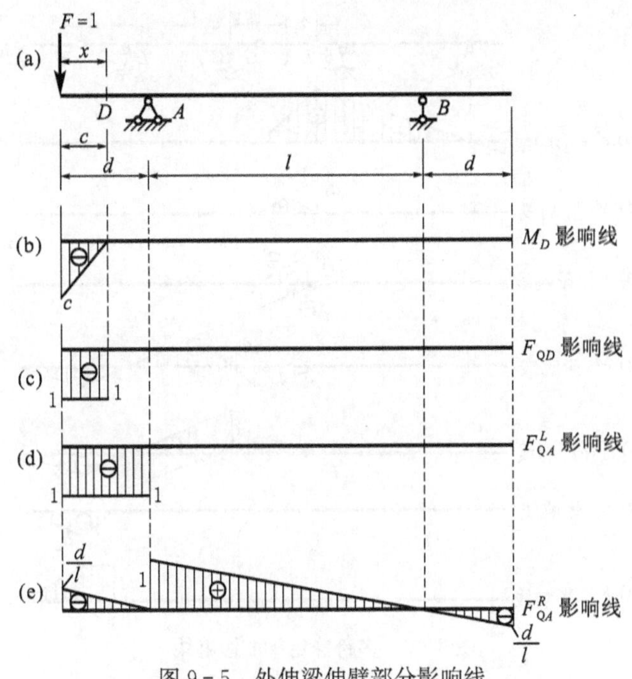

图 9-5　外伸梁伸臂部分影响线

从简支梁的反力、内力影响线讨论中得出以下几点结论：

(1) 影响线的竖标表示移动荷载 $F=1$ 移动到该位置时，指定位置、指定量值的大小。

(2) 简支梁结构反力、内力的影响线均为直线段。

(3) 每一直线段的分界点可以是所指定截面的位置点。

三、多跨静定梁的影响线

利用上述几点结论，结合结构体系的基本部分与附属部分的特性以及简支梁的反力、内力影响线的基本绘制方法，可以较快地作出多跨静定梁或其他静定结构的影响线。

如图 9-6(a)所示的多跨静定梁，利用上述几点结论绘制影响线。

如求 F_{RB} 的影响线时，由几何组成分析可知 $IABK$ 与 $GCDH$ 为基本部分，KG 与 HE 为附属部分。在结构类型中前者为双悬臂的简支梁，后者为简支梁。

利用外伸梁反力影响线的结果，可直接绘出 $IABK$ 的斜直线段。F_{RB} 影响线在 KG 段也是直线，K 点的纵距已经由左边斜直线段求得，这时只需将 $F=1$ 作用在 G 点，求出 F_{RB} 的数值，即对应影响线在 G 点的纵距。因为 G 点是属于右边 $GCDH$ 基本部分的，按照静定结构的特性可知 $F_{RK}=0$、$F_{RB}=0$。将这两点连一直

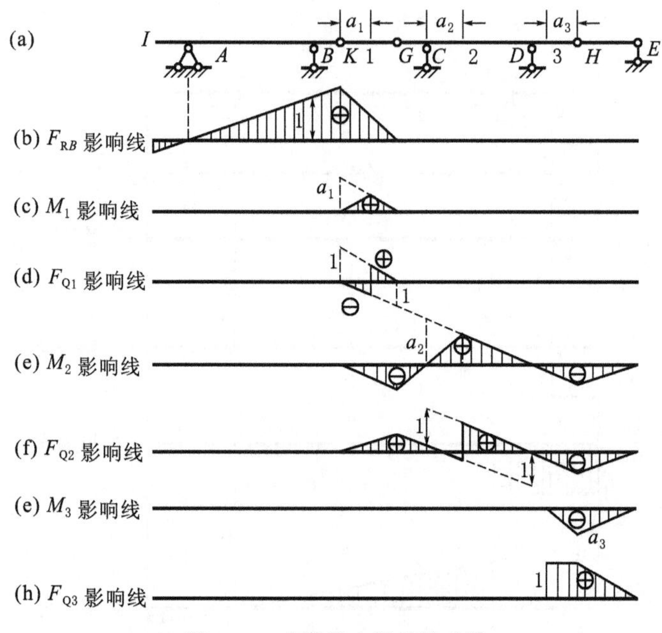

图 9-6　多跨静定梁的影响线

线即 F_{RB}在 KG 段上的影响线。同样 $F=1$ 在 G 点以右移动时,不可能引起 F_{RB}的反力。因此,F_{RB}在右边的两段直线纵距均为零。F_{RB}的影响线如图 9-6(b)所示。

又如求截面 1(距 K 为 a_1 位置)的弯矩与剪力影响线时,由于 KG 为简支梁,在多跨静定梁体系中是附属结构,可按照前面绘简支梁跨中任一截面弯矩影响线的方法直接绘出,如图9-6(c)所示。这时,M_1 影响线由五段直线组成,从左到右分别为 AK、$K1$、$1G$、GH、HE。在 KG 左右两边任何位置上作用 $F=1$ 时,均不引起 M_1 弯矩,即 M_1 影响线的纵距全部为零。

F_{Q1}的影响线也是由五段直线段组成。也是因为 KG 梁为附属部分,因此当 $F=1$ 作用在该梁两边基本部分上的任何位置时,F_{Q1} 均为零,则 F_{Q1} 影响线在这些部分的纵距也必为零,如图 9-6(d)所示。

再如绘制 F_{Q2}(截面 2 距 C 支座为 a_2)影响线,应用结论(1)、(2),将 $F=1$ 作用在 K 与 E 点分别求出 F_{Q2}的数值,作为 F_{Q2}影响线在 K 与 E 点的纵距,由结构的基本部分与附属部分的传力性质可知这两点的纵距为零。根据这两段的影响线为直线段的结论,连结邻近的两点纵距,即得。当 $F=1$ 作用在 K 点以左部分时,F_{Q2}保持为零;因此,K 点以左部分 F_{Q2} 的影响线与基线重合,如图 9-6(f)所示。图中其他量值的影响线,请读者自证。

四、影响线与内力图的比较

影响线和内力图虽然都是表示某种函数的图形,但两者的自变量和因变量是不相同的。现以简支梁弯矩影响线和弯矩图为例说明如下。

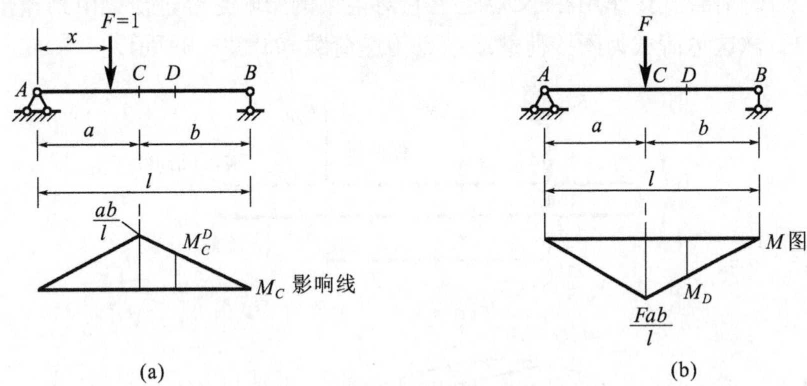

图 9-7　影响线与内力图的比较

图 9-7(a)所示为简支梁的弯矩 M_C 影响线，它表示 $F=1$ 移动时(自变量 x 是荷载 $F=1$ 的位置参数)指定截面 C 处弯矩 M_C 的变化规律(因变量是 M_C)，即 $M_C=f(x)$；而图9-7(b)则为集中力 F 作用于 C 点时的弯矩图，它表示在固定荷载 F 作用下，不同截面上(自变量 x 是所在截面的位置参数)弯矩的变化情况(因变量是梁上不同截面的弯矩值)，即 $M_x=g(x)$。因此，虽然它们的图形相似，但各自代表不同含义，应该从概念上将它们区分清楚。综合对比见表 9-1。

表 9-1　内力影响线与内力图比较

	内力影响线	内力图
荷载	单位集中荷载 $F=1$	实际荷载
横坐标	表示单位移动荷载 F 的位置	表示横截面的位置
竖标	表示指定截面内力的影响系数	表示不同截面内力的大小
图形范围	单位移动荷载 F 移动的范围	整个结构
作图一般规定	正号量值绘在基线上侧，并注明正负号	M 图绘在受拉侧，不标符号，F_Q、F_N 图可绘在杆轴线任意侧，并注明正负号。
量纲	M 为 L、F_Q、F_N 为 1	M 为 L^2MT^{-2}，F_Q、F_N 为 LMT^{-2}

§9-3　间接荷载作用下的影响线

上面所讨论的影响线，都是考虑荷载 $F=1$ 直接作用于梁上的情况，故称为直接荷载作用下的影响线。但是，在实际工程中还会遇到移动荷载不直接作用在梁上的情况,如桥面体系、楼盖体系等,主梁之上有横梁,横梁之上又有小纵梁(也称为结间梁)。荷载直接作用在小纵梁上,它对主梁的影响是经过横梁由结点传递到主梁上的,称这种荷载为间接荷载或结点传递荷载,如图9-8所示。

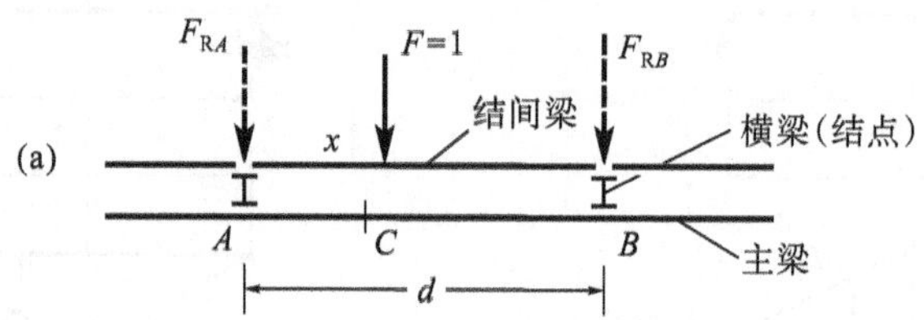

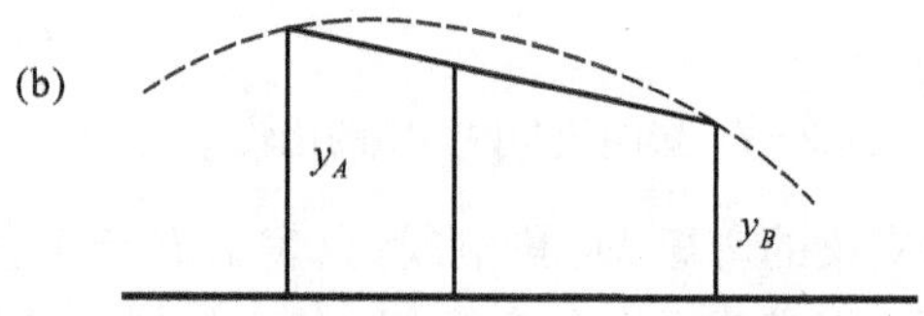

图 9-8　间接荷载对主梁的影响

当主梁承受间接荷载时,主梁上某处所、某量值的影响线绘制,对照图 9-8(a)、(b)讨论如下:

(1) 移动荷载 $F=1$ 在图 9-8(a)所示纵梁上移动时,其支座反力分别为 $F_{RA}=\dfrac{d-x}{d}$ 和 $F_{RB}=\dfrac{x}{d}$,这两个反力作用在主梁上,作用位置不变,而数值在改变。

(2) 移动荷载 $F=1$ 正好移动到结点位置时,这时的荷载就等于直接作用在主梁上,对主梁上某一处所、某量值 z 的影响量,即为这些结点下影响线的竖标,用 y_A 和 y_B 表示。

根据叠加原理,当 $F=1$ 在两个结点之间移动时,对主梁上某处所、某量值 z 的影响量可用下式表示

$$z=F_{RA}y_A+F_{RB}y_B=\frac{d-x}{d}y_A+\frac{x}{d}y_B\quad(0\leqslant x\leqslant d)$$

可见,当 $F=1$ 在纵梁上移动时,量值 z 的影响线竖标成直线变化。

因此,绘制间接荷载作用下主梁的影响线时,可先绘主梁直接承受荷载 $F=1$ 的影响线,然后由各结点引竖线与所绘的影响线相交得出交点,再将相邻两个交点之间分别连以直线(称为渡引线或修正线),即得该量值在间接荷载作用下的影响线。

例 9-1　试绘制图9-9(a)所示主梁在间接荷载作用下的影响线。

解　(1) 支座反力 F_{RA} 的影响线。先作主梁 AB 在荷载 $F=1$ 直接作用时反力 F_{RA} 的影响线 $A'B'$(虚线),然后从各结点引竖线,并分别得交点 E' 及 C'、F' 及

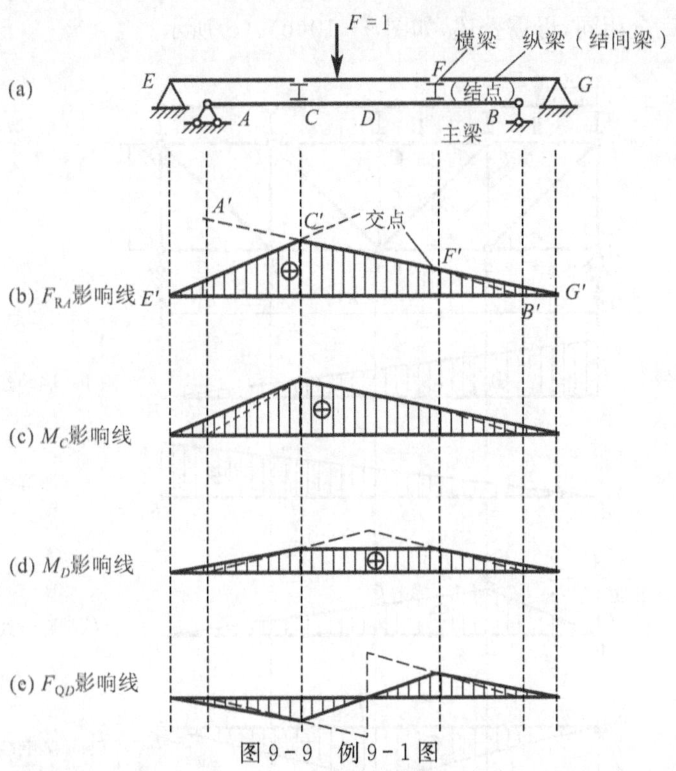

图 9－9 例 9－1 图

G'，相邻交点之间连以直线（实线）即得 F_{RA} 的影响线，如图 9－9(b)所示。

(2) 主梁截面 C 的影响线。先作主梁 AB 上截面 C 的弯矩影响线（虚线），然后从各结点引竖线并分别得到各交点，相邻交点之间连以直线（实线），即得 M_C 的影响线，如图 9－9(c)所示。

(3) 按同样作法，可绘制 M_D、F_{QD}的影响线，如图 9－9(d)、(e)所示，请读者自行校核。

§9－4 桁架影响线

在实际工程中，**桁架**（trusses）上的荷载一般是通过纵、横梁作用于结点上的。因此，有关间接荷载作用下梁的影响线的一些性质，对于桁架来说也是适用的，也就是说，桁架的内力影响线在任意两个相邻结点之间也为一条直线。

现以图 9－10(a)所示桁架为例，说明桁架反力和内力影响线的绘制。

一、反力影响线

对于单跨梁式桁架，因其支座反力的计算与简支梁相同，故二者的支座反力影响线作法也完全相同,毋需赘述,如图 9-10(b)、(c)所示。

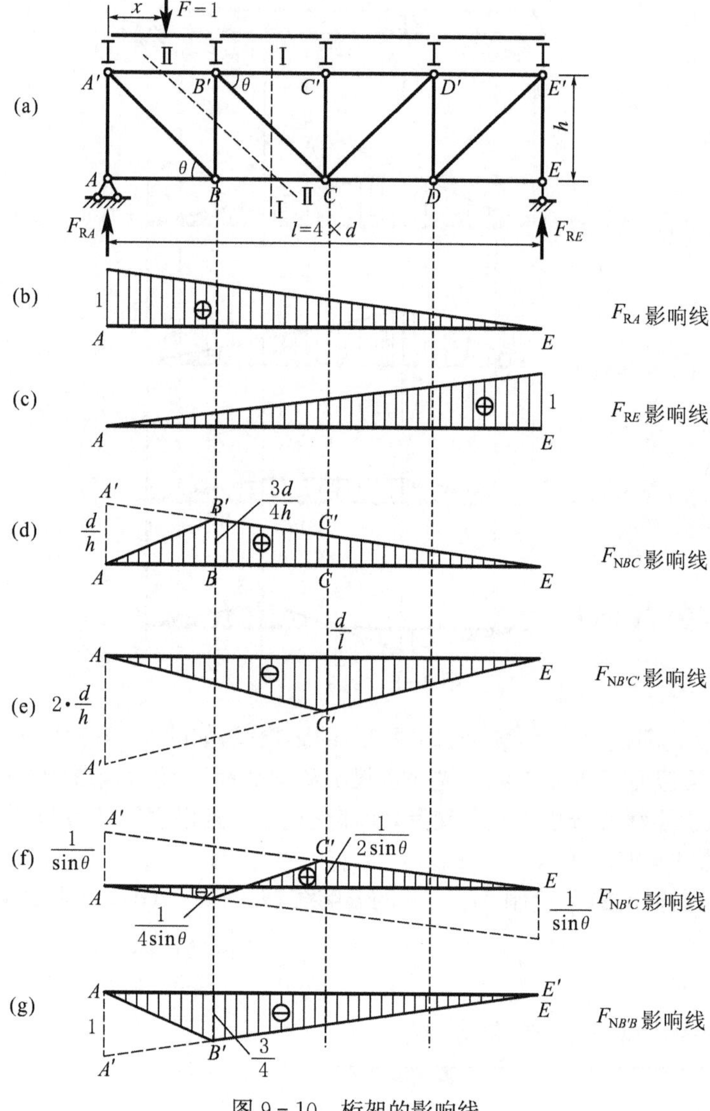

图 9-10 桁架的影响线

二、内力影响线

用静力法作桁架内力影响线时,首先需根据平衡条件求出它的影响线方程。此时,可利用已学过的计算方法——**结点法**(method of joints)和**截面法**(method of sections)进行解算。

1. 下弦杆内力 F_{NBC} 影响线

采用截面Ⅰ—Ⅰ切开第二节间的三根杆件，以被切断的其余两杆的交点 B' 为矩心列出力矩平衡方程。不过，此时应考虑单位荷载的各个不同位置。

当 $F=1$ 在截面Ⅰ—Ⅰ所在的节间以左（即在结点 $A'B'$ 之间）移动时，取右边部分为隔离体，考虑其平衡。由 $\sum M_{B}'=0$，得

$$F_{NBC}h=F_{RE}3d,\quad F_{NBC}=\frac{3d}{h}F_{RE}$$

上式表明，F_{NBC} 的影响线在 $A'B'$ 范围内可由 F_{RE} 的影响线乘以倍数 $\frac{3d}{h}$ 而得到。这样，便可绘出 F_{NBC} 影响线的左直线，如图 9-10(d) 中实线 AB'。

当 $F=1$ 在被截的这一节间以右（即结点 $C'E'$ 之间）移动时，取左边部分为隔离体，由平衡条件 $\sum M_{B}'=0$，得

$$F_{NBC}h=F_{RA}d,\quad F_{NBC}=\frac{d}{h}F_{RA}$$

上式表明，F_{NBC} 影响线在 $C'E'$ 范围内可由 F_{RA} 的影响线放大 $\frac{d}{h}$ 倍而得到。这样，便可绘出 F_{NBC} 影响线的右直线，如图 9-10(d) 中实线 $C'E$。

当 $F=1$ 在节间 $B'C'$ 之间移动时，属于间接荷载作用问题，即将 $B'C'$ 连以直线。因此，F_{NBC} 的影响线，如图 9-10(d) 中的实线所示。

2. 上弦杆内力 $F_{NB'C'}$ 影响线

同样可作截面Ⅰ—Ⅰ，以 C 点为矩心建立平衡方程，但需考虑 $F=1$ 的不同作用位置。

当 $F=1$ 在 $A'B'$ 之间移动时，取右边为隔离体，由 $\sum M_{C}=0$，则

$$F_{NB'C'}h+F_{RE}2d=0,\quad F_{NB'C'}=-\frac{2d}{h}F_{RE}$$

当 $F=1$ 在 $C'E'$ 之间移动时，取左边为隔离体，由 $\sum M_{C}=0$，则

$$-F_{NB'C'}h-F_{RA}2d=0,\quad F_{NB'C'}=-\frac{2d}{h}F_{RA}$$

按前所述，分别以 F_{RE} 和 F_{RA} 的影响线乘以 $\left(-\frac{2d}{h}\right)$，便可作出 $F_{NB'C'}$ 影响线的左右直线，然后将被截的节间两端的竖标（即结点 B'、C' 处的影响线竖标）顶点以直线相连，即得 $F_{NB'C'}$ 的影响线，如图 9-10(e) 所示。

3. 斜杆内力 $F_{NB'C}$ 影响线

与上述作法相似,由截面Ⅰ—Ⅰ切开桁架为左、右两部分,考虑 $F=1$ 的不同作用位置,分别取以左或以右部分为隔离体,由平衡条件 $\sum F_y=0$,分别得

当 $F=1$ 在 $A'B'$ 之间移动时

$$F_{NB'C}\sin\theta+F_{RE}=0,\quad F_{NB'C}=-\frac{1}{\sin\theta}F_{RE}$$

当 $F=1$ 在 $C'E'$ 之间移动时

$$F_{NB'C}\sin\theta-F_{RA}=0,\quad F_{NB'C}=\frac{1}{\sin\theta}F_{RA}$$

因此,$F_{NB'C}$ 的影响线在 B' 左边取支座反力 F_{RE} 影响线的$\left(-\frac{1}{\sin\theta}\right)$倍,而 C' 点的右边取支座反力 F_{RA} 影响线放大$\frac{1}{\sin\theta}$倍。在 $B'C'$ 之间按间接荷载作用原理连以直线。其影响线如图 9-10(f)所示。

4. 竖杆内力 $F_{NB'B}$ 影响线

作桁架竖杆的内力影响线,一般采用结点法比较方便。当 $F=1$ 在任意位置时,取结点 B 为隔离体,利用平衡条件 $\sum F_y=0$,得

$$F_{NB'B}=-F_{NA'B}\sin\theta$$

因此,只需将斜杆 $F_{NA'B}$ 的影响线放大($-\sin\theta$)倍即可得到竖杆 $F_{NB'B}$ 的影响线。而斜杆 $F_{NA'B}$ 影响线的作法与 $F_{NB'C}$ 完全相似,可由截面法十分方便地作出,此处不再赘述。最后得到的 $F_{NA'B}$ 影响线如图 9-10(g)所示。

必须指出,在绘制桁架的内力影响线时,应注意单位荷载 $F=1$ 是沿上弦还是下弦移动,因为在这两种情况下,有些杆件的内力影响线可能是不相同的。请读者考虑图 9-10(a)所示桁架,当 $F=1$ 沿下弦移动时,竖杆 $F_{NB'B}$ 的影响线有何变化。

§9-5 机动法作静定梁影响线

§9-2 介绍了绘制影响线的静力法。用静力法绘影响线可确定出影响线顶点及其他位置的竖标数值,但建立影响线方程较麻烦,一般不能迅速确定影响线的形状特点和零点位置等。而在结构设计时,为了提供活荷载最不利位置的布局,常常要求不经计算就能迅速知道影响线的大致形状。此外,为了校核用静力法所绘得的影响线,能够迅速判断出图形是否正确,常用**机动法**(mechanical method)。

所谓机动法，是以虚位移原理为基础，假设单位移动荷载 $F=1$ 在结构上某点不动，应用虚位移原理求出某处所的某量值，从而绘出某量值的影响线。

下面应用机动法分别绘制简支梁、多跨静定梁在直接及间接荷载作用下的影响线。

一、简支梁的影响线

1. 反力影响线

以图 9-11(a)所示的简支梁 AB 为例，绘制反力 F_{RA} 的影响线。

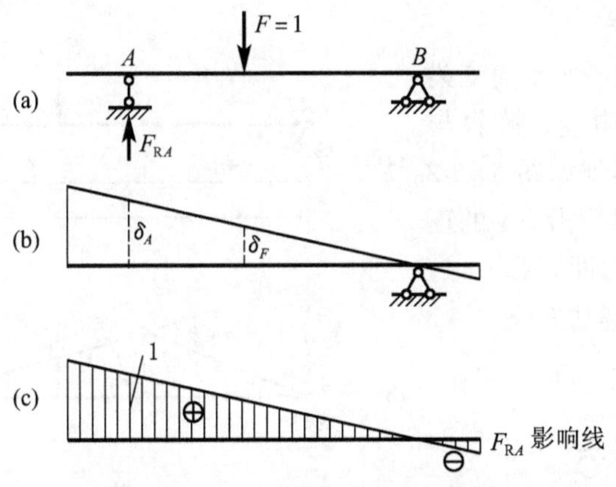

图 9-11　机动法作反力影响线

为了求出反力 F_{RA}，应将与它相应的约束去掉，代之以约束反力 F_{RA}，使结构成为具有一个自由度的**机构**(mechanism)，如图 9-11(b)所示。若在 A 点沿 F_{RA} 正方向给予微小的单位虚位移 $\delta_A=1$ 时，在 $F=1$ 作用点产生的虚位移为 δ_F，那么，根据虚位移原理，可建立虚功方程为

$$F_{RA}\delta_A-F\delta_F=0$$

$$F_{RA}=\frac{F\delta_F}{\delta_A}=\delta_F$$

上式表明，单位荷载 $F=1$ 作用于梁上任意位置时，反力 F_{RA} 恰好等于虚位移图上荷载点的竖标。根据影响线的定义，这个虚位移就是反力 F_{RA} 的影响线。位移图在梁轴线(基线)以上为正号，以下为负号，如图 9-11(c)所示。

综上所述可知，欲绘制某量值 z 的影响线，只需将与 z 相应的约束解除，使结构成为具有一个自由度的机构，然后沿着 z 的正方向给予单位虚位移，由此得到的虚位移图即代表 z 的影响线。这种绘制影响线的方法称为机动法。

2. 弯矩影响线

利用上面介绍的机动法再来讨论简支梁的内力影响线。如图 9-12(a)所示简支梁，要求用机动法绘制截面 C 的弯矩影响线。为此，先将与 M_C 相应的约束解除，即在截面 C 处改刚接为铰接，并以一对大小为 M_C 的力偶代替原有约束的作用。然后，使 AC、CB 沿 M_C 的正方向发生单位虚位移 $\alpha+\beta=1$，如图 9－12(b)所示。根据虚位移原理建立虚功方程

$$M_C(\alpha+\beta)-F\delta_F=0$$

$$M_C=\frac{F\delta_F}{\alpha+\beta}=\delta_F$$

上式表明，由此得到的虚位移图即表示 M_C 的影响线，如图 9－12(c)所示。

3. 剪力影响线

绘制图 9－12(a)所示简支梁截面 C 的剪力影响线。解除与 F_{QC} 相应的约束，得到如图 9－12(d)所示的机构。然后沿 F_{QC} 的正方向发生单位虚位移即 $C_1C_2=1$，由虚位移原理建立虚功方程

$$F_{QC}(CC_1+CC_2)-F\delta_F=0$$

$$F_{QC}=\frac{\delta_F}{CC_1+CC_2}=\delta_F$$

上式表明，所得到的虚位移即代表 F_{QC} 的影响线，如图 9－12(e)所示，影响线顶点两边的竖标可由几何关系确定为 $\frac{a}{l}$ 与 $\frac{b}{l}$。

根据上面的讨论，用机动法绘制影响线的要点小结如下：

(1) 解除与某反力(内力)相应的约束，代之以约束力。

(2) 使结构沿约束力的正方向发生单位虚位移，由此得到的虚位移图即代表某反力(内力)的影响线。

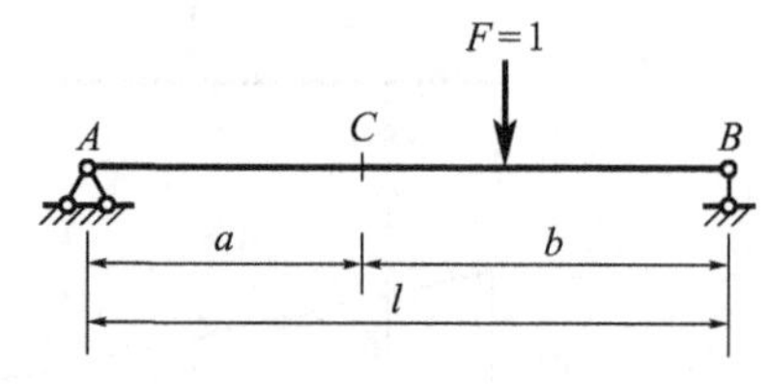

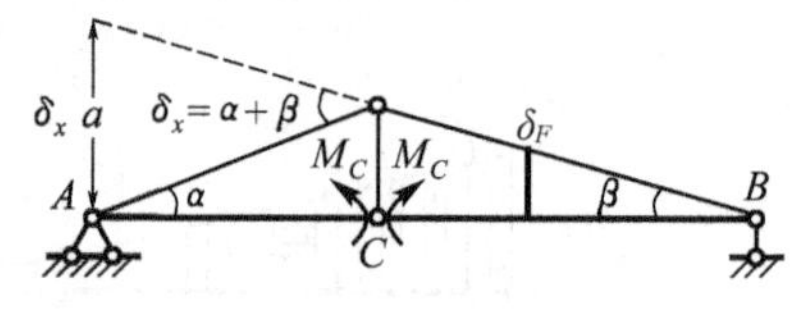

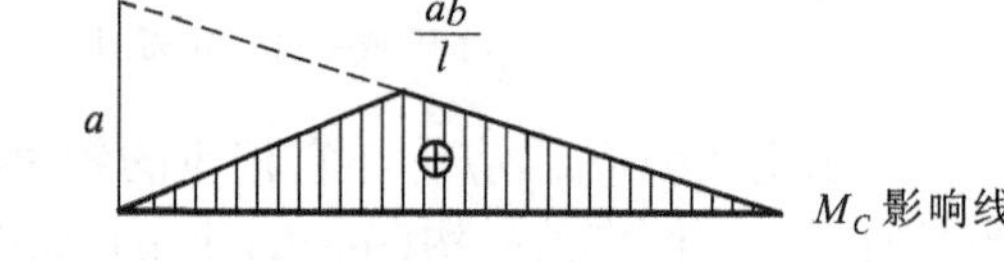

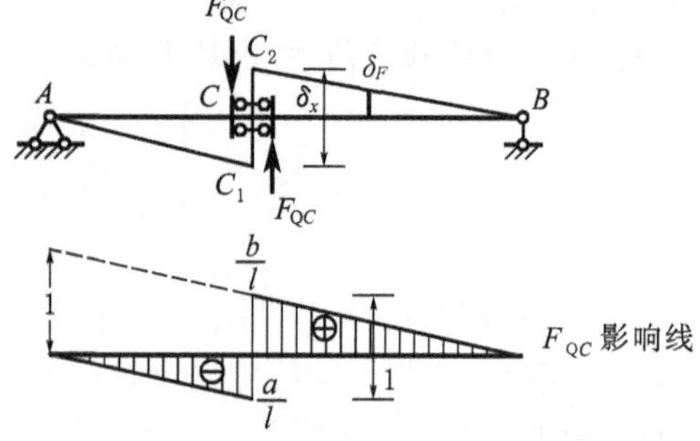

图 9－12 机动法作内力影响线

(3) 虚位移图在基线以上，影响线为正；在基线以下，影响线为负。

二、多跨静定梁的影响线

用机动法作多跨静定梁的影响线，其原理、方法、步骤与单跨静定梁相同。这

里必须指出以下几点：

（1）多跨静定梁是由几根静定梁组合起来的梁系，在各梁之间往往有基本部分与附属部分的关系，基本部分移动时带动附属部分，而附属部分移动时基本部分保持静止。

（2）多跨静定梁的反力、内力影响线一般由若干段折线组成。

如图 9－13(a)的多跨静定梁是由 AB、$CDEF$(均为基本部分)与 BC、FG(均为附属部分)四根梁组成的。作 F_{RA}影响线时，解除 F_{RA}的约束，代以约束力，这时固定支座转换成滑移支座。当给以 F_{RA}的正向有单位虚位移时，由于滑移支座的约束性质，梁 AB 只能平移向上，并且带动附属部分的梁 BC[图 9－13(b)]，由于 C 点位于右边的基本部分上，静止不动，C 点以右所有的纵距皆为零，则 F_{RA}的影响线如图 9－13(c)所示。它由四段组成(C 点以右的两段与基线重合)，这四段是当 A 支座向上取单位虚位移时荷载移动线的位移图就是影响线。

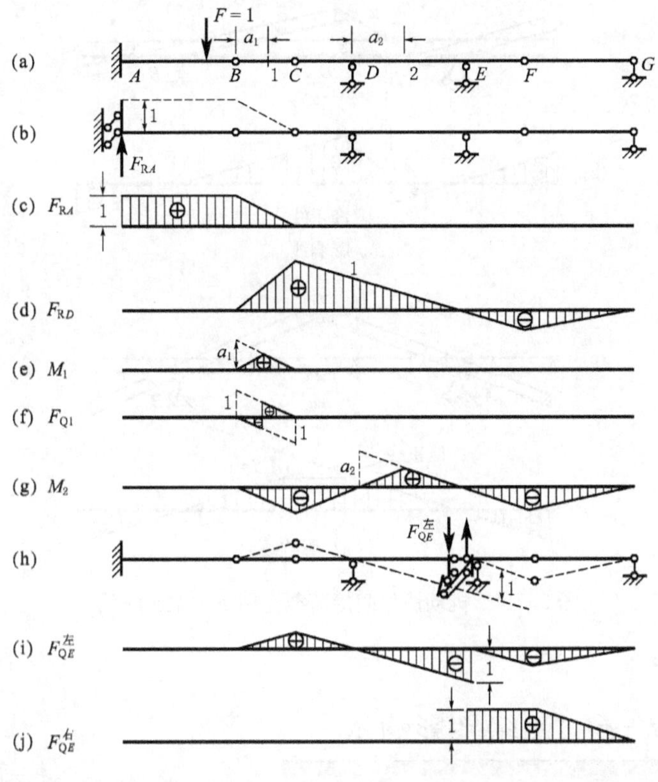

图 9－13　机动法作多跨梁的影响线

求作附属部分梁 BC 跨中截面 1 的弯矩与剪力影响线，解除相应的约束后，梁 BC 在截面 1 处由铰或两根平行链杆联系两边的梁段。当截面 1 处给以相应的虚位移(单位转角 α 与相对线位移 Δ)时,由于梁 BC 两边皆为基本部分,在虚位移中静止不动,即保持基线位置,这时荷载移动线的虚位移图只有梁 BC 中的两段,就是影响线,如图 9-13(e)、(f)所示。其他图形请读者自证。

三、间接荷载作用下的主梁影响线

根据机动法绘制影响线的原理和方法,间接荷载作用下主梁影响线的绘制步骤如下:

(1) 先绘制主梁在直接荷载作用下的影响线并用虚线表示。

(2) 由各结点引竖线与虚线相交,相邻交点之间连以直线,修正原虚线。修正后的虚位移图即为间接荷载作用下主梁的影响线。

依据上述步骤,利用机动法可十分方便地绘制主梁在间接荷载作用下的影响线,如图9-14(a)所示体系,主梁受间接荷载作用,F_{QC}、M_D 的影响线分别如图 9-14(b)、(d)所示。请读者自行验证。

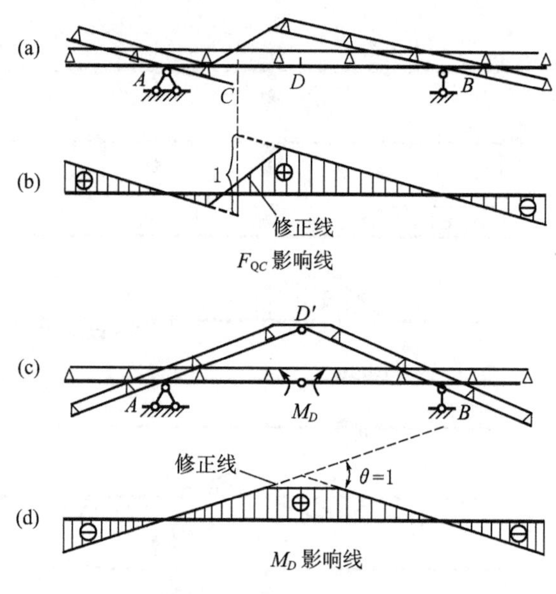

图 9-14 机动法作间接荷载作用下主梁影响线

§9-6 连续梁影响线

与**静定梁**(statically determinate beams)一样,绘制**连续梁**(continuous beams)的影响线也有静力法和机动法两种。

一、静力法

连续梁属超静定结构，用静力法绘制连续梁内力或反力影响线时，不仅需要用静力平衡条件，还需要用到位移协调条件，即必须应用求解超静定结构内力的力法、位移法或力矩分配法等。以求图 9-15(a)所示连续梁 i 支座弯矩 M_i 的影响线为例加以说明。现采用力法求解这个问题。取各支座弯矩为基本未知量(这里用

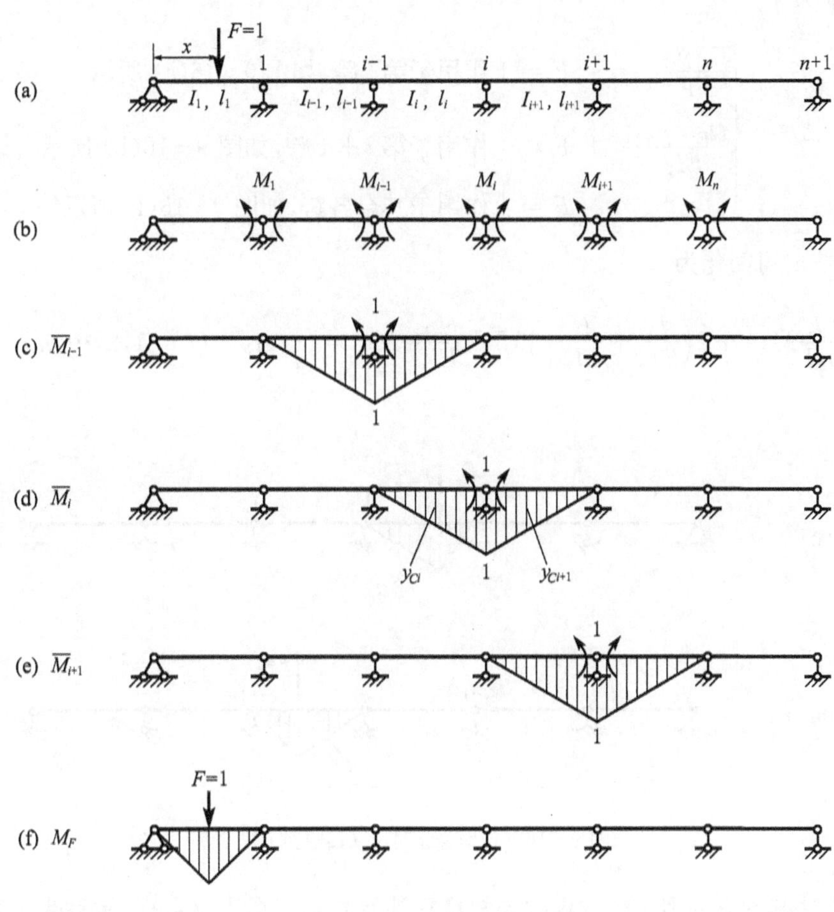

图 9-15　静力法作连续梁影响线

M 表示)，选$(n+1)$跨简支梁为基本系，如图 9-15(b)所示，基本方程为

$$\delta_{i1}M_1+\delta_{i2}M_2+\cdots+\delta_{ii-1}M_{i-1}+\delta_{ii}M_i+\delta_{ii+1}M_{i+1}+\cdots+\delta_{in}M_n+\Delta_{iF}=0$$

$$(i=1,2,\cdots,n) \tag{a}$$

由单位弯矩图可知，系数中只有下面三个不为零，其余均为零

$$\begin{cases}\delta_{ii-1} = \dfrac{l_i}{6EI_i} \\ \delta_{ii} = \dfrac{l_i}{3EI_i} + \dfrac{l_{i+1}}{3EI_{i+1}} \\ \delta_{ii+1} = \dfrac{l_{i+1}}{6EI_{i+1}}\end{cases} \tag{b}$$

自由项为

$$\Delta_{iF} = \begin{cases}\dfrac{\Omega_{Fi}\,y_{ci}}{EI_i} & F=1\text{ 作用于第 } i \text{ 跨,如图 9-16(a) 所示} \\ \dfrac{\Omega_{Fi+1}\,y_{ci+1}}{EI_{i+1}} & F=1\text{ 作用于第 } i+1 \text{ 跨,如图 9-16(b) 所示} \\ 0 & F=1\text{ 作用于其余各跨,如图 9-15(f) 所示}\end{cases}$$

于是式(a)可简化为

$$\frac{l_i}{EI_i}M_{i-1} + 2\left(\frac{l_i}{EI_i} + \frac{l_{i+1}}{EI_{i+1}}\right)M_i + \frac{l_{i+1}}{EI_{i+1}}M_{i+1} = -6\Delta_{iF} \quad (i = 1, 2, \cdots, n) \tag{9-7}$$

(a)

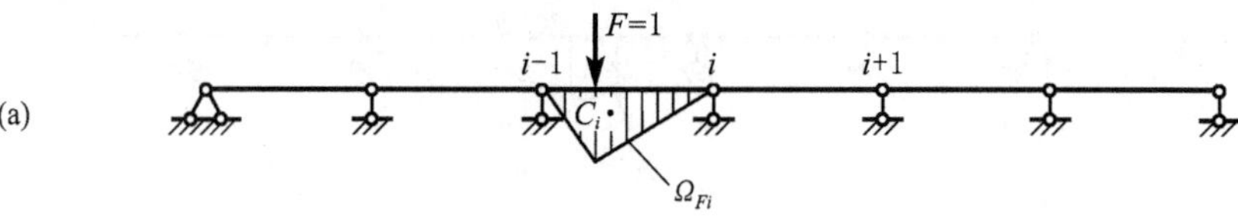

(b)

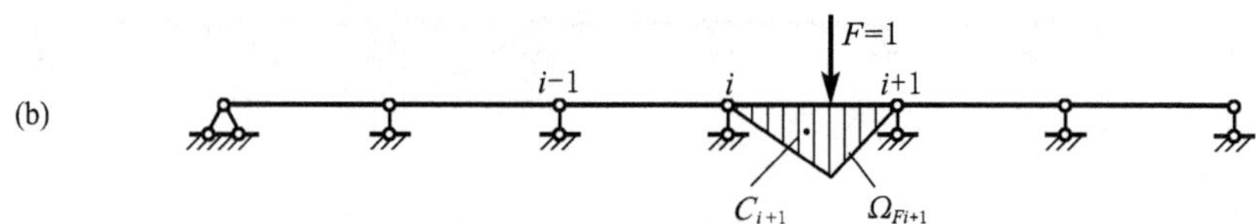

图 9-16　连续梁基本系荷载弯矩图

上述力法基本方程因每个方程的未知量只涉及相邻三个支座弯矩,故称为三弯矩方程。由此方程可解得各支座弯矩(当然也包括 M_i)。不断改变 $F=1$ 的作用位置,借助以上方程可求得一系列 M_i,便可绘出 M_i 的影响线。有了各支座弯矩就可由简支梁平衡条件求出任一截面的弯矩和剪力及支座反力,也就能绘出这些量的影响线。根据以上方法编制的连续梁影响线计算程序附录 B 列于书后,可以用于不等跨、不等截面连续梁内力、反力影响线的绘制。等跨等截面连续梁的影响线也可从有关计算手册中查得。

二、机动法

用机动法作连续梁影响线的步骤与静定结构相同，仍然是首先解除所求影响线量值的相应约束，代之以约束力，然后沿约束力正向给以单位虚位移，由此得到的虚位移图形即为所求量值的影响线，但它们之间也有区别。静定结构的虚位移图形是几何可变体系（一个自由度机构）运动得到的折线图形，而连续梁在解除一个约束后仍属几何不变体系，虚位移图形是通过强迫弹性变形而得到的曲线图形。这里按习惯仍称此法为机动法。也有的称为挠度图比拟法。

现以图 9－17(a)所示的三跨连续梁，作中间截面 n 的弯矩影响线为例作一说明。

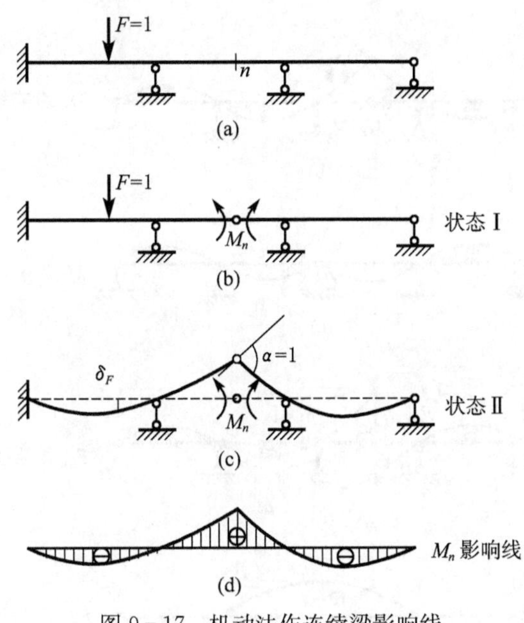

图 9－17　机动法作连续梁影响线

(1) 解除截面 n 的弯矩约束并代以约束力 M_n，见图 9－17(b)，此时称为状态(Ⅰ)。

(2) 沿约束力 M_n 的正向给以单位虚位移 $\alpha=1$，由此产生的虚位移图称为状态(Ⅱ)，如图9－17(c)所示。

(3) 根据反力位移互等定理，在状态(Ⅰ)中，结构某位置作用单位力 $F=1$，而在 n 处引起的约束反力 M_n 等于状态(Ⅱ)中 n 处有一单位位移 $\alpha=1$，而在 $F=1$ 的位置引起的位移，但符号相反。即

$$M_n=-\delta_F$$

式中：正号的 δ_F（与 $F=1$ 同向）、M_n 为负，负号的 δ_F、M_n 为正，符合影响线在梁轴

以上为正、梁轴以下为负的规定。因此可知，状态(Ⅱ)的虚位移图形即为所求 M_n 的影响线。

图 9－18 是用机动法作连续梁各种量值影响线形状(轮廓)的例子。用机动法作连续梁影响线时，可迅速草绘出影响线的大致形状。工程设计中有些问题需确定最大影响量的荷载布局，就需要草绘相应影响线的大致形状，对于这类问题，用机动法就显示出优越性了。

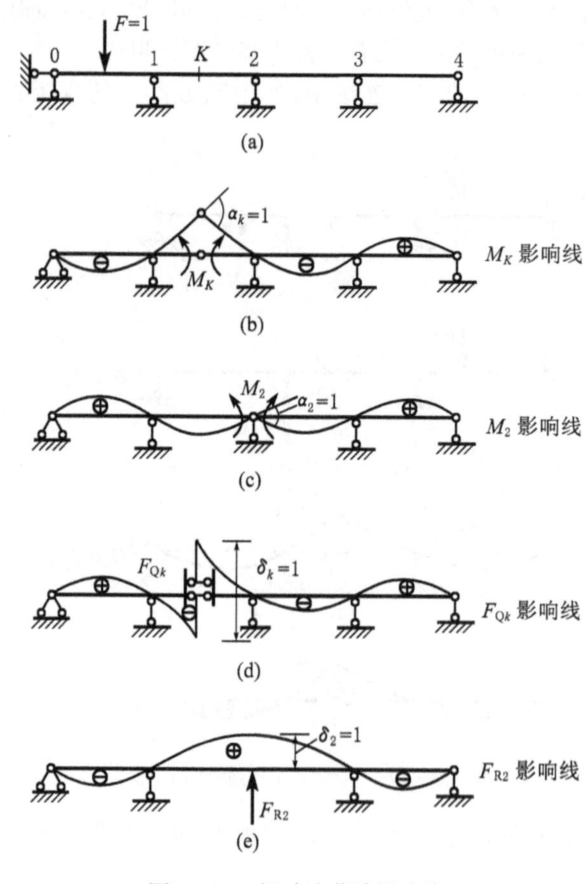

图 9－18 机动法草绘影响线

§9－7 影响量的计算

前面已指出，影响线是研究移动荷载作用的基本工具，可以应用它来确定实际的移动荷载对结构上某量值的最不利影响。从本节开始讨论影响线在这方面的具体应用，首先讨论影响量的计算。

所谓**影响量**(influence value)是指实际荷载作用于固定位置时，对某一指定处所某一量值产生的影响值。

在实际工程中最常见的移动荷载有**集中荷载**(concentrated load)和**均布荷载**(uniform load)两种，本节就这两种荷载作用下的影响量计算进行讨论。

一、集中荷载作用下影响量的计算

图 9-19(a)所示一简支梁，受到一组移动集中荷载系 F_1, F_2, …, F_n的作用，现求荷载系移动到某一位置时，截面 C 的剪力 F_{QC}的量值。

首先绘出剪力 F_{QC}的影响线，计算出各荷载位置下影响线的竖标 y_1, y_2, …, y_n，如图 9-19(b)所示。

根据影响线的定义可知，F_i在截面 C 产生的剪力为 $F_i y_i$，于是由叠加原理可知，简支梁在力系 F_1, F_2, …, F_n共同作用下，在截面 C 产生的剪力等于各个力单独作用产生剪力的和。为了使计算公式具有一般性，用 Z 表示所计算量值的影响量，则

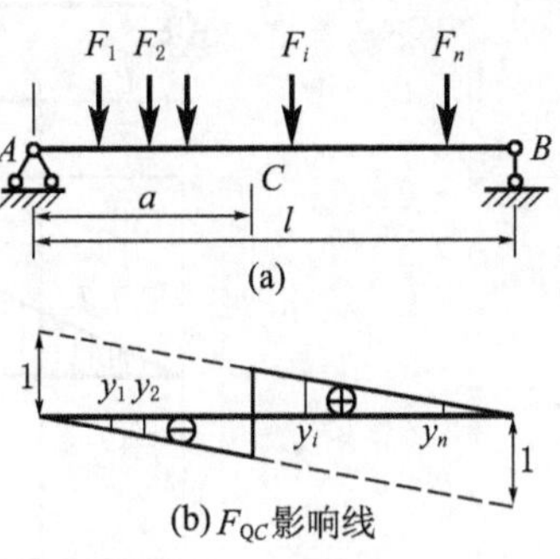

(b) F_{QC}影响线

图 9-19　集中荷载的影响量

$$Z = F_1 y_1 + F_2 y_2 + \cdots + F_n y_n = \sum_{i=1}^{n} F_i y_i \tag{9-8}$$

应用式(9-8)时，F_i与单位力 $F=1$ 方向一致，取正号，反之取负号；y_i 按影响线中的实际符号取用。

二、均布荷载作用下影响量的计算

设简支梁受有均布荷载 q 的作用，求 F_{QC}的影响量，如图 9-20(a)所示。

首先，绘出剪力 F_{QC}的影响线，如图 9-20(b)所示，然后取微段 dx，其上荷载 qdx 可看作一集中荷载，它产生的影响量是 $yqdx$，其中 y 为影响线上 x 处的竖标。那么 mn 区间内的均布荷载对 F_{QC}的总影响量为

$$Z = \int_m^n yq\,dx = q\int_m^n y\,dx = q\Omega_{mn} \tag{9-9}$$

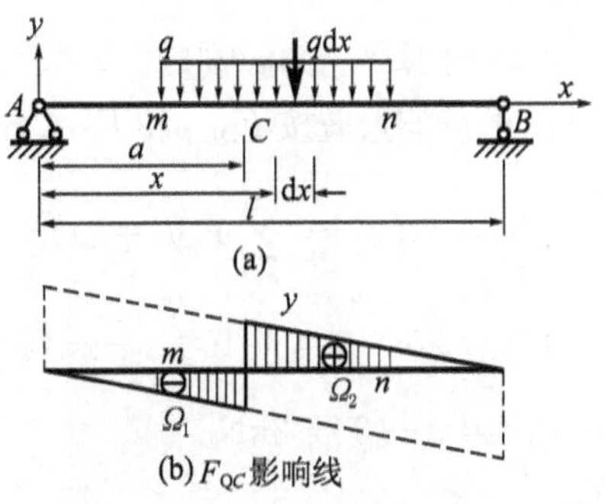

(b) F_{QC}影响线

图 9-20　均布荷载的影响量

式中：Ω_{mn}为 m 与 n 之间的影响线与基线之间的面积。

应用式(9-9)时，规定 q 与 $F=1$ 方向一致为正，反之为负。若所受荷载范围内影响线的面积有正有负，如图 9-20(b)所示，则在计算 Ω 时取代数和。

例 9-2 试利用影响线求简支梁在图9-21(a)所示荷载作用下的 M_C 和 F_{QD} 之值。图中长度单位为 m。

解 (1) 分别作出 M_C 和 F_{QD} 的影响线并求出有关的影响线竖标值，如图 9-21(b)、(c)所示。

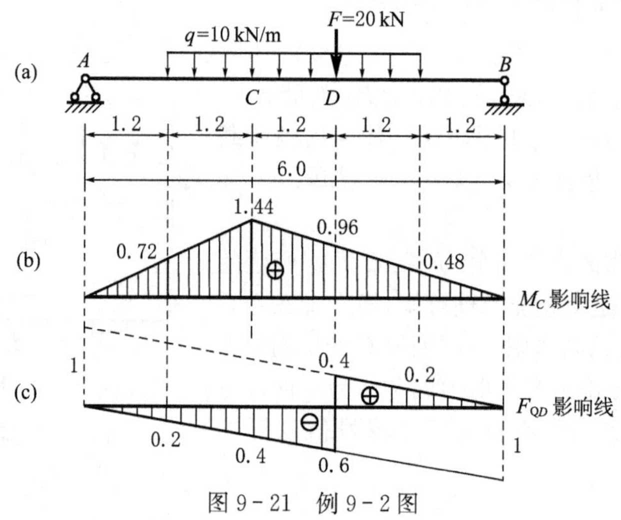

图 9-21 例 9-2 图

(2) 计算 M_C 的影响量。

$$Z = M_C = \sum_{i=1}^{1} F_i y_i + q\Omega$$

$$= 20 \times 0.96 + 10 \times \left[\frac{1}{2}(1.44 + 0.72) \times 1.2 + \frac{1}{2}(1.44 + 0.48) \times 2.4\right]$$

$$= 19.2 + 36 = 55.2 \text{ kN} \cdot \text{m}$$

(3) 计算 F_{QD}的影响量。因截面 D 处有集中力作用，截面 D 处剪力有突变，计算 F_{QD}的影响量应按 $F_{QD左}$ 和 $F_{QD右}$ 分别考虑。

$$Z_1 = F_{QD左} = \sum_{i=1}^{1} F_i y_i + q\Omega$$

$$= 20 \times 0.4 + 10 \times \left[\frac{-1}{2}(0.6 + 0.2) \times 2.4 + \frac{1}{2}(0.2 + 0.4) \times 1.2\right]$$

$$= 8 - 6 = 2\text{kN}$$

同理

$$Z_2 = F_{QD右} = \sum_{i=1}^{1} F_i y_i + q\Omega$$

$$= 20 \times (-0.6) + 10 \times \left[\frac{-1}{2}(0.6+0.2) \times 2.4 + \frac{1}{2}(0.2+0.4) \times 1.2\right]$$
$$= -12 - 6 = -18\ \text{kN}$$

计算结果可见，截面 D 左边剪力为 2 kN，右边剪力为 −18 kN，截面 D 处剪力突变大小为 20 kN。还可看出，M_C 和 F_{QD} 的量值与直接由平衡条件所得结果相同。

§9-8　最不利荷载位置确定

在结构设计中，需要求出量值 Z 的最大值(包括最大正值 Z_{max} 和最大负值 Z_{min}，后者又称为最小值)作为设计依据，而要解决这个问题，就必须先确定使其发生最大值的移动荷载的作用位置，这一位置称之为**最不利荷载位置**(most unfavourable position of moving loads)。当最不利荷载位置确定后，某量值的最大值就可十分方便地求得。

一、移动集中荷载系最不利荷载位置

1. 单个移动集中荷载的最不利位置

静定结构的影响线图形一般均为折线型图形，以三段折线的影响线为例，讨论如何确定最不利荷载位置，其方法可以推广应用到多边形影响线的情况。

图 9-22(a)所示单个集中力 F 在 AB 上移动，某一量值的影响线如图 9-22(b)所示，单个集中力 F 移动到位置 x 时，影响量 $Z=Fy$。由直观可知：当 F 移动到基线上方三角形顶点的位置 x_1 时，其影响量最大，为 $Z_{max}=Fy_1$，当 F 移动到基线下方三角形顶点的位置 x_2 时，其影响量最小，为 $Z_{min}=Fy_2$。影响量最值对应的最不利的荷载位置如图 9-22(a)中的虚线箭头所示。

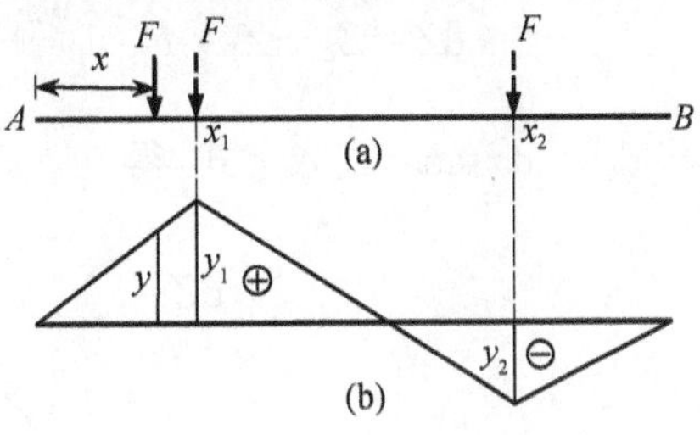

图 9-22　不利荷载位置

2. 多个移动集中荷载的最不利位置

对图 9-23(a)所示一组间距保持不变的多个移动集中荷载系，若某一量值的多折线型影响线如图 9-23(b)所示，各直线段的倾角分别为 $\alpha_1, \alpha_2, \cdots, \alpha_n$，这里 α_i 以逆时针为正。设作用在各直线段上集中力分别用 F_{ij} 表示，i 表示对应线段编号，j 表示作用在编号为 i 线段内的集中荷载，再设各线段内集中荷载系的合力分别为 $F_{R1}, F_{R2}, \cdots, F_{Rn}$。当合力 F_{Rn} 移动到位置 x 时，各合力对应的影响线竖标分别为 $y_1, y_2, \cdots, y_n$，由力系等效及叠加原理可知，移动集中荷载系产生的影响量为

$$Z_1=F_{R1}y_1+F_{R2}y_2+\cdots+F_{Rn}y_n$$

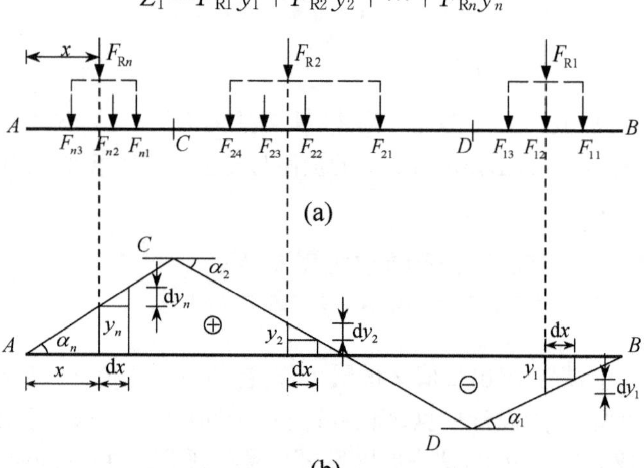

图 9-23　多边形影响线

当移动荷载系向右移动一微小距离 dx 时,假定不引起影响线各直线段上荷载数量变化,则该量值的影响量变为

$$Z_2=F_{R1}(y_1+dy_1)+F_{R2}(y_2+dy_2)+\cdots+F_{Rn}(y_n+dy_n)$$

量值 Z 的增量为

$$dZ=Z_2-Z_1=F_{R1}dy_1+F_{R2}dy_2+\cdots+F_{Rn}dy_n=\sum_{i=1}^{n}F_{Ri}dy_i$$

将 $dy_i=dx\tan\alpha_i$ 代入上式,得

$$dZ=\sum_{i=1}^{n}F_{Ri}dx\tan\alpha_i=dx\sum_{i=1}^{n}F_{Ri}\tan\alpha_i$$

$$\frac{dZ}{dx}=\sum_{i=1}^{n}F_{Ri}\tan\alpha_i \tag{9-10}$$

由高等数学知识可知,变量 Z 取极值的位置 x 应使 $\frac{dZ}{dx}=0$ 或 $\frac{dZ}{dx}$ 的值在其左右侧改变符号(如图 9-24所示)。静定结构影响量 Z 是荷载位置 x 的一次函数,不存在 $\frac{dZ}{dx}=0$ 的情况,因此影响量产生极值的充要条件是 $\frac{dZ}{dx}$(即 $\sum_{i=1}^{n}F_{Ri}\tan\alpha_i$)在位置 x 左

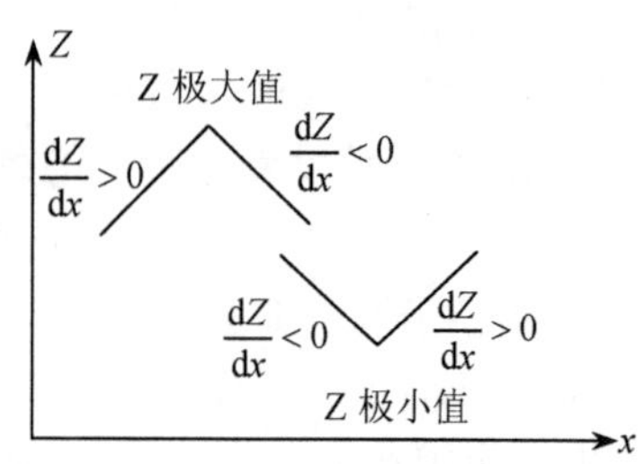

图 9-24　极值条件

右侧变号。由于各段影响线的倾角 α_i 均为已知的常量，欲使 $\sum_{i=1}^{n} F_{Ri}\tan\alpha_i$ 改变符号，只有当荷载系中某一个集中力从影响线某一个顶点的一侧移动到另一侧时才有可能。

当某个集中力分别作用于影响线顶点两侧时 $\sum_{i=1}^{n} F_{Ri}\tan\alpha_i$ 改变符号，则称该集中荷载为临界荷载，用 F_{cr} 表示，其处于影响线顶点时所对应的位置称为临界位置。

确定临界荷载一般需通过试算，即分别将每一个集中力作用于影响线某一顶点的两侧，看其是否满足产生极值的条件，从而找出临界荷载。为了减少试算次数，宜事先估计最不利的荷载位置。通常将移动荷载系中数值较大且相对密集部分的荷载置于影响线最大竖标附近，同时注意位于同符号影响线范围内的荷载应尽可能较多。临界荷载确定后，再依据各临界位置所对应的影响量选出最大值或最小值，同时确定最不利的荷载位置。

对于三角形影响线，临界荷载判别式可以进一步简化。如图 9－25 所示，设临界荷载 F_{cr} 位于影响线顶点处，以 $F_{R左}$ 和 $F_{R右}$ 分别表示 F_{cr} 以左和以右荷载的合力。以求最大影响量为例，若满足临界荷载条件，则当 F_{cr} 位于顶点左侧时，

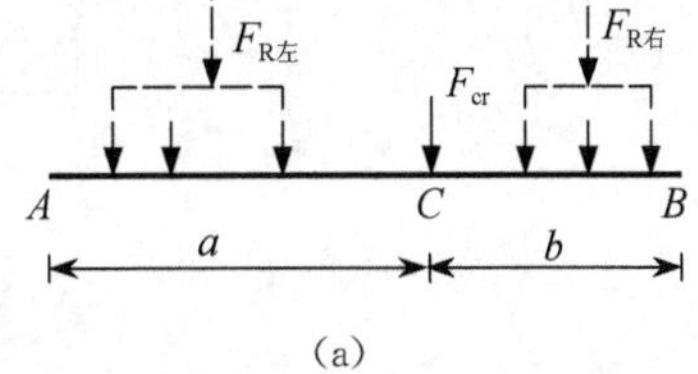

(a)

(b)

图 9－25　三角形影响线

$$\frac{dZ}{dx}=\sum_{i=1}^{n} F_{Ri}\tan\alpha_i$$
$$=(F_{R左}+F_{cr})\tan\alpha-F_{R右}\tan\beta\geqslant 0$$

当 F_{cr} 位于顶点右侧时，

$$\frac{dZ}{dx}=\sum_{i=1}^{n} F_{Ri}\tan\alpha_i=F_{R左}\tan\alpha-(F_{cr}+F_{R右})\tan\beta\leqslant 0$$

将 $\tan\alpha=\frac{c}{a}$，$\tan\beta=\frac{c}{b}$ 代入以上两式，可得

$$\begin{cases}\dfrac{F_{R左}+F_{cr}}{a}\geqslant\dfrac{F_{R右}}{b}\\[2ex]\dfrac{F_{R左}}{a}\leqslant\dfrac{F_{cr}+F_{R右}}{b}\end{cases}\tag{9-11}$$

式(9－11)就是三角形影响线临界荷载位置的判别式。

例 9－3　设有一简支梁 AB，跨度为 16 m，受一组集中移动荷载作用，如图 9－26(a)所示，试求截面 C 的最大弯矩。图中长度单位为 m，力的单位为 kN。

解　确定最不利荷载位置，求 M_C 最大影响量。

(1) 作 M_C 影响线。如图 9－26(b)所示。

(2) 确定 F_{cr}。对应于影响线顶点的临界荷载 F_{cr}的判别式为

$$\frac{F_{R左}+F_{cr}}{6} \geqslant \frac{F_{R右}}{10},\quad \frac{F_{R左}}{6} \leqslant \frac{F_{cr}+F_{R右}}{10}$$

然后依次将 F_1、F_2、F_3、F_4假设为临界荷载 F_{cr},移至影响线的顶点,计算左边影响线上的合力 $F_{R左}$及右边影响线上的合力 $F_{R右}$,检验以上判别式,满足该式时计算相应的影响量,不满足则不必计算。为了清晰,列下表计算。

由表 9-2 可见,只有 F_1、F_3满足判别式,为临界荷载,于是将 F_1和 F_3分别置于影响线顶点得到荷载临界位置,如图 9-26(b)、(c)所示,计算出相应的极值为

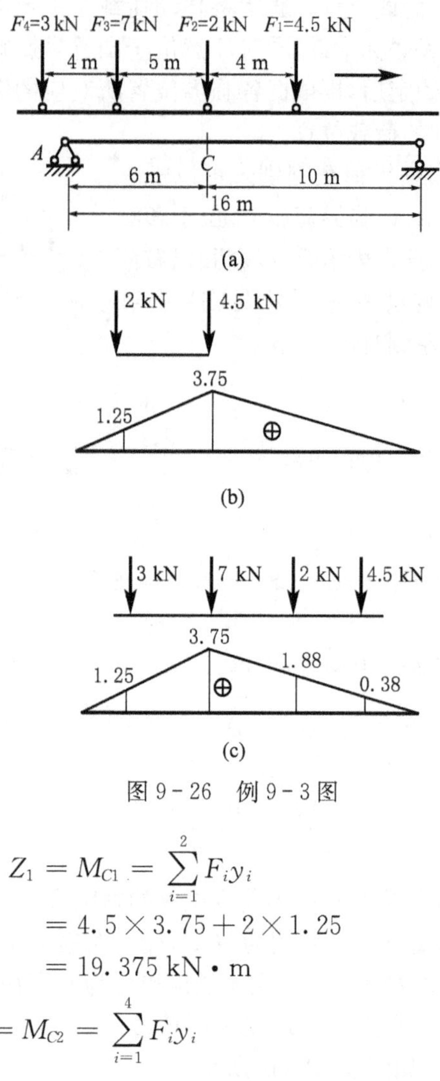

图 9-26　例 9-3 图

$$\begin{aligned} Z_1 = M_{C1} &= \sum_{i=1}^{2} F_i y_i \\ &= 4.5 \times 3.75 + 2 \times 1.25 \\ &= 19.375\ \text{kN} \cdot \text{m} \end{aligned}$$

$$Z_2 = M_{C2} = \sum_{i=1}^{4} F_i y_i$$

$$= 4.5 \times 0.38 + 2 \times 1.88 + 7 \times 3.75 + 3 \times 1.25$$
$$= 35.86\ \mathrm{kN \cdot m}$$

可见，Z_2 为 M_C 的最大值，对应产生 Z_2 时的荷载位置即为最不利荷载位置。此时 F_3 也称为最不利荷载，是荷载临界位置中产生影响量绝对值最大的一个。

表 9-2　例 9-3　临界荷载判别

$F_{R左}$	F_{cr}	$F_{R右}$
$F_2=2$	$F_1=4.5$ $\frac{6.5}{6}>\frac{0}{10}$ $\frac{2}{6}<\frac{4.5}{10}$	0 满足
$F_3=7$	$F_2=2$ $\frac{9}{6}>\frac{4.5}{10}$ $\frac{7}{6}>\frac{6.5}{10}$	$F_1=4.5$ 不满足
$F_4=3$	$F_3=7$ $\frac{10}{6}>\frac{6.5}{10}$ $\frac{3}{6}<\frac{13.5}{10}$	$F_2+F_1=6.5$ 满足
0	$F_4=3$ $\frac{3}{6}<\frac{9}{10}$ $\frac{0}{6}<\frac{12}{10}$	$F_3+F_2=9$ 不满足

二、任意布置的均布活荷载的最不利位置

在工程实际问题中，对于客运码头或桥梁上的人群，仓库中的堆物等一类荷载一般可看成均布的，而且可以任意地布置。在结构设计中，必须考虑这一类荷载作用下可能出现的最不利情况。

由于这类荷载可以任意布置，故其最不利位置易于确定。由式(9-9)可知，当均布活荷载布满影响线正号面积时产生最大影响量 Z_{max}；反之，当均布活荷载布满影响线负号面积部分时产生最小影响量 Z_{min}，对应产生最大、最小影响量时的荷载位置即是最不利的荷载位置。

图 9-27(a)所示一五跨连续梁，欲求支座截面 2 的弯矩、截面 B 的弯矩、支座

2 左右截面的剪力、截面 B 的剪力及支座 2 的反力最大、最小值,其相应的最不利荷载布置,如图9－27(b)至(k)所示。读者可据此自行总结出各种量值的最不利荷载位置的布置规律。

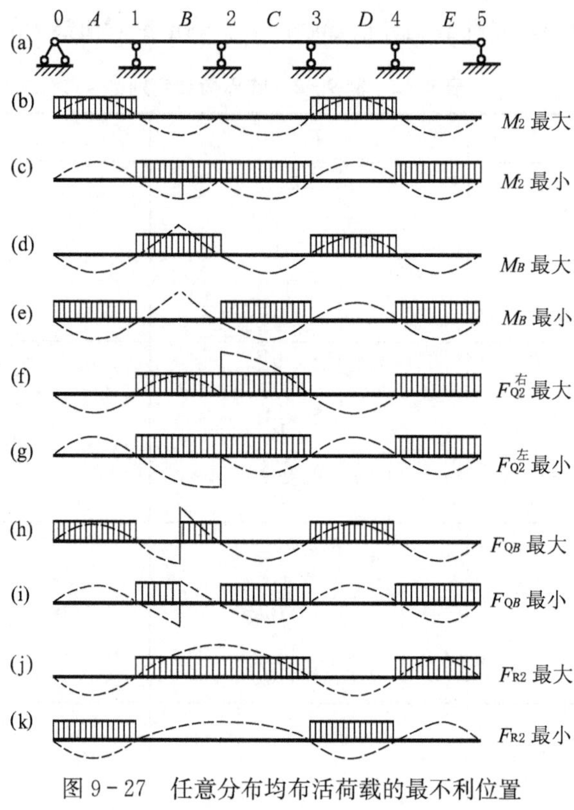

图 9－27　任意分布均布活荷载的最不利位置

三、一段均布荷载的最不利布置

码头的水平车、滑道上托船的平车,轮数较多,轮距较小,工程上往往把这种移动荷载折算成一段均布的等效移动荷载处理,以简化计算。

设有一段均布移动荷载 q 作用于一简支梁上,荷载长度为 S,如图 9－28(a)所示,要确定移动荷载对梁上任一截面弯矩的最不利位置。

首先绘出该量值的影响线,如图 9－28(b)所示。以 x 坐标表示荷载作用位置,然后由式(9－9)计算在该位置时的影响量

$$Z = q\Omega_{mn}$$

式中:q 为常量,影响量随着荷载长度范围内影响线面积 Ω_{mn} 而变化。当荷载向右有一微小位移 dx 时,则荷载段影响线的面积将减少 $y_m dx$,增加 $y_n dx$,因此影响量

的增量为

$$dZ = -qy_m dx + qy_n dx = q(y_n - y_m)dx$$

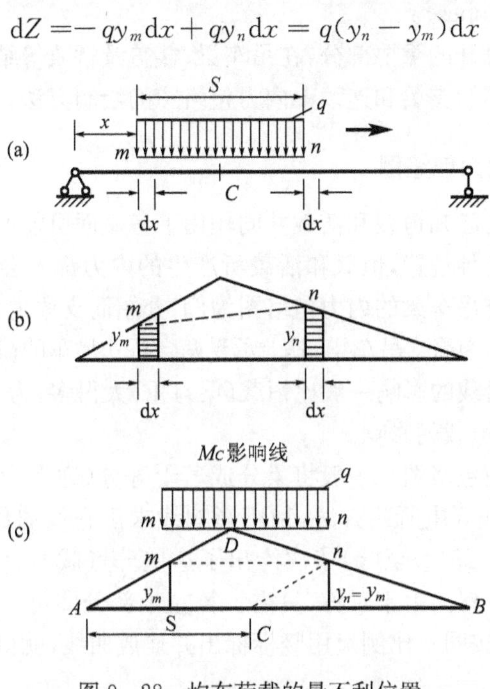

图 9-28　均布荷载的最不利位置

要使影响量有最大值，必须满足极值条件 $\frac{dZ}{dx} = 0$，即 $y_n = y_m$ 时荷载位置是最不利位置，如图 9-28(c)所示。此时，荷载线上的 m，n 点在影响线上的投影之间的连线 mn 必须与影响线的基线 AB 平行。因此，具体求解时，可用图解法，即在影响线的底边由 A 点量取长度 S 得 C 点，再由 C 点作 AD 的平行线，与 BD 交于 n 点，然后由 n 点作 AB 的平行线，与 AD 交于 m 点，此时即得到 $y_m = y_n$。从图上量出 y_m、y_n，即可得出荷载位置下影响线的面积 Ω_{mn}，将 Ω_{mn} 乘以均布荷载集度 q 即得最大影响量。

必须指出：当影响线是正负相交的多边形或曲线形时，可按上述方法找出产生极值的影响量，此时必须比较若干极大值中最大的一个，若干极小值中最小的一个(负值最大)才是最大最小影响量。

§9-9　包络图

一般结构都是受到恒载和活载的共同作用的，设计时必须考虑两者的共同影响，求出各个截面可能产生的最大和最小内力值，作为设计的依据。如果将梁上各截面的最大和最小内力值按同一比例标在图上,分别连成曲线,则这种曲线图形称为内力**包络图**(envelopes)。

包络图是结构设计的重要部分,在吊车梁、楼盖及桥梁等结构的设计中常常用到。本节将分别介绍简支梁和连续梁内力包络图的绘制方法。

一、简支梁的内力包络图

包络图表示梁在已知恒载和活载共同作用下各截面可能产生的内力的极限范围。不论活载处于何种位置,恒载和活载所产生的内力都不会超出这一范围。现以工程中常用的简支吊车梁的内力包络图为例,介绍简支梁内力包络图的作法。

图 9-29(b)所示为简支吊车梁,其上承受两台桥式吊车的荷载,如图9-29(a)所示。由于吊车梁上活载的影响一般比恒载(梁自重)大得多,为了简化计算,在作内力包络图时,可略去恒载的影响。

先绘制梁的弯矩包络图。一般将梁分成若干等分(通常为十等分),对每一分点所在截面均按§9-8中所述方法,利用影响线求出它们的最大弯矩(本例最小弯矩均为零)。图 9-29(c)至(g)依次绘出了这些分点截面上的弯矩影响线及其相应的最不利荷载位置。由于对称,只需计算左半部分即可。将这些分点的最大弯矩求出后,在梁上按同一比例尺用竖标标出并连成曲线,就得到该梁的弯矩包络图,如图 9-29(h)所示。

同理,可作出吊车梁的剪力包络图。各分点截面的剪力影响线及 $F_{Q\max}$ 相应的最不利荷载位置示于图 9-30(b)至(g)中。由于每一截面都将产生相应的最大剪力和最小剪力,故剪力包络图有两根曲线,如图 9-30(h)所示。

二、连续梁的内力包络图

房屋建筑中的梁板式楼面,水利工程中的梁板式码头以及公路桥梁等肋形楼盖体系中,其主梁、次梁均按连续梁计算。面板通常也近似当作连续梁计算。

连续梁所受荷载分为恒载和活载,而活载又分为移动集中荷载系和移动均布荷载系。作弯矩包络图时,必须求出任一截面在活载作用下可能产生的最大弯矩和最小弯矩,再叠加恒载作用下产生的弯矩。由于后者是固定不变的,所以关键在于确定前者。因连续梁的内力影响线都是曲线,比较复杂,常将它制成表格供查用。求一般移动集中荷载系作用下的弯矩最大值和最小值较困难,为简单起见,本节只介绍可动均布荷载作用下弯矩包络图的作法。

图 9-31(a)所示为一楼盖系统中的纵梁,为三等跨连续梁,跨长均等于 4 m,恒载 $q=20$ kN/m,均匀布满全梁,均布活载 $F=37.5$kN/m,可以作用在任意组合的几个整跨梁上。试绘制弯矩包络图。

首先沿梁轴线按精度要求分为若干等分段,例如 12 等分、13 个控制截面,如

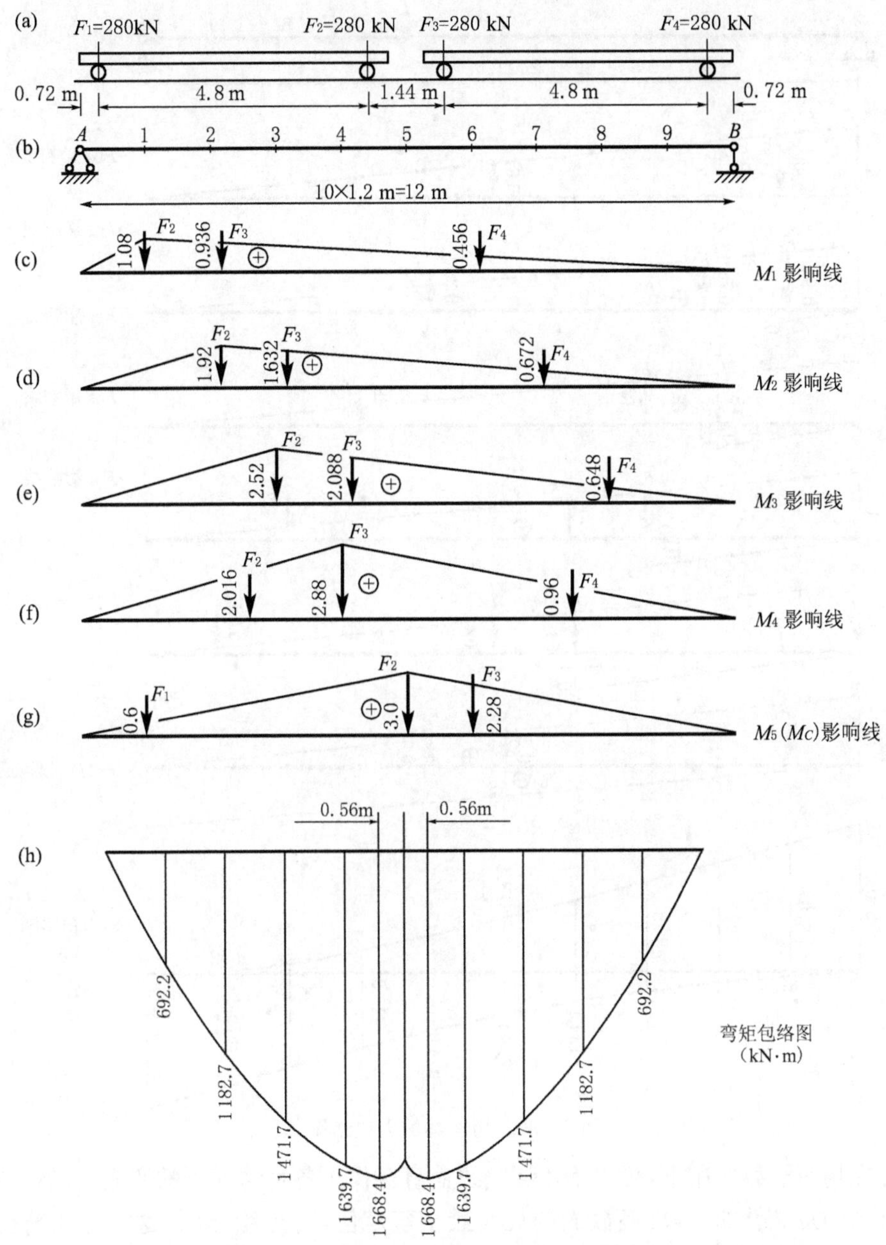

图 9－29　简支梁弯矩包络图

图9－31(a)所示。

在恒载 q 的作用下，用力矩分配法计算并作 M 图，如图 9－31(b)所示。

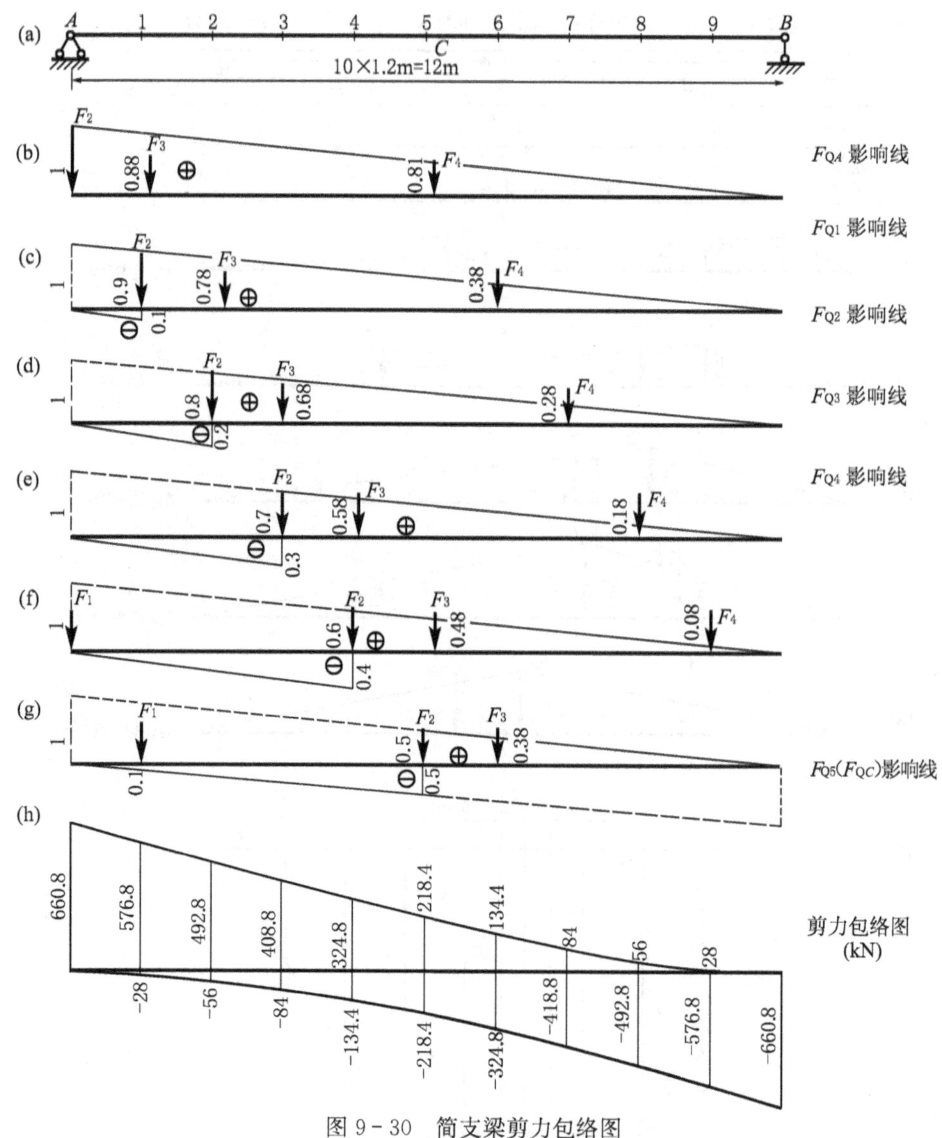

图 9-30 简支梁剪力包络图

在均布活载作用下,可以不用影响线而直接作出各种情况下的弯矩图,然后按包络图的意义叠加,得出各截面的最大最小弯矩值,再点绘作图,这样比较简捷。如将均布活载 F 分别布满第一跨、第二跨、第三跨并作出相应的弯矩图,如图 9-31(c)、(d)、(e)所示。

将每一截面在均布活载作用下产生的所有正弯矩(或负弯矩)和恒载 q 作用下产生的弯矩叠加,即得各截面弯矩的最大值(或最小值)。

例如,第一跨跨中截面 2 的最大(最小)弯矩为

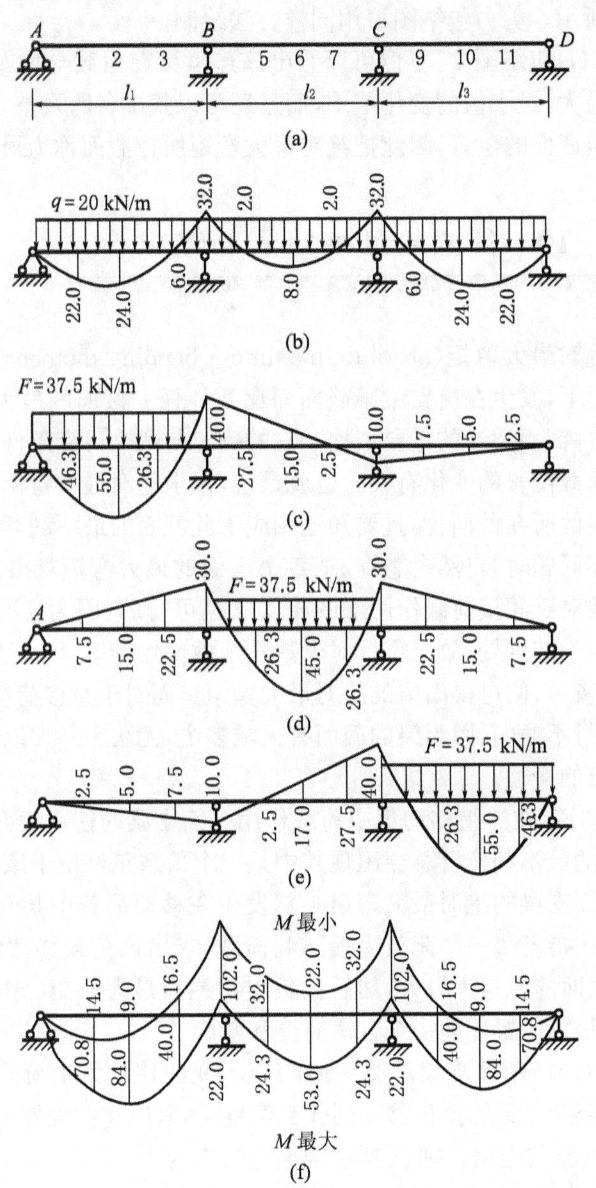

图 9-31　连续梁的弯矩包络图

$$M_{2\max} = M_{2\max}^{F} + M_{2}^{q} = 55.0 + 5.0 + 24.0 = 84.0\ \text{kN} \cdot \text{m}$$

$$M_{2\min} = M_{2\min}^{F} + M_{2\min}^{q} = -15.0 + 24.0 = 9\ \text{kN} \cdot \text{m}$$

其他截面弯矩的最大(最小)值可同理求得。

在求得所有各控制截面弯矩的最大、最小值后，可绘出该连续梁的弯矩包络图如图 9-31(f)所示。剪力包络图可用同样方法绘制。

在图 9-31(f)包络图中,不但可以看出该连续梁在恒载与均布活载作用下各个截面弯矩的最大、最小值的变化范围,而且还可以找出各跨及整个梁的绝对最大弯矩及其所对应截面的位置,因此把绝对最大弯矩所在截面称为最危险截面。

§9-10 简支梁的绝对最大弯矩

简支梁的**绝对最大弯矩**(absolute maximum bending moment)是指在移动的集中荷载系作用下,发生在简支梁某截面而比其他任一截面的最大弯矩都大的弯矩,它是结构构件截面设计的重要依据。它的确定与两个可变条件有关,即与截面位置的变化和荷载位置的变化有关。也就是说,欲求绝对最大弯矩,不仅要知道产生绝对最大弯矩的所在截面,而且要知道相应于此截面的最不利荷载的位置。

在解决上述问题时,自然会想到,把各个截面的最大弯矩求出来,然后再加以比较。这个方法对于间接荷载作用下的简支梁是可行的,因为这时梁的绝对最大弯矩恒发生在某一结点处,故只需针对少数几个截面用§9-8所述方法求得其最大弯矩,加以比较后,便可得出梁的绝对最大弯矩。而对于直接荷载作用下的简支梁,这个方法是行不通的,因为梁的截面有无限多个,无法一一加以比较。因此,必须寻求其他可行的途径。

从§9-8知道,在一组移动集中荷载作用下简支梁的任一截面发生最大弯矩时,其相应荷载的最不利位置总会出现其中某一个荷载正好位于该截面上的情况。由此可知,对于简支梁的绝对最大弯矩必然发生在移动荷载中某一个力所在的截面。因此,可依次指定每一个荷载为最不利荷载,求出该荷载移动到什么位置时,与之重合的梁截面的弯矩为最大,然后比较得出绝对最大弯矩。由于移动荷载的数目是有限的,该方法要比前一个方法简捷和精确。

如图 9-32(a)所示简支梁承受一组间距不变的移动集中荷载系的作用。假设 F_i 为最不利荷载。现在求 F_i 移动到什么位置时,其所在截面发生最大弯矩。用 x 表示 F_i 与 A 支座的距离。则 F_i 所在截面的弯矩为

$$M_i(x) = F_{RA}x - F_1S_1 = F_{RA}x - M_i^{左} \tag{a}$$

式中:$M_i^{左}$ 为 F_i 左边的所有作用力对截面 i 产生的弯矩。若用 F_R 表示梁上移动荷载系的合力,用 d 表示合力 F_R 与最不利荷载 F_i 之间的距离,由梁的整体平衡条件

$$\sum M_B = 0, \quad F_{RA} = \frac{1}{l}F_R(l - x - d) \tag{b}$$

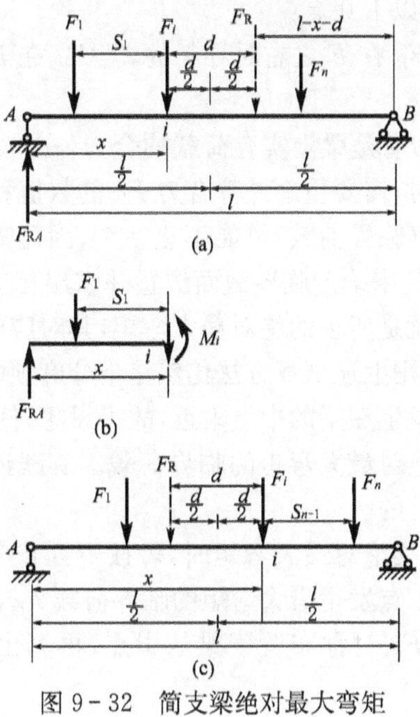

图 9 - 32　简支梁绝对最大弯矩

将上述式(b)代入式(a)，则

$$M_i(x) = \frac{F_{\mathrm{R}}}{l}(l - x - d)x - M_i{}^{\text{左}}$$

当荷载移动时，梁上荷载数目没有增减，则 F_{R} 和 $M_i{}^{\text{左}}$ 均为常数。为了求 M_i 的最大值，可由 $\frac{\mathrm{d}M_i}{\mathrm{d}x} = 0$，得

$$\frac{F_{\mathrm{R}}}{l}(l - 2x - d) = 0$$

$$x = \frac{l}{2} - \frac{d}{2} \tag{9-12}$$

式(9 - 12)表示使弯矩 $M_i(x)$ 为最大值时 F_i 的位置(即临界截面位置)，也表示了 F_i 所在截面弯矩为最大值时，梁上荷载的合力 F_{R} 与 F_i 分别处在梁的中点两边对称位置。于是可得出结论：任何一个假设的最不利荷载(也称临界荷载)F_i 作用点处截面内的最大弯矩，发生在当跨度中点恰好平分 F_i 与合力 F_{R} 之间的距离处。

根据以上结论，可以定出临界截面位置，此时最大弯矩为

$$M_{\max} = F_{\mathrm{R}}\left(\frac{l}{2} - \frac{d}{2}\right)^2 \frac{1}{l} - M_i{}^{\text{左}} \tag{9-13}$$

应用上面公式时,应注意以下几点:

(1)式(9-12)是当 F_R 在 F_i 之右时导得的,若 F_R 在 F_i 之左时,d 要用"-"值代入。

(2)在式(9-12)中,F_R 是梁上实有荷载的合力,在排放 F_R 的位置时,若梁上有新的荷载进入或离开时,需要重新计算合力 F_R 的数值和位置。

(3)由于最不利荷载(临界荷载)可能不止一个,因此需要试算,应将荷载系中的每一个荷载都假设为 F_i 来确定临界截面位置并求出相应的弯矩值,即极值。比较这些极值中的最大者就是所求的绝对最大弯矩,其对应的截面就是最危险截面。

若荷载数目较多时,用上述试算方法仍然是十分麻烦的。经验告诉我们,简支梁的绝对最大弯矩总是发生在梁的中点附近,故可设想,使梁的中点发生最大弯矩的临界荷载也就是发生绝对最大弯矩的临界荷载。实践证明,这种设想在一般情况下都是与实际情况相符的。

因此,实际计算简支梁绝对最大弯矩时,可按下列步骤进行:首先,按§9-8所述方法判定使梁跨度中点发生最大弯矩的临界荷载 F_{cr},然后移动荷载组,使 F_{cr} 与梁上全部荷载的合力 F_R 对称布置于梁的中点,再算出此时 F_{cr} 所在截面的弯矩,即得绝对最大弯矩。

例 9-4 试求图9-33(a)所示简支梁在所给移动荷载作用下的绝对最大弯矩。图中长度单位为 m,力的单位为 kN。

解 先作出梁中点截面 C 的弯矩 M_C 的影响线,如图 9-33(b)所示,并找出其相应的临界荷载 F_{cr}。

将力 2 置于截面 C 的左、右两边,按判别式(9-11),有

$$\frac{30+30}{10}>\frac{20+10+10}{10},\quad \frac{30}{10}<\frac{30+20+10+10}{10}$$

因其他力在截面 C 时都不满足式(9-11),故知力 2 即是使梁跨中截面 C 发生最大弯矩的临界荷载 F_{cr},此荷载也就是发生绝对最大弯矩的临界荷载。

设合力 F_R 距力 5 的距离为 x',因

$$F_R x' = 10\times 2+20\times 4+30\times 6+30\times 8 = 520\ \text{kN}\cdot\text{m}$$

故

$$x' = \frac{520}{F_R} = \frac{520}{100} = 5.2\ \text{m}$$

求得

$$d = 0.8\ \text{m}$$

使力 2 与合力 F_R 对称于梁的中点,如图 9-33(c)所示,或者直接按式(9-12)

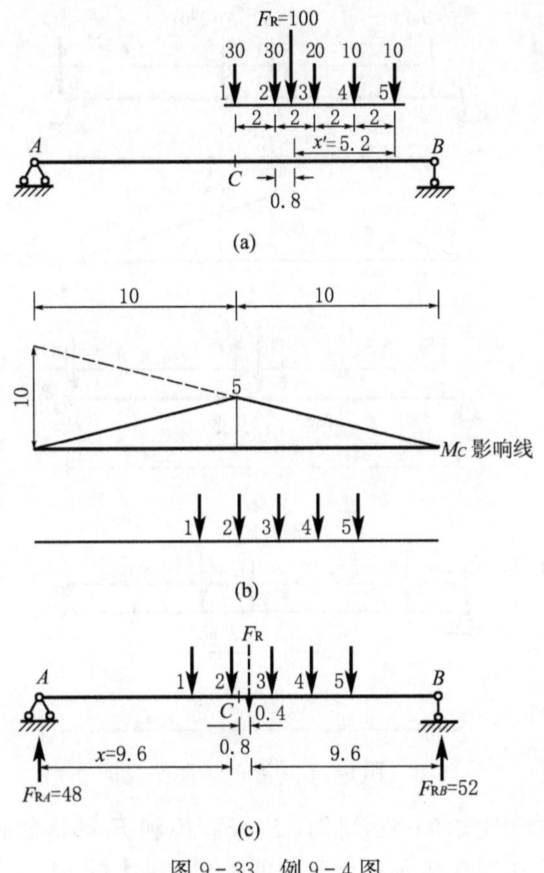

图 9－33　例 9－4 图

计算,可得

$$x = \frac{20 - 0.8}{2} = 9.6\ \mathrm{m}$$

故

$$F_{RA} = \frac{100 \times 9.6}{20} = 48\ \mathrm{kN}$$

据此求得绝对最大弯矩为

$$M_{max} = F_{RA}x - M_i^{左} = 48 \times 9.6 - 30 \times 2 = 400.8\ \mathrm{kN \cdot m}$$

例 9－5　试求图9－34(a)所示吊车梁的绝对最大弯矩。梁上承受两台桥式吊车荷载,已知吊车轮压为 $F_1 = F_2 = F_3 = F_4 = 280\ \mathrm{kN}$。图中长度单位为 m,力的单位为 kN。

解　首先求出使跨中截面 C 发生最大弯矩的临界荷载。M_C 的影响线,如图

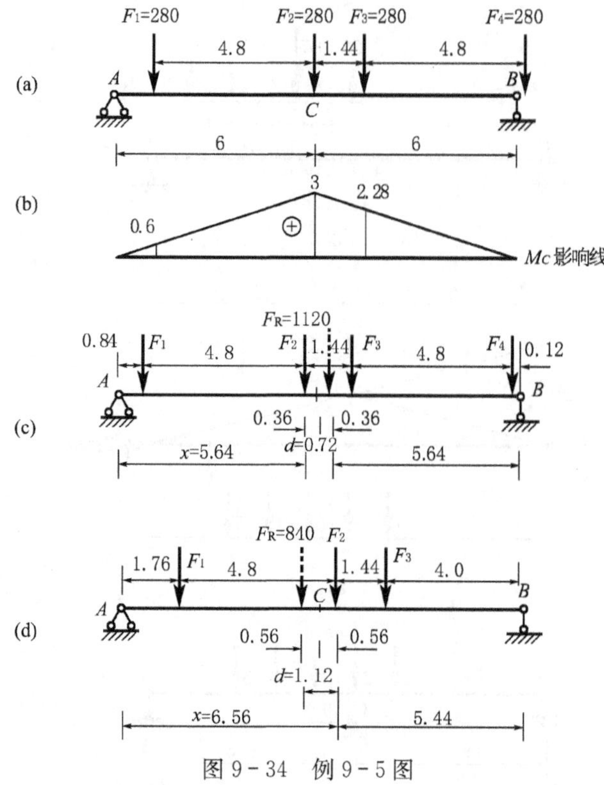

图 9－34　例 9－5 图

9－34(b)所示。按判别式(9－11)可知，F_1、F_2、F_3和 F_4都是截面 C 的临界荷载。显然，只有 F_2或 F_3作用在截面 C 处时才可能产生最大的 $M_{C\max}$。当 F_2作用在截面 C 处时，如图 9－34(a)所示，相应地 M_C 的最大值为

$$M_{C\max}=280\times(0.6+3+2.28)=1\,646.4\ \text{kN}\cdot\text{m}$$

同理，可求得 F_3作用在截面 C 处时产生的最大弯矩值，由对称性可知，它也等于1 646.4 kN · m。

因此，F_2和 F_3都可能是产生绝对最大弯矩的临界荷载。由于对称，按这两种情况所求得的结果将是相同的，故只需考虑一种。现以 F_2为例来计算绝对最大弯矩。为此，使 F_2与梁上荷载的合力 F_R 对称于梁的中点布置。此时，应注意到将出现两种可能的极值情况：

(1) 梁上有四个荷载的情况，如图 9－34(c)所示。这时，F_2在合力 F_R 的左方。相应地有

$$F_R=280\times4=1\,120\ \text{kN}$$

$$d=\frac{1.44}{2}=0.72\ \text{m}$$

$$x=\frac{12-0.72}{2}=5.64\ \text{m}$$

由此可求得 F_2 作用处截面的弯矩为

$$M_i=\frac{F_R}{l}(l-x-d)x-M_i^{左}$$

$$=\frac{F_R}{l}x^2-M_i^{左}=\frac{1\,120}{12}\times5.64^2-280\times4.8=1\,624\ \text{kN}\cdot\text{m}$$

它比 $M_{C\max}$ 小，显然不是绝对最大弯矩。

(2) 梁上只有三个荷载的情况，如图 9-34(d)所示。此时，F_2 在合力 F_R 的右方。相应地有

$$F_R=280\times3=840\ \text{kN}$$

$$d=\frac{280\times4.8-280\times1.44}{840}=1.12\ \text{m}$$

$$x=\frac{12+1.12}{2}=6.56\ \text{m}$$

据此可求得

$$M_{\max}=M_i=\frac{F_R}{l}x^2-M_i^{左}$$

$$=\frac{840}{12}\times6.56^2-280\times4.8=1\,668.4\ \text{kN}\cdot\text{m}$$

故该吊车梁的绝对最大弯矩为 1 668.4 kN · m。

§9-11　位移影响线

前面较为详细地叙述结构支座反力与内力影响线的绘制与应用，本节介绍位移影响线的绘制方法。

依据定义，设有一个方向不变的单位荷载 $F=1$ 在结构上移动，结构指定处所指定位移随单位荷载位置变化的图线，称其为位移影响线。

位移影响线本质上是通过结构位移计算获得位移影响线方程，借助位移互等定理很容易理解。下面以图 9-35(a)所示简支梁为例进行说明。假设在距 A 支座距离为 x 的单位荷载 $F=1$ 作用下，与 K 点拟求位移对应的位移如图 9-35(b)所示，K 点位移用 δ_{KF} 表示。欲求解 δ_{KF}，依据结构位移计算的单位荷载法，需在该简支梁的 K 点作用一个与拟求位移对应的广义单位荷载 $F_K=1$，在此固定的广义

荷载 F_K 作用下，其位移曲线如图 9-35(c)所示，在荷载 $F=1$ 处对应位移用 δ_{FK} 表示。依据位移互等定理，$\delta_{KF}=\delta_{FK}$。因此图 9-35(b)所示，K 点位移 δ_{KF} 的计算亦可转换为图 9-35(c)所示的 δ_{FK} 的计算。位移 δ_{FK} 的计算可应用结构位移计算的单位荷载法完成。即分别作出 $F=1$(位置在 x 处)及 $F_K=1$(位置固定在 K 点处)的内力图，利用位移计算公式计算。

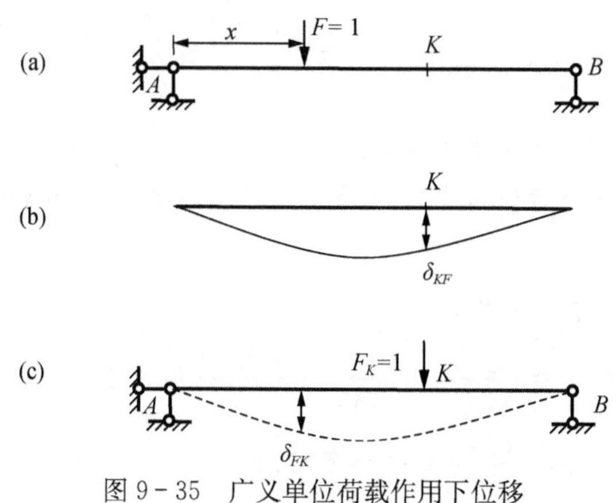

图 9-35　广义单位荷载作用下位移

例 9-6　试作出图 9-36(a)所示结构 A 端转角位移影响线，$EI=$常数。

解　(1) 设单位定向荷载 $F=1$ 在距 A 支座 x 处，作出对应弯矩图如图 9-36(b)所示。

(2) 如图 9-36(c)所示，在所求位移的 A 端施加单位力偶 $M_A=1$，作出对应弯矩图如图 9-36(d)所示。

(3) 利用位移计算公式得到位移影响线方程。

$$\theta_{AF}=\frac{1}{EI}\left[\frac{1}{3}\times\frac{x(l-x)}{l}\times\frac{l-x}{l}\times x+\frac{1}{6}\times\frac{x(l-x)}{l}\times 1\times x+\frac{1}{3}\times\frac{x(l-x)}{l}\times\frac{l-x}{l}\times(l-x)\right]=\frac{x(l-x)(2l-x)}{6EIl}$$

依据位移影响线方程，可以绘制出 A 截面转角位移影响线。

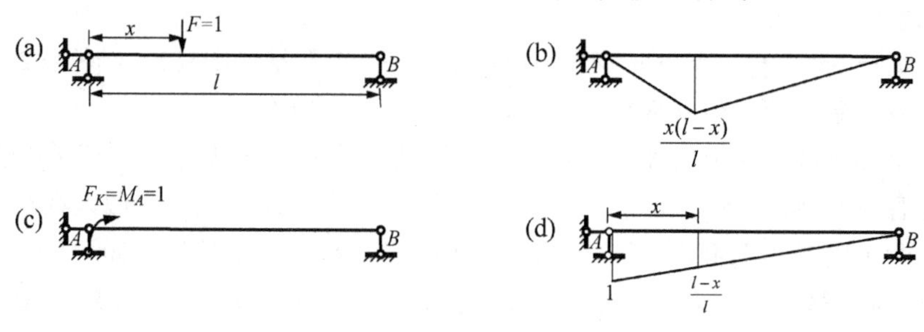

图 9-36

思考题

9-1　内力影响线、内力图及内力包络图有何区别？试区分图示中哪个是弯矩图（什么荷载，作用于何处？），哪个是弯矩影响线图（是哪个截面的？）。

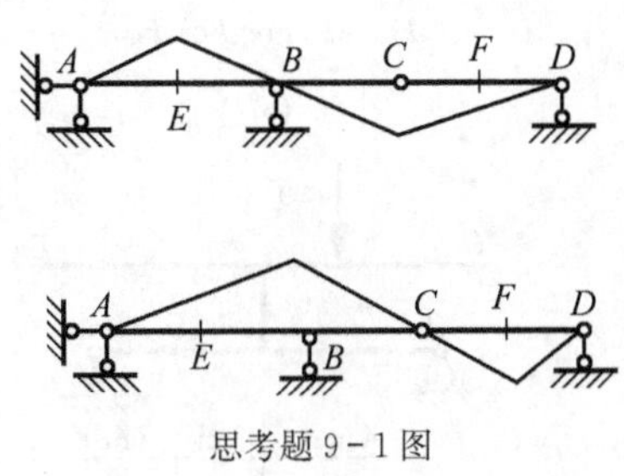

思考题 9-1 图

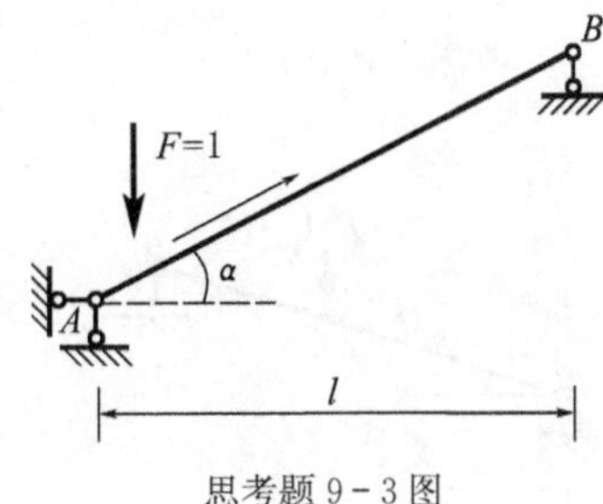

思考题 9-3 图

9-2　简支梁 C 截面剪力影响线有何特点？为什么？

9-3　用机动法作图示简梁的 F_{RB} 的影响线，并比较影响线与实际位移图的差别。

9-4　试讨论如何求图示梁悬臂端 B 的挠度影响线？

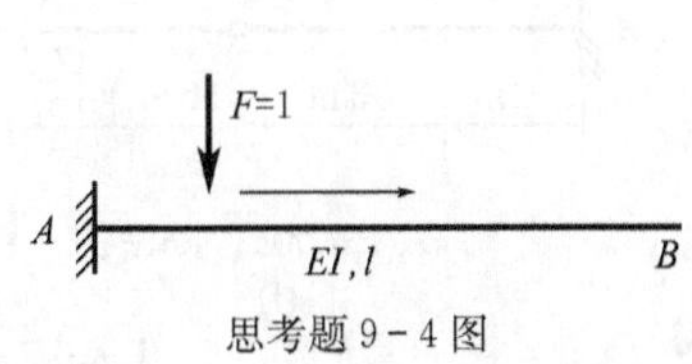

思考题 9-4 图

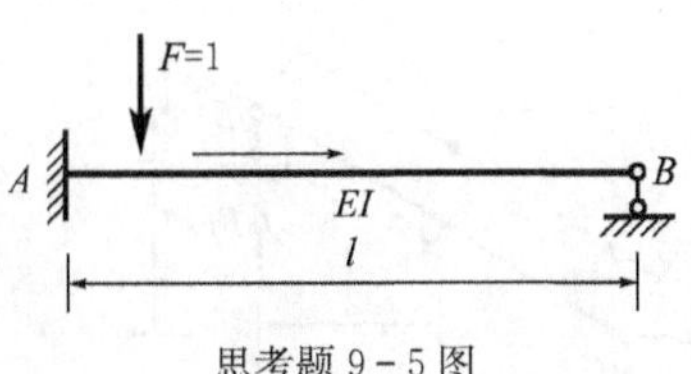

思考题 9-5 图

9-5　试分析怎样不经计算，求图示梁在移动荷载作用下 M_A 影响线之中点纵坐标？

9-6　在什么情况下，简支梁在集中移动荷载作用下绝对最大弯矩发生在跨中截面处？

9-7　试讨论影响线的应用对非线性弹性结构是否适用。

习　题

9-1　图 a 为简支梁在图示荷载作用下的 M 图，图(b)为同一简支梁截面 E 的弯矩 M_E 的影响线，试分别扼要说明上述两图中竖标 y_C、y_D 和 y_E 的含义。

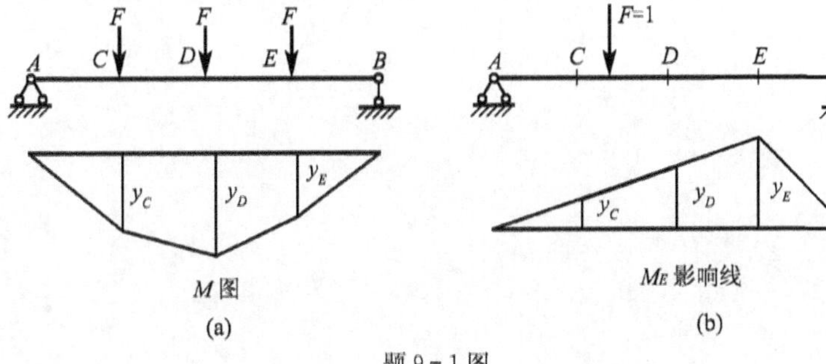

题 9-1 图

9-2 试用静力法作图示结构中指定量值的影响线,并用机动法校核。

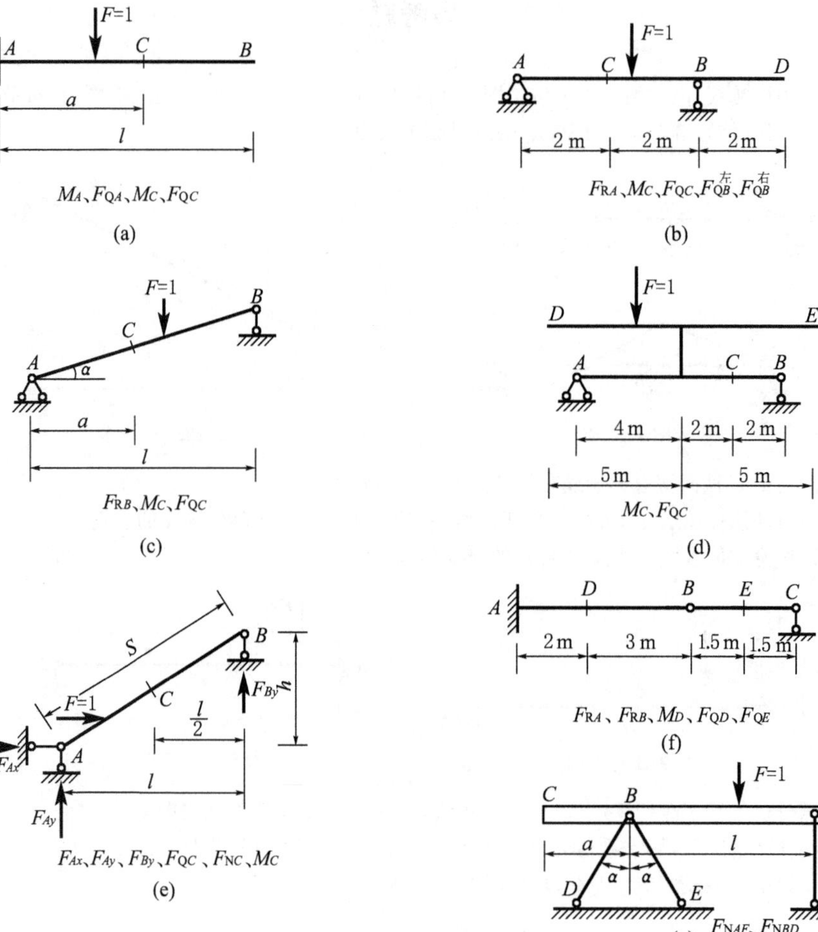

题9-2图

9-3　试作图示静定梁在直接或间接荷载作用下指定量值的影响线。

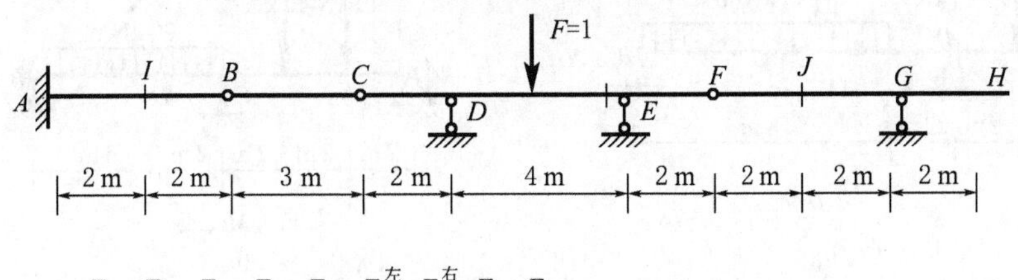

F_{RA}、F_{RC}、F_{RD}、F_{RF}、F_{RG}、$F_{QD}^{左}$、$F_{QE}^{右}$、F_{QI}、F_{QJ}

(a)

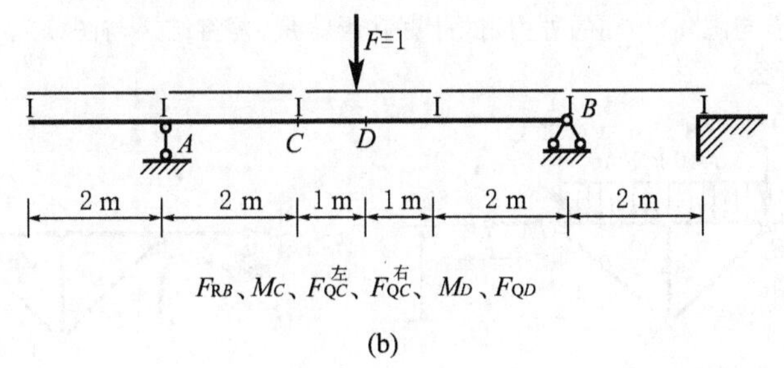

F_{RB}、M_C、$F_{QC}^{左}$、$F_{QC}^{右}$、 M_D 、F_{QD}

(b)

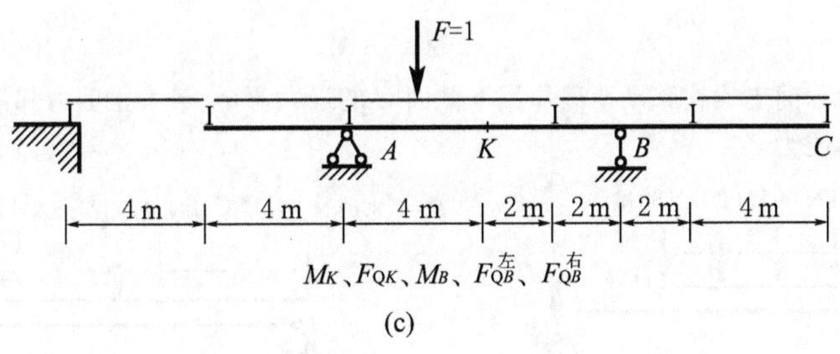

M_K、F_{QK}、M_B、$F_{QB}^{左}$、$F_{QB}^{右}$

(c)

题 9-3 图

9-4　试作图示桁架中指定杆件的内力影响线，分别考虑 $F=1$ 在上弦和下弦移动时的情形。

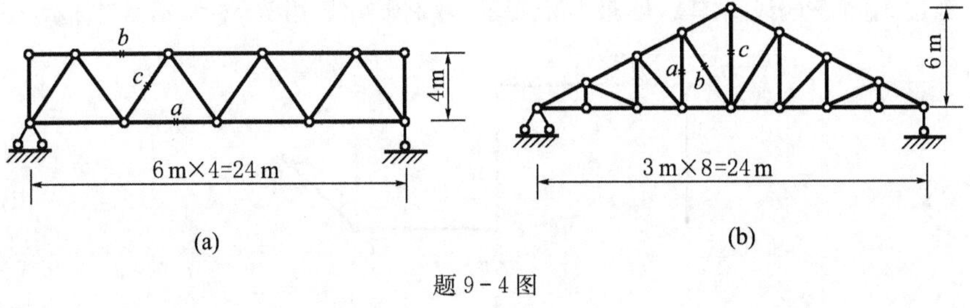

(a)　　(b)

题 9-4 图

9-5 试利用影响线,求下列结构在图示固定荷载作用下指定量值的大小。

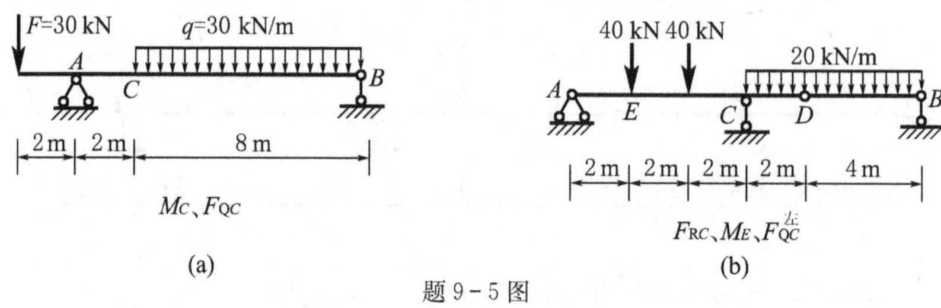

题 9-5 图

9-6 试绘制如题 9-6 图(a)所示结构在荷载作用下的内力图;绘制图(b)F_{NCD}的影响线。设图(b)受有与图(a)相同的外力,试计算其影响量,再将结果与图(a)的结果比较,是否相等?为什么?

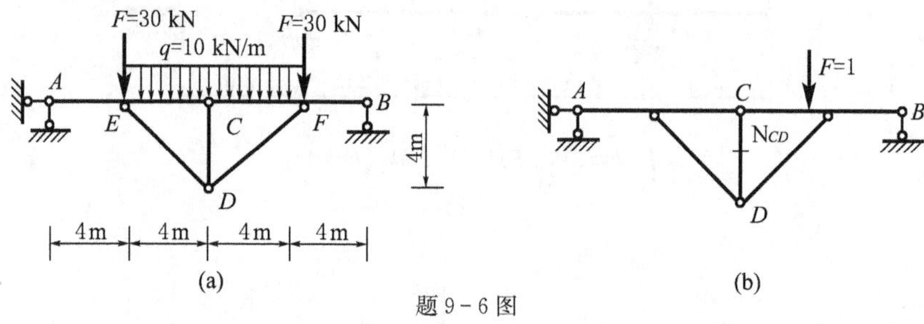

题 9-6 图

9-7 试求图示简支梁在移动荷载作用下截面 C 的最大弯矩、最大正剪力和最大负剪力。图中长度单位为 m。

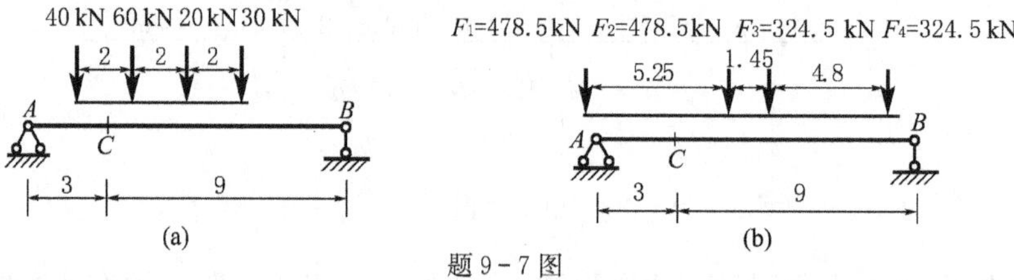

题 9-7 图

9-8 图示结构在 C 点装有马达,其离心力为 F,方位 φ 在 0～2π 之间变化(仅考虑静力影响),试绘出 F_{RB} 的影响线,求其最大、最小值(提示:绘制影响线,用横坐标示 φ,纵坐标示 F_{RB})。

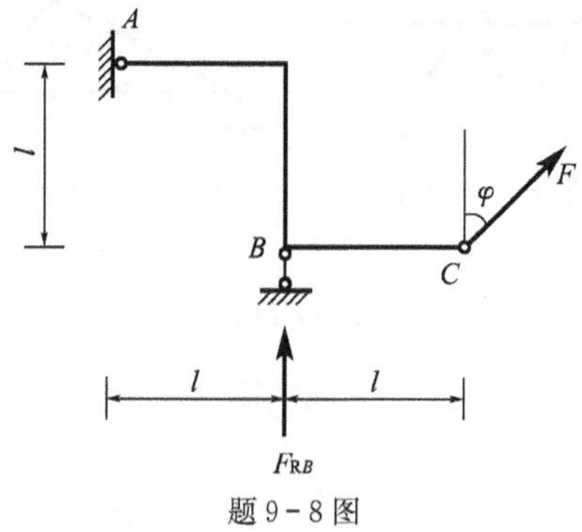

题 9-8 图

9-9　绘制图示结构的反力 F_{RB} 及剪力 $F_{QB}^{右}$ 的影响线。设有一段匀布移动荷载，如图(b)所示在结间梁上移动时，试求 $F_{QB}^{右}$ 的最大值与最小值。

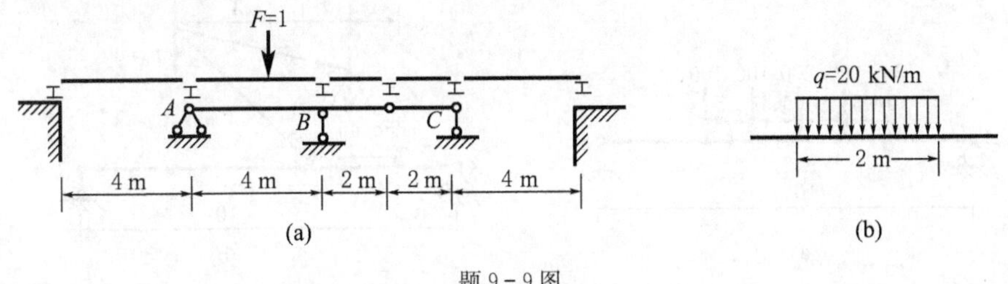

题 9-9 图

9-10　试绘制图示结构截面 K 的弯矩影响线并求图(b)所示移动荷载系作用时 M_K 的最大值与最小值。

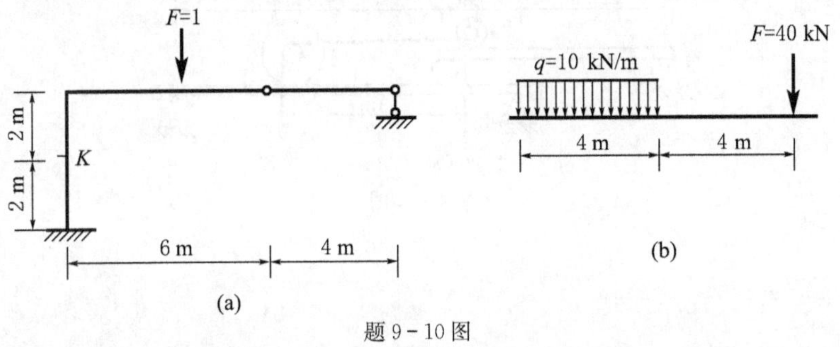

题 9-10 图

9-11　如图示结构，用虚位移原理证明：在单位定向移动荷载的作用下，当沿 M_A 方向发生一单位虚位移时，荷载移动线的虚位移图就是支座弯矩 M_A 的影响线。

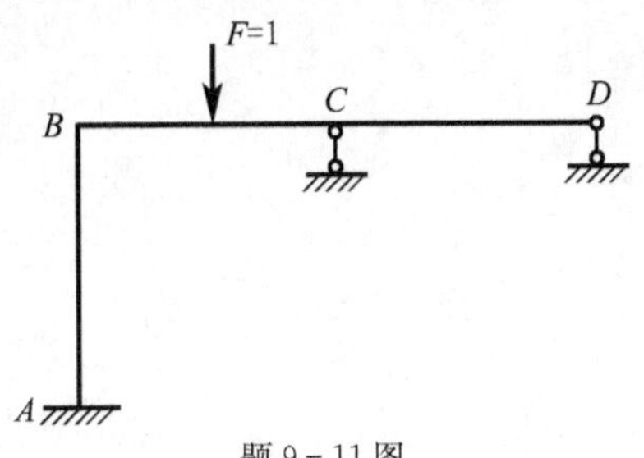

题 9-11 图

9-12　图示楼盖系统中的主梁为三等跨等截面连续梁，跨长 $l=3\text{ m}$，永久荷载 $q=15\text{ kN/m}$，均匀布满全梁；设移动荷载为 $p=35\text{ kN/m}$，均匀分布，可以作用在任意组合的几个整跨上。试分别绘制弯矩包络图和剪力包络图(取三分之一跨为一计算截面)。

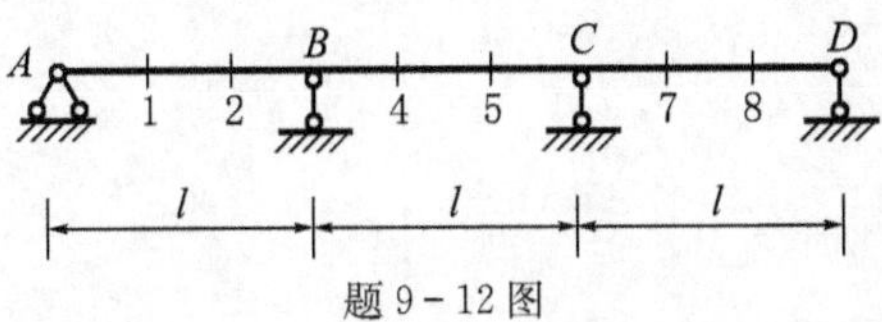

题 9-12 图

9-13 试求图示简支梁在移动荷载作用下的绝对最大弯矩。图中单位长度为 m,力的单位为 kN。

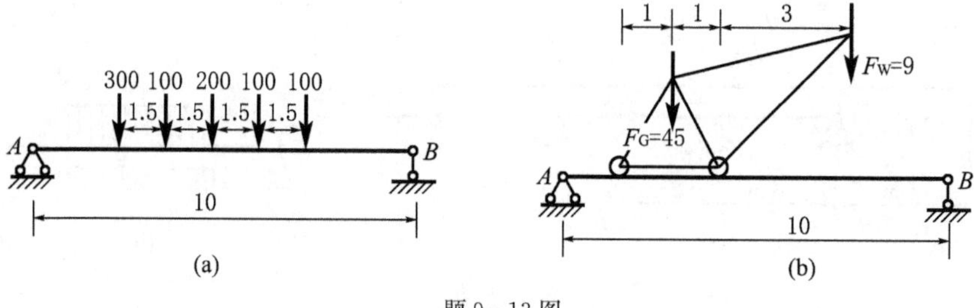

题 9-13 图

9-14 求下图所示体系中梁 *CD* 的绝对最大弯矩。

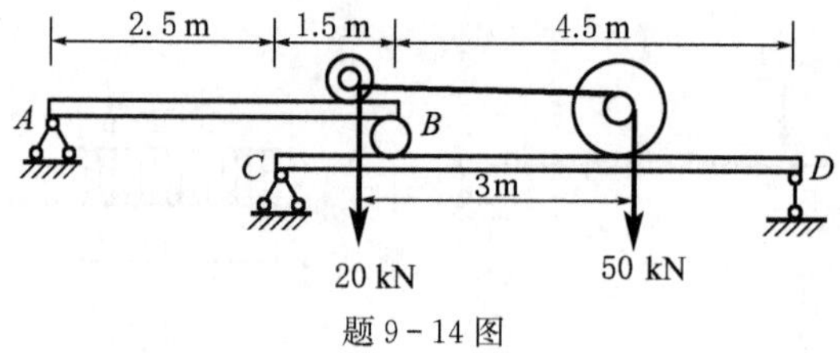

题 9-14 图

第10章 超静定结构补充讨论

超静定结构的计算方法按基本未知量的不同分为力法和位移法两类；按求解基本方程的不同有直接解法和迭代渐近法；按求解条件所列方程的表达形式不同分为静力法和能量法；按计算手段的不同有手算和电算；势能法是能量形式的位移法，余能法是能量形式的力法。本章讨论了超静定结构基本解法的拓展和联合应用、结构计算中的能量法，还讨论了复杂工程结构计算简图的进一步简化。

§10-1 超静定结构计算方法的讨论

一、超静定结构基本解法的分类

超静定结构的求解方法，主要根据所取基本未知量的性质，可以分为力法和位移法两大类。力法以多余约束力为基本未知量，位移法则以结点位移为基本未知量。以力法和位移法为基础还衍生出其他一些方法。力矩分配法就是以位移法为基础的渐近法。从代数学的角度来看，力矩分配法和位移法只是解线性方程组(位移法典型方程)时采用了不同方法。下面以两个角位移未知量问题为例说明力矩分配法的代数背景。这个问题的位移法典型方程为

$$k_{11}\varphi_1 + k_{12}\varphi_2 + F_{R1F} = 0 \tag{10-1}$$

$$k_{21}\varphi_1 + k_{22}\varphi_2 + F_{R2F} = 0 \tag{10-2}$$

改写成迭代形式为

$$\varphi_1 = -\frac{1}{k_{11}}(k_{12}\varphi_2 + F_{R1F}) \tag{10-3}$$

$$\varphi_2 = -\frac{1}{k_{22}}(k_{21}\varphi_1 + F_{R2F}) \tag{10-4}$$

进行迭代求解(并作力矩分配法说明):

(1) 令 $\varphi_2 = 0$,由式(10-3)得 φ_1'(固定2结点,放松1结点)。

(2) 将 φ_1' 代入式(10-4)得 φ_2'(固定1结点,放松2结点,$k_{21}\varphi_1$ 为传递弯矩),经以上两步,F_{R1F}、F_{R2F} 已被分配,方程被修改为

$$\varphi_1 = -\frac{1}{k_{11}}(k_{12}\varphi_2) \tag{10-5}$$

$$\varphi_2 = -\frac{1}{k_{22}}(k_{21}\varphi_1) \tag{10-6}$$

(3) 将 φ_2' 代入式(10-5)得 φ_1''(再次固定2结点、放松1结点)。

(4) 将 φ_1'' 代入式(10-6)得 φ_2''(再次固定1结点、放松2结点)。重复(3)、(4)步直至收敛到精度要求时止。最后得

$$\varphi_1 = \varphi_1' + \varphi_1'' + \cdots$$

$$\varphi_2 = \varphi_2' + \varphi_2'' + \cdots$$

由上可见,力矩分配法实际上是用迭代渐近法求解线性方程组,以结点位移为基本未知量,不过改用杆端弯矩进行运算;相应于分配弯矩为 $S_{1i}\varphi_1'$,$S_{2j}\varphi_2'$,…。S_{1i}、S_{2j}表示杆 $1i$、$2j$ 的抗弯劲度;相应于传递弯矩为 $k_{21}\varphi_1'$、$k_{12}\varphi_2'$,…。

后面要简介的附加连杆法和无剪力分配法也都属于位移类方法。

此外,结构力学现代发展的矩阵分析方法,则是以矩阵形式表示、用电子计算机运算的一种方法,其基本原理仍然是力法或位移法,其中以位移法为原理的方法称为矩阵位移法,应用广泛。

二、求解超静定结构的三方面条件

求解超静定结构的内力和位移必须满足**平衡条件**(equilibrium condition)、**几何条件**(geometrical condition)和**物理条件**(physical condition)。虽然求解静定结构的内力只要求满足平衡条件,但要求其位移仍然需要满足以上三方面条件。

实际工程结构通常处于静止平衡状态,整个结构或其中任一局部都应当满足平衡条件,即所受之荷载、反力和内力都满足平衡方程。例如对平面力系有 $\sum F_X = 0$、$\sum F_Y = 0$、$\sum M = 0$ 三个平衡方程。为了研究变形体的需要(例如讨论虚功原理时),静力平衡条件可表示为杆件的平衡微分方程、杆端(包括支座)的静力边界条件和结点的静力联结条件的形式。

结构要满足的几何方面条件，是指结构在发生变形和位移时仍保持完整连续的，没有断开和重叠现象，在支座处仍保持原有约束状态。例如在受弯杆截开处两侧的三个方向相对位移均应为零 ($\Delta_1 = 0$、$\Delta_2 = 0$、$\Delta_3 = 0$)，在解除连杆支座处沿连杆方向位移应为零 ($\Delta_1 = 0$) 等。这些条件称为位移协调条件。同样为了研究的需要，几何条件也表示为杆件的应变位移微分关系、杆端(包括支座)的几何边界条件和结点的几何联结条件的形式。

在结构静力学中，通常假设材料满足线性弹性关系，所以力与变形的关系，即物理条件由虎克定律所描述。对杆件结构常以内力 F_N、F_Q、M 与广义应变 ε、γ、κ 之间的关系表示物理方程，在讨论荷载作用下结构位移计算公式时曾应用过。

超静定结构内力计算，无论是力法还是位移法，都是在满足上述三方面条件下进行的。在力法中，最后内力由叠加得到

$$M = \sum_i \overline{M}_i F_i + M_F$$

因为 $\overline{M}_i$ 和 M_F 已经满足平衡条件，无论 F_i 为何值，内力 M 都满足平衡条件，而多余力 F_i 则是由代表位移协调条件的力法典型方程求出的，因此满足几何条件。而力法方程中的系数和自由项则是在满足线弹性物理条件下计算的。因此，最后内力也就满足这三方面条件。在位移法中，各单跨超静定梁的计算基于力法的结果(即转角位移方程)，故各种条件(包括物理条件)已经满足，只需考虑各单跨梁在结点处结合为整体时，必须满足结点的位移联结条件和力的联结条件。由于在确定位移法未知量时已经满足结点位移协调条件(例如，刚结点处各杆端转角相同且等于该刚结点转角以及独立线位移的确定等)，而确定结点位移的位移法典型方程正是反映结点处力的联结条件的结点力矩平衡方程或截面剪力的平衡方程。因此，位移法同样是根据这三方面条件来计算内力的。

以上所述解法都是直接应用平衡条件、几何条件和物理条件来求解结构的内力和位移的，在结构静力分析中称为静力法。结构分析中还有一种解法，把平衡条件和几何条件用相应的虚功条件或能量条件来代替，这种解法叫作虚功法或能量法。在前面讨论变形体虚功原理的应用中，曾把虚位移方程当作平衡方程来用，把虚力方程当作几何方程来用。后面将简单介绍弹性结构的两个能量原理及其相应的能量法。

三、超静定结构解法选择

各种超静定结构的计算方法是各有特点的，对不同的结构形式应选择适宜的解法，使计算工作量减少。从手算的角度可做如下选择。

力法适宜于低次超静定刚架、超静定桁架、超静定拱、超静定组合结构；位移法适宜于结点位移少的刚架；力矩分配法适宜于连续梁、无侧移刚架；后面将要介绍

的附加连杆法和无剪力分配法适宜于有侧移刚架。

§10-2 超静定结构基本解法的推广与联合应用

一、基本未知量的推广

力法只取多余力为未知量,适宜解多余力少的结构;位移法只取结点位移为未知量,适宜解结点位移少的结构。当结构的某一部分多余力少,结点位移多,而另一部分则相反,这时,可以在前一部分取多余力为未知量,而在后一部分取结点位移为未知量,即取两种未知量进行求解更为合适,这就是混合法。

混合法(mixed methods)是力法(force method)和位移法(displacement method)的混合使用。力法的基本未知量是力,位移法的基本未知量为位移,混合法则同时为力和位移。

对于超静定次数低而结点位移多的刚架,用力法计算比较简便;相反,超静定次数高而结点位移少的刚架用位移法计算较简便。如果刚架的一部分超静定次数低而结点位移多,另一部分超静定次数高而结点位移少,则前者取力、后者取位移作为基本未知量,用混合法计算较简便。

图 10-1(a)所示刚架,若用力法求解,则超静定次数左部为 1,右部为 3,共计为 4;若用位移法求解,结点角位移和线位移左部为 2,右部为 1,共计 3 个。现用混合法求解。左部取力 F_1、右部取结点角位移 φ_2 作为基本未知量,则得图 10-1(b)所示的基本系。

比较基本系与原结构在解除约束处和附加约束处的位移和力,可得混合法的典型方程

$$\begin{cases}\Delta_1 = 0, \quad \delta_{11} F_1 + \delta'_{12}\varphi_2 + \Delta_{1F} = 0 \\ F_{R2} = 0, \quad k'_{21} F_1 + k_{22}\varphi_2 + F_{R2F} = 0\end{cases} \tag{10-7}$$

它兼有力法的位移条件和位移法的平衡条件。

式(10-7)中,δ_{11} 由 $F_1=1$ 作用在基本系上引起的 1 切口处所方向的相对位移;k_{22} 由 $\varphi_2=1$ 作用在基本系上引起的 2 附加约束内的反力;δ'_{12} 由 $\varphi_2=1$ 作用在基本系上引起的 1 切口处所方向的相对位移;k'_{21} 由 $F_1=1$ 作用在基本系上引起的 2 附加约束内的反力;Δ_{1F} 为外荷载作用在基本系上引起的 1 切口处所方向的相对位移;F_{R2F} 为外荷载作用在基本系上引起的附加约束内的反力。

由反力位移互等定理可知

$$\delta'_{12} = -k'_{21}$$

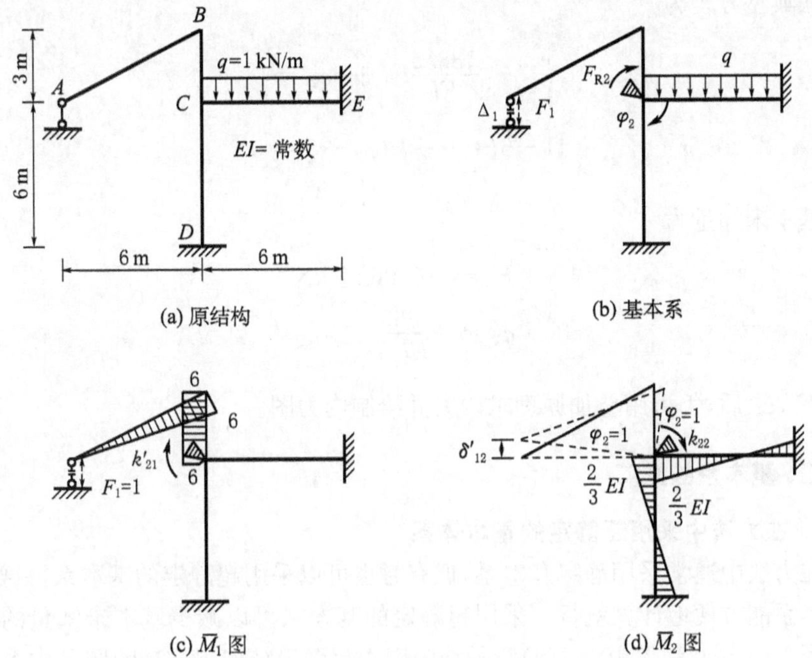

图 10－1　刚架的混合法计算

系数 δ_{11} 可用 $\overline{M}_1$ 图自乘求得

$$\delta_{11} = \frac{1}{3\,EI}\,6^2 \times \sqrt{45} + \frac{1}{EI}\,6^2 \times 3 = \frac{188.5}{EI}$$

k_{22} 可由 $\overline{M}_2$ 图中取结点 C 考虑力矩平衡条件求得

$$k_{22} = \frac{2EI}{3} + \frac{2EI}{3} = \frac{4EI}{3}$$

k'_{21} 可由 $\overline{M}_1$ 图中取结点 C 考虑力矩平衡条件求得

$$k'_{21} = -6$$

δ'_{12} 可由 $\overline{M}_2$ 图中的几何关系求得

$$\delta'_{12} = 6 \times \varphi_2 = 6 \times 1 = 6$$

从反力位移互等定理也可求得

$$\delta'_{12} = -k'_{21} = -(-6) = 6$$

由 M_F 图(未画出)可得自由项为

$$\Delta_{1F} = 0,\quad F_{R2F} = -\frac{ql^2}{12} = -\frac{1 \times 6^2}{12} = -3$$

混合法典型方程为

$$\begin{cases} \dfrac{188.5}{EI}F_1 + 6\varphi_2 = 0 \\ -6F_1 + \dfrac{4}{3}EI\varphi_2 - 3 = 0 \end{cases} \tag{a}$$

解得基本未知量为

$$F_1 = -0.0627\ \text{kN}$$

$$\varphi_2 = \frac{1.968}{EI}$$

求得 F_1、φ_2 后，仍可用叠加原理求内力并绘制内力图。

二、基本系的推广

1. 在力法中采用超静定的基本体系

在力法中通常采用静定基本系，但有时也可以采用超静定的基本系，只要这样的基本系能方便地计算就行。采用超静定的基本系可以减少基本未知量的数目，例如图 10-2(a)和图 10-3(a)所示均为四次超静定结构，若取(b)图基本系，只有一个未知量。如图 10-2(b)所示，基本系是单跨梁可以方便地计算，而如图 10-3(b)所示，基本系超静定部分是无侧移刚架，可用力矩分配法求解。对于可从结构计算手册中查到结果的某些简单超静定刚架也可以作为力法基本系。

图 10-2　梁的超静定基本系

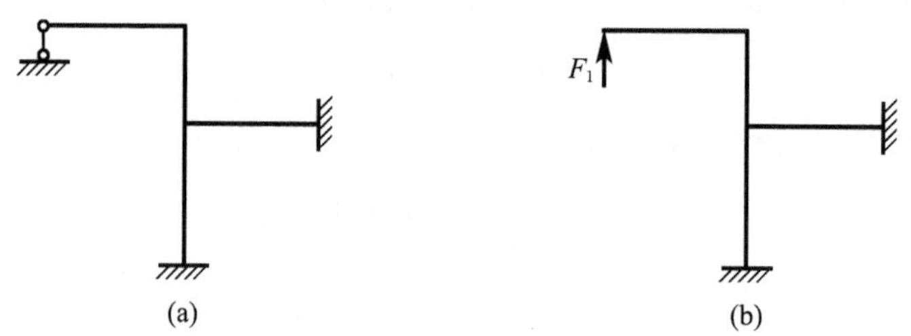

图 10-3　刚架的超静定基本系

2. 在位移法中采用复杂基本构件

在位移法中采用的基本构件——单跨超静定梁通常是等截面直杆。但也可以应用复杂的基本构件，例如图 10-4 所示变截面刚架，可取变截面杆作为基本构件。

图 10－5(a)所示含刚性段的刚架，可取带刚性段的基本构件。图 10－5(b)所示连拱结构可取单拱作基本构件等。对这样一些构件需要另行推导其转角挠度方程。

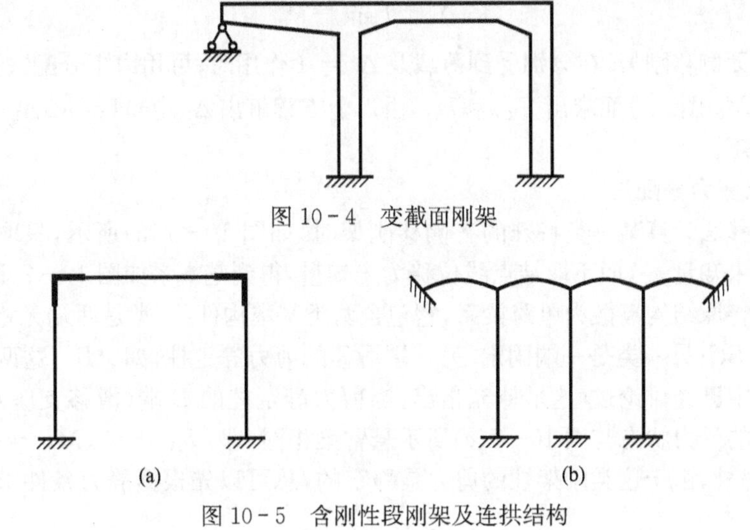

图 10－4　变截面刚架

图 10－5　含刚性段刚架及连拱结构

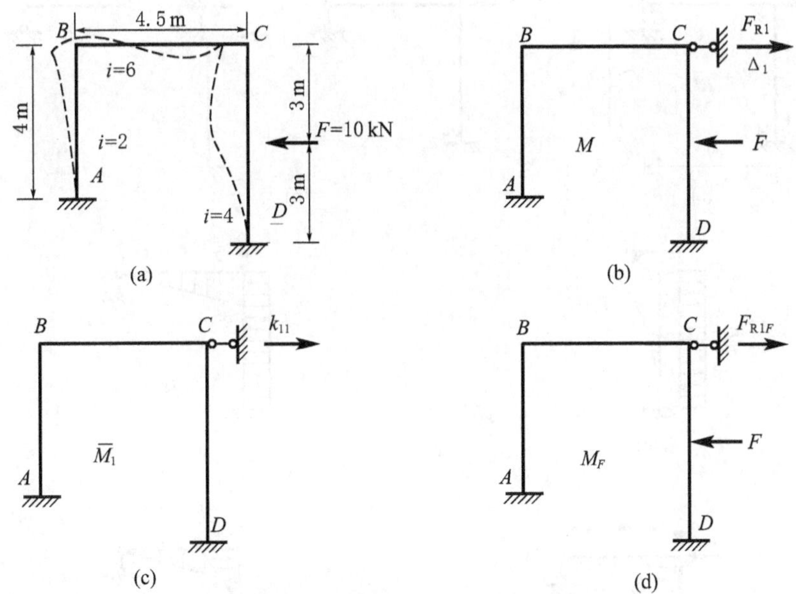

图 10－6　侧移刚架计算的附加连杆法

3. 附加连杆法

用位移法计算有侧移刚架时，只取结点线位移未知量，不取角位移未知量，基本系为无侧移刚架，可用力矩分配法计算。这种方法称为附加连杆法。以图 10－

6(a)所示刚架为例说明计算的原理。用位移法计算该结构,取基本系如图 10-6(b)所示,只有一个线位移未知量 Δ_1,位移法方程为

$$k_{11}\Delta_1 + F_{R1F} = 0$$

基本系为无侧移刚架,在分别受到荷载及 $\Delta_1 = 1$ 作用时,可用力矩分配法计算,画出 $\overline{M}_1$ 和 M_F 图。进而求出 F_{R1F} 和 k_{11},由以上方程解出 Δ_1,按 $M = \overline{M}_1\Delta_1 + M_F$ 计算最后弯矩。

4. 无剪力分配法

用位移法计算某一类特殊的有侧移刚架时,如图 10-7(a)所示,只取结点转角为基本未知量 φ_1,而不取结点线位移为未知量,得到基本系如图 10-7(b)所示。基本系已将原结构离散为单跨梁系,它包含两类基本构件:一类是两端无相对线位移的梁如 BC;另一类是一端固定、另一端滑移的剪力静定柱,如 AB。这两种构件在位移法中已经讨论过,这里补充指出:当剪力静定柱的 B 端(滑移支座)产生单位转角时的受力状态与图 10-7(c)所示悬臂梁相同,即 $M_{BA} = i_{AB}$、$M_{AB} = -i_{AB} = -M_{BA}$。另外,由于这类刚架柱的剪力是静定的,总可以先根据静力条件求出各柱

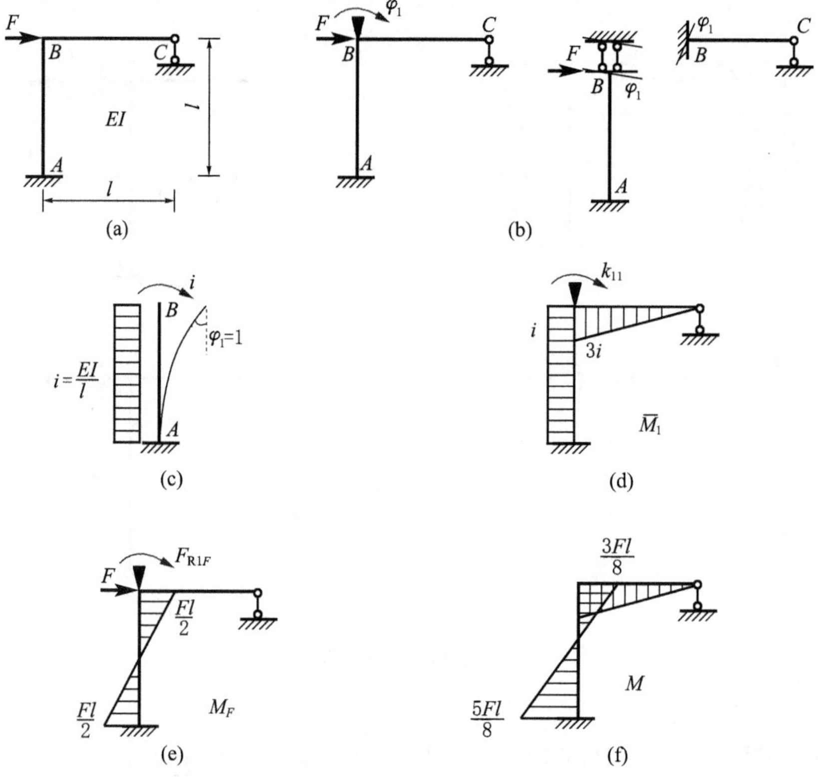

图 10-7 受结点集中力的侧移刚架

端剪力作为滑移端所受荷载而求出固端弯矩。因此,上述位移法基本系也是可行的,按位移法步骤具体计算如下。画出单位弯矩图 $\overline{M}_1$ 和荷载弯矩图 M_F,求出系数 $k_{11}=4i$,自由项 $F_{R1F}=-\dfrac{Fl}{2}$,由典型方程

$$k_{11}\varphi_1+F_{R1F}=0$$

解得

$$\varphi_1=-\frac{F_{R1F}}{k_{11}}=\frac{Fl}{8i}$$

再由叠加公式 $M=\overline{M}_1\varphi_1+M_F$ 求得最后弯矩,并绘制弯矩图,如图 10－7(f)所示。

用上述位移法计算图 10－8 所示受结点集中力矩的刚架,参照单结点无侧移刚架的研究过程,可以得到类似于用力矩分配法计算这种刚架的计算公式

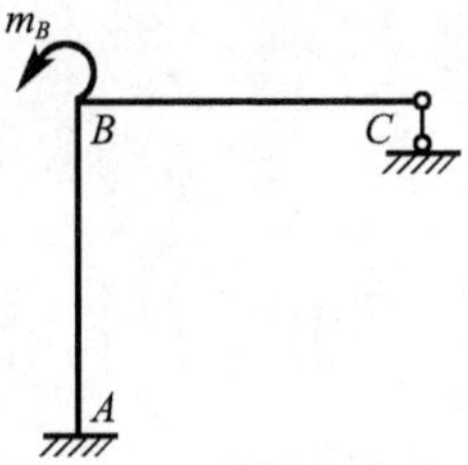

分配弯矩　　$M_{Bn}=-\mu_{Bn}m_B$　　(10－8)

传递弯矩　　$M_{nB}=C_{Bn}M_{Bn}$　　(10－9)

图 10－8　受结点集中力矩的刚架

分配系数 μ 和传递系数 C 与一般力矩分配法中的含义相同,只要注意剪力静定柱 AB 的抗弯劲度和传递系数分别为

$$S_{BA}=i,\quad C_{BA}=-1 \tag{10-10}$$

由于剪力静定柱在上述分配、传递计算中,在柱 AB 中不产生剪力,所以把下面要介绍的与力矩分配法相似的方法称为无剪力分配法。

现在用无剪力分配法计算图 10－7(a)所示刚架。计算过程仍分两步,如图 10－9所示。第一步是锁住结点 B(只阻止结点角位移,不阻止线位移),求各杆固端弯矩。第二步是放松结点 B(结点产生角位移,同时也产生线位移),按式(10－8)、式(10－9)求各杆分配弯矩和传递弯矩。将两步所得的结果叠加,即得出原刚架的杆端弯矩。

具体运算在图 10－10 中进行。

抗弯劲度和分配系数

$$S_{BA}=i,\quad S_{BC}=3i$$

$$\mu_{BA}=\frac{i}{i+3i}=\frac{1}{4},\quad \mu_{BC}=\frac{3}{4}$$

固端弯矩

$$M_{BA}^{F}=-\frac{Fl}{2},\quad M_{AB}^{F}=-\frac{Fl}{2}$$

最后弯矩图同图 10-7(f)。

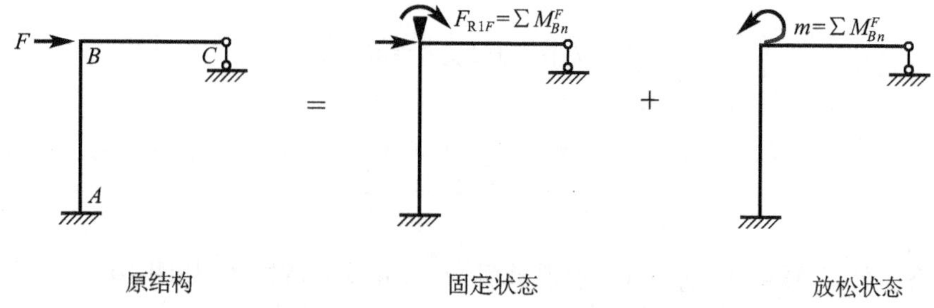

图 10-9　刚架计算的无剪力分配法

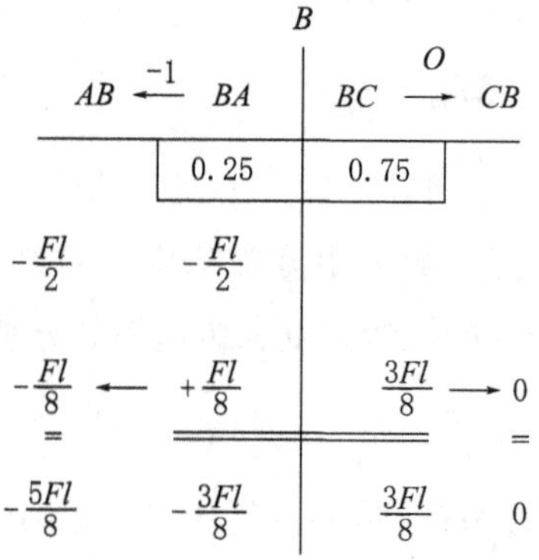

B

AB	←(-1)	BA	BC	→(O)	CB
		0.25	0.75		
$-\frac{Fl}{2}$		$-\frac{Fl}{2}$			
$-\frac{Fl}{8}$	←	$+\frac{Fl}{8}$	$\frac{3Fl}{8}$	→	0
$-\frac{5Fl}{8}$		$-\frac{3Fl}{8}$	$\frac{3Fl}{8}$		0

图 10-10　无剪力分配法计算

从上面的讨论可见,无剪力分配法与力矩分配法的区别仅仅是把剪力静定柱作为一端固定、一端滑移的构件处理。而力矩分配法只适用于无侧移刚架,相应的柱子则作为两端固定构件看待。因此,必须清楚无剪力分配法只适用于剪力静定的单柱刚架,如图 10-11 所示。

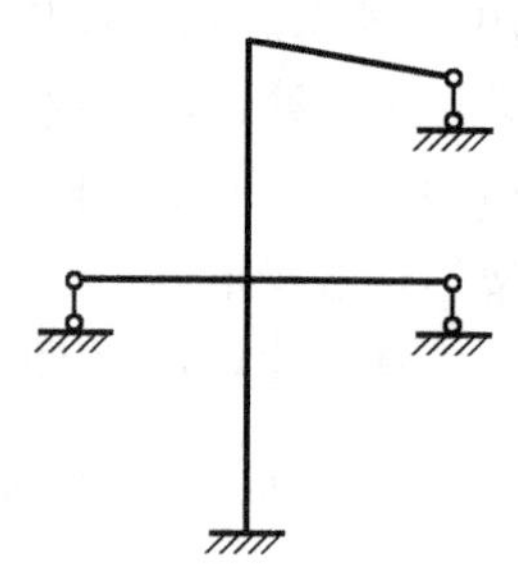

图 10-11　单柱刚架

例 10-1　用无剪力分配法计算图10-12(a)所示刚架并绘弯矩图。

解　图 10-12(a)所示刚架为对称刚架,受一般荷载作用。将荷载分解为对称和反对称荷载,可知对称荷载下无弯矩,故只要计算反对称荷载情况。此时,取半结构状态,如图 10-12(b)所示,可用无剪力分配法计算。各杆相对线刚度标在图 10-12(b)中,各杆端相对抗弯劲度为

$$S_{AB'} = 3i_{AB'} = 3 \times 6 = 18$$
$$S_{CD'} = 3i_{CD'} = 3 \times 6 = 18$$
$$S_{AC} = S_{CA} = i_{AC} = 4, \quad S_{CE} = i_{CE} = 3$$

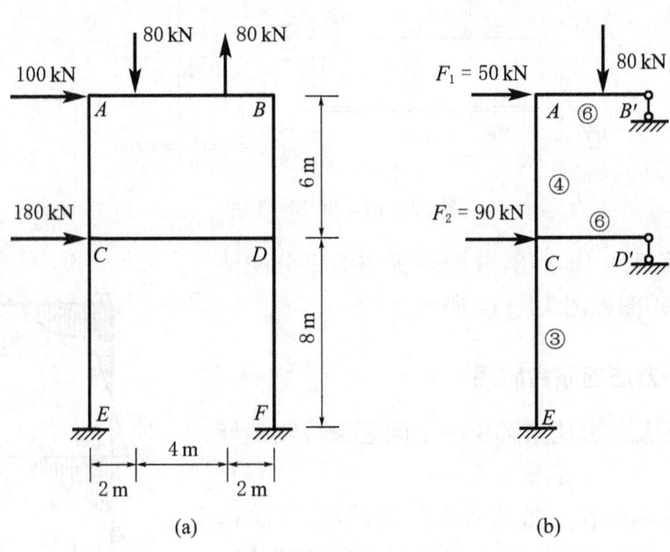

图 10－12　例 10－1 图

分配系数为

$$\mu_{AB'} = \frac{S_{AB'}}{S_{AB'} + S_{AC}} = \frac{18}{18+4} = 0.818, \quad \mu_{AC} = 0.182$$

$$\mu_{CA} = \frac{S_{CA}}{S_{CA} + S_{CD'} + S_{CE}} = \frac{4}{4+18+3} = 0.160$$

$$\mu_{CD'} = \frac{S_{CD'}}{S_{CA} + S_{CD'} + S_{CE}} = 0.720$$

$$\mu_{CE} = 0.120$$

固端弯矩为

$$M^F_{AB'} = -\frac{3Fl}{16} = -\frac{3}{16} \times 80 \times 4 = -60 \text{ kN} \cdot \text{m}$$

$$M^F_{AC} = M^F_{CA} = -\frac{F_1 l}{2} = -\frac{1}{2} \times 50 \times 6 = -150 \text{ kN} \cdot \text{m}$$

$$M^F_{CE} = M^F_{EC} = -\frac{(F_1 + F_2) l}{2} = -\frac{1}{2}(50+90) \times 8 = -560 \text{ kN} \cdot \text{m}$$

	EC	CE	CD′	CA	AC	AB′	B′A
	$c=-1$ ←	C	C	$c=-1$ ↔	A	$c=0$ →	
μ		0.120	0.720	0.160	0.182	0.818	
M^F	-560	-560		-150	-150	-60	
	-85 ←	85	511	114 →	-114		
				-59 ←	59	265	
	-7 ←	7	43	9 →	-9		
	-652	-468	554	-86	2	7	
					-212	212	

图 10-13　例 10-1 图

具体计算见图 10-13,分配过程与力矩分配法相同,最后弯矩图如图 10-14 所示。

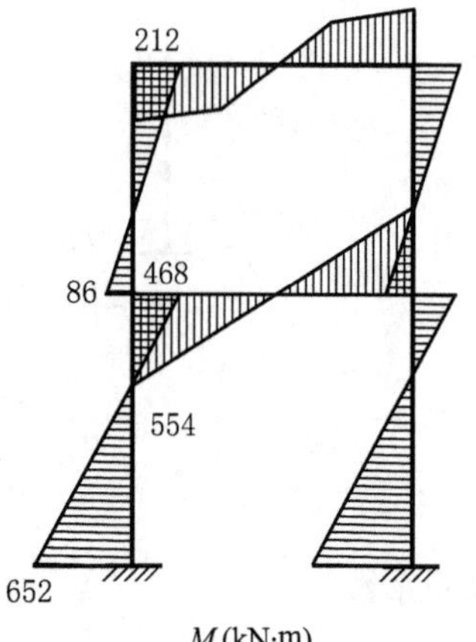

图 10-14　例 10-1 图

三、几种方法的联合应用

联合应用几种方法来解决一个问题常可收到好的效果。

一个对称刚架受一般荷载作用的问题,可将荷载分解为对称和反对称两部分。对受对称荷载的问题,取半刚架计算,可采用力矩分配法(或位移法);计算受反对称荷载的问题,取半刚架计算,可采用无剪力分配法(或力法)计算。

另一种联合应用的例子,如附加连杆法,则是位移法与力矩分配法的联合。

下面是采用无剪力分配法与力矩分配法联合计算的一个例题。

例 10-2　求图10-15(a)所示超静定结构,在 D 支座竖直下沉 1 cm 时的弯矩图。各杆 $EI = 2\times10^4\ \text{kN}\cdot\text{m}^2$。

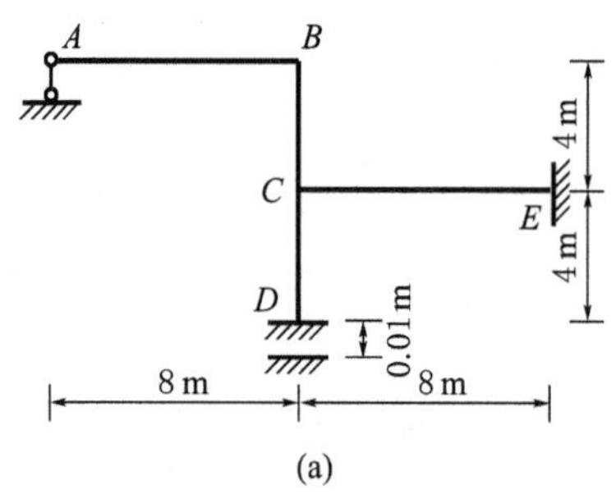

(a)

5.115
16.48
9.094
14.20
4.547

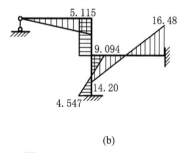

(b)

图 10-15　例 10-2 图

解　本题采用不同计算方法的基本未知量个数如下

计算方法	基本未知量个数
力法	4
位移法	3
混合法	2
力法与力矩分配法联合	1
位移法与力矩分配法联合(附加连杆法)	1
无剪力分配法与力矩分配法联合	0

下面采用无剪力分配法与力矩分配法来联合求解该问题。因 B 点有侧移，但 BC 柱是剪力静定的，故 BC 柱为下端固定、上端滑移的构件，而 CD 柱则为两端固定的构件。各杆分配系数和传递系数为

$$\mu_{BA}=\frac{S_{BA}}{S_{BA}+S_{BC}}=\frac{3\times\dfrac{EI}{8}}{3\times\dfrac{EI}{8}+\dfrac{EI}{4}}=0.6,\quad \mu_{BC}=0.4$$

$$C_{BA}=0,\quad C_{BC}=-1$$

$$\mu_{CB}=\frac{\dfrac{EI}{4}}{\dfrac{EI}{4}+\dfrac{4EI}{8}+\dfrac{4EI}{4}}=0.143,\quad \mu_{CE}=0.286,\quad \mu_{CD}=0.571$$

$$C_{CB}=-1,\quad C_{CE}=0.5,\quad C_{CD}=0.5$$

BA	BC	←(−1)→	CA	CD	CE	$\frac{1}{2}$ →	EC	$\frac{1}{2}$ →	DC
0.6	0.4		0.143	0.571	0.286				
-9.375					18.75		18.75		
	2.68	←	-2.68	-10.71	-5.36	→	-2.68		-5.36
4.017	2.678	→	-2.678						
	-0.383	←	0.383	1.529	0.766	→	0.333		0.766
0.23	0.153	→	-0.153						
	-0.022	←	0.022	0.088	0.044	→	0.022		0.044
0.012	0.009								
			-5.106	-9.094	14.20		16.48		-4.547
-5.115	5.115								

(kN·m)

图 10-16　例 10-2 图

固端弯矩为

$$M_{BA}^{F}=-\frac{3EI}{l_{AB}^{2}}\Delta=-3\times\frac{2\times10^{4}}{8^{2}}\times0.01=-9.375\ \mathrm{kN\cdot m}$$

$$M_{CE}^{F}=M_{EC}^{F}=\frac{6EI}{l_{CE}^{2}}\Delta=6\times\frac{2\times10^{4}}{8^{2}}\times0.01=18.75\ \mathrm{kN\cdot m}$$

具体计算见图 10－16，弯矩图如图 10－15(b)所示。

§10－3 结构计算中的能量法

在结构分析中，求解条件有两种不同的表述形式，从而形成两种解法。第一种解法，直接应用平衡条件、几何条件和物理条件来求解结构的内力和位移，在静力分析中称为静力法。前面学习过的力法和位移法均属此类。第二种解法，把平衡条件和几何条件用相应的虚功条件或能量条件来代替，这种解法叫做虚功法或**能量法**(Energy Methods)。在讨论变形体虚功原理及其两种应用中，用虚位移方程代替平衡方程(如作影响线的机动法)，把虚力方程当作几何方程用(如求结构位移)，所形成的方法，即为此类解法。本节简单介绍由虚功原理导出的弹性结构的两个能量原理及其解法：基于势能原理的解法——势能法，实质上就是位移法；基于余能原理的解法——余能法，实质上就是力法。

一、杆件的应变能和应变余能

变形体因外力作用产生变形而储存于体内的能量(不计损失)称为**应变能**(strain energy)。它可以用应变来计算，也可用外力做的功来计算。由材料力学知，对线性弹性材料的杆件，应变能为

$$V_{\varepsilon}=\int_{s}\frac{1}{2}\left[EA\varepsilon^{2}+\frac{GA}{\lambda}\gamma^{2}+EI\left(\frac{1}{\rho}\right)^{2}\right]\mathrm{d}s \tag{10－11}$$

用杆端力和杆端位移表示

$$V_{\varepsilon}=\frac{1}{2}(F_{\mathrm{N}}\Delta l+M\theta+F_{\mathrm{Q}}\Delta) \tag{10－12}$$

式中：F_{N}、M、F_{Q} 为杆两端截面轴力、弯矩和剪力；Δl、θ、Δ 为杆两端截面相对伸缩、相对转角和相对线位移(垂直杆轴方向)。

现在讨论图 10－17(a)所示线弹性等截面直杆，当处于从零逐渐增加到杆端位移 φ_1、φ_2、Δ 和杆端力 M_1、M_2、F_{Q} 的平衡状态时，求其弯曲应变能。

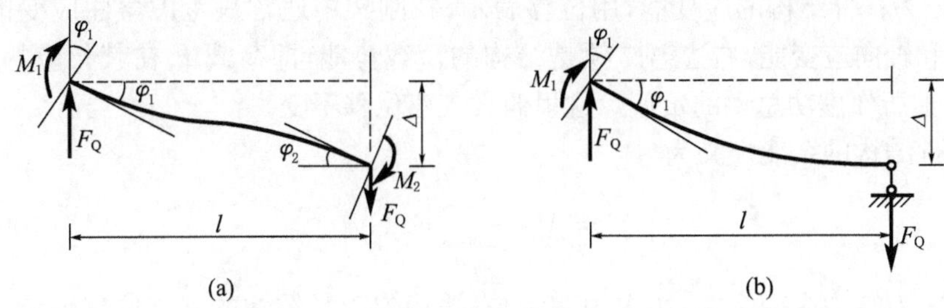

图 10-17　等截面直杆的位移和平衡状态

根据式(10-12),此时杆的应变能为

$$V_\varepsilon=\frac{1}{2}(M_1\varphi_1+M_2\varphi_2+F_Q\Delta) \tag{10-13}$$

将转角位移方程

$$\begin{cases}M_1=4i\varphi_1+2i\varphi_2-\dfrac{6i}{l}\Delta\\ M_2=2i\varphi_1+4i\varphi_2-\dfrac{6i}{l}\Delta\\ F_Q=-\dfrac{6i}{l}\varphi_1-\dfrac{6i}{l}\varphi_2+\dfrac{12i}{l^2}\Delta\end{cases} \tag{10-14}$$

代入后可得

$$V_\varepsilon=2i\left[\varphi_1^2+\varphi_1\varphi_2+\varphi_2^2-3(\varphi_1+\varphi_2)\frac{\Delta}{l}+3\left(\frac{\Delta}{l}\right)^2\right] \tag{10-15}$$

相似地,可得图 10-17(b)的应变能

$$V_\varepsilon=\frac{3}{2}i\left[\varphi_1^2-2\varphi_1\frac{\Delta}{l}+\left(\frac{\Delta}{l}\right)^2\right] \tag{10-16}$$

通过式(10-15)、式(10-16)可用结点位移来计算结构的应变能。

线性弹性杆件(无初应变时)的**应变余能**或**余应变能**(complementary strain energy)等于应变能,并由式(10-11)改用内力表示为

$$V_C=\int_s\frac{1}{2}\left(\frac{F_N^2}{EA}+\frac{\lambda F_Q^2}{GA}+\frac{M^2}{EI}\right)\mathrm{d}s \tag{10-17}$$

二、结构的势能和余能

杆件结构的势能定义为

$$V=V_\varepsilon-\sum_i F_i\Delta_i \tag{10-18}$$

其中:V_ε 为杆件结构的应变能,用位移表示,在刚架中通常只考虑弯曲应变能,忽略剪切和轴向应变能;右边第二项是结构的荷载势能,即荷载 F 在其相应的广义位移 Δ 上所作虚功总和的负值。这里假设支座位移不变。

杆件结构的余能定义为

$$\overline{V} = V_C - \sum_j F_{Rj} C_j \tag{10-19}$$

其中:V_C 为结构应变余能,用内力表示;右边第二项是结构的支座位移余能,即在支座位移 C 上相应支座反力 F_R 所作虚功总和的负值。这里假定荷载是不变的。

三、势能原理及其解法

势能驻值原理是与位移法对应的能量原理。对于小位移、线弹性平衡问题,这个原理又称最小势能原理,简称势能原理。基于势能原理的解法(势能法)实质上就是以能量形式表示的位移法。

势能驻值原理可叙述为:荷载作用下的弹性结构,在满足位移边界条件的许多位移协调系中,同时又满足平衡条件的位移协调系使结构的势能为驻值;反之,如果某位移协调系又能使势能为驻值,则该位移协调系相应的内力必然满足静力平衡条件。

上述势能驻值条件可表示为

$$\frac{\partial V}{\partial \Delta_i} = 0(i = 1,2,\cdots) \text{ 或 } \partial V = 0 \tag{10-20}$$

利用势能原理求解问题时,首先选结点位移为基本未知量(这是与位移法一致的),然后计算结构势能,最后按势能驻值条件建立以结点位移为未知量的代数方程组解出结点位移,进而求出内力。

例 10-3 用势能原理求解图 6-13(a)所示刚架。

解 取结点位移 Δ_1、Δ_2 为基本未知量。

(1) 计算应变能,根据式(10-14)和式(10-15)有

$$\begin{aligned} V_\varepsilon &= V_{\varepsilon AB} + V_{\varepsilon CD} + V_{\varepsilon DE} + V_{\varepsilon FG} \\ &= 6 \times \frac{EI}{8} \times \frac{\Delta_1^2}{8^2} + 6 \times \frac{3EI}{8} \times \frac{\Delta_1^2}{8^2} + \frac{3}{2} \times \frac{3EI}{4} \times \frac{(\Delta_2 - \Delta_1)^2}{4^2} + \frac{3}{2} \times \frac{3EI}{12} \times \frac{\Delta_2^2}{12^2} \\ &= \left(\frac{60}{512}\Delta_1^2 - \frac{18}{128}\Delta_1\Delta_2 + \frac{28}{384}\Delta_2^2\right)EI \end{aligned}$$

(2) 计算荷载势能为

$$-\sum F_i\Delta_i = -60\Delta_1 - 50\Delta_2$$

(3) 结构势能为

$$V=V_{\varepsilon}-\sum F_i\Delta_i=\left(\frac{60}{512}\Delta_1^2-\frac{18}{128}\Delta_1\Delta_2-\frac{28}{384}\Delta_2^2\right)EI-60\Delta_1-50\Delta_2$$

(4) 势能驻值条件有

$$\frac{\partial V}{\partial\Delta_1}=0,\quad \frac{15EI}{64}\Delta_1-\frac{9EI}{64}\Delta_2-60=0$$

$$\frac{\partial V}{\partial\Delta_2}=0,\quad -\frac{9EI}{64}\Delta_1+\frac{7EI}{48}\Delta_2-50=0$$

该式与位移法所得方程相同。解出位移可进一步计算内力(略)。

由上可见,势能驻值条件就是以能量形式表示的位移法基本方程(平衡条件),基于势能原理的解法就是以能量形式表示的位移法。

如果讨论的范围限于小位移、线弹性的平衡问题,此时荷载作用下结构的实际位移状态属于稳定平衡状态,不仅使势能为驻值,而且使势能为极小值,这就是最小势能原理。

为了简单起见,以线性弹性情况下的受弯曲变形的结构为例给予论证,但所得结论不失其一般性。现在考虑两个位移协调系,一个是实际位移协调系,另一个是任意位移协调系。

对于实际位移协调系相应的结构势能为

$$V=\int\frac{EI}{2}\left(\frac{1}{\rho}\right)^2\mathrm{d}s-\sum_i F_i\Delta_i \tag{a}$$

对于任意位移协调系,设相应的曲率为 $1/\rho+\delta(1/\rho)$,与荷载 F_i 相应的位移为 $\Delta_i+\delta\Delta_i$,而结构的势能为

$$\begin{aligned}V^*&=\int\frac{EI}{2}\left[\frac{1}{\rho}+\delta\left(\frac{1}{\rho}\right)\right]^2\mathrm{d}s-\sum_i F_i(\Delta_i+\delta\Delta_i)\\&=\int\frac{EI}{2}\left\{\left(\frac{1}{\rho}\right)^2+2\frac{1}{\rho}\delta\left(\frac{1}{\rho}\right)+\left[\delta\left(\frac{1}{\rho}\right)\right]^2\right\}\mathrm{d}s-\sum_i F_i\Delta_i-\sum_i F_i\delta\Delta_i\\&=\left[\int\frac{EI}{2}\left(\frac{1}{\rho}\right)^2\mathrm{d}s-\sum_i F_i\Delta_i\right]+\left[\int EI\left(\frac{1}{\rho}\right)\delta\left(\frac{1}{\rho}\right)\mathrm{d}s-\sum_i F_i\,\delta\Delta_i\right]+\\&\quad\left\{\int\frac{EI}{2}\left[\delta\left(\frac{1}{\rho}\right)\right]^2\mathrm{d}s\right\}=V+\delta V+\delta^2V\end{aligned} \tag{b}$$

式中:第一个方括号为式(a)表示的结构势能;第二个方括号为势能的一阶变分,根据势能驻值条件式(10-20),$\delta V=0$;第三个方括号称为势能的二阶变分,即

$$\delta^2 V = \int \frac{EI}{2}\left[\delta\left(\frac{1}{\rho}\right)\right]^2 \mathrm{d}s \tag{c}$$

如果曲率变分不恒为零,则 $\delta^2 V > 0$,即势能的二阶变分恒为正值。

将式 $\delta V = 0$ 及 $\delta^2 V > 0$ 代入式(b)便得到

$$V^* - V \geqslant 0 \tag{d}$$

这就表明,结构处于实际位移协调系的稳定平衡状态则其势能为最小值。

四、余能原理及其解法

余能驻值原理是与力法对应的能量原理。对于小位移、线弹性平衡问题,这个原理又称最小余能原理,简称余能原理。基于余能原理的解法(余能法)实质上就是以能量形式表示的力法。

余能驻值原理可叙述为:荷载作用下的弹性超静定结构,在满足平衡条件的许多静力平衡系中,同时又满足位移协调条件的静力平衡系使结构的余能为驻值;反之,如果某静力平衡系又能使余能为驻值,则该静力平衡系相应的应变、位移必然满足位移协调条件。

上述余能驻值条件可表示为

$$\frac{\partial \overline{V}}{\partial F_i} = 0(i = 1,2,\cdots)\ 或\ \partial \overline{V} = 0 \tag{10-21}$$

利用余能驻值原理求解问题时,首先以多余约束力为基本未知量(这是与力法一致的),然后计算结构余能,最后按余能驻值条件建立以多余力为未知量的代数方程组,解出多余力,进而求出内力。

例 10-4 用余能原理求解图5-8(a)所示刚架。

解 取多余约束力 F_1、F_2 为基本未知量。

(1) 计算结构余能。列出各段杆的弯矩表达式,根据式(10-17)计算应变余能(只计弯曲变形,并设各杆 EI 相同,且 $EI =$ 常数),该问题支座位移余能为零。

$$\overline{V} = V_C = \frac{1}{2EI}\int_0^l x^2 F_2^2 \mathrm{d}x + \frac{1}{2EI}\int_0^l \left[(l + x)F_2 + xF_1\right]^2 \mathrm{d}x +$$

$$\frac{1}{2EI}\int_0^l (lF_1 + 2lF_2 - \frac{q}{2}x^2)^2 \mathrm{d}x$$

(2) 余能驻值条件

$$\frac{\partial \overline{V}}{\partial F_1} = 0, \quad \frac{1}{EI}\int_0^l \left[(l + x)F_2 + xF_1\right] x \mathrm{d}x +$$

$$\frac{1}{EI}\int_0^l (lF_1+2lF_2-\frac{q}{2}x^2)l\mathrm{d}x=0$$

得

$$\frac{4}{3}l^3F_1+\frac{17l^3}{6}F_2-\frac{2l^4}{6}=0$$

$$\frac{\partial\overline{V}}{\partial F_2}=0,\quad \frac{1}{EI}\int_0^l x^2F_2\mathrm{d}x+\frac{1}{EI}\int_0^l\Big[(l+x)F_2+xF_1\Big](l+x)\mathrm{d}x+$$

$$\frac{1}{EI}\int_0^l (lF_1+2lF_2-\frac{q}{2}x^2)2l\mathrm{d}x=0$$

得

$$\frac{17l^3}{6}F_1+\frac{20l^3}{3}F_2-\frac{1}{3}ql^4=0$$

经简化后得

$$8F_1+17F_2-ql=0$$

$$17F_1+40F_2-2ql=0$$

此式与力法基本方程相同，解出多余力可进一步计算内力（略）。

由上可见，余能驻值条件就是以能量形式表示的力法基本方程（几何条件），基于余能原理的解法就是以能量形式表示的力法。

对于小位移、线弹性超静定结构的平衡问题，此时荷载作用下结构的实际内力状态属于稳定平衡状态，不仅使余能为驻值，而且使余能为极小值，这就是余能最小原理。

仿照最小势能原理类似的证明，以线性弹性情况下的受弯曲变形的结构为例给予论证，所得结论不失其一般性。考虑两个静力平衡系，一个是实际的，另一个是任意的。对于实际的稳定的静力平衡系，相应的余能为

$$\overline{V}=V_C-\sum_j C_jF_{\mathrm{R}j}=\int\frac{M^2}{2EI}\mathrm{d}s-\sum_j C_jF_{\mathrm{R}j}\tag{a}$$

对于任意静力平衡系，设相应的弯矩为$(M+\delta M)$，j 支座相应的反力为$(F_{\mathrm{R}j}+\delta F_{\mathrm{R}j})$，而结构的余能为

$$\begin{aligned}\overline{V}^*&=\int\frac{(M+\delta M)^2}{2EI}\mathrm{d}s-\sum_j C_j(F_{\mathrm{R}j}+\delta F_{\mathrm{R}j})\\&=\Big[\int\frac{M^2}{2EI}\mathrm{d}s-\sum_j C_jF_{\mathrm{R}j}\Big]+\Big[\int\frac{M\delta M}{EI}\mathrm{d}s-\sum_j C_j\,\delta F_{\mathrm{R}j}\Big]+\Big[\int\frac{(\delta M)^2}{2EI}\mathrm{d}s\Big]\\&=\overline{V}+\delta\overline{V}+\delta^2\overline{V}\end{aligned}\tag{b}$$

考虑到 $\delta\overline{V}=0$，和

$$\delta^2\overline{V}=\int\frac{(\delta M)^2}{2EI}\mathrm{d}s>0 \tag{c}$$

故得

$$\overline{V}^*-\overline{V}>0 \tag{d}$$

式(d)说明，结构处于满足位移条件的实际的稳定平衡状态，则余能为最小值。

最后指出，在求精确解时，静力法和能量法所得结果完全相同，因此力法与余能法是等价的，位移法与势能法也是等价的。但是在求近似解时，能量法则优于静力法，这是因为在能量法中把问题归结为极小值问题或驻值问题，最便于求近似解。在结构的稳定和动力计算中，将会看到能量法的这一优点，在结构现代分析方法——结构矩阵法的推导中也体现出它的优点。

§10-4　结构计算简图的补充讨论

在第一章中简述了结构计算简图的选择原则和简化要点。下面对其中的某些方面作进一步讨论。

一、结构体系的简化

实际结构大多为空间结构，根据一些空间结构的几何构成和受力特点，可将其简化为平面结构计算。

1. 取结构单元按平面结构计算

若结构的横截面和荷载沿长度方向基本保持不变，则可沿长度方向取一个薄片(通常取单位长度)按平面结构计算。如图 10-18(a)所示的地下涵管，沿管轴线方向取一薄片，如图10-18(b)所示，图 10-18(c)为其计算简图。

又如图 1-1 所示，厂房结构是由许多排架沿纵向等间距排列，并用屋面板和吊车梁连接起来的空间结构。作用于厂房的荷载一般也是沿纵向均匀分布的。对这样的空间结构，通常可以取两相邻跨中之间的部分为一计算单元，将这部分荷载作用于一个排架上，按平面排架计算，如图 10-24 所示。这类结构还有高桩码头、渡槽等。

2. 沿纵横两个方向按平面结构计算

图 10-19(a)所示钢筋混凝土空间刚架在图示荷载作用下，可以简化为图 10-19(b)和(c)两个方向的平面刚架计算。当纵向荷载 F 较小，且跨数较多时，则可只计算横向刚架，如图 10-19(c)所示，对纵向刚架只作验算。一些多跨多层房屋框架结构就是这样设计的。

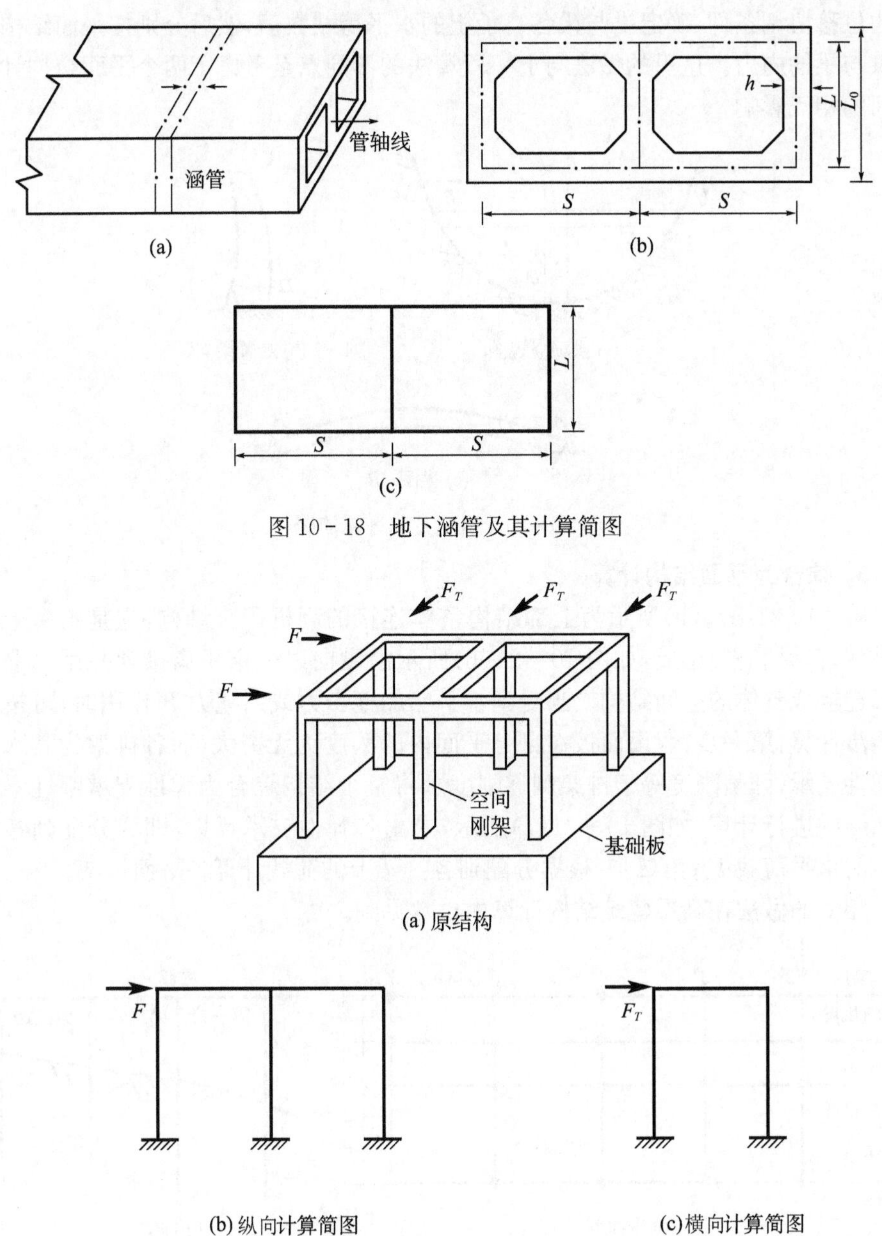

(a)　(b)　(c)

图 10-18　地下涵管及其计算简图

(a) 原结构

(b) 纵向计算简图　(c) 横向计算简图

图 10-19　空间刚架及其计算简图

另一类按两个方向平面结构计算的例子是板壳类结构。以图 10-20(a)所示薄拱坝为例加以说明。在实用计算中，通常取多个水平拱圈和多个悬臂梁组成的交叉体系代替拱坝进行计算，如图 10-20(b)和(c)所示。首先根据拱与梁在交点处的位移协调条件，确定拱与梁各自承担的水平荷载数值，然后分别按平面结构计算拱与梁的内力。这里的做法与上一段算法的不同点是考虑了两个平面结构计算之间的相互影响。

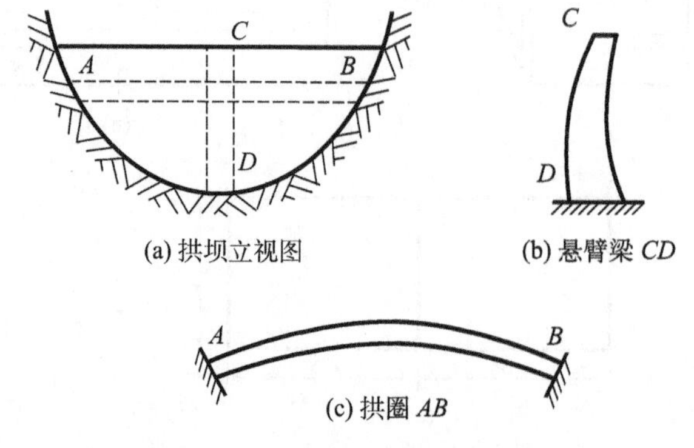

(a) 拱坝立视图　(b) 悬臂梁 CD

(c) 拱圈 AB

图 10-20　拱坝及其计算简图

3. 综合为平面结构计算

图 10-21(a)、(b)所示为上部结构整体连接的高桩码头结构，它是由多个横向排架(横梁和桩)组成，如图 10-21(b)所示沿纵向以一定距离排列并用纵梁和面板连接成整体的空间结构。当受到水平船舶撞击力或系缆力 F 作用时，可按下列两步计算：第一步，假设面板在自身平面内的刚度为无穷大，而各排架为其水平向弹性支承(弹簧刚度等于排架侧移刚度)，将整个结构综合为弹性支承刚性梁的平面结构进行计算，如图 10-21(c)所示，求出各弹性支承反力，即为分配到各排架上的水平荷载 F_i；第二步，根据分配到各排架上的荷载计算各平面排架。

相似的做法在高层建筑结构计算中也常见到。

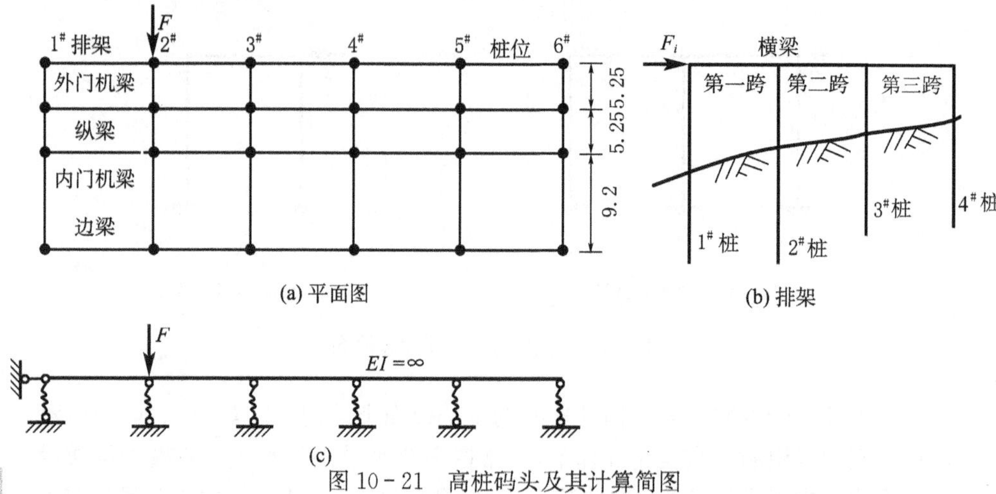

(a) 平面图　(b) 排架

(c)

图 10-21　高桩码头及其计算简图

二、杆件的简化

在§1－4中曾指出杆件可简化为轴线，下面补充讨论一些复杂情况下的简化问题。

1. 微折杆或微弯杆往往可用直杆代替

图10－22(a)所示刚架的微折梁，若其倾度不大于1/8，则计算简图可取为图10－22(b)的水平直梁。当竖柱的上下两段形心连线不在同一直线上，但其相差甚微时，亦可用直线表示。图10－23(a)的门式刚架、梁和柱都是变截面的，梁截面形心连线不是直线，柱截面形心的连线不是一竖线。当杆轴线的偏角或交角在7°以下时，在计算简图中为了简化，梁轴线可采用梁跨中截面形心引出的平行于上缘的直线，柱轴线可用从柱底截面形心引出的竖线，如图10－23(b)所示。但需注意，按上述计算简图算出的轴线上的内力，在选择截面尺寸或放置钢筋时，还要转化为截面形心连线上的内力。同理，微弯杆在受弯时也可以简化为直杆。

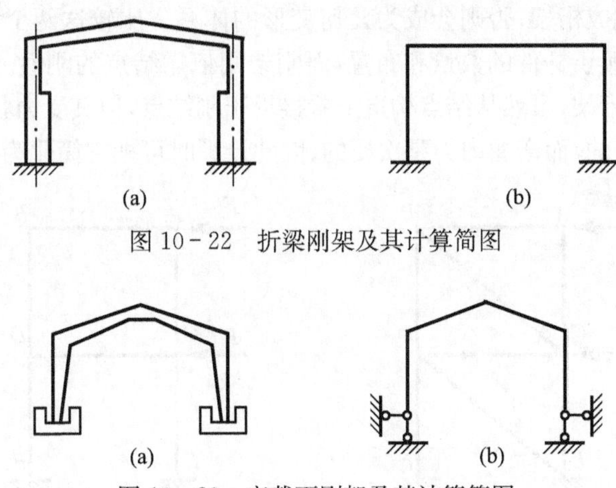

图10－22　折梁刚架及其计算简图

图10－23　变截面刚架及其计算简图

2. 组合构件有时可用实体杆件代替

图10－24(a)所示厂房排架，当柱承受荷载时，屋架只起联系两柱的作用，故可用一实体横杆代替，如图10－24(b)所示。至于屋架本身各杆的内力仍应按桁架计算，

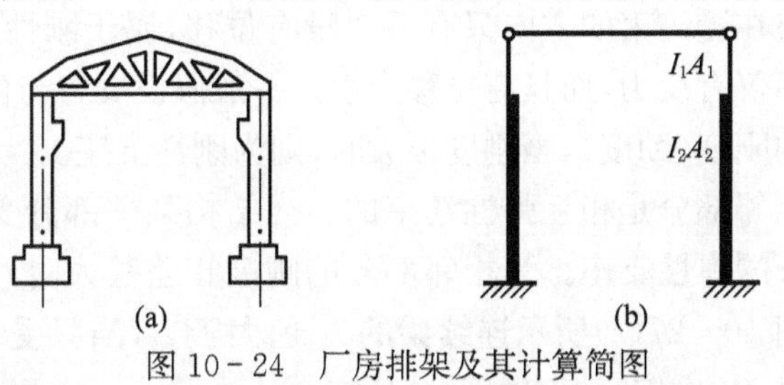

图10－24　厂房排架及其计算简图

除屋面荷载作用之外,还要考虑横杆两端所受的力。图 10-24(b)所示的排架,通常取下柱轴线之间的距离为跨度;若柱顶为刚性联结,或当屋架承受荷载时,可取上柱轴线间的距离为跨度。柱的高度可取为基础顶面到屋架下弦轴线之间的距离。

3. 进入较大尺寸结点区的杆段看作刚性段

当杆与杆的刚性连接的结点区域 尺寸较大时(例如大于杆长的 1/5),应该考虑结合区尺寸对内力的影响,粗略地可以把杆件进入结合区的一段看作刚性段,如图 10-25 所示。

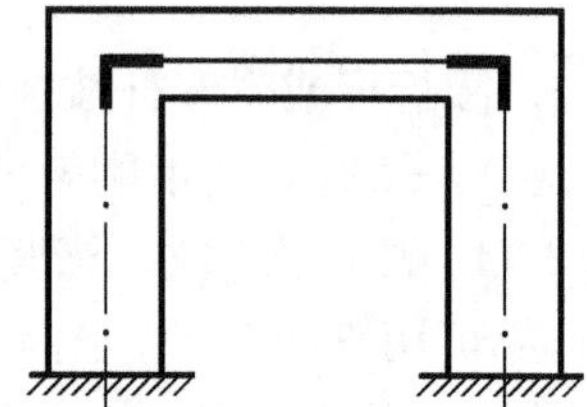

图 10-25　大尺寸结点区的简化

三、结点和支座的简化

结点的简化,除要考虑其构造情况外,还应考虑结构的几何组成情况。例如图 10-26(a)所示刚架,各杆长细比都很大,又是受的结点荷载,故可将全部结点简化为铰,按桁架计算各杆的轴力。但是,对图 10-26(b)所示刚架,尽管上述条件都符合,也不能简化成桁架,否则会成为几何变形的体系。比较这两个结构可见,桁架的几何不变性依赖于杆件的数量和布置,而刚架则依靠结点的刚性。工程中的钢桁架和钢筋混凝土桁架,虽然从结点构造上看接近于刚结点,但其受力状态与一般刚架不同,轴力是主要的,而弯曲内力是次要的,因此计算时可把它简化为铰结点。

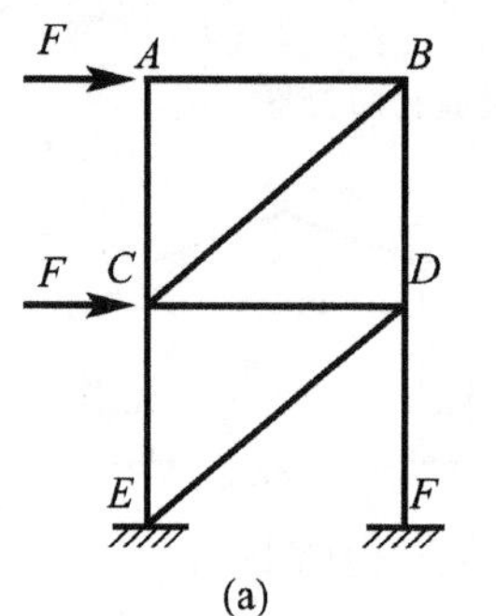

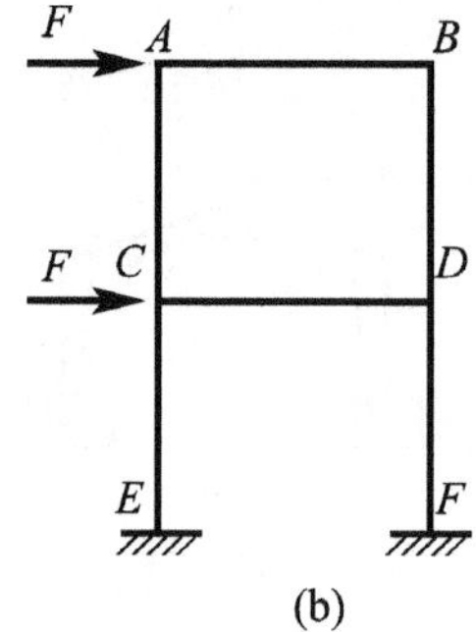

图 10-26　刚架的简化

结构的支座除可简化为 § 1-4 中所列举的四种情况外,还可以简化为弹性支座。前面四种支座在受约束的方向只有反力没有位移,属于刚性支座。而弹性支座在受约束方向不仅有反力,而且有位移产生。一般假设反力与位移成正比,比例常数为弹性支座的刚度(劲度),当刚度很大时,则为刚性支座。

结构的两个相邻部分是相互弹性约束的。当结构某一部分受荷载时,可将相邻部分看作该部分的弹性支座。当相邻部分的刚度相差甚大时,则可进一步简化为刚性支座。如图 10-27(a)所示连续梁的 i_1 远大于 i_2,当只受 F_1 作用时,可取图(b)计算;当只受 F_2 作用时,可取图(c)计算。

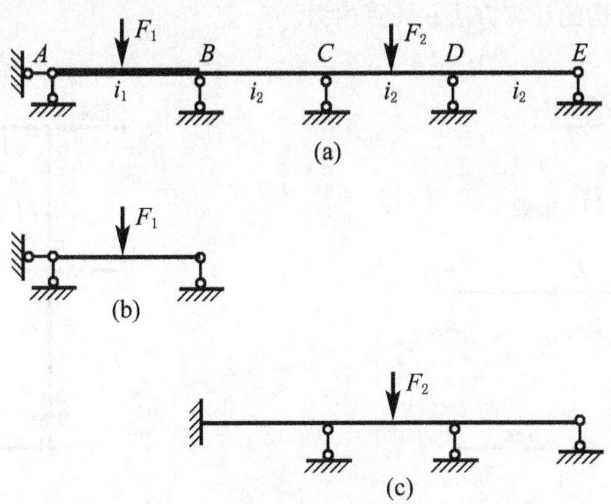

图 10-26　不同刚度下连续梁的计算简图

习　题

10-1　选择图示各结构的计算方法并计算内力。

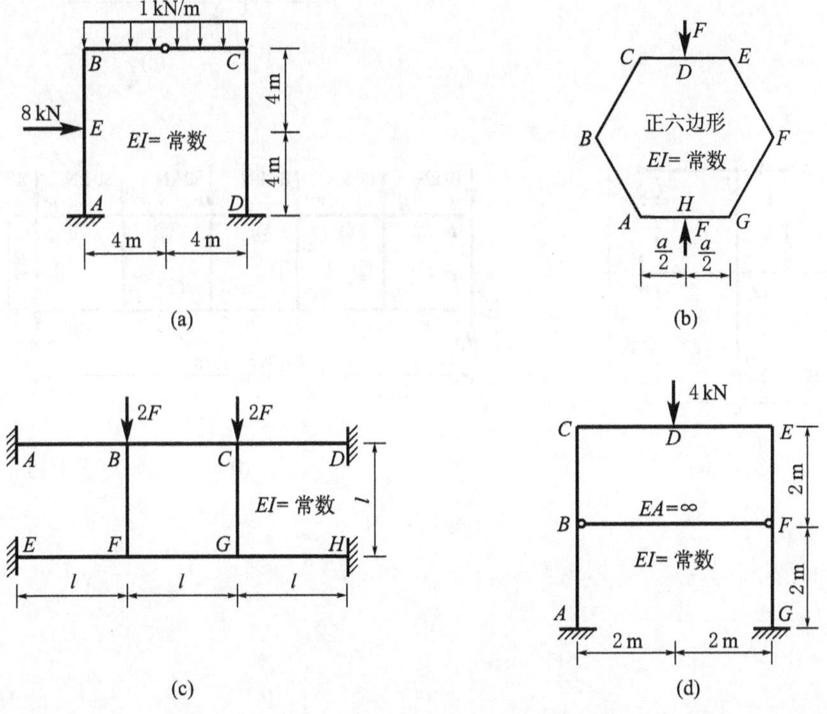

题 10-1 图

10-2 选择图示各结构的计算方法并计算内力。

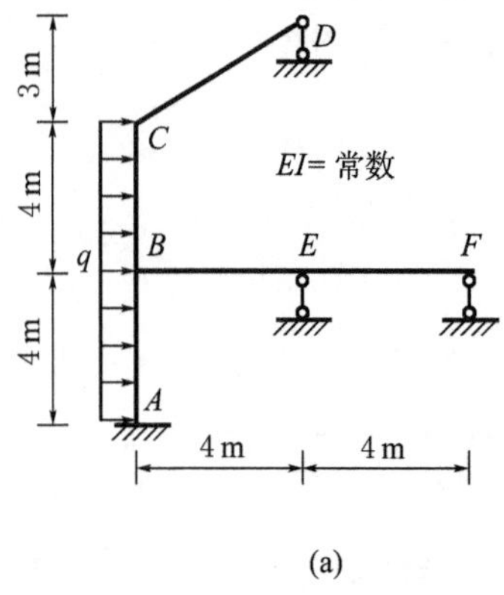

(a)

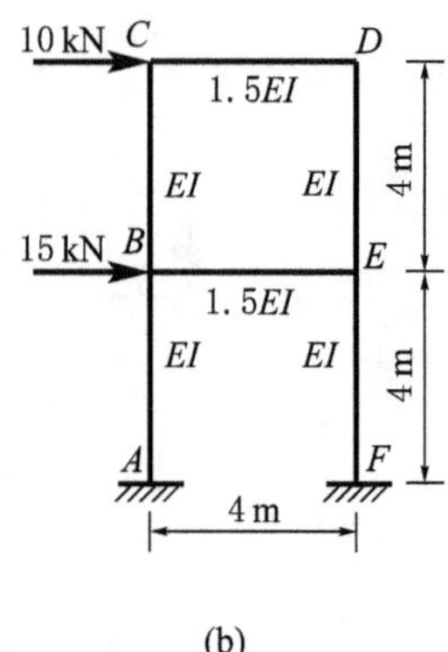

(b)

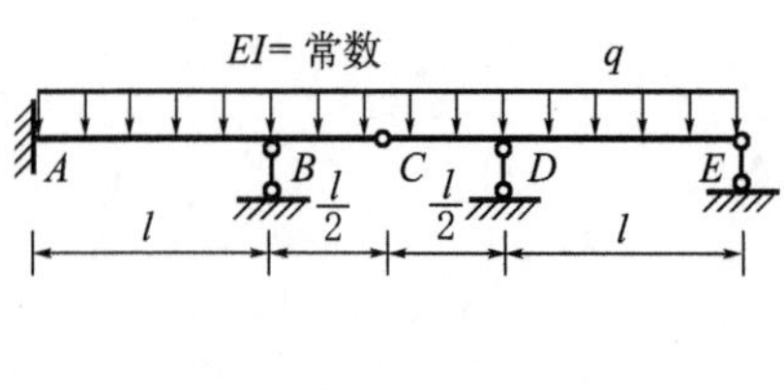

(c)

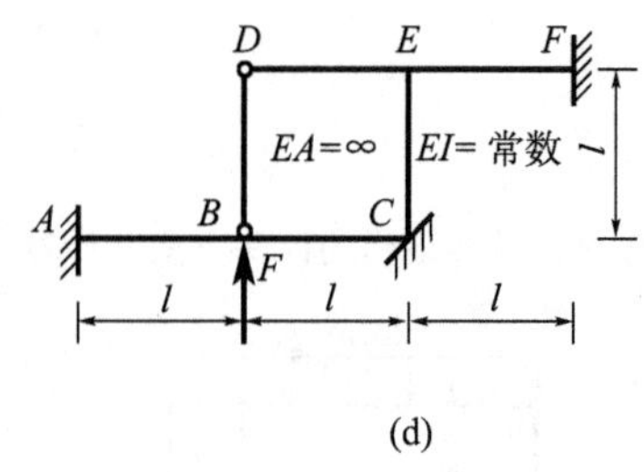

(d)

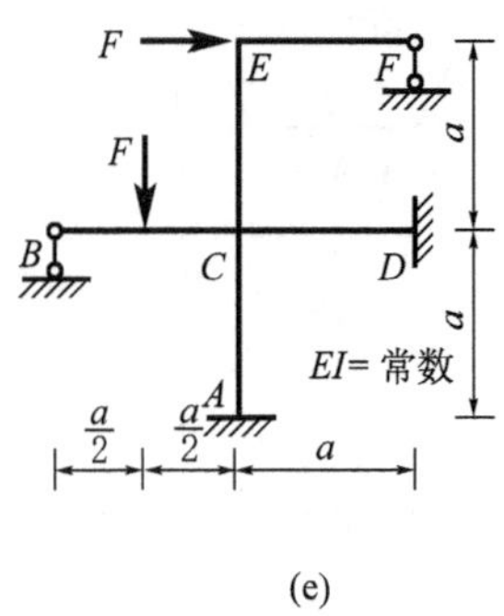

(e)

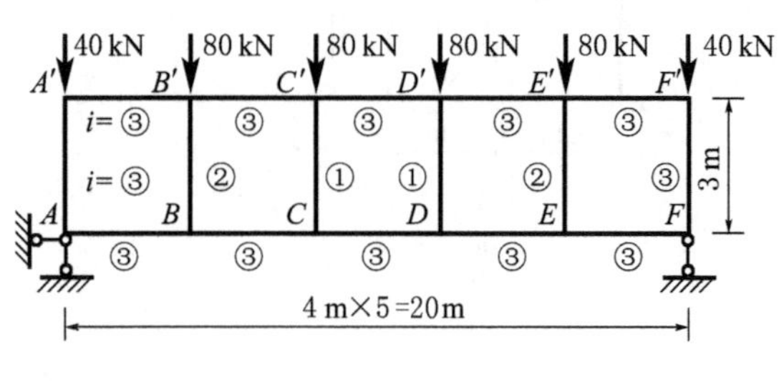

(f)

题 10-2 图

10-3　用能量法计算图示结构。(材料为线性弹性。)

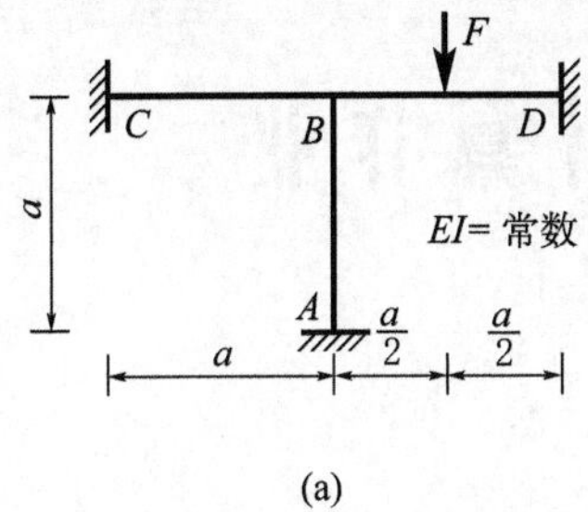

(a)

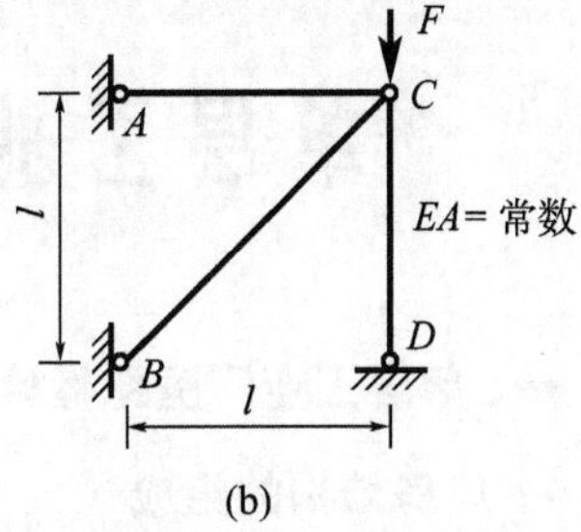

(b)

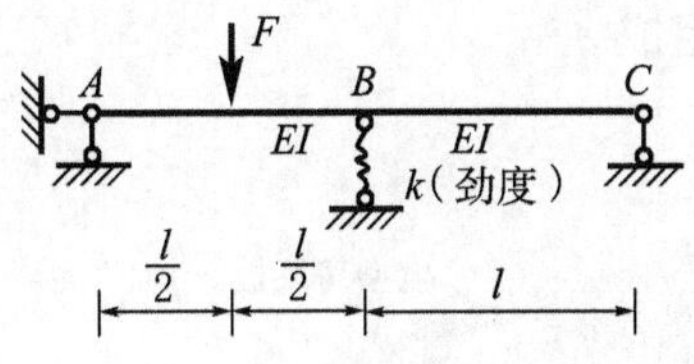

(c)

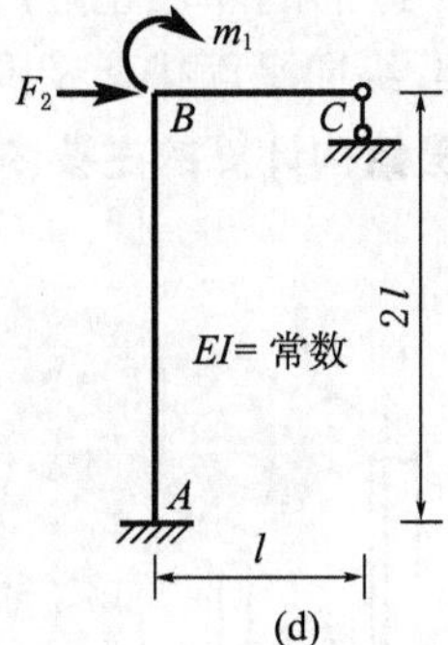

(d)

题10-3图

附录 A

单层工业厂房结构计算作业

一、单层工业厂房结构计算要点

1. 厂房结构的组成

如附图 1 所示，单层工业厂房主要由屋盖结构（包括屋架、屋面板等构件）、横向平面排架、纵向平面排架及围护结构四大部分组成。

2. 厂房结构计算的主要内容

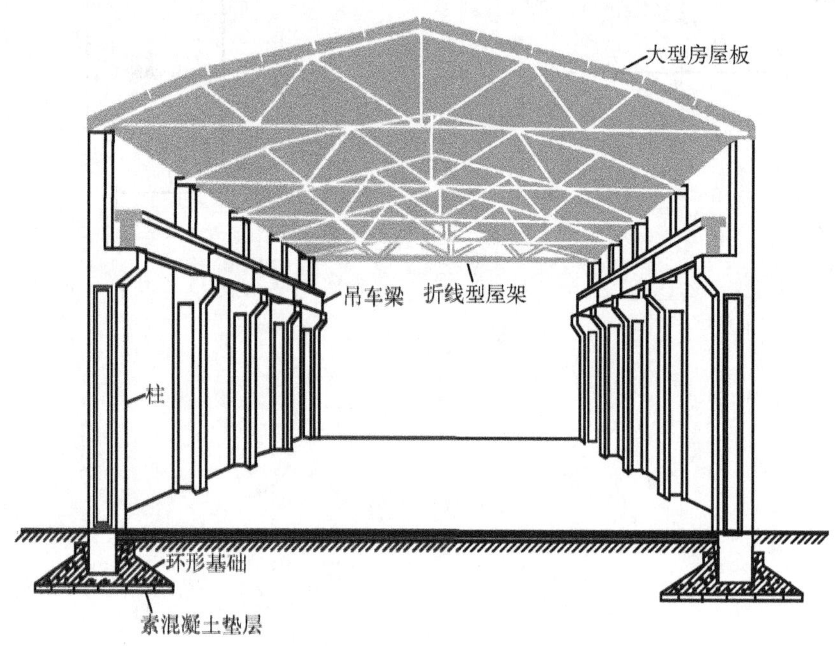

附图 1 单层工业厂房结构

厂房结构实际上是空间受力体系，但为了计算方便，一般分别按纵向和横向平面排架近似地进行计算。

纵向平面排架的柱较多，通常水平刚度较大，分配到每根柱的水平力较小，因而往往不必计算。因此，厂房结构计算主要归结于横向平面排架与吊车梁的计算。

排架与吊车梁计算的主要内容是：确定计算简图、荷载计算、内力分析和内力组合。

3. 横向平面排架计算简图选取的原则

根据实践经验和构造特点，对于不考虑空间工作的平面排架，计算简图可按如下原则选取：

(1) 排架柱上端铰接于屋架(或屋面梁)，下端嵌固于基础顶面。

(2) 屋架或屋面梁可简化为轴向变形忽略不计的刚杆。

根据上述原则，横向排架的计算简图可简化如附图 2 所示。因此，排架柱为变截面柱，图中，H_1 及 H_2 分别为上柱及全柱的计算高度。

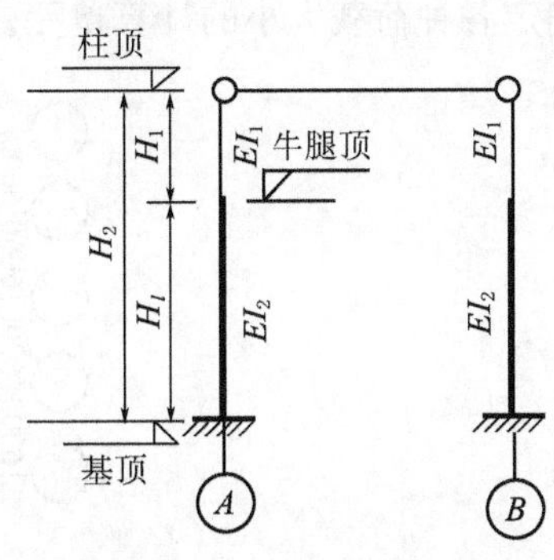

附图 2　横向排架的计算简图

H_1 = 柱顶标高－牛腿顶面标高

H_2 = 柱顶标高－基础顶面标高(一般为－0.5 m)

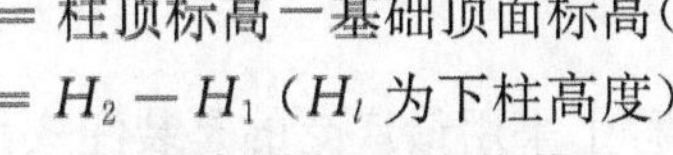

$H_l = H_2 - H_1$ (H_l 为下柱高度)

4. 作用在排架上的荷载

作用在横向排架上的荷载分恒荷载和活荷载两类见附图 3。恒荷载一般包括屋盖自重 F_{G1}、上柱自重 F_{G2}、吊车梁及轨道零件重 F_{G3}、下柱自重 F_{G4} 及有时支承在柱牛腿上的围护结构重 F_{G5}。活荷载一般包括屋面活荷载 F_{Q1}、吊车水平制动力 $F_{T\max}$、吊车垂直荷载 $F_{D\max}$ 和 $F_{D\min}$、均布风荷载 q_1 和 q_2 以及作用在屋盖支承处(如柱顶)的集中风荷载 F_W 等。

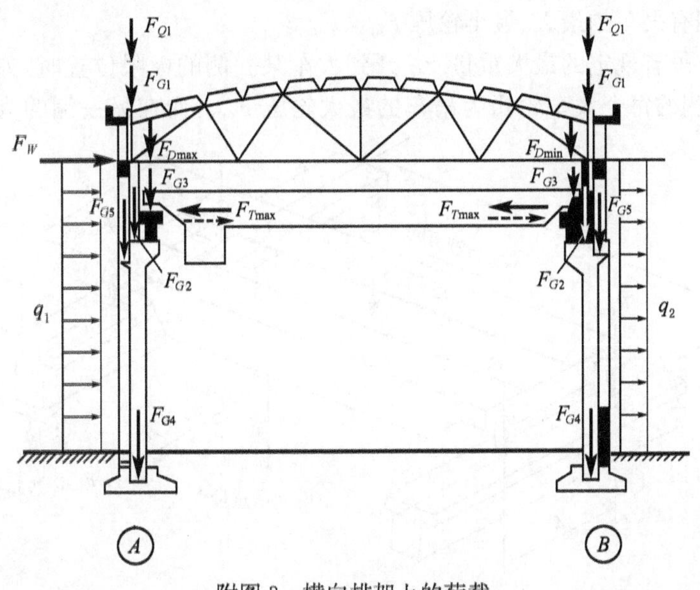

附图 3　横向排架上的荷载

除吊车等移动荷载外，排架的负荷范围一般如附图 4 所示的阴影部分并作为确定各种荷载大小的计算单元。

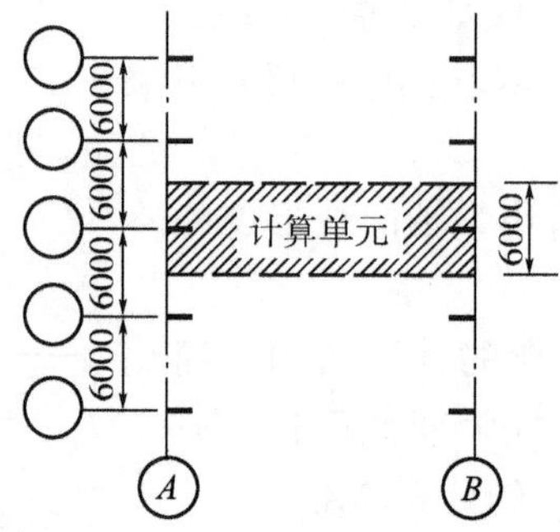

附图 4　计算单元(长度单位:mm)

5. 吊车梁计算简图选取

吊车梁是直接承受吊车荷载的承重构件。工程上采用最广泛的是装配式吊车梁。因此，它的计算简图可简化为支承于柱上的简支梁。

6. 作用在吊车梁上的荷载与吊车荷载

工业厂房中常采用的吊车是桥式吊车，如附图 5 所示，桥式吊车根据工作频繁程度及其他因素分为轻级、中级和重级三种工作制。

桥式吊车由大车(桥架)和小车组成。大车在吊车梁的轨道上沿厂房纵向行驶，小车在大车的导轨上沿厂房横向运行，小车上装有带吊钩的卷扬机。吊车对吊车梁的作用有吊车的最大、最小轮压 F_{max}、F_{min}。

当小车吊有规定的最大重量 F_Q 开到大车某一侧的极限位置时，如附图 5 所示，在这一侧的每个大车轮压为吊车的最大轮压 F_{max}，而在另一侧的为最小轮压

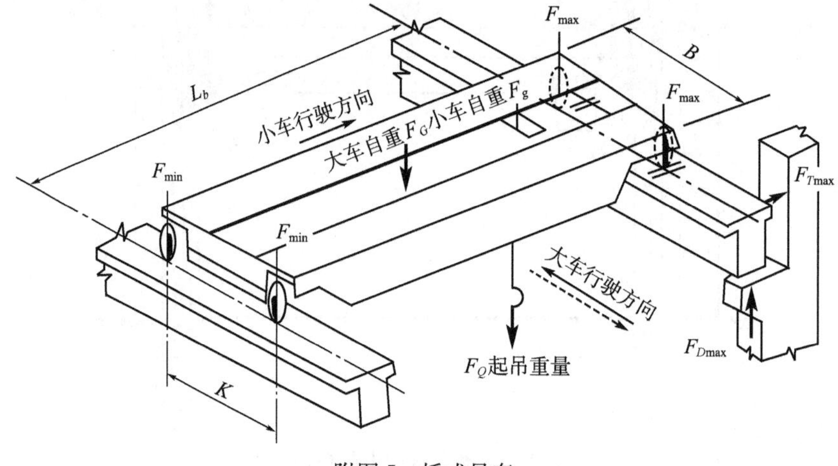

附图 5　桥式吊车

F_{min}。F_{max}、F_{min}可根据吊车型号、规格由有关手册查得。

吊车对横向排架的作用有吊车竖向垂直荷载 $F_{D\max}$ 和 $F_{D\min}$、横向水平荷载 $F_{T\max}$。由于吊车是移动的，吊车竖向荷载 $F_{D\max}$ 与 $F_{D\min}$ 是由 F_{max} 与 F_{min} 在柱支座处产生的最大垂直反力，可以利用吊车梁影响线进行计算。吊车水平荷载 $F_{T\max}$ 是当吊车吊起重物小车在运行中突然刹车时，由于重物和小车的惯性而产生的横向水平制动力，这个力通过吊车两侧的轮子及轨道传给两侧的吊车梁并最终传给两侧的柱。

二、单跨单层钢筋混凝土厂房结构计算

1. 工程名称：××厂装配车间

2. 设计资料

(1) 装配车间跨度 24 000 mm、总长 102 000 mm，中间设伸缩缝一道，柱距为 6 000 mm，如附图 6所示。

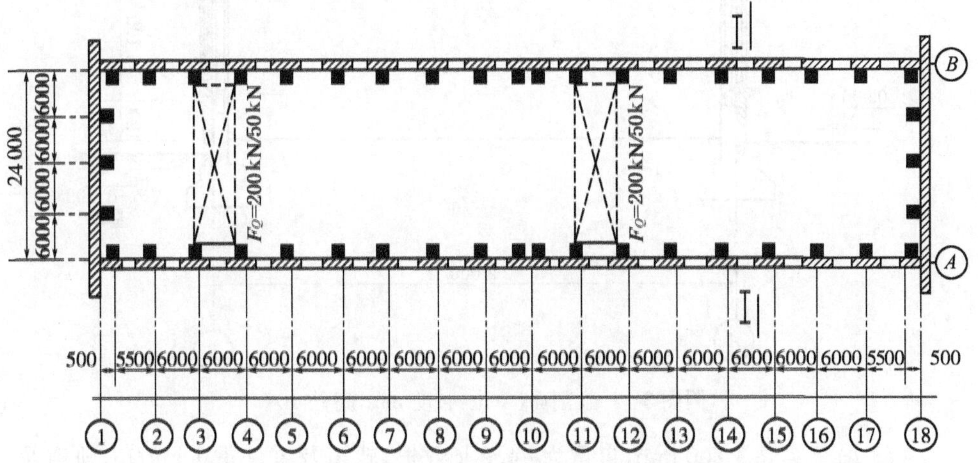

附图 6　柱结构平面布置图(单位：mm)

(2) 车间内设有两台 200/50 kN 中级工作制吊车，其轨顶设计标高为10.000 m，最大、最小轮压分别为 $F_{max}=202\text{ kN}$、$F_{min}=60\text{ kN}$。每台吊车总长 $B=5\,600\text{ mm}$，车轮中心至边缘距离为 $K=600\text{ mm}$，如附图 7 所示。

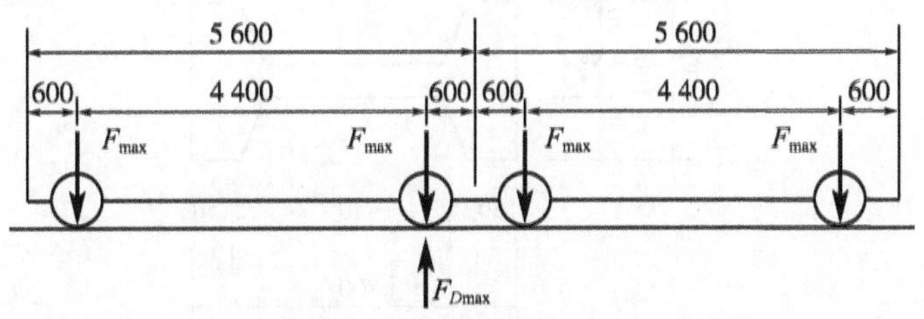

附图 7　吊车轮距(单位：mm)

(3) 建筑地点：××市郊区。

(4) 车间所在地，基本风压 $F_{W0}=0.25\ \text{kN/m}^2$，基本雪压 $F_{S0}=0.25\ \text{kN/m}^2$。

(5) 厂房中标准构件选用情况：屋面板、天沟板、天窗架、屋架及吊车梁均按有关标准图集选用，如附图 8 所示。

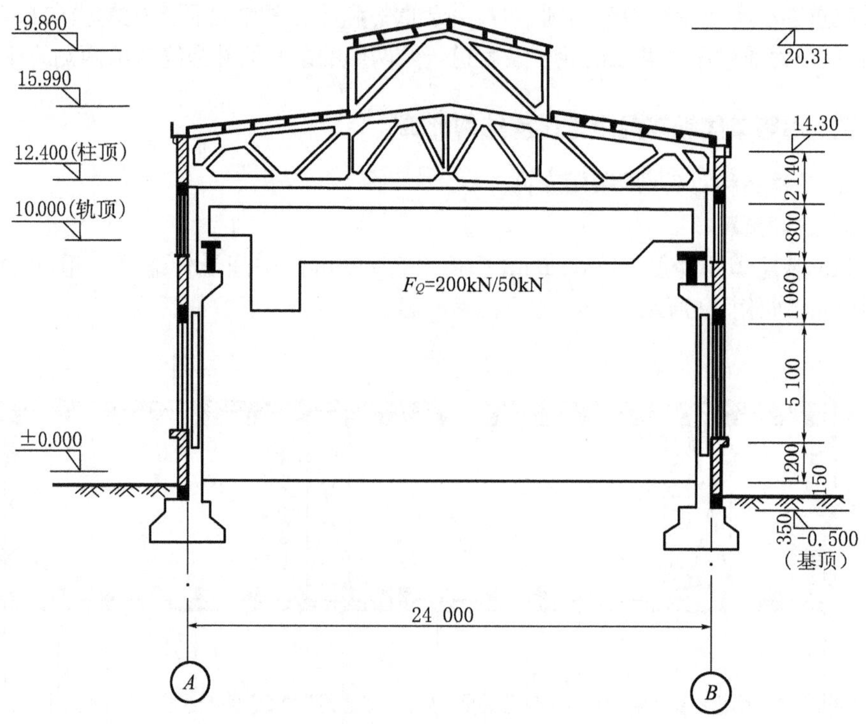

附图 8　I—I 剖面(单位:长度 mm,高程 m)

(6) 吊车梁高 1 200 mm，自重为 44.2 kN/根，轨道及零件重 1 kN/m，轨道及垫层构造高度为 200 mm。

(7) 排架柱采用钢筋混凝土柱，上柱截面为矩形 ($b\times h=400\ \text{mm}\times 400\ \text{mm}$)，下柱截面为工字形，截面尺寸见附图 9(提示：上柱计算高度 H_1 = 柱顶标高－轨顶标高＋吊车梁高＋轨道构造高度)。

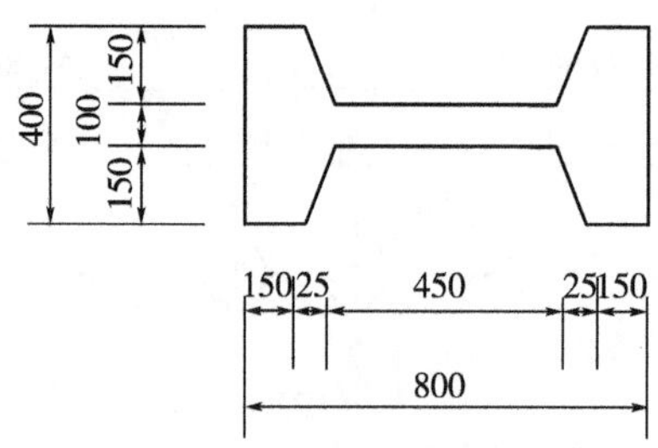

附图 9　下柱截面(单位:mm)

(8) 根据以上设计资料,求得排架结构的受荷总图,如附图10所示。

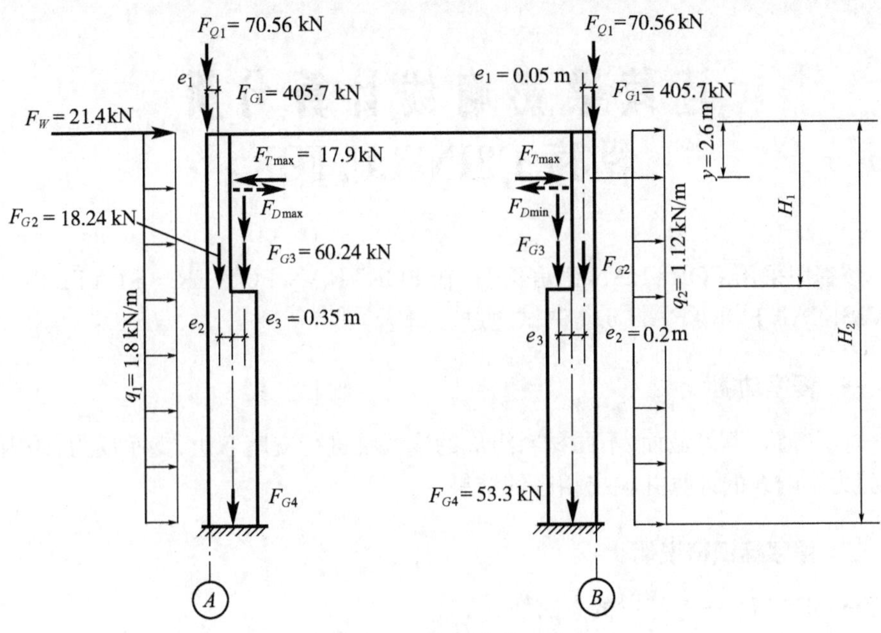

附图10 排架受荷总图

3. 结构计算要求

(1) 作出吊车梁的计算简图,并求出最大、最小垂直支座反力 $D_{\max}$、$D_{\min}$ 及绝对最大弯矩。

(2) 根据受荷总图计算下列四种荷载情况下厂房柱内力图:

① 恒载 F_{G1}、F_{G2}、F_{G3}、F_{G4} 作用;

② 屋面活载 F_{Q1} 作用;

③ 风荷载(包括从左往右吹及从右往左吹两种情况);

④ 吊车荷载(只考虑 $F_{D\max}$ 作用在 A 柱、$F_{D\min}$ 作用在 B 柱及 $F_{T\max}$ 从左向右作用在 A、B 柱两种情况)。

(3) 作出下列三种荷载组合下柱子的总内力图:

① 恒载+屋面活载;

② 恒载+风载;

③ 恒载+吊车荷载。

附录 B

连续梁影响线计算分析程序 CBINFLU.FOR

该程序采用 FORTRAN 语言编写，在 FORTRAN POWER－STATION 4.0 和 VISIUAL FORTRAN 5.0 调试通过。

一、程序功能

对不等跨、不等截面、不同材料组成的连续梁进行支座弯矩、支座反力、跨内弯矩、剪力影响线的计算并输出相应的结果。

二、程序标识符说明

NCBEAM——连续梁的总跨数；

NFLAG——连续梁是否为等跨等截面标志。NFLAG ＝ 1 表示“是”，NFLAG＝0 表示“否”；

NTYPE1——是否计算支座弯矩影响线标志。NTYPE1 ＝ 1 表示“是”，NTYPE1＝0 表示“否”；

NTYPE2——是否计算支座反力影响线标志。NTYPE2 ＝ 1 表示“是”，NTYPE2＝0 表示“否”；

NTYPE3——是否计算跨内弯矩影响线标志。NTYPE3 ＝ 1 表示“是”，NTYPE3＝0 表示“否”；

NTYPE4——是否计算跨内剪力影响线标志。NTYPE4 ＝ 1 表示“是”，NTYPE4＝0 表示“否”；

EE1——当 NFLAG＝1 时连续梁的弹性模量；

AII1——当 NFLAG＝1 时连续梁的截面惯性矩；

ALENGTH1——当 NFLAG＝1 时连续梁每跨长度；

EE(I)——当 NFLAG＝0 时各跨的弹性模量(I＝1，NCBEAM)；

AII(I)——当 NFLAG＝0 时各跨的截面惯性矩(I＝1，NCBEAM)；

ALENGTHH(I)——当 NFLAG＝0 时各跨长度(I＝1，NCBEAM)；

NOZM——当 NTYPE1＝1 时，输入计算第几个支座弯矩影响线(由左向右数)(1＜NOZM＜NCBEAM＋1)；

NOZQ——当 NTYPE2＝1 时，输入计算第几个支座反力影响线(由左向右数)(0＜NOZQ＜NCBEAM＋2)；

NOKAM——当NTYPE3＝1时,输入计算第几跨的弯矩影响线(由左向右数)(0＜NOKAM＜NCBEAM＋1)；

ALENGM——当NTYPE3＝1时,输入计算第NOKAM跨计算点距左边支座的长度；

NOKAQ——当NTYPE4＝1时,输入计算第几跨的剪力影响线(由左向右数)(0＜NOKAQ＜NCBEAM＋1)；

ALENGQ——当NTYPE4＝1时,输入计算第NOKAQ跨计算点距左边支座的长度；

MDIVI——每跨的影响量输出点数。

三、程序框图

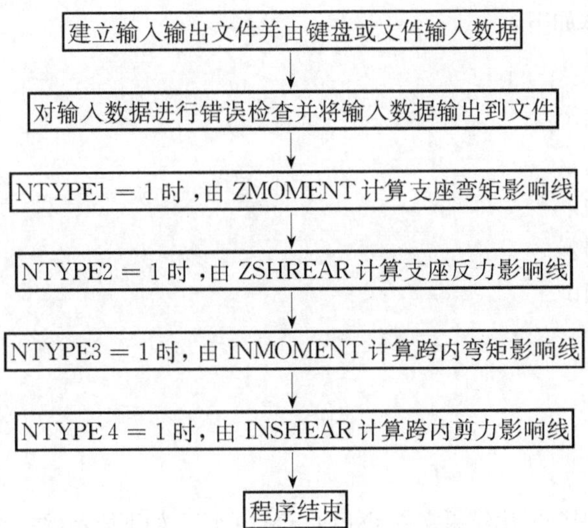
建立输入输出文件并由键盘或文件输入数据
对输入数据进行错误检查并将输入数据输出到文件
NTYPE1＝1时，由ZMOMENT计算支座弯矩影响线
NTYPE2＝1时，由ZSHREAR计算支座反力影响线
NTYPE3＝1时，由INMOMENT计算跨内弯矩影响线
NTYPE 4＝1时，由INSHEAR计算跨内剪力影响线
程序结束

四、使用说明

1. 填写输入数据文件

(1) NCBEAM,NFLAG,NTYPE1,NTYPE2,NTYPE3,NTYPE4；

(2) 如果NFLAG＝1,则填写EE1,AII1,ALENGTH1;若NFALG=0,则按NCBEAM循环填写EE(I),AII(I),ALENGTHH(I)；

(3) 如果NTYPE1＝1,填写NOZM；

(4) 如果NTYPE2＝1,填写NOZQ；

(5) 如果NTYPE3＝1,填写NOKAM,ALENGM；

(6) 如果NTYPE4＝1,填写NOKAQ,ALENGQ。

另外本程序也可以通过键盘手动输入数据,具体格式与数据文件格式基本一致,详见程序运行。

2. 输出成果

(1) 输入文件的内容全部输出,供读者校核;

(2) 输出成果。

根据 NTYPE1、NTYPE2、NTYPE3、NTYPE4 的值,按顺序输出各跨的位置(X 值)影响量(Y 值)。

五、计算实例

(1) 问题:求图(a)所示不等跨连续梁的 M_D, $F_R D$, M_K ,$F_{Q\,D}^{+}$的影响线,计算中取 $EI=10\,000$。

(2) 按照 CBINFLU. FOR 程序的输入数据格式,形成输入数据文件 INFULENC. DAT,具体如下:

```
5  0  1  1  1  1
10  1 000  10
10  1 000  12
10  1 000  12
10  1 000  12
10  1 000  10
4
4
3  6.0
4  0.01
```

(3) 经计算得到输出结果文件 INFLUENC. OUT,如下所示(注:经过适当改写):

输入数据的输出

控制参数输出:

梁跨数 NCBEAM = 5　等跨等截面标志 NFLAG = 0(不等跨或不等截面)

计算工况标志

支座弯矩影响线标志 NTYPE1 = 1 (需计算支座弯矩影响线)

支座反力影响线标志 NTYPE2 = 1 (需计算支座反力影响线)

跨内弯矩影响线标志 NTYPE3 = 1 (需计算跨内弯矩影响线)

跨内剪力影响线标志 NTYPE4 = 1 (需计算跨内剪力影响线)

材料参数:

第1跨 弹性模量 EE(1) = 10.000 截面惯性矩 AII(1) = 1 000.000 该跨长度 ALENGTHH(1) = 10.000

第2跨 弹性模量 EE(2) = 10.000 截面惯性矩 AII(2) = 1 000.000 该跨长度 ALENGTHH(2) = 12.000

第3跨 弹性模量 EE(3) = 10.000 截面惯性矩 AII(3) = 1 000.000 该跨长度 ALENGTHH(3) = 12.000

第4跨 弹性模量 EE(4) = 10.000 截面惯性矩 AII(4) = 1 000.000 该跨长度 ALENGTHH(4) = 12.000

第5跨 弹性模量 EE(5) = 10.000 截面惯性矩 AII(5) = 1 000.000 该跨长度 ALENGTHH(5) = 10.000

支座 D 的支座弯矩 M_D 影响线计算结果

x坐标	0	1	2	3	4	5	6	7	8	9	10
y坐标	0	−0.017 5	−0.033 8	−0.048 1	−0.059 2	−0.066 1	−0.067 7	−0.062 9	−0.050 8	−0.030 1	0
x坐标		11.2	12.4	13.6	14.8	16	17.2	18.4	19.6	20.8	22
y坐标		0.048 7	0.105 6	0.163 5	0.215 3	0.253 8	0.272 1	0.263	0.219 3	0.134	0
x坐标		23.2	24.4	25.6	26.8	28	29.2	30.4	31.6	32.8	34
y坐标		−0.184 3	−0.398	−0.614 8	−0.808 2	−0.951 9	−1.019 4	−0.984 4	−0.820 4	−0.501 1	0
x坐标		35.2	36.4	37.6	38.8	40	41.2	42.4	43.6	44.8	46
y坐标		−0.499 6	−0.817 5	−0.980 2	−1.014 3	−0.946 2	−0.802 3	−0.609 3	−0.393 6	−0.181 7	0
x坐标		47	48	49	50	51	52	53	54	55	56
y坐标		0.112 4	0.189 2	0.234 6	0.252 3	0.246 4	0.220 8	0.179 4	0.126 2	0.065	0

支座 D 的支座反力 F_{RD} 影响线计算结果

x坐标	0	1	2	3	4	5	6	7	8	9	10
y坐标	0	0.008 7	0.016 9	0.024 1	0.029 6	0.033 1	0.033 8	0.031 5	0.025 4	0.0151	0
x坐标		11.2	12.4	13.6	14.8	16	17.2	18.4	19.6	20.8	22
y坐标		−0.024 4	−0.052 8	−0.081 7	−0.107 6	−0.126 9	−0.136 1	−0.131 5	−0.109 7	−0.067	0
x坐标		23.2	24.4	25.6	26.8	28	29.2	30.4	31.6	32.8	34
y坐标		0.093 1	0.207	0.334 4	0.468 1	0.601	0.725 7	0.835 2	0.922 2	0.979 5	1
x坐标		35.2	36.4	37.6	38.8	40	41.2	42.4	43.6	44.8	46
y坐标		0.978 8	0.920 7	0.833 1	0.723 1	0.598 1	0.465 2	0.331 7	0.204 8	0.091 8	0
x坐标		47	48	49	50	51	52	53	54	55	56
y坐标		−0.056 2	−0.094 6	−0.117 3	−0.126 2	−0.123 2	−0.110 4	−0.089 7	−0.063 1	−0.032 5	0

K 截面弯矩 M_K 影响线计算结果

x 坐标	0	1	2	3	4	5	6	7	8	9	10
y 坐标	0	0.023 8	0.046 2	0.065 6	0.080 8	0.090 1	0.092 3	0.085 8	0.069 2	0.041 1	0
x 坐标		11.2	12.4	13.6	14.8	16	17.2	18.4	19.6	20.8	22
y 坐标		−0.066 5	−0.144	−0.222 9	−0.293 5	−0.346 2	−0.371 1	−0.358 6	−0.299 1	−0.182 8	0
x 坐标		23.2	24.4	25.6	26.8	28	29.2	30.4	31.6	32.8	34
y 坐标		0.257 3	0.590 8	1.000 4	1.486 2	2.048 1	1.486 2	1.000 4	0.590 8	0.257 3	0
x 坐标		35.2	36.4	37.6	38.8	40	41.2	42.4	43.6	44.8	46
y 坐标		−0.182 8	−0.299 1	−0.358 6	−0.371 1	−0.346 2	−0.293 5	−0.222 9	−0.144	−0.066 5	0
x 坐标		47	48	49	50	51	52	53	54	55	56
y 坐标		0.041 1	0.069 2	0.085 8	0.092 3	0.090 1	0.080 8	0.065 6	0.046 2	0.023 8	0

D 右截面剪力 $F_{QD}^{右}$ 影响线计算结果

x 坐标	0	1	2	3	4	5	6	7	8	9	10
y 坐标	0	0.001 9	0.003 6	0.005 1	0.006 3	0.007	0.007 2	0.006 7	0.005 4	0.003 2	0
x 坐标		11.2	12.4	13.6	14.8	16	17.2	18.4	19.6	20.8	22
y 坐标		−0.005 2	−0.011 2	−0.017 3	−0.022 8	−0.026 9	−0.028 9	−0.027 9	−0.023 3	−0.014 2	0
x 坐标		23.2	24.4	25.6	26.8	28	29.2	30.4	31.6	32.8	34
y 坐标		0.019 5	0.042 2	0.065 2	0.085 7	0.101	0.108 1	0.104 4	0.087	0.053 1	0
x 坐标		35.2	36.4	37.6	38.8	40	41.2	42.4	43.6	44.8	46
y 坐标		0.925 7	0.834 1	0.729 3	0.615 8	0.497 9	0.380 2	0.267 2	0.163 1	0.072 6	0
x 坐标		47	48	49	50	51	52	53	54	55	56
y 坐标		−0.044 3	−0.074 6	−0.092 5	−0.099 5	−0.097 2	−0.087 1	−0.070 7	−0.049 7	−0.025 6	0

(4) 影响线图，如图(b)、(c)、(d)、(e)所示。

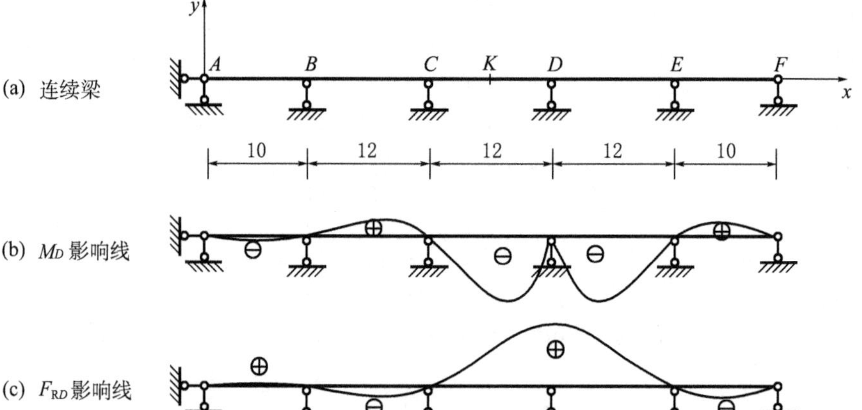

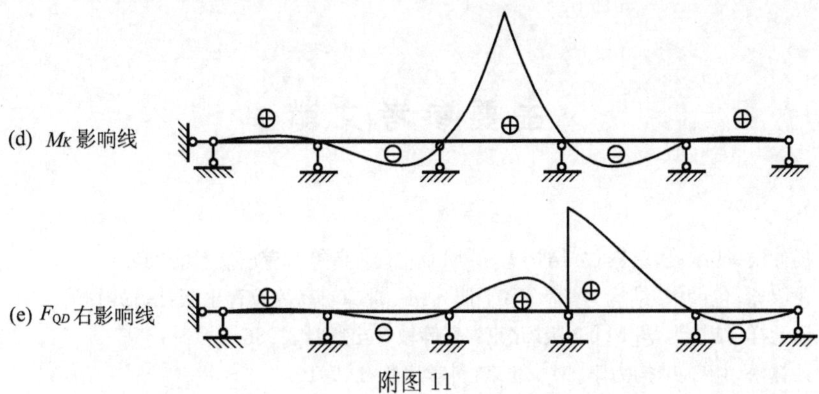

附图 11

主要参考文献

1. 杨仲侯,胡维俊,吕泰仁.结构力学[M].北京：高等教育出版社,1989.
2. 龙驭球,包世华.结构力学教程(上册)[M].北京：高等教育出版社,1994.
3. 杨天祥.结构力学[M].2版.北京：高等教育出版社,1986.
4. 孙林松 主编,结构力学[M].北京:科学出版社,2019.
5. 陈燊 编著 广义结构力学及其工程应用[M].北京:中国铁道出版社,2003.
6. 金宝桢 主编 结构力学[M].北京:人民教育出版社,1979.
7. 张宗尧,于德顺,王德信.结构力学[M].南京：河海大学出版社,1995.